职业技能鉴定国家题库石化分库试题选编

# 催化重整装置操作工

中国石油化工集团公司职业技能鉴定指导中心 编

中国石化出版社

## 内 容 提 要

《催化重整装置操作工》为《职业技能鉴定国家题库石化分库试题选编》丛书之一，由中国石油化工集团公司职业技能鉴定指导中心按照《国家职业标准》和《职业技能鉴定国家题库开发技术规程》组织编写。内容包括：催化重整装置操作工初级工、中级工、高级工和技师及高级技师的国家职业标准、鉴定要素细目表、理论知识试题和技能操作试题，是催化重整装置操作工进行职业技能鉴定的必备学习资料。

**图书在版编目(CIP)数据**

催化重整装置操作工/中国石油化工集团公司职业技能鉴定指导中心编. —北京:中国石化出版社,2006(2022.4重印)
(职业技能鉴定国家题库石化分库试题选编)
ISBN 978-7-80229-125-6

Ⅰ.催… Ⅱ.中… Ⅲ.催化重整-化工设备-操作-职业技能鉴定-习题 Ⅳ.TE624.4-44

中国版本图书馆CIP数据核字(2006)第107762号



**中国石化出版社出版发行**
地址:北京市东城区安定门外大街58号
邮编:100011 电话:(010)57512500
发行部电话:(010)57512575
http://www.sinopec-press.com
E-mail:press@sinopec.com
北京艾普海德印刷有限公司印刷
全国各地新华书店经销

*

787×1092毫米 16开本 29印张 703千字
2022年4月第1版第7次印刷
定价:65.00元

# 职业技能鉴定国家题库
# 石化分库开发领导小组

**组　长**：刘根元

**副组长**：傅兴顺　高　滨　孙祖岭　孙金瑜

**顾　问**：袁　芳　李钰年

**成　员**（以姓氏笔画为序）：

丁新兴　王凤维　王运才　王虎刚　王瑞萍　石惟理
刘子才　刘文玉　刘忠华　向守源　朱长根　朱正建
朱立群　江毅平　汤　豪　许立明　许　坚　曲子洲
吴　云　何　波　邱　颖　张云燕　张月娥　张全胜
张佐军　张树忠　陈建国　陈若平　周志明　郑洵美
钟文标　徐洪源　贾铁成　郭为民　顾甬明　崔　昶
曹宗祥　黄　进　彭连军　温振丽　童子飞　谢学民
韩　伟　雷建忠　靳良成　潘　慧　穆晓秋　魏洪大
魏根兴

**特邀专家**（以姓氏笔画为序）：

尤宝英　王　权　丛新泽　刘　欧　刘孝祖
李荣兴　沈洪源　陆　勇　巫建忠　徐　燕
黄世文　黄劲松

**编辑出版负责人**：

王子康　王力健　邓敦夏

# 前　　言

受劳动和社会保障部职业技能鉴定中心委托，按照中国石油天然气集团公司、中国石油化工集团公司职业技能鉴定工作协议，中国石油化工集团公司职业技能鉴定指导中心组织有关专家，依据《职业技能鉴定国家题库开发技术规程》和《国家职业标准》，开发了32个职业95个工种的职业技能鉴定国家题库石化分库，并于2006年5月正式启用。

为满足员工学习专业知识、提高操作技能的需要，我们选编了石化分库的部分试题，按职业(工种)出版《职业技能鉴定国家题库石化分库试题选编》套书。该套书内容包括国家职业标准、鉴定要素细目表、理论知识试题和技能操作试题等，其中，理论知识试题约占分库中该职业(工种)试题的50%，技能操作试题约占70%。

《催化重整装置操作工》分册由荆门石化主编，扬子石化、高桥石化、齐鲁石化、抚顺石化、燕山石化、武汉石化等单位参编。主要执笔人：谷和鹏。参审人员：郑洵美、姚永坚、何文全、王巍、解庆刚、盖增奇、刘志华。

由于水平有限，书中难免有遗漏或欠妥之处，敬请谅解并提出宝贵意见。

职业技能鉴定国家题库

石化分库开发领导小组办公室

# 目录

## 第一部分　初级工



## 第二部分　中级工



## 第三部分　高级工

## 第四部分 技师/高级技师

第一部分

# 初级工

# 一、国家职业标准(初级工工作要求)

| 职业功能 | 工作内容 | 技能要求 | 相关知识 |
|---|---|---|---|
| 工艺操作 | (一)开车准备 | 1. 能根据指令改通简单开车流程<br>2. 能使用开车所需工器具<br>3. 能使用蒸汽、氮气、水和风等介质<br>4. 能完成排污、脱水等操作，能配合油品采样<br>5. 能协助完成装置气密、吹扫、加热炉点火等操作<br>6. 能投用蒸汽伴热线<br>7. 能增、减火嘴数量，调节炉温、炉膛负压、烟气氧含量 | 1. 装置流程<br>2. 原料、产品及公用工程介质的物理、化学性质<br>3. 岗位操作法<br>4. 装置开车吹扫、气密方案<br>5. 油品及烟气采样注意事项<br>6. 加热炉火嘴的类型和结构 |
| | (二)开车操作 | 1. 能建立冷油循环操作<br>2. 能完成注氯、注硫等化学药剂的注入操作<br>3. 能完成热载体升温脱水操作<br>4. 能退、垫溶剂<br>5. 能切换白土塔 | 1. 分馏系统油运方案<br>2. 重整反应和再生机理<br>3. 热载体升温注意事项<br>4. 白土塔精制原理 |
| | (三)正常操作 | 1. 能完成日常的巡回检查<br>2. 能规范填写相关记录<br>3. 能改动常用工艺流程<br>4. 能发现异常工况并汇报处理<br>5. 能检查核对现场压力、温度、液(界)位、阀位等<br>6. 能改控制阀副线<br>7. 能投用炉管除灰系统设施 | 1. 巡检内容及制度<br>2. 工艺指标<br>3. 加热炉除灰系统操作步骤 |
| | (四)停车操作 | 1. 能按指令吹扫简单的工艺系统<br>2. 能停运简单动、静设备<br>3. 能灭加热炉火嘴<br>4. 能使用装置配备的各类安全防护器材 | 1. 安全、环保、消防器材使用知识<br>2. 吹扫方案<br>3."三废"排放标准 |
| 设备使用与维护 | (一)使用设备 | 1. 能根据工艺要求调节阀门开度<br>2. 能开、停离心泵等简单动设备<br>3. 能操作空冷器等冷换设备<br>4. 能投用液位计、安全阀、压力表等<br>5. 能看懂设备铭牌<br>6. 能使用硫化氢、可燃气体报警仪<br>7. 能投用疏水器<br>8. 能合理调节加热炉油门、气门、风门和烟道挡板<br>9. 能操作催化剂采样器<br>10. 能完成粉尘收集器切换、反吹及卸粉尘操作<br>11. 能操作抽空器<br>12. 能操作屏蔽泵、再生系统电加热器 | 1. 不同型号阀门结构、性能、特点<br>2. 泵的类型结构、原理、性能<br>3. 液位计、安全阀、压力表等的使用知识<br>4. 硫化氢、可燃气体报警仪操作说明<br>5. 催化剂采样器操作方法<br>6. 粉尘收集器操作法<br>7. 屏蔽泵操作法 |
| | (二)维护设备 | 1. 能完成机、泵的盘车操作<br>2. 能添加和更换机、泵的润滑油、润滑脂<br>3. 能完成设备、管线日常检修的监护工作<br>4. 能做好机泵、管线的防冻防凝工作<br>5. 能更换阀门盘根<br>6. 能确认机泵检修的隔离和动火条件<br>7. 能更换压力表、温度计和液位计等 | 1. 设备常用润滑油(脂)的规格、品种和使用规定<br>2. 机泵的润滑知识<br>3. 机泵盘车规定<br>4. 防冻防凝方案 |

续表

| 职业功能 | 工作内容 | 技能要求 | 相关知识 |
|---|---|---|---|
| 事故判断与处理 | （一）判断事故 | 1. 能判断现场机泵、管线、法兰泄漏等一般事故<br>2. 能发现主要运行设备超温、超压、超电流等异常现象 | 1. 设备运行参数<br>2. 装置生产特点及危害性 |
| 事故判断与处理 | （二）处理事故 | 1. 能使用消防器材扑灭初起火灾<br>2. 能使用气防器材进行急救和自救<br>3. 能处理简单跑、冒、滴、漏事故<br>4. 能报火警，打急救电话<br>5. 能协助处理装置停原料、水、蒸汽、电、风、燃料等各类突发事故<br>6. 能处理普通离心泵的抽空、泄漏事故<br>7. 能处理界位、液位等仪表指示失灵事故<br>8. 能协助处理再生热停车事故<br>9. 能协助处理精制油质量不合格事故<br>10. 能处理苯类泄漏事故 | 1. 跑、冒、滴、漏事故处理方法<br>2. 消防、气防知识<br>3. 消防、气防报警程序<br>4. 现场急救知识<br>5. 机泵密封知识<br>6. 液位计、界位计测量原理<br>7. 再生热停车条件<br>8. 精制油质量不合格原因分析<br>9. 苯类中毒及防护 |
| 绘图与计算 | （一）绘图 | 1. 能绘制本岗位工艺流程图和装置原则流程图<br>2. 能识读设备简图 | 绘图方法 |
| 绘图与计算 | （二）计算 | 1. 能完成常用单位的换算<br>2. 能计算化工助剂的加入量 | 常用单位换算知识 |

## 二、理论知识鉴定要素细目表

### 行业通用理论知识鉴定要素细目表

| 鉴定范围 | | | | | | 鉴定点 | | |
|---|---|---|---|---|---|---|---|---|
| 一级 | | 二级 | | 三级 | | 代码 | 名称 | 重要程度 |
| 代码 | 名称 | 代码 | 名称 | 代码 | 名称 | | | |
| A | 基本要求 | B | 基础知识 | A | 记录填写基础知识 | 001 | 运行记录的种类 | X |
| A | 基本要求 | B | 基础知识 | A | 记录填写基础知识 | 002 | 运行记录的填写要求 | X |
| A | 基本要求 | B | 基础知识 | B | 识图基础知识 | 001 | 工艺流程图管线的表示方法 | X |
| A | 基本要求 | B | 基础知识 | B | 识图基础知识 | 002 | 工艺流程图管件的表示方法 | X |
| A | 基本要求 | B | 基础知识 | B | 识图基础知识 | 003 | 工艺流程图阀门的表示方法 | X |
| A | 基本要求 | B | 基础知识 | B | 识图基础知识 | 004 | 工艺流程图仪表电气控制点的表示方法 | X |
| A | 基本要求 | B | 基础知识 | C | 安全环保基础知识 | 001 | 石化行业生产的不安全因素 | X |
| A | 基本要求 | B | 基础知识 | C | 安全环保基础知识 | 002 | 国家安全生产的方针 | X |
| A | 基本要求 | B | 基础知识 | C | 安全环保基础知识 | 003 | 三级安全教育的内涵 | X |
| A | 基本要求 | B | 基础知识 | C | 安全环保基础知识 | 004 | 头部的防护 | X |
| A | 基本要求 | B | 基础知识 | C | 安全环保基础知识 | 005 | 眼睛和面部的防护 | X |
| A | 基本要求 | B | 基础知识 | C | 安全环保基础知识 | 006 | 脚部的防护 | X |

续表

| 鉴定范围 | | | | | | 鉴定点 | | |
|---|---|---|---|---|---|---|---|---|
| 一级 | | 二级 | | 三级 | | 代码 | 名称 | 重要程度 |
| 代码 | 名称 | 代码 | 名称 | 代码 | 名称 | | | |
| | | | | | | 007 | 手部的防护 | X |
| | | | | | | 008 | 耳部的防护 | X |
| | | | | | | 009 | 口鼻的防护 | X |
| | | | | | | 010 | 皮肤的防护 | X |
| | | | | | | 011 | 机械设备对人体伤害的防护 | X |
| | | | | | | 012 | 厂内交通安全知识 | X |
| | | | | | | 013 | 石化行业防火防爆十大禁令的内容 | X |
| | | | | | | 014 | 尘毒物质的分类 | X |
| | | | | | | 015 | 职业中毒的种类 | X |
| | | | | | | 016 | 急性中毒的现场抢救 | X |
| | | | | | | 017 | 高处作业的防护措施 | X |
| | | | | | | 018 | 石化行业污染的来源 | X |
| | | | | | | 019 | 石化行业污染的途径 | X |
| | | | | | | 020 | 石化行业污染的特点 | X |
| | | | | | | 021 | 清洁生产的定义 | X |
| | | | | | | 022 | 清洁生产的内容 | X |
| | | | | | | 023 | 燃烧的三要素 | X |
| | | | | | | 024 | 干粉灭火器的适用范围 | X |
| | | | | | | 025 | 泡沫灭火器的适用范围 | X |
| | | | | | | 026 | 1211 灭火器的适用范围 | X |
| | | | | | | 027 | ISO 14000 系列标准的含义 | X |
| | | | | | | 028 | HSE 管理体系的概念 | X |
| | | | | | | 029 | 建立 HSE 管理体系的意义 | X |
| | | | | | | 030 | 石化行业事故处理的原则 | X |
| | | | | D | 质量基础知识 | 001 | 标准化的概念 | X |
| | | | | | | 002 | 标准等级划分的类别 | X |
| | | | | | | 003 | 标准的使用范围 | X |
| | | | | | | 004 | ISO 9000 族标准的特点 | X |
| | | | | E | 计算机基础知识 | 001 | 计算机硬件的组成 | X |
| | | | | | | 002 | 计算机的安全防护 | X |
| | | | | | | 003 | Word 文档的录入与排版 | X |
| | | | | | | 004 | 计算机浏览器的使用 | X |
| | | | | | | 005 | 电子邮件的收发 | X |

续表

| 鉴定范围 | | | | | | 鉴定点 | | |
|---|---|---|---|---|---|---|---|---|
| 一级 | | 二级 | | 三级 | | 代码 | 名称 | 重要程度 |
| 代码 | 名称 | 代码 | 名称 | 代码 | 名称 | | | |
| B | 相关知识 | F | 培训与指导 | F | 法律常识 | 001 | 《劳动法》关于劳动者权益的规定 | X |
| | | | | | | 002 | 劳动合同包含的条款 | X |
| | | | | | | 003 | 劳动争议解决的途径 | X |
| | | | | | | 004 | 《劳动法》关于劳动者工作时间的规定 | X |
| | | | | | | 005 | 《劳动法》关于劳动安全卫生的规定 | X |
| | | | | | | 006 | 《产品质量法》关于生产者的产品质量责任 | X |
| | | | | | | 007 | 《产品质量法》关于生产者的产品质量义务 | X |
| | | | | | | 008 | 《安全生产法》对从业人员的规定 | X |
| | | | | | | 009 | 《消防法》关于对公民责任的规定 | X |
| | | | | B | 鉴定与考评 | 001 | 职业技能鉴定的定义 | X |
| | | | | | | 002 | 职业技能鉴定的目的 | X |
| | | | | | | 003 | 职业资格等级的划分 | X |
| | | | | | | 004 | 职业资格证书的用途 | X |
| | | | | | | 005 | 职业、岗位与工种的关系 | X |

## 职业通用理论知识鉴定要素细目表(《燃料油生产工》)

| 鉴定范围 | | | | | | 鉴定点 | | |
|---|---|---|---|---|---|---|---|---|
| 一级 | | 二级 | | 三级 | | 代码 | 名称 | 重要程度 |
| 代码 | 名称 | 代码 | 名称 | 代码 | 名称 | | | |
| A | 基本要求 | B | 基础知识 | G | 化学基础知识 | 001 | 元素化合价的概念 | X |
| | | | | | | 002 | 溶解的概念 | X |
| | | | | | | 003 | 结晶的概念 | Z |
| | | | | | | 004 | 饱和蒸气压的概念 | X |
| | | | | | | 005 | 饱和溶液的概念 | Y |
| | | | | | | 006 | 溶解度的概念 | X |
| | | | | | | 007 | 氧化反应的概念 | Y |
| | | | | | | 008 | 还原反应的概念 | X |
| | | | | | | 009 | 卤素的种类 | X |
| | | | | | | 010 | 卤素的性质 | X |
| | | | | | | 011 | 氢氧化钠的性质 | Y |
| | | | | | | 012 | 硫化氢的性质 | X |
| | | | | | | 013 | 二氧化硫的性质 | X |
| | | | | | | 014 | 烷烃的分子通式 | X |

续表

| 鉴定范围 | | | | | | 鉴定点 | | |
|---|---|---|---|---|---|---|---|---|
| 一级 | | 二级 | | 三级 | | 代码 | 名称 | 重要程度 |
| 代码 | 名称 | 代码 | 名称 | 代码 | 名称 | | | |
| | | | | | | 015 | 烯烃的分子通式 | X |
| | | | | | | 016 | 二烯烃的分子通式 | X |
| | | | | | | 017 | 烷烃的物化性质 | X |
| | | | | | | 018 | 烯烃的物化性质 | X |
| | | | | | | 019 | 炔烃的分子通式 | X |
| | | | | | | 020 | 化学平衡的基本概念 | Y |
| | | | | | | 021 | 理想气体的基本概念 | X |
| | | | | | | 022 | 氧气的性质 | X |
| | | | | | | 023 | 氢气的性质 | Y |
| | | | | | | 024 | 氮气的性质 | Y |
| | | | | | | 025 | 过热蒸汽的概念 | X |
| | | | | | | 026 | 氧化还原反应方程式的配平 | X |
| | | | | H | 石油及油品基础知识 | 001 | 石油的一般性质 | X |
| | | | | | | 002 | 石油烃类组成的表示方法 | X |
| | | | | | | 003 | 石油中硫的分布 | Y |
| | | | | | | 004 | 油品的蒸汽压 | X |
| | | | | | | 005 | 油品的沸程 | X |
| | | | | | | 006 | 油品的平均沸点 | X |
| | | | | | | 007 | 油品的密度 | X |
| | | | | | | 008 | 油品的平均相对分子质量 | X |
| | | | | | | 009 | 油品的黏度单位 | X |
| | | | | | | 010 | 油品黏度与温度的关系 | X |
| | | | | | | 011 | 油品的闪点 | X |
| | | | | | | 012 | 油品的燃点 | X |
| | | | | | | 013 | 油品的自燃点 | X |
| | | | | | | 014 | 油品的凝固点 | X |
| | | | | I | 化工基础 | 001 | 流体的定义 | X |
| | | | | | | 002 | 流体密度的概念 | X |
| | | | | | | 003 | 流体黏度的概念 | X |
| | | | | | | 004 | 流体流量的概念 | X |
| | | | | | | 005 | 流体压强的概念 | X |
| | | | | | | 006 | 流体流动类型的分类 | X |
| | | | | | | 007 | 流体阻力的特性 | Z |
| | | | | | | 008 | 传热的基本概念 | X |

续表

| 鉴定范围 | | | | | | 鉴定点 | | |
|---|---|---|---|---|---|---|---|---|
| 一级 | | 二级 | | 三级 | | 代码 | 名称 | 重要程度 |
| 代码 | 名称 | 代码 | 名称 | 代码 | 名称 | | | |
| | | | | | | 009 | 传热的基本方式 | X |
| | | | | | | 010 | 泡点的概念 | X |
| | | | | | | 011 | 露点的概念 | X |
| | | | | | | 012 | 沸点的概念 | X |
| | | | | | | 013 | 传质过程的分类 | X |
| | | | | | | 014 | 精馏段的概念 | X |
| | | | | | | 015 | 提馏段的概念 | X |
| | | | | | | 016 | 蒸馏的概念 | X |
| | | | | | | 017 | 回流比的概念 | X |
| | | | | J | 计量基础知识 | 001 | 计量工作的作用 | X |
| | | | | | | 002 | 计量的特点 | X |
| | | | | | | 003 | 法定计量单位的概念 | Y |
| | | | | | | 004 | 国家法定计量单位组成 | Y |
| | | | | | | 005 | 国际单位制基本单位 | Y |
| | | | | | | 006 | 计量表精度等级划分的依据 | X |
| | | | | | | 007 | 计量检测设备概念 | X |
| | | | | | | 008 | 计量检测设备的分级 | X |
| | | | | K | 炼油机械与设备 | 001 | 常见泵的种类 | X |
| | | | | | | 002 | 常见泵型号含义 | X |
| | | | | | | 003 | 离心泵的工作原理 | X |
| | | | | | | 004 | 离心泵的主要性能参数 | Y |
| | | | | | | 005 | 常见压缩机的种类 | X |
| | | | | | | 006 | 换热器的种类 | X |
| | | | | | | 007 | 加热炉的种类 | Y |
| | | | | | | 008 | 塔设备的分类 | Y |
| | | | | | | 009 | 安全附件的种类 | X |
| | | | | | | 010 | 常用安全附件的作用 | X |
| | | | | | | 011 | 常用管道组成件的种类 | X |
| | | | | | | 012 | 常用阀门的种类 | X |
| | | | | | | 013 | 常用阀门型号含义 | Y |
| | | | | | | 014 | 常用法兰的类型 | Y |
| | | | | | | 015 | 垫片的种类 | X |
| | | | | | | 016 | 螺栓的种类 | X |
| | | | | | | 017 | 常见管路连接方法 | X |
| | | | | | | 018 | 密封的概念 | Y |
| | | | | | | 019 | 润滑的概念 | Y |
| | | | | | | 020 | 常用润滑剂的种类 | X |
| | | | | | | 021 | 静设备常见失效形式 | Y |
| | | | | | | 022 | 常见金属材料的种类 | Z |

续表

| 鉴定范围 | | | | | | 鉴定点 | | |
|---|---|---|---|---|---|---|---|---|
| 一级 | | 二级 | | 三级 | | 代码 | 名称 | 重要程度 |
| 代码 | 名称 | 代码 | 名称 | 代码 | 名称 | | | |
| | | | | L | 电工基础知识 | 001 | 常用照明的常识 | Y |
| | | | | | | 002 | 电流的常识 | X |
| | | | | | | 003 | 直流电的概念 | Z |
| | | | | | | 004 | 交流电的概念 | X |
| | | | | | | 005 | 电阻的概念 | Y |
| | | | | | | 006 | 电压的基本常识 | X |
| | | | | | | 007 | 串联电路的概念 | X |
| | | | | | | 008 | 并联电路的概念 | Z |
| | | | | | | 009 | 防触电常识 | X |
| | | | | | | 010 | 人工呼吸常识 | X |
| | | | | | | 011 | 装置电器设备灭火常识 | X |
| | | | | M | 仪表基础知识 | 001 | 常规控制的概念 | X |
| | | | | | | 002 | 仪表误差的概念 | Y |
| | | | | | | 003 | 简单调节系统的组成 | X |
| | | | | | | 004 | 控制室常规仪表的种类 | X |
| | | | | | | 005 | 常用控制阀的分类 | X |
| | | | | | | 006 | 压力测量仪表的分类 | X |
| | | | | | | 007 | 流量测量仪表的分类 | X |
| | | | | | | 008 | 常用液位计的读取方式 | X |
| | | | | | | 009 | 温度测量仪表的分类 | X |
| | | | | | | 010 | 控制阀的风开风关原则 | X |
| | | | | | | 011 | DCS 系统的基本概念 | X |
| | | | | | | 012 | DCS 操作系统的组成 | X |

## 工种理论知识鉴定要素细目表

| 鉴定范围 | | | | | | 鉴定点 | | |
|---|---|---|---|---|---|---|---|---|
| 一级 | | 二级 | | 三级 | | 代码 | 名称 | 重要程度 |
| 代码 | 名称 | 代码 | 名称 | 代码 | 名称 | | | |
| B | 相关知识 | A | 工艺操作 | A | 开车准备 | 001 | 催化重整的作用 | Y |
| | | | | | | 002 | 催化重整原料的来源 | X |
| | | | | | | 003 | 汽油辛烷值的定义 | X |
| | | | | | | 004 | 催化重整原料的物理性质 | X |
| | | | | | | 005 | 催化重整原料的化学性质 | X |

续表

| 鉴定范围 | | | | | | 鉴定点 | | |
|---|---|---|---|---|---|---|---|---|
| 一级 | | 二级 | | 三级 | | 代码 | 名称 | 重要程度 |
| 代码 | 名称 | 代码 | 名称 | 代码 | 名称 | | | |
| | | | | | | 006 | 氢气在催化重整中的作用 | X |
| | | | | | | 007 | 氮气在催化重整中的作用 | X |
| | | | | | | 008 | 水蒸气的物理、化学性质 | Y |
| | | | | | | 009 | 水蒸气在催化重整装置中的作用 | X |
| | | | | | | 010 | 水蒸气使用注意事项 | X |
| | | | | | | 011 | 循环水使用注意事项 | X |
| | | | | | | 012 | 爆破吹扫的注意事项 | X |
| | | | | | | 013 | 油品采样注意事项 | X |
| | | | | | | 014 | 气体采样注意事项 | X |
| | | | | | | 015 | 加热炉火嘴的类型 | X |
| | | | | | | 016 | 加热炉火嘴的结构 | Y |
| | | | | | | 017 | 装置开车吹扫的作用 | Y |
| | | | | | | 018 | 装置气密的目的 | X |
| | | | | | | 019 | 装置气密合格标准 | X |
| | | | | | | 020 | 催化剂的定义 | X |
| | | | | | | 021 | 催化剂的基本特征 | X |
| | | | | | | 022 | 氢油比的概念 | X |
| | | | | | | 023 | 空速的含义 | X |
| | | | | | | 024 | 系统水冲洗注意事项 | Y |
| | | | | | | 025 | 系统水联运注意事项 | Y |
| | | | | B | 开车操作 | 001 | 预加氢反应系统的原则流程 | X |
| | | | | | | 002 | 分馏系统冷油循环的目的 | X |
| | | | | | | 003 | 分馏系统冷油循环操作注意事项 | Y |
| | | | | | | 004 | 原料预处理系统的作用 | X |
| | | | | | | 005 | 原料预脱砷系统的作用 | Z |
| | | | | | | 006 | 原料预脱砷的常用方法 | Z |
| | | | | | | 007 | 废脱砷剂处置要点 | Z |
| | | | | | | 008 | 原料预分馏系统的作用 | X |
| | | | | | | 009 | 蒸发脱水塔的作用 | X |
| | | | | | | 010 | 原料预加氢反应系统的作用 | X |
| | | | | | | 011 | 原料预加氢的反应机理 | X |
| | | | | | | 012 | 原料预加氢脱硫反应的特点 | X |
| | | | | | | 013 | 原料预加氢反应过程的脱氮反应的特点 | X |
| | | | | | | 014 | 原料预加氢反应过程的脱氯反应的特点 | X |

续表

| 鉴定范围 | | | | | | 鉴定点 | | |
|---|---|---|---|---|---|---|---|---|
| 一级 | | 二级 | | 三级 | | 代码 | 名称 | 重要程度 |
| 代码 | 名称 | 代码 | 名称 | 代码 | 名称 | | | |
| | | | | | | 015 | 原料预加氢反应过程的脱氧反应的特点 | X |
| | | | | | | 016 | 原料预加氢反应过程的脱金属反应的特点 | X |
| | | | | | | 017 | 原料预加氢反应过程的副反应的特点 | X |
| | | | | | | 018 | 预加氢催化剂硫化的目的 | X |
| | | | | | | 019 | 预加氢催化剂硫化的常用方法 | X |
| | | | | | | 020 | 重整反应的反应机理 | X |
| | | | | | | 021 | 重整六员环烷烃脱氢反应的特点 | X |
| | | | | | | 022 | 重整五员环烷烃脱氢反应的特点 | X |
| | | | | | | 023 | 重整烷烃脱氢环化反应的特点 | X |
| | | | | | | 024 | 重整直链烷烃异构化反应的特点 | X |
| | | | | | | 025 | 重整反应的副反应的特点 | X |
| | | | | C | 正常操作 | 001 | 交接班制度 | X |
| | | | | | | 002 | 日常巡回检查制度 | Z |
| | | | | | | 003 | WAIT、WABT的含义 | X |
| | | | | | | 004 | 分馏过程的基本原理 | X |
| | | | | | | 005 | 分馏塔控制操作的三大平衡 | X |
| | | | | | | 006 | 分馏塔塔底油循环的作用 | X |
| | | | | | | 007 | 分馏塔塔顶回流的作用 | X |
| | | | | | | 008 | 分馏塔压力对分馏过程的影响 | X |
| | | | | | | 009 | 分馏塔液面对分馏过程的影响 | X |
| | | | | | | 010 | 分馏塔塔顶温度对分馏过程的影响 | X |
| | | | | | | 011 | 分馏塔塔底温度对分馏过程的影响 | X |
| | | | | | | 012 | 原料预加氢反应过程的主要影响参数 | X |
| | | | | | | 013 | 反应温度对预加氢反应过程的影响 | X |
| | | | | | | 014 | 反应压力对预加氢反应过程的影响 | X |
| | | | | | | 015 | 氢油比对预加氢反应过程的影响 | X |
| | | | | | | 016 | 空速对预加氢反应过程的影响 | X |
| | | | | | | 017 | 重整循环氢的作用 | X |
| | | | | | | 018 | 预加氢脱氯剂的作用 | X |
| | | | | | | 019 | 预加氢脱氯剂的种类 | Y |
| | | | | | | 020 | 预加氢脱硫剂的作用 | X |
| | | | | | | 021 | 预加氢脱硫剂的种类 | Y |
| | | | | | | 022 | 预加氢系统注阻垢剂、缓蚀剂注意事项 | Y |
| | | | | | | 023 | 精制油质量控制指标 | X |

续表

| 鉴定范围 | | | | | | 鉴定点 | | |
|---|---|---|---|---|---|---|---|---|
| 一级 | | 二级 | | 三级 | | 代码 | 名称 | 重要程度 |
| 代码 | 名称 | 代码 | 名称 | 代码 | 名称 | | | |
| | | | | | | 024 | 反应温度对重整反应过程的影响 | X |
| | | | | | | 025 | 反应压力对重整反应过程的影响 | X |
| | | | | | | 026 | 氢油比对重整反应过程的影响 | X |
| | | | | | | 027 | 空速对重整反应过程的影响 | X |
| | | | | | | 028 | 重整正常操作提量、升温的原则 | X |
| | | | | | | 029 | 加热炉正常燃烧的标准 | X |
| | | | | | | 030 | 加热炉吹灰器的作用 | Y |
| | | | | | | 031 | 芳烃潜含量的定义 | X |
| | | | | | | 032 | 芳烃转化率的概念 | X |
| | | | | | | 033 | 重整稳定塔的作用 | X |
| | | | | D | 停车操作 | 001 | 正压式空气呼吸器佩戴方法 | X |
| | | | | | | 002 | 过滤式呼吸器的使用方法 | X |
| | | | | | | 003 | 事故处理“四不放过”原则 | X |
| | | | | | | 004 | 新职工入厂“三级”安全教育内容 | Y |
| | | | | | | 005 | “三废”排放标准 | X |
| | | | | | | 006 | 硫化亚铁的性质 | Y |
| | | | | | | 007 | 用火作业安全管理规定的内容 | X |
| | | | | | | 008 | 消防蒸汽的使用注意事项 | Y |
| | | | | | | 009 | 塔设备开、封人孔的注意事项 | Z |
| | | | | | | 010 | 停车分馏系统吹扫注意事项 | X |
| | | | | | | 011 | 进入受限空间作业安全管理规定的内容 | X |
| | | | | | | 012 | 临时用电安全管理规定的内容 | X |
| | | B | 设备使用及维护 | A | 使用设备 | 001 | 截止阀的结构 | X |
| | | | | | | 002 | 闸阀的结构 | X |
| | | | | | | 003 | 截止阀的使用特点 | X |
| | | | | | | 004 | 闸阀的使用特点 | X |
| | | | | | | 005 | 离心泵气蚀的危害 | X |
| | | | | | | 006 | 离心泵气缚的危害 | X |
| | | | | | | 007 | 离心泵的气蚀余量 | Y |
| | | | | | | 008 | 离心泵扬程的概念 | X |
| | | | | | | 009 | 离心泵功率的概念 | X |
| | | | | | | 010 | 离心泵轴功率的概念 | Y |
| | | | | | | 011 | 离心泵效率的概念 | Y |
| | | | | | | 012 | 往复泵的工作原理 | X |

续表

| 鉴定范围 | | | | | | 鉴定点 | | |
|---|---|---|---|---|---|---|---|---|
| 一级 | | 二级 | | 三级 | | 代码 | 名称 | 重要程度 |
| 代码 | 名称 | 代码 | 名称 | 代码 | 名称 | | | |
| | | | | | | 013 | 往复泵扬程的概念 | X |
| | | | | | | 014 | 往复泵功率的概念 | X |
| | | | | | | 015 | 往复泵效率的概念 | Y |
| | | | | | | 016 | 计量泵的流量调节方法 | X |
| | | | | | | 017 | 安全附件的类型 | X |
| | | | | | | 018 | 安全阀的作用 | X |
| | | | | | | 019 | 液面计使用注意事项 | X |
| | | | | | | 020 | 压力表使用注意事项 | X |
| | | | | | | 021 | 温度计使用注意事项 | X |
| | | | | | | 022 | 安全阀使用注意事项 | X |
| | | | | | | 023 | 单向阀的作用 | X |
| | | | | | | 024 | 疏水器的作用 | X |
| | | | | | | 025 | 阻火器的作用 | X |
| | | | | | | 026 | 加热炉烟囱的作用 | Z |
| | | | | | | 027 | 水冷却器的作用 | X |
| | | | | | | 028 | 可燃气体报警仪作用 | X |
| | | | | | | 029 | 加热炉的“三门一板”的概念 | X |
| | | | | | | 030 | 加热炉的热效率的概念 | Y |
| | | | | | | 031 | U形管式换热器的特点 | X |
| | | | | | | 032 | 浮头式换热器的特点 | X |
| | | | | | | 033 | 立式换热器的特点 | X |
| | | | | | | 034 | 空冷器的型号含义 | Y |
| | | | | | | 035 | 空冷器的形式 | Y |
| | | | | | | 036 | 分馏塔塔板的作用 | X |
| | | | | | | 037 | 分馏塔塔板的类型 | X |
| | | | | | | 038 | 轴向反应器的优缺点 | X |
| | | | | | | 039 | 径向反应器的优缺点 | X |
| | | | | | | 040 | 设备热紧的目的 | X |
| | | | | | | 041 | 设备铭牌内容 | Z |
| | | | | | | 042 | 离心泵串并联使用注意事项 | X |
| | | | | | | 043 | 径向轴承的特点 | X |
| | | | | B | 维护设备 | 001 | 常规阀门日常维护要点 | X |
| | | | | | | 002 | 机泵巡检内容 | X |
| | | | | | | 003 | 离心泵完好标准 | X |

续表

| 鉴定范围 | | | | | | 鉴定点 | | |
|---|---|---|---|---|---|---|---|---|
| 一级 | | 二级 | | 三级 | | 代码 | 名称 | 重要程度 |
| 代码 | 名称 | 代码 | 名称 | 代码 | 名称 | | | |
| | | | | | | 004 | 机泵盘车规定 | X |
| | | | | | | 005 | 热油泵的预热注意事项 | Z |
| | | | | | | 006 | 影响润滑油润滑性能的因素 | X |
| | | | | | | 007 | 设备润滑的“五定”内容 | Y |
| | | | | | | 008 | 润滑油的“三级过滤”内容 | X |
| | | | | | | 009 | 压力容器设备的完好标准 | Y |
| | | | | | | 010 | 现场压力表更换注意事项 | X |
| | | | | | | 011 | 现场液位计更换注意事项 | X |
| | | | | | | 012 | 现场温度计更换注意事项 | X |
| | | | | | | 013 | 设备防冻防凝注意事项 | X |
| | | | | | | 014 | 压力容器安全操作要点 | X |
| | | | | | | 015 | 离心泵抱轴的现象 | X |
| | | C | 事故判断与处理 | A | 判断事故 | 001 | 离心泵气蚀的现象 | X |
| | | | | | | 002 | 离心泵气缚的现象 | Y |
| | | | | | | 003 | 往复式压缩机汽缸有杂音的原因 | X |
| | | | | | | 004 | 控制阀失灵的现象 | Z |
| | | | | | | 005 | 分馏塔液泛的现象 | X |
| | | | | | | 006 | 分馏塔漏液的现象 | X |
| | | | | | | 007 | 加热炉燃料气带油的现象 | X |
| | | | | | | 008 | 加热炉风机突然中断的现象 | X |
| | | | | | | 009 | 加热炉炉膛正压的现象 | X |
| | | | | | | 010 | 加热炉抽力过大的现象 | X |
| | | | | | | 011 | 加热炉燃料中断的现象 | X |
| | | | | | | 012 | 原料泵突然停运的现象 | X |
| | | | | | | 013 | 换热器发生泄漏的现象 | X |
| | | | | | | 014 | 离心泵抱轴的原因 | X |
| | | | | | | 015 | 离心泵产生气蚀的原因 | X |
| | | | | | | 016 | 离心泵产生气缚的原因 | Y |
| | | | | | | 017 | 往复泵不上量的原因 | X |
| | | | | | | 018 | 离心泵不上量的原因 | X |
| | | | | | | 019 | 离心泵出口压力不正常的原因 | X |
| | | | | | | 020 | 离心泵轴承温度升高的原因 | X |
| | | | | | | 021 | 机泵电机温度超高的原因 | Y |
| | | | | | | 022 | 机泵电机电流过大的原因 | X |

续表

| 鉴定范围 | | | | | | 鉴定点 | | |
|---|---|---|---|---|---|---|---|---|
| 一级 | | 二级 | | 三级 | | 代码 | 名称 | 重要程度 |
| 代码 | 名称 | 代码 | 名称 | 代码 | 名称 | | | |
| | | | | | | 023 | 分馏塔产生液泛的原因 | X |
| | | | | | | 024 | 分馏塔产生漏液的原因 | X |
| | | | | | | 025 | 燃料气分液罐带油的原因 | X |
| | | | | | | 026 | 分馏塔发生冲塔的现象 | X |
| | | | | | | 027 | 加热炉回火的现象 | X |
| | | | | | | 028 | 预加氢反应器压降过大的原因 | X |
| | | | | | | 029 | 预加氢反应器压降过大的危害 | X |
| | | | | | | 030 | 重整反应器压降过大的原因 | X |
| | | | | | | 031 | 重整反应器压降过大的危害 | X |
| | | | | | | 032 | 管线、阀门冻凝的事故现象 | X |
| | | | | | | 033 | 玻璃板液位计指示失灵的现象 | X |
| | | | | | | 034 | 压力表指示失灵的危害 | Y |
| | | | | | | 035 | 催化重整装置的生产特点 | X |
| | | | | | | 036 | 催化重整装置产生的有害物质 | X |
| | | | | | | 037 | 机泵震动大的原因 | X |
| | | | | B | 处理事故 | 001 | 消防、气防报警程序 | X |
| | | | | | | 002 | 离心泵抽空的处理要点 | X |
| | | | | | | 003 | 往复泵不上量的处理要点 | X |
| | | | | | | 004 | 分馏塔塔压波动的处理要点 | X |
| | | | | | | 005 | 分馏塔回流罐液位高报的处理要点 | X |
| | | | | | | 006 | 分馏塔回流罐液位低报的处理要点 | X |
| | | | | | | 007 | 分馏塔塔液位高报的处理要点 | Y |
| | | | | | | 008 | 分馏塔塔液位低报的处理要点 | Y |
| | | | | | | 009 | 分馏塔液泛的处理要点 | X |
| | | | | | | 010 | 分馏塔漏液的处理要点 | X |
| | | | | | | 011 | 原料泵突然停运的处理要点 | X |
| | | | | | | 012 | 燃料气带油的处理要点 | X |
| | | | | | | 013 | 蒸汽产生水击现象的处理要点 | X |
| | | | | | | 014 | 预防加热炉回火的措施 | X |
| | | | | | | 015 | 管线设备冻凝的处理要点 | Y |
| | | | | | | 016 | 空冷风机突然停运的处理要点 | X |
| | | | | | | 017 | 设备憋压的处理要点 | Y |
| | | | | | | 018 | 压力表的选用原则 | X |
| | | | | | | 019 | 燃料气管线破裂的处理要点 | X |

续表

| 鉴定范围 | | | | | | 鉴定点 | | |
|---|---|---|---|---|---|---|---|---|
| 一级 | | 二级 | | 三级 | | 代码 | 名　称 | 重要程度 |
| 代码 | 名　称 | 代码 | 名　称 | 代码 | 名　称 | | | |
| | | | | | | 020 | 分馏塔底泵抽空的处理要点 | X |
| | | | | | | 021 | 塔底液位控制阀失灵的处理要点 | X |
| | | | | | | 022 | 水冷器泄漏的处理要点 | X |
| | | | | | | 023 | 空冷器泄漏的处理要点 | X |
| | | | | | | 024 | 法兰泄漏的处理要点 | X |
| | | | | | | 025 | 加热炉风机突然中断的处理要点 | X |
| | | | | | | 026 | 加热炉炉膛正压的处理要点 | X |
| | | | | | | 027 | 加热炉抽力过大的处理要点 | X |
| | | | | | | 028 | 加热炉燃料中断的处理要点 | X |
| | | | | | | 029 | 离心泵产生气缚的处理要点 | Y |
| | | | | | | 030 | 燃料气分液罐带油的处理原则 | X |
| | | | | | | 031 | 机泵轴承温度偏高的处理原则 | X |
| | | D | 绘图与计算 | A | 绘图 | 001 | 流程图符号的意义 | Y |
| | | | | | | 002 | 常用的投影法的基本识图方法 | Z |
| | | | | | | 003 | 工艺控制流程图中符号的意义 | X |
| | | | | B | 计算 | 001 | 质量空速的计算 | X |
| | | | | | | 002 | 体积空速的计算 | X |
| | | | | | | 003 | 氢油体积比的计算 | X |
| | | | | | | 004 | 氢油摩尔比的计算 | Y |
| | | | | | | 005 | 压力单位换算 | X |
| | | | | | | 006 | 氢分压的计算 | X |
| | | | | | | 007 | 重整反应温降的计算 | X |
| | | | | | | 008 | 催化剂堆积密度的计算 | X |
| | | | | | | 009 | 流量的计算 | X |
| C | 相关知识 | A | 工艺操作 | A | 开车准备 | 001 | 半再生重整反应系统的原则流程 | X |
| | | | | B | 开车操作 | 001 | 半再生重整分子筛干燥系统的作用 | X |
| | | | | | | 002 | 还原态催化剂开工注意事项 | X |
| | | C | 事故判断与处理 | B | 处理事故 | 001 | 预加氢反应器压降过大的处理原则 | X |
| | | | | | | 002 | 催化重整反应器压降过大的处理原则 | X |
| D | 相关知识 | A | 工艺操作 | A | 开车准备 | 001 | 移动床的特点 | X |
| | | | | | | 002 | 烧焦空气的规格 | X |
| | | | | | | 003 | 干燥空气的规格 | X |
| | | | | B | 开车操作 | 001 | 再生系统升温注意事项 | Y |
| | | | | C | 正常操作 | 001 | 催化剂采样注意事项 | X |

续表

| 鉴定范围 | | | | | | 鉴定点 | | |
|---|---|---|---|---|---|---|---|---|
| 一级 | | 二级 | | 三级 | | 代码 | 名称 | 重要程度 |
| 代码 | 名称 | 代码 | 名称 | 代码 | 名称 | | | |
| | | B | 设备使用及维护 | A | 使用设备 | 001 | 再生系统V阀门的特点 | Y |
| | | | | | | 002 | 再生系统B阀门的特点 | X |
| | | | | | | 003 | 再生系统G阀门的特点 | X |
| | | | | | | 004 | 再生系统V阀门的性能 | X |
| | | | | | | 005 | 再生系统B阀门的性能 | X |
| | | | | | | 006 | 再生系统G阀门的性能 | X |
| | | | | | | 007 | 粉尘收集器的切换注意事项 | X |
| | | | | | | 008 | 再生电加热器实用注意事项 | X |
| | | | | | | 009 | 粉尘收集器的反吹注意事项 | Z |
| | | | | | | 010 | 卸粉尘操作注意事项 | X |
| | | C | 事故判断与处理 | A | 判断事故 | 001 | 电加热器起跳的原因 | X |
| | | | | B | 处理事故 | 001 | 连续重整反应器压降过大的处理原则 | X |
| E | 相关知识 | A | 工艺操作 | A | 开车准备 | 001 | 芳烃抽提的工艺原理 | X |
| | | | | | | 002 | 抽提蒸馏的工艺原理 | X |
| | | | | | | 003 | 环丁砜溶剂的物化性质 | X |
| | | | | | | 004 | 四乙二醇醚溶剂的物化性质 | Y |
| | | | | | | 005 | 苯的物理性质 | Y |
| | | | | | | 006 | 甲苯的物理性质 | X |
| | | | | | | 007 | 二甲苯的物理性质 | X |
| | | | | | | 008 | 苯产品的规格 | X |
| | | | | B | 开车操作 | 001 | 抽提塔的作用 | X |
| | | | | | | 002 | 抽提汽提塔的作用 | X |
| | | | | | | 003 | 溶剂回收塔的作用 | X |
| | | | | | | 004 | 溶剂再生塔的作用 | X |
| | | | | | | 005 | 白土的特性 | X |
| | | | | | | 006 | 白土塔的作用 | X |
| | | | | | | 007 | 白土塔的装填要求 | X |
| | | | | | | 008 | 白土塔投用、切换注意事项 | X |
| | | | | C | 正常操作 | 001 | 液液抽提装置的工艺特点 | Y |
| | | | | | | 002 | 抽提蒸馏装置的工艺特点 | Y |
| | | | | | | 003 | 精馏塔精馏段、提馏段划分的依据 | X |
| | | | | | | 004 | 回收塔真空度对操作的影响 | X |
| | | | | | | 005 | 抽提苯塔拔顶苯的作用 | X |
| | | | | | | 006 | 溶剂选择性与温度间的关系 | X |

续表

| 鉴定范围 | | | | | | 鉴定点 | | |
|---|---|---|---|---|---|---|---|---|
| 一级 | | 二级 | | 三级 | | 代码 | 名称 | 重要程度 |
| 代码 | 名称 | 代码 | 名称 | 代码 | 名称 | | | |
| | | | | | | 007 | 精馏塔回流量与再沸量间的关系 | X |
| | | | | | | 008 | 循环溶剂中芳烃含量对抽提效果的影响 | X |
| | | | | | | 009 | 影响苯塔温度差的主要因素 | X |
| | | C | 事故判断与处理 | D | 停车操作 | 001 | 废白土的处理 | X |
| | | | | A | 判断事故 | 001 | 白土失活的原因 | X |
| | | | | B | 处理事故 | 001 | 苯对人体的危害 | X |
| | | | | | | 002 | 甲苯对人体的危害 | X |

## 三、理论知识试题

### 行业通用理论知识试题

**判断题**

1. 岗位交接班记录不属于运行记录。 (√)

2. 填写记录要求及时、准确、客观真实、内容完整、字迹清晰。 (√)

3. 工艺流程图中，主要物料(介质)的流程线用细实线表示。 (×)

**正确答案：**工艺流程图中，主要物料(介质)的流程线用粗实线表示。

4. 在工艺流程图中，表示法兰堵盖的符号是。 (√)

5. 在工艺流程图中，符号表示的是减压阀。 (×)

**正确答案：**在工艺流程图中，符号表示的是减压阀。

6. 带控制点的工艺流程图中，表示压力调节阀的符号是。 (×)

**正确答案：**带控制点的工艺流程图中，表示压力调节阀的符号是。

7. 石化生产中存在诸多不安全因素。事故多，损失大。 (√)

8. 防护罩、安全阀等不属于安全防护装置。 (×)

**正确答案：**防护罩、安全阀等均属于安全防护装置。

9. 安全检查的任务是发现和查明各种危险和隐患，督促整改；监督各项安全管理规章制度的实施；制止违章指挥、违章作业。 (√)

10. 女工在从事转动设备作业时必须将长发或发辫盘卷在工作帽内。 (√)

11. 从事化工作业人员必须佩戴防护镜或防护面罩。 (×)

**正确答案：**从事对眼睛及面部有伤害危险作业时必须佩戴有关的防护镜或面罩。

12. 穿用防护鞋时应将裤脚插入鞋筒内。 (×)

**正确答案：**穿用防护鞋的职工禁止将裤脚插入鞋筒内。

13. 对于从事在生产过程中接触能通过皮肤侵入人体的有害尘毒作业人员，只需发放防护服。 (×)

**正确答案：** 对于从事在生产过程中接触能通过皮肤侵入人体的有害尘毒作业人员，需发放防护服，并需有工业护肤用品，涂在手臂、脸部，以保护职工健康。

14. 在超过噪声标准的岗位工作的职工，要注意保护自己的听力，可戴上企业发给的各种耳塞、耳罩等。（×）

**正确答案：** 在超过噪声标准的岗位工作的职工，要注意保护自己的听力，一定要戴上企业发给的各种耳塞、耳罩等。

15. 口鼻的防护即口腔和鼻腔的防护。（×）

**正确答案：** 口鼻的防护即呼吸系统的防护。

16. 人体皮肤是化工生产中有毒有害物质侵入人体的主要途径。（√）

17. 一般情况下，应将转动、传动部位用防护罩保护起来。（√）

18. 在设备一侧的转动、传动部位要做好外侧及内侧的防护。（×）

**正确答案：** 在设备一侧的转动、传动部位要做好外侧及周边的防护。

19. 各种皮带运输机、链条机的转动部位，除装防护罩外，还应有安全防护绳。（√）

20. 在传动设备的检修工作中，只需在电气开关上挂有"有人作业，禁止合闸"的安全警告牌。（×）

**正确答案：** 在传动设备的检修工作中，电气开关上应挂有"有人作业，禁止合闸"的安全警告牌，并设专人监护。

21. 限于厂内行驶的机动车不得用于载人。（√）

22. 严禁在生产装置罐区及易燃易爆装置区内用有色金属工具进行敲打撞击作业。（×）

**正确答案：** 严禁在生产装置罐区及易燃易爆装置区内用黑色金属工具进行敲打撞击作业。

23. 烟、雾、粉尘等物质是气体，易进入呼吸系统，危害人体健康。（×）

**正确答案：** 烟、雾、粉尘等物质是气溶胶，易进入呼吸系统，危害人体健康。

24. 烟尘的颗粒直径在 0.1$\mu$m 以下。（√）

25. 职业中毒是指在生产过程中使用的有毒物质或有毒产品，以及生产中产生的有毒废气、废液、废渣引起的中毒。（√）

26. 毒物进入人体就叫中毒。（×）

**正确答案：** 毒物对有机体的毒害作用叫中毒。

27. 低毒物质进入人体所引发的病变称慢性中毒。（×）

**正确答案：** 低浓度的毒物长期作用于人体所引发的病变称慢性中毒。

28. 急性中毒患者呼吸困难时应立即吸氧。停止呼吸时，立即做人工呼吸，气管内插管给氧，维持呼吸通畅并使用兴奋剂药物。（√）

29. 急性中毒患者心跳骤停应立即做胸外挤压术，每分钟 30～40 次。（×）

**正确答案：** 急性中毒患者心跳骤停应立即做胸外挤压术，每分钟 60～70 次。

30. 休克病人应平卧位，头部稍高。昏迷病人应保持呼吸道畅通，防止咽下呕吐物。（×）

**正确答案：** 休克病人应平卧位，头部稍低。昏迷病人应保持呼吸道畅通，防止咽下呕吐物。

31. 高处作业人员应系用与作业内容相适应的安全带，安全带应系挂在施工作业处上方的牢固挂件上，不得系挂在有尖锐的棱角部位。（√）

32. 高处作业可以上下投掷工具和材料，所用材料应堆放平稳，必要时应设安全警戒区，并设专人监护。（×）

**正确答案：** 高处作业严禁上下投掷工具和材料，所用材料应堆放平稳，必要时应设安全警戒区，并设专人监护。

33. 高处作业人员不得站在不牢固的结构物上进行作业，可以在高处休息。（×）

**正确答案：** 高处作业人员不得站在不牢固的结构物上进行作业，不得在高处休息。

34. 燃烧产生的废气是石化行业污染的主要来源之一。（√）

35. 工艺过程排放是造成石化行业污染的主要途径。（√）

36. 成品或副产品不会造成石化行业的污染。（×）

**正确答案：** 成品或副产品的夹带也会造成石化行业的污染。

37. 石化行业污染的特点之一是污染物种类多、危害大。（√）

38. 清洁生产通过末端治理污染来实现。（×）

**正确答案：** 清洁生产通过应用专门技术，改进工艺、设备和改变管理态度来实现。

39. 清洁的服务不属于清洁生产的内容。（×）

**正确答案：** 清洁的服务属于清洁生产的内容之一。

40. 引起闪燃的最高温度称为闪点。（×）

**正确答案：** 引起闪燃的最低温度称为闪点。

41. 燃点是指可燃物质在空气充足条件下，达到某一温度时与火源接触即行着火，并在移去火源后继续燃烧的最低温度。（√）

42. 自燃点是指可燃物在没有火焰、电火花等火源直接作用下，在空气或氧气中被加热而引起燃烧的最高温度。（×）

**正确答案：** 自燃点是指可燃物在没有火焰、电火花等火源直接作用下，在空气或氧气中被加热而引起燃烧的最低温度。

43. 干粉灭火器能迅速扑灭液体火焰，同时泡沫能起到及时冷却作用。（√）

44. 抗溶性泡沫灭火剂可以扑灭一般烃类液体火焰，但不能扑救水溶性有机溶剂的火灾。（×）

**正确答案：** 抗溶性泡沫灭火剂可以扑灭一般烃类液体火焰，同时能扑救水溶性有机溶剂的火灾。

45. 1211 灭火器仅适用于扑灭易燃、可燃气体或液体，不适用于扑灭一般易燃固体物质的火灾。（×）

**正确答案：** 1211 灭火器不仅适用于扑灭易燃、可燃气体或液体，也适用于扑灭一般易燃固体物质的火灾。

46. ISO 14000 系列环境管理标准是国际标准化组织（ISO）第 207 技术委员会（ISO/TC207）组织制订的环境管理体系标准，其标准号从 14001 到 14100，共 100 个标准号，统称为 ISO 14000系列标准。（√）

47. HSE 管理体系是指实施安全、环境与健康管理的组织机构、职责、做法、程序、过程和资源等而构成的整体。（√）

48. HSE 中的 S（安全）是指在劳动生产过程中，努力改善劳动条件、克服安全因素，使劳动生产在保证劳动者健康、企业财产不受损失、人民生命安全的前提下顺利进行。（×）

**正确答案：**HSE中的S(安全)是指在劳动生产过程中，努力改善劳动条件、克服不安全因素，使劳动生产在保证劳动者健康、企业财产不受损失、人民生命安全的前提下顺利进行。

49. 建立HSE管理体系可改善企业形象，取得经济效益和社会效益。(√)

50. 建立HSE管理体系不能控制HSE风险和环境影响。(×)

**正确答案：**建立HSE管理体系可有效控制HSE风险和环境影响。

51. 对工作不负责任，不严格执行各项规章制度，违反劳动纪律造成事故的主要责任者应严肃处理。(√)

52. 标准化是指在经济、技术、科学及管理等社会实践中，对事物和概念通过制订、发布和实施标准达到统一，以获最佳秩序和社会效益。(×)

**正确答案：**标准化是指在经济、技术、科学及管理等社会实践中，对重复性事物和概念通过制订、发布和实施标准达到统一，以获最佳秩序和社会效益。

53. 任何标准，都是在一定条件下的“统一规定”，标准化的统一是相对的。(√)

54. 对已有国家标准、行业标准或地方标准的，鼓励企业制定低于国家标准、行业标准或地方标准要求的企业标准。(×)

**正确答案：**对已有国家标准、行业标准或地方标准的，鼓励企业制订高于国家标准、行业标准或地方标准要求的企业标准。

55. 按约束力分，国家标准、行业标准可分为强制性标准、推荐性标准和指导性技术文件。(√)

56. 只要企业活动和要素具有“重复性”，都可以进行标准化。(√)

57.2000版ISO 9000族标准可适用于所有产品类型、不同规模和各种类型的组织，并可根据实际需要增加某些质量管理要求。(×)

**正确答案：**2000版ISO 9000族标准可适用于所有产品类型、不同规模和各种类型的组织，并可根据实际需要减少某些质量管理要求。

58.ISO 9000族标准是质量保证模式标准之一，用于合同环境下的外部质量保证。可作为供方质量保证工作的依据，也是评价供方质量体系的依据。(√)

59. 计算机内存是可以由CPU直接存取数据的地方。(√)

60. 杀毒软件对于病毒来说永远是落后的，也就是说，只有当一种病毒出现后，才能产生针对这种病毒的消除办法。(√)

61. 在计算机应用软件Word中输入文字，当打满一行时，必须按一下Enter键换到下一行继续输入。(×)

**正确答案：**在Word中输入文字，当打满一行时，不需按一下Enter键，系统可自动换到下一行继续输入。

62. 中国大陆地区的顶级域名是“cn”。(√)

63. 使用应用程序Outlook Express可以同时向多个地址发送电子邮件，也可以把收到的邮件转发给第三者。(√)

64.《劳动法》规定，对劳动者基本利益的保护是最基本的保护，不应由于用人单位所有制的不同或组织形式不同而有所差异。(√)

65. 依据《劳动法》的规定，劳动争议当事人对仲裁裁决不服的，可以自收到仲裁裁决书之日起三十日内向人民法院提起诉讼。一方当事人在法定期限内不起诉又不履行仲裁裁决的，另一方当事人可申请人民法院强制执行。（√）

66. 劳动安全卫生工作“三同时”是指：新建工程的劳动安全卫生设施必须与主体工程同时设计、同时施工、同时投入生产和使用。（×）

**正确答案：**劳动安全卫生工作“三同时”是指：新建、改建或扩建工程的劳动安全卫生设施必须与主体工程同时设计、同时施工、同时投入生产和使用。

67.《产品质量法》规定，生产者不得生产国家明令淘汰的产品；不得伪造或者冒用认证标志等质量标志。（√）

68. 产品质量义务分为积极义务和消极义务，“生产者不得伪造产地，不得伪造或者冒用他人的厂名、厂址”属于产品生产者的积极义务。（×）

**正确答案：**产品质量义务分为积极义务和消极义务，“生产者不得伪造产地，不得伪造或者冒用他人的厂名、厂址”属于产品生产者的消极义务。

69. 从业人员在发现直接危及人身安全的紧急情况时，有权停止作业或者在采取可能的应急措施后撤离作业场所。（√）

70.《消防法》第四十八条规定：埋压、圈占消火栓或者占用防火间距、堵塞消防通道的，或者损坏和擅自挪用、拆除、停用消防设施、器材的，处警告、罚款或者十日以下拘留。（×）

**正确答案：**《消防法》第四十八条规定：埋压、圈占消火栓或者占用防火间距、堵塞消防通道的，或者损坏和擅自挪用、拆除、停用消防设施、器材的，处警告或者罚款。

71. 职业技能鉴定是按照国家规定的职业标准，通过政府授权的考核鉴定机构对劳动者的专业知识和技能水平进行客观、公正、科学规范地评价与认证的活动。（√）

72. 职业技能鉴定是为劳动者颁发职业资格证书。（×）

**正确答案：**职业技能鉴定是为劳动者持证上岗和用人单位就业准入提供资格认证的活动。

73. 职业技能鉴定考试是以社会劳动者的职业技能为对象，以规定的职业标准为参照系统，通过相关知识和实际操作的考核作为综合手段，为劳动者持证上岗和用人单位就业准入提供资格认证的活动。（√）

74. 职业资格证书分一级、二级、三级、四级、五级五个级别。（√）

75. 职业资格证书是劳动者的专业知识和职业技能水平的证明。（√）

76. 职业资格证书是劳动者持证上岗和用人单位录用员工的资格认证。（√）

77. 职业是指从业人员为获取主要生活来源所从事的社会工作类别。（√）

78. 一个职业可以包括一个或几个工种，一个工种又可以包括一个或几个岗位，它们是一种包含与被包含的关系。（√）

## 单选题

1. 运行记录填写错误需要更正时，必须采用（ C ）。

A. 撕页重写　　B. 用刀片刮去重写　　C. 划改　　D. 涂改

2. 化工管路图中，表示蒸汽伴热管道的规定线型是（ C ）。

A. 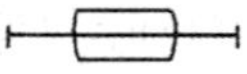　　B. 　　C. 　　D. 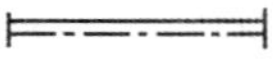

3. 化工管路图中，表示热保温管道的规定线型是( A )。

A.  B.  C.  D. 

4. 在工艺流程图中，下列符号表示活接头的是( C )。

A. 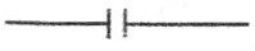 B.  C. 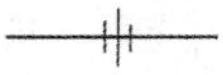 D. 

5. 在工艺流程图中，表示法兰连接的符号是( D )。

A. 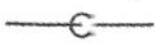 B. 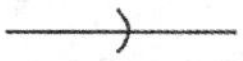 C. 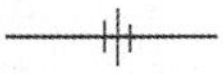 D. 

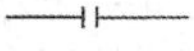

6. 在工艺流程图中，表示闸阀的符号是( B )。

A.  B.  C.  D. 

7. 在工艺流程图中，表示球阀的符号是( D )。

A.  B.  C. 

D. 

8. 在工艺流程图中，表示截止阀的符号是( A )。

A. 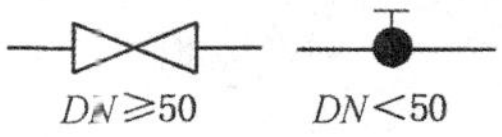

B. 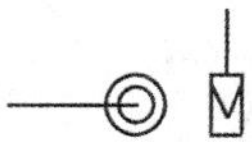

C.  D. 

9. 带控制点的工艺流程图中，仪表控制点以( A )在相应的管路上用代号、符号画出。

A. 细实线　B. 粗实线　C. 虚线　D. 点划线

10. 带控制点的工艺流程图中，表示指示的功能符号是( C )。

A. T　B. J　C. Z　D. X

11. 带控制点的工艺流程图中，表示电磁流量计的符号是( B )。

A. 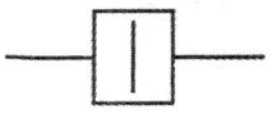 B. 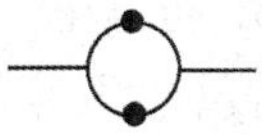

C. 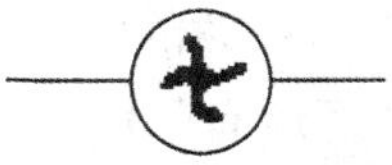 D. 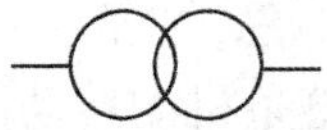

12. 石化生产存在许多不安全因素，其中易燃、易爆、有毒、有( A )的物质较多是主要的不安全因素之一。

A. 腐蚀性　B. 异味　C. 挥发性　D. 放射性

13. 石化生产的显著特点是工艺复杂、( C )要求严格。

A. 产品　B. 原料　C. 操作　D. 温度

14. 我国安全生产的方针是“( C )第一，预防为主”。

A. 管理　B. 效益　C. 安全　D. 质量

15.“防消结合，以( D )为主”。

A. 管　B. 消　C. 人　D. 防

16.“三级安全教育”即厂级教育、车间级教育、( A )级教育。

A. 班组　B. 分厂　C. 处　D. 工段

17. 工人的日常安全教育应以“周安全活动”为主要阵地进行，并对其进行( B )的安全教育考核。

A. 每季一次　B. 每月一次　C. 每半年一次　D. 一年一次

18. 为保护头部不因重物坠落或其他物件碰撞而伤害头部的防护用品是( A )。

A. 安全帽　　B. 防护网　　C. 安全带　　D. 防护罩

19. 从事( B )作业时，作业人员必须穿好专用的工作服。

A. 电焊　　B. 酸碱　　C. 高空　　D. 气焊

20. 从事计算机、焊接及切割作业、光或其他各种射线作业时，需佩戴专用( C )。

A. 防护罩　　B. 防护网　　C. 防护镜　　D. 防护服

21. 从事有( B )、热水、热地作业时应穿相应胶鞋。

A. 硬地　　B. 腐蚀性　　C. 检修作业　　D. 机床作业

22. 从事( A )作业时应穿耐油胶鞋。

A. 各种油类　　B. 酸碱类　　C. 机加工　　D. 检查维护

23. 从事酸碱作业时，作业人员需戴( C )手套。

A. 布　　B. 皮　　C. 耐酸碱各种橡胶　D. 塑料

24. 线手套或( B )手套只可作为一般的劳动防护用品。

A. 皮　　B. 布　　C. 橡胶　　D. 塑料

25. 耳的防护即( A )的保护。

A. 听力　　B. 耳廓　　C. 头部　　D. 面部

26. 工作地点有有毒的气体、粉尘、雾滴时，为保护呼吸系统，作业人员应按规定携带戴好( A )。

A. 过滤式防毒面具　　B. 防护服

C. 口罩　　D. 防护面罩

27. 从事易燃、易爆岗位的作业人员应穿( B )工作服。

A. 腈纶　　B. 防静电　　C. 涤纶　　D. 防渗透

28. 从事苯、石油液化气等易燃液体作业人员应穿( D )工作服。

A. 耐腐蚀　　B. 阻燃　　C. 隔热　　D. 防静电

29. 各种皮带运输机、链条机的转动部位，除安装防护罩外，还应有( A )。

A. 安全防护绳　　B. 防护线　　C. 防护人　　D. 防护网

30. 厂内行人要注意风向及风力，以防在突发事故中被有毒气体侵害。遇到情况时要绕行、停行、( C )。

A. 顺风而行　　B. 穿行　　C. 逆风而行　　D. 快行

31. 不能用于擦洗设备的是( D )。

A. 肥皂　　B. 洗衣粉　　C. 洗洁精　　D. 汽油

32. 不属于有毒气体的是( C )。

A. 氯气　　B. 硫化氢　　C. 二氧化碳　　D. 一氧化碳

33. 属于气体物质的是( A )。

A. 氯气　　B. 烟气　　C. 盐酸雾滴　　D. 粉尘

34. 引起慢性中毒的毒物绝大部分具有( A )。

A. 蓄积作用　　B. 强毒性　　C. 弱毒性　　D. 中强毒性

35. 急性中毒现场抢救的第一步是( C )。

A. 迅速报警　　B. 迅速拨打 120 急救

C. 迅速将患者转移到空气新鲜处　　D. 迅速做人工呼吸

36. 酸烧伤时，应用( B )溶液冲洗。

A. 5%碳酸钠　　B. 5%碳酸氢钠　　C. 清水　　D. 5%硼酸

37. 高处作业是指在坠落高度基准面(含)( A )m 以上，有坠落可能的位置进行的作业。

A. 2　　B. 2.5　　C. 3　　D. 5

38. 一般不会造成环境污染的是( B )。

A. 化学反应不完全　　B. 化学反应完全

C. 装置的泄漏　　D. 化学反应中的副反应

39. 不属于石化行业污染主要途径的是( C )。

A. 工艺过程的排放　　B. 设备和管线的滴漏

C. 成品运输　　D. 催化剂、助剂等的弃用

40. 不属于石化行业污染特点的是( B )。

A. 毒性大　　B. 毒性小　　C. 有刺激性　　D. 有腐蚀性

41. 清洁生产是指在生产过程、产品寿命和( A )领域持续地应用整体预防的环境保护战略，增加生态效率，减少对人类和环境的危害。

A. 服务　　B. 能源　　C. 资源　　D. 管理

42. 清洁生产的内容包括清洁的能源、( D )、清洁的产品、清洁的服务。

A. 清洁的原材料　　B. 清洁的资源

C. 清洁的工艺　　D. 清洁的生产过程

43. 不属于燃烧三要素的是( C )。

A. 点火源　　B. 可燃性物质　　C. 阻燃性物质　　D. 助燃性物质

44. 气体测爆仪测定的是可燃气体的( D )。

A. 爆炸下限　　B. 爆炸上限　　C. 爆炸极限范围　　D. 浓度

45. MF4 型手提式干粉灭火器的灭火参考面积是( B )$m^2$。

A. 1.5　　B. 1.8　　C. 2.0　　D. 2.5

46. MF8 型手提式干粉灭火器的喷射距离大于等于( B )m。

A. 3　　B. 5　　C. 6　　D. 7

47. MFT70 型推车式干粉灭火器的灭火射程在( D )m。

A. 8～10　　B. 17～20　　C. 30～35　　D. 10～13

48. MPT100 型推车式干粉灭火器的灭火射程在( A )m。

A. 16～18　　B. 14～16　　C. 12～14　　D. 18～20

49. MY2 型手提式 1211 灭火器的灭火射程是( C )m。

A. 1　　B. 2　　C. 3　　D. 4

50. MY0.5 型手提式 1211 灭火器的灭火射程在( D )m。

A. 3　　B. 4.5　　C. 2.5　　D. 2

51. ISO 14000 系列标准的核心是( B )标准。

A. ISO 14000　　B. ISO 14001　　C. ISO 14010　　D. ISO 14100

52. HSE 管理体系是指实施安全、环境与( C )管理的组织机构、职责、做法、程序、过

程和资源等而构成的整体。

A. 生命　　B. 过程　　C. 健康　　D. 资源

53. 建立 HSE 管理体系可提高企业安全、环境和健康( A )。

A. 管理水平　　B. 操作水平　　C. 使用水平　　D. 能源水平

54. 事故处理要坚持( C )不放过的原则。

A. 二　　B. 三　　C. 四　　D. 五

55. 违章作业、违反纪律等造成的一般事故，对责任者应给予( D )。

A. 警告处分　　B. 记过处分　　C. 行政处分　　D. 处罚

56. 标准化包括( C )的过程。

A. 研究、制定及颁布标准　　B. 制定、修改及使用标准

C. 制定、发布及实施标准　　D. 研究、公认及发布标准

57. 根据《中华人民共和国标准化法》的规定，我国的标准分为( B )四级。

A. 国际标准、国家标准、地方标准和企业标准

B. 国家标准、行业标准、地方标准和企业标准

C. 国家标准、地方标准、行业标准和企业标准

D. 国际标准、国家标准、行业标准和地方标准

58. 我国在国家标准管理办法中规定国家标准的有效期一般为( C )年。

A. 3　　B. 4　　C. 5　　D. 7

59. 2000 版 ISO 9000 族标准适用的范围是( D )。

A. 小企业　　B. 大中型企业

C. 制造业　　D. 所有行业和各种规模的组织

60. 在电脑的存储设备中，数据存取速度从快到慢的顺序是( B )。

A. 软盘、硬盘、光盘、内存　　B. 内存、硬盘、光盘、软盘

C. 软盘、硬盘、内存、光盘　　D. 光盘、软盘、内存、硬盘

61. 计算机硬件系统最核心的部件是( C )。

A. 内存储器　　B. 主机　　C. CPU　　D. 主板

62. 键盘是计算机的一种( D )设备。

A. 控制　　B. 存储　　C. 输出　　D. 输入

63. 计算机病毒会给计算机造成的损坏是( B )。

A. 只损坏软件　　B. 损坏硬件、软件或数据

C. 只损坏硬件　　D. 只损坏数据

64. 一张加了写保护的软磁盘( C )。

A. 不会向外传染病毒，但是会感染病毒

B. 不会向外传染病毒，也不会感染病毒

C. 不会再感染病毒，但是会向外传染病毒

D. 既向外传染病毒，又会感染病毒

65. 计算机防病毒软件可( B )。

A. 永远免除计算机病毒对计算机的侵害

B. 具有查病毒、杀病毒、防病毒的功能

C. 消除全部已发现的计算机病毒

D. 对已知病毒产生免疫力

66. 在计算机应用软件 Word 编辑中，以下键盘命令中执行复制操作的命令是( B )。

A. Ctrl + A　　B. Ctrl + C　　C. Ctrl + X　　D. Ctrl + V

67. 在计算机应用软件 Word 中常用工具栏中的“格式刷”用于复制文本和段落的格式，若要将选中的文本或段落格式重复用多次，应进行( A )操作。

A. 双击格式刷　　B. 拖动格式刷

C. 右击格式刷　　D. 单击格式刷

68. 使用 IE 浏览某网站时，出现的第一个页面称为网站的( C )。

A. WEB 页　　B. 网址　　C. 主页　　D. 网页

69. 在浏览 WEB 网页的过程中，如果你发现自己喜欢的网页并希望以后多次访问，应当使用的方法是( A )。

A. 放到收藏夹中　　B. 建立浏览　　C. 建立地址簿　　D. 用笔抄写到笔记本上

70. 发送电子邮件时，不可作为附件内容的是( B )。

A. 可执行文件　　B. 文件夹　　C. 压缩文件　　D. 图像文件

71. 某电子邮件地址为 new@public.bta.net.cn，其中 new 代表( A )。

A. 用户名　　B. 主机名　　C. 本机域名　　D. 密码

72.《劳动法》规定，所有劳动者的合法权益一律平等地受我国劳动法的保护，不应有任何歧视或差异。这体现了对劳动者权益( B )的保护。

A. 最基本　　B. 平等　　C. 侧重　　D. 全面

73.《劳动法》规定，( A )的保护是对劳动者的最低限度保护，是对劳动者基本利益的保护，对劳动者的意义最重要。

A. 最基本　　B. 全面　　C. 侧重　　D. 平等

74. 依据《劳动法》规定，劳动合同可以约定试用期。试用期最长不超过( C )个月。

A. 12　　B. 10　　C. 6　　D. 3

75. 能够认定劳动合同无效的机构是( B )。

A. 各级人民政府　　B. 劳动争议仲裁委员会

C. 各级劳动行政部门　　D. 工商行政管理部门

76. 我国劳动法律规定，集体协商职工一方代表在劳动合同期内，自担任代表之日起( A )年以内，除个人严重过失外，用人单位不得与其解除劳动合同。

A. 5　　B. 4　　C. 3　　D. 2

77. 依据《劳动法》的规定，发生劳动争议时，提出仲裁要求的一方应当自劳动争议发生之日起( D )日内向劳动争议仲裁委员会提出书面申请。

A. 三十　　B. 四十　　C. 五十　　D. 六十

78. 依据《劳动法》的规定，用人单位与劳动者发生劳动争议，当事人可以依法( B )，也可以协商解决。

A. 提起诉讼　　B. 申请调解、仲裁、提起诉讼

C. 申请仲裁　　D. 申请调解

79. 我国《劳动法》规定，安排劳动者延长劳动时间的，用人单位应支付不低于劳动者正常工作时间工资的( B )的工资报酬。

A. 100%　　B. 150%　　C. 200%　　D. 300%

80. 我国劳动法律规定的最低就业年龄是( C )周岁。

A. 18　　B. 17　　C. 16　　D. 15

81. 依据《劳动法》的规定，用人单位必须为劳动者提供符合国家规定的劳动安全卫生条件和必要的劳动防护用品，对从事有( B )危害作业的劳动者应当定期进行健康检查。

A. 身体　　B. 职业　　C. 潜在　　D. 健康

82.《产品质量法》规定，因产品存在缺陷造成人身、缺陷产品以外的其他财产损害的，应当由( D )承担赔偿责任。

A. 生产者和销售者共同　　B. 销售者

C. 消费者　　D. 生产者

83. 产品质量义务中的行为人必须为一定质量行为或不为一定质量行为的( C )性，是义务区别于权利的质的差异和主要特征。

A. 必然　　B. 重要　　C. 必要　　D. 强制

84.《安全生产法》规定，从业人员有获得符合( A )的劳动防护用品的权利。

A. 国家标准、行业标准　　B. 行业标准、企业标准

C. 国家标准、地方标准　　D. 企业标准、地方标准

85. 不属于《安全生产法》规定的从业人员安全生产保障知情权的一项是( D )。

A. 有权了解其作业场所和工作岗位存在的危险因素

B. 有权了解防范措施

C. 有权了解事故应急措施

D. 有权了解事故后赔偿情况

86. 下列说法不正确的是( C )。

A. 任何单位和个人不得损坏或者擅自挪用、拆除、停用消防设备、器材

B. 任何单位和个人不得占有防火间距、不得堵塞消防通道

C. 营业性场所不能保障疏散通道、安全出口畅通的，责令限期改正；逾期不改正的，对其直接负责的主管人员和其他直接责任人员依法给予行政处分或者处警告

D. 阻拦报火警或者谎报火警的，处警告、罚款或者十日以下拘留

87. 以机动车驾驶技能为例，个人日常生活中驾驶是属于( B )。

A. 职业技能　　B. 生活技能　　C. 操作技能　　D. 肢体技能

88. 职业技能鉴定考试的主要目的是( A )。

A. 为劳动者持证上岗和用人单位就业准入资格提供依据

B. 为劳动者提供就业证书

C. 检验劳动者的技能水平

D. 测量劳动者职业技能的等级

89. 职业技能鉴定考试属于( D )。

A. 常模参照考试　　B. 上岗考试

C. 取证考试　　D. 标准参照考试

90. 职业资格证书初级、中级、高级、技师、高级技师对应的级别分别是( A )。

A. 五 、四、三、二、一　　B. 一、二、三、四、五

C. 二、三、四、五、六　　D. 六、五、四、三、二

91. 职业资格证书是由( B )机构印制。

A. 各级教育部门　　B. 劳动保障部门

C. 劳动者所在的劳资部门　　D. 职业技能鉴定部门

92. 可以作为劳动者就业上岗和用人单位准入就业的主要依据是( C )。

A. 毕业证书　　B. 介绍信

C. 职业资格证书　　D. 成绩单

93. 职业具有社会性、稳定性、规范性、群体性和( A )等特点。

A. 目的性　　B. 开放性　　C. 先进性　　D. 实用性

## 职业通用理论知识试题(《燃料油生产工》)

### 判断题

1. 元素化合价与其价电子构型有关，价电子构型的周期性变化决定了元素化合价的周期性变化。(√)

2. 溶质和溶剂是相对而言的。(√)

3. 氯化钙固体放置在空气中表面变湿的现象，称之为结晶。(×)

**正确答案：**氯化钙固体放置在空气中表面变湿的现象，称之为潮解。

4. 饱和蒸汽压越高，就说明液体越容易气化。(√)

5. 把任何物质的饱和溶液，升高温度即成不饱和溶液了。(×)

**正确答案：**不一定，如石灰水升高温度其溶解度变小，所以依然是饱和溶液。

6. 20℃时，把36g食盐溶解在100g水里且正好达到饱和状态，所以20℃时食盐在水中的溶解度是36g。(√)

7. 氧化－还原反应的实质是反应物的被氧化元素和被还原元素之间发生了电子转移。(√)

8. 将氯气通入溴化钠溶液，溴被置换是还原。(×)

**正确答案：**将氯气通入溴化钠溶液，溴被置换是氧化。

9. 除氢氟酸外，其他氢卤酸都是弱酸。(×)

**正确答案：**除氢氟酸外，其他氢卤酸都是强酸。

10. 氢氧化钠浓溶液对纸张等没有腐蚀作用。(×)

**正确答案：**氢氧化钠浓溶液对纸张等有强烈的腐蚀作用。

11. 硫化氢溶于水后所形成的氢硫酸是强酸。(×)

**正确答案：**硫化氢溶于水后所形成的氢硫酸是弱酸。

12. 二氧化硫排入空气会造成污染，是形成酸雨的重要因素。(√)

13. 分子式相同的烷烃是同一种物质。(×)

**正确答案：**分子式相同的烷烃不一定是同一种物质，可能为同分异构体。

14. C═C双键是烯烃的官能团。(√)

15. 分子中含有两个碳碳双键的开链不饱和烃叫做二烯烃。(√)

16. 烷烃不是易燃易爆物质。（×）

**正确答案：** 烷烃是易燃易爆物质。

17. 烯烃的化学性质比相同碳原子数的烷烃活泼。（√）

18. 炔烃是分子中含有碳碳叁键的开链不饱和烃。（√）

19. 如果改变影响化学平衡的条件，平衡就向能够使这种改变减弱的方向移动。（√）

20. 理想气体的体积只与气体的种类有关，与气体的量无关。（×）

**正确答案：** 理想气体的体积与气体的种类无关，只与气体的量有关。

21. 氧气是化学性质活泼的气体，能和绝大多数金属及非金属化合，形成各种氧化物。（√）

22. 一切生物的细胞组织成分里都含有氢。（√）

23. 大气中氮气的含量比氧气少。（×）

**正确答案：** 大气中氮气的含量比氧气多。

24. 过热蒸汽的温度低于饱和蒸汽的温度。（×）

**正确答案：** 过热蒸汽的温度高于饱和蒸汽的温度。

25. 对于甲烷燃烧的化学方程式 $CH_4 + O_2 = CO_2\uparrow + H_2O$ 配平系数是正确的。（×）

**正确答案：** 正确的配平系数是：$CH_4 + 2O_2 = CO_2\uparrow + 2H_2O$。

26. 氯酸钾和浓盐酸反应的化学方程式 $6HCl + KClO_3 = KCl + 3H_2O + 3Cl_2$ 配平系数是正确的。（√）

27. 石油（或称原油）通常是黑色、褐色或黄色的流动或半流动的黏稠液体。（√）

28. 按照结构族组成概念，烃类化合物分子中的总环数、芳香环数和环烷环数分别用 $R_N$、$R_A$ 和 $R_T$ 来表示。（×）

**正确答案：** 按照结构族组成概念，烃类化合物分子中的总环数、芳香环数和环烷环数分别用 $R_T$、$R_A$ 和 $R_N$ 来表示。

29. 在实际应用中不需要或不可能进行单体化合物分析时，常采用族组成表示。（√）

30. 对于减压渣油，目前一般还是用溶剂处理及液相色谱法将其分成饱和烃、芳香烃、胶质和沥青质四个组分。（√）

31. 石油馏分的沸程越高，硫所占的比例越大。（√）

32. 原油一般很少含有硫化氢，石油馏分中的硫化氢大多是在加工过程中产生的。（√）

33. 对于同一族烃类，在同一温度下，相对分子质量较大的烃类的蒸气压较大。（×）

**正确答案：** 对于同一族烃类，在同一温度下，相对分子质量较大的烃类的蒸气压较小。

34. 在石油加工生产和设备计算中，常常是以沸点来简便地表征石油馏分的蒸发及气化性能。（×）

**正确答案：** 在石油加工生产和设备计算中，常常是以馏程来简便地表征石油馏分的蒸发及气化性能。

35. 石油馏分的其他几种平均沸点可借助立方平均沸点与蒸馏曲线斜率由图查得。（×）

**正确答案：** 石油馏分的其他几种平均沸点可借助体积平均沸点与蒸馏曲线斜率由图查得。

36. 当属性相近的两种或多种油品混合时，其混合物的密度不能按可加性计算。（×）

**正确答案：** 当属性相近的两种或多种油品混合时，其混合物的密度可近似地按可加性计算。

37. 当油品分子平均沸点相等时，其平均相对分子质量是一样的。 (×)

**正确答案：** 当油品分子平均沸点相等时，由于 $K$ 值不同其平均相对分子质量也不一样。

38. 油品动力黏度的单位是 Pa·s,要将其换算成单位是 mPa·s,乘上 1000 就可以了。(√)

39. 当温度升高时，所有油品的黏度都升高，而温度降低时则黏度降低。 (×)

**正确答案：** 当温度升高时，所有油品的黏度都降低，而温度降低时则黏度升高。

40. 原油的闪点很高，因此，没有必要将它和低沸点油品一起列入易燃物品之列。(×)

**正确答案：** 原油的闪点很低，它和低沸点油品一起被列入易燃物品之列。

41. 油品的沸点低，则其燃点高。 (×)

**正确答案：** 油品的沸点低，则其燃点低。

42. 油品的沸点愈低，则愈易自燃。 (×)

**正确答案：** 油品的沸点愈低，则愈不易自燃。

43. 油品含蜡也是造成其在低温时失去流动性的原因之一。 (√)

44. 流体的抗剪和抗张能力大。 (×)

**正确答案：** 流体的抗剪和抗张能力小。

45. 一般来说在讨论气体的密度时必须标明其状态。 (√)

46. 黏度的物理意义是促使流体流动产生单位速度梯度的内摩擦应力。 (√)

47. 单位时间内流过管道任一截面的流体量，称为流量。 (√)

48. 单位面积上所受的压力，称为流体的压强。 (√)

49. 直管阻力是流体流经一定管径的直管时，由于流体与直管的摩擦而产生的阻力。 (×)

**正确答案：** 直管阻力是流体流经一定管径的直管时，由于流体的内摩擦而产生的阻力。

50. 热传递的基本方式有热传导、对流和热辐射。 (√)

51. 将混合气体在一定压力下降低温度，使其冷凝，当其混合液体中出现第一个液滴，这时的温度叫泡点。 (×)

**正确答案：** 将混合液体在一定压力下升高温度，使其气化，当其混合液体中出现第一个气泡，且气相和液相保持在平衡的状况下开始沸腾，这时的温度叫泡点。

52. 混合液体在一定压力下升高温度，使其气化，然后再降低温度，当其混合液体刚刚全部气化并保持在平衡状况下饱和气相冷凝时出现第一滴液体，这时的温度叫露点。 (×)

**正确答案：** 将混合液体在一定压力下升高温度，使其全部气化，然后再降低温度当饱合气相出现第一滴液体，这时的温度叫露点。

53. 液体开始沸腾的温度为该压力下的泡点。 (×)

**正确答案：** 液体开始沸腾的温度为该压力下的沸点。

54. 传质分离过程可分为平衡分离和速率分离两大类。 (√)

55. 精馏塔进料口以下至塔底部分称为精馏段。 (×)

**正确答案：** 精馏塔进料口以上至塔顶部分称为精馏段。

56. 气相回流是提馏段操作的必要条件。 (√)

57. 对于组分挥发度相差较大、分离要求不高的场合，可采用平衡蒸馏或简单蒸馏。 (√)

58. 精馏操作过程中回流比越小，分离效果越好。 (×)

**正确答案：** 精馏操作过程中回流比越大，分离效果越好。

59. 计量工作的任务是保证计量单位的正确使用。 (×)

**正确答案：**计量工作的任务是保证量值的一致、准确和测量器具的正确使用。

60. 法定计量单位是由企业规定的计量单位。 (×)

**正确答案：**法定计量单位是由国家以法令形式规定允许使用的计量单位。

61. 按国际上的规定，国际单位制的基本单位、辅助单位、具有专门名称的导出单位以及直接由以上单位构成的组合形式的单位(系数为1)都称之为SI单位。 (√)

62. 计量检测设备不包括标准物质。 (×)

**正确答案：**计量检测设备包括标准物质。

63. 螺杆泵是依靠螺杆旋转产生的离心力而输送液体的泵，故属叶片式泵。 (×)

**正确答案：**螺杆泵是依靠螺杆旋转将封闭容积内液体进行挤压而提高压力的泵，故属容积式泵。

64. 往复泵是依靠泵内工作容积周期性变化来提高液体压力的泵。 (√)

65. IS50－32－200B型离心油泵为单级单吸清水离心泵，泵入口直径50mm，泵出口直径32mm，叶轮名义直径200mm，叶轮外径经第一次切割。 (×)

**正确答案：**IS50－32－200B型离心油泵为单级单吸清水离心泵，泵入口直径50mm，泵出口直径32mm，叶轮名义直径200mm，叶轮外径经第二次切割。

66. 液体在离心泵的工作流程是先经过叶轮，再经过压液室，最后经过扩压管(泵体)而排出泵外。 (×)

**正确答案：**离心泵的工作流程是先经过叶轮，再经过扩压管(泵体)，最后经过压液室而排出泵外。

67. 降低离心泵转速，其理论扬程减小。 (√)

68. 往复压缩机是依靠汽缸内工作容积周期性变化来提高气体压力的。 (√)

69. 炼油装置常见往复式压缩机的种类有对称平衡型卧式压缩机、L型往复压缩机 、膜片式往复压缩机、V形往复压缩机。 (×)

**正确答案：**炼油装置常见往复式压缩机的种类有对称平衡型卧式压缩机、L型往复压缩机 、V形往复压缩机。

70. 按照换热方式的特点，换热器可分为三类：间壁式换热器、蓄热式换热器和混合式换热器。 (√)

71. 管式炉的最大特点是炉内设有一定数量的管子，被加热的流体如原油等可连续通过，靠着炉管壁吸收燃料在炉内燃烧所产生的热量，以加热到规定的温度。 (√)

72. 圆筒炉的辐射室为圆筒形，辐射管沿辐射室的圆周水平排成一圈。 (×)

**正确答案：**圆筒炉的辐射室为圆筒形，辐射管沿辐射室的圆周垂直排成一圈。

73. 塔设备按塔的内件结构分为板式塔和填料塔两大类。 (√)

74. 压力容器常用安全泄压装置包括安全阀、爆破片、紧急放空阀、单向阀等。 (×)

**正确答案：**压力容器常用安全泄压装置包括安全阀、爆破片、紧急放空阀等。

75. 安全阀可分为全封闭式和敞开式两种。 (×)

**正确答案：**安全阀可分为全封闭式、半封闭式和敞开式三种。

76. 安全阀是炼油厂中使用的惟一一种安全泄压装置。 (×)

**正确答案：**炼油厂中的安全泄压装置有安全阀、爆破片和放空管等。

77. 螺纹连接用的管件有外接头、内接头和活接头。 (√)

78. 常用的管件主要有外接头、内接头、活接头、法兰、弯头、三通、四通、异径管、管塞和管帽等。（√）

79. 动力驱动阀只有电动阀、气动阀。（×）

**正确答案：** 动力驱动阀包括电动阀、气动阀、液动阀等。

80. 按用途和作用分类，阀门可分为：截断阀、止回阀、分配阀、调节阀、安全阀。（√）

81. 平焊钢法兰可用于高温、高压管道的连接。（×）

**正确答案：** 平焊钢法兰不能用于高温、高压管道的连接。

82. 垫片可分为软质垫片、硬质垫片、液体密封垫片和填料四大类。（×）

**正确答案：** 垫片可分为软质垫片、硬质垫片、液体密封垫片三大类。

83. 在炼油装置中用得最多的螺栓是六角头螺栓。（√）

84. 在炼油装置中用得最多的螺栓是方头螺栓。（×）

**正确答案：** 在炼油装置中用得最多的螺栓是六角头螺栓。

85. 螺纹连接又叫丝扣连接，常用来连接天然气、炼厂气、低压蒸汽、水和压缩空气的大直径管路。（×）

**正确答案：** 螺纹连接只能用于小直径管路的连接。

86. 在各种压力管道中，由于生产工艺的要求，或考虑制造、运输、安装、检修的方便，常采用可拆的结构。常见的可拆结构有法兰连接、螺纹连接和插套连接。（√）

87. 流体弹性压力润滑的润滑膜较薄，能形成流体动压力使接触表面产生弹性变形，其变形值远远大于润滑膜最小厚度，弹性变形能增大支承负荷的能力。（√）

88. 电机和泵的滚珠轴承常用润滑脂是 $2^{\#}$ 和 $3^{\#}$ 极压复合锂基润滑脂。（√）

89. 容器爆破后，断口呈暗灰色纤维状，这种破坏形式为脆性破坏。（×）

**正确答案：** 容器爆破后，断口呈暗灰色纤维状，这种破坏形式为韧性破坏。

90. 容器爆破后，破坏时器壁平均压力远低于材料的抗拉强度、甚至屈服强度，这种破坏形式为脆性破坏。（√）

91. 钢按化学成分可分为碳素钢和合金钢。（√）

92. 18-8 钢是铁素体不锈钢。（×）

**正确答案：** 18-8 钢是奥氏体不锈钢。

93. 光能量是指光源发出的光线(条数)，其单位用流明(lm)表示。（√）

94. 通常规定正电荷的运动方向为电流方向。（√）

95. 通常所说的直流电是指恒定电流。（√）

96. 如果交流电的频率是 50Hz，则该电流的方向每秒改变 100 次。（√）

97. 一般来讲，温度升高，导体的电阻会减小。（×）

**正确答案：** 一般来讲，温度升高，导体的电阻会增加。

98. 电压越低，移动单位电荷做功越多。（×）

**正确答案：** 电压越低，移动单位电荷做功越少。

99. 在串联电路中，总电压等于各串联导体分电阻的端电压，即 $U = U_1 = U_2$。（×）

**正确答案：** 在串联电路中，总电压等于各串联导体分电阻的端电压之和。

100. 通常照明电路都是接成并联电路而不是接成串联电路。（√）

101. 交流电流为 100mA 以上时，称为致命电流。（×）

**正确答案：**交流电流为50mA以上时，称为致命电流。

102.做人工呼吸时首先要使被抢救者的呼吸道畅通。（√）

103.电动机容易起火的部位是大盖和小盖。（×）

**正确答案：**电动机容易起火的部位是定子绕组和转子绕组。

104.当用仪表对被测参数进行测量时，仪表指示值总要经过一段时间才能显示出来，这段时间称为仪表的反应时间。（√）

105.如果仪表不能及时反映被测参数，便要造成误差，这种误差称为静态误差。（×）

**正确答案：**如果仪表不能及时反映被测参数，便要造成误差，这种误差称为反应误差。

106.简单控制系统由被控对象、测量变送单元和调节器组成。（×）

**正确答案：**简单控制系统由被控对象、测量变送单元、调节器和执行器组成。

107.智能记录仪的记录纸速度连续可调。（√）

108.偏心阀特别适用于低压差、大口径、大流量的气体和浆状液体。（×）

**正确答案：**偏心阀特别适用于高黏度，高压差，流通能力大，以及调节系统要求密封，可调范围宽(100:1)的场合。

109.在使用弹性式压力计测量压力的过程中弹性元件可以无限制的变形。（×）

**正确答案：**在使用弹性式压力计测量压力的过程中弹性元件不可以无限制地变形。

110.超声波流量计对上游侧的直管要求不严。（×）

**正确答案：**超声波流量计对上游侧的直管要求严格。

111.测量液位用的差压计，其差压量程由介质密度和封液高度决定。（×）

**正确答案：**测量液位用的差压计，其差压量程由介质密度和取压点垂直高度决定，和封液高度无关。

112.压力式温度计中的毛细管越长，则仪表的反应时间越快。（×）

**正确答案：**压力式温度计中的毛细管越长，则仪表的反应时间越慢。

113.储罐液位调节系统，当调节阀装在出口管线上时，应选风关式调节阀。（×）

**正确答案：**储罐液位调节系统，当调节阀装在出口管线上时，应选风开式调节阀。

114.DCS系统是(Distributed Control System)集散控制系统的简称。（√）

115.DCS操作站中过程报警和系统报警的意义是一样的，都是由于工艺参数超过设定的报警值而产生。（×）

**正确答案：**DCS操作站中过程报警和系统报警的意义是不一样的，过程报警是由于工艺参数超过设定的报警值而产生，系统报警是由于系统本身报警而产生的。

## 单选题

1.二氧化硫中的硫的化合价为（ B ）。

A. +6　　B. +4　　C. +2　　D. +1

2.把少量的（ A ）放入水里振荡后能形成溶液。

A.食盐　　B.面粉　　C.汽油　　D.沥青

3.当8g食盐完全溶解于92g水中时，该溶液的质量百分比浓度是（ A ）。

A.8%　　B.87%　　C.92%　　D.84%

4.结晶水合物是（ A ）。

A.具有一定组成的化合物　　B.具有一定的浓度的溶液

C. 悬浊液　　D. 乳浊液

5. 从硝酸钾和氯化钠的混合溶液中分离出硝酸钾的方法是( D )。

A. 过滤　　B. 蒸馏

C. 加热蒸干结晶　　D. 加热浓缩后再冷却结晶

6. 在常压下，假设50℃的水饱和蒸汽压为 $A$，80℃的水饱和蒸汽压为 $B$，那 $A$ 和 $B$ 的数值关系为( C )。

A. $A=B$　　B. $A>B$　　C. $A<B$　　D. $A\geqslant B$

7. 在同一温度下，假设甲烷的蒸气压为 $A$，乙烷的蒸气压为 $B$，丙烷的蒸气压为 $C$，丁烷的蒸气压为 $D$，那 $A$、$B$、$C$、$D$ 间的数值关系为( B )。

A. $A<B<C<D$　　B. $A>B>C>D$　　C. $A<B<D<C$　　D. $A>B>D>C$

8. 下面关于饱和溶液的说法中正确的是( D )。

A. 在饱和溶液里，溶解和结晶的过程就停止

B. 饱和溶液一定是浓溶液

C. 同一溶质的饱和溶液的浓度一定大于不饱和溶液的浓度

D. 饱和溶液就是该温度下达到溶解平衡状态的溶液

9. 将高温饱和硝酸钠溶液降温，析出晶体后，经过滤所得滤液是( B )。

A. 水　　B. 饱和溶液　　C. 不饱和溶液　　D. 硝酸钠晶体

10. 某温度时，把 $B$g 饱和氯化钾溶液蒸干，得氯化钾晶体 $A$g，则氯化钾的溶解度为( D )g。

A. $A$　　B. $\frac{100\times A}{B}$　　C. $\frac{A}{B-A}$　　D. $\frac{100\times A}{B-A}$

11. 下列叙述中，正确的是( C )。

A. 分解反应都是氧化－还原反应　　B. 化合反应都是氧化－还原反应

C. 置换反应一定是氧化－还原反应

D. 复分解反应中，有一部分属于氧化－还原反应

12. 下列选项中，只具有氧化性的物质是( B )。

A. 氯酸钾　　B. 氢离子　　C. 氯气　　D. 浓硝酸

13. 在高温时，下列物质发生分解反应，但不属于氧化－还原反应的是( B )。

A. 碘化氢　　B. 碳酸钙　　C. 氯酸钾　　D. 高锰酸钾

14. 下列微粒中还原性最强的是( A )。

A. 碘离子　　B. 氟离子　　C. 氯原子　　D. 碘原子

15. 下列物质中非卤族元素的是( C )。

A. 氟　　B. 氯　　C. 氩　　D. 碘

16. 下面关于卤素单质的说法错误的是随着相对分子质量的增加( D )。

A. 颜色依次变深　　B. 毒性依次减弱

C. 氧化性依次减弱　　D. 卤离子的还原性依次减弱

17. 下列物质中有毒的是( A )。

A. 氟化氢　　B. 二氧化碳　　C. 氯化氢　　D. 氮气

18. 下面关于氢氧化钠的俗称不正确的是( B )。

A. 苛性钠　　B. 纯碱　　C. 烧碱　　D. 火碱

19. 硫化氢中的硫的化合价为( C )。

A. $-3$　B. $-1$　C. $-2$　D. $+2$

20. 以下( D )溶液不与硫化氢发生反应。

A. 氢氧化钠　B. 稀硫酸　C. 氨水　D. 氯化钠

21. 二氧化硫溶于水后形成的酸是( A )。

A. 亚硫酸　B. 硫酸　C. 硝酸　D. 亚硝酸

22. 烯烃的分子通式是( B )。

A. $C_nH_{2n+2}$　B. $C_nH_{2n}$　C. $C_nH_{2n-2}$　D. $C_nH_n$

23. 丙烯的分子式是( B )。

A. $C_3H_8$　B. $C_3H_6$　C. $C_3H_5$　D. $C_3H_4$

24. 丙二烯的分子式是( B )。

A. $C_3H_6$　B. $C_3H_4$　C. $C_3H_5$　D. $C_3H_8$

25. 二烯烃的分子通式是( C )。

A. $C_nH_{2n+2}$　B. $C_nH_{2n}$　C. $C_nH_{2n-2}$　D. $C_nH_n$

26. 不能使溴水褪色的物质是( D )。

A. 乙烯　B. 乙炔　C. 硫化氢　D. 丁烷

27. 常温常压下，呈非气体状态的烯烃是( D )。

A. 乙烯　B. 丙烯　C. 丁烯　D. 1－戊烯

28. 在一定条件下能和水反应的是( A )。

A. 乙烯　B. 乙烷　C. 苯　D. 丙烷

29. 下列分子式，不是炔烃的是( D )。

A. $C_2H_2$　B. $C_3H_4$　C. $C_4H_6$　D. $C_4H_{10}$

30. 对于平衡体系：$x$A(气) + $y$B(固)$\rightleftharpoons m$C(气) + $n$D(气)，增大压强(其他条件不变)，C 的含量减少，则( B )。

A. $x+y<m+n$　B. $m+n>x$　C. $x+y>m+n$　D. $m+n<x$

31. 下面关于化学平衡的说法不正确的是( C )。

A. 化学平衡主要研究可逆反应的规律　B. 化学平衡是动态平衡

C. 化学平衡是静态平衡

D. 化学平衡是相对的暂时的，只有在一定条件下才能保持

32. 关于理想气体的说法不正确的是 ( D )。

A. 理想气体的体积会随着温度的升高而增大且成正比

B. 理想气体的体积会随着压强的升高而减小且成反比

C. 只有在压力趋于零时，各种气体才具有理想气体的性质

D. 一定是纯物质

33. 关于理想气体状态方程式的说法错误的是 ( C )。

A. 该方程是一个包括气体体积、压力与温度关系的方程式

B. 它是一个近似经验定律

C. 该方程可应用于任何温度与压力下的气体

D. 该方程只适用于理想气体，对于真实气体，需修正后才能应用

34. $CO_2$ 和 $5SO_2$ 所含的( C )一样多。

A. 氧分子　B. 氧元素　C. 氧原子　D. 氧元素所占的质量分数

35. 原子的相对原子质量是( B )。

A. 16g　B.16

C. $2.657 \times 10^{-26}$kg　D. 32

36. 下面关于氢气的物理性质的叙述，不正确的是( D )。

A. 在通常状况下，氢气是无色、无味的气体

B. 氢气是最轻的气体

C. 在某些条件下，氢气可以变成固体

D. 氢气易溶于水

37. 下列物质中，有游离态氮元素存在的是( C )。

A. 氨水　B. 液氨

C. 空气　D. 硝酸铜受热分解的生成物中

38. 下列不是过热蒸汽的是( B )。

A. 0.4MPa、300℃蒸汽　B. 0.1MPa、100℃蒸汽

C. 0.4MPa、350℃蒸汽　D. 0.4MPa、450℃蒸汽

39. 石油的相对密度一般介于( C )之间。

A. 0.45～0.65　B. 0.6～0.88

C. 0.80～0.98　D. 0.90～1.10

40. 结构族组成的表示方法一般在阐述( D )的组成时采用。

A. 石油气　B. 石蜡　C. 低沸点馏分　D. 高沸点馏分

41. 通常将含硫量(质量百分比)高于( A )的石油称为高硫石油。

A. 2.0%　B. 1.5%　C. 1.0%　D. 0.5%

42. 蒸气压表示该液体在一定温度下的( C )能力。

A. 液化　B. 固化　C. 气化　D. 转化

43. 在某一温度下一种物质的液相与某上方的气相呈平衡状态时的压力，称为( B )。

A. 临界压力　B. 饱和蒸汽压　C. 大气压　D. 气化压力

44. 石油馏分一般常用( A )来表征其蒸发及气化性能。

A. 沸程　B. 沸点　C. 临界温度　D. 气化潜热

45. 对于某一液态物质，其饱和蒸汽压等于外压时的温度，称为该液体在该压力下的( B )。

A. 沸程　B. 沸点　C. 临界温度　D. 泡点

46. 石油馏分的实分子平均沸点可借助( B )与蒸馏曲线斜率由图查得。

A. 质量平均沸点　B. 体积平均沸点　C. 立方平均沸点　D. 中平均沸点

47. 油品的相对密度通常以( D )℃的水为基准。

A. 50　B. 20　C. 16.5　D. 4

48. 气体的相对密度是该气体的密度与空气在（ C )下的密度之比。

A. 20℃，0.1013MPa　B. 20℃

C. 0℃，0.1013MPa　D. 0.1013MPa

49. 油品是复杂的混合物，所含化合物的相对分子质量是各不相同的，其范围往往又很宽，所以对它们只能用( C )来加以表征。

A. 相对密度　　B. 特性因数

C. 平均相对分子质量　　D. 相对分子质量

50. 在现用的 SI 制中，运动黏度单位是( C )。

A. Pa·s　　B. P　　C. $mm^2/s$　　D. cSt

51. 油品黏度随温度变化的这种性质通常称为( D )。

A. 黏度比　　B. 黏度指数　　C. 混合黏度　　D. 黏温性质

52. 在测定柴油的闪点时，常测出的是( B )。

A. 闪点的上限　　B. 闪点的下限　　C. 自燃点　　D. 燃点

53. 当到达某一油温时，油品引火后所生成的火焰可以保持 5 秒钟，发生这种现象的最低油温称为( D )。

A. 闪点　　B. 闪火点　　C. 自燃点　　D. 燃点

54. 在同族烃类中( A )的则其自燃点高。

A. 相对分子质量小　　B. 相对分子质量大

C. 闪点高　　D. 燃点高

55. 油品在试验条件下，因为开始出现烃类的微晶粒或冰晶体而使油品呈现浑浊时的最高温度是( C )。

A. 冰点　　B. 凝点　　C. 浊点　　D. 倾点

56. 一定的试验条件下，当油品冷却到某一温度，并且将贮油的试管倾斜 45°角，而且经过 1 分钟后，肉眼看不出管内液面位置有所移动，产生这种现象的最高温度就称该油品的( B )。

A. 冰点　　B. 凝点　　C. 浊点　　D. 倾点

57. 下列关于流体的表述，错误的是( B )。

A. 在外力作用下其内部发生相对运动　　B. 流体是不可压缩的

C. 在运动状态下，流体具有黏性　　D. 无固定形状，随容器的形状而变化

58. 理想气体的密度与温度的关系是( B )。

A. 正比　　B. 反比　　C. 无关　　D. 温度的平方成正比

59. 气体的黏度随温度升高而( C )。

A. 不变　　B. 减小　　C. 增大　　D. 急剧减少

60. 液体的质量流量($\omega_s$)与流速($u$)、管截面积($A$)及密度($\rho$)的关系是( A )。

A. $\omega_s = uA\rho$　　B. $\omega_s = \rho A/u$　　C. $\omega_s = uA/\rho$　　D. $\omega_s = u\rho/A$

61. 下列压强的单位换算中错误的是( C )。

A. $1atm = 1.0133 \times 10^5 Pa$　　B. $1kgf/cm^2 = 735.6mmHg$

C. $1kgf/cm^2 = 1.0133 \times 10^5 Pa$　　D. $1atm = 760mmHg$

62. 流体的流动类型的分类是用( D )来判断。

A. 流速　　B. 黏度　　C. 密度　　D. 雷诺数

63. 流动阻力的大小与流体本身的物理性质、( B )及壁面的形状等因素有关。

A. 流速　　B. 流动状况　　C. 流量　　D. 运动黏度

64. 关于流动阻力描述，下列说法正确的是( B )。

A. 流动阻力的大小与管的形状无关　B. 流动阻力分为直管阻力和局部阻力

C. 管路的变径对流动阻力没有影响　D. 管路中弯头越多，流动阻力越小

65. 传热是指由于( D )引起的能量转移，又称热传递。

A. 质量差　B. 压力差　C. 体积差　D. 温度差

66. 流体各部分之间发生相对位移所引起的热传递过程是( C )。

A. 热辐射　B. 热传导　C. 热对流　D. 散热

67. 将混合液体在一定压力下升高温度，使其全部气化，然后再降低温度当饱合气相出现第一滴液体，这时的温度叫( B )。

A. 泡点　B. 露点　C. 沸点　D. 干点

68. 下列不属于平衡分离传质过程的是( D )。

A. 吸收　B. 干燥　C. 萃取　D. 电泳

69. 下列不属于速率分离传质过程的是( A )。

A. 吸收　B. 渗析　C. 超滤　D. 电泳

70. 精馏段是指( B )。

A. 精馏塔进料口以下至塔底部分　B. 精馏塔进料口以上至塔顶部分

C. 循环回流以上至塔顶部分　D. 循环回流以下至塔底部分

71. 提馏段是指( A )。

A. 精馏塔进料口以下至塔底部分　B. 精馏塔进料口以上至塔顶部分

C. 循环回流以上至塔顶部分　D. 循环回流以下至塔底部分

72. 关于提馏段的表述，错误的是( B )。

A. 提馏段中液相重组分被提浓　B. 液相回流是提馏段操作的必要条件

C. 液相中轻组分被提出　D. 提馏段中发生传质传热过程

73. 蒸馏过程的热力学基础是( B )。

A. 溶解平衡　B. 气液平衡　C. 吸附平衡　D. 离子交换平衡

74. 回流比是( A )。

A. 塔顶回流量与塔顶产品之比　B. 塔顶回流量与进料之比

C. 塔顶回流量与塔底产品之比　D. 塔顶产品与塔底产品之比

75. 保证( A )的一致、准确是计量工作的任务之一。

A. 量值　B. 数字　C. 计量单位　D. 计量方法

76. 计量的基本特点是( A )，它表征的是计量结果与被测量的真值的接近程度。

A. 准确性　B. 数字　C. 计量单位　D. 计量方法

77. 法定计量单位(简称法定单位)是以( A )为基础，同时选用一些非国际单位制的单位构成的。

A. 国际单位制单位　B. 基本单位　C. 导出单位　D. 辅助单位

78. 国际单位制包括 SI 单位、( A )和 SI 单位的十进倍数与分数单位三部分。

A. SI 词头　B. 基本单位　C. 辅助单位　D. 数字

79. 比热容单位的符号是 J/(kg·K)，其单位名称是( A )。

A. 焦耳每千克开尔文　B. 每千克开尔文焦耳

C. 焦耳每千克每开尔文　　D. 焦耳每千克点开尔文

80. 质量的基本单位为( A )。

A. kg　　B. g　　C. m　　D. t

81. 计量表精度等级划分是依据计量表的( A )来划分计量表的精度级别的。

A. 最大引用误差　　B. 相对误差　　C. 绝对误差　　D. 测量值

82. 计量检测设备是指所有的测量器具、测量标准、标准物质和辅助设备以及( A )。

A. 进行测量所必需的资料　　B. 工具

C. 附件　　D. 说明书

83. 企业依实际情况，对计量器具(含标准器)划分为( A )实施管理。

A. A、B、C 三级　　B. A、B、C、D 四级

C. A、B 二级　　D. A、B、C、D、E 五级

84. 属于叶片式泵的是( B )。

A. 齿轮泵和螺杆泵　　B. 轴流泵和离心泵

C. 往复泵和混流泵　　D. 柱塞泵和旋涡泵

85. 关于 $ZJ_1-3.2/1.6-$ Ⅱ型柱塞泵各符号表示正确的是( B )。

A. Z 表示计量泵　　B. 3.2/1.6 表示额定流量/排出压力

C. Ⅱ表示用于二类防爆区　　D. J 表示柱塞泵

86. 离心泵主要依靠叶轮的高速旋转产生( A )使液体提高压力而径向流出叶轮。

A. 离心力　　B. 离心力和轴向力　　C. 轴向力　　D. 切向力

87. 液体黏度越小，需要离心泵的轴功率( B )，而与叶轮摩擦产生温度越低。

A. 越大　　B. 越小　　C. 不变　　D. 不能确定

88. 按结构形式分，属于速度式压缩机的是( A )。

A. 离心式压缩机　　B. 螺杆压缩机　　C. 罗茨压缩机　　D. 液环压缩机

89. 下列换热器中不是通过管壁传热的换热器是( D )。

A. 浮头式　　B. 固定管板式　　C. U 形管式　　D. 板式

90. 一般使用于高温高压下的换热器是( C )。

A. 浮头式　　B. 固定管板式　　C. U 形管式　　D. 板式

91. 常压炉和减压炉均为( A )。

A. 纯加热炉　　B. 加热 - 反应炉　　C. 反应炉　　D. 复合炉

92. 原油初馏装置的常压塔，气液负荷变化大，各产品馏分质量要求较高，一般应选用( A )。

A. 浮阀塔盘　　B. 泡帽塔盘　　C. 筛板塔盘　　D. 喷射式

93. 泡帽塔、筛板塔及浮阀塔属于( A )。

A. 板式塔　　B. 填料塔　　C. 湍球塔　　D. 乳化塔

94. 在石化生产装置中广泛使用的安全阀是( B )。

A. 杠杆式　　B. 弹簧式　　C. 脉冲式　　D. 重锤式

95. 对于工作介质为有毒、易燃气体的容器，应选用( A )。

A. 全封闭式安全阀　　B. 半封闭式安全阀

C. 敞开式安全阀　　D. 杠杆式安全阀

96. 一次性使用的泄放装置是( B )。

A. 安全阀　B. 爆破片　C. 单向阀　D. 自动阀

97. 具有密封性能较好，泄压反应较快，气体内所含的污物对其影响较小等特点的安全泄放装置是( B )。

A. 安全阀　B. 爆破片　C. 单向阀　D. 自动阀

98. 不属于常用管道组成件的是( D )。

A. 三通　B. 弯头　C. 异径管　D. 回弯头

99. 不常用的钢制异径管有( D )。

A. 无缝异径管　B. 高低压异径管　C. 焊制异径管　D. 铸造异径管

100. 低压阀是公称压力( A )的阀门。

A. $PN \leqslant 1.6$MPa　B. 2.5MPa $\leqslant PN \leqslant 6.4$MPa

C. 10.0MPa $\leqslant PN \leqslant 80.0$MPa　D. $PN \geqslant 100$MPa

101. 不是阀门型号通常应表示出的要素是( D )。

A. 阀门类型、驱动方式　B. 连接形式、结构特点

C. 密封面材料、阀体材料和公称压力　D. 垫片材料

102. 不是炼油厂常用的法兰有( D )。

A. 平焊法兰　B. 对焊法兰　C. 螺纹法兰　D. 活套法兰

103. 多用于铜、铝等有色金属及不锈耐酸钢容器和管线连接上的是( D )。

A. 平焊法兰　B. 对焊法兰　C. 螺纹法兰　D. 活套法兰

104. 非金属垫片包括硬纸板、橡胶类、石棉类、石墨类等，属于( A )。

A. 软质垫片　B. 硬质垫片　C. 液体密封垫片　D. 填料

105. 具有密封性好，密封面结构简单、耐腐蚀，成本低，适用面广等优点的是( C )。

A. 软质垫片　B. 硬质垫片　C. 液体密封垫片　D. 填料

106. 紧固法兰常用的螺栓件包括( B )。

A. 单头螺栓及双头螺栓　B. 单头螺栓(六角头螺栓)及双头螺栓

C. 螺栓及螺母　D. 螺栓及螺钉

107. 适用于铸铁管陶瓷管和水泥管等埋在地下的管路的是( C )。

A. 螺纹连接　B. 法兰连接　C. 插套连接　D. 焊接连接

108. 接触式密封是( A )。

A. 填料密封和普通机械密封　B. 迷宫密封和垫片密封

C. 浮环密封和机械密封　D. 浮环密封和干气密封

109. 非接触式密封是( D )。

A. 填料密封和普通机械密封　B. 干气密封和"O"形圈密封

C. 浮环密封和泵耐磨环密封　D. 浮环密封和迷宫密封

110. 滑动轴承的润滑主要属于( A )。

A. 流体润滑　B. 边界润滑　C. 间隙润滑　D. 混合润滑

111. 透平压缩机组常用的润滑油牌号是( B )。

A. N46 和 N32 液压油　B. N46 和 N32 透平油

C. 90# 和 150# 重负荷齿轮油　D. 4413 高速齿轮油

112. 离心泵的常用润滑油是( D )。

A. N46 和 N68 冷冻机油　　B. WA150 和 WA220 蜗轮蜗杆油

C. $90^{\#}$ 和 $150^{\#}$ 重负荷齿轮油　　D. N46 和 N68 液压油、透平油

113. 金属材料在断裂前产生了明显塑性变形的破坏形式叫做( A )。

A. 韧性破坏　B. 脆性破坏　C. 腐蚀破坏　D. 疲劳破坏

114. 在断裂前无明显塑性变形的破坏形式叫做( B )。

A. 韧性破坏　B. 脆性破坏　C. 腐蚀破坏　D. 疲劳破坏

115. 在压力容器器壁出现鼓包而造成的破坏是( C )。

A. 韧性破坏　B. 脆性破坏　C. 腐蚀破坏　D. 蠕变破坏

116. 目前在石化设备中应用最广泛的材料是( A )。

A. 低合金高强度钢　　B. 不锈耐酸钢

C. 耐热钢　　D. 优质碳素结构钢

117. 含碳量$\leqslant 0.25\%$的钢是( A )。

A. 低碳钢　B. 中碳钢　C. 高碳钢　D. 合金钢

118. 高压水银灯泡主要由( A )组成。

A. 发光管、外玻壳、辅助电极　　B. 灯管、灯丝、镇流器、启辉器

C. 外玻壳、灯丝　　D. 外玻壳、灯丝、碘

119. 下述各种类型照明灯，效率是最高的是( D )。

A. 白炽灯　B. 荧光灯　C. 高压汞灯　D. 钠灯

120. 关于电流的概念，下列叙述中正确的是( D )。

A. 导体中电荷的运动就形成电流

B. 电流是矢量，其方向就是负电荷定向运动的方向

C. 在国际单位制中，电流是一个基本物理量，其单位毫安是基本单位

D. 对于导体，只要其两端电势差为零，电流必为零

121. 关于直流电的概念，下面叙述中正确的是( D )。

A. 方向和强弱随时间而改变的电流　　B. 方向随时间改变的电流

C. 强弱随时间改变的电流　　D. 方向和强弱都不随时间改变的电流

122. 关于交流电的概念，以下说法中正确的是( D )。

A. 方向不随时间而改变的电流　　B. 方向随时间作非周期性改变的电流

C. 强度和方向不随时间改变的电流　　D. 强度和方向随时间作周期性改变的电流

123. 交流电的有效值是根据( D )来规定的?

A. 电流的数值大小　　B. 电压的数值大小

C. 电阻的数值大小　　D. 电流的热效应

124. 电阻的定义式为( C )。

A. $R = IU$　B. $R = \frac{P}{I}$　C. $R = \frac{U}{I}$　D. $R = \frac{P}{U}$

125. 下列关于电压的说法错误的是( B )。

A. 电路中两点间的电势差，叫做电压

B. 电流是产生电压的条件

C. 电压可视为描述电场力做功大小的物理量

D. 电压越高，移动单位电荷做功越多

126. 在国际单位制中，电压的单位是( C )。

A. 安培(A)　　　　B. 欧姆(Ω)

C. 伏特(V)　　　　D. 瓦特(W)

127. 对于串联电路，下列论述错误的是( C )。

A. 在串联电路中，流过各串联导体的电流是相同的

B. 串联电路的总电压等于各串联导体电压之和

C. 在串联电路中，各串联导体的电压也是相同的

D. 在串联电路中，串联导体的电阻越大，该串联导体分电压越高

128. 将 $R_1$ 和 $R_2$ 电阻接成串联电路，其电路参数公式正确的是( C )。

A. $I = I_1 + I_2$　　B. $U = U_1 = U_2$　　C. $R = R_1 + R_2$　　D. $I = \dfrac{U_1}{R_2}$

129. 下图中正确的并联电路图是( C )。

A. 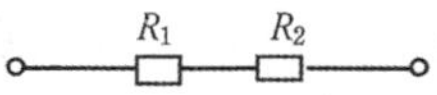


B. 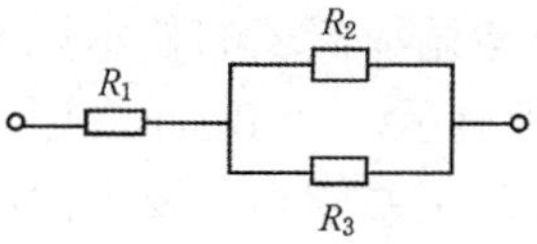


C. 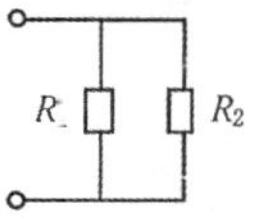


D. 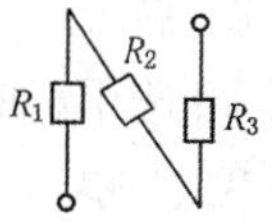


130. 对于并联电路，下列论述正确的是( D )。

A. 在并联电路中，流过各并联电阻的电流是相同的

B. 并联电路的总电阻等于各并联分电阻之和

C. 并联电路的总电压等于各并联分电阻的端电压之和

D. 并联电路的总电流等于并联电路分电阻流过的电流之和

131. 国际规定，电压在( C )V 以下不必考虑防止直接电击的危险。

A.36　　B.65　　C.25　　D.110

132. 发生触电事故的危险电压一般是从( C )V 开始。

A. 24　　B. 36　　C. 65　　D. 110

133. 不属于人工呼吸的急救方法是( C )。

A. 仰卧伸臂法　　B. 俯卧压背法

C. 胸外心脏挤压法　　D. 口对口(鼻)吹气法

134. 电器着火时不能使用( C ) 灭火。

A. 四氯化碳　　B. 沙土　　C. 水　　D. 干粉

135. 下列不适于扑灭电气火灾的是( C )。

A.1211 灭火器　　B. 二氧化碳灭火器

C. 泡沫灭火器　　D. 干粉灭火器

136. 构成一个自动调节对象应具备的条件之一是调节对象中的被调参数是( A )。

A. 连续可测量　　B. 不断变化　　C. 不可测量　　D. 可以估算

137. 调节器“正”作用的定义是( B )。

A. 调节器的输出值随着测量值的增加而增加

B. 调节器的输出值随着正偏差值的增加而增加

C. 调节器的输出值随着测量值的减少而增加

D. 调节器的输出值随着正偏差值的减少而增加

138. 仪表的零点准确但终点不准确的误差称为( A )。

A. 量程误差 B. 基本误差 C. 允许误差 D. 零点误差

139. 按误差出现的规律，误差可分为( D )。

A. 定值误差、累计误差 B. 绝对误差、相对误差、引用误差

C. 基本误差、附加误差 D. 系统误差、随机误差、疏忽误差

140. 下列控制系统中，属于开环控制的是( C )。

A. 定值控制 B. 随动控制 C. 前馈控制 D. 程序控制

141. 可以用于改变输出值的仪表类型是( B )。

A. 记录仪 B. 调节器 C. 报警器 D. 切换开关

142. 不属于智能显示仪表的显示记录方式的是( D )。

A. 荧光管显示 B. 曲线记录 C. 数字打印 D. 屏幕拷贝

143. 调节阀前后压差较小，要求泄漏量小，一般可选用( A )阀。

A. 单座 B. 隔膜 C. 偏心旋转 D. 蝶

144. 调节强腐蚀性流体，可选用( B )阀。

A. 单座 B. 隔膜 C. 偏心旋转 D. 蝶

145. 液柱式压力计是基于( A )原理工作的。

A. 液体静力学 B. 流体动力学 C. 霍尔效应 D. 动力平衡

146. 椭圆流量计是一种( D )流量计。

A. 速度式 B. 质量 C. 差压式 D. 容积式

147. 涡轮流量计是一种( A )流量计。

A. 速度式 B. 质量 C. 差压式 D. 容积式

148. 用差压法测量容器液位时，液位的高低取决于( C )。

A. 容器上、下两点的压力差和容器截面

B. 压力差、容器截面和介质密度

C. 压力差、介质密度和取压位置

D. 容器高度和介质密度

149. 用压力法测量开口容器液位时，液位的高低取决于( B )。

A. 取压点位置和容器的横截面 B. 取压点位置和介质密度

C. 介质密度和横截面 D. 容器高度和介质密度

150. 下列关于热电阻温度计的叙述中，不正确的是( D )。

A. 电阻温度计的工作原理，是利用金属线的电阻随温度作几乎线性的变化

B. 电阻温度计在温度检测时，有时间延迟的缺点

C. 与电阻温度计相比，热电偶温度计能测更高的温度

D. 因为电阻体的电阻丝是用较粗的线做成的，所以有较强的耐振性能

151. 关于双金属温度计说法不正确的是( D )。

A. 由两片膨胀系数不同的金属牢固地粘在一起

B. 可将温度变化直接转换成机械量变化

C. 是一种固体膨胀式温度计

D. 长期使用后其精度更高

152. 下列应选用风关阀的是( D )。

A. 油水分离器的排水线　　B. 容器的压力的进料调节

C. 蒸馏塔的流出线　　D. 蒸馏塔的回流线

153. 关于控制阀风开风关选定原则说法正确的是 ( A )。

A. 工艺生产的安全要求　　B. 控制闭环的要求

C. 现场安装的要求　　D. 操作的方便性

154. DCS 系统的控制面板中，“AUTO”的含义是( C )。

A. 回路出错　　B. 回路在手动控制

C. 回路在自动控制　　D. 回路在串级控制

155. 关于 DCS 系统的硬件组成，下面说法正确是( B )。

A. 显示器、鼠标、键盘等

B. 操作站、工程师站、控制站、通讯单元等

C. 流程图画面、报警画面、报表画面、控制组画面等

D. 调节单元、显示单元、运算单元、报警单元等

156. 在 DCS 系统中进入( C )可查看工艺参数的历史数据。

A. 流程图画面　　B. 报警画面　　C. 趋势画面　　D. 控制组

## 工种理论知识试题

### 判断题

1. 催化重整已成为石油催化加工的主要过程之一，目前在工业上应用的有固定床、移动床、组合床等形式。　(√)

2. 延迟焦化汽油和催化裂化汽油是良好的催化重整原料。　(×)

**正确答案**：延迟焦化和催化裂化汽油必须加氢后才能做为催化重整原料。

3. 某种汽油的辛烷值等于将此油在标准汽油机上做试验时，爆震性能与之相同的参比燃料中正庚烷的体积百分数。　(×)

**正确答案**：某种汽油的辛烷值等于将此油在标准汽油机上做试验时，爆震性能与之相同的参比燃料中异辛烷的体积百分数。

4. 催化重整原料的终馏点通常不宜超过 230℃。　(×)

**正确答案**：催化重整原料的终馏点通常不宜超过 180℃。

5. 在馏程不变的前提下，催化重整原料密度越大，说明芳烃含量越高。　(√)

6. 催化重整反应过程中只产氢不耗氢。　(×)

**正确答案**：催化重整反应过程中，加氢裂化、裂解反应耗氢。

7. 冷换设备蒸汽试压过程中，不试压的那一程放空阀必须打开。　(√)

8. 加热炉的燃烧器按照燃烧介质分类，可分为燃料油燃烧器和燃料气燃烧器。　(×)

**正确答案**：加热炉的燃烧器按照燃烧介质分类，可分为燃料油燃烧器、燃料气燃烧器、

油－气联合燃烧器。

9. 催化重整装置吹扫时，管线的吹扫原则上要顺流程走向，先副线，后主线。（×）

**正确答案：** 催化重整装置吹扫时，管线的吹扫原则上要顺流程走向，先主线，后副线。

10. 催化重整装置临氢系统气密试漏时，常用肥皂水进行检测。（√）

11. 催化剂能改变化学反应速度，而本身在反应前后的数量以及化学性质均不发生变化。（√）

12. 催化剂对化学反应具有选择性，特定催化剂只能催化特定的化学反应。（√）

13. 空速可分为体积空速、质量空速。（√）

14. 新建装置进行水冲洗时，应遵循先主线后支线的原则。（√）

15. 新建催化重整装置水联运时，反应系统应和分馏系统同时进行。（×）

**正确答案：** 新建催化重整装置水联运时，一般分馏系统进行水联运，反应系统不进行水联运。

16. 采用先分馏后加氢工艺的预分馏系统，其预加氢反应器前均只设有一个分馏塔。（×）

**正确答案：** 采用先分馏后加氢工艺的催化重整原料预分馏系统，分为单塔预分馏、双塔预分馏和单塔开侧线流程等几种类型。

17. 催化重整原料采用 Si－Al 小球脱砷，利用的是吸附脱砷的原理。（√）

18. 蒸发脱水塔的作用，是除去精制油中的硫、氯、氮和水等微量杂质。（√）

19. 预加氢过程主要的反应有脱除 S、N、O 反应，烯烃饱和反应以及脱除金属杂质等反应。（√）

20. 预加氢脱氮反应相对于反应温度，受反应压力的影响较大。（√）

21. 由于重整催化剂需要补氯，故对精制油的氯含量一般不做要求。（×）

**正确答案：** 如催化剂氯含量过大，会造成催化剂水－氯平衡失调，并引起设备腐蚀。

22. 在预加氢反应中对于金属有机化合物，是通过加氢反应使之还原成元素状态后被催化剂吸附的。（√）

23. 预加氢反应温度过高、氢油比过低，会导致催化剂积炭速率加快。（√）

24. 预加氢催化剂预硫化的目的，是使催化剂具有更高的再生性。（×）

**正确答案：** 预加氢催化剂预硫化的目的，是使催化剂具有更高的活性和稳定性。

25. 预加氢催化剂硫化的方法，一般分为干法硫化和湿法硫化。（√）

26. 催化重整过程从热力学观点考虑，最有利的操作因素是提高反应温度、提高操作压力。（×）

**正确答案：** 催化重整过程从热力学观点考虑，最有利的操作因素是提高反应温度、降低操作压力。

27. 六员环烷的脱氢反应是强吸热反应。（√）

28. 甲基环戊烷的脱氢反应，是环烷烃脱氢反应中最容易进行的反应。（×）

**正确答案：** 六员环烷的脱氢反应，是环烷烃脱氢反应中最容易进行的反应。

29. 直链烷烃的脱氢环化反应是催化重整反应中最难进行的反应之一。（√）

30. 机泵检查的"五字操作法"的内容是"听；摸；查；比；看"。（√）

31. 分馏过程是利用原料油中各组分的质量不同而加以分离的。（×）

**正确答案：** 分馏过程是利用原料油中各组分的挥发度差异而加以分离的。

32. 分馏塔底热油循环提供了分馏塔的液相回流和热量。（×）

**正确答案**：分馏塔底热油循环提供了分馏塔的气相回流和热量。

33. 分馏塔的压力变化，不会影响分馏塔的操作平衡。（×）

**正确答案**：分馏塔的压力变化，直接影响分馏塔的气液相平衡。

34. 若分馏塔液面波动，如不及时调整会破坏全塔的操作平衡。（√）

35. 稳定汽油蒸汽压过低，主要原因是重整稳定塔顶温度过高。（√）

36. 对于预加氢反应温度的调节，我们主要通过参考原料的性质，催化剂的活性，空速的大小及氢分压的高低来调节。（√）

37. 由于石脑油加氢反应是体积缩小的过程，提高反应压力可促进预加氢反应的深度，对脱硫、脱氮和保持催化剂活性有利。（√）

38. 提高预加氢氢油比，不利于反应器床层温度的稳定和减少催化剂的结焦。（×）

**正确答案**：提高预加氢氢油比，有利于反应器床层温度的稳定和减少催化剂结焦。

39. 预加氢提高空速时，为了保证恒定的脱硫率，需提高反应温度，会加快焦炭生成速率。（√）

40. 催化重整循环氢的唯一作用，是提供重整反应所需的热量。（×）

**正确答案**：催化重整循环氢的主要作用，是提供反应所需的热量、抑制生焦反应和稀释原料。

41. 不同初馏点石脑油的氯含量是不同的，初馏点越高，其氯含量越低。（√）

42. 脱硫剂的作用是保护重整催化剂不受高硫原料影响而造成催化剂硫中毒。（√）

43. 选用阻垢剂，缓蚀剂时应注意其成分，尽量避免重整催化剂中毒。（√）

44. 催化重整原料油对杂质砷含量的控制指标为 < 1ppm。（×）

**正确答案**：催化重整原料油对杂质砷含量的控制指标为 < 1ppb。

45. 通常催化重整反应温度提高 3 ~ 5℃，催化重整产品的辛烷值可提高一个单位左右。（√）

46. 重整反应温度下限的确定，是由化学平衡和反应速度共同决定的。（√）

47. 重整操作压力越低，重整生成油干点与原料的干点的差距越大，即重整生成油的干点越高。（√）

48. 随着催化重整反应压力的下降，汽油 $C_5^+$ 液收增加，而氢气产率下降。（×）

**正确答案**：随着催化重整反应压力下降，汽油 $C_5^+$ 液收增加，氢气产率增加。

49. 重整氢油比过小不利于环烷脱氢反应，过大则裂解反应加剧。（×）

**正确答案**：重整氢油比过大不利于环烷脱氢反应，过小则裂解反应加剧。

50. 当重整进料量降低时，空速会减小，延长了原料和催化剂的接触时间，从而增加了汽油收率。（×）

**正确答案**：当重整进料量降低时，空速会减小，延长了原料和催化剂的接触时间，造成裂化反应加重，降低了汽油收率。

51. 吹灰器主要用于加热炉对流室的炉管为光管的部位。（×）

**正确答案**：吹灰器主要用于加热炉对流室的炉管为钉头管的部位。

52. 可以从催化重整原料芳烃潜含量的高低来判断催化重整原料的好坏。（√）

53. 我国原油基本属于石蜡基或中间基，环烷烃含量较高，所以重整原料的芳烃潜含量

较高。 (×)

**正确答案：**我国原油基本属于石蜡基或中间基，环烷烃含量不高，所以重整原料的芳烃潜含量不高。

54. 重整芳烃转化率不可能超过 100%。 (×)

**正确答案：**重整芳烃转化率一般都大于 100%。

55. 正压式空气呼吸器使用前，压力不得低于 10MPa。 (×)

**正确答案：**正压式空气呼吸器使用前，压力不得低于 21MPa。

56. 过滤式防毒面具可以用来预防所有有毒介质和各种窒息性气体。 (×)

**正确答案：**过滤式防毒面具只能用来预防与其相适应有毒介质，禁止用来预防其他有毒介质和各种窒息性气体。

57. 事故处理“四不放过”原则的内容是：事故原因未查清不放过；责任人员未处理不放过；整改措施未落实不放过；有关人员未受到教育不放过。 (√)

58. 单位内工作调动、转岗无需进行安全教育，可直接上岗。 (×)

**正确答案：**单位内工作调动、转岗应进行二、三级安全教育，经考试合格后，方可从事新岗位工作。

59. 表示废水水质污染程度一般有四个重要指标：物理指标、化学指标、生物指标和生理指标。 (√)

60. 硫化亚铁是深棕色或黑色固体，在常温下能迅速氧化自燃。 (√)

61. 中国石化用火作业安全管理规定中，要求乙炔瓶、氧气瓶与火源间的距离不得少于 5 米。 (×)

**正确答案：**中国石化用火作业安全管理规定中，要求乙炔瓶、氧气瓶与火源间的距离不得少于 10 米。

62. 冬季蒸汽吹扫结束后，要用风将设备内存水扫尽。 (√)

63. 为保证受限空间内作业人员的呼吸，可采取自然通风的方法，必要时还可以向内充氧气。 (×)

**正确答案：**为保证受限空间内作业人员的呼吸，可采取自然通风的方法，但严禁向内充氧气。

64. 截止阀安装时没有方向性。 (×)

**正确答案：**截止阀安装时应使阀门的进出口方向与流体的方向一致。

65. 闸阀中介质流动方向是单向的。 (×)

**正确答案：**闸阀介质流动方向不受限制。

66. 截止阀与闸阀相比具有关闭时间短、开启高度小的特点。 (√)

67. 截止阀可用于输送带颗粒、黏度较大、易结焦的介质。 (×)

**正确答案：**截止阀不适宜用于输送带颗粒、黏度较大、易结焦的介质。

68. 闸阀全开时密封面受冲蚀较大。 (×)

**正确答案：**闸阀全开时密封面受冲蚀较小。

69. 离心泵的气蚀余量，是指泵吸入口处单位重量液体所具有的超过汽化压强的富余能量。 (√)

70. 对一定的离心泵而言，在转速一定和正常的工作范围内，流量越大，扬程越小。 (√)

71. 离心泵的额定功率是指在额定转速下的轴功率。 (×)

**正确答案：** 离心泵的额定功率是指在额定流量时的轴功率。

72. 离心泵在额定点时的效率最高。 (√)

73. 只要往复泵的机械强度和原动力足够，外界要求多高的压头，往复泵就能提供多大的压头。 (√)

74. 往复泵特别适用于要求外加压头和流量很大的管路系统中。 (×)

**正确答案：** 往复泵特别适用于要求外加压头很大，而流量不大的管路系统中。

75. 往复泵的扬程随流量的增大而减小。 (×)

**正确答案：** 往复泵的扬程与流量无关。

76. 往复泵单位时间内对输送液体所做的功称为功率。 (√)

77. 低压往复泵的容积效率比高压往复泵的容积效率高。 (√)

78. 往复泵和离心泵一样，可通过调节泵出口阀的开度来调节流量。 (×)

**正确答案：** 往复泵和离心泵不同，其流量不能通过泵出口阀来调节，因出口阀开度过小会引起泵内压强急剧升高而造成事故。

79. 爆破片装置与容器的连接管线应为直管，阻力要小，管线通道面积不得小于膜片的泄放面积。 (√)

80. 安全阀通常用于不可压缩性流体的场合。 (×)

**正确答案：** 安全阀常用于可压缩性流体的场合，如空气、蒸汽等。

81. 液面计使用时，应对其最高和最低安全液位作出明显的标志。 (√)

82. 新压力表投入使用前应检验合格，并在其刻度盘上划出指示正常工作压力的红线。 (×)

**正确答案：** 新压力表投入使用前应检验合格，并在其刻度盘上划出指示最高工作压力的红线。

83. 用于介质为水蒸气的压力表，在压力表与压力容器之间应装有存水弯管。 (√)

84. 玻璃温度计和双金属温度计均属于膨胀式测温仪。 (√)

85. 弹簧式安全阀对振动敏感性差，适用于温度不高压力较高的场合。 (×)

**正确答案：** 弹簧式安全阀对振动敏感性差，适用于温度不高压力较高的场合。

86. 往复泵是一种容积式泵，它的吸入阀和排出阀都是单向阀。 (√)

87. 阻火器的阻火机理是火焰通过狭小孔隙时，散热损失突然增大使燃烧不能继续。 (√)

88. 加热炉烟囱的作用就是排放烟气。 (×)

**正确答案：** 加热炉烟囱对空气和烟气都起着抽吸的作用，使空气进入炉膛并使烟气克服沿程阻力并经烟囱排入大气。

89. 换热设备按用途分有换热器、冷凝器、再沸器、冷却器及加热器。 (√)

90. 加热炉的“三门一板”指的是燃料油门、防爆门、风门和烟道挡板。 (×)

**正确答案：** 加热炉的“三门一板”指的是燃料油门、雾化蒸汽门、风门和烟道挡板。

91. 加热炉热效率与排烟温度有关，因此排烟温度越低越好。 (×)

**正确答案：** 加热炉热效率与排烟温度有关，但排烟温度过低易造成露点腐蚀。

92. U形管换热器的结构比较简单，每根管子都可以自由伸缩；但管内不易清洗，因此只适用于高温、高压下的清洁流体。 (√)

93. 浮头式换热器结构较为复杂，金属耗量较多，造价也较贵，只适用于管程和壳程温差较大和管子需要经常清洗的场合。（√）

94. 立式换热器的壳体和管子的膨胀差是用膨胀波纹管来调节。（√）

95. 塔板的类型有很多种，其中浮阀塔板使用最早、历史最长。（×）

**正确答案：**塔板的类型有很多种，其中圆形泡帽塔板使用最早、历史最长。

96. 并不是所有设备都有设备铭牌。（×）

**正确答案：**所有设备都有设备铭牌。

97. 实际上，两台离心泵串联使用时的扬程是两台泵单独使用时之和。（×）

**正确答案：**实际上，两台离心泵串联使用时的扬程比两台单独使用时之和要小。

98. 机泵润滑油的油位应大于油杯的三分之一高度即可。（×）

**正确答案：**机泵润滑油的油位应大于油杯的三分之一但不高于三分之二。

99. 离心泵正常运行过程中，应经常检查轴承的温升情况，滑动轴承的温度一般不超过65℃。（√）

100. 离心泵在启动前盘车，是为了使部分润滑油进入润滑部位的间隙内。（×）

**正确答案：**离心泵在启动前盘车，是为了复查泵内有无不正常现象，同时使部分润滑油进入润滑部位的间隙内。

101. 抗乳化度是评价油和水分离的能力，好的润滑油其抗乳化度应不大于15min。（√）

102. 润滑油“三级过滤”是指领油大桶到固定贮油箱，贮油箱到油壶，油壶到润滑部位。（√）

103. 现场更换压力表时应注意安全，压力表根部阀应关紧，更换途中需观察有无介质泄漏。（√）

104. 现场更换液面计前，首先应确认新液面计已按有关规定进行水压试验，试验合格后，方能进行安装。（√）

105. 储存容器操作时要注意严格控制温度、压力、液位、明火即可，对于静电则不需注意。（×）

**正确答案：**储存容器还需防止静电。

106. 离心泵吸入口的压力高于输送液体在该温度、压力下的饱和蒸汽压，就会发生气蚀现象。（×）

**正确答案：**离心泵吸入口的压力低于输送液体在该温度、压力下的饱和蒸汽压，就会发生气蚀现象。

107. 离心泵发生气缚的现象是离心泵出口压力低、无流量。（√）

108. 当离心泵轴与原动机轴线不一致时，会引起轴承磨损。（√）

109. 空冷风机风筒组件松动只会引起振动，不会引起噪音大。（×）

**正确答案：**空冷风机风筒组件松动将会引起振动和噪音增大。

110. 分馏塔发生液泛时，会造成整个分馏塔的操作紊乱，温度、压力、液面波动较大，不易控制。（√）

111. 分馏塔的进料量小、进料温度过低，会产生漏液现象。（√）

112. 加热炉风机突然停运时，会导致加热炉出现闷炉现象，同时提燃料气量，炉膛温度不上升反而下降。（√）

113. 加热炉炉膛如出现正压，会导致烟气氧含量上升。（×）

**正确答案：**加热炉炉膛如出现正压，会导致加热炉效率下降。

114. 当加热炉的抽力过大时，会出现烟气氧含量升高、火焰发白、炉膛负压升高等现象。（√）

115. 加热炉燃料中断的现象是炉膛和炉出口温度急剧下降。（√）

116. 换热器浮头盖是否泄漏，可以从压力低的一侧的油品中化验分析结果判断。（×）

**正确答案：**换热器浮头盖是否泄漏，可以从浮头盖处是否冒烟、滴油判断出来。

117. 离心泵开泵前，入口未排空气可能会造成离心泵抱轴。（×）

**正确答案：**离心泵开泵前，未盘车、未加润滑油可能会造成离心泵抱轴。

118. 离心泵产生气蚀的主要原因，是离心泵入口压力低于该压力下的输送液体的饱和蒸汽压。（√）

119. 离心泵产生气缚的原因是因为泵内存在空气。（√）

120. 往复泵抽空的主要原因是因为泵入口未排空气。（×）

**正确答案：**往复泵抽空的主要原因是因为泵入口堵塞。

121. 输送介质的温度低，压力高，易造成离心泵抽空。（×）

**正确答案：**输送介质的温度高，压力低，易造成离心泵抽空。

122. 离心泵发生气蚀、气缚现象均会造成泵出口压力过低。（√）

123. 输送液体密度增加，可能造成离心泵轴承温度升高。（×）

**正确答案：**输送液体密度增加，不会造成离心泵轴承温度升高，会造成电机电流上升。

124. 离心泵的润滑油位过低，会造成离心泵的电机温度超高。（×）

**正确答案：**离心泵的润滑油位过低，会造成离心泵的轴承温度超高。

125. 离心泵开泵前，出口阀必须全开，否则会造成电机电流超高。（×）

**正确答案：**离心泵开泵前必须关闭出口阀，否则会造成电机电流超高。

126. 漏液现象发生的主要原因，是因为分馏塔的气液相负荷过大。（×）

**正确答案：**漏液现象发生的主要原因，是因为分馏塔的气相负荷过小。

127. 各回流罐的液面波动较大，极易造成燃料气分液罐带油。（√）

128. 分馏塔发生冲塔现象时，气液相不再传质传热。（×）

**正确答案：**分馏塔发生冲塔现象时，破坏正常的传质传热。

129. 预加氢原料金属含量增加，极易导致催化剂床层压降上升。（√）

130. 预加氢反应器压降过大可能将造成设备超压、催化剂破碎及提处理量困难。（√）

131. 重整反应器压降过大的主要原因，是注氯过多形成铵盐结晶阻塞催化剂孔道。（×）

**正确答案：**催化剂积炭太多，是催化重整反应压降过大的主要原因之一。

132. 重整反应器压降过大，会导致反应器的内构件破损。（√）

133. 玻璃板液面计是否堵，可以通过分别关闭上下油引出阀、打开放空阀观察是否有油气排出的方法来判断。（√）

134. 压力表指示失灵，会造成设备超压并造成安全阀起跳。（√）

135. 催化重整装置是生产清洁汽油的主要装置，它的生产过程不产生有害物质。（×）

**正确答案：**催化重整装置是生产清洁汽油的主要装置，它的生产过程会产生硫化氢、苯等有害物质。

136. 离心泵震动大的主要原因，是泵轴与电动机轴不同心。 (√)

137. 离心泵抽空时要关小入口阀。 (×)

**正确答案：** 离心泵抽空时要全开入口阀。

138. 往复泵抽空时应关闭出口阀，并从入口处排液。 (×)

**正确答案：** 往复泵抽空时不能关闭出口阀。

139. 分馏塔进料带水，会造成塔底温度变化，但不会造成塔压力波动。 (×)

**正确答案：** 分馏塔进料带水，不仅会造成塔底温度变化，也会造成塔压力波动。

140. 分馏塔回流罐液位低，可适当降低回流罐压力并提高塔底温度。 (√)

141. 分馏塔液位高报，可采取降低塔底温度的方法。 (×)

**正确答案：** 分馏塔液位高报，可采取适当减少进料量，增加外输量。

142. 分馏塔产生液泛现象时，应采取提高塔底温度的方法解决。 (×)

**正确答案：** 分馏塔产生液泛现象时，首先应降低分馏塔进料量。

143. 重整反应系统进料泵突然停运时，首先应立即停循环机防止催化剂床层超温。 (×)

**正确答案：** 重整反应系统进料泵突然停运时，首先应熄灭各加热炉火嘴防止催化剂床层超温。

144. 引蒸汽吹扫产生水击现象时，应加强蒸汽脱水。 (√)

145. 当加热炉燃烧器产生回火现象时，应立即开大烟道挡板。 (×)

**正确答案：** 当燃烧器产生回火现象时，应开大风道上的蝶阀和燃烧器的风门。

146. 为了防止管线冻凝，对暂时不用的水管线和易冰冻的管线，应将管线内的介质放净。 (√)

147. 发现空冷风机停运，应立即降低塔底温度。 (×)

**正确答案：** 发现空冷风机停运，应立即重新启动并开大水冷器所用循环水等。

148. 压力表的精确度是以它的允许误差占表盘刻度值的百分数按级别来表示的。 (√)

149. 进入可燃性气体泄漏现场处理问题时，可以选用非防爆设备。 (×)

**正确答案：** 进入可燃性气体泄漏现场处理问题时，只能选用检验合格的防爆设备。

150. 分馏塔塔底泵抽空，应首先检查分馏塔的实际液面再根据实际情况处理。 (√)

151. 当塔底液位控制阀失灵应改副线控制。 (√)

152. 水冷器泄漏，如不影响产品质量无需处理。 (×)

**正确答案：** 水冷器泄漏，如不影响产品质量，也需防止循环水带油，必须处理。

153. 空冷器泄漏的主要原因是物理腐蚀。 (×)

**正确答案：** 空冷器泄漏的主要原因是铵盐的低温露点腐蚀。

154. 预加氢反应器法兰泄漏不大时可接蒸汽掩护，反应系统降低压力操作。 (√)

155. 加热炉炉膛出现正压，主要是因为烟道挡板开度过大。 (×)

**正确答案：** 加热炉炉膛出现正压，主要是因为烟道挡板开度过小。

156. 加热炉突然熄火，需立即通入事故蒸汽并开大烟道挡板。 (√)

157. 燃料气分液灌带油，首先应检查带油原因、其次加强脱液。 (√)

158. 正投影法是一种中心投影法。 (×)

**正确答案：** 正投影法是一种平行投影法。

159. 表压 = 绝对压力 + 大气压力。 (×)

**正确答案：** 表压 = 绝对压力 – 大气压力。

160. 气体的体积流量是随温度和压力不同而变化的。（√）

161. 重整原料油中的机械杂质含量偏高时，可以投用分子筛系统将其筛除。（×）

**正确答案：** 重整原料油中的机械杂质含量偏高时，不能通过投用分子筛系统将其筛除。

162. 预加氢反应系统压降过大可停工，用原料油冲洗反应床层。（×）

**正确答案：** 预加氢反应系统压降过大可停工进行催化剂过筛、炉管烧焦及爆破吹扫。

163. 重叠式移动床可以在低压下运转，并保持较高的催化剂活性，能生产质量稳定的高辛烷值汽油。（√）

164. 为了减少高温燃烧对催化剂性能的负面影响，建议减少烧焦空气的氧含量，只要烧焦在烧焦区能完成就可以了。（√）

165. 干燥空气本身不需要进行干燥。（×）

**正确答案：** 干燥空气本身进入系统前先进行干燥。

166. 再生系统升温时，再生器差压控制器必须投用，隔离系统必须投用。（√）

167. 还原段催化剂采样与待生催化剂采样方法一样。（×）

**正确答案：** 还原段催化剂采样与待生催化剂采样方法不一样，需要先进行氮气置换，然后采样，置换泄压。

168. 催化剂采样前首先打开采样器放空，然后确认采样器中是否存有残余催化剂。（√）

169. 催化剂采样开关 V 阀能够密封气体。（×）

**正确答案：** 催化剂采样开关 V 阀能够隔断催化剂但不密封气体。

170. 催化剂采样开关 V 阀关闭时会使催化剂破碎。（×）

**正确答案：** 催化剂采样开关 V 阀关闭时不会使催化剂破碎。

171. 催化剂采样开关 B 阀能够隔断催化剂而不密封气体。（×）

**正确答案：** 催化剂采样开关 B 阀能够隔断催化剂且密封气体。

172. G 阀用于对气体密封要求不高的管道上。（×）

**正确答案：** G 阀用于对气体密封要求极高的管道上。

173. V 阀能够切断催化剂流动，但是不能阻止气体流动。（√）

174. B 阀为一种正规的球形阀，安装在闭锁料斗催化剂输送管线的入口和出口等地方。（√）

175. G 阀是一个单座球阀——一个软座。（×）

**正确答案：** G 阀是一个双座球阀——一个硬座和一个软座。

176. 淘洗气从粉尘收集器侧面进入，气体穿过毡布过滤器，从底部排出。（×）

**正确答案：** 淘洗气从粉尘收集器侧面进入，气体穿过毡布过滤器，从顶部排出。

177. 在装置停工期间，电加热器电加热丝必须保持干燥。（√）

178. 粉尘收集器进行反吹时，必须三路一起反吹。（×）

**正确答案：** 粉尘收集器进行反吹是三路逐次进行反吹，具体吹扫时间可以进行设定。

179. 如果在催化剂收集桶内发生硫化物着火，可以使用蒸汽吹扫，使硫化物与氧气隔离。（×）

**正确答案：** 如果在催化剂收集桶内发生硫化物着火，可以使用氮气吹扫，使之隔离氧气。

180. 电加热器跳电与加热器表面温度、通过加热器的流量有关，与其他因素关系不大。（×）

**正确答案：** 电加热器跳电与加热器表面温度、通过加热器的流量、再生是否停车、加热器的外界条件都有关系。

181. 连续重整装置反应器总差压急剧上升，则是催化剂进入扇形管中结焦堵塞所致。 (√)

182. 芳烃抽提所使用的溶剂只溶解芳烃，而不溶解非芳烃。 (×)

**正确答案：** 芳烃抽提所使用的溶剂既溶解芳烃又溶解非芳烃。

183. 蒸馏的精度比精馏的精度高。 (×)

**正确答案：** 精馏的精度比蒸馏的精度高。

184. 与三乙二醇醚相比，环丁砜对芳烃的溶解力高，但选择性不强。 (×)

**正确答案：** 与三乙二醇醚相比，环丁砜对芳烃的溶解力高、选择性强。

185. 四乙二醇醚溶剂对芳烃的溶解度不如环丁砜好。 (×)

**正确答案：** 四乙二醇醚溶剂对芳烃的溶解度比环丁砜好。

186. 与三乙二醇醚相比，应用四乙二醇醚能提高芳烃回收率，但溶剂损失增大。 (×)

**正确答案：** 与三乙二醇醚相比，应用四乙二醇醚能提高芳烃回收率且减少溶剂损失。

187. 灰色滤毒罐是防止苯中毒的。 (×)

**正确答案：** 褐色滤毒罐是防止苯中毒的。

188. 甲苯的爆炸极限为 27% ~ 75%。 (√)

189. 二甲苯在车间空气中允许的最大浓度为 150mg/m$^3$。 (×)

**正确答案：** 二甲苯在车间空气中允许的最大浓度为 100mg/m$^3$。

190. 苯馏出口分析项目包括初馏点、终馏点、外观和比色。 (×)

**正确答案：** 苯馏出口分析项目包括初馏点、终馏点、外观和冰点。

191. 抽提塔的作用是利用溶剂，将原料中的轻组分提取出来，从而达到抽提的目的。 (×)

**正确答案：** 抽提塔的作用是利用溶剂，将原料中的芳烃组分提取出来，从而达到抽提的目的。

192. 汽提水一般使用的是新鲜水。 (×)

**正确答案：** 汽提水最好使用软化水或除氧水。

193. 溶剂回收塔(抽余油水洗塔)是利用溶剂与芳烃互溶的性质，回收溶剂，减少损耗。 (×)

**正确答案：** 溶剂回收塔是利用溶剂与水互溶的性质，回收溶剂，减少损耗。

194. 减压再生塔的真空度为负数。 (×)

**正确答案：** 减压再生塔的真空度为正数。

195. 在一定温度条件下，白土上的碱性活性中心将促使环烷烃聚合和烷基化。 (×)

**正确答案：** 在一定温度条件下，白土上的酸性活性中心将促使烯烃聚合和烷基化。

196. 在液液抽提中，溶剂比是用来调节芳烃回收率的主要手段。 (√)

197. 增大抽提精馏装置的回流比，重液纯度会下降。 (×)

**正确答案：** 增大抽提精馏装置的回流比，重液纯度会上升。

198. 精馏塔进料口以下至塔底部分称为精馏段。 (×)

**正确答案：** 精馏塔进料口以下至塔底部分称为提馏段。

199. 真空度大小是溶剂在减压塔中能否再生的关键。 (√)

200. 芳烃进料中不可避免地含有水分和其他非芳烃杂质，这些杂质积聚增加会影响到苯初馏点，所以必须排苯回流。（×）

**正确答案：**芳烃进料中不可避免地含有水分和其他非芳烃杂质，这些杂质积聚增加会影响到苯冰点，所以必须排苯回流。

201. 抽提溶剂的选择性与温度无关。（×）

**正确答案：**抽提溶剂的选择性与温度有关。

202. 精馏塔温差指示低时，需要增大回流比。（×）

**正确答案：**精馏塔当温差指示低时，需要减少回流比。

203. 当汽提水量低时，芳烃会残留于溶剂中，相当于增大了溶剂比。（×）

**正确答案：**当汽提水量低时，芳烃会残留于溶剂中，相当于降低了溶剂比。

204. 循环溶剂中芳烃含量增多，抽提效率会升高。（×）

**正确答案：**循环溶剂中芳烃含量增大，抽提效率将降低。

205. 塔底温度、塔顶回流量和水分都会造成苯塔温差波动。（√）

206. 白土失活是由于炔烃饱和。（×）

**正确答案：**白土失活是由于烯烃饱和。

207. 苯对人体的危害，体现在它会损害人的造血机能和神经系统。（√）

208. 甲苯对人体的危害是损伤人的造血机能。（√）

## 单选题

1. 有关催化重整汽油的优点，下列说法错误的是（ B ）。
A. 辛烷值高　B. 芳烃含量低　C. 硫含量低　D. 烯烃含量低

2. 下列油品中，不能做为催化重整原料的是（ C ）。
A. 常压直馏石脑油　B. 加氢裂化石脑油
C. 烷基化汽油　D. 加氢精制汽油

3. 相对分子质量大致相近的不同烃类，辛烷值最高的是（ C ）。
A. 烷烃　B. 环烷烃　C. 芳香烃　D. 烯烃

4. 催化重整装置原料组分越轻，其中杂质含量越大的是（ B ）。
A. 硫　B. 氯　C. 氮　D. 砷

5. 催化重整原料中，各类烃的辛烷值高低的顺序是（ A ）。
A. 甲苯 > 环烷 > 烯烃 > 烷烃　B. 甲苯 > 环烷 > 烷烃 > 烯烃
C. 烯烃 > 甲苯 > 环烷 > 烷烃　D. 烯烃 > 环烷 > 烷烃 > 甲苯

6. 离心式压缩机气密试验所使用的介质是（ D ）。
A. 水　B. 蒸汽　C. 空气　D. 氮气

7. 常压下 1 千克水完全汽化，大概可产生（ C ）L 水蒸气。
A. 22.4　B. 500　C. 1700　D. 3000

8. 1.0MPa 饱和水蒸气的温度大约是（ C ）℃。
A. 120　B. 140　C. 180　D. 200

9. 关于水蒸气在催化重整装置中的作用，下列说法错误的是（ D ）。
A. 可做分馏塔底热源　B. 可做消防蒸汽
C. 可做预加氢催化剂再生载气　D. 可做重整催化剂再生载气

10. 分馏塔试压过程中，产生水击的原因是( C )。

A. 蒸汽量过小　B. 蒸汽量过大　C. 凝结水未排净　D. 塔顶放空未开

11. 循环水进出口连通线，正常状态应该是( B )。

A. 全开　B. 全关　C. 开一半　D. 没有要求

12. 关于爆破吹扫，下列说法错误的是( A )。

A. 爆破吹扫时，爆破压力应先高后低　B. 引气时注意安全，防止窜压

C. 爆破吹扫可用于吹扫加热炉管线

D. 爆破吹扫时到预定压力未爆时，应立即泄压重新开始

13. 有关爆破吹扫的注意事项，下列说法错误的是( D )。

A. 引风(或氮气)时要注意安全，防止串压或超压

B. 爆破口和现场必须由专人监护

C. 在爆破气流涉及范围内应拉警戒线隔离，以免爆破伤人

D. 爆破吹扫时到预定压力未爆时，应缓慢提高压力直至爆破

14. 油品采样时，下列做法正确的是( A )。

A. 用被采样品置换几遍　B. 打开采样口立即采样

C. 采完样后敞开采样瓶口　D. 采样时要尽量装满

15. 关于预加氢循环氢采样，下列做法错误的是( B )。

A. 用样品置换采样袋两、三遍　B. 采样前可用鼻嗅检查硫化氢浓度

C. 采完样后采样袋口扎好　D. 采样袋即使置换了，也不能混用

16. 加热炉燃烧器燃烧形式有外混式，预混式，半预混式和( C )。

A. 里混式　B. 前混式　C. 内混式　D. 上混式

17. 下列选项中，不属于加热炉燃烧器一部分的是( D )。

A. 燃料喷嘴　B. 调风器　C. 火道　D. 烟道

18. 关于分馏系统蒸汽吹扫，下列说法错误的是( C )。

A. 吹扫前公用工程各系统已完成试运，处于备用状态

B. 吹扫前应拆开与设备相连的法兰

C. 控制阀和流量计可以直接吹扫

D. 吹扫前应打开塔顶放空阀

19. 临氢系统气密的目的是( A )。

A. 管线法兰试漏　B. 吹扫机械杂质　C. 系统置换　D. 清扫管线

20. 气密试验合格的标准为6小时内平均每小时降低压力( A )MPa，并用肥皂水涂擦密封点无明显气泡。

A. $\not>0.02$　B. $\not>0.05$　C. $\not>0.2$　D. $\not>0.5$

21. 临氢系统氮气气密试漏检查时，常用的判断方法是( B )。

A. 可燃气体报警仪　B. 肥皂水

C. 目视判断　D. 听声音

22. 催化剂在化学反应中的作用是( B )。

A. 分散反应介质，使反应均匀进行　B. 改变了反应途径

C. 改变反应平衡，使反应向正方向进行　D. 不改变反应速度，改变反应平衡

23. 催化剂改变了化学反应的( B )。
A. 化学平衡　B. 反应速率　C. 反应产物　D. 化学热力学平衡

24. 计算氢油体积比时，需要将工作状况下循环氢的体积转化为( D )下的体积。
A. 绝对零度状况　B. 常温、常压状况
C. 反应条件状况　D. 标准状况

25. 有关空速的计算方法，下列表述正确的是( A )。
A. 原料油量/反应器催化剂藏量　B. 循环氢量/原料油量之比
C. 反应器催化剂藏量/进入反应器的原料油量
D. 原料油量/循环氢量

26. 关于新建装置水冲洗的目的，下列表述错误的是( B )。
A. 清洗管线及设备内的机械杂质　B. 考验调节阀的参数是否设置合理
C. 考验设备、管线施工质量及安装情况　D. 确保管线、设备畅通无阻、干净密闭

27. 关于新建装置水联运的目的，下列说法错误的是( D )。
A. 进一步清洗管线及设备
B. 考察系统在装水条件下的严密性及强度
C. 鉴定阀门、法兰有无泄漏，贯通工艺流程
D. 进行反应器水压试验

28. 一般情况下，重整催化剂脱硫保护床应布置在( C )。
A. 预加氢反应器前　B. 重整催化剂上床层
C. 蒸发脱水塔后　D. 预加氢催化剂下床层

29. 关于催化重整装置分馏系统油联运的目的，下列说法错误的是( D )。
A. 可以考察工艺流程走向是否合理
B. 可以考察仪表、电器设计制造、安装质量
C. 可以全面了解系统工艺、设备性能及施工质量
D. 可以检验重整催化剂性能

30. 关于催化重整装置分馏系统油联运的操作，下列做法错误的是( B )。
A. 油联运时做好隔离工作，防止油气乱窜
B. 油联运时各控制阀需走副线
C. 油联运时需加强排污脱水
D. 油联运时需密切注意各塔、容器的压力，防止超压

31. 关于催化重整装置原料预处理系统的作用，下列说法错误的是( D )。
A. 脱硫、氮、氯　B. 脱砷　C. 拔头　D. 产氢

32. 关于催化重整原料中砷的危害，下列说法正确的是( B )。
A. 砷会加速重整催化剂的积炭速率　B. 砷是重整催化剂的永久性毒物
C. 砷会腐蚀设备　D. 砷会堵塞催化剂孔道

33. 目前催化重整装置广泛采用的加氢脱砷工艺中，专用脱砷剂上的有效组分是( B )。
A. CaO　B. NiO　C. MgO　D. $WO_3$

34. 关于处理废脱砷剂的注意事项，下列叙述错误的是( D )。
A. 必须使用防护用品　B. 操作现场不得进食、饮水

C. 装入水泥罐深埋处理

D. 操作现场砷化物的最高允许浓度为 $10mg/m^3$

35. 关于预分馏塔作用的说法，下列表述正确的是( D )。

A. 脱硫、氮、氯 B. 脱砷 C. 脱水 D. 拨头

36. 关于预加氢反应过程的作用，下列说法错误的是( C )。

A. 脱除硫、氮、氧等杂质 B. 脱除烯烃

C. 脱除芳烃 D. 脱除金属杂质

37. 下列操作参数中，对预加氢脱硫反应影响最大的是( B )。

A. 反应压力 B. 反应温度 C. 氢油比 D. 空速

38. 下列各化合键中，加氢反应速率最快的是( A )。

A. C—S B. C—N C. C—O D. C═C

39. 下列各化合键中，加氢反应速率最慢的是( B )。

A. C—S B. C—N C. C—Cl D. C═C

40. 预加氢脱氧反应中，反应活性的顺序是( A )。

A. 酚类 < 酮类 < 醛类 < 烷基醚类 B. 烷基醚类 < 酮类 < 醛类 < 酚类

C. 烷基醚类 < 酚类 < 醛类 < 酮类 D. 烷基醚类 < 酮类 < 酚类 < 醛类

41. 下列预加氢操作条件的变更中，可抑制预加氢催化剂结焦的是( D )。

A. 提高反应温度 B. 降低处理量

C. 提高反应压力 D. 增加氢油比

42. 预加氢催化剂硫化的目的是( B )。

A. 抑制催化剂初期过高的加氢活性 B. 提高催化剂活性

C. 使催化剂的有效成分分散更均匀 D. 防止催化剂还原成金属态

43. 关于预加氢催化剂硫化结束的标志，下列说法错误的是( D )。

A. 反应器进出口 $H_2S$ 浓度相同 B. 高分切不出水

C. 催化剂床无温差 $\Delta T$ D. 循环氢中 $H_2S$ 的浓度持续下降

44. 催化重整反应的特点是( A )。

A. 吸热、产氢 B. 放热、产氢

C. 吸热、耗氢 D. 放热、耗氢

45. 下列各项中，说法错误的是( D )。

A. 六员环烃脱氢反应是借助重整催化剂的金属功能

B. 直链烷烃脱氢环化反应是借助重整催化剂的金属和酸性功能

C. 直链烷烃异构化反应是借助重整催化剂的金属和酸性功能

D. 五员环烷脱氢反应是借助重整催化剂的酸性功能

46. 六员环烷的脱氢反应主要是借助重整催化剂的( B )。

A. 酸性功能 B. 金属功能

C. 助剂铼的功能 D. 金属 + 酸性功能

47. 在催化重整反应中，反应速度最快的是( A )。

A. 六员环烷脱氢反应 B. 五员环烷异构脱氢反应

C. 直链烷烃异构化反应 D. 直链烷烃脱氢环化反应

48. 下列操作条件的变更中，有利于五员环烷脱氢反应的是( D )。
A. 提高反应压力　　B. 增加反应空速
C. 提高氢油比　　D. 提高反应温度
49. 下列操作条件中，有利于直链烷烃脱氢环化反应的是( C )。
A. 低温、低压　　B. 高温、高压
C. 高温、低压　　D. 低温、高压
50. 下列有关直链烷烃异构化反应，说法错误的是( C )。
A. 需借助催化剂金属和酸性功能　　B. 辛烷值增加的反应
C. 反应速度最快　　D. 放热反应
51. 下列有关催化重整反应，不希望发生的反应是( D )。
A. 直链烷烃异构化反应　　B. 烷烃脱氢环化反应
C. 直链烷烃异构化　　D. 加氢裂化反应
52. 关于接班人员的接班内容，下列说法不正确的是( B )。
A. 设备润滑不好不接班　　B. 操作波动不接班
C. 操作情况不清楚不接班　　D. 环境卫生不清洁不接班
53. 巡回检查实行挂牌制度，( C )、牌号、站号应该一致。
A. 路线　　B. 人员　　C. 时间　　D. 地点
54. WAIT 是指重整反应的( B )。
A. 加权平均床层温度　　B. 加权平均入口温度
C. 反应入口温度　　D. 反应出口温度
55. WABT 是指重整反应的( A )。
A. 加权平均床层温度　　B. 加权平均入口温度
C. 反应入口温度　　D. 反应出口温度
56. 在分馏塔内部，轻组分的浓度分布是( B )。
A. 由上至下逐级升高
B. 由上至下逐级降低
C. 轻组分的浓度是不变的
D. 提馏段上至下逐级升高，精馏段上至下逐级降低
57. 分馏塔操作需掌握的三大平衡是( A )。
A. 物料平衡、气液相平衡、热量平衡　B. 物料平衡、温度平衡、压力平衡
C. 物料平衡、热量平衡、压力平衡　　D. 温度平衡、压力平衡、气液相平衡
58. 分馏塔的操作通常以控制( B )为主，相应调节( B )，最终达到( B )的目的。
A. 热量平衡、气液相平衡、物料平衡　B. 热量平衡、物料平衡、气液相平衡
C. 气液相平衡、热量平衡、物料平衡　D. 物料平衡、热量平衡、气液相平衡
59. 关于分馏塔顶回流的作用，下列说法错误的是( C )。
A. 维持全塔部分热平衡　　B. 控制塔顶温度
C. 控制塔顶压力　　D. 保证产品质量
60. 如预分馏塔的压力上升，为了保证精制油的初馏点，则其操作温度需( A )。
A. 提高　　B. 不变　　C. 降低　　D. 与之无关

61. 其他参数均不变，如预分馏塔顶温度偏高，会造成( C )。

A. 塔顶产品初馏点偏高　　B. 塔顶产品初馏点偏低

C. 塔顶产品干点偏高　　D. 塔顶产品干点偏低

62. 控制预加氢精制油初馏点的主要操作参数是( C )。

A. 预加氢反应温度　　B. 预加氢进料量

C. 预分馏塔顶温度　　D. 预分馏塔底温度

63. 关于预加氢反应，下列说法错误的是( D )。

A. 提温有利于向正反应方向进行　　B. 提高氢分压有利于向正反应方向进行

C. 增加氢纯度有利于向正反应方向进行　D. 增加氢油比不利于向正反应方向进行

64. 预加氢反应温度过高，所生成的硫化氢会与少量的烯烃再反应生成( A )，使精制油含硫量增加。

A. 硫醇　　B. 硫醚　　C. 二硫化物　　D. 噻吩

65. 由于加氢反应是( A )的过程，故提高操作压力可( A )加氢反应。

A. 体积缩小、促进　　B. 体积缩小、抑制

C. 体积增大、促进　　D. 体积增大、抑制

66. 预加氢氢油比增大时，反应物在催化剂床层里停留的时间( C )，并( C )预加氢反应的进行。

A. 缩短、有利于　　B. 增加、有利于

C. 缩短、不利于　　D. 增加、不利于

67. 当预加氢进料量减少时，相应的其空速( A )，造成预加氢催化剂结焦加剧，这时，必须( A )反应温度。

A. 降低；降低　　B. 提高；提高　　C. 降低；提高　　D. 提高；降低

68. 关于催化重整循环氢的作用，下列说法错误的是( C )。

A. 抑制生焦，保护催化剂　　B. 改善温度分布，起热载体作用

C. 加速反应进行，起催化剂作用　　D. 稀释原料，使之均分布于床层

69. 关于脱氯剂的说法，下列表述错误的是( B )。

A. 主要目的是防止设备腐蚀

B. 高温脱氯剂的饱和氯容一般都比低温脱氯剂低

C. 采用的是化学吸附的机理

D. 不能通过烧焦的方式进行再生

70. 预加氢脱氯剂罐一般设置在( B )部位。

A. 蒸发脱水塔后　　B. 预加氢反应器后

C. 预加氢进料加热炉后　　D. 预加氢原料泵前

71. 目前催化重整装置所使用的脱硫剂中，使用效果较好的是( D )。

A. 含锌系脱硫剂　　B. 含铜系脱硫剂

C. 含锰系脱硫剂　　D. 含镍系脱硫剂

72. 预加氢系统注入缓蚀剂的作用是( A )。

A. 对设备表面形成保护膜来达到防腐作用

B. 降低设备内介质的 pH 值

C. 清除设备的污垢

D. 与原料油中的有机硫、有机氯发生反应以降低对设备的腐蚀

73. 预加氢精制油中硫的含量的控制指标为( C )。

A. ≤5ppb　　B. ≤0.5ppb　　C. ≤0.5ppm　　D. ≤5ppm

74. 预加氢精制油中氯含量的控制指标为( C )。

A. ≤5ppb　　B. ≤0.5ppb　　C. ≤0.5ppm　　D. ≤5ppm

75. 关于重整反应系统降低压力操作的说法，下列表述错误的是( C )。

A. 降低压力操作有利于芳构化反应　　B. 降低压力操作可提高催化重整液收

C. 降低压力操作会导致汽油辛烷值下降　　D. 降低压力操作会导致催化剂积炭速率增加

76. 下列有关操作中，可抑制重整催化剂生焦反应的是( C )。

A. 提高温度　　B. 降低氢分压　　C. 增大氢油比　　D. 降低氢纯度

77. 对催化重整反应而言，( C )受空速的影响较大，( C )受空速的影响较小。

A. 环烷脱氢反应，烷烃异构化反应　　B. 烷烃异构化反应，烷烃脱氢环化反应

C. 烷烃脱氢环化反应，环烷脱氢反应　　D. 环烷脱氢反应，烷烃脱氢环化反应

78. 催化重整装置正常操作时，提温提量应遵守的原则是( B )。

A. 先提温、后提量　　B. 先提量、后提温

C. 同时提量、提温　　D. 无规定

79. 关于加热炉正常燃烧时的现象，下列叙述错误的是( C )。

A. 炉子烟囱冒淡蓝色烟　　B. 火焰强劲有力，火苗短而齐

C. 火苗高而飘　　D. 火焰呈橘黄色

80. 加热炉正常燃烧时，炉膛负压控制标准是( B )。

A. 20 至 40Pa　　B. －20 至－40Pa　　C. 20 至 40kPa　　D. －20 至－40kPa

81. 加热炉吹灰器的主要作用是( B )。

A. 吹扫辐射室炉管外面表面上的积灰　　B. 吹扫对流室炉管外面表面上的积灰

C. 吹扫辐射室内壁上的积灰　　D. 吹扫对流室内壁上的积灰

82. 催化重整油稳定塔的作用是( B )。

A. 脱砷　　B. 脱出重整生成油中的轻烃

C. 拨头、切尾　　D. 脱硫、氮、氯

83. 使用正压式空气呼吸器时，当压力降到( D )MPa 时，要迅速撤离现场。

A. 0～1　　B. 1～2　　C. 2～4　　D. 4～6

84. 用来防硫化氢气体 4 型滤毒罐是( D )颜色的。

A. 白　　B. 红　　C. 黄　　D. 灰

85. 三级安全教育中，第二级安全教育时间不少于( A )h。

A. 24　　B. 16　　C. 8　　D. 48

86. 水被污染程度可用多项指标综合表示，其中化学需氧量用( A )表示。

A. COD　　B. BOD　　C. TOD　　D. DO

87. 大气中氮氧化物污染物主要是( B )。

A. NO　　B. $NO_2$　　C. 硝酸　　D. 硝酸铵

88. 硫化亚铁的自燃点是( C )℃。

A. 30～50　　B. 180～220　　C. 340～406　　D. 406～460

89. 关于一张用火作业许可证使用的说法，下列表述错误的是( B )。

A. 只限一处用火　　B. 只限一人用火

C. 只限一个用火监护人　　D. 只限在规定时间内动火

90. 关于消防蒸汽的使用注意事项，下列说法正确的是( D )。

A. 应区分燃烧物种类　　B. 应区分可燃气体或液体

C. 应远离着火处　　D. 应站在上风口

91. 催化重整装置的消防蒸汽管线应刷为( A )。

A. 红色　　B. 绿色　　C. 蓝色　　D. 白色

92. 分馏塔的人孔开启顺序是( A )。

A. 从上而下　　B. 从下而上　　C. 先中间、后两头　D. 顺序无所谓

93. 分馏系统停工扫线蒸汽吹扫时，控制阀、计量表应( A )。

A. 走副线　　B. 走正线　　C. 正、副线都走　　D. 不扫线

94. 停工吹扫时，要将塔的( C )打开。

A. 进口阀　　B. 压力表引出阀　　C. 放空阀　　D. 出口阀

95. 进入受限空间作业时，应保证设备内部任何部位的氧含量均( C )。

A. ≥0.5%　　B. ≥18%　　C. ≥19.5%　　D. ≥24%

96. 在特别潮湿的场所或塔、釜、槽、罐等金属设备装设的临时用电照明，行灯的电压不应超过( A )V。

A. 12　　B. 24　　C. 36　　D. 220

97. 下列不属于截止阀零件的是( C )。

A. 阀杆　　B. 阀盖　　C. 闸板　　D. 阀座

98. 下列阀门中，能精确调节流体流量的是( A )。

A. 截止阀　　B. 闸阀　　C. 单向阀　　D. 安全阀

99. 下列阀门中，阀座有两个密封面阀门的是( B )。

A. 截止阀　　B. 闸阀　　C. 安全阀　　D. 止回阀

100. 离心泵产生气蚀时的现象是( D )。

A. 其流量上升，扬程上升，效率提高　B. 其流量下降，扬程上升，效率提高

C. 其流量上升，扬程上升，效率下降　D. 其流量下降，扬程下降，效率下降

101. 离心泵产生气缚时的现象是( B )。

A. 泵出流量比正常小　　B. 泵不出液体

C. 损坏叶轮　　D. 没有危害

102. 若已知离心泵的入口处的动压头为2m水柱，静压头为5m水柱，饱和液体的静压头为4m水柱，则该泵的允许气蚀余量为( B )。

A. 2m水柱　　B. 3m水柱　　C. 4m水柱　　D. 5m水柱

103. 离心泵铭牌上标注的轴功率、效率、扬程、流量指的是( B )。

A. 泵最大流量下的数据　　B. 泵最高效率时的数据

C. 泵扬程最高时数据　　D. 泵功率最高时的数据

104. 单位时间内液体经泵所实际得到的功称为( D )。

A. 扬程　　B. 轴功率　　C. 效率　　D. 有效功率

解决劳工短缺问题的第三个办法为输入黑奴，这在早年并不重要。1619 年，在弗吉尼亚州的詹姆斯敦，第一批约 20 名黑人男子由一名荷兰奴隶贩子卖出。此后，奴隶贩子继续从非洲进口黑人，但速度缓慢。1650 年，弗吉尼亚只有约 300 名黑人。早期他们作为奴隶的地位并不明确，与白人契约佣工没有实质性区别，有些人还获得了自由。但是，1650 年以后，黑人奴隶制度变得更加严格，黑奴及其子女将终身为奴。该制度导致弗吉尼亚州的黑奴人数迅速增加，到 1670 年约 2000 人，1700 年约 6000 人。

当殖民地早期的人们以原始的耕作方式艰难生存时，一场农 24
业革命正在英格兰上演。[2] 那时英格兰以萝卜和块根作物种植为主，并与小粒谷物作物轮作。到 1800 年，一种新的轮作方式，也被称作诺福克（Norfolk）轮作，在英格兰大部分地区蔓延开来。通常包括 4 年轮换：

第一年　小麦
第二年　根茎作物
第三年　大麦
第四年　黑麦或苜蓿

根茎作物有助于控制杂草，新的轮作方式为畜牧业提供了饲料，家畜的粪便又增加了土壤肥力。弗农·拉坦教授称其为农业发展的保护模式。[3] 该轮作方式在英格兰 17、18 世纪农业中发挥了重要作用，但它在美洲殖民地时期的农业发展中并未起到显著作用。除了费城周围的德国农民，整个殖民地的农民对土地的利用方式都是高度剥削且浪费的。

## 丰富的土地

1607—1775 年，新大陆丰富的土地常常是免费的，即使不免费也异常廉价，这是除了宗教原因外，吸引冒险家和移民进驻殖民地的巨大诱因。土地主要有三种分配方式（时常变化）：首先，给予国王支持者大量赠地；其次，按照新英格兰的方法，将一块土地（通常是一个乡镇）捐赠给教会或企业团体定居；最后，南部殖民
25 地的人丁权系统（按人头赠与土地）。

在第一种分配方式中，英王将某片土地赠与东主，期望他们殖民这块土地。英王拨款给巴尔的摩勋爵设立马里兰殖民地，为威廉·佩恩设立宾夕法尼亚殖民地，还将现在的南、北卡罗来纳的土地赠给了几位勋爵。在马里兰和卡罗来纳殖民地，东主试图建立世袭贵族所有的封建庄园，由农民劳作。但是，很少有想移民到北美当农奴或农民的英国人，该封建制度瓦解了，他们被迫将土地作为礼物进行分配。换言之，为了吸引人们移民到殖民地定居，东主被迫给予定居者明确的土地所有权，要么直接赠与，要么支付少量费用。例如，巴尔的摩勋爵及其继承人赠予朋友、亲戚和绅士冒险家大量土地；他们按照人丁权给予进驻马里兰的人每人 100 英亩土地；并且他们将土地直接卖给包括清教徒在内的定居者。威廉·佩恩通过如下两点证明他殖民的成功：（1）宗教上的宽容；（2）以低廉的价格和优惠的条件出售土地。

第二种主要指马萨诸塞湾殖民地的分配方式。通常由教会集团向殖民地政府申请授予土地。如获批准，集团将获得一块用于集团使用和在出资成员之间分配的土地，并将分配的土地称为“城镇拨付”，面积 4 平方英里—10 平方英里不等。在城镇中心，

规划一个村庄，以及村庄绿地、集会场所，并为定居者提供大约半英亩地的宅基地。接下来是耕地和牧场的划分。人们将几百英亩的田野分成了若干块，并加以编号。然后，这些条带按地块分配给出资的移民。耕地和牧场分配采用了两个标准：(1)定居者的出资情况；(2)定居者利用土地的能力。耕地和牧场的配给地没有被分开围起来，而是由一道共同的篱笆包围，因此被称为“东主公地”。每位定居者在公地上耕种各自的土地，播种、收获等日期受限。此 26
外，城镇所有居民均可使用城镇公地。这些土地包括尚未在原始出资者和后来者之间分配的原赠地。任何居民都可在公地牧养牲畜，并根据城镇当局的规定，取用木头、石头或泥土。

土地分配制度及社区定居点具有重要的社会和政治意义。它形成了集体行动的习惯，培养了紧凑而有凝聚力的社会生活，是一种公平有效的分配方法，使土地面积和土地经营能力大致成正比。在新英格兰，当城镇拨付制度实施的时候（截至 1725 年），还未出现土地投机现象。

**表 2.1 1630—1780 年的英国殖民地人口[a]**

| 殖民地 | 1630 年 | 1660 年 | 1690 年 | 1720 年 | 1750 年 | 1780 年 |
|---|---|---|---|---|---|---|
| 新英格兰 | | | | | | |
| 新罕布什 | 500 | 1555 | 4164 | 9375 | 27,505 | 87,802 |
| 马萨诸塞[b] | 1296 | 22,062 | 56,928 | 91,008 | 188,000 | 268,627 |
| 罗德岛 | | 1539 | 4224 | 11,680 | 33,226 | 52,946 |
| 康涅狄格 | | 7980 | 21,645 | 58,830 | 111,280 | 206,701 |
| 小计 | 1796 | 33,136 | 86,961 | 170,893 | 360,011 | 616,076 |
| 中部殖民地 | | | | | | |
| 纽约 | 350 | 4936 | 13,909 | 36,919 | 76,696 | 210,541 |
| 新泽西 | | | 8000 | 29,818 | 71,393 | 139,627 |

续表

| 殖民地 | 1630 年 | 1660 年 | 1690 年 | 1720 年 | 1750 年 | 1780 年 |
|---|---|---|---|---|---|---|
| 宾夕法尼亚 | | 540 | 11,450 | 30,962 | 119,666 | 327,305 |
| 特拉华 | | | 1482 | 5385 | 28,704 | 45,385 |
| 小计 | 350 | 5476 | 34,841 | 103,084 | 296,459 | 722,858 |
| 南方殖民地 | | | | | | |
| 马里兰 | | 8426 | 24,024 | 66,133 | 141,073 | 245,474 |
| 弗吉尼亚 | 2500 | 27,020 | 53,046 | 87,757 | 231,033 | 538,004 |
| 北卡罗来纳 | | 1000 | 7600 | 21,270 | 72,984 | 270,133 |
| 南卡罗来纳 | | | 3900 | 17,048 | 64,000 | 180,000 |
| 佐治亚 | | | | | 5200 | 56,071 |
| 小计 | 2500 | 36,446 | 88,570 | 192,208 | 514,290 | 1,289,68 |
| 总计 | 4646 | 75,058 | 210,372 | 466,185 | 1,170,760 | 22,780,3 69[c] |

资料来源：U. S. Department of Commerce, Bureau of the Census, *Historical Statistics of the United States, Colonial Times to 1957*, Washington, D. C., 1960, p. Z-1-20。

注：a. 包括白人和黑人。

b. 马萨诸塞的数据包括：1630 年来自普利茅斯殖民地的 390 人和来自缅因的 400 人；1660 年来自普利茅斯殖民地的 1980 人；1690 年来自普利茅斯殖民地的 7424 人。

c. 1780 年的数字已经包括在总数中，但在殖民地和小计数字中没有显示，有 96,753 人居住在后来成为缅因州和佛蒙特州的地区，55,000 人居住在后来成为肯塔基州和田纳西州的地区。

第三种土地分配方法，人丁权系统，是一种简单有效的方法。依此方法，任何进驻殖民地的人都有资格得到赠地。此外，当他带领其他人（其家庭成员或契约佣工）到达殖民地时，还可额外获得一份土地。不过，进驻殖民地后，人们只能在指定的定居区选择尚未被占用的土地。

该分配方法在弗吉尼亚殖民地实行多年。移居弗吉尼亚的殖民者可按照人丁权得到 50 英亩土地。他每带一个人到弗吉尼亚殖民地，又将额外获得 50 英亩的赠地。马里兰也曾使用该分配方法。

截至 1700 年，北美的英国定居点位于大西洋沿岸，或沿河流域的特拉华、哈德逊和康涅狄格。1700 年以后，除了大西洋沿岸，定居点逐渐向内陆扩张。美国独立战争之前，英国殖民地集中在大西洋和阿巴拉契亚山脉之间一片贫瘠多石的土地上。

从 1607 年到独立战争时期，英国殖民地的人口稳步缓慢增长。从表 2.1 粗略地计算，1660—1780 年，英国殖民地人口每 30 年 28
增加一倍以上，到 1780 年，人口总数超过了 270 万。

## 农业技艺概况：1700—1775 年

到 1700 年，殖民者的生存问题已经解决，在老定居点开始出现商业性农业。农产品有了剩余，可以出售给不再发展的殖民地城镇，出口到英格兰和西印度群岛。但此时的农业仍然是粗放式 29
经营，高度依赖手工劳动。最基本的农具是锄头、斧头和镰刀。由于犁很笨重，所以使用较少，需要四头牛拉着，两个人操作。犁耕者不属于农民，是独立的职业，受雇于种植大户或有实力的农民。收割和脱粒小谷物的方式与古老的圣经时代没有本质区别。此时，劳动力仍然短缺。新英格兰和新定居点的农民几乎完全依靠家庭劳动力，他们通过扩大家庭规模增加劳动力供给。但大农场主有实力雇佣契约佣工。马里兰和弗吉尼亚的烟草种植商，以及南卡罗来纳的稻米种植商，则倾向于进口黑奴。

殖民农业是一种手工劳动的农业，并非因为劳动力便宜，而是由于替代手工劳动的有效工具和机器还未出现。殖民地农民最大限度地用廉价土地替代昂贵的手工劳动。因此，可将殖民地时期的农业描述为粗放型手工农业。

17 世纪晚期和 18 世纪早期，殖民地的畜牧业发展状况非常糟糕。牧场里几乎没有棚舍和围栏。在气候宜人的南部殖民地，牛、猪、马在树林里放养，导致牲畜数量增加得令人头痛。于是，白人和印第安人都开始猎杀牛和猪。马和牛偶尔会被围捕，烙上烙印，然后再放走。牲畜的质量下降，马的个头变小，牛肉产量降低，只有猪肉的质量尚可。

30 然而，在 18 世纪，随着经济的发展，人们对高质量牲畜的需求增加。于是，新英格兰和中部殖民地的养殖业开始发展。例如，殖民地引进了良种羊；罗德岛农民培育的纳拉甘塞特溜蹄（Narragansett Pacer）是出色的乘用马，被销往整个殖民地和西印度群岛；宾夕法尼亚的德国农民培育的康那斯多格（Conestoga）被称为殖民地最好的役用马。

并非所有农场的牲畜质量都很高，非商业农业区以外的小农场，除了猪以外没有什么牲畜。但是，畜牧业在 18 世纪已经初露端倪，人们对高质量坐骑和役畜的需求迅速增加。

这段时期，殖民地种植的作物根据地理位置和发展阶段的不同而不同。唯一例外的是，玉米的生产遍布各殖民地，是边疆定居者的生活必需品，人们将剩余的玉米酿成威士忌。在马里兰、弗吉尼亚和北卡罗来纳等高度商业化的烟草生产区，生产玉米是为了给黑奴和契约佣工提供食物，并喂养家畜以供屠宰。同时作为人类的食物和牲畜饲料，玉米在新英格兰的农业系统中占有一席之地。在作为粮食产区的中部殖民地，玉米也是主要的谷物之一。

在殖民地边境，典型的农民是自给自足式的。他们自家种植玉米，或许还种南瓜和各种豆类。不过，这些 100 年前第一批沿着海岸定居的人们仍然主要以狩猎为生。有时勉强维持生计，有时贫困交加。

在老定居区，作物和动物的生产有了明确分工。到 1700 年，新英格兰的定居区已经变成了普通的农业产区，包括玉米、牧场、干草、水果、小麦和改良的畜牧业。此外，新英格兰已成为渔业和 31
捕鲸业的中心。从长岛到纽芬兰沿岸，海洋为新英格兰提供了一种现成的“作物”，即鱼类。该“作物”在国内、英格兰和西印度群岛都有现成的市场。

位于中部的殖民地，尤其是新泽西和宾夕法尼亚，成为殖民体系的粮仓。谷物种类包括小麦、玉米、黑麦、燕麦和大麦。其中，小麦是最重要的谷物。生产过剩的小麦用以供应纽约、费城和巴尔的摩不断增长的需求；18 世纪，小麦和面粉也出口到了西印度群岛。中部的殖民地将剩余的土豆销售到其他城市，并发展成小型的畜牧业和育肥业。

在马里兰、弗吉尼亚和北卡罗来纳，最重要的商业作物是烟草。自弗吉尼亚殖民地头十年开始生产烟草以来，烟草种植在 17 和 18 世纪一直持续增长。黑奴生产的烟草，使弗吉尼亚和马里兰的大农场主和种植园主过上了优渥而体面的生活。到 1700 年，黑奴制度已经固化。烟叶经过烤制，运往英格兰，进而销往整个西欧。烟叶出口额从 1620 年的 10 万英镑增加到 1708 年的 3000 万英镑，到 1775 年，增加到了 1.02 亿英镑。农场主们抱怨说，他们被迫在英国出售烟草，某些年份由于生产过剩，烟草的价格很低。但从长远来看，沿海平原的大型烟草种植园主建造了精美的住宅，把他们的儿子送到英格兰或殖民地的大学读书，并成为殖民地时期的地主贵族。

17世纪晚期，南方引入了第二大主食——大米。到18世纪初，水稻已经成为南卡罗来纳查尔斯顿附近的成熟作物。起初，水稻只是在间歇性洪水肆虐的沼泽地区生产。不久后，人们利用潮汐力修建了一套复杂的洪水系统。河堤建在河流的下游，潮水将淡水倒流后，淡水通过闸门进入灌溉水稻的沟渠。该系统需要大量
32 的资本和人力投入。18世纪，引进的黑奴为此提供了劳动力。这项工作异常辛苦，必须在蚊虫滋生的炎热沼泽中完成。黑奴的死亡率很高，但水稻生产的利润也很可观，输入黑奴劳工的速度仍在不断加快。第二次土地统治权于18世纪的南卡罗来纳形成。该时期，南卡罗来纳人还生产了其他作物：用来养活奴隶的玉米、用于出口的染料靛蓝，还有一种新作物短绒棉花。

总之，到18世纪，英国早期的殖民地区已经具有高度专业化的粮食和农产品生产，某些专业化一直延续至今。但是，独立战争却给密西西比河流域的一些农业专业化产业造成了严重破坏。

## 贸易、市场和政策

除了少数例外，殖民地的商业贸易活动受到诸多因素限制。首先，边远地区的垦殖者几乎没有生产剩余供出售，也没有资金购买非农场生产的商品，市场难以形成。其次，交通不便。无法运输那些产自距离在大西洋海岸或流入大西洋的河流几英里以外的笨重的农产品。最后，殖民地内金属货币严重短缺，也没有通用货币。因此，在殖民地内进行农产品或其他物品的商业活动困难重重。

例外的是，与印第安人的毛皮贸易却蓬勃发展。印第安人高价

值的毛皮从内陆通过驮兽和水路运输到纽约、费城和查尔斯顿等港口。像钢珠、火枪、火药、子弹、斧头和炊具等相对高价值的物品也以同样的运输方式运回印第安人聚集地。还有某些农产品的沿海贸易也很繁荣，尤其小麦和面粉、牲畜和畜产品。这些贸易活动使波士顿、纽约、费城、巴尔的摩和查尔斯顿等大城市的食品供给充足。 33

殖民地的重要贸易是对外贸易或国际贸易，主要有两种形式：(1)从马里兰到佐治亚的殖民地，原材料产品直接出口到英格兰；(2)从宾夕法尼亚到新罕布什尔的各种间接或三角贸易。几乎所有从南方殖民地出口的烟草、大米、靛蓝和海军用品都直接运往英格兰，英格兰则向南方殖民地出口各种制成品以供交换。18 世纪，从南方殖民地出口到英格兰的农产品，在数量和价值上都超过了其他殖民地。

随着殖民地对外贸易的日渐成熟，三角贸易逐渐形成，甚至形成更加复杂的贸易形式。最著名的三角贸易，始于从波士顿、纽波特、纽约和费城的港口运出的鱼类、木材、牲畜、小麦和面粉与西印度群岛生产的朗姆酒、糖蜜和食糖的直接交换。不久，这个简单的系统发展成为三角贸易：(1)美国酿酒厂将糖蜜加工成朗姆酒，朗姆酒被运往非洲海岸以购买奴隶；(2)奴隶又被运往西印度群岛出售；(3)在西印度群岛购买的糖蜜被运回新英格兰和中部殖民地用于制作朗姆酒，循环往复。上述三角贸易变化无穷，譬如向南部殖民地输入黑奴，向西印度群岛出口食品和畜产品，向西班牙、葡萄牙和瓦恩群岛出口鱼类、木材和小麦产品等。这些国际贸易以及捕鱼、捕鲸业，推动了新英格兰造船业和航运业的形成。新英格兰人以精明进取的商人形象闻名于世，许多商人家族的财富都是在新英格兰积累起来的。

尽管殖民地的对外贸易在持续扩张，但人们并不满意。因为，
34 在 17 世纪和 18 世纪，社会并不稳定，物质财富仅在新英格兰和中部殖民地得以积累，土地财富只在南方殖民地得以有限获取。南方种植园主认为，他们本可以自由地在欧洲大陆出售烟草，而费城、纽约和波士顿的商人则对母国强加给他们的诸多对外贸易管理条例感到愤怒。英国政府并未察觉人们的不满，继续支持殖民地的发展，以使其更富庶。英国政府将对殖民地的支持，作为旨在使英国富强的重商主义政策的一部分。在英格兰（1707 年后被称为"大不列颠"）的统治者眼中，殖民地提供了可靠、廉价的原材料来源，并为英国制造的产品提供了市场。为此，英国议会通过了一系列条例（即《航海法案》），从 1651 年起开始规范海外英国殖民地的贸易。罗斯 · M. 罗伯逊总结了各航海条例对殖民地贸易的主要限制。如下所述：

1. 英国及其殖民地之间的所有贸易都必须由英国国民或殖民地居民的船只运送，船员至少有四分之三的英国人或殖民地居民。

2. 殖民地收到的所有欧洲进口货物，除了少数例外，都必须来自英国。这意味着殖民地任何来自欧洲大陆的进口商品必须首先经过英国港口。

3. 某些被称为"枚举"物品的商品只能运至英国。有时称英国为这类产品的"主产地"。起初，枚举列表很小。随着时间的推移，范围不断扩大。[4]

以上规定有三重含义：（1）保护和鼓励英语及殖民航运；（2）要

求来自欧洲的重要的进口商品都应经过英国港口；（3）确保所有英国殖民地的重要产品——枚举的商品，都运往英国。17 世纪，这一系列的限制或许并未给殖民者带来太多问题。枚举的商品只包括烟草、糖、棉花和某些染料。走私是司空见惯的事。但是，18 世纪时，枚举的商品数量大幅增加，英国政府执行《航海法案》的力 35
度加强。这些限制到底在多大程度上阻碍了殖民地的对外贸易，从而减缓了殖民地的经济发展，一直是经济史学家们争论的话题。一些人认为英国的重商主义政策体现在各种航海法案中，对殖民地的经济和工业发展产生了深远的负面影响；有些人持否定意见。《航海法案》无疑惹恼了殖民者，而新英格兰和中部殖民地的商人们则认为，《航海法案》给他们及其客户带来了伤害。因此，英国政府对重商主义政策的强烈追求，以及在 1760 年代和 1770 年代采取的一系列增税政策和惩罚性措施，使新英格兰和中部殖民地的商人阶层走上了反抗道路。

然而，为什么南方富裕的种植园主愿意支持北方商人的叛乱？为什么贫穷的边疆垦殖者支持商人阶层的利益？答案就在英国新出台的土地政策中。正如 18 世纪英国的重商主义政策倾向于限制和抑制殖民地贸易的增长，1763 年后英国的土地政策倾向于阻碍新大陆的殖民者西进以及农业扩张的道路。出于种种原因，如法国在新大陆的失败、毛皮贸易的利益、对印第安人的人道主义关怀，英国政府于 1763 年将所有从阿巴拉契亚山脉的中心地区到密西西比河的土地都留给了印第安人。该法案触犯了殖民地土地投机商的利益，包括从乔治·华盛顿这样富有的种植园主到丹尼尔·布恩（Daniel Boone）这样的垦殖者。富裕的南方种植园主和北方商人以及贫穷的边疆垦殖者，联合了起来一致反抗英国。

1760—1770年代的英国殖民政策，推动了反抗英国王室的社会力量的形成，美国独立战争一触即发。

## 推荐阅读


1. Bailyn, Bernard, *The New England Merchants in the Seventeenth Century*, New York: Harper & Row, Harper Torchbooks, 1964.
2. Bidwell, Percy W., & Falconer, John I. *History of Agriculture in the Northern United States, 1620–1860*, Washington, D. C. : Carnegie Institution of Washington, 1941, Chaps. Ⅰ-Ⅷ.
3. Bruce, Philip A., *Economic History of Virginia in the Seventeenth Century*, New York:Macmillan, 1896, Chaps. Ⅲ-Ⅶ.
4. Edwards, Everett E., "American Agriculture-the First 300 Years", *Farmers in a Changing World. 1940 Yearbook of Agriculture*, U. S. Department of Agriculture, Washington, D. C. : Government Printing Office, pp. 171-191.
5. Gunderson, Gerald, *A New Economic History of America*, New York: McGraw-Hill, 1976, Chap. 2.
6. Holmes, George K., "The First American Farmers", *The Making of America*, Vol. V of *Agriculture*, edited by Robert M. La Follette, Chicago: De Bower, Chapline, 1907.
7. Robertson, Ross M., *History of the American Economy*, 2nd ed, New York: Harcourt, Brace, and World, 1964, Chaps. 2, 3, and 4.

# 第三章　从大西洋沿岸突围：1775—1820年

## 独立战争时期的土地政策与公共土地的获取

殖民后期，大不列颠国王和六名英国贵族拥有殖民地以外空 37
地的所有权。英王占有的土地包括新罕布什尔、佛蒙特、纽约、弗吉尼亚、佐治亚、南卡罗来纳和北卡罗来纳南部未授权的土地。皇家声明中还涵盖了现在的俄亥俄州、印第安纳州、伊利诺伊州、密歇根州、威斯康星州、肯塔基州、亚拉巴马州、密西西比州，以及西弗吉尼亚州和田纳西州的部分地区。这是一个约3.8亿英亩的帝国。威廉·佩恩的继承人声称拥有宾夕法尼亚未占领的土地；费尔法克斯勋爵（Lord Fairfax）声称对弗吉尼亚北部一个土邦的所有权；格兰维尔勋爵（Lord Granville）拥有北卡罗来纳北部大部分地区的所有权，并宣称该所有权延伸到西部，包括现今田纳西州三分之二以上的土地（约2200万英亩）；第六代巴尔的摩勋爵声称拥有马里兰所有未授权的土地。这些贵族领地实行的是封建主义土地所有制；领主有权每年向使用土地的定居者收取租金，或向购买土地的定居者收取费用，这曾是他们重要的收入来源。

独立战争给土地所有权带来了深远影响。正如柯蒂斯·内特
尔斯（Curtis Nettels）教授所言："革命者按照双重理论行事。首 38
先，他们宣称，独立自动剥夺了国王未授权的土地，并将其授予新的州政府。另外，他们也承认皇家特许状授予领土的合法性。"[1]换言之，革命者们行动的原则是，单方面废除了国王对未授权土地的

所有权，但他们曾拥有的土地所有权依然有效，该所有权成为联邦政府领土主张的基础。鉴于国王拥有大量的土地，收购未授权的土地对各州来说异常重要。各州从两个方面进一步增加土地：（1）获取尚未被地主贵族（彭恩斯、巴尔的摩勋爵、格兰维尔勋爵和费尔法克斯勋爵）处理的土地；（2）没收在独立战争时期忠于英王者曾经拥有的土地。基于这些行动，所有州都获得了大量地产，有一些州（如弗吉尼亚和北卡罗来纳）还获得了大量的公共土地。

独立战争时期所作的政治决定导致了这样一种局面，即今天美国境内所有的土地所有权都是由革命诞生的政府所赋予的。然而，在美国东部，究竟实行封建制土地法还是自由保有权产权制度，是独立战争时期重大的社会和政治问题之一。

自由保有产权制的胜利确实是通过独立战争时期各州采取的土地政策实现的。各州采取了五项基本政策。第一，摒弃了封建制度的基本要素（如免役税和长子继承权），并拒绝创建新的封建或专有领域。第二，通过尽可能迅速地将土地交给私营企业而非国有企业持有，刺激私营企业发展。第三，以优惠条件向资金有限的个人出售小面积土地，建立小农户社区。第四，获得大量土地的州政府利用出售土地的收入偿还战争时期的债务。第五，独立战争
39 时期，各州以赠地或奖金鼓励个人参军。各州执行以上各政策的力度由各州拥有的土地数量决定。所有州都竭尽全力地执行这些政策，以确保在最初的13个州建立自由保有产权制。

1784年，美国国会接受了弗吉尼亚对俄亥俄河以北大部分土地的割让主张，进而获得了全国性的公共土地。由于各州中只有弗吉尼亚声称拥有俄亥俄河以北与北纬41°以南的土地，所以，这一割让使联邦政府对宾夕法尼亚西部和密西西比河之间的土地

有了明确的所有权。此外，其他五个州也加入了弗吉尼亚的行列，向美国出让西部土地。1785 年，马萨诸塞放弃了纽约以西领土的主权。1786 年，康涅狄格出让了除俄亥俄部分保护区的西北部土地主权。虽然当时美国没有获得今天的西弗吉尼亚州或肯塔基州的所有权，但在 1787—1802 年，通过放弃北卡罗来纳、南卡罗来纳和佐治亚，美国获得了现在的田纳西、亚拉巴马和密西西比的大部分公共土地。

因此，美国大陆一直是块坚实的陆地，从大西洋海岸延伸到密西西比河，从五大湖南部延伸到西佛罗里达。1802 年，佐治亚放弃了西部土地主权；1898 年，美国正式吞并了夏威夷。在这段时间，美国通过 8 次领土收购，呈现了目前的面貌（除了少数例外）。

1. 路易斯安那州的领土，于 1803 年从法国手中购买。

2. 佛罗里达州，于 1819 年与西班牙通过条约索赔取得。

3. 得克萨斯 1845 年并入美国。得克萨斯成立于 1836 年，当时在得克萨斯的移民脱离墨西哥获得了自由。

4. 俄勒冈州，于 1846 年与英国签订条约。

5. 墨西哥割让地，于 1848 年在对墨西哥的军事征服中取得。

6. 加兹登，于 1853 年从墨西哥手中购买。 41

7. 阿拉斯加，于 1867 年从俄国手中购买。

8. 夏威夷的吞并，于 1898 年获批。

到 1853 年，随着加兹登购地，美国大陆从大西洋延伸到太平洋，覆盖了 19 亿英亩的土地。其中，14 亿英亩（约 72%）曾属于公共土地。到 1853 年，这片土地的三分之二以上仍属于公共土地，但许多处置决议已明确。下面介绍 1775—1820 年的土地处置决议。

## 公共土地的处置

关于公共土地的处置，联邦议会必须做出三项重要决定：（1）新英格兰或南方的土地分配制度哪个更占优势？（2）政府应设法通过出售土地使其收入最大化，还是应使用宽松自由的销售条款广泛地分配土地？（3）新定居区与最初的13个州的政治关系应如何？

第三个问题相对轻松地解决了。新区应与老区具有同等的政治地位。为此目的，联邦议会通过了1787年“条例”，规定西北领土的组织由国会任命的总督和法官管理。此外，还制定了一项条例，规定在西北领土上建立3—5个州，当新建州的自由民人口数量达到60,000时，与旧州以同等条件加入联邦。[2]条例规定保障公民和宗教自由，以及禁止奴隶制。

制定前两个经济问题的解决方案并非易事。关于第二个问题，公共土地的销售条件有两个相反的观点。“保守观点”的支持者倾向于以高价现金出售公共土地，而倡导“自由主义观点”的人则倾向于通过宽松的信贷条件以低价出售小块地，让每个人都能获得土地。与大多数经济政策问题一样，该问题没有明确的解决方案。
42 但总的来说，“保守观点”占了上风。在第一个土地分配条例中，公共土地以相对较高的价格售出，且只能支付现金。毫无疑问，这必然吸引了大型投机商囤积土地，并试图以高价和赊账的方式将分割后的小块地出售给先驱农民。但是，由于先驱农民无钱购买，他们的投机行为往往以失败告终。因此，1785—1862年美国的一个突出的政治问题是关于公共土地分配的条款。随着政治形势的变幻转折，土地销售和处置条款逐渐放开了，但这是一个痛苦而曲折的过程。

新英格兰的土地分配制度有两个主要特点：第一，经过对乡镇用于定居的开放土地（通常是周边 6 英里）进行仔细调查，统一进行小块土地布局，以便拍卖或分配给定居者。第二，必要时对用于定居的开放土地进行控制。从定居到非定居土地需遵循有序原则，不可占有未经调查的土地。联邦议会基本上沿袭了新英格兰土地分配制度的第一个特点，否定了第二个。国会在 1785 年的条例中批准了对公共土地的调查，并以此作为分配的基础。但国会拒绝任何能使土地分配有序的行政控制系统，即仅依据需求在市场上供给土地。

根据 1785 年条例的规定，政府测量员在未确定的土地上画出水平线（称为基线）和垂直线（称为子午线），并以基线和子午线进行城镇的土地划分。首批子午线在现在的俄亥俄州画出，测量覆盖了俄亥俄河以北除“保护区”（各州为特定目的保留的区域）的土地。每个乡镇划分了 36 个区。最终，除了最初的 13 个州，美国的所有土地均被纳入了测量工作，包括佛蒙特、肯塔基、田纳西、俄亥俄的部分地区和整个得克萨斯。

1785 年条例规定，在公开拍卖中，联邦土地的价格每英亩不 43
少于 1 美元，个人一次至少购买 640 英亩，且必须以现金支付。每个镇将保留 5 个区，4 个留给联邦，一个用于建公立学校。表 3.1 简要介绍了《土地法》规定的土地处置方式。

随着 1785 年条例的通过，在西北地区出售公共土地和开辟定居点的工作进展缓慢，原因有如下几点。第一，俄亥俄河以北发生了严重的印第安人暴乱，部分原因是英国人对印第安人的煽
动。然而，随着 1794 年印第安人在鹿寨战役（the Battle of Fallen 45
Timbers）中被击败以及与英国签订的一项条约，英国同意撤离

其在西北部的军事基地，该问题暂时得以解决。第二，每个定居者购买土地的最低消费额（640美元购买640英亩）远远超过了贫困的普通定居者的支付能力。购买公共土地的投机者通常希望以更高的价格将土地转售给定居者。但早期先驱者普遍贫困，买不起土地，基于1785年条例仅处理了少量土地。第三，最初13个州中的大多数都在其境内（如纽约、宾夕法尼亚）及其管辖范围内（如缅因、肯塔基、田纳西和密西西比）开展了积极的甚至疯狂的土地处置计划。这些计划与联邦的公共土地计划直接竞争。第四，无论在州管辖范围内还是在联邦公共领域内，那些无力以任何价格购买土地的先驱垦殖者，只能“擅自占有”未测量的空地。于是，这些占用土地的人便采取一切手段保护他们的“投资”：合法手段（呼吁政府授予其所有权）或非法手段（成立保护协会，以武力驱逐潜在或实际购买相关土地的人）。这段时间，擅自占用边疆的公有空地是比较普遍且被接受的一种农场获取方式。

由于联邦政府急于出售土地，加上西北地区的印第安人问题已经解决，政府制定新土地政策的时机逐渐成熟（联邦大会通过了1785年的《土地法》）。但1796年的《土地法》却显示了“保守派”的又一次胜利。根据该法案，土地的最低购买量仍然是640英亩，每英亩的最低价格却增加到2美元，即先驱垦殖者必须最低支付1280美元才能获得一块公共土地——远远超过一个普通先驱垦殖者的支付能力。但该法案的推出引入了小额信贷条款，买方可在一年之内分期支付。

该法进一步使土地处置的全过程制度化。政府专门成立了一
46 支测量师队伍（包括测量总监），系统性地进行土地测量。在匹兹

表 3.1　1784—1862 年主要土地法处置方法

| 土地法 | 最低销售价格 | 出售或处置方法 | 土地规模 | 销售条款 |
| --- | --- | --- | --- | --- |
| 1784 年和 1785 年条例 | 每英亩 1 美元，向企业贴现三分之一并接受政府票据 | 拍卖 | 一半的乡镇提供全部土地，另一半最少购买 640 英亩 | 1787 年之前付现金，三个月后付三分之一现金 |
| 1796 年法案 | 每英亩 2 美元。按面值接受公共债务证据 | 拍卖 | 一半乡镇提供 5760 英亩，其余最少购买 640 英亩 | 二十分之一土地付现金，上半年可获得 30 天的信用额度，下半年则可获得一年的信用额度 |
| 1800 年法案 | 每英亩 2 美元 | 拍卖 | 最小 320 英亩 | 现金 8 折优惠，自由信用制度正式启动 |
| 1820 年法案 | 每英亩 1.25 美元 | 拍卖 | 160 或 80 英亩 | 现金 |
| 1841 年先买权法 | 每英亩 1.25 美元。向铁路和运河拨款 2.5 美元 | 选择并结算，以最低价格购买 | 不超过 160 英亩 | 现金 |
| 1854 年等级法 | 价格分等级。例如，如果上市时间为 10—14 年每亩 1 美元；20—24 年为 5 美元；超过 30 年为 12 美元 | 以规定的最低价格出售 | | 现金 |
| 1862 年宅地法 | 免费宅基地 160 英亩，只需支付 26—34 美元 | 解决并“证明” | 不超过 160 英亩 | 只是象征性收费，但是其他条件要满足 |

资料来源：Harold D. Guither, *Heritage of Plenty*, 2nd ed., Danville, Ⅲ.: Interstate Printers and Publishers, 1972, p. 38。

堡和辛辛那提附近设立了土地办事处，并成立了一个小型的行政部门。

不出所料，1796 年法案的出台，导致公共土地的出售速度持续减缓，南方农民和国会的西部代表都呼吁放宽土地销售条款。基于此，1800 年国会通过了一项新的土地法案。法案延续了每英亩 2 美元的最低售价，但将可购买土地的最低面积减少到 320 英亩，并规定一项信贷条款——买方最多可在 4 年内付清土地款。

上述规定虽然刺激了土地销售，但西部的定居者并不满意。1804 年，国会进一步放宽了土地安排计划，将最低投标价格降至每英亩 1.64 美元，最低投标面积降至 160 英亩。考虑到 4 年的信贷规定，首付款（约 65 美元）已接近大多数先驱垦殖者所能负担的水平。

1800 年和 1804 年《土地法》中的信贷以及最低购买面积规定，刺激了土地买卖和土地投机行为。1819 年只有半数投机商和农民支付了购地款。当农民和投机商无力支付款项时，他们要求国会发放救济金。国会为此通过了 12 项支付救济法案。在此期间，国会实际上为任何能支付 160 英亩首付款的人都提供了土地投机的机会。1800—1820 年，联邦政府出售了将近 2000 万英亩的公共土地。1818 年，全年销售量达到约 350 万英亩的高位。最大的土地投机出现在亚拉巴马州和密西西比州，相应的是两地棉花种植的繁荣。1820 年，通过扩大信贷而欠下联邦政府的资金中，有一半来自亚拉巴马州和密西西比州的种植园主、农民和投机商。

为了遏制信贷扩张和土地投机等相关弊病，1820 年的《土地法》废除了信贷条款。支付方式又一次变成了严格的现金。该法案还修改了一些重要条款。例如，将最低拍卖价降至每英亩 1.25 美元，并将最低投标面积降至 80 英亩。这一法案在创建一个服务于贫穷的先驱农民的土地处置系统方面大有帮助。但问题仍然解决得不够彻底。公共土地还没有免费提供给先驱农民，擅自占地者 47
的权利也没有在法令中得到承认。占地者仍然被迫成立保护协会，以在公共土地拍卖中保护他们的“土地权利”。

关于州和联邦政府的土地安排还有一点需要补充。这段时期，土地并未全部售出。由于国家曾承诺战争胜利后赠与军人土地，所以，很多土地作为补助金或赏金分发给了曾在大陆军服役的男子，以及在 1812 年战争期间服役于陆军和海军的人员。1775—1855 年，联邦政府基于军事原因处置了约 7350 万英亩的土地。

## 西进运动

1775—1800 年，那些来自大西洋沿岸向西迁移的人，基本具有共同背景和经历。从缅因到佐治亚，都有先驱农民向西迁移。他们穿越高耸的山脉和茂密的森林，一路与印第安人战斗。他们采用同样的西迁方式和耕作方式，过着相似的生活。这些先驱农民始终团结一致，直到 1800 年后的某天，奴隶制蔓延到西南部——佐治亚西部、亚拉巴马、密西西比和路易斯安那。

在边疆的边缘住着猎人和樵夫，他们靠森林为生，食物来源于野味、浆果、坚果和一小块玉米地，通过出售毛皮，获得微薄的现金收入。他们在森林里开垦出小块空地搭建木屋，开荒土地种植玉米。他们手持枪、斧头、刀和锄头，过着像印第安人一样艰苦粗犷的生活。当有新人迁移进来时，他们就将房子卖给新人（像从前一样），继续穿过森林深处或者跨越下一个山脊。

在猎人身后是小先驱农民。他们注重改善农场经营，玉米地比

猎人的大，还养了一些牲畜，可能是一两头牛或几头猪。但是，阿
48 巴拉契亚山脉东部的小先驱农民，多居住在贫瘠的丘陵地区，农业收入寥寥可数，常常通过捕猎填补家用。他们正寻找新的经济契机，当听说俄亥俄河谷拥有肥沃的农田时，他们已做好准备，欣然前往。

边疆以东和大西洋沿岸附近已经拥有成熟的商业化农业区，大部分富裕农民对西进不感兴趣。但有些富人的子女加入了西进的行列，有的在家庭的帮助下，有的没有。有一个重要的例外，一些烟草种植者从弗吉尼亚迁移到了肯塔基州蓝草地区（Bluegrass Region）。弗吉尼亚许多大型的烟草种植园主，将整个家庭和奴隶人口从破烂的潮间带迁移到了肯塔基富饶的蓝草地区。

总而言之，1775—1800 年，狩猎者和伐木工们一路向西，东海岸吃苦耐劳的先驱农民开拓了阿巴拉契亚山脉以西大部分的定居点。后者之所以加入西进的行列，是因为受到了老殖民地的年轻人、土地投机商和各类冒险家的影响。

1775—1800 年，有两条通往西部的主要路线。第一条路线，是沿着西南方向从弗吉尼亚山谷迁到现在弗吉尼亚州的西南角，之后开始分叉。一些先驱农民沿着伯恩小径穿过坎伯兰岬口进入肯塔基的蓝草地区，其他先驱农民则继续沿着阿巴拉契亚山谷向诺克斯维尔的西南方向前进。一些人在北卡罗来纳西部和田纳西东部的狭窄山谷中停了下来，而另一些人则从群山中突围而出，进入田纳西中部的平原地带。

第二条路线，是以某种方式到达匹兹堡——很可能沿着一条古老的军用道路，然后乘独木舟或平底船沿着俄亥俄河行驶。一些人迁移到肯塔基肥沃的蓝草地区。大多数人定居在俄亥俄河沿

岸，现在的俄亥俄州、印第安纳州和肯塔基州。

这两条主要路线对定居点位置产生了影响。1800 年边界的线 49
条构成了一个楔形切入西部，包括今天的肯塔基州大部分地区、俄亥俄州南部的部分地区，以及田纳西州北部的部分地区。据估计，在 1790 年，大约有 25 万人居住在阿巴拉契亚山脉附近。肯塔基、田纳西和俄亥俄分别于 1792 年、1796 年和 1803 年加入联邦。

到 1800 年，“西进运动”呈扇形展开。先驱者从马萨诸塞和新
罕布什尔向北移动到缅因和佛蒙特。新英格兰人穿过哈德逊河靠 50
近奥尔巴尼，沿着莫霍克河向西移动，沿途经过了尤蒂卡、奥本、日内瓦和布法罗等城市。这一古老的路线，多年来一直是通往西部的重要通道，尤其是穿过匹兹堡和俄亥俄河的路线。1800 年之后，来自卡罗来纳和佐治亚的先驱者穿越阿巴拉契亚山脉的南部，进入了亚拉巴马和密西西比的沃土。

南方迁移的情况在某种程度上与北方类似。狩猎者和伐木者率先进入佐治亚西部、亚拉巴马和密西西比，贫穷的小农场主紧随其后。在此节点，西进的基本方式发生了变化。那时，弗吉尼亚和卡罗来纳的烟草种植者正在寻找新的种植土地。到 19 世纪早期，弗吉尼亚和卡罗来纳的土地由于烟草连作而退化，世界烟草市场跌入谷底。卡罗来纳和佐治亚的棉花种植者也在寻找种植棉花的新土地。英国和西欧的棉花纺织制造业正值繁荣，伊莱 · 惠特尼（Eli Whitney）[3] 发明的轧棉机使劳动率大幅提高——原来每个奴隶每天只能清理几磅的棉花，现在可多达 50 磅。因此，对土地的旺盛需求成为人们西进的强大动力。1812 年，随着南方印第安部落被移民征服，他们在亚拉巴马和密西西比的大部分土地都成为移民的定居地。

1812年后，来自弗吉尼亚、卡罗来纳和佐治亚沿海平原的南方种植园主带着家当和黑奴，迁移到了亚拉巴马和密西西比。这些种植园主财力雄厚、信誉可靠，在公共土地拍卖中占尽先机，获得了生产棉花的大庄园。因此，南方庄园的人口迅速增加，有实力的大种植园占据了优质土地，小农场散布在相对贫瘠的土地上。棉花生产和奴隶制携手并进，在南方腹地建立了一个独特的乡村社会。

51 1820年，边境线向西延伸到离现在的密歇根州底特律不远的地方；从那里，铁路线向西南方向延伸到现在的密苏里州圣路易斯，然后向南蜿蜒穿过密苏里、田纳西、密西西比和路易斯安那。除了南方腹地之外，这片广袤的土地是由小农场主们开垦的，他们有的擅自住在未经获批的土地上，但大多数人住在80—160英亩的农场里，这些农场是从土地投机商那里赊购的。

## 先驱农民

先描述一下先驱农民的特征。典型的先驱农民并非穷困潦倒、一无所有，他们虽然没有多少现金，但拥有一定的物质资产。农场主一家人可能会带着50美元—150美元来到他们选定的地方。如果这个家庭有200多美元现金，他们则属于特殊的拓荒家庭。拥有一辆马车或一群马（或牛）的家庭是很幸运的，但典型的家庭通常只会带着一匹满载家庭财产的马，一头奶牛和几头猪。家庭财产一般包括一支步枪、一些炊具、毯子和一些备用衣服。耕作的农具为手工工具——斧头、锄头和镰刀。还有玉米粉或小麦粉以及食盐等日常用品。

1820年以前，典型的先驱农民无法在公共土地拍卖中购买到土地，因为即便是最低价格和最小面积，他也无法负担。他可能会根据不同的时间和地点，擅自占有未经获批的土地，或者买断那些继续西行的猎人、伐木者的土地。他最有可能以他不堪承受的价格和利率从投机商手中赊购土地。不管怎样，土地的购买耗费了他大部分或全部现金，他将在身无分文的情况下开始耕作，除了欠土地投机商的钱，还可能拖欠某些商人的货款。

除了特殊的蓝草地区，伊利诺伊大草原覆盖着茂密的森林。先驱农民的第一个任务就是清理土地上的树木：（1）获得建造围栏的木杆；（2）获取搭建房子的木材；（3）让阳光照射到他种植玉米、南瓜和土豆的小块土地上。

基于森林覆盖率、先驱农民的技能和家庭规模，他每年可整理 52
1 英亩—3 英亩的土地。因此，经过 10 年的苦苦挣扎，先驱垦殖者可能已清理了 15 英亩耕地。土地上常留有大量的树桩。

在南方腹地之外，先驱农民的主要作物是玉米。玉米有许多用途，可作为家庭主食，剩余的玉米酿成威士忌出售，还可做饲料，喂肥家猪以供秋季屠宰，在冬季喂养奶牛使之可多产牛奶。

在 19 世纪早期，无论先驱农民来自哪里，他之前谋生的方式可能比在阿巴拉契亚西部拓荒更容易。先驱家庭的农场生活异常艰难。对于第一批定居者来说，他们只能勉强糊口。起初可能只有几根木头支撑起的简陋木屋，没有窗户，裸露的泥土当作地板。衣服稀缺，仅够蔽体。孤独无助，几乎没有社交生活，还要时不时面对印第安人的攻击。隔离的方式可能保护先驱农民免受传染病，但一旦发生疾病或灾害，他们几乎无计可施，只能顺其自然。总之，1775—1820 年，在阿巴拉契亚山脉西部地区，先驱农民和他的家庭的生活无比艰难，异常残酷。

## 先驱农民的经济问题

如上所述，农民和他的家人们要面临各种环境问题（如需要清理的密林）和社会问题（如孤独无依、印第安人的袭击）。但是，和可怕的经济问题相比，这些都不值一提。其中，三个最主要的经济问题是：（1）公共土地出售的条件；（2）稀缺和（或者）高额的信贷价格；（3）农产品市场缺乏。

先驱农民可以接受联邦政府在处理公共土地时设立的最低价格。即使在1785年，优质农田1美元每英亩的价格也并不昂贵。但是，农民最少需购买640英亩公共土地面积的条件却令他们望
53 而却步。先驱农民并不需要那么多土地——可能一辈子都整理不完。最重要的是，典型的先驱农民没有那么多钱（640美元），因此，他们被排除在公共土地拍卖会之外。

为什么政府设立了如此高的最低购买面积，这可能是因为联邦政府和后来的美国急于出售公共土地增加收入，并解决内陆问题。答案似乎是，东海岸的权贵们对西部土地投资感兴趣，他们希望以这种方式编写土地处置法。富有的东部人希望在西部土地投机中变得更富有。然而，大部分土地投机都以失败告终。原因很简单——先驱农民没有钱购买土地。在投机者的鼓动下，土地处置条例中规定的最低购买限度，使先驱农民大约有50年处于痛苦不堪的经济困境。

先驱农民面临的第二个主要经济问题，是在移民点中没有向农民提供信贷服务的配套机构，除非农民以超高利率借贷。也就是说，当地商人只会以极高的利率，向农民提供为期一年的信贷——供其购买工具和生活用品。这是因为：（1）商人本人可能以高额的利率借款；（2）违约风险很高。从投机者手中购买土地时，

农民只能以短期高利率获得信贷。如果先驱农民遭遇了庄稼歉收或者其他意外而错过了一项付款，他的全部投资可能都会受损。如果先驱农民发现自己无法支付土地或当地商人的欠款，他及家人可能会带着随身家当偷偷溜走，然后找一块未经测量的空地定居下来。这样的行为多了，必然导致信贷的高价。因此，出于这样或那样的原因，先驱农民的信贷价格极高——高得令人望而却步——导致先驱农民和他的家庭不得不承受极大的贫困，先驱农场发展的速度异常缓慢。

除了拥有良好的内陆水道的南方腹地之外，先驱农民面临的第三个重要问题，是缺乏出售过剩的谷物、牲畜、水果和蔬菜的市 54
场。因此，农民没有生产剩余产品的巨大动机。也有少数例外，例如一些牛被一路向东驱赶越过阿巴拉契亚山脉到达东部的贩牛市场、奥尔良的贩猪市场（这些猪是由平底船运送的），还有由玉米制成的威士忌由驮马运到远方的市场。但是，在 1775—1820 年，住在阿巴拉契亚山谷或更远西部的先驱农民生产的剩余农产品基 55
本上没有市场。农产品必须通过陆路长途运输到市场，由于价格太低，农产品生产无法首先获得保证。因此，农民很少生产剩余农产品。这个时期的先驱农民仍然以自给自足的农民为主。

## 土地投机与农场实践

1785—1820 年，西部的土地投机行为属于全国性弊病，且贯穿整个 19 世纪。有时我们认为，狡猾的东部人在公共土地拍卖会上购买土地，然后转卖给先驱农民，这些东部人是主要的也许是唯一的土地投机商。但事实并非如此。从国父乔治·华盛顿到最底层的先驱农民，每个人都卷入了土地投机的狂热之中。

来看一下典型的先驱定居者的经济状况。先驱定居者以某种方式从商人或土地投机者那里获得了一块森林覆盖的土地——也许是通过公共土地的拍卖，更有可能是赊购的，或者擅自占有的未经测量的土地。但是，无论他通过何种方式获得土地，相对其整理和耕种能力而言，这都是一块很大的土地——可能是160英亩。农民或独自或与家庭成员一起劳作，在10年内只能整理出10英亩—20英亩的耕地。其余的土地处于撂荒状态。简言之，典型的先驱农民欠缺足够的劳动力，以整理和耕种其努力购买的相对大块的土地。

即便先驱农民可以在10年内整理出160英亩的土地并投入农作物生产，他们又将去哪里销售剩余的农产品呢？在1800、1810年和1820年，南方腹地以外的先驱农民难以从10英亩—20英亩的种植中获得农产品剩余。阿巴拉契亚山脉以西几乎没有剩余农产品市场需求，各种牲畜和畜产品的市场需求也非常有限。

如果缺乏劳动力耕种土地且农产品没有出售的市场，那么，为什么这一时期的先驱农民却试图获得80英亩、160英亩、320英亩或640英亩的土地呢？他试图尽可能多地获得土地，也许通过信贷方式，也许通过擅自占用未经测量的土地，因为他也是土地投机者。先驱农民，即投机者希望做的是：整理一片农田，可能是10英亩，或许更多；建造一些房屋；搭建牲畜圈或干草、谷物的储藏库；用篱笆围住一块地；然后将改善后的宅基地卖给后继的垦殖者，以便积累更多资产。如果一切顺利，先驱农民将从第一宅基地的出售中获取收益，并继续向西迁移购买更大面积的土地，成为实力更雄厚的土地投机者。然而，在大多数情况下，一切并非尽如人意。事情的进展会在某个节点中断，或许由于丈夫或妻子发生意外甚至死亡，或许因为先驱农民无法按时支付土地款项，或许因为擅自占用的土地被收回。尽管如此，这毕竟是先驱农民通过土地投机致富的梦想，就像东部企业家对未来财富有着更加宏伟的梦想一样。

丰富而廉价的土地、稀缺的劳动力和难觅的市场，导致阿巴拉契亚山脉西部的先驱者没有机会成为高效、高产的耕种者。因此，他们必须通过不断垦荒，利用耕种贫瘠的土地所带来的微薄收益维持生计，然后继续西进。

上述环境状况也导致先驱农民成为贫苦的畜牧业者。农民任凭牲畜在树林里放养，基本没有关注它们的繁殖问题。因此，那些牲畜瘦骨嶙峋，产出很低。

总之，至少在 1820 年之前，阿巴拉契亚山脉西部的先驱农民，穷困交加，生产力低下。先驱农民认为，他最好的、唯一可销售的产品就是他改良后的宅基地和农田。因此，他的精力都集中在建造房屋、谷仓、棚屋和篱笆以及整理土地上，对增加农作物和牲畜 56
的产量没有过多关注。在这种经济和物质背景下，阿巴拉契亚山脉西部的农业技艺非常低下。

## 推荐阅读


1. Bakeless, John E., *Daniel Boone*, New York: Morrow, 1939.
2. Edwards, Everett E., "American Agriculture－the First 300 Years", *Farmers in a Changing World. 1940 Yearbook of Agriculture*, U. S. Department of Agriculture, Washington, D. C. : Government Printing Office, pp. 194－205.
3. Nettels, Curtis P., *The Emergence of a National Economy,1775－1815*, Vol. Ⅱ *of The Economic History of the United States*, New York: Holt,

Rinehart, and Winston, 1962, Chaps. Ⅶ, Ⅷ, and Ⅸ.

4. North, Douglass C., *The Economic Growth of the United States, 1790–1860*, Part 1: 1790–1814, New York: W. W. Norton, 1966.
5. Robertson, Ross M., *History of the American Economy*, 2nd ed., New York: Harcourt, Brace, and World, 1964, Chap. 5.
6. Schlebacker, John T., *Whereby We Thrive: A History of American Farming, 1607–1972*, Ames Iowa: Iowa State University Press, 1975, pp. 57–63, 71–80.

# 第四章　从拓荒到商业化：1820—1860年

## 土地、奴隶制和人口政策

1820年的《土地法》将公共土地拍卖中的个人最低购买面积减 57
少到了80英亩，但同时也废除了所有的信贷规定。因此，1820年的《土地法》并没有对公共土地的销售立即产生刺激。事实上，与1818年350万英亩的历史最高销售纪录相比，1823年的土地销量跌至约65万英亩的低点。然而，关于最小土地购买面积的法律规定，最终确实对公共土地销售产生了积极影响。1830年代土地销量显著增加，仅1836年就有大约2000万英亩的公共土地被拍卖。1820—1841年，即1820年法律生效的时期，联邦政府出售了约7500万英亩的公共土地，而在1800—1819年仅出售了1600万英亩。

1820年的《土地法》条例及其管理虽然有缺陷，但它的确使很多人成为土地所有者。如此大规模的把土地分配给耕种者，在当时的世界历史上也是独一无二的。

但该法律没有处理擅自非法占有土地的问题。从1785年开
始，通过非法占地定居的人，在土地公开出售甚至在土地测量之 58
前，就已经搬到了公共土地上。非法占地者在土地上建造了房屋，平整土地并进行耕种，还用篱笆将占地围了起来。随着这种情况越来越普遍，以保护占地者"权利"为目的的"声明协会"或"占地者协会"应运而生。协会通常在土地拍卖中采用武力威胁的方式，阻止竞购者将他们已定居的土地进行投标。随着西部在国会

的政治权力越来越大，1799—1830 年约有 33 项“先买权法”获得通过，其中大部分是在当地实施的。这些先买权赋予占领者以最低价格购地的权利，而无须在公开拍卖会上出价。在 1820 年代末和 1830 年代，先买权成为一个迫在眉睫的政治问题。鉴于对先买权的强烈要求和西部政治力量的增强，国会在 1830—1840 年通过了五项先买权法，这些法令对非法占地者进行了免责，并给予他们以最低价格购地的权利。但是，西部人并不满足，他们希望法律承认他们占地的合法性，然后再公开出售，最终他们的这项愿望在 1841 年的《先买权法》( the Preemption Act ) 中得以实现。

该法规定，农场主在购地之前可以在公有领域合法居住。此外，当该地的土地公开出售时，他可以以每英亩 1.25 美元的价格购买 160 英亩的土地。虽然这不完全是免费处置土地的政策，但已经很接近免费了。

尽管联邦政府竭力出售公共土地，企业、投机商和垦殖者也有获得自由保有权的强烈愿望，但在此期间，仍有大量测量后待售的公共土地没有售出。例如，保罗・盖茨( Paul Gates )的研究显示：1835 年，在测量后待售的 1.67 亿英亩公共土地中，实际上只售出了 0.45 亿英亩，剩下约 1.22 亿英亩未售出。[1]1850 年代早期的情况就是如此。对那些长期上市而未卖出的土地，人们纷纷要求降低出售的最低价格。因为有人认为，这些未售出土地中很多不值得以规定的最低价格出售，所以，唯一的方法就是继续降价。

1854 年，国会通过了《等级法案》( the Graduation Act )，旨
59 在降低未售出的公共土地的价格。根据该法的规定，在市场上挂牌 10 年的土地价格将降到每英亩 1 美元；如果 5 年后还没有卖出，其价格将降到每英亩 75 美分；如果再过 5 年仍未售出，价格

将降至每英亩 25 美分；如果 30 年后仍未售出，其价格将降至每英亩 12.5 美分。正如人们预测的那样，这一法案导致大部分土地都流向了投机者。此外，还有一些非优质农田落入了矿业和木材公司之手。无论在哪种情况下，这部土地法并不受公众欢迎，最终被 1862 年的《宅地法》取代。

随着 1785 年第一部土地法令的通过，公众开始呼吁自由分配公共土地。由西部人主推的政治行动成功地实现了该目标。但是，在 1840 年代，出现了一批新的土地法改革者。这些改革者通常为东部人，他们迫切要求通过宅基地立法，将公共土地免费分配给定居者，以此缓解城市工人恶劣的经济状况。在公众对自由土地的强烈愿望的压力下，国会于 1852 年通过了第一部严谨的《宅地法》。因为遭到强烈反对，这项立法及 1850 年代的其他宅地法都失败了。东部实业家反对的理由显而易见——该法令将导致劳动力供给减少。西部农民和土地投机商反对它，是因为它将造成土地贬值。南方种植园利益集团反对的理由是，它会限制以奴隶为基础的农业地区的扩张。然而，在 1850 年代，通过自由分配土地法案的呼声延绵不绝。1860 年，国会通过了《宅地法》，但最终还是被布坎南总统（President Buchanan）否决了。

1800—1860 年，奴隶制扩张与公共土地的分配问题密切相关。南方人在参议院中一直努力争取与北方人平等的投票权，并赢得了一系列妥协，使他们得以保护和扩张奴隶制。1819 年有 11 个自由州和 11 个蓄奴州。1820 年的《密苏里妥协案》涉及两个重要规定：（1）密苏里州承认奴隶制，缅因州为自由州；（2）此后，在
北纬 36° 30′ 以北的路易斯安那购买区，或密苏里州南部边境以北 60
地区禁止奴隶制。1820—1850 年，各州同时允许两种制度存在，

1850 年美国有 15 个蓄奴州和 15 个自由州。

到 1850 年代初，南方将奴隶制扩张到远西新开发地区的企图似乎取得了胜利。1848 年，国会废除了墨西哥割让条约中要求新领土永久自由的规定；1850 年，国会承认加利福尼亚为自由州，但允许犹他州和新墨西哥州实行奴隶制。1854 年通过的《堪萨斯-内布拉斯加法案》（美国国会通过的取消限制奴隶制扩展到西部新开发地区的法案），允许奴隶制问题在路易斯安那购买区中悬而未决的地区通过“人民主权”的方式加以解决，国会实际上废除了《密苏里妥协案》。

这些南方立法的胜利引起了北方的政治回应。西北部的农民多为小型家庭农场，难以与以奴隶劳动为基础的大型种植园竞争，所以，他们抵制奴隶制和种植园制度的扩张。因此，1850 年代，美国西北部的农民与南方的种植园在政治上发生了分裂。此外，由于西北部农民的大部分剩余农产品是通过运河和铁路运送到东部的，他们的经济利益与东部工商业联系得更加紧密。因此，政治权力已经实现重组，共和党业已成立，南北战争一触即发。

当南方人努力扩张奴隶制时，北方和东部地区则成功地保持移民之门敞开。工业发展需要大量廉价劳动力，移民政策对北方和东部地区的发展至关重要。北方的反奴隶制利益集团迫切希望西部新开发的土地由大量自由的小农场主定居，西部的欧洲移民契合了他们的目标。

1820 年是移民记录良好的第一年，约有 8400 人移民到美国。其中，约 6000 人来自大不列颠和爱尔兰。到 1830 年，移民潮增加到每年 2 万多人，到 1840 年，增加到每年 8 万人左右。截至 1840
61 年，有超过三分之一的移民来自德国；许多人带着可观的资本来投资，并定居在“老西北地区”。1850 年，移民人数增加到 37 万。1854 年，达到内战前 42.8 万人的历史新高。移民中几乎有一半来自德国。在南北战争期间，移民逐渐减少。

大量涌入美国的人定居在北方，很大一部分是白人成年男性，所以，劳动力增加的速度比人口增长速度更快。据估计，1860 年北方一半以上的成年男性是在国外出生的。罗伯特 · E. 加尔曼教授（Professor Robert E. Gallman）引用了迈克尔 · 沙拉（Michael Shaara）在葛底斯堡前夜对联邦军队说的一段话（《杀手天使》[ *The Killer Angels* ]，纽约，1975 年），用以描述当时的人口发展状况：

> 南方邦联军是“一支非常团结、为分裂而战的军队。它是盎格鲁-撒克逊人和新教徒的联盟。虽然很多人不会读或写英语，但他们都说英语。他们有共同的习俗……”
>
> 北方联邦军是“一群说着不同语言、为联邦而战的人。他们有奇特的口音和宗教，许多人根本不会说英语……”[2]

人口从欧洲向美国的大迁移，必然导致国民生产率和人均生产率的增长。绝大多数情况下，这种增长的果实被北方“收获”。

## 内陆人口的增长

到 1820 年，密西西比河以东地区的拓荒基本完成。与印第安人的战争也已结束，除了少数例外，印第安人对孤立定居者的袭击已成为历史。1815—1860 年的主要问题是：（1）1820 年增加边境线以东地区的人口；（2）将边境线向更远的西部和北部延伸，即临近阿肯色、密苏里、艾奥瓦以及东得克萨斯西边界的一条线。62

1815—1860年，有15个新州进入联邦，大多数位于密西西比河流域。这些州是：

| | | | |
|---|---|---|---|
| 1816 | 印第安那州 | 1845 | 佛罗里达州 |
| 1817 | 密西西比州 | 1845 | 得克萨斯州 |
| 1818 | 亚拉巴马州 | 1846 | 艾奥瓦州 |
| 1818 | 伊利诺伊州 | 1848 | 威斯康星州 |
| 1820 | 缅因州 | 1850 | 加利福尼亚州 |
| 1821 | 密苏里州 | 1858 | 明尼苏达州 |
| 1836 | 阿肯色州 | 1859 | 俄勒冈州 |
| 1837 | 密歇根州 | | |

美国人口从1820年的960万增加到1860年的3150万。东北中部各州（俄亥俄、印第安纳、伊利诺伊、密歇根和威斯康星）的人口从1820年的80万左右增长到1860年的近700万，40年增长了7倍多。东南中部各州（肯塔基、田纳西、亚拉巴马和密西西比）的人口从1820年的120万增加到1860年的400万。尽管东部人口增速很快，但和老西北地区相比，则逊色得多。

密苏里是密西西比河以西第一个加入联邦的州，其人口数从1820年的6.6万人增加到1860年的120万人，产生近20倍的增长。由此，1820—1860年，大规模人口开始在阿巴拉契亚山脉和密西西比河之间的大片土地上定居并繁衍生息。

## 印第安人的迁移

1800—1860年，白人定居者潮水般涌入阿巴拉契亚山脉附近。

那里自古就是印第安部落的土地，其中一些部落（如克里克人和切罗基人）是高度文明的。印第安部落虽然没有文字，但他们注册了一个政府，声称拥有土地所有权。19 世纪初，当白人带着对土地的贪婪需求涌向阿巴拉契亚山脉时，印第安人由于缺乏强有力的军事组织，被白人军队征服，被迫签署转让优质土地的条约。1820 年代，63
联邦政权逐渐稳定，白人为了占有更多土地，呼吁将印第安人彻底赶出他们曾经的家园。于是，联邦政府制定了一项政策，将密西西比河以东的所有印地安部落迁移到后来的俄克拉何马州。

格洛丽亚·贾霍达（Gloria Jahoda）讲述了一个关于印第安人迁移政策制定的故事：

> 1814 年的冬天，杰克逊搜寻着难以捉摸的“红鹰”（印第安酋长“红鹰”有白人血统，他的白人名字是比尔·威瑟福德）的踪迹，他的军队驻扎在克里克镇……
>
> 一天晚上，在杰克逊的住处前，杰克逊“被一个没有配备武器的白皮肤印第安人搭讪”，那人穿着鹿皮马裤和破旧的鹿皮鞋。
>
> “是杰克逊将军吗？”
>
> “哪位？”
>
> “我是比尔·威瑟福德。”[3]
>
> 回到屋内，红鹰解释了他为什么要向对手投降。“我无法再跟你作对了。我伤害了你。我本该做得更多，但我的战士都被杀了。我在你的控制之中，随你处置吧。”
>
> “你不在我的掌控之中。”安德鲁·杰克逊慢条斯理地回答。我吩咐人把你绑来，你却自己来了。你看我的营地和武

器。你知道我的目的。如果你觉得能和我在战斗中对抗，就去率领你的战士吧。

“啊！”红鹰干笑道。“好吧，现在又说这种话。有一段时间，”他停顿了一下，“我本可以回应你的。我可以号令我的勇士战斗，但我不能让死人起死回生。杰克逊将军，我自己没有什么请求，但我恳求你放了那些妇女和孩子，他们被赶到森林里，没有任何食物。他们没有错。如果白人想杀，就杀我吧。”

杰克逊没有作声，递给红鹰一杯白兰地。红鹰喝了下去。他说：“救救克里克的妇女和孩子，我将说服余下的红鹰不再与你为敌。”杰克逊慎重地点点头，伸出手。红鹰握住杰克逊的手，并久久地注视着对方那布满皱纹的脸。然后，鞠躬，离去。

通过这次握手，两位美洲印第安人最终命运的主要缔造者达成了协议。红鹰在战争中的领导地位激怒了美国。这也使安德鲁·杰克逊确信，美国的边境总有印第安人骚扰定居者，他们必须离开。由于世界舆论，不可能将他们灭族，但可以将他们驱逐出去，发配到偏远的角落，在那里他们不会碍事。在印第安条约中，印第安人会被告知，“只要绿草生长，溪水奔流”，这个避难所就属于他们，条件是他们要在军队
64 的护送下徒步到那里。在亚拉巴马州塔拉波萨河的马蹄湾，安德鲁·杰克逊默许执行印第安人迁移政策，该政策在其任总统期间已经立法。该法律很简单：任何以印第安人身份滞留在原聚居地的行为都是犯罪。印第安人将被安置在西部大平原的某处。大平原已有的印第安居民很难接受这些红色难民，但这并不重要。政府鼓吹红河、阿肯色河和弗迪格里

斯河附近的草原和森林覆盖的河谷是神圣的麦加，在红鹰时代，那里几乎是未知的神秘地带。讽刺的是，50年后，乔克托族（Choctaw）印第安人艾伦·赖特（Allen Wright）才为它命名。乔克托语的“红色”是houma，人名是okla。俄克拉何马州最终成为印第安人的宿命之地。除了已经居住在那里的人，没有一个印第安人认为它是圣地。密西西比河以东的埃肯夏多[4]（Ecunchate，克里克印第安人居住的“圣地”）是一片失落的土地，一个失落的梦想，那条离开它的道路永远成为“血泪之路”。[5]

上述故事是否过分简化了印第安人迁移政策的制定并不重要。1830年代，该政策得到大肆推行，密西西比河以东成千上万的印第安人，被军队围捕，被迫踏上了背井离乡的“血泪之路”。大约四分之一到三分之一的人在长途跋涉中失去生命，有些人死于饥寒交迫和疾病，大多数人则死于心碎和绝望。

格兰特·福尔曼（Grant Foreman）在他的权威性研究《印第安人迁移》（*Indian Removal*）一书中，描述了南方五个文明部落的印第安人被赶出家园后的遭遇：

如果你明白大多数南方印第安人是热爱扎根故土和有固定饮食习俗的民族，那么你就能很好地理解美国这段悲惨的历史。他们不同于西部某些游牧民族印第安人，也不同于喜欢到陌生之地冒险的白人，他们喜爱家乡的溪流、山谷、丘陵、森林、田野和牧群，他们眷恋家庭和友人，他们扎根于土地，正如乔克托族首领普什马塔哈（Pushmataha）所言：“我

> 们在那里成长，就像在树林里长大的草药。”与白人相比，他们怀有对土地的依恋，因为土地承载着他们祖祖辈辈的骨骼。很少有白人理解或尊重这种情感。为家园遮阴的树木、清凉的泉水、友好的水道、熟悉的小径和景色、街头的艺人和议会大厦，都是他们的财富和朋友；这些简单的事物遍布他们的生活；失去这些对他们来说是灾难性的。令人怀疑的是，当印第安人被迫永远把这些抛下，踏上“血泪之路”的漫漫之旅时，具有很强适应能力的白人是否能够理解他们的悲伤和凄凉呢？[6]

65 对北方部落来说，这种凄凉和绝望的感觉是一样的。对白人垦殖者来说，拓荒和定居的时代是残酷的，对印第安人来说，则更加的冷酷无情。他们失去了家园，失去了生活，失去了一切。

## 开发内陆农产品市场

阿巴拉契亚山脉上的第一批先驱农民的行进路径主要是伊利湖、俄亥俄河的水道和印第安古老的小路。有限的交通方式限制了农产品运输，这种状况一直持续到 1820 年。在阿巴拉契亚山谷和密西西比河西面的盆地，没有交易市场，农民也没什么农产品剩余。当然，也有一些例外。人们赶着牛沿着陡峭的山脊送到东部市场，驮马载着玉米制成的威士忌酒运到城市中心，猪和谷物沿着俄亥俄河被运到新奥尔良或者辛辛那提等城镇。

随着轮船的出现，市场形势开始发生变化。到 1820 年，在东部沿海、五大湖和西部河流上轮船穿梭往来。在东部，为了提高客流量和装载高价货物，人们不断改善轮船的速度和安全性。但是，西部的轮船从一开始就被定位成载重工具，为了提升载货容量牺牲了速度。轮船只能在很浅的水域中作业——浅至 3 英尺。这类轮船，可以在俄亥俄河、密西西比河及其支流运载大宗农产品，如棉花、谷物和牲畜。基于此，1820—1860 年的南北内陆农产品市场得以繁荣发展。

1815—1840 年，运河建设依靠州政府赞助。1815 年，美国的运河不到 100 英里；到 1840 年，已超过 3300 英里。总的来说，运河的运输系统并不成功。（交通与农业发展的关系将在第十一章详细讨论。）不过有一个重要的例外，就是伊利运河。

从地图上就能够看出伊利运河的巨大运输潜力。伊利运河建 66
成后，连接了两大水路：西部的大湖系统和东部的哈德逊河。此外，伊利运河可以沿着莫霍克河从哈德逊河向东延伸到一段相对平坦的土地上，然后穿过安大略湖以南的平原，到达伊利湖的布法罗市。简而言之，由于地势平坦，开凿运河方便省力，并且其地理位置很适合开发西北地区。伊利运河开通后，大量的货物由水路从芝加哥运到纽约。

伊利运河于 1817 年由纽约州政府赞助，并在德威特 · 克林顿（DeWitt Clinton）州长的领导下开始修建，1825 年竣工。和陆路运输大宗货物相比，水路运输节约了大量成本，伊利运河功绩显著。1820—1840 年，俄亥俄、印第安纳、密歇根和伊利诺伊的农民通过伊利运河将剩余农产品（主要是谷物），运到东部沿海甚至欧洲市场。

铁路运输作为新型的交通系统于 1840—1860 年完成，实现了将乘客和货物快速而廉价地运到远方。1830 年，美国只有不到 100 英里的铁路。1840 年，铁路里程增加到 3000 英里，1860 年，铁路里程超过3万英里。最长的铁路贯通东北和老西北地区。圣路易斯通过巴尔的摩线和俄亥俄线与巴尔的摩相连。芝加哥与东海岸有数条铁路相连。芝加哥也通过伊利诺伊中央车站与新奥尔良的铁路连接。

到1860年，在密西西比河以东地区，铁路运输承担了大部分的客运和货运任务。铁路运输的费用虽然比水路运输高，但更方便快捷，同时，铁路也连接了水路无法到达的地点。中西部地区剩余的大部分农产品通过铁路运输到了东海岸的大型市场。

## 早期的农业机械化

67 先驱农民主要依靠斧头、锄头和镰刀进行农业劳作，那时劳动力短缺，生产力低下。推动原始农民到商业农民的转变关键是劳动工具的进步——“使他的手臂更长更强壮”，从而提高生产力。在19世纪早期，村庄铁匠对劳动工具进行了改良。

最先改良的农具是犁。1797年，新泽西州的查尔斯·纽博尔德（Charles Newbold）为第一台铸铁犁申请了专利。接下来的20年时间，人们对铸铁犁进行了改良。1819年，纽约的杰斯罗·伍德（Jethro Wood）为一种铸铁犁申请了专利，它的部件可以互换，受到农民欢迎。这种铸铁犁以及其他犁板设计良好的铁犁，推动了北方的农业革命。（南方没有大量采用铁制铧式犁。）与老式木犁相比，可更换部件的铁制铧式犁节省了大量的人力和畜力。

但是，耕耘伊利诺伊和艾奥瓦的草原时，遇到了新问题。轻便的铸铁犁很难穿过沉重的草皮，必须经常更换犁头，粗糙的犁板也难以清洗。因此，有段时间，草原农民不得不依赖带铁件的笨重木犁。由于这种犁很重，需要更大的畜力，但不会堵塞，也易于穿透草皮。不久，人们对其加以改良。1833 年，伊利诺伊州的铁匠约翰·莱恩（John Lane）在抛光的木板上钉了几条钢条，使其不沾土又轻便，提高了犁地效率。1837 年，约翰·迪尔（John Deere）设计了一体式锻铁犁，犁头上的钢刃锋利。这种犁易于冲洗，被称为“鸣声犁”。之后，他不断对犁进行改良，1846 年他与合伙人每年生产大约 1000 个犁，1857 年在伊利诺伊州莫林的工厂每年生产 1 万个犁。因此，1850 年代美国农民使用了这种高效低价由锻造铁和钢制成的犁。

在同时期的 1820—1860 年，出现了各种育苗和栽培设备。在 68
1840 年代，出现了带有铁钉或钢钉的双马驱动铰链耙；随后，各种整地机械接踵而至。同时，带有铲犁的田间耕耘机被发明。虽然播种机的使用受到田间的树桩和岩石的阻碍。在 1840 年代，纽约和宾夕法尼亚出现了播种机，到 1850 年代末，播种机在大西洋中部各州应用广泛。直到内战结束后，美国中西部才普遍使用播种机（尤其玉米播种机）。1830 年代，东部出现了用于除草的单排耕耘机；1840 年代，用于玉米田的双排耕耘机被发明。这些新型耕耘机节约了大量的劳动时间，使农耕劳作不再那么辛苦，但直到内战爆发时，才真正开始在中西部地区使用。

谷物生产的主要瓶颈是收割和脱粒。独立战争时期，人们大多用手工镰刀收割谷物。战后不久，出现了摇篮形状的谷物收割工具。它是一个带筐的镰刀，筐子用来接住割下的谷物。虽然这种镰刀使收割效率提高了一倍，但仍然是手工操作。直到 1850 年新的收割工具出现之前，这种镰刀一直是人们收割谷物的主要农具。

19 世纪早期，很多人致力于研发收割机，最引人注目的是奥贝德·赫西（Obed Hussey）和塞勒斯·麦考密克（Cyrus

McCormick）。赫西和麦考密克分别于1833年和1834年获得了专利。他们首次研发的收割机都差强人意。后来，麦考密克在1850年代初期结合了两个机器的优点，终于在1855年成功发明了一台非常高效的收割机。

1830年代和1840年代，密歇根州的研发者开发了联合收割机，
该机器一天能收割25英亩小麦。由于种种原因，这种联合收割机并
未在中西部广泛使用。1850年代，一台这样的联合收割机被运送至
69 加利福尼亚，用于收割大田作物。这种机器在加利福尼亚的田地条
件下运行状况良好，其原装版和改良版在加利福尼亚使用多年。

1836年，希拉姆（Hiram）和约翰·皮特（John Pitt）发明了固定谷物脱粒机并申请了专利。这种高效廉价的机器很快就被农民广泛采用。到1840年代，东部和中西部大部分地区已经普遍使用机械脱粒机。

这些几乎在同一时期广泛使用的机械——犁、耙、播种机、耕耘机、收割机和脱粒机，基本都在1820年代和1830年代被开发，1840年代被有限地商业化采用，1850年代得到广泛使用。这一切并非偶然。一项农耕操作的进步需要其他操作进步的支持。如果其他操作的发展成为瓶颈，那么能够快速有效地进行和完成一项操作对农民来说几乎没有什么好处。因此，到1850年代，北方和东部的农民在粮食生产的各个方面都取得了进展，同时也实现了各主要因素的发展平衡。

南方的机械发展情况有所不同。随着1793年伊莱·惠特尼（Eli Whitney）发明轧棉机，棉花生产的机械技术得到了巨大发展。轧棉机可简便快捷地分离短绒棉中的棉絮，打破了棉花生产的重要瓶颈。此后，一些南方棉花种植者使用了19世纪初开发的

铸铁犁和播种机。由于南方以奴隶劳动力为主，手工劳动较多，农业机械化的动力不足。总的来说，南方主要依靠奴隶劳工，使用简单的手工工具——锄头和斧头。由于奴隶劳动力相对充沛，导致重型农业机械化的动力不足。

## 南方的农业发展

1793 年，即轧棉机发明的那一年，美国南部的奴隶制正在衰落。但轧棉机的发明和欧洲棉花市场的扩张扭转了这种局面。1801 年棉花出口为 2100 万磅，1820 年增加到 1.28 亿磅，1860 年又猛增到 18 亿磅。棉花出口的大幅增长使佐治亚、亚拉巴马和密西西比南部成为重要的棉花生产带。在南方，棉花和奴隶似乎是 70
天作之合。棉花种植园的农业劳作简单易学，也便于监督，一年的大部分时间都可以劳作，因此，种植园雇用了大量妇女、儿童以及成年男性。春季，黑奴用粗糙的犁将土地刨开 2 英寸—3 英寸深，然后，以 3 英寸—5 英尺的垄宽进行播种。在生长季，黑奴用锄头除草、间苗。秋季，黑奴从黎明一直干到天黑，采摘棉花，并运到轧棉区，轧棉、包装、运输。在雇佣少量奴隶的小种植园，农场主担任监工，并和奴隶们一起耕种、轧棉、包装、运输。在大型种植园，奴隶被编成 20—30 人一组，每组都有监工监督。

由于气候温和，土地丰富，很低的成本就可以让奴隶保持良好的劳作状态。漫长的夏季与温暖的冬季降低了服装的费用。奴隶用森林的木材搭建房屋和烧饭。每个种植园都有自己的玉米地，种植园生产的玉米和生猪，为奴隶提供了玉米面包主食和腌猪肉。但是，很多棉花种植园无法满足奴隶所需的全部食物，所以不得不从南方和俄亥俄河以北地区进口谷物和猪肉。

在南方腹地，依据土地的质量和种植园的管理技能，成年农民充分就业所需的土地面积为15英亩—40英亩不等。在贫穷的亚拉巴马松林，可能需要40英亩，而在肥沃的密西西比冲积平原，只需15英亩。但在南方腹地的棉花鼎盛时期，比如1850年，10英亩的优质棉花地和玉米地就可以保证一位成年农民的充分就业。

过去100年中，人们经常对南北战争前南方棉区的奴隶制是否有利可图的问题进行讨论。有人认为，由于制度的烦琐和奴隶的低效率，制度会在适当的时候自行崩溃。这一切可能已经发生。不
71 过，谁知道呢？当然，翻阅古老而片面的农场管理记录也无法确定，正如研究现代农业生产成本不能为农业的利润问题提供明确的答案一样。对土地和劳动力成本的估算往往使问题变得模糊不清。但是，在1800—1860年，关于奴隶制在南方腹地的蔓延，有两点值得注意。首先，奴隶制棉花生产的迅速扩张以及奴隶制甘蔗生产蔓延到路易斯安那，意味着该行业的有利可图。其次，黄金地段的价格从1828年的700美元升至1860年的1800美元。抬高田地价格的棉花种植商必定认为奴隶制在南方腹地是有利可图的。[7]

然而，在棉花和甘蔗产区，优质劳工和年轻女性的价格高涨，导致上南方的烟草和谷物生产的奴隶制无利可图。除了向南方腹地出口奴隶有利可图之外，上南方的奴隶制可能在19世纪中期已经消失。肯塔基、弗吉尼亚和卡罗来纳的许多种植园主将向南方腹地贩卖奴隶作为农场收入的补充。1860年，这一收入有助于维持旧南方与南方腹地之间的政治联盟。

## 老西北的农业发展

在殖民地时期的两个世纪里，1820年之前的老西北地区的先

驱农民与大西洋沿岸的定居者的经历基本相同。先驱农民首先清除树桩，整理 1 英亩—3 英亩的田地种玉米和蔬菜。在该阶段，先驱家庭主要依赖狩猎和森林的食物馈赠。随着整理的土地增多，先驱农民增加了玉米的生产，有可能还种了小麦。他把小麦运到当地的磨坊磨成面粉，由自家和邻居消费。随着新农具和农机的出现，农场开始有了生产剩余。1820 年代，西北地区开始建成运 72
输系统，生产剩余被运到外部市场。1820 年和 1830 年代，西北地区的农业商业化取得进展。

1800—1825 年，纽约和宾夕法尼亚是小麦生产的主要州。此后，小麦生产逐渐向西转移。到 1830 年代，俄亥俄成为小麦的重要产地。1825 年伊利运河开通后，小麦和面粉生产开始东移。1840 年代和 1850 年代，小麦生产继续向俄亥俄河以北的西部转移。到 1860 年，老西北地区的 5 个州（俄亥俄、印第安纳、伊利诺伊、密歇根和威斯康星）提供了美国一半的小麦生产。小麦已经成为老西北地区主要的经济作物。而后，小麦生产继续向西部转移。

在 1800—1820 年的拓荒时期，每个定居者都有一块供家庭消费的玉米地。但直到 1840 年，俄亥俄河以北还没有形成真正的玉米种植带。1840 年，弗吉尼亚、肯塔基和田纳西等边疆州是主要的玉米生产州。在接下来的 20 年里，玉米生产向北转移；1860 年，伊利诺伊、俄亥俄、密苏里和印第安纳成为玉米生产的主要州。

这个新的北方玉米带生产的玉米有许多用途：家庭食物、牲畜饲料、销售到新奥尔良或南方腹地的谷物，供出售的牲畜（主要是猪）的饲料。这些猪曾在树林里放养，然后，由船只经俄亥俄和密西西比河顺流而下运到新奥尔良上市。现在它们靠玉米养肥，然后由铁路运输到俄亥俄河沿岸的肉类加工厂。到 1860 年，老西北地区发展了一项全新的产业，包括：（1）玉米生产；（2）玉米喂猪；（3）在辛辛那提等中心地区加工猪肉，这些地方被称为“猪城”。

长期以来，畜牧业一直与俄亥俄河以北的边疆地区联系紧密。1805年，从俄亥俄驱赶到巴尔的摩的牛，卖了大价钱。此后，每年都有牛群被赶往东部。到1840年，俄亥俄南部的农民开始饲养牲畜。这些牛一直被驱赶到东部市场，直到1850年代铁路的出现，
73 赶牛的方法才消失。因此，到1860年，美国中西部新兴玉米带的发展也催生了很重要的养牛产业。

1820—1860年，这个位于俄亥俄河以北、从俄亥俄一直延伸到艾奥瓦的地区成为美国主要的谷物生产过剩地区。该地区过剩的小麦经五大湖和伊利运河向东运送，或沿着俄亥俄和密西西比河向南运到新奥尔良。而后，廉价的水路运输使老西北地区的农民将剩余的谷物销售到东部市场，甚至出口。

该地区生产的过剩玉米，或作为食物或加工成威士忌，更多的是用做饲料。到1860年，中西部北面的农业已具有现代农业的主要特征，并发展成了高效的饲料生产区——过剩的玉米为畜牧业的发展提供了基础。小麦种植将继续向西延伸，但饲料–牲畜经济仍将是中西部农业的主要部分。

## 东海岸的农业发展

19世纪初，除了少数例外，新英格兰和大西洋中部各州的农业极其原始。生产方式是粗放式和掠夺式的，劳动工具笨重而低效，农作物轮作制度尚未出现；家畜和果园管理不善。但来自西部的谷物和牲畜生产的竞争，并未摧毁东海岸的农业。因为19世纪

上半叶东海岸的人口迅速增长，为当地农场的粮食生产提供消费市场。1820—1860 年，新英格兰和大西洋中部各州的人口增加了约一倍，且多集中在城镇。

新英格兰和大西洋中部各州不断发展的城市及其繁荣的工商业，对乳制品、肉、蛋、蔬菜和马车、干草、谷物的需求也越来越大，使东部沿海从普通农业向专业化农业转变。各区域的专业化形式 74
取决于该地的土壤、气候和区位。市场园艺和乳品业一般在波士顿、纽约和费城等城市中心附近发展。养牛业主要集中在谷物过剩的康涅狄格河谷和宾西法尼亚东南部。伊利运河开通后，纽约州中部实现了黄油和奶酪的生产专业化。佛蒙特州开发的摩根马（the Morgan horse，用于驾车）受到城市人的青睐。在新英格兰丘陵地区及大西洋中部各州，羊毛制品成为一项重要的产业。

1850 年代，由于从西北部经五大湖和伊利运河运来的谷物非常廉价，东北地区的农民被迫退出了小麦和玉米的商业化生产。此外，来自西部农民的竞争，也使东部农民慢慢失去了猪肉、牛肉和羊毛制品市场。但得天独厚的临近市场的地理区位拯救了他们生产的易腐产品，如液态奶、奶酪、黄油、家禽产品和蔬菜等。到 1860 年，新英格兰和大西洋中部各州的农业已高度专业化。

1820—1840 年，包括弗吉尼亚、肯塔基、田纳西和卡罗来纳在内的上南方，主要农作物是玉米，而非烟草、棉花或水稻。而南方腹地以棉花生产为主，粮食不足，上述地区生产的玉米便作为口粮和饲料出口到了南方腹地。

烟草是上南方最重要的销售和出口作物，也是最重要的商业作物。烟草是集约型作物，会大量耗费土壤的营养成分，同时，烟草产量高，也带来了高收益。但烟草对土壤肥力消耗严重，无法在同一块土地上连种 3—4 年。殖民地时期，直到 19 世纪，烟草生产75 的惯例是，一旦土壤肥力被消耗殆尽，将转移到新的土地上继续种植。因此，土壤被认为是消耗性商品。只要有取之不尽用之不竭的土地，这种做法便会取得令人满意的效果。但是，到 1840 年，优质的烟草种植地变得稀缺。1800—1860 年，弗吉尼亚和马里兰的烟草种植商周期性地面临生产过剩、价格低迷、成本高昂和产量下降等问题。

为了改善土壤状况，1830 年代和 1840 年代烟草生产区进行了生产改革。这些改革包括：实行烟草、谷物和苜蓿轮作让氮素回田，使用石灰和鸟粪肥料，进行土壤深耕，增加畜牧业。这些农业实践让一些乐观的观察家感觉到，1860 年弗吉尼亚州的土壤枯竭不再是问题。

上述情况是否属实还有待商榷。然而，在 1840 年代和 1850 年代，弗吉尼亚和马里兰的农业都得到了改善。烟草、小麦、玉米的产量以及家畜的数量都有所增加。

在南北战争之前，马里兰和弗吉尼亚在烟草生产中的优势地位受到了肯塔基和田纳西的挑战。改善的水路运输和改良的土壤大大促进了这些州的烟草生产。到 1860 年，弗吉尼亚仍然是世界上最大的烟草生产州，肯塔基和田纳西分别排在第二位和第三位，北卡罗来纳的辉煌时期尚未到来。

稻米生产始于殖民地时期南卡罗来纳和佐治亚的沿海地区，一直持续到内战。在距离海岸 5 英里—20 英里面积不足 7 万英亩的土地上，约 500 人种植了美国大部分的水稻。水稻是一种需要大量劳动力和资本投入以及高技能管理的作物。1860 年，南卡罗来纳和佐治亚的稻米产区是奴隶最集中的地区。那里拥有 300—500

个奴隶的庄园 20 个、500—1000 个奴隶的庄园 13 个、1000 多个奴隶的庄园 1 个。除了路易斯安那的甘蔗种植园外，美国其他地方都没有如此规模壮观的庄园、如此数目庞大的奴隶、如此引人注目的水稻种植区。

在 1850 年代，水稻生产并不稳定。土壤肥力下降，导致水稻 76
产量下降。由于棉花行情看好，种植园主将土地投入棉花生产。因此，稻米总产量从 1849 年的约 2.15 亿磅下降到 1859 年的 1.87 亿磅。1850 年代，水稻成为前景最黯淡的作物。

## 商业化农业的到来

到 1850 年代，美国建立了高度专业化、商业化的农业带。但对于美国大多数农民来说仍然以自给自足为主，商业化农业只处于初始阶段。密西西比河以东地区有大量农民出售剩余产品。

佐治亚、亚拉巴马和密西西比蓬勃发展的商业棉花生产带，占美国内战前出口总额的一半以上。在俄亥俄河以北，从俄亥俄东部延伸至西部的密苏里和艾奥瓦，新兴的商业饲料畜牧业经济前景可观。紧邻饲料-牲畜区北部的小麦种植区也处于商业化过渡期。在东北部，有高度专业化的乳制品、蔬菜和马匹生产以及城市马匹的饲料生产。上南方有烟草商业化生产聚集地——有些在弗吉尼亚和马里兰久负盛名，有些在肯塔基和田纳西相对较新。最后，南部腹地有一些高度专业化的生产区，如南卡罗来纳和佐治亚沿海地区的稻米生产，以及路易斯安那的甘蔗生产。

除了水稻种植区，这些地区的农业商业化没有大量使用劳动力
或资本。种植也不密集，单产很低。农民出售剩余农产品实现商品 77
化，不是通过增加单位面积产量，而是在技术可行的前提下耕种尽

可能多的土地。1850 年代，美国的商业化农业是一种粗放型农业。

本章介绍了农业机械化和改善交通运输在商业化农业发展中的作用。但对农业商业化发展至关重要的是辛辛那提、芝加哥、布法罗、圣路易斯和新奥尔良等中心市场的同步发展，以及吸收不断增加的剩余农产品。除此之外，必须成立专门的机构来接收、储存、分销农产品，同时也必须成立专门的机构来接收和屠宰牲畜、包装和分销肉类产品。威廉・克罗农（William Cronon）完美地讲述了内战前后芝加哥“农业综合企业”发展的故事。[8]

## 推荐阅读

1. Danhof, Clarence H., *Change in Agriculture: The Northern United States; 1820–1870*, Cambridge, Mass. : Harvard University Press, 1969.
2. Gates, Paul W., *The Farmer's Age: Agriculture 1815–1860*, Vol. Ⅲ of *The Economic History of the United States*, New York: Holt, Rinehart, and Winston, 1960.
3. Jahoda, Gloria, *The Trail of Tears*, New York: Holt, Rinehart and Winston, 1975.
4. North, Douglass C., *The Economic Growth of the United States, 1790–1860*, Part Ⅱ: 1815–1860, New York: W. W. Norton, 1966.
5. Robertson, Ross M., *History of the American Economy*, 2nd ed., New York: Harcourt, Brace, and World, 1964, pp.115–124.
6. Schlebecker, John T., *Whereby We Thrive: A History of American Farming, 1607–1972*, Ames Iowa: Iowa State University Press, 1975, Chaps. 7, 8, 9 and 10.

# 第五章　最后的边疆：1860—1897 年

## 西部的环境特征

除了太平洋沿岸的几个山谷和犹他州的摩门教徒聚居地外，78
1860 年从太平洋到圣保罗与沃斯堡之间所有的大西部都有待农业开发。这是农民最后的边疆。然而，这里并非未知的土地，毛皮商、军队和冒险家们都曾探索过它。1840 年代和 1850 年代，来自中西部和东部的移民乘着马车长途跋涉，到俄勒冈州寻找肥沃的土地，到加利福尼亚州淘金，在犹他州寻求宗教自由。

西部的大部分地区并不适宜居住。大平原在 1860 年被称为美洲大沙漠。19 世纪初，斯蒂芬·龙少校（Major Stephen Long）曾为军队探索过平原地区，他写道，该地区“几乎完全不适合耕种，当然，也不适合依靠农业为生的民族居住。”[1] 瓦尔特·普雷斯科特·韦伯（Walter Prescott Webb）在 1936 年的作品中更加客观地写道：

> 大平原（从西经 98° 到太平洋沿岸山坡）气候最基本的特征是缺乏雨水。由于海拔原因，这一地区，只有少数地方湿润，
> 整个地区的平均降雨量不足。这一缺陷决定了西部独特的生 79
> 活方式，也为植物、动物和人类的生活以及社会制度限定了条件。在这一缺陷中，人们发现了通往平原文明的钥匙。正是这一特征，使西部生活的方方面面与东部形成了鲜明的对比。[2]

在平原上生活耕种的人，体会到了生活的艰辛和劳作的艰难。七八月份南部平原上的热风可以在几天内摧毁一片庄稼；在熔炉般的热风面前，一切都将枯萎死亡。北部平原上的暴风雪——严寒、狂风、雨夹雪和冰雪的交融，人和动物均难以对抗。牲畜被暴风雪卷到很远的地方；如果找不到避难所，被困的人数小时内便会死亡。这里年平均降水量不足 20 英寸，且分布不均，蒸发率也很高，农民必须不断与大自然做斗争才能保证农业生产。总之，恶劣的自然环境导致了平原农业耕作的高风险。

沿着堪萨斯城到旧金山的假想线，我们可以描绘出平原环境。平坦的平原从堪萨斯州近 1000 英尺的海拔逐渐上升到丹佛的 5000 英尺以上。年平均降水量从堪萨斯城的 30 英寸—40 英寸下降到丹佛的 10 英寸—20 英寸。在堪萨斯西部的大平原，几乎没有树木，自然状态下这里被短草覆盖——一种很好的牛饲料。

大西部的中部坐落着南北走向的落基山脉（the Rocky Mountains）。沙漠高原从盐湖城向西延伸约500英里，一直到加利福尼亚的内华达山脉。这片沙漠高原散布着海拔在 4000 英尺—6000 英尺的山峦，年平均降水量不足 10 英寸。韦伯认为，由于沙漠高原具有平原的自然特征和干旱的气候，应该被视为大平原环境的一部分。有些人持相反意见，然而，可以肯定的是除非进行灌溉，否则这片沙漠高原上的庄稼无法存活。正如摩门教徒所证实的，灌溉后的沙漠将会绽放。

80 1860 年后短短的 40 年，人们开垦了大西部的大部分土地，落基山脉以东种植了谷物，山间的灌溉区和太平洋沿岸山坡的山谷种植了干草和特种作物。大平原上决心拯救家园的印第安人不得不屈服，他们赖以生存的野牛群被消灭。一代农民不得不学会在半干旱地区耕作，这一切是艰苦而残酷的，但农业取得了快速发展。

## 土地政策

1862 年 5 月 20 日，《宅地法》（The Homestead Law）颁布。81
随着南方的叛乱，共和党人凭借在国会的绝对优势通过了该立法，结束了为土地自由而进行的漫长艰苦斗争。根据 1862 年《宅地法》，任何人都可以申请 160 英亩未被占用的公共土地，只要满足以下条件：

1. 是美国公民，或者提交了有意成为美国公民的文件；
2. 年满 21 岁，或者家庭户主，或者在美国陆军或海军服役满 14 天；
3. 忠于美国。

第三条试图将服务于邦联军的南方人排除在外，该条件于 1866 年废除。任何申请登记 160 英亩土地的男人或女人都将获得土地的所有权，只要满足以下条件：

1. 在提出申请后连续居住或务农满 5 年；
2. 已成为美国公民；
3. 支付了必要的费用（在头几年达 10 美元）。

对该法律的修正和解释是无止境的，不必一一列举。但应该提到几个问题。正如弗雷德·香农（Fred Shannon）教授所言："关于丈夫和妻子均不可申请单独宅地的规定，是推迟合法婚姻的绝佳借口。"[3] 如前所述，对前邦联军的禁令在 1866 年被撤销。最初的《宅地法》允许那些不愿在申请的土地上生活整整 5 年的个人以每英亩 1.25 美元的价格购买土地，这是法案中的"交换条款"。这一条款被解释为，如果个人在申请的土地上居住了 6 个月，并对其进行了些许改进，那么其就有权利以每英亩 1.25 美元的价格购买该土地。在该法实施的最初几年，这一规定没有造成严重问题，但在后来几年，这一规定被严重滥用。牧民和伐木工发现，“交换条款”是一种以极低的价格获得宝贵土地的简便快捷方法。

该法案有很多不足。第一，在 1870 年代和 1880 年代，尽管在艾奥瓦西部、明尼苏达、堪萨斯东部、内布拉斯加和达科他有一些优质土地，考虑到大平原恶劣的自然环境，以及联邦政府在这 10 年间向铁路和各州提供的大量土地，可供宅地使用的一流耕地非
82 常少。第二，在大平原上，160 英亩的宅基地规模太小，经济上不可行。20 世纪后，法案允许个人申请 320 英亩的种植田，640 英亩的放牧地，但为时已晚，很多家庭早已穷困潦倒。第三，没有吸引东部贫困的城市工人搬到这片自由的土地上。西部的自由土地没有真正成为东部拥挤城市居民失业的安全阀。第四，“宅地法”被牧场主和木材大亨等大型经营者利用，以最小的成本增加其土地面积，扩大了其经营规模。

罗斯 · M. 罗伯逊（Ross M. Robertson）教授对四大土地处置法案的内容进行了概述，这些法案是应西部特殊利益集团补充《宅地法》的要求通过的，内容总结如下：

1.《1873 年林木种植法》。这项法律表面上是为了鼓励人们在西部干旱地区植树，为任何愿意在 40 英亩土地上植树的人提供 160 英亩的免费土地。

2.《1877 年沙漠土地法》。依据这项法律，任何愿意在 3 年内灌溉土地的人，都能以每英亩 1.25 美元的价格购买 640 英亩的土地。（该法案的严重缺陷在于，对明确的灌溉计划没有规定。）

3.《1878 年木材石料法》。该法规定在内华达、加利福尼亚、俄勒冈和华盛顿以每英亩 2.5 美元的价格出售有价值的木材和石料地。

4.《1878 年伐木法》。这项法律授权某些特定地区的公民免费砍伐政府土地上的树木。规定木材应用于农业、采矿和家庭建筑。[4]

第一个法案帮助平原上的庄园主扩大了其农场单位。但是，国会无法通过立法实现大自然自身无法完成的目标，即在平原上植树。根据《1873 年林木种植法》，将近 3700 万英亩的土地上有 24.5 万份原始申请，但只签发了大约 6.5 万份明确的申请，覆盖了约 1000 万英亩的土地。香农教授指出：“90% 的行为都属于违反‘法条’，更别说法律精神了。”[5] 上述其余三项法案显然是土地掠 83
夺性法案，对庄园主和小农场主用处不大。

1880 年代，公众对公共土地处置的态度开始转变。更多人开始意识到，国家的土地资源正被肆意挥霍，必须完善各项处置公共土地的法规。于是，国会在 1891 年通过了由格罗弗 · 克利夫兰（Grover Cleveland）总统签署的《总修订法》，填补了几处法律漏洞。1891 年的《土地法》废除了《伐木法》，修订了《沙漠土地法》，规定必须提交明确的灌溉计划才能占用土地；废除了 1841 年起生效的《先买权法》，除特殊情况外，不能出售公共土地；新法律授权总统划拨林地为公共保留地。这项法案被视为保护运动的第一步，该运动在 20 世纪初获得了广泛支持。

但是，1891 年的土地法案无法撤销业已完成的任务。因此，不能认为 1862—1900 年处置的公共土地是依据《宅地法》分配的。1860—1900 年约处置了 5 亿英亩的公共土地。其中，只有约 8000 万英亩是依据《宅地法》分配的。以拍卖和其他方式出售的土地约

1.08 亿英亩；大部分土地都卖给了资金充裕的土地投机商，他们又转卖给了农民和牧场主。剩下的约 3 亿英亩土地赠给了各州和铁路公司，这些州和公司又将土地卖给了投机商和农民。

1785—1860 年，从贫穷的先驱农民到美国总统，每一个人都陷入了土地投机的疯狂，这种全国性病症一直持续到内战之后。但是，内战后的土地投机在很大程度上已经从小农场主甚至是富人转移到了大公司和铁路公司手中，变成了大买卖。

从下列数据中，可以获悉内战后土地处置和征用的另一个观
84 点。农场总面积从 1860 年的 4.07 亿英亩增加到 1900 年的 8.39 亿英亩。但新增的 4.32 亿英亩土地中，只有约 8000 万英亩是通过给予庄园主所有权增加的。其余约 3.52 亿英亩必须从政府、投机商、铁路公司或其他人那里购买获得。《宅地法》在 19 世纪的公共土地处置中只发挥了很小的作用。[6] 大部分从投机商手中购买土地的农民往往也成了投机商。

## 定居西部

1860 年代，由于美国内战，加上与印第安人的冲突，从明尼苏达圣保罗到得克萨斯沃斯堡（Fort Worth）假想线以西的定居点发展速度缓慢。1860 年代末，定居在明尼苏达西部的人开始增多。1870 年代初，明尼苏达-达科他-内布拉斯加-堪萨斯边境出现了大量的移民定居潮。

与早期类似，第一批移民中有很多人直接来到大西部。这些移民通常乘坐有篷马车，也许还带着一两匹马和一两头牛。他们卖掉了在威斯康星、伊利诺伊或印第安纳的一块空地，寻找能种植谷物的肥沃大草原。1873 年 6 月，在距离现在的沃辛顿镇不远的明

尼苏达南部，一个妇女乘坐一辆满载移民的马车向西行驶，还有三辆马车正朝着同一方向行进。[7]1870 年代初，从加拿大边境到印第安领地的西经 95°—西经 98° 之间的自由富饶草原，对居住在中西部老区的年轻原住民来说，具有巨大吸引力。他们成群结队地来到这里，却发现所有的自由土地均被占领。他们要么从铁路代理商、州政府、投机商那里买地，要么继续西进，或抵达西经 98° 以西的大平原，或抵达俄勒冈、阿辛顿及加利福尼亚。

来自邻州的人并非都乘坐有篷马车。那时，铁路积极招揽北欧
和美国东部的移民，把他们向西运到堪萨斯和内布拉斯加，或者送 85
到明尼苏达和达科他的铁路终点，并依据地理位置以每英亩 2 美
元—10 美元的价格向他们出售铁路赠地。

新州也积极关注移民的定居问题。各州都设立了土地安置或移民机构，以促进国有土地出售，并吸引移民迁入。拓荒的习惯、自由的土地政策、铁路公司的推进及州和地方社区吸引定居的压力等诸多因素的结合，使西部中心和西北边境的半湿润草原地区在内战后的短短几年内被移民占领。

随着西经 98° 以东半湿润大草原地区移民的饱和，垦殖者向西推进到了韦伯教授定义的大平原地区——降雨量 10 英寸—20 英寸矮草无树的干旱土地。到 1880 年，移民开始在堪萨斯购置宅基地和田地，最远可达该州的西部边界（西经 102°）。到 1890 年，农业定居点覆盖了内布拉斯加西部、科罗拉多东部以及堪萨斯西部的大部分地区。

大平原上的第一批定居者通常选择位于溪边或河谷的地方，那里水分相对充沛，建筑木材易得。但这些优质土地很快便被抢光，后来的大多数定居者不得不在空阔、没有树木的平原上建立家

园。他们挖深井取水，或者长途运水。由于没有树木，定居者通常用草皮建造房屋和牲畜棚。茅草房虽然不美观，且往往没有窗户，但厚实的墙壁使房子冬暖夏凉，也适于抵抗气候多变的平原环境。

明尼苏达州西部和达科他东部定居者常以小麦为经济作物，还会种土豆和其他蔬菜供家庭食用。1870 年代，内布拉斯加和堪萨斯的定居者常以玉米为经济作物，也有家庭菜园。但是，由于这
86 些美国或欧洲移民几乎都来自湿润地区，对土壤保水所知甚少，在平原上种植的玉米和小麦常常枯萎歉收。事实上，平原上的农民屡屡遭难：干旱、热风、蝗虫、草原大火、低价和信贷紧缩。结果，第一代移民中有很大一部分人由于饥饿被迫离开，他们不是继续西进到太平洋沿岸山坡，就是回到中部或东部的老家。蝗虫吃光了庄稼，干热风烤焦了庄稼，很多家庭因饥饿而逃离的说法并不夸张。平原的环境艰苦而残酷，无法迅速适应它的人只能无奈离开。

87 但是，一个家庭离开后，很快就会有新的家庭取而代之，因此，1890 年，大平原上已经建立起稳固的谷物种植。然而，在这一过程中，农民遇到的问题不止恶劣的自然环境。一个问题是经济困境，将在后面讨论。另一个问题是牧民与他们争夺平原地盘。1870 年代，牧民们从得克萨斯赶来大批牛群，牛群和牧场遍布从得克萨斯到蒙大拿的大平原。牧场总部一般会沿着河流建立，占地几百英亩，在几千英亩宽阔的牧场上放牧。牧场常由英国出资，雇工和牛仔是来自美国各地甚至全世界的冒险家。1870 年代，铁路修到大平原后，放牧生意前景看好，甚至有利可图。但是自由开放的牧场是个问题。牧民们想免费放牧，农民想占地耕种。因此，农夫和牛仔在平原上冲突不断，甚至拿着枪针锋相对，在法庭上也各执一词。但这块土地不能保持自由、开放和无人居住。在整个

1880 年代和 1890 年代，农民通过土地契约和农业经营稳步地侵占开阔的土地。根据 1877 年的《沙漠土地法》，牧民们通过直接购买快速地吞噬了大片土地。因此，到了 1890 年代，大部分开阔地带已被占领。养牛大亨们用篱笆围住大地产，把牛圈在里面；农场主则用篱笆围住小片土地，把牛隔在外面。

1860—1897 年，大西部的移民并不局限于中部和北部平原。在 1870 年代和 1880 年代，众多农家乘马车或火车来到太平洋沿岸山坡。俄勒冈和华盛顿离东部市场较远，交通闭塞，因此发展缓慢（直到 1883 年北太平洋铁路通到波特兰）。太平洋西北地区农业在 1880 年代进展良好，10 年间农场数量增加了一倍多。

1848—1850 年淘金热时期大量人口涌入加州，加州农业在 1850 年代发展迅速。在旧金山周边的山谷和萨克拉门托中央山谷洼地，蔬菜和水果产业迅速发展。1850 年代，牧民也终日奔波在中央山谷之间。但是当他们学会了如何在冬季种植小粒谷物后，88
雨季来临时，他们就转向小麦、大麦和燕麦生产。1860 年代，牛羊产量下降，中央山谷成千上万的农民主要从事小麦生产。加州在这一时期成为重要的小麦生产和出口州。

因此，1860 年代末和 1870 年代初，当移民来到加州时，他们发现最好的土地——不必灌溉就能生产谷物的土地，已被私人掌控。在中央谷地寻找适合种植小粒谷物土地的定居者，不得不以每英亩 2 美元—10 美元的价格从大地主或铁路公司购地。结果，加州只有很少的土地成为宅地，依据《宅地法》提出申请的地区通常位于起伏的山麓丘陵或极干旱地带。

加州人很快认识到旱地谷物种植的局限性。因为缺少灌溉，产量较低。在灌溉条件下，可种植高价值的葡萄等水果，且一年可以种植多种作物。所以，在 1870 年代和 1880 年代大部分时间里，加州的农民和牧场主全力投入到灌溉工程中，为水权而战。1887 年通过了建立灌溉区的州立法，对开发和分配灌溉用水做出了规定，将水权争端降至最低。到 1890 年，加州的灌溉工程走过了漫长的道路，有将近 14,000 个农场，涉及 100 多万英亩的土地，采用了某种形式的灌溉工程。这些农场大部分位于斯托克顿和贝克尔斯菲尔德之间的圣华金河谷。

1860 年代，定居点沿得克萨斯边境后退。南方邦联军和当地的民兵都不能保护沃斯堡西部的农民和牧场主免受印第安人的袭击和掠夺。凶猛的科曼奇人直到 1875 年才停止向得克萨斯西北部迁徙。但是西进的热潮在 1860 年代末和 1870 年代初才真正开始。1870 年代初，在得克萨斯中西部，从北部的威奇塔瀑布一直延伸到南部的圣安吉罗，建立了一个庞大的牧场帝国。1880 年代早期，在得克萨斯州狭长地带的高原地区建立了大型的牧场。随后，坐着有篷马车的自耕农，带着家眷和一两头母牛，也来到了这片热土，寻找廉价可耕种的土地。

89 与西部其他地区不同，根据得克萨斯的联邦法律，移民不能在那里安家。根据 1845 年得克萨斯加入联邦的条款，得克萨斯保留并处置了自己的公共土地。但从一开始，得克萨斯就采取了宽松的土地政策吸引和留住人口。例如，1845 年，立法机构通过了一项先买权政策，规定以每英亩 50 美分的价格，为有意在公共土地定居的家庭提供 320 英亩土地，个人提供 160 英亩。1854 年，得克萨斯通过了一项宅地法，将 160 英亩公共土地划拨给任何愿意在那块土地上生活三年并耕种的个人。因此，在 1870 年代和 1880 年代的西得克萨斯，定居者可通过多种方式以低成本获得土地。

那时，西得克萨斯农民的主要作物是玉米。这一时期，棉花的生产也在向西推进，到 1880 年代末，远在西部的阿比林也开始生产棉花。与堪萨斯和内布拉斯加边境地区相比，畜牧业在得克萨斯西部的农业生产中发挥了更大作用。一个自耕农可能有 10—20 头牛，其中包括 3—4 头奶牛，而附近的小牧场主可能有 100—200 头牛。这时自耕农就会有麻烦；牲畜不停地毁坏他们的庄稼。在 1880 年代，应对的办法只有安装带刺的铁丝网围栏。但自耕农通常难以承受围栏的费用。然而，在得克萨斯，就像在中部平原一样，农民们逐步地侵占了牛群帝国，甚至在得克萨斯的狭长地带亦是如此。1887 年，希特牧场（XIT Ranch）开始生产谷物和蔬菜。这标志着开阔的牧场和牛仔已成为历史。

## 技术发展

始于 1830 年代、普及于 1850 年代的农业机械化进程，在 1860—1897 年持续加速。内战时期农场的劳动力短缺，极大地刺激了机械的使用，如播种机、割草机和收割机等。1870—1900 年，农场的土地增加了一倍以上，促进了对节省劳力的农业机械的强 90
劲需求。

农场机械普及主要发生在中西部、大平原东部边界以及加利福尼亚和太平洋西北地区。南方农民依然用他的锄头、一头骡子和浅犁。此时东部农民集中在乳业和特种作物上，机械化时代尚未到来。但在中西部的产粮大草原和平原上，农场主们正争先恐后地走向机械化。这个机械化的过程主要以畜力代替人力。

这一时期，对种植作业影响最大的新型改良机器包括乘式犁（双轮单座）、弹簧齿耙、播种机、耕耘机、割草机、捆扎机、脱粒机以及联合收割机。早期的联合收割机需要巨大的动力——至少需要40个役畜。由此，在1890年代推动了蒸汽拖拉机的发明。但蒸汽拖拉机效率低，引擎的火花有点燃谷物的风险。在汽油拖拉机出现之前，蒸汽拖拉机在美国农业历史上仅有短暂的辉煌时期。

在这段时期，机械技术发展虽然与农业生产无关，但其对美国农业的发展却有着重要影响。有两项发明彻底改变了从新英格兰到明尼苏达州的乳品业：离心奶油分离器，和用于检测牛奶和奶油中乳脂含量的测试仪。第一种发明使奶农把分离的奶油卖给当地的黄油厂，并获得现金收入。第二种发明保护向黄油厂出售全脂牛奶或奶油的小农场主免受欺骗。

其他技术进步包括铁路网络的大幅扩张，水果和蔬菜的冷藏技术，运送新鲜肉类、保存易腐商品的罐头产业的诞生等。这些发展都扩大了农业生产者的市场，增加了他们的生产机会和盈利的可能性。

91 1860—1897年的技术进步为农业发展做了三件重要事情：大大减少了农业劳作的辛苦；提高了农场工人的生产力；扩大了农业生产者的经济机会。这些有助于增加农场工人的实际收入，然而，用于减少农妇辛苦劳作的新技术和改良技术几乎没有出现。

## 生产发展

美国大陆拥有丰富的自然资源和良好的气候禀赋，一旦不同资源的地区由铁路网络连接起来，便可根据其比较优势从事农业专业化生产。1860—1897年，随着铁路网络将不同大陆块逐渐连通，便逐步实现了农业专业化生产。美国农业生产区位在20世纪发生了少许变化，但程度都不大。

105. 离心泵的有效功率一般比轴功率( B )。

A. 大　B. 小　C. 相同　D. 无法确定

106. 随着输送液体的黏度增大，离心泵的( C )增大。

A. 扬程　B. 流量　C. 轴功率　D. 效率

107. 离心泵输送液体的密度越大，则泵的效率越( A )。

A. 高　B. 低　C. 不变　D. 无法判断

108. 往复泵活塞在泵体内左右移动的端点称为“死点”，两“死点”之间为活塞移动的距离，称为( A )。

A. 行程　B. 扬程　C. 余隙体积　D. 容积

109. 理论上往复泵的扬程增加，流量( C )。

A. 会增加　B. 会减小　C. 不受影响　D. 无法确定

110. 下列与往复泵的有效功率无关的是( D )。

A. 扬程　B. 流量　C. 介质密度　D. 行程

111. 当往复泵的比转数增高时，容积效率会( B )。

A. 上升　B. 下降　C. 不变　D. 无法确定

112. 在日常生产操作中，计量泵的流量调节一般可通过调节( D )来实现。

A. 进口阀的开度　B. 出口阀的开度

C. 泵的扬程　D. 活塞的行程

113. 爆破片应安装在压力容器的( A )。

A. 顶部　B. 底部　C. 中部　D. 无规定

114. 有毒、易燃介质的压力容器的安全阀应选用( C )。

A. 敞开式安全阀　B. 半封闭式安全阀

C. 全封闭式安全阀　D. 半封闭式或全封闭式安全阀

115. 下列是关于液面计选用的说法，其中错误的是( D )。

A. 根据介质、最高工作压力和温度正确选用

B. 移动式压力容器不得选用玻璃板式液面计

C. 寒冷地区室外使用的应选用夹套型或保温型结构

D. 要求液面指示平稳的，应采用浮子式液面计

116. 常用的玻璃板式液面计利用的是( A )。

A. 连通器原理　B. 阿基米德原理

C. 基于液面升降时，能造成液柱差的原理

D. 浮标在液面体中，随液面变化而升降的原理

117. 中压及高压容器使用的压力表精度不应低于( B )级。

A. 1　B. 1.5　C. 2.5　D. 4.0

118. 玻璃温度计的优点是( D )。

A. 便于记录和远传　B. 坚固

C. 测量范围广　D. 价格低廉

119. 关于刻度盘式温度计的使用说法，下列表述正确的是( A )。

A. 应按工况选择合适量程的温度计

B. 温度计的测点应在测量流体的边缘部分

C. 此温度计一般不需套筒保护

D. 此温度计一般仅用于低温部位

120. 高压、温度较高处的设备或管道上的热电偶或双金属温度计，一般采用( B )安装形式。

A. 焊接　　B. 法兰　　C. 螺纹　　D. 插入

121. 一般热电偶都设置有保护套管，然而，保护套管的使用将使测温元件的热滞后( A )。

A. 增加　　B. 减少　　C. 不变　　D. 无法确定

122. 安全阀用弹簧上的( C )来校正开启压力。

A. 阀瓣　　B. 阀杆　　C. 调整螺母　　D. 阀体

123. 关于安全阀校验后在运输过程中，下列说法正确的是( A )。

A. 垂直摆放　　B. 水平摆放　　C. 以45度角摆放　　D. 无规定

124. 单向阀是炼油化工生产中的重要阀门，其作用是( B )。

A. 释放压力　　B. 防止倒流　　C. 调节流量　　D. 通流和断流

125. 离心泵出口安装单向阀的目的是( A )。

A. 防止流体倒流损坏叶轮　　B. 增大离心泵的流量

C. 释放泵体压力　　D. 用来代替闸阀

126. 利用凝结水和蒸汽的密度差进行工作的疏水阀是( D )。

A. 恒温型疏水阀　　B. 热膨胀型疏水阀

C. 热力型疏水阀　　D. 浮子型疏水阀

127. 利用凝结水和蒸汽的温度差进行工作的疏水阀是( A )。

A. 恒温型疏水阀　　B. 热动力式疏水阀

C. 脉冲式疏水阀　　D. 浮子型疏水阀

128. 安装于燃料气管线上用以阻止可燃气体和易燃液体蒸气火焰传播和扩散的设施是( B )。

A. 安全阀　　B. 阻火器　　C. 爆破片　　D. 单向阀

129. 加热炉烟囱抽力的大小与之无关的是( D )。

A. 烟气与空气温度差　　B. 烟囱的高度

C. 烟气与空气的密度差　　D. 烟囱的直径

130. 可燃气报警仪的作用是( A )。

A. 即时发现可燃气，避免造成火灾和爆炸

B. 降低可燃气浓度

C. 吸收可燃气

D. 与可燃气反应，从而达到降低可燃气的浓度的目的

131. 以下不属于加热炉“三门一板”的是( C )。

A. 风门　　B. 燃料油门　　C. 防爆门　　D. 烟道挡板

132. 关于提高加热炉热效率的方法，下列表述错误的是( B )。

A. 降低排烟温度　　B. 提高加热炉过剩空气系数

C. 采用高效燃烧器　　D. 减少炉壁散热损失

133. U形管换热器是化工常用换热设备，关于其特点，下列说法错误的是( C )。

A. 只适用于高温、高压下的清洁流体　B. 结构简单

C. 管程易清洗　　D. 占地面积大、管板利用率低

134. 浮头式换热器是化工常用换热设备，关于其特点，下列说法错误的是( D )。

A. 壳体与管束的温差不受限制　　B. 管束便于更换

C. 壳程可用机械方法进行清洗　　D. 结构简单

135. 下列是关于立式换热器结构特点的说法，其中正确的是( A )。

A. 采用膨胀波纹管来调节膨胀差

B. 采用浮头来调节膨胀差

C. 通过每根管子的自由伸缩来解决膨胀差

D. 温差小不需防膨胀措施

136. 按照国家标准 GB/T 15386—1994 空冷器的命名方法，$RP9 \times 3 - \frac{3100}{130} - 16 - 2$ 中 3100 与 130 各自的意义分别是( A )。

A. 翅片面积和光管面积　　B. 管长和管程数

C. 长度和宽度　　D. 公称压力和温度

137. 空冷器翅片管常见的形式中，没有( D )。

A. L 型缠绕式　B. 镶嵌式　C. 复合式　D. 光管式

138. 分馏塔塔板的主要作用是( A )。

A. 气液两相提供传质传热的场所　　B. 支撑塔体

C. 分离气液两相　　D. 控制气液两相气流速

139. 分馏塔是化工生产中的重要设备，随着科技发展，( A )塔板基本被淘汰。

A. 泡罩型　B. 筛板型　C. 浮阀型　D. 喷射型

140. 预加氢反应器通常采用轴向固定床反应器，该反应器的优点是( C )。

A. 压降低　　B. 空速小

C. 安装及检修方便　　D. 结构复杂

141. 径向固定床反应器的优点是( A )。

A. 压降低　　B. 空速小

C. 安装及检修方便　　D. 结构复杂

142. 在化工生产中，高温法兰通常需要热紧，其目的是( A )。

A. 消除法兰的松弛，以保证静密封的效果

B. 检查是否有螺栓没紧好

C. 紧固已泄漏的法兰

D. 气密时不合格，需重新紧固

143. 机泵铭牌上标注的性能参数是指( C )。

A. 工作参数　B. 实验参数　C. 设计参数　D. 平均参数

144. 实际上，两台离心泵串联使用时的扬程是单台使用时扬程的( C )。

A. >2 倍　B. =2 倍　C. <2 倍　D. =1 倍

145. 径向轴承又称为( A )。

A. 支撑轴承　B. 推力轴承　C. 油膜轴承　D. 巴式轴承

146. 径向轴承的承载面涂有( D )。

A. 黄金　B. 铂合金　C. 钛合金　D. 巴式合金

147. 关于常规阀门的日常维护，下列说法正确的是( D )。

A. 应保证阀门的各部件灵活好使

B. 应保证阀门的填料密封无泄漏

C. 应做好阀门的防腐措施

D. 应保证阀门各部件灵活好使、且无泄漏，还要做好防腐措施

148. 一般阀门的润滑部位应( B )加油一次。

A. 一周至一月　B. 一月至三月　C. 二月至五月　D. 半年至一年

149. 机泵正常运转时，轴承箱温度一般不大于( B )℃。

A. 45　B. 65　C. 75　D. 85

150. 在日常机泵巡检时，离心泵润滑油位应在( A )处、温度在( A )为正常。

A. 1/2～2/3、≯60℃　B. 1/3～1/2、≯70℃

C. 1/2～2/3、≯70℃　D. 1/3～1/2、≯60℃

151. 离心泵的完好标准包括：运转正常效能良好，内部机件无损符合质量要求，主体整洁且零部件齐全好用和( D )。

A. 运转平稳无杂音、轴位移和振幅符合规定

B. 转子径向、轴向跳动量符合规定

C. 泵体整洁，保温、油漆完整，美观

D. 技术资料齐全、准确

152. 备用泵和停用泵需要每隔一段时间盘车一次，每次转动( B )。

A. 90°　B. 180°　C. 270°　D. 360°

153. 输送的介质温度在( C )℃以上时，应使用热油泵。

A. 100　B. 150　C. 200　D. 250

154. 热油泵的暖泵升温速度控制在( C )℃/h，同时每隔5～10分钟盘车180°。

A. 30　B. 40　C. 50　D. 60

155. 下列各项参数中，不会影响润滑油的性能的是( D )。

A. 黏度　B. 酸值　C. 抗乳化度　D. 密度

156. 按照设备润滑的规定，下列不属于“五定”内容的是( D )。

A. 定点　B. 定时　C. 定质　D. 定路线

157. 汽缸油、齿轮油或其他黏度相近的油品所用滤网目数为，一级( B )、二级( B )、三级( B )。

A. 20、40、60　B. 40、60、80

C. 60、80、100　D. 80、100、120

158. 判断压力容器设备是否完好，主要根据是( D )。

A. 压力容器是否有裂缝

B. 压力容器是否在用

C. 压力容器相关的技术资料是否完备

D. 压力容器内外部检验是否合格、耐压试验是否合格以及技术资料是否完备

159. 在为备用泵出口更换压力表时，下列操作中必须做的是( A )。

A. 关闭压力表根部阀　　B. 关闭泵进口阀

C. 关闭泵出口阀　　D. 泵应当倒空

160. 低、中压容器用的液面计在安装使用前，应按液面计公称压力的( C )倍压力进行水压试验。

A. 1　　B. 1.25　　C. 1.5　　D. 2.0

161. 现场温度计更换时，应注意( D )。

A. 测温元件的材质是否合适

B. 温度计的量程是否合适

C. 测温阀兰的密封是否完好

D. 测温元件必须材质合适、量程合适、密封完好

162. 关于备用机泵的防冻防凝，下列说法错误的是( B )。

A. 保持冷却水系统畅通，并保持适当水量

B. 在冬季应尽量减少盘车次数

C. 打开其出口阀旁路，如有伴热还要打开其伴热管线并确认畅通

D. 有保温的设备，其保温层必须保持完整无损

163. 关于换热容器的操作要点的叙述，下列说法错误的是( D )。

A. 熟悉冷热流体的性质　　B. 热流体尽可能采用较高流速

C. 定期排放不凝气体、油污　　D. 应先投热流后投冷流

164. 关于离心泵发生抱轴的现象，下列叙述正确的是( A )。

A. 泵轴与轴承互相咬死　　B. 泵轴与联轴器互相咬死

C. 泵轴与叶轮互相咬死　　D. 动环与静环互相咬死

165. 关于离心泵发生气蚀时的现象，下列叙述错误的是( D )。

A. 离心泵泵体震动大　　B. 离心泵的效率明显下降

C. 离心泵流量波动大　　D. 离心泵出口压力超高

166. 下列选项中，会引起离心泵轴承磨损的有( D )。

A. 离心泵转速不够　　B. 密封泄漏

C. 轴承冷却效果不好　　D. 润滑油变质

167. 下列选项中，不会引起空冷风机噪音大的是( A )。

A. 风叶倾角过大　　B. 轮壳盖(风罩)松动

C. 风筒组件松动　　D. 风机叶片固定螺栓松动

168. 关于分馏塔发生液泛现象的原因，下列描述正确的是( D )。

A. 液相负荷过小　　B. 气体分布不均匀

C. 分馏塔压力过高　　D. 气相负荷过大

169. 关于分馏塔发生漏液时的现象，下列描述正确的是( A )。

A. 分馏塔底液面上升　　B. 分馏塔塔顶温度上升

C. 回流罐压力上升　　D. 分馏塔塔顶压力上升

170. 关于加热炉燃料气带油时的现象，下列描述正确的是( A )。
A. 烟囱冒黑烟　　B. 炉膛明亮
C. 燃料气耗量增加　　D. 火焰发白，燃烧刚直有力
171. 关于加热炉风机突然停运时的现象，下列描述正确的是( B )。
A. 加热炉冒白烟　　B. 火焰发红，燃烧无力
C. 炉膛闪烁不止　　D. 炉膛负压值升高
172. 关于加热炉炉膛出现正压时的现象，下列描述正确的是( B )。
A. 炉膛负压值升高　　B. 烟气氧含量降低
C. 炉膛明亮　　D. 火焰发白，燃烧刚直
173. 关于加热炉的抽力变大时的现象，下列描述正确的是( A )。
A. 炉膛负压值变大　　B. 烟气氧含量降低
C. 烟囱冒黑烟　　D. 火焰发红发散
174. 关于加热炉燃料中断时的现象，下列描述正确的是( A )。
A. 炉膛温度直线下降　　B. 炉膛温度先上升后下降
C. 炉膛温度直线上升　　D. 炉膛温度先下降后上升
175. 关于预加氢原料泵偷停时的现象，下列描述错误的是( D )。
A. 预加氢反应温度急剧上升　　B. 预加氢进料量无显示
C. 预加氢高分液面下降　　D. 炉膛温度急剧下降
176. 离心泵抱轴的原因有( B )。
A. 离心泵出口压力过高　　B. 离心泵未盘车
C. 离心泵开泵前未开出口阀　　D. 离心泵开泵前未排空气
177. 下列各种原因中，可能导致离心泵发生气蚀现象的是( B )。
A. 回流罐液面过高　　B. 回流罐压力过低
C. 离心泵出口压力过高　　D. 离心泵开泵前未排空气
178. 离心泵开泵前，在泵入口处排空气的目的是( B )。
A. 防止发生气蚀现象　　B. 防止发生气缚现象
C. 防止启动时电流超标　　D. 防止离心泵抱轴
179. 下列情况中，会导致往复泵抽空的是( D )。
A. 油品温度太高　　B. 开泵前未关出口阀
C. 系统压力高　　D. 活塞间隙过大
180. 离心泵的吸入口( A )，易造成泵抽空。
A. 堵塞　　B. 温度低　　C. 压力高　　D. 直径大
181. 下列各种情况中，不会造成离心泵的出口压力过低的是( D )。
A. 叶轮磨损严重　　B. 吸入口的压力过低
C. 电机反转　　D. 吸入液体的黏度过低
182. 下列各种情况下，会造成离心泵轴承温度超高的是( C )。
A. 离心泵出口流量过大　　B. 离心泵出口压力过大
C. 冷却水量过小　　D. 原料性质变化
183. 下列情况中，不会造成离心泵电机温度超高的是( D )。
A. 电机潮湿　　B. 电机电源线短路

C. 电机轴承安装不正　　D. 润滑油位过低

184. 下列各种情况下，不会造成离心泵电机电流超高的是( D )。

A. 油品密度太大　　B. 离心泵口环磨损

C. 泵轴与电机轴不同心　　D. 泵入口压力过高

185. 关于分馏塔产生液泛的原因，下列说法正确的是( D )。

A. 气液相负荷过小　　B. 气相负荷过小

C. 液相负荷过小　　D. 气液相负荷过大

186. 在下列的工艺调整过程中，易产生液泛现象的是( A )。

A. 增大分馏塔进料量　　B. 减小分馏塔进料量

C. 增大分馏塔压力　　D. 增大分馏塔出料量

187. 下列各种情况下，会造成分馏塔产生漏液现象的是( A )。

A. 分馏塔底温度控制过低　　B. 分馏塔底温度控制过高

C. 分馏塔顶温度控制较高　　D. 分馏塔顶温度控制较低

188. 下列各种情况下，不会造成燃料气分液罐带油的是( D )。

A. 回流罐液面太高　　B. 系统燃料气带油

C. 回流罐温度过高　　D. 燃料气分液罐温度过高

189. 关于加热炉燃烧器发生回火现象，下列叙述正确的是( C )。

A. 火焰离开燃烧器喷头燃烧　　B. 火焰在整个炉膛燃烧

C. 火焰在燃烧器内部燃烧　　D. 火焰燃烧时冒火星

190. 下列各种情况下，不可能造成预加氢反应器压降上升的是( B )。

A. 氢油比过大　　B. 预加氢原料环烷烃含量高

C. 原料机械杂质含量大　　D. 预加氢催化剂积碳

191. 下列各种情况下，会造成重整反应器压降增大的是( A )。

A. 催化剂结焦　　B. 催化剂中毒

C. 原料 S、N、O 等含量较高　　D. 反应空速较低

192. 关于重整反应器压降过大的危害，下列叙述错误的是( C )。

A. 系统能耗增加　　B. 反应器内构件破损

C. 催化剂中毒　　D. 催化剂水－氯平衡失调

193. 分馏塔塔顶抽出线冻凝的现象有( D )。

A. 塔压力正常，回流罐压力较高　　B. 回流罐液面较高、压力较低

C. 塔液面较高、压力较低　　D. 回流罐压力正常，塔压力较高

194. 关于压力表显示失灵，下列说法错误的是( D )。

A. 可能造成其显示压力与实际不符　　B. 可能造成安全阀起跳

C. 可能造成设备超压　　D. 没有危害

195. 催化重整芳构化反应是体积( C )的反应，是( C )热反应。

A. 增大、放　　B. 缩小、吸　　C. 增大、吸　　D. 缩小、放

196. 下列各种情况下，不可能造成机泵震动大的是( B )。

A. 泵轴与电动机轴不同心　　B. 泵的流量较大

C. 泵轴弯曲　　D. 地脚螺栓松动

197. 报火警时请讲清楚( A )。

A. 报警人姓名、着火位置、介质　B. 报警人年龄和性别

C. 着火面积　D. 着火点与消防队的距离

198. 往复泵抽空时，下列处理错误的是( D )。

A. 增大储液容器的压力或增加液面　B. 开大入口阀，消除进口管路中的堵塞物

C. 适当提高油品温度，以降低黏度　D. 关小出口阀门进行憋压

199. 进料带水引起分馏塔压力波动时，下列处理正确的是( A )。

A. 进料、回流缓冲罐等处加强脱水　B. 提高塔底温度

C. 增大冷却水量　D. 增大塔顶回流量

200. 分馏塔的回流罐液位高报时，下列处理错误的是( A )。

A. 增大塔顶回流量　B. 适当提高回流罐压力

C. 适当降低塔底温度　D. 适当增加塔顶产品外送量

201. 分馏塔液位高报时，下列处理错误的是( D )。

A. 适当减少分馏塔进料量　B. 适当减少塔顶回流量

C. 适当增加塔底产品外输量　D. 适当降低塔底温度

202. 分馏塔液位低报时，下列处理正确的是( B )。

A. 适当减少分馏塔进料量　B. 增加进料，减少出料的方法

C. 适当增加塔底产品外排量　D. 适当增加塔底温度

203. 分馏塔产生液泛现象时，下列处理正确的是( C )。

A. 提高分馏塔压力　B. 增大回流量

C. 减少分馏进料量　D. 降低塔底温度

204. 关于分馏塔出现漏液现象，下列处理正确的是( B )。

A. 提高分馏塔压力　B. 提高塔底温度

C. 增加回流量　D. 提高分馏塔压力

205. 关于重整反应进料泵偷停，下列处理错误的是( B )。

A. 立即启动备用泵　B. 立即停循环机

C. 加热炉适当降温　D. 关闭氢气外排

206. 加热炉燃料气带油时，下列处理错误的是( D )。

A. 检查各回流罐液面　B. 加强分液罐脱液

C. 如带液严重，各加热炉应立即熄火　D. 适当关小各火嘴炉前小阀

207. 引蒸汽过程中产生水击现象的原因是( C )。

A. 蒸汽压力高　B. 蒸汽温度高

C. 管线有冷凝水　D. 蒸汽压力波动

208. 当燃烧器产生回火现象时，下列操作正确的是( C )。

A. 关小燃料气控制阀　B. 增大炉膛负压

C. 开大风道上的蝶阀和燃烧器的风门　D. 加强分液罐脱液

209. 在用蒸汽吹通分馏塔系统的冻凝管线过程中，存在一定的危险性，下列说法错误的是( D )。

A. 当管线吹通以后，油品从管线冻裂处大量喷出

B. 当管线吹通以后，油品从放空导淋处出

C. 喷出的油品与高温管线接触引起着火

D. 管线剧烈震动，大幅移位

210. 脱水塔顶空冷风机停运时，下列处理错误的是( D )。

A. 立即联系电工启动　　B. 立即开大水冷器水量

C. 适当降回流罐液面　　D. 立即降低脱水塔压力

211. 下列关于设备憋压后的处理，其中错误的是( C )。

A. 检查后路是否畅通　　B. 外排改副线控制

C. 关闭安全阀前截止阀　　D. 手动放空

212. 压力表的量程最好选用为容器工作压力的( B )倍。

A. 1.0　　B. 2　　C. 3.5　　D. 4

213. 瓦斯罐法兰撕裂导致瓦斯大量泄漏，可佩戴( D )进行处理。

A. 3#滤毒罐　　B. 4#滤毒罐　　C. 防尘口罩　　D. 空气呼吸器

214. 关于分馏塔塔底泵抽空，下列处理错误的是( D )。

A. 检查现场实际液面　　B. 检查泵的运转状况

C. 立即启动备用泵　　D. 开大泵出口阀

215. 当塔底液位控制阀卡时，下列处理正确的是( B )。

A. 改串级控制　　B. 改副线控制　　C. 改自动控制　　D. 改手动控制

216. 关于空冷器泄漏，下列处理错误的是( A )。

A. 如泄漏不大无需处理　　B. 如有副线，切除空冷维持生产

C. 接蒸汽掩护　　D. 全开水冷循环水出口阀

217. 催化重整装置高温设备、管线泄漏着火时，应选用( D )扑救。

A. 泡沫灭火器　　B. 干粉灭火器

C. 二氧化碳灭火器　　D. 消防蒸汽

218. 加热炉风机停运时，下列处理错误的是( D )。

A. 立即重新启动风机　　B. 关小燃料气阀门，防止闷炉

C. 打开自然通风，调整火嘴风门　　D. 立即熄炉，通入事故蒸汽

219. 加热炉炉膛出现正压时，下列处理正确的是( B )。

A. 开大燃烧器风门　　B. 开大烟道挡板

C. 开大燃料气阀门　　D. 关小烟道挡板

220. 加热炉抽力过大时，下列处理正确的是( B )。

A. 开大烟道挡板　　B. 关小烟道挡板

C. 开大燃料气阀门　　D. 关小燃烧器风门

221. 离心泵开泵前在泵入口处排空气的目的是( B )。

A. 防止离心泵产生气蚀　　B. 防止离心泵产生气缚

C. 防止离心泵报轴　　D. 防止离心泵超电流

222. 燃料气分液罐带油时，下列处理错误的是( D )。

A. 检查带油原因　　B. 加强分液罐脱液

C. 降低各产燃料气的回流罐液面　　D. 提高燃料气压力

223. 机泵轴承温度偏高时，下列处理错误的是( A )。

A. 降低泵的负荷　　　　B. 联系钳工检查

C. 更换润滑油　　　　D. 保证冷却水量

224. 下列符号中，表示风开式调节阀的是( C )。

A. 　　B. 　　C. 　　D. 

225. 在机械制图中的三视图是用( C )绘制的。

A. 中心投影法　　B. 斜投影法　　C. 正投影法　　D. 平行投影法

226. 工艺控制流程图中，表示流量的符号是( B )。

A. L　　B. F　　C. Q　　D. T

227. 工艺控制流程图中，表示温度的符号是( C )。

A. L　　B. R　　C. T　　D. I

228. 工艺控制流程图上，表示液位的符号是( A )。

A. L　　B. F　　C. P　　D. T

229. 石脑油加氢装置催化剂装入量为5t，现该装置进料量为40t/h，质量空速为( D )$h^{-1}$。

A. 0.125　　B. 1.25　　C. 6　　D. 8

230. 石脑油加氢装置催化剂的设计质量空速为6$h^{-1}$，设计年处理量为$40\times10^4$t(8000h)，设计装填催化剂( B )t。

A. 6.67　　B. 8.33　　C. 12　　D. 24

231. 石脑油加氢装置催化剂装入量为25$m^3$，现该装置进料量为200$m^3$/h，体积空速为( D )$h^{-1}$。

A. 0.125　　B. 1.25　　C. 6　　D. 8

232. 已知预加氢进料量为13.4t/h，密度为720kg/$m^3$，预加氢反应催化剂装入量为5.6t，密度800kg/$m^3$，则体积空速为( D )$h^{-1}$。

A. 2.4　　B. 2.5　　C. 2.6　　D. 2.7

233. 某催化重整装置的设计氢油体积比为一段：600；二段：1000，该装置进料量为30t/h，密度为0.74t/$m^3$，该装置一、二段循环氢量分别为( B )N$m^3$/h。

A. 24324、40540　B. 24324、16216　C. 18000、30000　D. 18000、12000

234. 某催化重整装置一、二段循环氢量分别为25000N$m^3$/h、15000N$m^3$/h，进料量为27/h,密度为0.72t/$m^3$，一、二段氢油体积比分别为( A )。

A. 600、960　　B. 666、1067　　C. 926、1481　　D. 1286、2058

235. 某催化重整装置设计氢油摩尔比为6，设计进料量为30t/h，进料平均相对分子质量为100，循环氢纯度为90%，则压缩机的理论循环氢量为( A )N$m^3$/h。

A. 44800　　B. 40320　　C. 36000　　D. 24000

236. 已知环境大气压为750mmHg，若表压为0.8kgf/$cm^2$，则绝对压强是( A )。

A. $1.08\times10^5$Pa　　B. $0.80\times10^5$Pa　　C. $0.90\times10^5$Pa　　D. $1.00\times10^5$Pa

237. 已知预加氢循环氢气量7500标$m^3$/h，反应压力3.0MPa，循环氢纯度为90%，则氢分压为( B )MPa。

A. 0.27　　B. 2.7　　C. 0.9　　D. 2.12

238. 某装置反应氢分压为 1.8MPa，循环氢纯度为 90%，则该装置实际反应压力为( C )MPa。

A. 1.62 B. 1.8 C. 2.0 D. 5

239. 催化重整装置的各反出入口温度分别为 495℃、415℃；495℃、445℃；500℃、475℃；500℃、485℃，则重整反应总温降为( C )。

A. 130 B. 150 C. 170 D. 190

240. 某催化重整装置设计能力为 40 万 t/a(8000h)，催化剂堆积密度为 $550kg/m^3$，反应质量空速为 $2.4h^{-1}$，其催化剂装入量为( D )$m^3$。

A. 3.78 B. 15.75 C. 20.79 D. 37.8

241. 某催化重整装置的催化剂装填量为 20t，催化剂装填高度为 12m，反应器内径 1.6m，催化剂的堆比为( B )$kg/m^3$。

A. 208 B. 829 C. 1040 D. 1206

242. 原油的密度(40℃)为 $900kg/m^3$，原油管道内径为 $\phi$40mm，质量流量为 1120kg/h，则该原油体积流量约为( B )$m^3/h$。

A. 1.18 B. 1.24 C. 1.27 D. 1.32

243. 分子筛系统的作用是( B )。

A. 脱机械杂质 B. 系统干燥 C. 置换 D. 氯化

244. 下列 Pt－Re 系列重整催化剂中，活性最高的是( C )。

A. 硫化态 B. 氧化态 C. 还原态 D. 氯化态

245. 重整还原态催化剂在运输过程中除了要保持干燥外，还需防止催化剂( D )。

A. 自燃 B. 金属聚集 C. 预硫化 D. 氧化

246. 预加氢反应系统压降过大时，下列处理错误的是( D )。

A. 停工进行催化剂过筛 B. 停工进行炉管烧焦
C. 停工炉管爆破吹扫 D. 停工用原料油冲洗

247. 下列方法中，不能降低重整反应系统压降的是( C )。

A. 采用径向反应器 B. 采用单管程立式换热器
C. 用水冷代替空冷 D. 加热炉多炉管并联

248. 重叠式移动床与并列式移动床重整工艺的相同点是( C )。

A. 再生器的排列方式相同 B. 反应器的排列方式相同
C. 催化剂都处于流动状态 D. 同一家公司的专利技术

249. 连续重整再生器中烧焦空气的氧含量控制指标为( C )。

A. ≯0.2 % B. ≯0.5 % C. ≯1 % D. ≯5 %

250. 重整催化剂干燥空气的要求有( B )方面的指标。

A. 压力、温度 B. 流量、含水量
C. 压力、流量、氧含量 D. 流量、温度、氧含量

251. 再生系统升温时，电加热器置于( C )状态。

A. 手控、输出为零 B. 自控、输出为零
C. 手控、输出为 5% D. 自控、输出为 5%

252. 催化剂采样开关 V 阀的球体上开有( A )的槽口。

A. V形 B. 梯形 C. 矩形 D. 方形

253. 应用于再生系统氯化物的阀门为( B )。
A. V阀　B. B阀　C. G阀　D. 截止阀
254. G阀一般应用于( B )的管线上。
A. 清洁物流　B. 密封性要求高
C. 含催化剂的物流　D. 含有大量催化剂粉尘的物流
255. G阀关闭时为( C )关闭。
A. 硬座　B. 软座　C. 双重　D. 单座
256. 一般V阀与B阀一起安装在管线上，安装位置描述最恰当的为( B )。
A. B阀后一道阀门　B. B阀前一道阀门
C. B阀前后均可　D. 两个B阀之间
257. 闭锁料斗各个区之间的平衡阀类型为( B )。
A. V阀　B. B阀　C. G阀　D. 截止阀
258. 催化剂添加料斗和粉尘收集器中用作放空阀的阀门类型为( A )。
A. G阀　B. B阀　C. 截止阀　D. V阀
259. G阀在操作期间( D )。
A. 耐用　B. 抗泄漏
C. 耐用但不抗泄漏　D. 耐用且抗泄漏
260. 粉尘收集器工作时，可以用( A )进行反吹清扫。
A. 氮气　B. 蒸汽　C. 仪表风　D. 动力风
261. 电加热器通过( D )实现温度的控制。
A. 恒定功率　B. PID参数
C. 进口气体流量　D. 电磁继电器
262. 粉尘收集器滤芯差压失灵的情况下，可以通过( C )判断滤芯上的粉尘情况。
A. 除尘风机负荷　B. 提升差压
C. 除尘风流量控制阀开度　D. 催化剂循环速率
263. 卸粉尘操作人员必须佩带保护( B )的设备。
A. 手部　B. 面部和眼睛　C. 全身　D. 背部
264. 再生系统电加热器表面温度高于( A )℃时，电加热器起跳。
A. 700　B. 600　C. 550　D. 400
265. 芳烃抽提过程中，能够循环使用的是( A )。
A. 溶剂　B. 富溶剂　C. 芳烃　D. 非芳烃
266. 抽提精馏工艺是利用溶液中各组分的( B )差异，而将它们得以分离的。
A. 浓度　B. 挥发度　C. 温度　D. 密度
267. 下列溶剂中，选择性最好的是( C )。
A. 二乙二醇醚　B. 三乙二醇醚　C. 环丁砜　D. 单乙醇胺
268. 下列溶剂中，对芳烃溶解度最大的是( B )。
A. 二甲基亚砜　B. 环丁砜　C. 三乙二醇醚　D. 二乙二醇醚
269. 下列溶剂中，选择性最好的是( C )。
A. 二乙二醇醚　B. 三乙二醇醚　C. 四乙二醇醚　D. 环丁砜

270. 下列溶剂中，对芳烃溶解度最好的是( A )。
　　A. 四乙二醇醚　B. 环丁砜　C. 三乙二醇醚　D. 二乙二醇醚

271. 苯产品的馏程为( A )℃。
　　A. 79.6～80.5　B. 78～80　C. 79～82　D. 76～80

272. 苯蒸汽或芳烃气体对人体( B )系统和( B )系统有不良影响，会造成慢性中毒。
　　A. 循环、造血　B. 造血、神经　C. 泌尿、神经　D. 循环、泌尿

273. 甲苯的密度为( B )kg/$m^3$。
　　A. 869　B. 867　C. 880　D. 861

274. 二甲苯产品馏程为( D )℃。
　　A. 76～80.5　B. 103～111　C. 137～150　D. 137～143

275. 苯的冰点一般控制在( B )℃。
　　A. ≮4　B. ≮5　C. ≮7　D. ≮6

276. 苯产品酸洗比色与溴指数不合格，是由于( C )。
　　A. 非芳烃高　B. 含水多
　　C. 轻质烯烃含量高　D. 环烃多

277. 进入抽提塔的溶剂量与进料量之比，称为抽提塔的( C )。
　　A. 回流比　B. 液收率　C. 溶剂比　D. 回收率

278. 汽提塔的作用，是利用汽提的方法将( A )与芳烃分开，从而达到汽提的目的。
　　A. 富溶剂　B. 贫溶剂　C. 非芳　D. 甲苯

279. 溶剂回收塔(抽余油水洗塔)中分散相为( C )、连续相为( C )。
　　A. 芳烃、富溶剂　B. 水洗水、非芳烃
　　C. 非芳烃、水洗水　D. 非芳烃、富溶剂

280. 减压再生塔再生溶剂的关键是( D )。
　　A. 温度高　B. 循环水量大　C. 塔底温度较低　D. 塔内真空度高

281. 溶剂再生塔塔底循环的目的，是保证塔底温度均匀，从而防止( D )。
　　A. 溶剂停留时间短　B. 溶剂凝固
　　C. 溶剂受热不均　D. 溶剂老化分解腐蚀堵塞设备

282. 关于溶剂再生的方法，下列叙述正确的是( D )。
　　A. 烧焦再生　B. 萃取再生
　　C. 常压蒸馏再生　D. 减压蒸馏再生

283. 关于白土的性质，下列说法正确的是( C )。
　　A. 强酸性　B. 中等碱性　C. 中等酸性　D. 弱碱性

284. 在一定的温度条件下，白土上的酸性活性中心将促使( B )聚合和烷基化。
　　A. 环烷烃　B. 烷烃　C. 烯烃　D. 炔烃

285. 关于白土塔装填的注意事项，下列说法正确的是( D )。
　　A. 随时装填　B. 装填要快
　　C. 装填要慢　D. 避免潮湿，晴天装填

286. 白土塔切换时，要做到( A )。
　　A. 无扰动切换　B. 快速　C. 缓慢　D. 无要求

287. 液液抽提装置为维持油品在一定抽提温度下呈液相，需要在一定的( A )下进行操作。
A. 压力　B. 进料量　C. 回流比　D. 溶剂比
288. 在液液抽提中，回流比是用来调节( B )的主要手段。
A. 温度　B. 芳烃质量　C. 非芳产量　D. 芳烃回收率
289. 抽提精馏装置分离效果的主要标志是( D )。
A. 损耗大小　B. 重液产量　C. 轻质液产量　D. 分离精确度
290. 当抽提精馏塔进料中重组分减少时，进料位置应( A )，此时精馏段塔板数( A )。
A. 上移、减少　B. 下移、增加　C. 上移、增加　D. 下移、减少
291. 精馏塔进料口以上至塔顶部分称为( C )。
A. 抽提段　B. 提馏段　C. 精馏段　D. 进料段
292. 精馏塔进料口以下至塔底部分称为( B )。
A. 抽提段　B. 提馏段　C. 精馏段　D. 进料段
293. 溶剂在减压塔中能否再生的关键因素是( C )。
A. 进料量的大小　B. 温度的高低
C. 真空度的大小　D. 进料质量的优劣
294. 抽提苯塔拔顶苯的作用是( C )。
A. 增加循环量　B. 增加苯的产量
C. 为生产合格产品　D. 增加回流量
295. 对一定的溶剂来说，温度升高，溶解度增大，选择性( B )。
A. 先增加后减少　B. 减少　C. 增大　D. 不变
296. 对精馏塔操作而言，一般当回流比增大，塔底重沸器的蒸汽流量( B )。
A. 不变　B. 增加　C. 没有关联　D. 减少
297. 下列因素中，会造成苯塔温差大幅度波动的是( B )。
A. 苯回流量大　B. 苯回流控制阀卡
C. 苯回流温度高　D. 进料量大
298. 废白土的处理将由( C )负责。
A. 厂部　B. 车间　C. 环保部门统一　D. 班组
299. 精馏改大循环时，首先要关闭各产品的( C )。
A. 进料阀　B. 出装置阀
C. 循环阀　D. 入中间罐阀(中间产品罐入口阀)
300. 精馏改大循环，重液要改入( D )。
A. 循环线　B. 不合格产品线　C. 中间罐　D. 汽油罐
301. 白土失活的主要因素是( C )。
A. 白土吸附芳烃达饱和　B. 白土吸附烷烃达饱和
C. 白土吸附烯烃达饱和　D. 白土吸附非芳烃达饱和
302. 苯蒸汽进入人体会造成慢性中毒，使人体的( D )降低。
A. 血脂　B. 血小板　C. 血压　D. 白血球
303. 甲苯蒸汽进入人体，会损伤人体的( C )。
A. 呼吸系统　B. 循环系统　C. 造血系统　D. 泌尿系统

## 四、技能操作鉴定要素细目表

| 鉴定范围 | | | | | | 鉴定点 | |
|---|---|---|---|---|---|---|---|
| 一级 | | 二级 | | 三级 | | 代码 | 名称 |
| 代码 | 名称 | 代码 | 名称 | 代码 | 名称 | | |
| A | 技能要求 | A | 工艺操作 | A | 开车准备 | 001 | 开车前的工艺流程检查 |
| | | | | | | 002 | 反应系统氮气气密的操作 |
| | | | | | | 003 | 分馏塔的气密操作 |
| | | | | | | 004 | 分馏系统的吹扫操作 |
| | | | | | | 005 | 分馏系统水联运前的准备操作 |
| | | | | | | 006 | 分馏系统冷油运前的准备工作 |
| | | | | | | 007 | 管式加热炉炉膛吹扫操作 |
| | | | | B | 开车操作 | 001 | 油品采样工作 |
| | | | | | | 002 | 装置引蒸汽操作 |
| | | | | | | 003 | 催化重整装置引循环水操作 |
| | | | | | | 004 | 催化重整装置引燃料气操作 |
| | | | | | | 005 | 预加氢反应系统进料的操作 |
| | | | | | | 006 | 重整反应系统进料的操作 |
| | | | | C | 正常操作 | 001 | 日常巡回检查 |
| | | | | | | 002 | 机泵的日常维护 |
| | | | | | | 003 | 加热炉炉膛负压的调节 |
| | | | | | | 004 | 加热炉增点火嘴的操作 |
| | | | | | | 005 | 燃料气脱液的操作 |
| | | | | D | 停车操作 | 001 | 正压式空气呼吸器的使用 |
| | | | | | | 002 | 脱硫罐的切除操作 |
| | | | | | | 003 | 预加氢脱氯罐的停用操作 |
| | | B | 设备使用及维护 | A | 使用设备 | 001 | 离心泵启动前的准备 |
| | | | | | | 002 | 离心泵的开车操作 |
| | | | | | | 003 | 离心泵的切换操作 |
| | | | | | | 004 | 离心泵的停车操作 |
| | | | | | | 005 | 往复泵的开车操作 |
| | | | | | | 006 | 往复泵的停车操作 |
| | | | | | | 007 | 往复泵的切换操作 |
| | | | | | | 008 | 开空冷器的操作 |
| | | | | | | 009 | 测温仪使用操作 |
| | | | | | | 010 | 测振仪使用操作 |
| | | | | | | 011 | 投用液位计的操作 |

续表

| 鉴定范围 | | | | | | 鉴定点 | |
|---|---|---|---|---|---|---|---|
| 一级 | | 二级 | | 三级 | | 代码 | 名称 |
| 代码 | 名称 | 代码 | 名称 | 代码 | 名称 | | |
| | | | | B | 维护设备 | 001 | 机泵润滑油的更换 |
| | | | | | | 002 | 压力表更换操作 |
| | | | | | | 003 | 双金属温度计更换 |
| | | | | | | 004 | 更换阀门盘根的操作 |
| | | | | | | 005 | 阀门垫片更换操作 |
| | | | | | | 006 | 机泵冻凝后的处理 |
| | | | | | | 007 | 泵入口过滤网的清理操作 |
| | | | | | | 008 | 容器内用火监护 |
| | | | | | | 009 | 机泵盘车操作 |
| | | C | 事故判断与处理 | A | 判断事故 | 001 | 离心泵发生气蚀的原因判断 |
| | | | | | | 002 | 离心泵泵抽空的判断 |
| | | | | B | 处理事故 | 001 | 机泵抽空的处理 |
| | | | | | | 002 | 分馏塔塔底泵抽空的处理 |
| | | | | | | 003 | 加热炉燃料气阻火器堵的处理 |
| | | | | | | 004 | 离心泵气蚀的处理 |
| | | | | | | 005 | 燃料气分液罐带油的处理 |
| | | D | 绘图与计算 | A | 绘图 | 001 | 预加氢反应系统原则流程图的绘制 |
| | | | | | | 002 | 重整反应系统原则流程图的绘制 |
| | | | | | | 003 | 循环压缩机氢气流程图的绘制 |
| C | 技能要求 | A | 工艺操作 | A | 开车准备 | 001 | 铂铼重整催化剂预硫化剂配制操作 |
| D | 技能要求 | A | 工艺操作 | A | 开车准备 | 001 | 再生器的氮气置换操作 |
| | | | | B | 开车操作 | 001 | 再生鼓风机开车操作 |
| | | | | C | 正常操作 | 001 | 再生催化剂采样操作 |
| | | | | | | 002 | 新催化剂加料操作 |
| | | B | 设备使用及维护 | A | 使用设备 | 001 | 粉尘收集器反吹操作 |
| | | | | | | 002 | 屏蔽泵的操作 |
| | | C | 事故判断与处理 | A | 判断事故 | 001 | 提升管堵的现象分析 |
| E | 技能要求 | A | 工艺操作 | C | 正常操作 | 001 | 溶剂含水量的调节 |
| | | | | D | 停车操作 | 001 | 抽提停工前的准备工作 |
| | | | | | | 002 | 抽提、分离停工前改循环的操作 |
| | | C | 事故判断与处理 | A | 判断事故 | 001 | 分析影响抽提塔界面的因素 |
| | | | | B | 处理事故 | 001 | 抽提岗位事故处理的一般原则 |
| | | D | 绘图与计算 | A | 绘图 | 001 | 画出分离系统开工循环原则流程图 |

# 五、技能操作试题

## 试题 1：开车前反应系统流程的检查(现场模拟)

（考核时间：30min）

| 序号 | 考核内容 | 考核要点 | 配分 | 评分标准 | 检测结果 | 扣分 | 得分 | 备注 |
|---|---|---|---|---|---|---|---|---|
| 1 | 准备工作 | 穿戴劳保用品 | 3 | 未穿戴整齐扣 3 分 | | | | |
| | | 工具、用具准备 | 2 | 工具选择不正确扣 2 分 | | | | |
| 2 | 动设备的检查 | 压缩机开车条件的确认 | 15 | 未确认扣 5 分 | | | | |
| | | 各机泵开车条件的确认 | | 未确认扣 5 分 | | | | |
| | | 各风机开车条件的确认 | | 未确认扣 5 分 | | | | |
| 3 | 静设备的检查 | 高压分离器的检查 | 20 | 未确认高分的安全附件是否完好备用扣 10 分 | | | | |
| | | | | 未确认高分油路的走向扣 10 分 | | | | |
| | | | | 未确认高分气路的走向扣 10 分 | | | | |
| | | 反应器的检查 | 20 | 未确认反应器的安全附件是否完好备用扣 10 分 | | | | |
| | | | | 未打通反应器油路的走向扣 10 分 | | | | |
| | | 加热炉的检查 | 20 | 未确认加热炉三门一板是否灵活好用扣 10 分 | | | | |
| | | | | 未确认加热炉的燃料气控制阀是否灵活好用扣 10 分 | | | | |
| 4 | 工艺流程的检查 | 气路走向的检查 | 10 | 流程改错一处扣 5 分 | | | | |
| | | 油路走向的检查 | | 流程改错一处扣 5 分 | | | | |
| 5 | 记录工作 | 检查的记录工作 | 5 | 未记录扣 5 分 | | | | |
| 6 | 使用工具 | 正确使用工具 | 2 | 工具使用不正确扣 2 分 | | | | |
| | | 正确维护工具 | 3 | 工具乱摆乱放扣 3 分 | | | | |
| 7 | 安全及其他 | 按国家法规或企业规定 | | 违规一次总分扣 5 分；严重违规停止操作 | | | — | |
| | | 在规定时间内完成操作 | | 每超时 1min 总分扣 5 分，超时 3min 停止操作 | | | — | |
| | | 合　计 | 100 | | | | | |

## 试题 2：反应系统氮气气密的操作(现场模拟)

（考核时间：20min）

| 序号 | 考核内容 | 考核要点 | 配分 | 评分标准 | 检测结果 | 扣分 | 得分 | 备注 |
|---|---|---|---|---|---|---|---|---|
| 1 | 准备工作 | 穿戴劳保用品 | 3 | 未穿戴整齐扣 3 分 | | | | |
| | | 工具、用具准备 | 2 | 工具选择不正确扣 2 分 | | | | |
| 2 | 操作程序 | 气密前的流程检查 | 20 | 气密流程未检查扣 10 分 | | | | |
| | | | | 气密流程改错一处扣 10 分 | | | | |

续表

| 序号 | 考核内容 | 考核要点 | 配分 | 评分标准 | 检测结果 | 扣分 | 得分 | 备注 |
|---|---|---|---|---|---|---|---|---|
| | | 系统引氮气升压的操作 | 20 | 未检查氮气压力扣5分 | | | | |
| | | | | 引氮气时未排液扣5分 | | | | |
| | | | | 升压速度未按要求控制扣10分 | | | | |
| | | 气密的操作 | 40 | 未在规定压力范围内即开始气密试漏检查扣10分 | | | | |
| | | | | 气密试漏方法错误扣10分 | | | | |
| | | | | 泄漏部位未做标记一处扣10分 | | | | |
| | | | | 遗漏法兰未检，一处扣10分 | | | | |
| | | 结束后的统计 | 10 | 气密结束未统计并记录扣10分 | | | | |
| 3 | 使用工具 | 正确使用工具 | 2 | 工具使用不正确扣2分 | | | | |
| | | 正确维护工具 | 3 | 工具乱摆乱放扣3分 | | | | |
| 4 | 安全及其他 | 按国家法规或企业规定 | | 违规一次总分扣5分；严重违规停止操作 | | | — | |
| | | 在规定时间内完成操作 | | 每超时1min总分扣5分，超时3min停止操作 | | | — | |
| 合　计 | | | 100 | | | | | |

否定项说明：若出现遗漏法兰超过三个及重大泄漏部位未检出等情况，该题为零分。

### 试题3：分馏塔的气密操作(现场模拟)

(考核时间：15min)

| 序号 | 考核内容 | 考核要点 | 配分 | 评分标准 | 检测结果 | 扣分 | 得分 | 备注 |
|---|---|---|---|---|---|---|---|---|
| 1 | 准备工作 | 穿戴劳保用品 | 3 | 未穿戴整齐扣3分 | | | | |
| | | 工具、用具准备 | 2 | 工具选择不正确扣2分 | | | | |
| 2 | 操作程序 | 引蒸汽吹扫分馏塔 | 20 | 引汽未脱水扣5分 | | | | |
| | | | | 各侧线阀门未关闭扣5分 | | | | |
| | | | | 顶放空未打开扣5分 | | | | |
| | | | | 塔顶放空阀未见汽扣5分 | | | | |
| 3 | | 憋压 | 10 | 未关闭顶放空阀扣5分 | | | | |
| | | | | 关闭给汽阀扣5分 | | | | |
| 4 | | 检查各密封面是否泄漏 | 30 | 未检查人孔泄漏情况扣10分 | | | | |
| | | | | 未检查法兰密封面泄漏情况扣10分 | | | | |
| | | | | 未检查焊缝泄漏情况扣10分 | | | | |
| 5 | | 泄压 | 20 | 压力未泄净扣10分 | | | | |
| | | | | 泄压过快引起管线振动扣10分 | | | | |
| 6 | | 清理工作场地 | 10 | F扳手未放回工具架扣5分 | | | | |
| | | | | 手套放在工作现场扣5分 | | | | |

续表

| 序号 | 考核内容 | 考核要点 | 配分 | 评分标准 | 检测结果 | 扣分 | 得分 | 备注 |
|---|---|---|---|---|---|---|---|---|
| 7 | 使用工具 | 正确使用工具 | 2 | 工具使用不正确扣2分 | | | | |
| | | 正确维护工具 | 3 | 工具乱摆乱放扣3分 | | | | |
| 8 | 安全及其他 | 按国家法规或企业规定 | | 违规一次总分扣5分；严重违规停止操作 | | | — | |
| | | 在规定时间内完成操作 | | 每超时1min总分扣5分，超时3min停止操作 | | | — | |
| | | 合　计 | 100 | | | | | |

## 试题4：分馏系统的吹扫操作(现场模拟)

（考核时间：20min）

| 序号 | 考核内容 | 考核要点 | 配分 | 评分标准 | 检测结果 | 扣分 | 得分 | 备注 |
|---|---|---|---|---|---|---|---|---|
| 1 | 准备工作 | 穿戴劳保用品 | 3 | 未穿戴整齐扣3分 | | | | |
| | | 工具、用具准备 | 2 | 工具选择不正确扣2分 | | | | |
| 2 | 操作前提 | 管线吹扫操作目的表述清楚 | 5 | 管线吹扫操作目的表述不清楚扣5分 | | | | |
| | | 管线吹扫操作方法表述清楚 | 5 | 管线吹扫操作方法表述不清楚扣5分 | | | | |
| 3 | 操作过程 | 工作联系及时到位 | 5 | 未及时联系扣5分 | | | | |
| | | 操作前检查项目完整无漏项 | 20 | 未检查放空阀每处扣5分 | | | | |
| | | | | 选用吹扫介质错扣5分 | | | | |
| | | | | 未检查吹扫介质扣5分 | | | | |
| | | | | 未检查流程扣5分 | | | | |
| | | 操作过程步骤按先后顺序完成，并无操作不当 | 25 | 漏项或操作不当扣5分 | | | | |
| | | | | 未按先后顺序进行扣5分 | | | | |
| | | | | 操作不正确扣5分 | | | | |
| | | | | 未切断相关流程扣10分 | | | | |
| | | | | 开错阀门扣5分 | | | | |
| 4 | 操作质量 | 做好管线排凝工作 | 10 | 管线未排凝造成水击扣10分 | | | | |
| | | 操作过程平稳无波动 | 20 | 操作时引起超压扣10分 | | | | |
| | | | | 阀门开度太大，冲击管线扣10分 | | | | |
| 5 | 使用工具 | 正确使用工具 | 2 | 工具使用不正确扣2分 | | | | |
| | | 正确维护工具 | 3 | 工具乱摆乱放扣3分 | | | | |
| 6 | 安全及其他 | 按国家法规或企业规定 | | 违规一次总分扣5分；严重违规停止操作 | | | — | |
| | | 在规定时间内完成操作 | | 每超时1min总分扣5分，超时3min停止操作 | | | — | |
| | | 合　计 | 100 | | | | | |

否定项说明：考生违章操作或发生事故须停止操作，成绩为零分。

**试题5：分馏系统水联运前的准备操作（现场模拟）**

（考核时间：15min）

| 序号 | 考核内容 | 考核要点 | 配分 | 评分标准 | 检测结果 | 扣分 | 得分 | 备注 |
|---|---|---|---|---|---|---|---|---|
| 1 | 准备工作 | 穿戴劳保用品 | 3 | 未穿戴整齐扣3分 | | | | |
| | | 工具、用具准备 | 2 | 工具选择不正确扣2分 | | | | |
| 2 | 操作程序 | 系统水联运盲板的检查 | 30 | 未阅读水联运方案扣10分 | | | | |
| | | | | 与反应系统盲板未检查一处扣5分 | | | | |
| | | 水联运部分管线法兰的检查 | 10 | 参加水联运部分的管线的法兰一处未把好扣2.5分 | | | | |
| | | 水联运部分管线控制阀的检查 | 10 | 参加水联运部分的控制阀一处未把好扣2.5分 | | | | |
| | | 水联运部分管线孔板的检查 | 10 | 参加水联运部分的孔板一处未把好扣2.5分 | | | | |
| | | 水联运部分管线所有机泵的检查 | 10 | 参加水联运的机泵入口过滤器未安装一处扣5分 | | | | |
| | | 水联运部分分馏塔流程的检查 | 10 | 参加水联运的分馏塔的放空、排凝及其他阀门未按要求开关到位一处扣2.5分 | | | | |
| | | 联系参加保运人员 | 10 | 未联系相关人员参加保运工作扣10分 | | | | |
| 3 | 使用工具 | 正确使用工具 | 2 | 工具使用不正确扣2分 | | | | |
| | | 正确维护工具 | 3 | 工具乱摆乱放扣3分 | | | | |
| 4 | 安全及其他 | 按国家法规或企业规定 | | 违规一次总分扣5分；严重违规停止操作 | | | — | |
| | | 在规定时间内完成操作 | | 每超时1min总分扣5分，超时3min停止操作 | | | — | |
| 合　计 | | | 100 | | | | | |

**试题6：分馏系统冷油运前的准备工作（现场模拟）**

（考核时间：15min）

| 序号 | 考核内容 | 考核要点 | 配分 | 评分标准 | 检测结果 | 扣分 | 得分 | 备注 |
|---|---|---|---|---|---|---|---|---|
| 1 | 准备工作 | 穿戴劳保用品 | 3 | 未穿戴整齐扣3分 | | | | |
| | | 工具、用具准备 | 2 | 工具选择不正确扣2分 | | | | |
| 2 | 操作程序 | 冷油运方案的学习 | 10 | 未阅读及学习冷油运方案扣10分 | | | | |
| | | 检查仪表是否处于备用状态 | 10 | 未检查仪表是否处于备用状态扣10分 | | | | |
| | | 检查设备、管线是否处于备用状态 | 10 | 未检查设备、管线是否处于备用状态扣10分 | | | | |
| | | 检查公用系统是否引入装置 | 10 | 未检查公用系统是否引入装置扣10分 | | | | |

续表

| 序号 | 考核内容 | 考核要点 | 配分 | 评分标准 | 检测结果 | 扣分 | 得分 | 备注 |
|---|---|---|---|---|---|---|---|---|
| | | 检查各塔、容器的安全阀是否已投用 | 10 | 未检查各塔、容器的安全阀是否已投用扣10分 | | | | |
| | | 检查与其他系统的隔离工作是否做好 | 15 | 与反应系统的盲板遗漏一块扣5分 | | | | |
| | | 确认系统氮气置换是否合格 | 10 | 未确认分馏系统氮气置换是否合格扣10分 | | | | |
| | | 油运流程是否正确 | 15 | 冷油运流程改错一处扣5分 | | | | |
| 3 | 使用工具 | 正确使用工具 | 2 | 工具使用不正确扣2分 | | | | |
| | | 正确维护工具 | 3 | 工具乱摆乱放扣3分 | | | | |
| 4 | 安全及其他 | 按国家法规或企业规定 | | 违规一次总分扣5分；严重违规停止操作 | | | — | |
| | | 在规定时间内完成操作 | | 每超时1min总分扣5分，超时3min停止操作 | | | — | |
| | | 合　计 | 100 | | | | | |

### 试题7：管式加热炉炉膛吹扫的操作（现场模拟）

（考核时间：30min）

| 序号 | 考核内容 | 考核要点 | 配分 | 评分标准 | 检测结果 | 扣分 | 得分 | 备注 |
|---|---|---|---|---|---|---|---|---|
| 1 | 准备工作 | 穿戴劳保用品 | 3 | 未穿戴整齐扣3分 | | | | |
| | | 工具、用具准备 | 2 | 工具选择不正确扣2分 | | | | |
| 2 | 操作程序 | 炉膛吹扫前的检查工作 | 45 | 未检查燃料气阀门是否关闭扣10分 | | | | |
| | | | | 未检查加热炉长明灯阀门是否关闭扣10分 | | | | |
| | | | | 未检查烟道挡板是否灵活好用扣10分 | | | | |
| | | | | 未检查一、二次风门是否处于正确位置扣5分 | | | | |
| | | | | 未检查加热炉防爆门、看火窗、人孔、点火孔是否关闭扣10分 | | | | |
| | | | | 未检查加热炉保温及衬里是否完好扣5分 | | | | |
| 3 | | 加热炉炉膛吹扫工作 | 45 | 开炉膛吹扫蒸汽时未排凝扣10分 | | | | |
| | | | | 开烟道挡板不到位扣10分 | | | | |
| | | | | 开炉膛吹扫蒸汽时机不对扣10分 | | | | |
| | | | | 关炉膛吹扫蒸汽时机不对扣10分 | | | | |
| | | | | 未联系化验采样扣5分 | | | | |

续表

| 序号 | 考核内容 | 考核要点 | 配分 | 评分标准 | 检测结果 | 扣分 | 得分 | 备注 |
|---|---|---|---|---|---|---|---|---|
| 4 | 使用工具 | 正确使用工具 | 2 | 工具使用不正确扣 2 分 | | | | |
| | | 正确维护工具 | 3 | 工具乱摆乱放扣 3 分 | | | | |
| 5 | 安全及其他 | 按国家法规或企业规定 | | 违规一次总分扣 5 分；严重违规停止操作 | | | — | |
| | | 在规定时间内完成操作 | | 每超时 1min 总分扣 5 分，超时 3min 停止操作 | | | — | |
| 合　计 | | | 100 | | | | | |

否定项说明：若出现采样测爆不合格等情况，该题为零分。

**试题 8：油品采样工作(现场模拟)**

(考核时间：20min)

| 序号 | 考核内容 | 考核要点 | 配分 | 评分标准 | 检测结果 | 扣分 | 得分 | 备注 |
|---|---|---|---|---|---|---|---|---|
| 1 | 准备工作 | 穿戴劳保用品 | 5 | 未穿戴整齐扣 5 分 | | | | |
| 2 | 操作程序 | 采样油品管线的置换工作 | 15 | 采样油品管线未置换干净扣 10 分 | | | | |
| | | | | 置换时乱排乱放扣 5 分 | | | | |
| 3 | | 采样器皿置换的工作 | 20 | 采样器皿未置换扣 10 分 | | | | |
| | | | | 置换不彻底扣 5 分 | | | | |
| | | | | 未使用专用采样器皿扣 10 分 | | | | |
| 4 | | 采样工作 | 45 | 采样量未达到规定要求扣 10 分 | | | | |
| | | | | 未按规定时间采样扣 10 分 | | | | |
| | | | | 未在指定采样点采样扣 10 分 | | | | |
| | | | | 热油未冷却扣 5 分 | | | | |
| | | | | 采样器皿未密封好扣 10 分 | | | | |
| 5 | | 关闭采样阀 | 15 | 未关采样阀扣 10 分 | | | | |
| 6 | 安全及其他 | 按国家法规或企业规定 | | 违规一次总分扣 5 分；严重违规停止操作 | | | — | |
| | | 在规定时间内完成操作 | | 每超时 1min 总分扣 5 分，超时 3min 停止操作 | | | — | |
| 合　计 | | | 100 | | | | | |

否定项说明：若出现采错样等情况，该题为零分。

**试题 9：装置引蒸汽操作(现场模拟)**

(考核时间：15min)

| 序号 | 考核内容 | 考核要点 | 配分 | 评分标准 | 检测结果 | 扣分 | 得分 | 备注 |
|---|---|---|---|---|---|---|---|---|
| 1 | 准备工作 | 穿戴劳保用品 | 3 | 未穿戴整齐扣 3 分 | | | | |
| | | 工具、用具准备 | 2 | 工具选择不正确扣 2 分 | | | | |

续表

| 序号 | 考核内容 | 考核要点 | 配分 | 评分标准 | 检测结果 | 扣分 | 得分 | 备注 |
|---|---|---|---|---|---|---|---|---|
| 2 | 操作程序 | 引蒸汽前流程检查 | 45 | 未检查蒸汽压力扣10分 | | | | |
| | | | | 引蒸汽主流程错一处扣10分 | | | | |
| | | | | 装置蒸汽管线末端放空阀未开扣10分 | | | | |
| | | | | 装置内蒸汽放空阀未关一处扣5分 | | | | |
| | | | | 装置内蒸汽排凝阀未开一处扣5分 | | | | |
| | | | | 停用设备蒸汽出、入口阀门未关闭一处扣5分 | | | | |
| 3 | | 引蒸汽前联系及汇报 | 10 | 未联系生产调度及相关单位扣5分 | | | | |
| | | | | 引蒸汽前未向车间值班管理人员汇报扣5分 | | | | |
| 4 | | 引蒸汽操作 | 35 | 引蒸汽前未脱除凝结水扣10分 | | | | |
| | | | | 未投用疏水器一处扣5分 | | | | |
| | | | | 开蒸汽阀过快扣5分 | | | | |
| | | | | 装置蒸汽泄漏未联系处理汇报扣5分 | | | | |
| | | | | 未做好记录、汇报扣5分 | | | | |
| 5 | 使用工具 | 正确使用工具 | 2 | 工具使用不正确扣2分 | | | | |
| | | 正确维护工具 | 3 | 工具乱摆乱放扣3分 | | | | |
| 6 | 安全及其他 | 按国家法规或企业规定 | | 违规一次总分扣5分；严重违规停止操作 | | | — | |
| | | 在规定时间内完成操作 | | 每超时1min总分扣5分，超时3min停止操作 | | | — | |
| | | 合　计 | 100 | | | | | |

## 试题10：催化重整装置引燃料气操作(现场模拟)

（考核时间：30min）

| 序号 | 考核内容 | 考核要点 | 配分 | 评分标准 | 检测结果 | 扣分 | 得分 | 备注 |
|---|---|---|---|---|---|---|---|---|
| 1 | 准备工作 | 穿戴劳保用品 | 3 | 未穿戴整齐扣3分 | | | | |
| | | 工具、用具准备 | 2 | 工具选择不正确扣2分 | | | | |
| 2 | 操作程序 | 引燃料气前流程检查 | 45 | 未确认燃料气系统$N_2$置换、气密是否合格扣10分 | | | | |
| | | | | 未检查燃料气系统压力扣5分 | | | | |
| | | | | 引燃料气主流程错一处扣5分 | | | | |
| | | | | 装置内燃料气放空阀未关一处扣5分 | | | | |
| | | | | 未确认可燃气体报警仪是否完好扣5分 | | | | |
| | | | | 加热炉前燃料气入口阀门未关闭一处扣5分 | | | | |

续表

| 序号 | 考核内容 | 考核要点 | 配分 | 评分标准 | 检测结果 | 扣分 | 得分 | 备注 |
|---|---|---|---|---|---|---|---|---|
| 3 | | 引燃料气前联系及汇报 | 15 | 未联系生产调度扣5分 | | | | |
| | | | | 未联系送燃料气相关单位扣5分 | | | | |
| | | | | 引燃料气前未向车间值班管理人员汇报扣5分 | | | | |
| 4 | | 引燃料气操作 | 30 | 引燃料气时，未脱除空气扣10分 | | | | |
| | | | | 引燃料气时，未在分液罐脱液扣10分 | | | | |
| | | | | 装置燃料气泄漏未联系处理汇报扣10分 | | | | |
| 5 | 使用工具 | 正确使用工具 | 2 | 工具使用不正确扣2分 | | | | |
| | | 正确维护工具 | 3 | 工具乱摆乱放扣3分 | | | | |
| 6 | 安全及其他 | 按国家法规或企业规定 | | 违规一次总分扣5分；严重违规停止操作 | | | — | |
| | | 在规定时间内完成操作 | | 每超时1min总分扣5分，超时3min停止操作 | | | — | |
| 合　计 | | | 100 | | | | | |

否定项说明：若出现发生燃料气大量泄漏等情况，该题为零分。

### 试题11：预加氢反应系统进料的操作(现场模拟)

（考核时间：15min）

| 序号 | 考核内容 | 考核要点 | 配分 | 评分标准 | 检测结果 | 扣分 | 得分 | 备注 |
|---|---|---|---|---|---|---|---|---|
| 1 | 准备工作 | 穿戴劳保用品 | 3 | 未穿戴整齐扣3分 | | | | |
| | | 工具、用具准备 | 2 | 工具选择不正确扣2分 | | | | |
| 2 | 操作程序 | 预加氢系统流程的检查工作 | 10 | 流程未检查扣5分 | | | | |
| | | | | 流程改错一处扣5分 | | | | |
| 3 | | 进料前的对外联系工作 | 10 | 未与调度联系送原料扣5分 | | | | |
| | | | | 未与调度联系产品后路扣5分 | | | | |
| | | | | 未联系电工给原料泵送电扣5分 | | | | |
| 4 | | 进料前原料泵的准备工作 | 15 | 预加氢进料泵未盘车扣5分 | | | | |
| | | | | 预加氢进料泵入口未排空气扣5分 | | | | |
| | | | | 预加氢进料泵未检查润滑油情况扣5分 | | | | |
| | | | | 预加氢进料泵未开冷却水扣5分 | | | | |
| 5 | | 考核预加氢进料工艺条件是否达标准 | 35 | 未与内操岗位联系确认是否达到进料条件扣5分 | | | | |
| | | | | 预加氢进料泵开启步骤不对扣5分 | | | | |

续表

| 序号 | 考核内容 | 考核要点 | 配分 | 评分标准 | 检测结果 | 扣分 | 得分 | 备注 |
|---|---|---|---|---|---|---|---|---|
| | | | | 预加氢反应温度未达进料条件即进料扣10分 | | | | |
| | | | | 预加氢反应压力未达进料条件即进料扣10分 | | | | |
| | | | | 循环氢量未达进料条件即进料扣10分 | | | | |
| 6 | | 考核进料后的调整工作 | 20 | 预加氢反应温度未按要求升温扣5分 | | | | |
| | | | | 高分液面未按要求控制扣5分 | | | | |
| | | | | 高分压力未按要求控制扣5分 | | | | |
| | | | | 未及时改通产品后路扣5分 | | | | |
| 7 | 使用工具 | 正确使用工具 | 2 | 工具使用不正确扣2分 | | | | |
| | | 正确维护工具 | 3 | 工具乱摆乱放扣3分 | | | | |
| 8 | 安全及其他 | 按国家法规或企业规定 | | 违规一次总分扣5分；严重违规停止操作 | | | — | |
| | | 在规定时间内完成操作 | | 每超时1min总分扣5分，超时3min停止操作 | | | — | |
| | | 合　计 | 100 | | | | | |

否定项说明：若出现流程走向错误，严重影响安全生产等情况，终止操作。该题为零分。

### 试题12：重整反应系统进料的操作(现场模拟)

（考核时间：15min）

| 序号 | 考核内容 | 考核要点 | 配分 | 评分标准 | 检测结果 | 扣分 | 得分 | 备注 |
|---|---|---|---|---|---|---|---|---|
| 1 | 准备工作 | 穿戴劳保用品 | 3 | 未穿戴整齐扣3分 | | | | |
| | | 工具、用具准备 | 2 | 工具选择不正确扣2分 | | | | |
| 2 | 操作程序 | 考核重整系统流程的检查工作 | 10 | 流程未检查扣5分 | | | | |
| | | | | 流程改错一处扣5分 | | | | |
| 3 | | 考核进料前的对外联系工作 | 15 | 未联系送原料扣5分 | | | | |
| | | | | 未联系电工给原料泵送电扣5分 | | | | |
| | | | | 未联系产品后路扣5分 | | | | |
| | | | | 未确认精制油是否合格扣5分 | | | | |
| 4 | | 考核进料前原料泵的准备工作 | 15 | 原料泵未盘车扣5分 | | | | |
| | | | | 原料泵入口未排空气扣5分 | | | | |
| | | | | 原料泵未开冷却水扣5分 | | | | |
| | | | | 原料泵未检查润滑油情况扣5分 | | | | |

续表

| 序号 | 考核内容 | 考核要点 | 配分 | 评分标准 | 检测结果 | 扣分 | 得分 | 备注 |
|---|---|---|---|---|---|---|---|---|
| 5 | | 考核重整进料工艺条件是否达标准 | 30 | 未与内操岗位联系确认是否达到进料条件扣5分 | | | | |
| | | | | 重整反应温度未达进料条件即进料扣10分 | | | | |
| | | | | 重整反应压力未达进料条件即进料扣10分 | | | | |
| | | | | 重整循环氢量未达进料条件即扣10分 | | | | |
| 6 | | 考核重整进料后的调整工作 | 20 | 反应温度未按要求升温扣5分 | | | | |
| | | | | 高分液面未按要求控制扣5分 | | | | |
| | | | | 高分压力未按要求控制扣5分 | | | | |
| | | | | 未及时改通产品后路扣5分 | | | | |
| 7 | 使用工具 | 正确使用工具 | 2 | 工具使用不正确扣2分 | | | | |
| | | 正确维护工具 | 3 | 工具乱摆乱放扣3分 | | | | |
| 8 | 安全及其他 | 按国家法规或企业规定 | | 违规一次总分扣5分；严重违规停止操作 | | | — | |
| | | 在规定时间内完成操作 | | 每超时1min总分扣5分，超时3min停止操作 | | | — | |
| | | 合　计 | 100 | | | | | |

否定项说明：若出现重整催化剂中毒失活等情况，该题为零分。

### 试题13：机泵的日常维护(现场模拟)

（考核时间：15min）

| 序号 | 考核内容 | 考核要点 | 配分 | 评分标准 | 检测结果 | 扣分 | 得分 | 备注 |
|---|---|---|---|---|---|---|---|---|
| 1 | 准备工作 | 穿戴劳保用品 | 3 | 未穿戴整齐扣3分 | | | | |
| | | 工具、用具准备 | 2 | 工具选择不正确扣2分 | | | | |
| 2 | 机泵的日常维护 | 机泵运行状况检查 | 60 | 未检查泵的仪表完好状况扣5分 | | | | |
| | | | | 未检查仪表是否校验合格扣5分 | | | | |
| | | | | 未检查机泵各点润滑状况扣5分 | | | | |
| | | | | 未按规定对机泵进行加油扣5分 | | | | |
| | | | | 未按规定记录加油情况扣5分 | | | | |
| | | | | 未按规定检查机泵的流量扣5分 | | | | |
| | | | | 未按规定检查机泵的压力扣5分 | | | | |
| | | | | 未按规定检查机泵转动部分的温度扣5分 | | | | |
| | | | | 未按规定检查机泵的振动情况扣5分 | | | | |
| | | | | 未按规定检查机泵的紧固件扣5分 | | | | |
| | | | | 未按规定检查机泵的密封情况扣5分 | | | | |
| | | | | 未按规定进行机泵的运行状况记录扣5分 | | | | |

续表

| 序号 | 考核内容 | 考核要点 | 配分 | 评分标准 | 检测结果 | 扣分 | 得分 | 备注 |
|---|---|---|---|---|---|---|---|---|
| 3 | | 机泵停用时的维护 | 30 | 未按规定进行机泵仪表的校验扣5分 | | | | |
| | | | | 未按规定进行盘车扣5分 | | | | |
| | | | | 未按规定做好盘车记录扣5分 | | | | |
| | | | | 未按规定做好机泵的加、换油扣5分 | | | | |
| | | | | 未按规定做好机泵加、换油记录扣5分 | | | | |
| | | | | 未做好机泵的清洁卫生扣5分 | | | | |
| 4 | 使用工具 | 正确使用工具 | 2 | 工具使用不正确扣2分 | | | | |
| | | 正确维护工具 | 3 | 工具乱摆乱放扣3分 | | | | |
| 5 | 安全及其他 | 按国家法规或企业规定 | | 违规一次总分扣5分；严重违规停止操作 | | | — | |
| | | 在规定时间内完成操作 | | 每超时1min总分扣5分，超时3min停止操作 | | | — | |
| | | 合　计 | 100 | | | | | |

**试题14：加热炉炉膛负压的调节(现场模拟)**

（考核时间：20min）

| 序号 | 考核内容 | 考核要点 | 配分 | 评分标准 | 检测结果 | 扣分 | 得分 | 备注 |
|---|---|---|---|---|---|---|---|---|
| 1 | 准备工作 | 穿戴劳保用品 | 3 | 未穿戴整齐扣3分 | | | | |
| | | 工具、用具准备 | 2 | 工具选择不正确扣2分 | | | | |
| 2 | 加热炉燃烧状况的检查 | 检查加热炉火嘴燃烧情况 | 10 | 未检查是否对称燃烧扣5分 | | | | |
| | | | | 未检查火苗燃烧是否有力扣5分 | | | | |
| | | 检查“三门一板”投用情况 | 35 | 未检查风门开度扣10分 | | | | |
| | | | | 未检查燃料油(气)门开度扣10分 | | | | |
| | | | | 未检查气门开度扣5分(烧燃料油时) | | | | |
| | | | | 未检查烟道挡板开度扣10分 | | | | |
| 3 | 加热炉负压的调节 | 炉膛负压的调节 | 35 | 未联系内操扣5分 | | | | |
| | | | | 未调节烟道挡板开度扣10分 | | | | |
| | | | | 未调节各火嘴的风门扣10分 | | | | |
| | | | | 未调节加热炉的引风机、鼓风机进风量扣10分 | | | | |
| | | 调节后的检查 | 10 | 未检查加热炉负压情况扣5分 | | | | |
| | | | | 未检查加热炉氧含量扣5分 | | | | |

续表

| 序号 | 考核内容 | 考核要点 | 配分 | 评分标准 | 检测结果 | 扣分 | 得分 | 备注 |
|---|---|---|---|---|---|---|---|---|
| 4 | 使用工具 | 正确使用工具 | 2 | 工具使用不正确扣2分 | | | | |
| | | 正确维护工具 | 3 | 工具乱摆乱放扣3分 | | | | |
| 5 | 安全及其他 | 按国家法规或企业规定 | | 违规一次总分扣5分；严重违规停止操作 | | | — | |
| | | 在规定时间内完成操作 | | 每超时1min总分扣5分，超时3min停止操作 | | | — | |
| | | 合　计 | 100 | | | | | |

**试题15：正压式空气呼吸器的使用（现场模拟）**

（考核时间：15min）

| 序号 | 考核内容 | 考核要点 | 配分 | 评分标准 | 检测结果 | 扣分 | 得分 | 备注 |
|---|---|---|---|---|---|---|---|---|
| 1 | 准备工作 | 穿戴劳保用品 | 3 | 未穿戴劳保用品扣3分 | | | | |
| | | | | 穿戴不正确扣2分 | | | | |
| | | | | 少穿戴一件扣1分 | | | | |
| 2 | 空气呼吸器的使用 | 呼吸器的检查 | 12 | 未检查气瓶压力扣3分 | | | | |
| | | | | 未检查气瓶阀门扣3分 | | | | |
| | | | | 未检查需供阀连接扣3分 | | | | |
| | | | | 检查方法不正确扣3分 | | | | |
| 3 | | 呼吸器使用前准备 | 20 | 未将气瓶背上身扣5分 | | | | |
| | | | | 未扣好腰带并系紧扣5分 | | | | |
| | | | | 未拉紧肩带扣2分 | | | | |
| | | | | 未将面罩悬挂颈部扣4分 | | | | |
| | | | | 未将面罩与呼吸阀连接扣4分 | | | | |
| 4 | | 启动空气呼吸器 | 45 | 未按动呼吸阀上的复位按钮扣5分 | | | | |
| | | | | 未开启气瓶开关扣5分 | | | | |
| | | | | 未检查气瓶报警是否好用扣10分 | | | | |
| | | | | 未检查压力是否符合安全规定扣10分 | | | | |
| | | | | 未按规定顺序将面罩套入头面部扣5分 | | | | |
| | | | | 未用力吸气使呼吸阀打开扣5分 | | | | |
| | | | | 未锁紧面具带扣5分 | | | | |
| | | | | 呼吸器不能正常启动此项为零分 | | | | |
| 5 | | 启动后空气呼吸器的气密性检查 | 20 | 未做气密试验扣10分 | | | | |
| | | | | 有泄漏未查出扣5分 | | | | |
| | | | | 检查气密性方法错误扣5分 | | | | |

续表

| 序号 | 考核内容 | 考核要点 | 配分 | 评分标准 | 检测结果 | 扣分 | 得分 | 备注 |
|---|---|---|---|---|---|---|---|---|
| 6 | 安全及其他 | 按国家法规或企业规定 | | 违规一次总分扣5分；严重违规停止操作 | | | — | |
| | | 在规定时间内完成操作 | | 每超时1min总分扣5分，超时3min停止操作 | | | — | |
| 合　计 | | | 100 | | | | | |

## 试题16：预加氢脱氯罐的停用操作(现场模拟)

(考核时间：15min)

| 序号 | 考核内容 | 考核要点 | 配分 | 评分标准 | 检测结果 | 扣分 | 得分 | 备注 |
|---|---|---|---|---|---|---|---|---|
| 1 | 准备工作 | 穿戴劳保用品 | 3 | 未穿戴整齐扣3分 | | | | |
| | | 工具、用具准备 | 2 | 工具选择不正确扣2分 | | | | |
| 2 | 脱氯系统流程的检查 | 对准备停用的脱氯系统进行检查 | 20 | 未检查扣10分 | | | | |
| | | 通知内操准备切换 | | 未通知扣10分 | | | | |
| | | 缓慢打开脱氯罐的副线 | 20 | 开错阀门扣10分 | | | | |
| | | | | 开副线阀过快扣5分 | | | | |
| | | | | 操作波动大扣5分 | | | | |
| 3 | 脱氯罐的切除操作 | 关闭脱氯罐的出入口阀 | 20 | 关阀时机不对扣10分 | | | | |
| | | | | 关出入口阀过快扣5分 | | | | |
| | | | | 操作波动大扣5分 | | | | |
| 4 | 脱氯罐的吹扫工作 | 打开排污阀排尽内部物料 | 30 | 未打开排尽扣10分 | | | | |
| | | 脱氯罐的吹扫工作 | | 吹扫介质选用错误扣10分 | | | | |
| | | | | 吹扫后，还存有残油扣10分 | | | | |
| 5 | 使用工具 | 正确使用工具 | 2 | 工具使用不正确扣2分 | | | | |
| | | 正确维护工具 | 3 | 工具乱摆乱放扣3分 | | | | |
| 6 | 安全及其他 | 按国家法规或企业规定 | | 违规一次总分扣5分；严重违规停止操作 | | | — | |
| | | 在规定时间内完成操作 | | 每超时1min总分扣5分，超时3min停止操作 | | | — | |
| 合　计 | | | 100 | | | | | |

否定项说明：若出现流程改错造成系统断料等情况，该题为零分。

## 试题17：离心泵启动前的准备(现场模拟)

(考核时间：5min)

| 序号 | 考核内容 | 考核要点 | 配分 | 评分标准 | 检测结果 | 扣分 | 得分 | 备注 |
|---|---|---|---|---|---|---|---|---|
| 1 | 准备工作 | 穿戴劳保用品 | 3 | 未穿戴整齐扣3分 | | | | |
| | | 工具、用具准备 | 2 | 工具选择不正确扣2分 | | | | |

续表

| 序号 | 考核内容 | 考核要点 | 配分 | 评分标准 | 检测结果 | 扣分 | 得分 | 备注 |
|---|---|---|---|---|---|---|---|---|
| 2 | 操作程序 | 检查机泵及周围卫生是否打扫干净 | 5 | 未检查扣5分 | | | | |
| 3 | | 检查各连接部位是否紧固 | 10 | 未检查扣10分 | | | | |
| 4 | | 检查润滑油的加注情况 | 15 | 润滑油的规格选用不正确扣10分 | | | | |
| | | | | 润滑油的液位不符合规定扣5分 | | | | |
| | | 检查离心泵冷却水的投用情况 | 10 | 未检查冷却水投用情况扣5分 | | | | |
| | | | | 冷却水量不合适扣5分 | | | | |
| 5 | | 检查离心泵是否盘车 | 10 | 未盘车扣10分 | | | | |
| 6 | | 打开离心泵压力表引阀 | 10 | 未打开扣5分 | | | | |
| 7 | | 打开离心泵入口阀 | 10 | 入口阀开度小扣5分 | | | | |
| 8 | | 检查离心泵机械密封是否泄漏 | 10 | 未检查离心泵机械密封是否泄漏扣10分 | | | | |
| 9 | | 联系电工送电 | 10 | 未按规定办理送电票扣5分 | | | | |
| | | | | 未联系电工送电扣5分 | | | | |
| 10 | 使用工具 | 正确使用工具 | 2 | 工具使用不正确扣2分 | | | | |
| | | 正确维护工具 | 3 | 工具乱摆乱放扣3分 | | | | |
| 11 | 安全及其他 | 按国家法规或企业规定 | | 违规一次总分扣5分；严重违规停止操作 | | | — | |
| | | 在规定时间内完成操作 | | 每超时1min总分扣5分，超时3min停止操作 | | | — | |
| 合计 | | | 100 | | | | | |

## 试题18：离心泵的切换操作(现场模拟)

（考核时间：15min）

| 序号 | 考核内容 | 考核要点 | 配分 | 评分标准 | 检测结果 | 扣分 | 得分 | 备注 |
|---|---|---|---|---|---|---|---|---|
| 1 | 准备工作 | 穿戴劳保用品 | 3 | 未穿戴整齐扣3分 | | | | |
| | | 工具、用具准备 | 2 | 工具选择不正确扣2分 | | | | |
| 2 | 操作程序 | 检查备泵压力表是否完好、润滑油位是否正常、地脚螺栓是否松动、冷却水是否畅通 | 15 | 未检查压力表扣4分 | | | | |
| | | | | 未检查润滑油位扣4分 | | | | |
| | | | | 未检查地脚螺栓扣4分 | | | | |
| | | | | 未检查冷却水扣3分 | | | | |
| 3 | | 全开备泵入口阀充液、排液、排气 | 15 | 未全开入口阀扣5分 | | | | |
| | | | | 未排液扣5分 | | | | |
| | | | | 未排气扣5分 | | | | |
| 4 | | 备泵盘车、确认备泵各部件灵活无杂声 | 10 | 未盘或盘车不正确扣5分 | | | | |
| | | | | 未确认扣5分 | | | | |

续表

| 序号 | 考核内容 | 考核要点 | 配分 | 评分标准 | 检测结果 | 扣分 | 得分 | 备注 |
|---|---|---|---|---|---|---|---|---|
| 5 | | 给备泵送电 | 5 | 未送电扣5分 | | | | |
| 6 | | 确认备泵出口阀全关、启动备泵电机、检查备泵的运转情况 | 15 | 未确认出口阀全关扣5分 | | | | |
| | | | | 未启动电机扣5分 | | | | |
| | | | | 未检查扣5分 | | | | |
| 7 | | 投用备泵出口压力表 | 5 | 未投用压力表扣5分 | | | | |
| 8 | | 慢慢打开备泵出口阀、同时相应关小主泵出口阀 | 10 | 切换波动大扣10分 | | | | |
| 9 | | 关死主泵出口阀 | 5 | 未关死主泵出口阀扣5分 | | | | |
| 10 | | 停主泵电机 | 5 | 停泵时机不正确扣5分 | | | | |
| 11 | | 将主泵备用 | 5 | 未备用主泵扣5分 | | | | |
| 12 | 使用工具 | 正确使用工具 | 2 | 工具使用不正确扣2分 | | | | |
| | | 正确维护工具 | 3 | 工具乱摆乱放扣3分 | | | | |
| 13 | 安全及其他 | 按国家法规或企业规定 | | 违规一次总分扣5分；严重违规停止操作 | | | — | |
| | | 在规定时间内完成操作 | | 每超时1min总分扣5分，超时3min停止操作 | | | — | |
| 合计 | | | 100 | | | | | |

## 试题19：往复泵的开车操作(现场模拟)

(考核时间：15min)

| 序号 | 考核内容 | 考核要点 | 配分 | 评分标准 | 检测结果 | 扣分 | 得分 | 备注 |
|---|---|---|---|---|---|---|---|---|
| 1 | 准备工作 | 穿戴劳保用品 | 3 | 未穿戴整齐扣3分 | | | | |
| | | 工具、用具准备 | 2 | 工具选择不正确扣2分 | | | | |
| 2 | 操作程序 | 压力表是否完好、润滑油位是否正常、地脚螺栓是否松动、冷却水是否畅通 | 20 | 未检查压力表扣5分 | | | | |
| | | | | 未检查润滑油位扣5分 | | | | |
| | | | | 未检查地脚螺栓扣5分 | | | | |
| | | | | 未检查冷却水扣5分 | | | | |
| 3 | | 全开进、出口阀充液 | 15 | 未全开出口阀扣10分 | | | | |
| | | | | 未全开入口阀扣5分 | | | | |
| 4 | | 盘车、确认泵各部件灵活无杂声 | 10 | 未盘或盘车不正确扣5分 | | | | |
| | | | | 未确认扣5分 | | | | |
| 5 | | 送电 | 5 | 未送电扣5分 | | | | |
| 6 | | 将冲程调至零位 | 10 | 未调至零位扣10分 | | | | |
| 7 | | 启动电机、确认电流平稳 | 10 | 未启动电机扣5分 | | | | |
| | | | | 未确认扣5分 | | | | |

续表

| 序号 | 考核内容 | 考核要点 | 配分 | 评分标准 | 检测结果 | 扣分 | 得分 | 备注 |
|---|---|---|---|---|---|---|---|---|
| 8 | | 投用压力表、确认压力正常 | 10 | 未投用压力表扣5分 | | | | |
| | | | | 未确认扣5分 | | | | |
| 9 | | 调节冲程至正常流量位置 | 5 | 未调节至正常位置扣5分 | | | | |
| 10 | | 清理场地 | 5 | 未清理扣5分 | | | | |
| 11 | 使用工具 | 正确使用工具 | 2 | 工具使用不正确扣2分 | | | | |
| | | 正确维护工具 | 3 | 工具乱摆乱放扣3分 | | | | |
| 12 | 安全及其他 | 按国家法规或企业规定 | | 违规一次总分扣5分；严重违规停止操作 | | | — | |
| | | 在规定时间内完成操作 | | 每超时1min总分扣5分，超时3min停止操作 | | | — | |
| | | 合　计 | 100 | | | | | |

否定项说明：若出现没开出口阀便启动泵等情况，该题为零分。

## 试题20：往复泵的切换操作（现场模拟）

（考核时间：15min）

| 序号 | 考核内容 | 考核要点 | 配分 | 评分标准 | 检测结果 | 扣分 | 得分 | 备注 |
|---|---|---|---|---|---|---|---|---|
| 1 | 准备工作 | 穿戴劳保用品 | 3 | 未穿戴整齐扣3分 | | | | |
| | | 工具、用具准备 | 2 | 工具选择不正确扣2分 | | | | |
| 2 | 操作程序 | 检查备泵压力表是否完好、润滑油位是否正常、地脚螺栓是否松动、冷却水是否畅通 | 16 | 未检查压力表扣4分 | | | | |
| | | | | 未检查润滑油位扣4分 | | | | |
| | | | | 未检查地脚螺栓扣4分 | | | | |
| | | | | 未检查冷却水扣4分 | | | | |
| 3 | | 全开备泵进、出口阀充液 | 10 | 未全开出口阀扣5分 | | | | |
| | | | | 未全开入口阀扣5分 | | | | |
| 4 | | 盘车、确认泵各部件灵活无杂声 | 10 | 未盘或盘车不正确扣5分 | | | | |
| | | | | 未确认扣5分 | | | | |
| 5 | | 送电 | 4 | 未送电扣4分 | | | | |
| 6 | | 将冲程调至零位 | 5 | 未调至零位扣5分 | | | | |
| 7 | | 启动电机、确认电流平稳 | 10 | 未启动电机扣5分 | | | | |
| | | | | 未确认扣5分 | | | | |
| 8 | | 投用压力表、确认压力正常 | 10 | 未投用压力表扣5分 | | | | |
| | | | | 未确认扣5分 | | | | |
| 9 | | 调节冲程至正常流量位置、同时将主泵冲程调至零 | 15 | 未调节备泵冲程至正常位置扣5分 | | | | |
| | | | | 未调节主泵冲程至零扣5分 | | | | |
| | | | | 切换不平稳扣5分 | | | | |
| 10 | | 停主泵 | 5 | 未停主泵扣5分 | | | | |
| 11 | | 清理场地 | 5 | 未清理扣5分 | | | | |

续表

| 序号 | 考核内容 | 考核要点 | 配分 | 评分标准 | 检测结果 | 扣分 | 得分 | 备注 |
|---|---|---|---|---|---|---|---|---|
| 12 | 使用工具 | 正确使用工具 | 2 | 工具使用不正确扣2分 | | | | |
| | | 正确维护工具 | 3 | 工具乱摆乱放扣3分 | | | | |
| 13 | 安全及其他 | 按国家法规或企业规定 | | 违规一次总分扣5分；严重违规停止操作 | | | — | |
| | | 在规定时间内完成操作 | | 每超时1min总分扣5分，超时3min停止操作 | | | — | |
| | | 合　计 | 100 | | | | | |

否定项说明：若出现没开出口阀便启动泵等情况，该题为零分。

## 试题21：空冷器的开车操作(现场模拟)

（考核时间：15min）

| 序号 | 考核内容 | 考核要点 | 配分 | 评分标准 | 检测结果 | 扣分 | 得分 | 备注 |
|---|---|---|---|---|---|---|---|---|
| 1 | 准备工作 | 穿戴劳保用品 | 3 | 未穿戴整齐扣3分 | | | | |
| | | 工具、用具准备 | 2 | 工具选择不正确扣2分 | | | | |
| 2 | 操作程序 | 检查空冷器的部件连接是否良好 | 10 | 未检查扣10分 | | | | |
| 3 | | 打开空冷器的入口阀 | 10 | 未打开入口阀扣10分 | | | | |
| 4 | | 打开空冷器的出口阀 | 10 | 未打开出口阀扣10分 | | | | |
| 5 | | 盘车、确认空冷器各部件转动灵活无杂声 | 10 | 未盘车扣5分 | | | | |
| | | | | 未确认扣5分 | | | | |
| 6 | | 送电 | 5 | 未送电扣5分 | | | | |
| 7 | | 启动电机、确认电流平稳 | 20 | 未启动电机扣10分 | | | | |
| | | | | 未确认扣10分 | | | | |
| 8 | | 确认声音正常、轴承不超温、转向正确、皮带不松 | 20 | 未确认声音正常扣5分 | | | | |
| | | | | 未确认轴承温度扣5分 | | | | |
| | | | | 未确认转向扣5分 | | | | |
| | | | | 未确认皮带扣5分 | | | | |
| 9 | | 清理场地 | 5 | 未清理扣5分 | | | | |
| 10 | 使用工具 | 正确使用工具 | 2 | 工具使用不正确扣2分 | | | | |
| | | 正确维护工具 | 3 | 工具乱摆乱放扣3分 | | | | |
| 11 | 安全及其他 | 按国家法规或企业规定 | | 违规一次总分扣5分；严重违规停止操作 | | | — | |
| | | 在规定时间内完成操作 | | 每超时1min总分扣5分，超时3min停止操作 | | | — | |
| | | 合　计 | 100 | | | | | |

否定项说明：若出现未确认转向正确等情况，该题为零分。

## 试题 22：机泵润滑油的更换（现场模拟）

（考核时间：15min）

<table>
<tr><th>序号</th><th>考核内容</th><th>考核要点</th><th>配分</th><th>评分标准</th><th>检测结果</th><th>扣分</th><th>得分</th><th>备注</th></tr>
<tr><td rowspan="2">1</td><td rowspan="2">准备工作</td><td>穿戴劳保用品</td><td>3</td><td>未穿戴整齐扣3分</td><td></td><td></td><td></td><td></td></tr>
<tr><td>工具、用具准备</td><td>2</td><td>工具选择不正确扣2分</td><td></td><td></td><td></td><td></td></tr>
<tr><td rowspan="3">2</td><td rowspan="14">机泵润滑油更换</td><td rowspan="3">放出机泵内原有润滑油</td><td rowspan="3">25</td><td>未拧开油箱丝堵放油扣10分</td><td></td><td></td><td></td><td></td></tr>
<tr><td>将废油乱排乱放扣10分</td><td></td><td></td><td></td><td></td></tr>
<tr><td>未将废润滑油回收扣10分</td><td></td><td></td><td></td><td></td></tr>
<tr><td>3</td><td>选择润滑油</td><td>10</td><td>选用润滑油型号不对扣10分</td><td></td><td></td><td></td><td></td></tr>
<tr><td rowspan="2">4</td><td rowspan="2">润滑油取用</td><td rowspan="2">15</td><td>润滑油未按三级过滤取用扣10分</td><td></td><td></td><td></td><td></td></tr>
<tr><td>取油时，弄脏储油室扣5分</td><td></td><td></td><td></td><td></td></tr>
<tr><td rowspan="2">5</td><td rowspan="2">用油置换油箱</td><td rowspan="2">15</td><td>未按规定用油置换设备油箱扣10分</td><td></td><td></td><td></td><td></td></tr>
<tr><td>排放的油未回收扣10分</td><td></td><td></td><td></td><td></td></tr>
<tr><td rowspan="2">6</td><td rowspan="2">向油箱加注润滑油</td><td rowspan="2">15</td><td>未向油箱加注润滑油扣10分</td><td></td><td></td><td></td><td></td></tr>
<tr><td>加注油位不符合规定扣10分</td><td></td><td></td><td></td><td></td></tr>
<tr><td rowspan="3">7</td><td rowspan="3">加完油后的处理</td><td rowspan="3">15</td><td>使用过的油具未摆放回规定位置扣10分</td><td></td><td></td><td></td><td></td></tr>
<tr><td>未按规定记录加油扣5分</td><td></td><td></td><td></td><td></td></tr>
<tr><td>未按规定收拾现场卫生扣5分</td><td></td><td></td><td></td><td></td></tr>
<tr><td rowspan="2">8</td><td rowspan="2">安全及其他</td><td>按国家法规或企业规定</td><td rowspan="2"></td><td>违规一次总分扣5分；严重违规停止操作</td><td></td><td></td><td>—</td><td></td></tr>
<tr><td>在规定时间内完成操作</td><td>每超时1min总分扣5分，超时3min停止操作</td><td></td><td></td><td>—</td><td></td></tr>
<tr><td colspan="3">合　计</td><td>100</td><td></td><td></td><td></td><td></td><td></td></tr>
</table>

## 试题 23：压力表更换操作（现场模拟）

（考核时间：10min）

<table>
<tr><th>序号</th><th>考核内容</th><th>考核要点</th><th>配分</th><th>评分标准</th><th>检测结果</th><th>扣分</th><th>得分</th><th>备注</th></tr>
<tr><td rowspan="2">1</td><td rowspan="2">准备工作</td><td>穿戴劳保用品</td><td>3</td><td>未穿戴整齐扣3分</td><td></td><td></td><td></td><td></td></tr>
<tr><td>工具、用具准备</td><td>2</td><td>工具选择不正确扣2分</td><td></td><td></td><td></td><td></td></tr>
<tr><td>2</td><td rowspan="6">操作程序</td><td>检查需更换压力表型号</td><td>5</td><td>未检查需更换压力表型号扣5分</td><td></td><td></td><td></td><td></td></tr>
<tr><td>3</td><td rowspan="2">旧压力表拆卸</td><td rowspan="2">15</td><td>拆卸旧压力表前未关闭压力表手阀扣10分</td><td></td><td></td><td></td><td></td></tr>
<tr><td>4</td><td>拆卸旧压力表未取出旧垫片扣10分</td><td></td><td></td><td></td><td></td></tr>
<tr><td rowspan="3">5</td><td rowspan="3">压力表选择</td><td rowspan="3">30</td><td>压力表选型错误扣10分</td><td></td><td></td><td></td><td></td></tr>
<tr><td>未检查压力表是否完好扣10分</td><td></td><td></td><td></td><td></td></tr>
<tr><td>选择的新压力表未校验扣10分</td><td></td><td></td><td></td><td></td></tr>
</table>

续表

| 序号 | 考核内容 | 考核要点 | 配分 | 评分标准 | 检测结果 | 扣分 | 得分 | 备注 |
|---|---|---|---|---|---|---|---|---|
| 6 | | 压力表垫片选择 | 5 | 垫片选型错误一次扣5分 | | | | |
| 7 | | 新垫片检查 | 5 | 未检查新垫片是否完好可用扣5分 | | | | |
| 8 | | 安装新压力表 | 20 | 安装完毕后出现泄漏扣10分 | | | | |
| | | | | 未安装垫片扣10分 | | | | |
| | | | | 安装完毕后未打开引线阀扣5分 | | | | |
| 9 | | 记录 | 10 | 未按规定记录扣10分 | | | | |
| 10 | 使用工具 | 正确使用工具 | 2 | 工具使用不正确扣2分 | | | | |
| | | 正确维护工具 | 3 | 工具乱摆乱放扣3分 | | | | |
| 11 | 安全及其他 | 按国家法规或企业规定 | | 违规一次总分扣5分；严重违规停止操作 | | | — | |
| | | 在规定时间内完成操作 | | 每超时1min总分扣5分，超时3min停止操作 | | | — | |
| 合　计 | | | 100 | | | | | |

## 试题24：更换阀门盘根的操作(现场模拟)

(考核时间：15min)

| 序号 | 考核内容 | 考核要点 | 配分 | 评分标准 | 检测结果 | 扣分 | 得分 | 备注 |
|---|---|---|---|---|---|---|---|---|
| 1 | 准备工作 | 穿戴劳保用品 | 3 | 未穿戴整齐扣3分 | | | | |
| | | 工具、用具准备 | 2 | 工具选择不正确扣2分 | | | | |
| 2 | 操作程序 | 关闭阀门或检查其开关状态 | 20 | 未关闭阀门或检查其开关状态停止操作扣10分 | | | | |
| | | | | 阀门管线内的介质、压力未泄干净扣10分 | | | | |
| 3 | | 更换盘根 | 70 | 未将旧盘根全部取出扣10分 | | | | |
| | | | | 阀门盘根型号安装错误扣10分 | | | | |
| | | | | 未将盘根切成斜切口45度扣10分 | | | | |
| | | | | 相邻两圈盘根切口未错开180度扣10分 | | | | |
| | | | | 阀门填料安装数量不足扣10分 | | | | |
| | | | | 填料压盖未两边同时压紧扣10分 | | | | |
| | | | | 盘根压紧后，填料压盖为压平扣10分 | | | | |
| 4 | 使用工具 | 正确使用工具 | 2 | 工具使用不正确扣2分 | | | | |
| | | 正确维护工具 | 3 | 工具乱摆乱放扣3分 | | | | |
| 5 | 安全及其他 | 按国家法规或企业规定 | | 违规一次总分扣5分；严重违规停止操作 | | | — | |
| | | 在规定时间内完成操作 | | 每超时1min总分扣5分，超时3min停止操作 | | | — | |
| 合　计 | | | 100 | | | | | |

**试题25：泵入口过滤网的清理(现场模拟)**

(考核时间：15min)

| 序号 | 考核内容 | 考核要点 | 配分 | 评分标准 | 检测结果 | 扣分 | 得分 | 备注 |
|---|---|---|---|---|---|---|---|---|
| 1 | 准备工作 | 穿戴劳保用品 | 3 | 未穿戴整齐扣3分 | | | | |
| | | 工具、用具准备 | 2 | 工具选择不正确扣2分 | | | | |
| 2 | 操作程序 | 切换泵、关闭入口阀或检查其开关状态 | 20 | 切换泵不正确扣20分 | | | | |
| | | | | 未关闭入口阀或检查其开关状态，停止操作扣20分 | | | | |
| 3 | | 倒料、检查倒料是否结束 | 20 | 未倒料停止操作扣20分 | | | | |
| | | | | 未检查倒料是否结束扣10分 | | | | |
| | | | | 未关闭排污阀扣10分 | | | | |
| 4 | | 检查滤网是否破损、冲洗滤网、冲洗入口管线 | 20 | 未检查滤网是否破损扣6分 | | | | |
| | | | | 未冲洗滤网扣8分 | | | | |
| | | | | 未冲洗入口管线扣8分 | | | | |
| 5 | | 复位时更换垫片 | 15 | 复位时未更换垫片扣15分 | | | | |
| 6 | | 打开入口阀门、充液排气 | 15 | 未打开入口阀门扣8分 | | | | |
| | | | | 未充液排气扣7分 | | | | |
| 7 | 使用工具 | 正确使用工具 | 2 | 工具使用不正确扣2分 | | | | |
| | | 正确维护工具 | 3 | 工具乱摆乱放扣3分 | | | | |
| 8 | 安全及其他 | 按国家法规或企业规定 | | 违规一次总分扣5分；严重违规停止操作 | | | — | |
| | | 在规定时间内完成操作 | | 每超时1min总分扣5分，超时3min停止操作 | | | — | |
| 合计 | | | 100 | | | | | |

**试题26：容器内用火监护(现场模拟)**

(考核时间：15min)

| 序号 | 考核内容 | 考核要点 | 配分 | 评分标准 | 检测结果 | 扣分 | 得分 | 备注 |
|---|---|---|---|---|---|---|---|---|
| 1 | 准备工作 | 穿戴劳保用品 | 3 | 未穿戴整齐扣3分 | | | | |
| | | 工具、用具准备 | 2 | 工具选择不正确扣2分 | | | | |
| 2 | 操作程序 | 容器内用火前准备工作 | 30 | 未检查容器内物料是否放空扣10分 | | | | |
| | | | | 未检查容器内油污是否洗净扣10分 | | | | |
| | | | | 进出容器工艺流程管线未有效隔离扣10分 | | | | |
| 3 | | 容器内用火许可证项目落实 | 30 | 未检查进、出管线盲板安装是否符合要求扣10分 | | | | |
| | | | | 未检查容器氧气含量以及爆炸气体分析扣10分 | | | | |
| | | | | 未准备好灭火器以及消防器材扣10分 | | | | |

续表

| 序号 | 考核内容 | 考核要点 | 配分 | 评分标准 | 检测结果 | 扣分 | 得分 | 备注 |
|---|---|---|---|---|---|---|---|---|
| 4 | | 容器内用火过程监护 | 20 | 出现着火情况未处理扣20分 | | | | |
| | | | | 用火过程中未制止违章作业扣10分 | | | | |
| 5 | | 容器用火结束后现场检查 | 10 | 未检查现场是否留有余火扣10分 | | | | |
| 6 | 使用工具 | 正确使用工具 | 2 | 工具使用不正确扣2分 | | | | |
| | | 正确维护工具 | 3 | 工具乱摆乱放扣3分 | | | | |
| 7 | 安全及其他 | 按国家法规或企业规定 | | 违规一次总分扣5分；严重违规停止操作 | | | — | |
| | | 在规定时间内完成操作 | | 每超时1min总分扣5分，超时3min停止操作 | | | — | |
| 合计 | | | 100 | | | | | |

**试题27：机泵盘车操作(现场模拟)**

（考核时间：5min）

| 序号 | 考核内容 | 考核要点 | 配分 | 评分标准 | 检测结果 | 扣分 | 得分 | 备注 |
|---|---|---|---|---|---|---|---|---|
| 1 | 准备工作 | 穿戴劳保用品 | 3 | 未穿戴整齐扣3分 | | | | |
| | | 工具、用具准备 | 2 | 工具选择不正确扣2分 | | | | |
| 2 | 操作程序 | 检查泵体盘车标记 | 30 | 未按规定时间进行盘车操作扣10分 | | | | |
| | | | | 未检查上次盘车记录扣10分 | | | | |
| | | | | 未检查上次盘车标记扣10分 | | | | |
| 3 | | 打开防护罩 | 20 | 未打开泵体联轴器防护罩扣10分 | | | | |
| | | | | 打开防护罩野蛮操作扣10分 | | | | |
| 4 | | 泵体盘车 | 20 | 未按规定盘车扣10分 | | | | |
| | | | | 盘不动车时未做处理扣10分 | | | | |
| 5 | | 盖上防护罩 | 10 | 未盖上泵体联轴器防护罩扣10分 | | | | |
| 6 | | 记录 | 10 | 未按规定记录扣10分 | | | | |
| 7 | 使用工具 | 正确使用工具 | 2 | 工具使用不正确扣2分 | | | | |
| | | 正确维护工具 | 3 | 工具乱摆乱放扣3分 | | | | |
| 8 | 安全及其他 | 按国家法规或企业规定 | | 违规一次总分扣5分；严重违规停止操作 | | | — | |
| | | 在规定时间内完成操作 | | 每超时1min总分扣5分，超时3min停止操作 | | | — | |
| 合计 | | | 100 | | | | | |

## 试题28：离心泵发生气蚀的判断(现场模拟)

(考核时间：15min)

| 序号 | 考核内容 | 考核要点 | 配分 | 评分标准 | 检测结果 | 扣分 | 得分 | 备注 |
|---|---|---|---|---|---|---|---|---|
| 1 | 准备工作 | 穿戴劳保用品 | 3 | 未穿戴整齐扣3分 | | | | |
| | | 工具、用具准备 | 2 | 工具选择不正确扣2分 | | | | |
| 2 | 操作程序 | 检查离心泵运行情况 | 10 | 未检查物料组成是否变化扣10分 | | | | |
| | | | 10 | 未检查原料是否带水扣10分 | | | | |
| | | | 10 | 未检查离心泵入口压力扣10分 | | | | |
| | | | 10 | 未检查离心泵入口温度扣10分 | | | | |
| | | | 10 | 未检查吸入罐液面扣10分 | | | | |
| | | | 10 | 未检查吸入罐压力扣10分 | | | | |
| | | | 10 | 未检查离心泵出口温度扣10分 | | | | |
| | | | 10 | 未检查离心泵出口流量扣10分 | | | | |
| | | | 10 | 未检查离心泵出口压力扣10分 | | | | |
| 3 | | 离心泵发生气蚀的原因判断 | 10 | 未做出正确判断扣10分 | | | | |
| 4 | 使用工具 | 正确使用工具 | 2 | 工具使用不正确扣2分 | | | | |
| | | 正确维护工具 | 3 | 工具乱摆乱放扣3分 | | | | |
| 5 | 安全及其他 | 按国家法规或企业规定 | | 违规一次总分扣5分；严重违规停止操作 | | | — | |
| | | 在规定时间内完成操作 | | 每超时1min总分扣5分，超时3min停止操作 | | | — | |
| | | 合　计 | 100 | | | | | |

## 试题29：机泵抽空的处理(现场模拟)

(考核时间：30min)

| 序号 | 考核内容 | 考核要点 | 配分 | 评分标准 | 检测结果 | 扣分 | 得分 | 备注 |
|---|---|---|---|---|---|---|---|---|
| 1 | 准备工作 | 穿戴劳保用品 | 3 | 未穿戴整齐扣3分 | | | | |
| | | 工具、用具准备 | 2 | 工具选择不正确扣2分 | | | | |
| 2 | 事故现象判断 | 引发事故因素表述清晰完整 | 5 | 引发事故因素表述不完整扣3分 | | | | |
| | | | | 表述不清晰扣2分 | | | | |
| | | 事故现象信息充分无遗漏 | 10 | 事故现象信息缺一扣5分 | | | | |
| | | | | 事故现象信息表述不完整扣5分 | | | | |
| | | 关键事故现象描述清楚 | 5 | 事故关键现象描述不清楚扣5分 | | | | |
| 3 | 事故原因分析 | 事故原因分析完整无遗漏，分析透彻有深度 | 5 | 事故原因分析不完整扣3分，分析无深度扣2分 | | | | |
| | | 事故关键原因分析准确 | 5 | 事故关键原因不准确扣5分 | | | | |

续表

| 序号 | 考核内容 | 考核要点 | 配分 | 评分标准 | 检测结果 | 扣分 | 得分 | 备注 |
|---|---|---|---|---|---|---|---|---|
| 4 | 事故处理操作 | 联系工作及时到位 | 5 | 未及时联系扣5分 | | | | |
| | | 处理原则表述完整 | 10 | 处理原则表述不完整扣10分 | | | | |
| | | 处理步骤先后顺序正确并无遗漏、操作不当 | 20 | 处理步骤顺序不对扣10分 | | | | |
| | | | | 漏项或操作不当扣10分 | | | | |
| | | 处理注意事项符合事故处理预案规范 | 10 | 未考虑操作对上下游带来的影响扣10分 | | | | |
| 5 | 事故处理操作质量 | 事故处理调节熟练，迅速，过程平稳波动小并无调节错误 | 15 | 处理事故过程引起生产波动大扣10分 | | | | |
| | | | | 调节滞后扣5分 | | | | |
| | | | | 调节错误扣10分 | | | | |
| 6 | 使用工具 | 正确使用工具 | 2 | 工具使用不正确扣2分 | | | | |
| | | 正确维护工具 | 3 | 工具乱摆乱放扣3分 | | | | |
| 7 | 安全及其他 | 按国家法规或企业规定 | | 违规一次总分扣5分；严重违规停止操作 | | | — | |
| | | 在规定时间内完成操作 | | 每超时1min总分扣5分，超时3min停止操作 | | | — | |
| | 合　计 | | 100 | | | | | |

否定项说明：违章操作或发生事故须停止操作，成绩为零分。

## 试题30：加热炉燃料气阻火器堵的处理(现场模拟)

(考核时间：15min)

| 序号 | 考核内容 | 考核要点 | 配分 | 评分标准 | 检测结果 | 扣分 | 得分 | 备注 |
|---|---|---|---|---|---|---|---|---|
| 1 | 准备工作 | 穿戴劳保用品 | 3 | 未穿戴整齐扣3分 | | | | |
| | | 工具、用具准备 | 2 | 工具选择不正确扣2分 | | | | |
| 2 | 操作程序 | 加热炉燃料气阻火器堵的现象 | 10 | 未说明加热炉炉膛温度下降扣5分 | | | | |
| | | | | 未说明燃料气压力下降扣5分 | | | | |
| 3 | | 加热炉燃料气阻火器改副线的操作 | 20 | 开阻火器副线阀过大扣5分 | | | | |
| | | | | 关阻火器前后截至阀时机不正确扣10分 | | | | |
| | | | | 造成温度波动大扣5分 | | | | |
| 4 | | 加热炉燃料气阻火器的清通工作 | 40 | 开放空阀时机不正确扣10分 | | | | |
| | | | | 阻火器管路内介质压力未排净就开始卸阻火器扣10分 | | | | |
| | | | | 阻火器内杂质未清干净扣10分 | | | | |
| | | | | 阻火器内钢丝网未更换扣10分 | | | | |

续表

| 序号 | 考核内容 | 考核要点 | 配分 | 评分标准 | 检测结果 | 扣分 | 得分 | 备注 |
|---|---|---|---|---|---|---|---|---|
| 5 | | 加热炉燃料气阻火器的投用工作 | 20 | 法兰垫片未加好造成法兰泄漏扣5分 | | | | |
| | | | | 开阻火器前后时机不正确扣5分 | | | | |
| | | | | 关阻火器副线阀时机不正确扣5分 | | | | |
| | | | | 造成温度波动大扣5分 | | | | |
| 6 | 使用工具 | 正确使用工具 | 2 | 工具使用不正确扣2分 | | | | |
| | | 正确维护工具 | 3 | 工具乱摆乱放扣3分 | | | | |
| 7 | 安全及其他 | 按国家法规或企业规定 | | 违规一次总分扣5分；严重违规停止操作 | | | — | |
| | | 在规定时间内完成操作 | | 每超时1min总分扣5分，超时3min停止操作 | | | — | |
| 合计 | | | 100 | | | | | |

**试题31：离心泵气蚀的处理（现场模拟）**

（考核时间：30min）

| 序号 | 考核内容 | 考核要点 | 配分 | 评分标准 | 检测结果 | 扣分 | 得分 | 备注 |
|---|---|---|---|---|---|---|---|---|
| 1 | 准备工作 | 穿戴劳保用品 | 3 | 未穿戴整齐扣3分 | | | | |
| | | 工具、用具准备 | 2 | 工具选择不正确扣2分 | | | | |
| 2 | 事故现象判断 | 引发事故因素表述清晰完整 | 5 | 引发事故因素表述不完整扣3分 | | | | |
| | | | | 表述不清晰扣2分 | | | | |
| | | 事故现象信息充分无遗漏 | 10 | 事故现象信息缺一扣5分 | | | | |
| | | | | 事故现象信息表述不完整扣5分 | | | | |
| | | 关键事故现象描述清楚 | 5 | 事故关键现象描述不清楚扣5分 | | | | |
| 3 | 事故原因分析 | 事故原因分析完整无遗漏，分析透彻有深度 | 5 | 事故原因分析不完整扣3分，分析无深度扣2分 | | | | |
| | | 事故关键原因分析准确 | 5 | 事故关键原因不准确扣5分 | | | | |
| 4 | 事故处理操作 | 联系工作及时到位 | 5 | 未及时联系扣5分 | | | | |
| | | 处理原则表述完整 | 10 | 处理原则表述不完整扣10分 | | | | |
| | | 处理步骤先后顺序正确并无遗漏、操作不当 | 20 | 处理步骤顺序不对扣10分 | | | | |
| | | | | 漏项或操作不当扣10分 | | | | |
| | | 处理注意事项符合事故处理预案规范 | 10 | 未考虑操作对上下游带来的影响扣10分 | | | | |
| 5 | 事故处理操作质量 | 事故处理调节熟练，迅速，过程平稳波动小并无调节错误 | 15 | 处理事故过程引起生产波动大扣10分 | | | | |
| | | | | 调节滞后扣5分 | | | | |
| | | | | 调节错误扣10分 | | | | |

续表

| 序号 | 考核内容 | 考核要点 | 配分 | 评分标准 | 检测结果 | 扣分 | 得分 | 备注 |
|---|---|---|---|---|---|---|---|---|
| 6 | 使用工具 | 正确使用工具 | 2 | 工具使用不正确扣2分 | | | | |
| | | 正确维护工具 | 3 | 工具乱摆乱放扣3分 | | | | |
| 7 | 安全及其他 | 按国家法规或企业规定 | | 违规一次总分扣5分；严重违规停止操作 | | | — | |
| | | 在规定时间内完成操作 | | 每超时1min总分扣5分，超时3min停止操作 | | | — | |
| 合计 | | | 100 | | | | | |

否定项说明：违章操作或发生事故须停止操作，成绩为零分。

### 试题32：燃料气分液罐带油的处理(现场模拟)

（考核时间：30min）

| 序号 | 考核内容 | 考核要点 | 配分 | 评分标准 | 检测结果 | 扣分 | 得分 | 备注 |
|---|---|---|---|---|---|---|---|---|
| 1 | 准备工作 | 穿戴劳保用品 | 3 | 未穿戴整齐扣3分 | | | | |
| | | 工具、用具准备 | 2 | 工具选择不正确扣2分 | | | | |
| 2 | 事故现象判断 | 引发事故因素表述清晰完整 | 5 | 引发事故因素表述不完整扣3分 | | | | |
| | | | | 表述不清晰扣2分 | | | | |
| | | 事故现象信息充分无遗漏 | 10 | 事故现象信息缺一扣5分 | | | | |
| | | | | 事故现象信息表述不完整扣5分 | | | | |
| | | 关键事故现象描述清楚 | 5 | 事故关键现象描述不清楚扣5分 | | | | |
| 3 | 事故原因分析 | 事故原因分析完整无遗漏，分析透彻有深度 | 5 | 事故原因分析不完整扣3分，分析无深度扣2分 | | | | |
| | | 事故关键原因分析准确 | 5 | 事故关键原因不准确扣5分 | | | | |
| 4 | 事故处理操作 | 联系工作及时到位 | 5 | 未及时联系扣5分 | | | | |
| | | 处理原则表述完整 | 10 | 处理原则表述不完整扣10分 | | | | |
| | | 处理步骤先后顺序正确并无遗漏、操作不当 | 20 | 处理步骤顺序不对扣10分 | | | | |
| | | | | 漏项或操作不当扣10分 | | | | |
| | | 处理注意事项符合事故处理预案规范 | 10 | 未考虑操作对上下游带来的影响扣10分 | | | | |
| 5 | 事故处理操作质量 | 事故处理调节熟练，迅速，过程平稳波动小并无调节错误 | 15 | 处理事故过程引起生产波动大扣10分 | | | | |
| | | | | 调节滞后扣5分 | | | | |
| | | | | 调节错误扣10分 | | | | |
| 6 | 使用工具 | 正确使用工具 | 2 | 工具使用不正确扣2分 | | | | |
| | | 正确维护工具 | 3 | 工具乱摆乱放扣3分 | | | | |
| 7 | 安全及其他 | 按国家法规或企业规定 | | 违规一次总分扣5分；严重违规停止操作 | | | — | |
| | | 在规定时间内完成操作 | | 每超时1min总分扣5分，超时3min停止操作 | | | — | |
| 合计 | | | 100 | | | | | |

否定项说明：违章操作或发生事故须停止操作，成绩为零分。

## 试题33：重整反应系统原则流程图的绘制

（考核时间：30min）

| 序号 | 考核内容 | 考核要点 | 配分 | 评分标准 | 检测结果 | 扣分 | 得分 | 备注 |
|---|---|---|---|---|---|---|---|---|
| 1 | 准备工作 | 工具、用具准备 | 5 | 未自带工具扣5分 | | | | |
| 2 | 图形 | 工艺流程符合要求 | 30 | 工艺流程画错一处扣5分 | | | | |
| | | | | 工艺流程走向错一处扣5分 | | | | |
| | | | | 工艺流程排列不整齐扣10分 | | | | |
| | | 流程图内设备符合要求 | 30 | 流程图内设备画错一处扣5分 | | | | |
| | | | | 流程图内设备漏画一处扣5分 | | | | |
| | | | | 流程图内设备排列不整齐扣10分 | | | | |
| 3 | 标注 | 标注符合要求 | 30 | 设备名称、位号标注错一处扣5分 | | | | |
| | | | | 介质名称、来源、去向标注错一处扣5分 | | | | |
| | | | | 标注位置错误扣10分 | | | | |
| 4 | 卷面情况 | 绘图卷面质量 | 5 | 卷面不整洁扣5分 | | | | |
| 5 | 安全及其他 | 按国家法规或企业规定 | | 违规一次总分扣5分；严重违规停止操作 | | | — | |
| | | 在规定时间内完成操作 | | 每超时1min总分扣5分，超时3min停止操作 | | | — | |
| 合计 | | | 100 | | | | | |

## 试题34：重整循环压缩机氢气流程图的绘制

（考核时间：30min）

| 序号 | 考核内容 | 考核要点 | 配分 | 评分标准 | 检测结果 | 扣分 | 得分 | 备注 |
|---|---|---|---|---|---|---|---|---|
| 1 | 准备工作 | 工具、用具准备 | 5 | 未自带工具扣5分 | | | | |
| 2 | 图形 | 工艺流程符合要求 | 30 | 工艺流程画错一处扣5分 | | | | |
| | | | | 工艺流程走向错一处扣5分 | | | | |
| | | | | 工艺流程排列不整齐扣10分 | | | | |
| | | 流程图内设备符合要求 | 30 | 流程图内设备画错一处扣5分 | | | | |
| | | | | 流程图内设备漏画一处扣5分 | | | | |
| | | | | 流程图内设备排列不整齐扣10分 | | | | |
| 3 | 标注 | 标注符合要求 | 30 | 设备名称、位号标注错一处扣5分 | | | | |
| | | | | 介质名称、来源、去向标注错一处扣5分 | | | | |
| | | | | 标注位置错误扣10分 | | | | |

续表

| 序号 | 考核内容 | 考核要点 | 配分 | 评分标准 | 检测结果 | 扣分 | 得分 | 备注 |
|---|---|---|---|---|---|---|---|---|
| 4 | 卷面情况 | 绘图卷面质量 | 5 | 卷面不整洁扣5分 | | | | |
| 5 | 安全及其他 | 按国家法规或企业规定 | | 违规一次总分扣5分；严重违规停止操作 | | | — | |
| | | 在规定时间内完成操作 | | 每超时1min总分扣5分，超时3min停止操作 | | | — | |
| | | 合　　计 | 100 | | | | | |

**试题35：再生器氮气置换操作(现场模拟)**

（考核时间：30min）

| 序号 | 考核内容 | 考核要点 | 配分 | 评分标准 | 检测结果 | 扣分 | 得分 | 备注 |
|---|---|---|---|---|---|---|---|---|
| 1 | 准备工作 | 穿戴劳保用品 | 3 | 未穿戴整齐扣3分 | | | | |
| | | 工具、用具准备 | 2 | 工具选择不正确扣2分 | | | | |
| 2 | 氮气流程检查 | 氮气压力检查 | 20 | 未检查扣10分 | | | | |
| | | 氮气阀门状态确认 | | 未检查扣10分 | | | | |
| 3 | 再生器相关管线检查 | 再生器循环气检查 | 30 | 未检查扣10分 | | | | |
| | | 再生器放空管线检查 | | 未检查扣10分 | | | | |
| | | 再生器干燥风管线检查 | | 未检查扣10分 | | | | |
| 4 | 再生器放空阀门确认 | 确认放空阀门状态 | 10 | 少检查一点扣5分<br>不检查不得分 | | | | |
| 5 | 氮气充压 | 氮气充压 | 10 | 压力高于安全阀起跳压力不得分 | | | | |
| 6 | 氮气泄压 | 氮气泄压 | 10 | 压力高于0.05MPa不得分 | | | | |
| 7 | 采样分析 | 采样置换三次以上置换分析氧含量小于0.5%，否则重新置换 | 10 | 采样置换少于3次不得分<br>分析氧含量超过0.5%，不继续置换不得分 | | | | |
| 8 | 使用工具 | 正确使用工具 | 2 | 工具使用不正确扣2分 | | | | |
| | | 正确维护工具 | 3 | 工具乱摆乱放扣3分 | | | | |
| 9 | 安全及其他 | 按国家法规或企业规定 | | 违规一次总分扣5分；严重违规停止操作 | | | — | |
| | | 在规定时间内完成操作 | | 每超时1min总分扣5分，超时3min停止操作 | | | — | |
| | | 合　　计 | 100 | | | | | |

否定项说明：若出现充压压力高于设计压力的情况，该题为零分。

## 试题 36：再生风机开车操作(现场模拟)

(考核时间：30min)

| 序号 | 考核内容 | 考核要点 | 配分 | 评分标准 | 检测结果 | 扣分 | 得分 | 备注 |
|---|---|---|---|---|---|---|---|---|
| 1 | 准备工作 | 穿戴劳保用品 | 3 | 未穿戴整齐扣3分 | | | | |
| | | 工具、用具准备 | 2 | 工具选择不正确扣2分 | | | | |
| 2 | 开机检查 | 氮气密封气压力检查 | 30 | 未检查扣10分 | | | | |
| | | 润滑油检查 | | 未检查扣10分 | | | | |
| | | 电机以及风机固定状态检查 | | 未检查扣10分 | | | | |
| 3 | 试转向 | 电机点动试转向 | 10 | 不检查不得分 | | | | |
| 4 | 开机及开机后检查 | 启动电机，初始开机为低速档 | 40 | 开机时机不正确扣10分 | | | | |
| | | 监测风机温度 | | 未检测扣10分 | | | | |
| | | 监测风机振动 | | 未检测扣10分 | | | | |
| | | 与内操联系，确认开车情况 | | 未确认扣10分 | | | | |
| 5 | 低档切换至高速档 | 当再生气温度达到400℃，切换至高速档<br>停止低速档<br>开启高速档 | 10 | 条件没达到或者顺序错误不得分 | | | | 可不选 |
| 6 | 使用工具 | 正确使用工具 | 2 | 工具使用不正确扣2分 | | | | |
| | | 正确维护工具 | 3 | 工具乱摆乱放扣3分 | | | | |
| 7 | 安全及其他 | 按国家法规或企业规定 | | 违规一次总分扣5分；严重违规停止操作 | | | — | |
| | | 在规定时间内完成操作 | | 每超时1min总分扣5分，超时3min停止操作 | | | — | |
| | | 合　计 | 100 | | | | | |

否定项说明：若出现初始开机为高速档的情况，该题为零分。

## 试题 37：再生催化剂采样操作(现场模拟)

(考核时间：30min)

| 序号 | 考核内容 | 考核要点 | 配分 | 评分标准 | 检测结果 | 扣分 | 得分 | 备注 |
|---|---|---|---|---|---|---|---|---|
| 1 | 准备工作 | 穿戴劳保用品 | 3 | 未穿戴整齐扣3分 | | | | |
| | | 工具、用具准备 | 2 | 工具选择不正确扣2分 | | | | |
| 2 | 采样前检查 | 检查采样器中是否有催化剂 | 10 | 未检查扣10分 | | | | |
| 3 | 采样准备 | 确认采样有关阀门位置是否正确 | 20 | 未确认有关阀门位置是否正确扣10分 | | | | |
| | | 催化剂样瓶置于采样器下方 | | 未执行扣10分 | | | | |
| 4 | 采样操作 | 采样的步骤是否正确 | 40 | 操作步骤错误扣10分 | | | | |
| | | 开阀、关阀的顺序是否正确 | | 顺序错误扣10分 | | | | |
| | | 开阀、关阀的时机是否适宜 | | 开关时机不正确扣10分 | | | | |
| | | 催化剂有无洒落 | | 洒落的催化剂未回收扣10分 | | | | |

续表

| 序号 | 考核内容 | 考核要点 | 配分 | 评分标准 | 检测结果 | 扣分 | 得分 | 备注 |
|---|---|---|---|---|---|---|---|---|
| 5 | 采样结束检查 | 确认采样器中无催化剂 | 20 | 未确认扣 10 分 | | | | |
| | | 关闭有关阀门 | | 未确认扣 10 分 | | | | |
| 6 | 使用工具 | 正确使用工具 | 2 | 工具使用不正确扣 2 分 | | | | |
| | | 正确维护工具 | 3 | 工具乱摆乱放扣 3 分 | | | | |
| 7 | 安全及其他 | 按国家法规或企业规定 | | 违规一次总分扣 5 分；严重违规停止操作 | | | — | |
| | | 在规定时间内完成操作 | | 每超时 1min 总分扣 5 分，超时 3min 停止操作 | | | — | |
| 合计 | | | 100 | | | | | |

否定项说明：若出现先关 B 阀，后关 V 阀的情况，该题为零分。

## 试题 38：新催化剂加料操作（现场模拟）

（考核时间：30min）

| 序号 | 考核内容 | 考核要点 | 配分 | 评分标准 | 检测结果 | 扣分 | 得分 | 备注 |
|---|---|---|---|---|---|---|---|---|
| 1 | 准备工作 | 穿戴劳保用品 | 3 | 未穿戴整齐扣 3 分 | | | | |
| | | 工具、用具准备 | 2 | 工具选择不正确扣 2 分 | | | | |
| 2 | 催化剂加料准备 | 检查料斗中是否有催化剂 | 30 | 未检查料斗扣 10 分 | | | | |
| | | 确认加料斗上下阀门位置是否正确 | | 未确认阀门位置是否正确扣 10 分 | | | | |
| | | 确认催化剂加料管线是否畅通 | | 未确认扣 10 分 | | | | |
| 3 | 催化剂加料操作 | 加料的方法、步骤是否正确 | 30 | 加料的步骤不正确扣 10 分 | | | | |
| | | 阀门开关的方法、步骤是否正确 | | 阀门开关的步骤不正确扣 10 分 | | | | |
| | | 阀门开关的时机是否适宜 | | 阀门开关的时机不正确扣 10 分 | | | | |
| 4 | 加料结束检查 | 现场催化剂加料开关复位 | 30 | 现场催化剂加料开关未复位扣 10 分 | | | | |
| | | 确认阀门复位 | | 未确认阀门是否复位扣 10 分 | | | | |
| | | 检查料斗中是否有催化剂 | | 未检查料斗扣 10 分 | | | | |
| 5 | 使用工具 | 正确使用工具 | 2 | 工具使用不正确扣 2 分 | | | | |
| | | 正确维护工具 | 3 | 工具乱摆乱放扣 3 分 | | | | |
| 6 | 安全及其他 | 按国家法规或企业规定 | | 违规一次总分扣 5 分；严重违规停止操作 | | | — | |
| | | 在规定时间内完成操作 | | 每超时 1min 总分扣 5 分，超时 3min 停止操作 | | | — | |
| 合计 | | | 100 | | | | | |

否定项说明：若出现加料操作顺序错误的情况，该题为零分。

## 试题39：粉尘收集器反吹操作（现场模拟）

（考核时间：30min）

| 序号 | 考核内容 | 考核要点 | 配分 | 评分标准 | 检测结果 | 扣分 | 得分 | 备注 |
|---|---|---|---|---|---|---|---|---|
| 1 | 准备工作 | 穿戴劳保用品 | 3 | 未穿戴整齐扣3分 | | | | |
| | | 工具、用具准备 | 2 | 工具选择不正确扣2分 | | | | |
| 2 | 反吹前检查 | 粉尘收集器过滤芯差压达到报警 | 30 | 不检查不得分 | | | | |
| 3 | 反吹操作 | 启动按钮<br>集尘器自动进入清洁序列 | 35 | 少执行一项扣10分<br>不执行不得分 | | | | |
| 4 | 反吹结束检查 | 检查收集器滤芯差压是否正常<br>准备卸粉尘 | 25 | 不检查不得分 | | | | |
| 5 | 使用工具 | 正确使用工具 | 2 | 工具使用不正确扣2分 | | | | |
| | | 正确维护工具 | 3 | 工具乱摆乱放扣3分 | | | | |
| 6 | 安全及其他 | 按国家法规或企业规定 | | 违规一次总分扣5分；严重违规停止操作 | | | — | |
| | | 在规定时间内完成操作 | | 每超时1min总分扣5分，超时3min停止操作 | | | — | |
| 合　计 | | | 100 | | | | | |

否定项说明：若出现反吹没有结束就卸粉尘的情况，该题为零分。

## 试题40：屏蔽泵的操作（现场模拟）

（考核时间：30min）

| 序号 | 考核内容 | 考核要点 | 配分 | 评分标准 | 检测结果 | 扣分 | 得分 | 备注 |
|---|---|---|---|---|---|---|---|---|
| 1 | 准备工作 | 穿戴劳保用品 | 3 | 未穿戴整齐扣3分 | | | | |
| | | 工具、用具准备 | 2 | 工具选择不正确扣2分 | | | | |
| 2 | 开泵前的检查 | 送电情况检查 | 30 | 未检查扣10分 | | | | |
| | | 介质情况检查 | | 未检查扣10分 | | | | |
| | | 电机以及容器固定状态检查 | | 未检查扣10分 | | | | |
| 3 | 开泵操作 | 启动关闭出口阀 | 60 | 未关闭出口阀扣10分 | | | | |
| | | 打开进口阀 | | 未打开入口阀扣10分 | | | | |
| | | 稍开循环密封阀 | | 循环密封阀阀门开度不在规定范围内扣10分 | | | | |
| | | 与内操联系逐渐开大出口阀 | | 出口阀阀门开度不在规定范围内扣10分 | | | | |
| | | 调整密封循环的阀门开度 | | 未调整扣10分 | | | | |
| | | 运转情况的检查 | | 未检查屏蔽泵的运转情况扣10分 | | | | |

续表

| 序号 | 考核内容 | 考核要点 | 配分 | 评分标准 | 检测结果 | 扣分 | 得分 | 备注 |
|---|---|---|---|---|---|---|---|---|
| 4 | 使用工具 | 正确使用工具 | 2 | 工具使用不正确扣 2 分 | | | | |
| | | 正确维护工具 | 3 | 工具乱摆乱放扣 3 分 | | | | |
| 5 | 安全及其他 | 按国家法规或企业规定 | | 违规一次总分扣 5 分；严重违规停止操作 | | | — | |
| | | 在规定时间内完成操作 | | 每超时 1min 总分扣 5 分，超时 3min 停止操作 | | | — | |
| 合　计 | | | 100 | | | | | |

否定项说明：若出现循环密封阀没有打开的情况，该题为零分。

## 试题 41：提升管堵的现象分析(现场模拟)

（考核时间：30min）

| 序号 | 考核内容 | 考核要点 | 配分 | 评分标准 | 检测结果 | 扣分 | 得分 | 备注 |
|---|---|---|---|---|---|---|---|---|
| 1 | 准备工作 | 穿戴劳保用品 | 3 | 未穿戴整齐扣 3 分 | | | | |
| | | 工具、用具准备 | 2 | 工具选择不正确扣 2 分 | | | | |
| 2 | 提升管堵的现象 | 提升差压高 | 40 | 缺此项扣 10 分 | | | | |
| | | 二次气流量增大 | | 缺此项扣 10 分 | | | | |
| | | 催化剂循环速率无法达到设定值 | | 缺此项扣 10 分 | | | | |
| | | 催化剂闭锁料斗料位下降缓慢 | | 缺此项扣 10 分 | | | | |
| 3 | 提升管堵的原因 | 催化剂结块 | 50 | 遗漏一项扣 10 分 | | | | |
| | | 停车时提升内催化剂沉积 | | 遗漏一项扣 10 分 | | | | |
| | | 催化剂粉尘过多 | | 遗漏一项扣 10 分 | | | | |
| | | 催化剂温度偏低 | | 遗漏一项扣 10 分 | | | | |
| | | 提升管堵原因分析 | | 未能正确分析其原因扣 10 分 | | | | |
| 4 | 使用工具 | 正确使用工具 | 2 | 工具使用不正确扣 2 分 | | | | |
| | | 正确维护工具 | 3 | 工具乱摆乱放扣 3 分 | | | | |
| 5 | 安全及其他 | 按国家法规或企业规定 | | 违规一次总分扣 5 分；严重违规停止操作 | | | — | |
| | | 在规定时间内完成操作 | | 每超时 1min 总分扣 5 分，超时 3min 停止操作 | | | — | |
| 合　计 | | | 100 | | | | | |

## 试题42：再生系统催化剂流程绘制（现场模拟）

（考核时间：30min）

| 序号 | 考核内容 | 考核要点 | 配分 | 评分标准 | 检测结果 | 扣分 | 得分 | 备注 |
|---|---|---|---|---|---|---|---|---|
| 1 | 准备工作 | 穿戴劳保用品 | 3 | 未穿戴整齐扣3分 | | | | |
| | | 工具、用具准备 | 2 | 工具选择不正确扣2分 | | | | |
| 2 | 流程走向 | 排布合理，卷面清晰 | 20 | 布局不合理扣10分<br>卷面不清洗扣10分 | | | | |
| 3 | 反应器 | 进出位置、位号正确 | 10 | 进出位置不正确扣5分<br>位号不正确扣5分 | | | | |
| 4 | 待生催化剂提升 | 进出位置、位号正确 | 10 | 进出位置不正确扣5分<br>位号不正确扣5分 | | | | |
| 5 | 分离料斗 | 进出位置、位号正确 | 10 | 进出位置不正确扣5分<br>位号不正确扣5分 | | | | |
| 6 | 再生器 | 进出位置、位号正确 | 10 | 进出位置不正确扣5分<br>位号不正确扣5分 | | | | |
| 7 | 氮风罐 | 进出位置、位号正确 | 10 | 进出位置不正确扣5分<br>位号不正确扣5分 | | | | |
| 8 | 闭锁料斗 | 进出位置、位号正确 | 10 | 进出位置不正确扣5分<br>位号不正确扣5分 | | | | |
| 9 | 再生催化剂提升 | 进出位置、位号正确 | 10 | 进出位置不正确扣5分<br>位号不正确扣5分 | | | | |
| 10 | 使用工具 | 正确使用工具 | 2 | 工具使用不正确扣2分 | | | | |
| | | 正确维护工具 | 3 | 工具乱摆乱放扣3分 | | | | |
| 11 | 安全及其他 | 按国家法规或企业规定 | | 违规一次总分扣5分；严重违规停止操作 | | | — | |
| | | 在规定时间内完成操作 | | 每超时1min总分扣5分，超时3min停止操作 | | | — | |
| 合计 | | | 100 | | | | | |

## 试题43：溶剂含水量的调节（现场模拟）

（考核时间：15min）

| 序号 | 考核内容 | 考核要点 | 配分 | 评分标准 | 检测结果 | 扣分 | 得分 | 备注 |
|---|---|---|---|---|---|---|---|---|
| 1 | 准备工作 | 穿戴劳保用品 | 3 | 未穿戴整齐扣3分 | | | | |
| | | 工具、用具准备 | 2 | 工具选择不正确扣2分 | | | | |
| 2 | 操作程序 | 溶剂含水量的调节 | 90 | 含水量控制手段选择错误扣5分 | | | | |
| | | | | 含水量调整控制范围不正确扣10分 | | | | |
| | | | | 造成汽提塔负荷增大扣10分 | | | | |
| | | | | 调整反向扣5分 | | | | |

续表

| 序号 | 考核内容 | 考核要点 | 配分 | 评分标准 | 检测结果 | 扣分 | 得分 | 备注 |
|---|---|---|---|---|---|---|---|---|
| | | | | 造成温度超高扣10分 | | | | |
| | | | | 造成安全阀起跳扣10分 | | | | |
| | | | | 造成汽提塔底温波动大扣10分 | | | | |
| | | | | 造成产品质量不合格扣10分 | | | | |
| | | | | 造成含水量超标扣10分 | | | | |
| | | | | 影响其他各塔操作扣10分 | | | | |
| 3 | 使用工具 | 正确使用工具 | 2 | 工具使用不正确扣2分 | | | | |
| | | 正确维护工具 | 3 | 工具乱摆乱放扣3分 | | | | |
| 4 | 安全及其他 | 按国家法规或企业规定 | | 违规一次总分扣5分；严重违规停止操作 | | | — | |
| | | 在规定时间内完成操作 | | 每超时1min总分扣5分，超时3min停止操作 | | | — | |
| | 合　计 | | 100 | | | | | |

### 试题44：抽提停工前的准备工作(现场模拟)

（考核时间：15min）

| 序号 | 考核内容 | 考核要点 | 配分 | 评分标准 | 检测结果 | 扣分 | 得分 | 备注 |
|---|---|---|---|---|---|---|---|---|
| 1 | 准备工作 | 穿戴劳保用品 | 3 | 未穿戴整齐扣3分 | | | | |
| | | 工具、用具准备 | 2 | 工具选择不正确扣2分 | | | | |
| 2 | 操作程序 | 初期准备 | 35 | 芳烃、非芳中间罐未存油扣5分 | | | | |
| | | | | 芳烃、非芳中间罐存油不足扣5分 | | | | |
| | | | | 轻重液中间罐未存油扣5分 | | | | |
| | | | | 轻重液中间罐存油不足扣5分 | | | | |
| | | | | 溶剂水未处理或处理不完全扣5分 | | | | |
| | | | | 地下池未清理扣5分 | | | | |
| | | | | 抽地下池泵未检查扣5分 | | | | |
| 3 | | 再生塔停止再生 | 35 | 再生塔降温5分 | | | | |
| | | | | 据中部液面停回流泵，停抽空器10分 | | | | |
| | | | | 三合一线窜入软化水5分 | | | | |
| | | | | 启泵送老化溶剂5分 | | | | |
| | | | | 回收侧线、回流线溶剂5分 | | | | |
| | | | | 退老化溶剂5分 | | | | |
| 4 | | 抽提分离改循环 | 20 | 抽提改循环10分 | | | | |
| | | | | 分离改循环10分 | | | | |

续表

| 序号 | 考核内容 | 考核要点 | 配分 | 评分标准 | 检测结果 | 扣分 | 得分 | 备注 |
|---|---|---|---|---|---|---|---|---|
| 5 | 使用工具 | 正确使用工具 | 2 | 工具使用不正确扣2分 | | | | |
| | | 正确维护工具 | 3 | 工具乱摆乱放扣3分 | | | | |
| 6 | 安全及其他 | 按国家法规或企业规定 | | 违规一次总分扣5分；严重违规停止操作 | | | — | |
| | | 在规定时间内完成操作 | | 每超时1min总分扣5分，超时3min停止操作 | | | — | |
| | | 合　计 | 100 | | | | | |

**试题45：抽提、分离停工前改循环的操作(现场模拟)**

（考核时间：15min）

| 序号 | 考核内容 | 考核要点 | 配分 | 评分标准 | 检测结果 | 扣分 | 得分 | 备注 |
|---|---|---|---|---|---|---|---|---|
| 1 | 准备工作 | 穿戴劳保用品 | 3 | 未穿戴整齐扣3分 | | | | |
| | | 工具、用具准备 | 2 | 工具选择不正确扣2分 | | | | |
| 2 | 操作程序 | 分离塔建立循环 | 45 | 若未抽进料中间罐向分离塔进料扣20分 | | | | |
| | | | | 分离塔产品走向错误扣10分 | | | | |
| | | | | 分离塔建立循环错误扣15分 | | | | |
| 3 | | 抽提塔建立循环 | 45 | 若未抽芳烃、非芳中间罐向抽提塔进料扣20分 | | | | |
| | | | | 产品走向错误扣10分 | | | | |
| | | | | 抽提塔建立循环错误扣15分 | | | | |
| 4 | 使用工具 | 正确使用工具 | 2 | 工具使用不正确扣2分 | | | | |
| | | 正确维护工具 | 3 | 工具乱摆乱放扣3分 | | | | |
| 5 | 安全及其他 | 按国家法规或企业规定 | | 违规一次总分扣5分；严重违规停止操作 | | | — | |
| | | 在规定时间内完成操作 | | 每超时1min总分扣5分，超时3min停止操作 | | | — | |
| | | 合　计 | 100 | | | | | |

**试题46：分析影响抽提塔界面的因素(现场模拟)**

（考核时间：15min）

| 序号 | 考核内容 | 考核要点 | 配分 | 评分标准 | 检测结果 | 扣分 | 得分 | 备注 |
|---|---|---|---|---|---|---|---|---|
| 1 | 准备工作 | 穿戴劳保用品 | 3 | 未穿戴整齐扣3分 | | | | |
| | | 工具、用具准备 | 2 | 工具选择不正确扣2分 | | | | |

续表

| 序号 | 考核内容 | 考核要点 | 配分 | 评分标准 | 检测结果 | 扣分 | 得分 | 备注 |
|---|---|---|---|---|---|---|---|---|
| 2 | 操作程序 | 富溶剂抽出量变化 | 90 | 未分析此原因扣 10 分 | | | | |
| | | 非芳烃流量变化 | | 未分析此原因扣 10 分 | | | | |
| | | 进料量变化 | | 未分析此原因扣 10 分 | | | | |
| | | 进料组成变化 | | 未分析此原因扣 10 分 | | | | |
| | | 贫溶剂量调节幅度大 | | 未分析此原因扣 10 分 | | | | |
| | | 回流芳烃调节幅度大 | | 未分析此原因扣 10 分 | | | | |
| | | 抽提压力变化 | | 未分析此原因扣 10 分 | | | | |
| | | 塔板堵塞 | | 未分析此原因扣 10 分 | | | | |
| | | 控制阀失灵 | | 未分析此原因扣 5 分 | | | | |
| | | 计算机失灵 | | 未分析此原因扣 5 分 | | | | |
| 3 | 使用工具 | 正确使用工具 | 2 | 工具使用不正确扣 2 分 | | | | |
| | | 正确维护工具 | 3 | 工具乱摆乱放扣 3 分 | | | | |
| 4 | 安全及其他 | 按国家法规或企业规定 | | 违规一次总分扣 5 分；严重违规停止操作 | | | — | |
| | | 在规定时间内完成操作 | | 每超时 1min 总分扣 5 分，超时 3min 停止操作 | | | — | |
| 合计 | | | 100 | | | | | |

# 第二部分

# 中 级 工

# 一、国家职业标准(中级工工作要求)

| 职业功能 | 工作内容 | 技能要求 | 相关知识 |
|---|---|---|---|
| 工艺操作 | (一)开车准备 | 1. 能引水、汽、风等介质进装置<br>2. 能改开车流程<br>3. 能做好系统隔离操作<br>4. 能完成加热炉点火操作<br>5. 能配合仪表工对联锁、控制阀阀位进行确认<br>6. 能看懂化验单内容<br>7. 能投用空气预热器，开、停鼓风机、引风机 | 1. 全装置工艺流程<br>2. 开车方案<br>3. 系统隔离注意事项<br>4. 一般工艺、设备联锁知识<br>5. 空气预热器投用方法 |
| | (二)开车操作 | 1. 能做好重整与再生部分的置换、隔离操作<br>2. 能完成重整进油操作<br>3. 能完成催化剂正常再生操作<br>4. 能完成溶剂循环操作<br>5. 能完成粉尘过滤、再生气体干燥等小成套设备的操作 | 1. 临氢系统置换、隔离方法<br>2. 重整进料条件<br>3. 重整催化剂再生烧焦操作法<br>4. 抽提(萃取)基本原理 |
| | (三)正常操作 | 1. 能配制与加入常用助剂<br>2. 能完成产品质量的调节<br>3. 能运用常规仪表、DCS操作站对工艺参数进行常规调节 | 1. 常规仪表知识<br>2. DCS操作一般知识<br>3. 常用助剂的性质与作用 |
| | (四)停车操作 | 1. 能完成降温降量操作<br>2. 能停用大型机泵<br>3. 能停用加热炉<br>4. 能配合完成炉管烧焦的配风、配汽操作<br>5. 能置换、退净设备、管道内的物料并完成吹扫工作 | 1. 炉管烧焦原理及方案<br>2. 停车方案 |
| 设备使用与维护 | (一)使用设备 | 1. 能开、停、切换常用机泵等设备<br>2. 能使用测速、测振、测温等仪器<br>3. 能完成重油、热油泵的预热及相关操作<br>4. 能投用塔、罐、反应器、加热炉等设备<br>5. 能操作往复式压缩机<br>6. 能完成大型机组润滑油泵的切换操作<br>7. 能完成汽轮机暖管操作<br>8. 能操作催化剂添加料斗<br>9. 能操作高速离心泵、透平泵<br>10. 能操作废热锅炉 | 1. 机泵的操作方法<br>2. 机泵预热要点<br>3. 测速、测振、测温等仪器使用方法<br>4. 加热炉操作法<br>5. 大型机组润滑油泵切换注意事项<br>6. 往复式压缩机开停步骤<br>7. 蒸汽暖管操作步骤<br>8. 催化剂添加料斗操作法<br>9. 高速离心泵、透平泵操作法<br>10. 废热锅炉操作要点 |
| | (二)维护设备 | 1. 能完成一般的更换垫片、堵漏、拆装盲板等操作<br>2. 能完成机组检修前后的氮气置换操作<br>3. 能判断机泵运行故障并作相应的处理<br>4. 能做好设备的润滑工作<br>5. 能对机泵、加热炉、阀门等进行常规的维护保养 | 1. 设备完好标准<br>2. 设备密封知识<br>3. 润滑油管理制度 |

续表

| 职业功能 | 工作内容 | 技能要求 | 相关知识 |
|---|---|---|---|
| 事故判断与处理 | (一)判断事故 | 1. 能现场判断阀门、机泵、加热炉等运行常见故障<br>2. 能判断反应器、罐、冷换设备等压力容器的泄漏事故<br>3. 能判断冲塔、窜油等常见故障<br>4. 能判断一般性着火事故的原因<br>5. 能判断一般产品质量事故 | 1. 冷换设备等压力容器的结构及使用条件<br>2. 阀门、机泵常见故障判断方法 |
| | (二)处理事故 | 1. 能按指令处理装置停原料、水、电、气、风、蒸汽、燃料等突发事故<br>2. 能处理加热炉、机泵等常见设备故障<br>3. 能完成紧急停机、停炉操作<br>4. 能处理冲塔、窜油等事故<br>5. 能处理装置一般性着火事故<br>6. 能处理 $CO$、$H_2S$ 等中毒事故<br>7. 能协助处理仪表、电气事故<br>8. 能处理一般产品质量事故<br>9. 能处理再生冷停车事故<br>10. 能处理预加氢、重整进料中断事故<br>11. 能协助处理重整循环机跳车事故<br>12. 能处理苯类质量事故<br>13. 能处理汽提塔发泡事故 | 1. $CO$、$H_2S$ 中毒机理及救护知识<br>2. 仪表、电气一般知识<br>3. 紧急停车方案<br>4. 再生冷停车条件<br>5. 循环机故障处理方案<br>6. 原料中断处理方案<br>7. 汽提塔发泡原理 |
| 绘图与计算 | (一)绘图 | 1. 能绘制装置工艺流程图<br>2. 能识读设备结构简图 | 设备简图知识 |
| | (二)计算 | 1. 能计算转化率、收率、空速、回流比等<br>2. 能完成班组经济核算<br>3. 能完成简单物料平衡计算 | 1. 转化率、收率、空速、回流比等的基本概念、意义<br>2. 班组经济核算方法<br>3. 物料平衡计算方法 |

## 二、理论知识鉴定要素细目表

### 行业通用理论知识鉴定要素细目表

| 鉴定范围 | | | | | | 鉴定点 | | |
|---|---|---|---|---|---|---|---|---|
| 一级 | | 二级 | | 三级 | | 代码 | 名称 | 重要程度 |
| 代码 | 名称 | 代码 | 名称 | 代码 | 名称 | | | |
| A | 基本要求 | B | 基础知识 | A | 记录填写基础知识 | 001 | 岗位交接班记录的填写要求 | X |
| | | | | | | 002 | 关键设备巡检记录的填写要求 | X |
| | | | | B | 识图基础知识 | 001 | 正投影的特点 | X |
| | | | | | | 002 | 三视图的特点 | X |
| | | | | | | 003 | 三视图的作图方法 | X |
| | | | | | | 004 | 零件图的作用 | X |
| | | | | C | 安全环保基础知识 | 001 | 石化行业安全检查的内容 | X |
| | | | | | | 002 | 尘毒物质危害人体的主要因素 | X |
| | | | | | | 003 | 化工污染的控制方法 | X |
| | | | | | | 004 | 清洁生产的理论基础 | X |
| | | | | | | 005 | 清洁生产审计的目的 | X |

续表

| 鉴定范围 | | | | | | 鉴定点 | | |
|---|---|---|---|---|---|---|---|---|
| 一级 | | 二级 | | 三级 | | 代码 | 名称 | 重要程度 |
| 代码 | 名称 | 代码 | 名称 | 代码 | 名称 | | | |
| | | | | | | 006 | 灭火的机理 | X |
| | | | | | | 007 | ISO 14001 标准的特点 | X |
| | | | | | | 008 | ISO 14001 环境因素识别的状态、时态和类型 | X |
| | | | | | | 009 | ISO 14001 环境因素识别的步骤 | X |
| | | | | | | 010 | ISO 14001 识别环境因素的方法 | X |
| | | | | | | 011 | HSE 审核的概念 | X |
| | | | | | | 012 | HSE 审核的目的 | X |
| | | | | | | 013 | HSE 危害的概念 | X |
| | | | | | | 014 | 废水治理的常识 | X |
| | | | | | | 015 | 废气治理的常识 | X |
| | | | | | | 016 | 废渣处理的常识 | X |
| | | | | | | 017 | 防冻防凝的知识 | X |
| | | | | | | 018 | 夏季四防的知识 | X |
| | | | | | | 019 | 职业病的概念 | X |
| | | | | | | 020 | 职业病的种类 | X |
| | | | | | | 021 | 石化行业事故的分类 | X |
| | | | | | | 022 | 石化行业事故分级的规定 | X |
| | | | | | | 023 | HSE 不符合的概念 | X |
| | | | | | | 024 | HSE 事故的定义 | X |
| | | | | D | 质量基础知识 | 001 | 标准化的意义 | X |
| | | | | | | 002 | 质量认证的概念 | X |
| | | | | | | 003 | 全面质量管理的特点 | X |
| | | | | | | 004 | ISO 9000 质量管理体系基础的内容 | X |
| | | | | | | 005 | 质量管理 PDCA 动态循环的意义 | X |
| | | | | | | 006 | ISO 9000 族标准的核心标准 | X |
| | | | | | | 007 | ISO 9000 族标准“质量”的意义 | X |
| | | | | | | 008 | ISO 9001 标准的八项管理原则 | X |
| | | | | E | 计算机基础知识 | 001 | Word 文字处理软件基础知识 | X |
| | | | | | | 002 | Word 表格处理知识 | X |
| | | | | | | 003 | Excel 工作表的建立 | X |
| | | | | | | 004 | Excel 的排版 | X |
| | | | | F | 法律常识 | 001 | 合同的形式 | X |
| | | | | | | 002 | 合同法关于无效合同的规定 | X |

## 职业通用理论知识鉴定要素细目表(《燃料油生产工》)

| 鉴定范围 | | | | | | 鉴定点 | | |
|---|---|---|---|---|---|---|---|---|
| 一级 | | 二级 | | 三级 | | 代码 | 名称 | 重要程度 |
| 代码 | 名称 | 代码 | 名称 | 代码 | 名称 | | | |
| A | 基本要求 | B | 基础知识 | G | 化学基础知识 | 001 | 气体溶解度的影响因素 | Y |
| | | | | | | 002 | 理想气体状态方程的简单计算 | Y |
| | | | | | | 003 | 质量分数的概念 | Y |
| | | | | | | 004 | 可逆反应的基本概念 | Y |
| | | | | | | 005 | 化学平衡的影响因素 | Y |
| | | | | | | 006 | 溶液质量摩尔浓度的概念 | Y |
| | | | | | | 007 | 溶液摩尔分数的概念 | Y |
| | | | | | | 008 | 化学平衡常数的概念 | Y |
| | | | | | | 009 | 化学反应速率的表示方法 | X |
| | | | | | | 010 | 临界温度的概念 | Z |
| | | | | | | 011 | 临界压力的概念 | X |
| | | | | | | 012 | 化学平衡的特征 | X |
| | | | | | | 013 | 电离平衡的概念 | Y |
| | | | | | | 014 | 炔烃的物化性质 | Y |
| | | | | | | 015 | 芳烃的物化性质 | Y |
| | | | | | | 016 | 氧化剂的概念 | Y |
| | | | | | | 017 | 还原剂的概念 | Y |
| | | | | H | 石油及油品基础知识 | 001 | 石油中微量元素 | Y |
| | | | | | | 002 | 石油中的含氮化合物 | X |
| | | | | | | 003 | 石油中的含氧化合物 | X |
| | | | | | | 004 | 油品的混合黏度 | X |
| | | | | | | 005 | 油品黏度与化学组成的关系 | X |
| | | | | | | 006 | 烃类的热容 | X |
| | | | | | | 007 | 油品的气化热 | X |
| | | | | | | 008 | 油品的特性因子 | X |
| | | | | I | 化工基础知识 | 001 | 定态常流动流体的物料衡算 | Z |
| | | | | | | 002 | 简单管路的计算 | Y |
| | | | | | | 003 | 动力学基本方程的应用 | X |
| | | | | | | 004 | 热负荷的基本概念 | X |
| | | | | | | 005 | 强化传热的途径 | X |
| | | | | | | 006 | 蒸馏塔的物料衡算概念 | Z |
| | | | | | | 007 | 理论板的概念 | Y |
| | | | | | | 008 | 进料热状况对精馏操作的影响 | X |
| | | | | | | 009 | 液泛的概念 | X |

续表

| 鉴定范围 | | | | | | 鉴定点 | | |
|---|---|---|---|---|---|---|---|---|
| 一级 | | 二级 | | 三级 | | 代码 | 名　称 | 重要程度 |
| 代码 | 名　称 | 代码 | 名　称 | 代码 | 名　称 | | | |
| | | | | | | 010 | 雾沫夹带的概念 | X |
| | | | | | | 011 | 漏液产生的原因 | X |
| | | | | | | 012 | 实现精馏的必要条件 | X |
| | | | | | | 013 | 影响精馏操作的主要因素 | X |
| | | | | | | 014 | 传质的基本方式 | X |
| | | | | | | 015 | 雷诺数的物理意义 | X |
| | | | | | | 016 | 流体的流动类型的判断 | X |
| | | | | J | 计量基础知识 | 001 | 石化企业计量方式的种类 | X |
| | | | | | | 002 | A 级计量设备的种类 | Y |
| | | | | | | 003 | B 级计量设备的种类 | Y |
| | | | | | | 004 | C 级计量设备的种类 | Y |
| | | | | | | 005 | 物料计量表配备的精度要求 | X |
| | | | | | | 006 | 新物料计量表投用的步骤 | X |
| | | | | K | 炼油机械与设备 | 001 | 离心泵的基本结构 | X |
| | | | | | | 002 | 离心泵零部件的作用 | Y |
| | | | | | | 003 | 机械密封结构 | X |
| | | | | | | 004 | 机械密封工作原理 | X |
| | | | | | | 005 | 机泵机械密封的冲洗形式 | Z |
| | | | | | | 006 | 板式塔的特点 | Y |
| | | | | | | 007 | 填料塔的特点 | X |
| | | | | | | 008 | 填料塔常用填料的种类 | X |
| | | | | | | 009 | 管壳式换热器的结构形式 | X |
| | | | | | | 010 | 加热炉的结构 | Y |
| | | | | | | 011 | 闸阀的基本结构 | X |
| | | | | | | 012 | 润滑管理常识 | X |
| | | | | | | 013 | 化学腐蚀的概念 | Y |
| | | | | | | 014 | 压力容器的概念 | X |
| | | | | | | 015 | 压力管道的概念 | Y |
| | | | | | | 016 | 压力试验的作用 | X |
| | | | | | | 017 | 密封试验的作用 | Z |
| | | | | | | 018 | 离心泵气蚀的概念 | Y |

续表

| 鉴定范围 | | | | | | 鉴定点 | | |
|---|---|---|---|---|---|---|---|---|
| 一级 | | 二级 | | 三级 | | 代码 | 名称 | 重要程度 |
| 代码 | 名称 | 代码 | 名称 | 代码 | 名称 | | | |
| | | | | L | 电工基础知识 | 001 | 现场控制开关的使用常识 | X |
| | | | | | | 002 | 正弦交流电的概念 | X |
| | | | | | | 003 | 并联电路电阻简化计算方法 | Y |
| | | | | | | 004 | 串联电路电阻简化计算方法 | Y |
| | | | | | | 005 | 用电设备维修安全常识 | Y |
| | | | | | | 006 | 装置设备接地线的常识 | Z |
| | | | | | | 007 | 防雷防静电的常识 | X |
| | | | | | | 008 | 常用电机的类型 | X |
| | | | | | | 009 | 常用电机型号含义 | X |
| | | | | | | 010 | 跨步电的概念 | Y |
| | | | | | | 011 | 炼油厂动力电的种类 | Y |
| | | | | M | 仪表基础知识 | 001 | 简单回路 PID 参数的概念 | X |
| | | | | | | 002 | 串级控制的概念 | X |
| | | | | | | 003 | 分程控制的概念 | Y |
| | | | | | | 004 | 联锁的基本概念 | X |
| | | | | | | 005 | 控制阀的附件种类 | X |
| | | | | | | 006 | 在线仪表的种类 | X |
| | | | | | | 007 | 压力仪表的测量原理 | X |
| | | | | | | 008 | 温度仪表的测量原理 | X |
| | | | | | | 009 | 流量仪表的测量原理 | X |
| | | | | | | 010 | 物位仪表的测量原理 | X |

## 工种理论知识鉴定要素细目表

| 鉴定范围 | | | | | | 鉴定点 | | |
|---|---|---|---|---|---|---|---|---|
| 一级 | | 二级 | | 三级 | | 代码 | 名称 | 重要程度 |
| 代码 | 名称 | 代码 | 名称 | 代码 | 名称 | | | |
| B | 相关知识 | A | 工艺操作 | A | 开车准备 | 001 | 半再生重整的工艺特点 | X |
| | | | | | | 002 | 连续重整的工艺特点 | X |
| | | | | | | 003 | 临氢系统引氢气操作要点 | X |
| | | | | | | 004 | 吹扫引蒸汽注意事项 | X |
| | | | | | | 005 | 盲板拆装注意事项 | X |
| | | | | | | 006 | 氮气的质量标准 | X |
| | | | | | | 007 | 新氢的质量标准 | X |
| | | | | | | 008 | 设置联锁系统的目的 | X |
| | | | | | | 009 | 储存精制油的目的 | Y |

续表

| 鉴定范围 | | | | | | 鉴定点 | | |
|---|---|---|---|---|---|---|---|---|
| 一级 | | 二级 | | 三级 | | 代码 | 名称 | 重要程度 |
| 代码 | 名称 | 代码 | 名称 | 代码 | 名称 | | | |
| | | | | | | 010 | 预加氢催化剂的构成 | X |
| | | | | | | 011 | 预加氢催化剂各组分的作用 | X |
| | | | | | | 012 | 重整催化剂的构成 | X |
| | | | | | | 013 | 重整催化剂的基本特征 | X |
| | | | | | | 014 | 重整催化剂载体的作用 | X |
| | | | | | | 015 | 加热炉烘炉目的 | X |
| | | | | | | 016 | 加热炉引燃料气注意事项 | X |
| | | | | | | 017 | 燃料的高低发热值 | X |
| | | | | | | 018 | 空气预热器的作用 | X |
| | | | | | | 019 | 空气预热器投用注意事项 | X |
| | | | | | | 020 | 新建装置贯通试压的目的 | X |
| | | | | | | 021 | 加热炉点火注意事项 | X |
| | | | | | | 022 | 塔板效率的概念 | X |
| | | | | B | 开车操作 | 001 | 临氢系统置换的方法 | X |
| | | | | | | 002 | 临氢系统氮气置换合格标准 | X |
| | | | | | | 003 | 临氢系统氢气置换合格标准 | X |
| | | | | | | 004 | 开工初期重整提温注意事项 | X |
| | | | | | | 005 | 预加氢催化剂预硫化结束的标志 | X |
| | | | | | | 006 | 预加氢反应系统进料注意事项 | X |
| | | | | | | 007 | 重整反应系统进料注意事项 | X |
| | | | | | | 008 | 原料预处理全馏分加氢工艺的优缺点 | Y |
| | | | | | | 009 | 原料预处理先分馏后加氢工艺的优缺点 | Y |
| | | | | | | 010 | 重整在线氢分仪的使用注意事项 | Y |
| | | | | | | 011 | 重整在线水分仪的使用注意事项 | Y |
| | | | | C | 正常操作 | 001 | 流量计的工作原理 | X |
| | | | | | | 002 | 流量计安装注意事项 | X |
| | | | | | | 003 | 积分调节作用的基本原理 | X |
| | | | | | | 004 | 微分调节作用的基本原理 | X |
| | | | | | | 005 | 二氯乙烷的物理化学化性质 | Y |
| | | | | | | 006 | 二氯乙烷在重整中的作用 | X |
| | | | | | | 007 | 乙醇的物理化学性质 | X |
| | | | | | | 008 | 乙醇在重整中的作用 | X |
| | | | | | | 009 | 二甲基二硫醚的物理化学性质 | Y |
| | | | | | | 010 | 二甲基二硫醚在重整中的作用 | Y |

续表

| 鉴定范围 | | | | | | 鉴定点 | | |
|---|---|---|---|---|---|---|---|---|
| 一级 | | 二级 | | 三级 | | 代码 | 名称 | 重要程度 |
| 代码 | 名称 | 代码 | 名称 | 代码 | 名称 | | | |
| | | | | | | 011 | 分馏塔的回流比 | Y |
| | | | | | | 012 | 分馏塔重沸炉塔底温度控制方法 | X |
| | | | | | | 013 | 预加氢常用脱氯剂的组成 | X |
| | | | | | | 014 | 预加氢脱氯罐投用、切除注意事项 | Y |
| | | | | | | 015 | 预加氢常用脱硫剂的组成 | X |
| | | | | | | 016 | 预加氢脱硫罐投用注意事项 | Y |
| | | | | | | 017 | 预加氢脱硫罐切除注意事项 | Y |
| | | | | | | 018 | 原料芳烃潜含量高低对生产的影响 | X |
| | | | | | | 019 | 重整催化剂积炭的反应机理 | X |
| | | | | | | 020 | 重整各反发生的化学反应 | X |
| | | | | | | 021 | 重整氢纯度高、低的原因 | X |
| | | | | | | 022 | 重整循环氢中水与生成油中水的比例关系 | Y |
| | | | | | | 023 | 蒸发脱水塔的操作注意事项 | X |
| | | | | | | 024 | 重整稳定塔的操作注意事项 | X |
| | | | | | | 025 | 重整催化剂中毒类型 | X |
| | | | | D | 停车操作 | 001 | 预处理系统停车注意事项 | X |
| | | | | | | 002 | 加热炉炉管烧焦原理 | X |
| | | | | | | 003 | 加热炉炉管烧焦注意事项 | X |
| | | | | | | 004 | 脱氯剂装卸剂注意事项 | Y |
| | | | | | | 005 | 脱硫剂装卸剂注意事项 | Y |
| | | | | | | 006 | 预加氢催化剂卸剂注意事项 | X |
| | | | | | | 007 | 重整催化剂卸剂注意事项 | X |
| | | | | | | 008 | 设备检修时监护的注意事项 | Z |
| | | | | | | 009 | 重整反应系统降温降量操作要点 | X |
| | | | | | | 010 | 重整催化剂再生步骤 | X |
| | | | | | | 011 | 预加氢催化剂再生的目的 | X |
| | | | | | | 012 | 预加氢催化剂再生方法介绍 | Y |
| | | | | | | 013 | 重整催化剂再生的目的 | X |
| | | | | | | 014 | 重整催化剂积炭的类型 | Z |
| | | | | | | 015 | 重整催化剂再生机理 | X |
| | | | | | | 016 | 积炭类型对烧焦的影响 | Z |
| | | | | | | 017 | 烧焦时床层超温的危害 | X |
| | | | | | | 018 | 重整反应系统停车注意事项 | X |

续表

| 鉴定范围 | | | | | | 鉴定点 | | |
|---|---|---|---|---|---|---|---|---|
| 一级 | | 二级 | | 三级 | | 代码 | 名称 | 重要程度 |
| 代码 | 名称 | 代码 | 名称 | 代码 | 名称 | | | |
| | | B | 设备使用与维护 | A | 使用设备 | 001 | 离心泵轴封的形式 | X |
| | | | | | | 002 | 离心泵的填料密封特点 | Y |
| | | | | | | 003 | 离心泵的机械密封特点 | Y |
| | | | | | | 004 | 离心泵启动的注意事项 | X |
| | | | | | | 005 | 离心泵停运的注意事项 | X |
| | | | | | | 006 | 离心泵切换的注意事项 | X |
| | | | | | | 007 | 往复泵启动的注意事项 | X |
| | | | | | | 008 | 往复泵停运的注意事项 | X |
| | | | | | | 009 | 往复泵切换的注意事项 | X |
| | | | | | | 010 | 热油泵使用注意事项 | X |
| | | | | | | 011 | 往复泵出口安全阀的作用 | X |
| | | | | | | 012 | 计量泵流量调节原理 | X |
| | | | | | | 013 | 加热炉“三门一板”的操作要点 | X |
| | | | | | | 014 | 加热炉吹灰器的类型 | Y |
| | | | | | | 015 | 加热炉系统常用的安全措施 | X |
| | | | | | | 016 | 加热炉正常点火注意事项 | X |
| | | | | | | 017 | 炉管表面热强度的概念 | Y |
| | | | | | | 018 | 烟气露点腐蚀机理 | X |
| | | | | | | 019 | 换热器管束的排列方式 | X |
| | | | | | | 020 | 浮头式换热器的结构 | Y |
| | | | | | | 021 | 换热介质走管壳层的确定方法 | Y |
| | | | | | | 022 | 冷换设备投用注意事项 | X |
| | | | | | | 023 | 冷换设备停用注意事项 | X |
| | | | | | | 024 | 浮阀塔的优缺点 | X |
| | | | | | | 025 | 轴向反应器结垢篮的作用 | X |
| | | | | | | 026 | 压缩机的分类 | X |
| | | | | | | 027 | 往复式压缩机的特点 | X |
| | | | | | | 028 | 往复式压缩机的性能参数 | X |
| | | | | | | 029 | 多级压缩的概念 | Y |
| | | | | | | 030 | 压缩比的概念 | X |
| | | | | | | 031 | 容积比的概念 | X |
| | | | | | | 032 | 余隙系数的概念 | Z |
| | | | | | | 033 | 余热锅炉煮炉的目的 | X |
| | | | | | | 034 | 余热锅炉煮炉操作注意事项 | X |

续表

| 鉴定范围 | | | | | | 鉴定点 | | |
|---|---|---|---|---|---|---|---|---|
| 一级 | | 二级 | | 三级 | | 代码 | 名称 | 重要程度 |
| 代码 | 名称 | 代码 | 名称 | 代码 | 名称 | | | |
| | | | | | | 035 | 蒸汽发生器的概念 | X |
| | | | | | | 036 | 蒸汽发生器产汽机理 | Y |
| | | | | | | 037 | 往复式压缩机卸荷器的工作原理 | Y |
| | | | | | | 038 | 往复式压缩机的辅助系统组成 | Y |
| | | | | | | 039 | 往复式压缩机润滑油系统工作原理 | X |
| | | | | | | 040 | 往复式压缩机开机注意事项 | X |
| | | | | | | 041 | 往复式压缩机停机注意事项 | X |
| | | | | | | 042 | 往复式压缩机切换注意事项 | X |
| | | | | | | 043 | 离心式压缩机的特点 | X |
| | | | | | | 044 | 压缩机润滑油泵切换注意事项 | X |
| | | | | | | 045 | 压缩机润滑油冷器切换注意事项 | X |
| | | | | B | 维护设备 | 001 | 机泵盘车困难的原因 | X |
| | | | | | | 002 | 离心泵窜轴的原因 | X |
| | | | | | | 003 | 机泵定期切换的目的 | X |
| | | | | | | 004 | 润滑油的润滑机理 | X |
| | | | | | | 005 | 机泵密封原理 | X |
| | | | | | | 006 | 压力容器的分类 | X |
| | | | | | | 007 | 压力容器常见缺陷 | X |
| | | | | | | 008 | 设备检修动火注意事项 | X |
| | | | | | | 009 | 离心式压缩机润滑油系统高位油箱的作用 | Z |
| | | | | | | 010 | 往复式压缩机出口温度过高的危害 | X |
| | | | | | | 011 | 往复机带液的危害 | X |
| | | C | 事故判断与处理 | A | 判断事故 | 001 | 加热炉回火的原因 | X |
| | | | | | | 002 | 分馏塔塔底循环泵突然停运的现象 | X |
| | | | | | | 003 | 分馏塔塔压波动的原因 | X |
| | | | | | | 004 | 分馏塔塔液位波动的原因 | X |
| | | | | | | 005 | 预分馏塔顶、塔底油馏程重叠的原因 | Y |
| | | | | | | 006 | 进料负荷对塔操作的影响 | X |
| | | | | | | 007 | 加热炉冒黑烟的原因 | X |
| | | | | | | 008 | 固定床反应器床层产生沟流的原因 | X |
| | | | | | | 009 | 固定床反应器产生沟流的危害 | X |
| | | | | | | 010 | 反应系统升、降温速度过快的危害 | X |
| | | | | | | 011 | 氢油比波动对预加氢反应的影响 | X |
| | | | | | | 012 | 温度波动对预加氢反应的影响 | X |

续表

| 鉴定范围 | | | | | | 鉴定点 | | |
|---|---|---|---|---|---|---|---|---|
| 一级 | | 二级 | | 三级 | | 代码 | 名称 | 重要程度 |
| 代码 | 名称 | 代码 | 名称 | 代码 | 名称 | | | |
| | | | | | | 013 | 压力波动对预加氢反应的影响 | X |
| | | | | | | 014 | 空速波动对预加氢反应的影响 | X |
| | | | | | | 015 | 炉管结焦的原因 | X |
| | | | | | | 016 | 炉管结焦的危害 | X |
| | | | | | | 017 | 预加氢原料氮含量超高的危害 | X |
| | | | | | | 018 | 预加氢原料硫含量超高的危害 | X |
| | | | | | | 019 | 预加氢原料氯含量超高的危害 | X |
| | | | | | | 020 | 预加氢原料重金属含量超高的危害 | X |
| | | | | | | 021 | 预加氢高分液面波动过大的危害 | X |
| | | | | | | 022 | 预加氢原料水含量超高的危害 | X |
| | | | | | | 023 | 精制油硫含量超高的危害 | X |
| | | | | | | 024 | 精制油氯含量超高的危害 | X |
| | | | | | | 025 | 精制油氮含量超高的危害 | X |
| | | | | | | 026 | 精制油水含量超高的危害 | X |
| | | | | | | 027 | 加热炉脱火的原因 | X |
| | | | | B | 处理事故 | 001 | 硫化氢泄漏的防护措施 | Y |
| | | | | | | 002 | CO 中毒机理 | Z |
| | | | | | | 003 | $H_2S$ 中毒机理 | X |
| | | | | | | 004 | CO 中毒救护方法 | Z |
| | | | | | | 005 | $H_2S$ 中毒救护方法 | X |
| | | | | | | 006 | 预防苯中毒的措施 | X |
| | | | | | | 007 | 预加氢进料带水的处理原则 | X |
| | | | | | | 008 | 精制油硫含量超标的处理原则 | X |
| | | | | | | 009 | 精制油氯含量超标的处理原则 | X |
| | | | | | | 010 | 精制油氮含量超标的处理原则 | X |
| | | | | | | 011 | 精制油水含量超标的处理原则 | X |
| | | | | | | 012 | 重整反应系统原料中断的处理原则 | X |
| | | | | | | 013 | 加热炉炉膛温度不均匀的处理 | Y |
| | | | | | | 014 | 预防加热炉脱火的要点 | X |
| | | | | | | 015 | 临氢系统管线泄漏处理要点 | X |
| | | | | | | 016 | 天气对分馏塔操作的影响 | X |
| | | | | | | 017 | 预加氢进料氮含量超高的处理 | X |
| | | | | | | 018 | 预分馏塔顶、塔底油馏程重叠的处理要点 | X |
| | | | | | | 019 | 预加氢原料硫含量高的处理要点 | X |

续表

| 鉴定范围 | | | | | | 鉴定点 | | |
|---|---|---|---|---|---|---|---|---|
| 一级 | | 二级 | | 三级 | | 代码 | 名称 | 重要程度 |
| 代码 | 名称 | 代码 | 名称 | 代码 | 名称 | | | |
| | | | | | | 020 | 预加氢原料氯含量高的处理要点 | X |
| | | | | | | 021 | 预加氢原料重金属含量超高的处理要点 | X |
| | | | | | | 022 | 预加氢高分液面波动过大的处理要点 | X |
| | | | | | | 023 | 预加氢氢油比不正常的处理要点 | X |
| | | | | | | 024 | 预加氢温度不正常处理要点 | X |
| | | | | | | 025 | 预加氢压力不正常处理要点 | X |
| | | | | | | 026 | 玻璃板液位计失灵的处理要点 | X |
| | | | | | | 027 | 重整催化剂积炭高原因 | X |
| | | | | | | 028 | 往复压缩机带液的处理要点 | X |
| | | D | 绘图与计算 | B | 计算 | 001 | 塔回流比的计算 | X |
| | | | | | | 002 | 重整生成油收率的计算 | X |
| | | | | | | 003 | 液体流速的计算 | X |
| | | | | | | 004 | 催化剂装填量的计算 | X |
| | | | | | | 005 | 燃料气耗量的计算 | X |
| | | | | | | 006 | 理想气体状态方程式的计算 | Y |
| | | | | | | 007 | 离心泵的切割定律的应用计算 | X |
| | | | | | | 008 | 仪表精度的计算 | Z |
| C | 相关知识 | A | 工艺操作 | A | 开车准备 | 001 | 半再生重整装置开车要点 | Y |
| | | | | B | 开车操作 | 001 | 重整分子筛干燥罐投用标准 | X |
| | | | | | | 002 | 重整分子筛干燥罐切除标准 | X |
| | | | | | | 003 | 重整分子筛干燥罐再生注意事项 | X |
| | | | | D | 停车操作 | 001 | 半再生重整系统停车注意事项 | X |
| | | C | 事故判断与处理 | A | 判断事故 | 001 | 重整反应温降下降的原因 | X |
| | | | | B | 处理事故 | 001 | 半再生重整催化剂硫中毒的处理要点 | X |
| D | 相关知识 | A | 工艺操作 | A | 开车准备 | 001 | 待生催化剂的规格 | X |
| | | | | | | 002 | 再生催化剂的规格 | X |
| | | | | B | 开车操作 | 001 | 催化剂黑烧改白烧条件 | X |
| | | | | | | 002 | 粉尘过滤器的操作注意事项 | X |
| | | | | | | 003 | 再生气干燥系统操作注意事项 | X |
| | | | | C | 正常操作 | 001 | 新催化剂添加操作注意事项 | Z |
| | | | | D | 停车操作 | 001 | 再生冷停车操作要点 | X |
| | | | | | | 002 | 连续重整系统停车注意事项 | X |
| | | | | | | 003 | 再生热停车操作要点 | X |

续表

| 鉴定范围 | | | | | | 鉴定点 | | |
|---|---|---|---|---|---|---|---|---|
| 一级 | | 二级 | | 三级 | | 代码 | 名称 | 重要程度 |
| 代码 | 名称 | 代码 | 名称 | 代码 | 名称 | | | |
| | | B | 设备使用及维护 | A | 使用设备 | 001 | 再生风机的操作要点 | X |
| | | | | | | 002 | 风机密封气的调节要点 | X |
| | | | | | | 003 | 密封气的作用 | X |
| | | | | | | 004 | 氧含量分析仪使用方法 | X |
| | | | | | | 005 | 空气干燥器的使用注意事项 | X |
| | | | | | | 006 | 再生碱洗系统伴热投用方法 | Y |
| | | | | | | 007 | 再生碱洗系统投用方法 | X |
| | | C | 事故判断与处理 | A | 判断事故 | 001 | 再生V阀常见故障的种类 | X |
| | | | | | | 002 | 再生B阀常见故障的种类 | X |
| | | | | | | 003 | 再生G阀常见故障的种类 | X |
| | | | | | | 004 | 再生提升管常见故障 | X |
| | | | | | | 005 | 再生热停车条件 | X |
| | | | | | | 006 | 再生冷停车条件 | X |
| E | 相关知识 | A | 工艺操作 | A | 开车准备 | 001 | 抽提溶剂的选择依据 | X |
| | | | | | | 002 | 苯的用途 | Y |
| | | | | | | 003 | 甲苯的用途 | Y |
| | | | | | | 004 | 对二甲苯的用途 | Y |
| | | | | | | 005 | 邻二甲苯的用途 | Y |
| | | | | | | 006 | 汽提水的作用 | X |
| | | | | B | 开车操作 | 001 | 灵敏板的定义 | X |
| | | | | | | 002 | 灵敏板的作用 | X |
| | | | | | | 003 | 影响溶剂选择性的因素 | X |
| | | | | | | 004 | 影响溶剂溶解度的因素 | X |
| | | | | | | 005 | 抽提塔带压操作的目的 | X |
| | | | | | | 006 | 白土塔带压操作的目的 | X |
| | | | | | | 007 | 溶剂比对产品质量和收率的影响 | X |
| | | | | C | 正常操作 | 001 | 回流比大小对精馏塔操作的影响 | X |
| | | | | | | 002 | 造成环丁砜溶剂降解的原因 | X |
| | | | | | | 003 | 造成环丁砜溶剂损失的原因 | X |
| | | | | | | 004 | 溶剂比与芳烃回流率的关系 | X |
| | | | | | | 005 | 溶剂再生塔的运行效果对操作的影响 | X |
| | | | | | | 006 | 调解精馏塔温差的方法 | X |
| | | | | | | 007 | 抽提塔进料口位置对操作的影响 | X |
| | | | | | | 008 | 塔压对抽提操作的影响 | X |
| | | | | | | 009 | 汽提塔冲塔的原因 | Y |
| | | | | | | 010 | 侧线芳烃不来量原因分析 | Y |

续表

| 鉴定范围 | | | | | | 鉴定点 | | |
|---|---|---|---|---|---|---|---|---|
| 一级 | | 二级 | | 三级 | | 代码 | 名称 | 重要程度 |
| 代码 | 名称 | 代码 | 名称 | 代码 | 名称 | | | |
| | | | | D | 停车操作 | 001 | 精馏塔投用的注意事项 | X |
| | | | | | | 002 | 抽提大循环操作步骤 | X |
| | | C | 事故判断与处理 | A | 判断事故 | 001 | 苯产品酸洗比色指标不合格的原因 | X |
| | | | | | | 002 | 苯产品冰点不合格的原因 | X |
| | | | | B | 处理事故 | 001 | 人体接触到苯的处理方法 | X |

## 三、理论知识试题

### 行业通用理论知识试题

#### 判断题

1. 交接班记录需要领导审阅签字。(√)

2. 设备巡检包括设备停机过程中的检查。(√)

3. 投影线都相互平行的投影称为中心投影。(×)

**正确答案：**投影线都相互平行的投影称为平行投影。

4. 在三视图中，能够反映物体上下、左右位置关系的视图为俯视图。(×)

**正确答案：**在三视图中，能够反映物体上下、左右位置关系的视图为主视图。

5. 画三视图时，左视图和俯视图的关系是长对正。(×)

**正确答案：**画三视图时，左视图和俯视图的关系是宽相等。

6. 零件图的作用是读零件图与装配图关系。(×)

**正确答案：**零件图的作用是直接指导制造零件和检验零件的图样。

7. 零件图是直接指导制造零件和检验零件的图样。(√)

8. 综合性季度检查中，安全生产不仅是重要内容，还实行一票否决权。(√)

9. 尘毒物质对人体的危害与个人体质因素无关。(×)

**正确答案：**尘毒物质对人体的危害与个人年龄、身体健康状况等因素有关。

10. 因为环境有自净能力，所以轻度污染物可以直接排放。(×)

**正确答案：**虽然环境有自净能力，轻度污染物也不可以直接排放。

11. 目前清洁生产审计中应用的理论主要是物料平衡和能量守恒原理。(√)

12. 清洁生产审计的目的是：通过清洁生产审计判定生产过程中不合理的废物流和物、能耗部位，进而分析其原因，提出削减它的可行方案并组织实施，从而减少废弃物的产生和排放，达到实现本轮清洁生产目标。(√)

13. 根据燃烧三要素，采取除掉可燃物、隔绝氧气(助燃物)、将可燃物冷却至燃点以下等措施均可灭火。(√)

14. 在 HSE 管理体系中，评审是高层管理者对安全、环境与健康管理体系的适应性及其执行情况进行正式评审。(√)

15. 第二方审核是直属企业作为受审方，由取得相应资格的单位进行 HSE 体系审核。(×)

**正确答案**：第三方审核是直属企业作为受审方，由取得相应资格的单位进行 HSE 体系审核。

16．含汞、铬、铅等的工业废水不能用化学沉淀法治理。（×）

**正确答案**：含汞、铬、铅等的工业废水可以用化学沉淀法治理。

17．一级除尘又叫机械除尘。（√）

18．废渣处理首先考虑综合利用的途径。（√）

19．陆地填筑法可避免造成火灾或爆炸。（×）

**正确答案**：陆地填筑法有可能造成火灾或爆炸。

20．在防冻防凝工作中，严禁用高压蒸汽取暖、严防高压蒸汽窜入低压系统。（√）

21．对已冻结的铸铁管线、阀门等可以用高温蒸汽迅速解冻。（×）

**正确答案**：对已冻结的铸铁管线、阀门等不得急剧加热，只允许温水或少量蒸汽缓慢解冻，以防骤然受热损坏。

22．进入夏季，工业园区应对所有地沟、排水设施进行检查，清除排水障碍。备足防汛物资，遇到险情时能满足需求。（√）

23．从事办公室工作的人员不会形成职业病。（×）

**正确答案**：从事办公室工作的人员也会形成相应的职业病。

24．职业中毒不属于职业病。（×）

**正确答案**：职业中毒属于职业病之一。

25．急慢性中毒皆属于人身事故。（×）

**正确答案**：急性中毒属于人身事故。

26．在 HSE 管理体系中，一般不符合项是指能使体系运行出现系统性失效或区域性失效的问题。（×）

**正确答案**：在 HSE 管理体系中，一般不符合项是指个别的、偶然的、孤立的、性质轻微的问题或者是不影响体系有效性的局部问题。

27．HSE 管理体系规定，公司应建立事故报告、调查和处理管理程序，所制定的管理程序应保证能及时地调查、确认事故(未遂事故)发生的根本原因。（√）

28．标准化的重要意义是提高产品、过程或服务的质量，防止贸易壁垒，并促进技术合作。（×）

**正确答案**：标准化的重要意义是改进产品、过程或服务的适用性，防止贸易壁垒，并促进技术合作。

29．企业应当具备法人的资格或是法人的一部分，才可以申请质量体系认证。（√）

30．全面质量管理的核心是强调提高产品质量。（×）

**正确答案**：全面质量管理的核心是强调提高工作质量。

31．生产制造过程的质量管理是全面质量管理的中心环节。（√）

32．质量管理体系是指在质量方面指挥和控制组织的管理体系，它是组织若干管理体系的一个。（√）

33．PDCA 循环是全面质量管理的科学方法，可用于企业各个方面、各个环节的质量管理活动。（√）

34．ISO 9004：2000 标准是“指南”，可供组织作为内部审核的依据，也可用于认证和合

同目的。（×）

**正确答案：** ISO 9004：2000标准提供了超出ISO 9001要求的指南和建议，不用于认证或合同的目的。

35. ISO 9000族标准中，质量仅指产品质量。（√）

36. ISO 9000族标准质量管理八项原则是一个组织在质量管理方面的总体原则。（√）

37. 计算机应用软件Word字处理软件不仅可以进行文字处理，还可以插入图片、声音等，但不能输入数学公式。（×）

**正确答案：** Word字处理软件不仅可以进行文字处理，还可以插入图片、声音等，也能输入数学公式。

38. 在应用软件Word表格操作中选定整个表格后，按格式工具栏上的左、右、居中对齐等按钮则单元格中的文字内容进行左、右、居中对齐。（×）

**正确答案：** 选定整个表格后，按格式工具栏上的左、右、居中对齐等按钮则单元格中的文字内容不会进行左、右、居中对齐，整个工作表整体在页面中进行左、右、居中对齐。

39. 在应用软件Word表格操作中利用表格工作栏还可对表格内容进行垂直对齐。（√）

40. 在计算机应用软件Excel中选中不连续单元格的功能键是Alt。（×）

**正确答案：** 在计算机应用软件Excel中选中不连续单元格的功能键是Ctrl。

41. 在计算机应用软件Excel中清除合并居中的格式可以通过键盘的删除(Delete)键来实现。（×）

**正确答案：** 在计算机应用软件Excel中清除合并居中的格式可以通过编辑菜单中的清除格式来实现。

42. 在计算机应用软件Excel中的打印可实现放大或缩小比例打印。（√）

43. 不动产的买卖合同一般采用登记形式。（√）

44. 在实践中，口头形式是当事人最为普遍采用的一种合同约定形式。（×）

**正确答案：** 在实践中，书面形式是当事人最为普遍采用的一种合同约定形式。

## 单选题

1. 不允许在岗位交接班记录中出现( C )。

A. 凭旧换新　B. 划改内容　C. 撕页重写　D. 双方签字

2. 投影线都通过中心的投影称为( A )投影法。

A. 中心　B. 平行　C. 斜　D. 正

3. 在工程制图中应用较多的投影法是( D )投影法。

A. 中心　B. 平行　C. 斜　D. 正

4. 剖视图的剖切符号为断开的( D )线。

A. 细实　B. 点划　C. 虚　D. 粗实

5. 在三视图中，反映物体前后、左右位置关系的视图为( B )。

A. 主视图　B. 俯视图

C. 左视图　D. 在三个视图中都有可能

6. 在三视图中，反映物体前后、上下位置关系的视图为( C )。

A. 主视图　B. 俯视图

C. 左视图　　　　D. 在三个视图中都有可能

7. 画三视图时，主视图和俯视图的关系是( A )。

A. 长对正　　B. 高平齐　　C. 宽相等　　D. 无关系

8. 零件图的主要作用之一是( B )。

A. 指导读零件的结构　　　　B. 直接指导制造零件

C. 读零件图与装配图关系　　D. 读零件之间的配合情况

9. 毒物的沸点是( C )。

A. 越低毒性越小　　B. 越高毒性越大

C. 越低毒性越大　　D. 与毒性无关

10. 污染物的回收方法包括( D )。

A. 蒸发　　B. 干燥　　C. 排放　　D. 吸收

11. 清洁生产涵盖有深厚的理论基础，但其实质是( A )。

A. 最优化理论　　　　B. 测量学基本理论

C. 环境经济学基本理论　　D. 资源经济学基本理论

12. 液体有机物的燃烧可以采用( C )灭火。

A. 水　　B. 沙土　　C. 泡沫　　D. 以上均可

13. ISO 14001 标准其主要特点有强调( D )、强调法律、法规的符合性、强调系统化管理、强调文件化、强调相关方的观点。

A. 污染预防　　B. 持续改进

C. 末端治理　　D. 污染预防、持续改进

14. 在 ISO 14001 标准体系中，为了确保环境因素评价的准确性，在识别环境因素时应考虑的三种状态是( C )。

A. 开车、停机和检修状态　　B. 连续、间歇和半连续状态

C. 正常、异常和紧急状态　　D. 上升、下降和停止状态

15. 公司 HSE 管理体系的审核分为内部审核、( C )。

A. 第一方审核　　B. 第二方审核

C. 第三方审核　　D. 第四方审核

16. HSE 评审的目的是检验 HSE 管理体系的适宜性、( B )和有效性。

A. 充分性　　B. 公平性　　C. 权威性　　D. 必要性

17. 废水治理的方法有物理法、( A )法和生物化学法等。

A. 化学　　B. 过滤　　C. 沉淀　　D. 结晶

18. 可直接用碱液吸收处理的废气是( A )。

A. 二氧化硫　　B. 甲烷　　C. 氨气　　D. 一氧化氮

19. 废渣的处理大致采用( D )、固化、陆地填筑等方法。

A. 溶解　　B. 吸收　　C. 粉碎　　D. 焚烧

20. 为了作好防冻防凝工作，停用的设备、管线与生产系统连接处要加好( B )，并把积水排放吹扫干净。

A. 阀门　　B. 盲板　　C. 法兰　　D. 保温层

21．“夏季四防”包括防暑降温、防汛、( A )、防倒塌。

A．防雷电　B．防霉变　C．防跌滑　D．防干旱

22．属于石化行业职业病的是( B )。

A．近视　B．尘肺病　C．肩周炎　D．哮喘

23．与化工生产密切相关的职业病是( B )。

A．耳聋　B．职业性皮肤病　C．关节炎　D．眼炎

24．在 HSE 管理体系中，( A )是指组织在职业健康安全绩效方面所达到的目的。

A．目标　B．事件　C．不合格　D．不符合

25．在 HSE 管理体系中，( B )是指与组织的职业健康安全绩效有关的或受其职业健康安全绩效影响的个人或团体。

A．目标　B．相关方　C．事件　D．不符合

26．在 HSE 管理体系中，造成死亡、职业病、伤害、财产损失或环境破坏的事件称为( C )。

A．灾害　B．毁坏　C．事故　D．不符合

27．标准化的重要意义是改进产品、过程或服务的( C )，防止贸易壁垒，并促进技术合作。

A．品质　B．性能　C．适用性　D．功能性

28．产品质量认证活动是( D )开展的活动。

A．生产方　B．购买方

C．生产和购买双方　D．独立于生产方和购买方之外的第三方机构

29．全面质量管理强调以( B )质量为重点的观点。

A．产品　B．工作　C．服务　D．工程

30．质量管理体系要求企业除应有( A )上的保证能力以外，还应有资源上的保证能力。

A．管理　B．质量计划

C．质量政策与程序　D．质量文件

31．企业的质量方针是由( D )决策的。

A．全体员工　B．基层管理人员

C．中层管理人员　D．最高管理层人员

32．PDCA 循环的四个阶段八个步骤的第四个步骤是( B )。

A．总结　B．拟订对策并实施

C．分析问题原因　D．效果的确认

33．ISO 9001 和 ISO 9004 的区别在于( D )。

A．采用以过程为基础的质量管理体系模式

B．建立在质量管理八项原则的基础之上

C．强调与其他管理标准的相容性

D．用于审核和认证

34．下列各项中属于产品固有特性的是( B )。

A．价格　B．噪音　C．保修期　D．礼貌

35．PDCA 循环是实施 ISO 9000 族标准( B )原则的方法。

A．系统管理　B．持续改进　C．过程方法　D．以事实为决策依据

36. 在计算机应用软件 Word 中，不能进行的字体格式设置是( C )。

A. 文字的缩放　　B. 文字的下划线　　C. 文字的旋转　　D. 文字的颜色

37. 计算机应用软件 Word 的菜单中，经常有一些命令是灰色的，这表示( B )。

A. 应用程序本身有故障　　B. 这些命令在当前状态不起作用

C. 系统运行故障　　D. 这些命令在当前状态下有特殊的效果

38. 在计算机应用软件 Word 中，可用于计算表格中某一数值列平均值的函数是( C )。

A. Abs( )　　B. Count( )　　C. Average( )　　D. Total( )

39. 在计算机应用软件 Excel 工作表中，可按需拆分窗口，一张工作表最多拆分为( B )个窗口。

A.3　　B.4　　C.5　　D. 任意多

40. 在计算机应用软件 Excel 中如图所示页面中的斜杠是通过( B )菜单中单元格里的边框来实现。

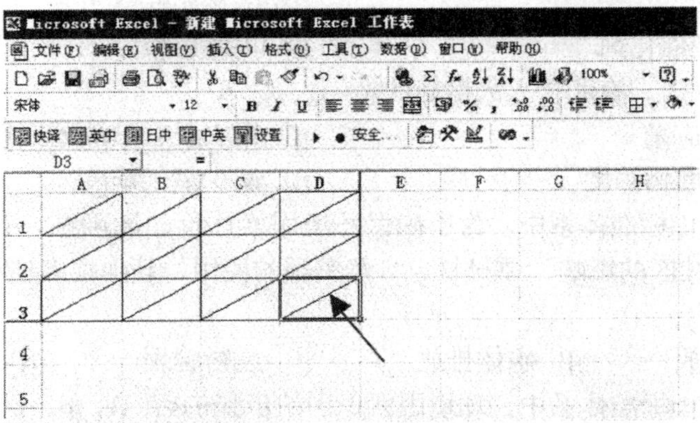


A. 编辑　　B. 格式　　C. 工具　　D. 窗口

41. 当事人采用合同书形式订立合同的，自双方当事人( C )时合同成立。

A. 制作合同书　　B. 表示受合同约束

C. 签字或者盖章　　D. 达成一致意见

42. 下列各种合同中，必须采取书面形式的是( D )合同。

A. 保管　　B. 买卖　　C. 租赁　　D. 技术转让

## 多选题

1. 设备巡检时域分为( A，B，C，D )等检查。

A. 设备运行期间　　B. 设备停机过程中

C. 设备停运期间　　D. 设备开机过程中

2. 在三视图中，能够反映物体前后位置关系的视图为( B，C )。

A. 主视图　　B. 俯视图

C. 左视图　　D. 在三个视图中都有可能

3. 在三视图中，能够反映物体上下位置关系的视图为( A，C )。

A. 主视图　　B. 俯视图

C. 左视图　　D. 在三个视图中都有可能

4. 在三视图中，与高度有关的视图是( A，C )。

A. 主视图　　B. 俯视图　　C. 左视图　　D. 三个视图都有关系

5. 在三视图中，与宽度有关的视图是( B，C )。

A. 主视图　　B. 俯视图　　C. 左视图　　D. 三个视图都有关系

6. 零件图的主要作用是( A，C )。

A. 直接指导制造零件　　B. 指导读零件的结构

C. 检验零件的图样　　D. 读零件图与装配图关系

7. 安全检查中的“月查”由车间领导组织职能人员进行月安全检查，查领导、查思想、( A，B，D )。

A. 查隐患　　B. 查纪律　　C. 查产量　　D. 查制度

8. 尘毒物质对人体的危害与工作环境的( A，B，C )等条件有关。

A. 温度　　B. 湿度　　C. 气压　　D. 高度

9. 改革生产工艺是控制化工污染的主要方法，包括( A，B，C )等。

A. 改革工艺　　B. 改变流程

C. 选用新型催化剂　　D. 更新设备

10. 着火点较大时，有利于灭火措施的是( A，C，D )。

A. 抑制反应量　　B. 用衣服、扫帚等扑打着火点

C. 减少可燃物浓度　　D. 减少氧气浓度

11. 在 ISO 14001 标准体系中，为了确保环境因素评价的准确性，在识别环境因素时应考虑土地污染、对社区的影响、原材料与自然资源的使用、其他地方性环境问题外，还应考虑( A，B，C )问题。

A. 大气排放　　B. 水体排放　　C. 废物管理　　D. 材料的利用

12. 在 ISO 14001 标准体系中，环境因素识别的步骤包括( A，B，D )。

A. 划分和选择组织过程　　B. 确定选定过程中存在的环境因素

C. 初始环境评审　　D. 明确每一环境因素对应的环境影响

13. 在 ISO 14001 标准体系中，识别环境因素的方法除问卷调查、专家咨询、现场观察和面谈、头脑风暴、查阅文件及记录、测量、水平对比、纵向对比等方法外，还有( A，B，C )方法。

A. 过程分析法　　B. 物料衡算

C. 产品生命周期　　D. 最优化理论

14. 在 HSE 管理体系中，审核是判别管理活动和有关的过程( A，B )，并系统地验证企业实施安全、环境与健康方针和战略目标的过程。

A. 是否符合计划安排　　B. 是否得到有效实施

C. 是否已经完成　　D. 是否符合标准

15. HSE 管理体系中，危害主要包括( A，B，C，D )等方面。

A. 物的不安全状态　　B. 人的不安全行为

C. 有害的作业环境　　D. 安全管理缺陷

16. 工业废水的生物处理法包括( B，D )法。

A. 过滤　　B. 好氧　　C. 结晶　　D. 厌氧

17. 对气态污染物的治理主要采取( B，C )法。

A. 蒸馏　B. 吸附　C. 吸收　D. 过滤

18. 可用于废渣处理方法的是( A，B，C )。

A. 陆地填筑　B. 固化　C. 焚烧　D. 粉碎

19. 为了做好防冻防凝工作，应注意( A，B，C )。

A. 加强报告制度　B. 加强巡检力度

C. 有情况向上级或领导汇报　D. 独立解决问题

20. 不属于夏季四防范畴的是( A，B，D )。

A. 防滑　B. 防冰雹　C. 防雷电　D. 防干旱

21. HSE 管理体系规定，事故的报告、( A，B，C )、事故的调查、责任划分、处理等程序应按国家的有关规定执行。

A. 事故的分类　B. 事故的等级　C. 损失计算　D. 事故的赔偿

22. 标准化的重要意义可概括为( A，B，C，D )。

A. 改进产品、过程或服务的适用性　B. 防止贸易壁垒，促进技术合作

C. 在一定范围内获得最佳秩序　D. 有一个或多个特定目的，以适应某种需要

23. 企业质量体系认证( A，C，D )。

A. 是一种独立的认证制度

B. 依据的标准是产品标准

C. 依据的标准是质量管理标准

D. 是第三方对企业的质量保证和质量管理能力依据标准所做的综合评价

24. 产品的质量特性包括( A，B，C，D )。

A. 性能　B. 寿命　C. 可靠性　D. 安全性

25. PDCA 循环中，处置阶段的主要任务是( B，D )。

A. 明确目标并制订实现目标的行动方案

B. 总结成功经验

C. 对计划实施过程进行各种检查

D. 对质量问题进行原因分析，采取措施予以纠正

26. 下列哪些标准应用了以过程为基础的质量管理体系模式的结构( B，C )。

A. ISO 9000：2000《质量管理体系基础和术语》

B. ISO 9001：2000《质量管理体系要求》

C. ISO 9004：2000《质量管理体系业绩改进指南》

D. ISO 19011：2002《质量和环境管理体系审核指南》

27. ISO 9000 族标准中，质量具有( B，C )性等性质。

A. 适用　B. 广义　C. 相对　D. 标准

28. 在计算机应用软件 Word 的“页面设置”对话框中，可以设置的选项为( B，C，D )。

A. 字体　B. 位置　C. 纸型　D. 纸张大小

29. 在计算机应用软件 Word 表格中，关于数据排序的叙述，不正确的是( A，B，C )。

A. 表格中数据的排序只能按升序进行　B. 表格中数据的排序只能按降序进行

C. 表格中数据的排序依据只能是行　　D. 表格中数据的排序依据可以是列

30. 在计算机应用软件 Excel 工作表中，选定某单元格，单击“编辑”菜单下的“删除”选项，可能完成的操作是( A，B，C )。

A. 删除该行　　B. 右侧单元格左移

C. 删除该列　　D. 左侧单元格右移

31. 在 Excel 工作簿中，对工作表可以进行的打印设置是( A，B，D )。

A. 打印区域　　B. 打印标题　　C. 打印讲义　　D. 打印顺序

32. 合同可以以( A，B，C，D )形式存在。

A. 口头　　B. 批准　　C. 登记　　D. 公正

33. 下列说法中属于无效合同特征的有( A，B，C，D )。

A. 无效合同自合同被确认无效时起无效

B. 对无效合同要进行国家干预

C. 无效合同具有不得履行性

D. 无效合同的违法性

## 职业通用理论知识试题(《燃料油生产工》)

### 判断题

1. 气体溶解度通常指的是该气体(其压强为 1 标准大气压)在一定温度下溶解在 100g 水里的克数。 (×)

**正确答案：**气体溶解度通常指的是该气体(其压强为 1 标准大气压)在一定温度下溶解在 1 体积水里的体积数。

2. 在标准状况下，2.2g 二氧化碳气体的体积和 1.6g 氧气的体积相等。 (√)

3. 溶液中溶质的质量分数是用溶质质量占溶液质量的百分比来表示的。 (√)

4. 化学平衡向某一方向移动时，该方向上的产物在混合物中的百分含量必然增大。 (×)

**正确答案：**化学平衡向某一方向移动时，该方向上的产物在混合物中的百分含量不一定增大。

5. 1mL 0.1mol/L 硫酸溶液比 100mL 的 0.1mol/L 硫酸溶液的浓度小。 (×)

**正确答案：**1mL 0.1mol/L 硫酸溶液与 100mL 的 0.1mol/L 硫酸溶液的浓度相同。

6. 用溶液中任一物质的量与该溶液中所有物质的量之和的比来表示的溶液组成的方法叫摩尔分数。 (√)

7. 化学平衡常数是在一定温度下可逆反应达到平衡时生成物浓度幂的乘积与反应物浓度幂的乘积的比值。 (√)

8. 物质处于临界状态时的温度，对于纯组分来说，也就是气体加压液化时所允许的最低温度。 (×)

**正确答案：**物质处于临界状态时的温度，对于纯组分来说，也就是气体加压液化时所允许的最高温度。

9. 临界压力是气体可以被液化的最低压力。 (×)

**正确答案：**临界压力是气体可以被液化的最高压力。

10. 芳烃的工业来源：目前主要是从煤焦油分馏提取。 （×）

**正确答案：** 芳烃的工业来源：目前主要由石油芳构制得。

11. 卤原子具有很强的得电子特性，所以在化学反应中卤素单质一律是氧化剂。 （×）

**正确答案：** 卤原子具有很强的得电子特性，但在与水的反应中，除氟只做氧化剂外，其余卤素既做氧化剂又做还原剂。

12. 在反应 $C + H_2O(气) = CO\uparrow + H_2\uparrow$ 中，C 是还原剂。 （√）

13. 一般说来，在含硫及相对密度较高的海相成油的石油中含镍较多，而在低硫、高氮及陆相成油的石油中钒含量较高。 （×）

**正确答案：** 一般说来，在含硫及相对密度较高的海相成油的石油中含钒较多，而在低硫、高氮及陆相成油的石油中镍含量较高。

14. 卟啉化合物是石油中比较常见的碱性含氮化合物。 （×）

**正确答案：** 卟啉化合物是石油含氮化合物中重要的非碱性含氮化合物。

15. 石油中的脂类主要集中在350℃以上的馏分中。 （√）

16. 实践证明，油品的黏度具有可加性。 （×）

**正确答案：** 实践证明，油品的黏度并没有可加性。

17. 单位质量物质温度升高1℃所吸收的热量称为该物质的质量热容，其单位是 kJ/(kg·℃)，由此可见，物质的质量热容与其所处的温度无关。 （×）

**正确答案：** 单位质量物质温度升高1℃所吸收的热量称为该物质的质量热容，其单位是 kJ/(kg·℃)，但是，物质的质量热容与其所处的温度有关。

18. 烃类的气化热比水的大些。 （×）

**正确答案：** 烃类的气化热比水的小许多。

19. 对于定态流动系统，单位时间进入各截面的流体质量相等。 （√）

20. 流体输送管路的直径可根据流量和流速的大小来选定。 （√）

21. 体积流量一定时，流速与管径成反比。 （×）

**正确答案：** 体积流量一定时，流速与管径的平方成反比。

22. 热负荷是单位时间内两流体间传热的传热量。 （√）

23. 增加管壳式换热器的管程数可得到较大的平均温差，从而可强化传热。 （×）

**正确答案：** 增加管壳式换热器的壳程数可得到较大的平均温差，从而可强化传热。

24. 对于有侧线产品的蒸馏塔，塔顶产品和塔底产品之和等于进入塔的原料量。 （×）

**正确答案：** 对于有侧线产品的蒸馏塔，塔顶产品、侧线产品及塔底产品之和等于进入塔的原料量。

25. 理论板层数就是实际板层数。 （×）

**正确答案：** 理论板层数用塔板效率予以校正即可得实际板层数。

26. 精馏塔饱和蒸汽进料，则精馏段回流液流量与提馏段下降液体流量相等。 （√）

27. 液泛时的气速为塔操作的极限速度。 （√）

28. 过量的雾沫夹带造成液相在塔板间的返混，塔板效率下降。 （√）

29. 造成漏液的主要原因是气速太大和板面上液面落差所引起的气流的分布不均匀。 （×）

**正确答案：** 造成漏液的主要原因是气速太小和板面上液面落差所引起的气流的分布不均匀。

30．回流是保证精馏过程连续稳定操作的必不可少的条件之一。（√）

31．回流比大，分离效果好，因此回流比越大越好。（×）

**正确答案：**回流比大，分离效果好，但要根据塔内气液相负荷来选择适宜的回流比。

32．在化工分离过程中，当运动着的流体与壁面之间或两个有限互溶的运动流体之间发生传质时，统称为对流传质。（√）

33．雷诺数是一个无因次数群，无论采用何种单位制，只要数群中各物理量的单位一致，算出的雷诺数相等。（√）

34．流体在直管内流动时，当雷诺数大于4000时，流动类型属于层流。（×）

**正确答案：**流体在直管内流动时，当雷诺数大于4000时，流动类型属于湍流。

35．目前，我国不能使用流量计的计量方式作石油及其产品计量。（×）

**正确答案：**流量计计量是我国石油及其产品计量方式之一。

36．用于环境监测方面属于强制管理的计量器具，属于B级计量器具的范围。（×）

**正确答案：**用于环境监测方面属于强制管理的计量器具，属于A级计量器具的范围。

37．精密测试中精度较高的计量器具、使用频繁量值易变的计量器具，属于A级计量器具的范围。（×）

**正确答案：**精密测试中精度较高的计量器具、使用频繁量值易变的计量器具，属于B级计量器具的范围。

38．对有旁路阀的新物料计量表的投用步骤：先开旁路阀，流体先从旁路管流动一段时间；缓慢开启下游阀；缓慢开启上游阀；缓慢关闭旁路阀。（×）

**正确答案：**对有旁路阀的新物料计量表的投用步骤：先开旁路阀，流体先从旁路管流动一段时间；缓慢开启上游阀；缓慢开启下游阀；缓慢关闭旁路阀。

39．单级离心泵主要由叶轮、轴、吸液室、泵体、泵盖、机械密封、压出室、轴套、耐磨环、轴承、联轴器组成。（√）

40．离心泵的压出室有螺旋形蜗室和径向导叶两种形式，其作用是将叶轮中的高速液体的一部分动能转化为压力能。（√）

41．介质泄漏方向与离心力方向相反的机械密封为内流型机械密封，介质泄漏方向与离心力方向相同的机械密封为外流型机械密封。（√）

42．接触式机械密封是依靠密封室中液体压力和压紧元件的压力压紧在静环端面上，并在两环形端面上产生适当的压力和保持一层极薄的液体膜，而达到密封的目的。（√）

43．机械密封的冲洗目的是隔离介质、冷却和改善润滑。（√）

44．板式塔的主要部件包括：塔体、封头、塔裙、接管、人孔、塔盘等。（√）

45．在填料塔中，塔内装填一定高度的填料层，液体沿填料表面呈膜状向下流动，作为连续相的气体自下而上流动，与液体逆流传质。两相的组分浓度沿塔高呈阶梯变化。（×）

**正确答案：**在填料塔中，塔内装填一定高度的填料层，液体沿填料表面呈膜状向下流动，作为连续相的气体自下而上流动，与液体逆流传质。两相的组分浓度沿塔高呈连续变化。

46．颗粒型填料的结构形状及堆砌方式将影响流体在床层内的流动和分布以及气液接触状态，从而决定了塔设备通过能力的大小和效率的高低。（√）

47．固定管板式换热器的两端管板，采用焊接方式与壳体连接固定，其结构简单，制造

成本低，清洗容易，适用于壳体与管子温差大的场合。（×）

**正确答案：**固定管板式换热器的两端管板，采用焊接方式与壳体连接固定，其结构简单，制造成本低，清洗容易，适用于壳体与管子温差小的场合。

48. 管式加热炉的最大特点是炉内安设有一定数量的管子，被加热的流体如原油等可连续通过，靠着炉管壁吸收燃料在炉内燃烧所产生的热量，以加热到规定的温度。（√）

49. 对于大口径或高压闸阀，不可在阀门邻近的进出口管上并联旁通阀。（×）

**正确答案：**对于大口径或高压闸阀，可在阀门邻近的进出口管上并联旁通阀。

50. 电化学腐蚀是指金属和外部介质发生了电化学反应，在反应区有隔离的阳极区和阴极区，电子由阴极区流向阳极区。（×）

**正确答案：**电化学腐蚀是指金属和外部介质发生了电化学反应，在反应区有隔离的阳极区和阴极区，电子由阳极区流向阴极区。

51. 根据压力容器的压力高低、介质的危害程度及在生产过程中的重要作用，将容器分为一类容器、二类容器和三类容器三种。（√）

52. 输送可燃流体介质、有毒流体介质，设计压力 < 1.0MPa，并且设计温度 < 400℃的GC2级工业管道属于GC2级工业管道。（×）

**正确答案：**输送可燃流体介质、有毒流体介质，设计压力 < 1.0MPa，并且设计温度 < 400℃的GC2级工业管道属于GC3级工业管道。

53. 耐压试验是用水或其他适宜的液体作为加压介质(极少数情况用气体作加压介质)，对容器进行强度和密封性的综合检验。（√）

54. 耐压试验的主要目的是检验容器受压部件的结构强度，验证其是否具有在设计压力下安全运行所需的承载能力。（√）

55. 密封性试验包括气密试验、氨气试验和煤油试验三种。（√）

56. 若叶轮入口处的液体压力小于它的饱和蒸汽压时则形成气泡，这些气泡在叶轮内高压区液化，形成空穴，周围液体对空穴进行冲击，打击在叶片上，使叶片产生剥蚀。这种现象称为气蚀。（√）

57. 带指示灯的现场操作柱，红色信号灯亮时，说明电机正在运行。（√）

58. 正弦电流 $i = 220\sqrt{2}I_m(100\pi t + 120)$，该电流的初相角为 $\phi = 120°$。（√）

59. 已知 $R_1 = R_2 = R_3 = 3\Omega$，这三个电阻并联后的总电阻也是 $3\Omega$。（×）

**正确答案：**并联后的总电阻是 $1\Omega$。

60. 已知 $R_1 = R_2 = R_3$，这三个电阻串联接入 $220\Omega$ 的电源，则这三个电阻上的分压是 $U_1 = U_2 = U_3 = \frac{220}{3}$V。（√）

61. 装置电动机脏了，可以用水冲洗干净。（×）

**正确答案：**装置电动机脏了，不可以用水冲洗干净。

62. 电气设备外壳接地一般通过接地支线连接到接地干线，再通过接地干线连接到接地体。（√）

63. 对于管线、机泵等产生的静电，可通过安装防静电接地装置加以消除。（√）

64. 不管何种类型的电动机都有转子和定子这两大部件。（√）

65. 型号为YB的电动机属于增安型防爆电动机。（×）

**正确答案：**型号为 YB 的电动机属于隔爆型防爆电动机。

66. 打雷时，人可以赤脚站在接地装置附近。（×）

**正确答案：**打雷时，人不可以赤脚站在接地装置附近。

67. 炼油厂总电源一般由 220kV 或 110kV 变成 6kV 或 10kV 供装置变电所使用。（√）

68. 调节器的比例度 $\delta$ 越大，则放大倍数 $K_c$ 越小，比例调节作用就越弱，过渡过程曲线越平稳，但余差也越大。（√）

69. 在串级控制中，一般情况下主回路常选择 PI 或 PID 调节器，副回路常选择 P 或 PI 调节器。（√）

70. 分程控制中所有调节阀的风开风关必须一致。（×）

**正确答案：**分程控制中所有调节阀的风开风关不一定一致。

71. 当压力开关的被测压力超过额定值时，弹性元件的自由端产生位移直接或经过比较后推动开关元件，改变开关元件的通断状态。（√）

72. 大转矩蝶阀应选用气动长行程执行机构。（√）

73. 氧化锆氧含量分析仪属于热学式分析仪。（×）

**正确答案：**氧化锆氧含量分析仪不属于热学式分析仪。

74. 使用 U 形管压力计测得的表压值与玻璃管断面面积大小有关。（×）

**正确答案：**使用 U 形管压力计测得的表压值与玻璃管断面面积大小无关。

75. 压力式温度计是利用感温液体受热膨胀原理工作的。（×）

**正确答案：**压力式温度计是利用气体、液体或蒸汽的体积或压力随温度变化性质设计制成。

76. 涡轮流量变送器输出信号的频率与流量成正比。（√）

77. 在用差压变送器测量液体的液面时，差压计的安装高度可不作规定，只要维护方便就行。（×）

**正确答案：**在用差压变送器测量液体的液面时，差压计的安装高度不可高于下面的取压口。

## 单选题

1. 下面关于气体溶解度的说法不正确的是( C )。

A. 气体在水里的溶解度，与该气体的性质有关

B. 气体在水里的溶解度，与该气体压强的大小有关

C. 气体在水里的溶解度，与该气体压强的大小无关

D. 温度对气体的溶解度有很大影响

2. 在 20℃、1 大气压时，氧气在水中的溶解度为 $A$，在 50℃、1 大气压时，氧气在水中的溶解度为 $B$，那 $A$ 和 $B$ 的数值关系为( B )。

A. $A=B$　　B. $A>B$　　C. $A<B$　　D. $A\leqslant B$

3. 现有两种氧单质 $O_2$ 和 $O_m$ 的混合气体，从其中取出体积相同的两份，往一份中加松节油，$O_m$ 完全被吸收，结果气体的体积减少了 $V$ 毫升，加热另一份，使其中 $O_m$ 全部分解成氧气，则气体的体积增加 $0.5V$ 毫升（以上各气体的体积都是在相同温度和压强下测定的）。根据上述数据推断 $m$ 的数值为( B )。

A. $m=2$　　B. $m=3$　　C. $m=4$　　D. $m=5$

4. 在室温下，把2.3g钠块溶于97.7g水里，所得溶液的质量分数是( D )。

A. 2.3%　　B. 4%　　C. 小于4%　　D. 大于4%

5. 对于可逆反应 $N_2 + 3H_2 \rightleftharpoons 2NH_3$ + 热，达到化学平衡时，若升高温度，( A )则化学平衡左移。

A. 正、逆反应速度加快，$V_逆 > V_正$　　B. 正、逆反应速度降低，$V_逆 > V_正$

C. 正、逆反应速度加快，$V_正 > V_逆$　　D. 正、逆反应速度降低，$V_正 > V_逆$

6. 在500℃时，$N_2 + 3H_2 \rightleftharpoons 2NH_3$ + 热，达到化学平衡时，若保持其他条件不变，只降低温度，化学平衡右移，以下说法正确的是( B )。

A. 正、逆反应速度加快　　B. 正、逆反应速度降低

C. 正反应速度加快，逆反应速度变慢　　D. 正反应速度变慢，逆反应速度加快

7. 有化学反应：$N_2O_4 \rightleftharpoons 2NO_2 - 56.9kJ$，该反应达到平衡后，增加 $N_2O_4$ 的浓度，下列说法正确的是( B )。

A. 向生成 $N_2O_4$ 的方向移动

B. 向生成 $NO_2$ 的方向移动

C. 不移动

D. 先向生成 $N_2O_4$ 的方向移动，后向生成 $NO_2$ 的方向移动

8. 对于密闭容器中的反应 $N_2 + 3H_2 \rightleftharpoons 2NH_3$ + 热，达到化学平衡后，充入惰性气体，下列说法正确的是( C )。

A. 向正反应方向移动

B. 向逆反应方向移动

C. 不移动

D. 先向正反应方向移动，后向逆反应方向移动

9. 同摩尔浓度、同体积的下列溶液中，所含溶质的离子数最多的是( D )。

A. 氯化钠溶液　　B. 氯化钙溶液　　C. 硫酸钠溶液　　D. 硫酸铝溶液

10. 1mol 某种液体混合物，其组分的摩尔分数($x$)为：$x(A) = 0.8$，$x(B) = 0.2$；组分A的相对分子质量为18，组分B的相对分子质量为40，则该混合物具有的质量为( A )。

A. 22.4g　　B. 29g　　C. 18g　　D. 40g

11. 在 $A + B \rightleftharpoons C + D$ 平衡体系中，增温则平衡常数 $K$ 变小，则下列选项正确的是( A )。

A. 正反应是放热反应，逆反应是吸热反应

B. 正逆反应都是吸热反应

C. 正逆反应都是放热反应

D. 正反应是吸热反应，逆反应是放热反应

12. 写出 $CaCO_3 \rightleftharpoons CaO + CO_2$ 平衡体系(在密闭容器内)平衡常数 $K$ 的正确表达式( B )。

A. $K = 1$　　B. $K = [CO_2]$

C. $K = \frac{[CaO][CO_2]}{[CaCO_3]}$　　D. $K = \frac{[CaCO_3]}{[CaO][CO_2]}$

13. 下面关于化学反应速度的单位正确的是( A )。

A. mol/(L·min)　　B. mol/min　　C. mol/L　　D. mol/(g·min)

14. 下列叙述中正确的是( B )。

A. 在反应中使用催化剂不能改变化学反应速度

B. 在反应中使用催化剂能加大化学反应速度

C. 在反应中降低压强能加大化学反应速度

D. 在反应中改变压强对化学反应速度没有影响

15. 下面的说法正确的是( C )。

A. 汽油没有临界温度

B. 对于混合物，在高于其临界温度时，没有液相存在

C. 对于混合物，在高于其临界温度时，仍可能有液相存在

D. 只有纯物质有临界温度

16. 下面选项不是化学平衡特征的是( A )。

A. 化学平衡研究的对象——可逆反应进行的程度

B. 化学平衡是动态平衡，即处于化学平衡状态时，化学反应并没有停止，而是正逆反应速率相等罢了

C. 由于达到化学平衡状态时的正逆反应速率相等，所以，该状态下反应混合物中各组分的质量分数保持一定，不再改变

D. 当改变影响化学平衡的某一个条件(如温度、压强、浓度)时，原有的化学平衡状态会被破坏，直至在新的条件下建立新的平衡状态

17. 在一定温度下 $H_2$(气) + $I_2$(气)$\rightleftharpoons$2HI(气)达到平衡的标志是( C )。

A. 单位时间内生成 $n$ mol $H_2$，同时生成 $n$ mol $I_2$

B. 容器内总压强不随时间而变化

C. 单位时间内生成 2$n$ mol HI，同时生成 $n$ mol $H_2$

D. 单位时间内生成 2$n$ mol HI，同时生成 2$n$ mol $H_2$

18. 在常温常压下，下列物质呈液态的是( B )。

A. 乙炔　　B. 1 - 戊炔　　C. 丙炔　　D. 1 - 十八碳炔

19. 下面关于乙炔的说法不正确的是( B )。

A. 乙炔能发生聚合反应　　B. 乙炔聚合后，一般生成高聚物

C. 乙炔是一种重要的有机合成原料　　D. 乙炔可用作高温氧炔焰的燃料

20. 分子式为 $C_8H_{10}$的苯的同系物可能的结构式种类有( C )。

A. 2 种　　B. 3 种　　C. 4 种　　D. 5 种

21. 下列关于芳烃物化性质的说法不正确的是( D )。

A. 芳烃可分为单环芳烃、多环芳烃、稠环芳烃

B. 芳烃不溶于水，易溶于乙醚等有机溶剂

C. 芳烃具有毒性

D. 蒽是由两个苯环共用相邻的碳原子而成的芳烃

22. 下列物质与氧化剂发生反应的结果是( D )。

A. $SO_3 \longrightarrow H_2SO_4$　　B. $MnO_2 \longrightarrow MnSO_4$　　C. $FeCl_3 \longrightarrow FeCl_2$　　D. $Na_2S \longrightarrow S$

23. 实现下列变化，需要加入氧化剂的有( A )。

A. $HCl \longrightarrow Cl_2$　　B. $NaCl \longrightarrow HCl$　　C. $HCl \longrightarrow H_2$　　D. $CaCO_3 \longrightarrow CO_2$

24. 在 $3Fe+4H_2O = Fe_3O_4+4H_2\uparrow$ 反应中，铁是( B )。

A. 氧化剂　　B. 还原剂　　C. 催化剂　　D. 脱水剂

25. 下列卤单质中不能作还原剂的是( A )。

A. $F_2$　　B. $Cl_2$　　C. $Br_2$　　D. $I_2$

26. 石油中微量元素主要集中在( D )馏分。

A. 汽油　　B. 煤油　　C. 柴油　　D. 渣油

27. 一般来说，原油中的碱性氮的含量占总氮的比例为( B )。

A. 5%~20%　　B. 25%~30%　　C. 35%~45%　　D. 40%~50%

28. 在石油酸性含氧化合物中，脂肪酸和酚类含量通常不超过酸性含氧化合物总量的( D )。

A. 10%　　B. 5%　　C. 1%　　D. 0.5%

29. 当相对分子质量接近时，( D )的气化热最大。

A. 正构烷烃　　B. 异构烷烃　　C. 环烷烃　　D. 芳香烃

30. 石油馏分的常压气化热可以根据( C )、平均相对分子质量和相对密度三个参数中的两个查有关图表确定。

A. 体积平均沸点　　B. 质量平均沸点　　C. 中平均沸点　　D. 立方平均沸点

31. 油品的特性因数 $K$ 值是油品的平均沸点和( D )的函数。

A. 黏度　　B. 质量平均沸点

C. 气化热　　D. 相对密度

32. 当油品的( C )相近时，油品的特性因数 $K$ 值大小的顺序为芳香烃 < 环烷烃 < 烷烃。

A. 混合黏度　　B. 临界温度　　C. 相对分子质量　　D. 气化热

33. 不可压缩流体在管路中流动，下列物料衡算表达式错误的是( D )。

A. 质量流量 $w_{s1}=w_{s2}$　　B. 质量流量 $w_s=u_1A_1\rho_1=u_2A_2\rho_2$

C. 体积流量 $V_s=u_1A_1=u_2A_2$　　D. 体积流量 $V_s=u_1A_1=u_2A_2$ 而 $w_{s1}\neq w_{s2}$

34. 欲输送 $25m^3/h$ 的水，水的流速取 1.8m/s，则应选择输送管的管径为( A )。

A. $\phi$80mm×4mm　　B. $\phi$108mm×4mm　　C. $\phi$50mm×3mm　　D. $\phi$150mm×4mm

35. 在定态流动系统中，水连续地从粗管流入细管。粗管内径为细管的两倍，那么细管内水的流速是粗管的( B )倍。

A. 2　　B. 4　　C. 6　　D. 8

36. 下列方法可以强化传热的是( D )。

A. 减小流体流速　　B. 采用大直径管

C. 采用平板面　　D. 采用翅片面

37. 关于蒸馏塔的物料平衡正确的说法是( B )。

A. 进入塔的物料体积与离开的物料体积相等

B. 进入塔的物料质量与离开的物料质量相等

C. 进入塔的物料质量与塔底出来的物料质量相等

D. 进入塔的物料质量与塔顶出来的物料质量相等

38. 引入理论板的作用是( A )。

A. 作为实际板分离效率的依据和标准　　B. 计算塔径

C. 确定产品组成　　D. 计算冷凝器、再沸器的热负荷

39. 对于冷液进料(原料液的温度低于泡点)，提馏段下降液体流量 $L'$与精馏段回流液流量 $L$、原料液 $F$ 的关系为( C )。

A. $L' = L$　　B. $L' = L + F$　　C. $L' > L + F$　　D. $L' < L + F$

40. 发生液泛时的现象是( D )。

A. 降液管液面低　　B. 塔压降不变

C. 塔压降下降　　D. 塔压降上升

41. 造成漏液的主要原因是( D )。

A. 塔压降大　　B. 液体量大　　C. 气速高　　D. 气速低

42. 回流比大对精馏塔操作的影响，下列错误的是( B )。

A. 塔负荷高　　B. 分离效果变差

C. 操作费用高　　D. 传质推动力增加

43. 由于分子的无规则热运动而形成的物质传递现象为( D )。

A. 热传质　　B. 涡流扩散

C. 对流传质　　D. 扩散传质

44. 关于雷诺数，下列说法错误的是( B )。

A. 雷诺数是一个无因次数群

B. 雷诺数可以由测量得到

C. 雷诺数与管径、流体的流速、密度、黏度有关

D. 雷诺数用来判断流体的流动类型

45. 流体在直管内流动时，当雷诺数( A )时，流体的流动属于湍流。

A. $Re \geqslant 4000$　　B. $Re \leqslant 2000$

C. $Re \geqslant 3000$　　D. $2000 \leqslant Re \leqslant 4000$

46. 油罐交接计量、铁路油罐车、油船、油驳的装卸油计量，一般采用( A )计量方法。

A. 人工检尺　　B. 衡器计量　　C. 流量计　　D. 液位计

47. 企业用于量值传递的最高标准计量器具，属于( A )级计量器具的范围。

A. A　　B. B　　C. C　　D. D

48. 用于企业内部经济核算的能源、物料计量器具，属于( B )级计量器具的范围。

A. A　　B. B　　C. C　　D. D

49. 用于生产过程中带控制回路的计量器具，属于( B )级计量器具的范围。

A. A　　B. B　　C. C　　D. D

50. 对计量数据无准确度要求的指示用计量器具，属于( C )级计量器具的范围。

A. A　　B. B　　C. C　　D. D

51. 与设备配套不能拆卸的指示仪表，盘装表等计量器具，属于( C )级计量器具的范围。

A. A　　B. B　　C. C　　D. D

52. 用于国内贸易计量，石油及其液体产品计量表配备的精度最低要求为( B )。

A. ±0.2%(体积)　　B. ±0.35%(体积)

C. ±1.0%(体积)　　D. ±1.5%(体积)

53. 用于进出厂计量，气体(天然气、瓦斯等)计量表配备的精度最低要求为( A )。

A. ±2.5%(体积)　　B. ±0.35%(体积)

C. ±1.0%(体积)　　D. ±1.5%(体积)

54. 对有旁路阀的新物料计量表的投用步骤：先开旁路阀，流体先从旁路管流动一段时间；缓慢开启上游阀；缓慢( C )；缓慢关闭旁路阀。

A. 开启上游阀　　B. 关闭上游阀

C. 开启下游阀　　D. 关闭下游阀

55. 一台泵的级数越多，流量( C )。

A. 越大　　B. 越小　　C. 不变　　D. 成正比增大

56. 介质压力对平衡型机械密封影响较小，故平衡型机械密封特别适用于( A )离心泵。

A. 高扬程　　B. 低扬程　　C. 各种扬程　　D. 中扬程

57. 常用的接触式机械密封的主要摩擦形式为( D )。

A. 干摩擦　　B. 液体摩擦　　C. 边界摩擦　　D. 混合摩擦

58. 设计机械密封摩擦副的 *PV* 值应( B )它的许用[*PV*]值。

A. 等于　　B. 小于　　C. 大于　　D. 小于或大于

59. 离心泵输送干净的常温介质时，其机械密封一般选择( A )形式。

A. 自冲洗　　B. 外冲洗　　C. 循环冲洗　　D. 其他冲洗

60. 利用压力差来实现对机械密封进行冲洗，且冲洗液能循环使用的称为( C )。

A. 自冲洗　　B. 外冲洗　　C. 循环冲洗　　D. 其他冲洗

61. 在板式塔中，塔内装有一定数量的塔盘，气体以鼓泡或喷射的形式穿过塔盘上的液层使( B )密切接触，进行传质。

A. 一相　　B. 两相　　C. 三相　　D. 四相

62. 在填料塔中，塔内装有一定高度的填料，液体沿着填料表面呈( A )向下流动，作为连续相的气体自下而上流动，与液体逆流传质。

A. 膜状　　B. 气状　　C. 气泡状　　D. 鼓泡状

63. 弧鞍填料为对称的开式弧状结构，一般用陶瓷制造，它属于( B )。

A. 环型填料　　B. 鞍形填料　　C. 鞍环填料　　D. 其他填料

64. 一端管板与壳体固定，而另一端的管板可以在壳体内自由浮动，这种换热器是( B )。

A. 固定管板式换热器　　B. 浮头式换热器

C. U 形管式换热器　　D. 填料函式换热器

65. 闸阀的主体是( A )。

A. 阀体　　B. 阀杆　　C. 传动装置　　D. 闸板

66. 能传递力矩起着启闭闸板作用的是( B )。

A. 阀体　　B. 阀杆　　C. 传动装置　　D. 闸板

67. 常用阀门丝杆与螺母之间处，应定期加注润滑脂，而不常用阀门丝杆与螺母处，应( D )。

A. 不需要加注润滑脂　　B. 定期加注润滑脂

C. 长期保持轴见光　　D. 用润滑脂封死

68. 金属在完全没有湿气凝结在其表面的情况下所发生的腐蚀叫做( A )。

A. 气体腐蚀　　B. 非电解液的腐蚀

C. 电解液的腐蚀　　D. 应力腐蚀

69. 炼油设备的壁温高于( B )℃时，任何处于含硫环境下的金属都会受到高温硫化氢不同程度的腐蚀。

A.200　　B.250　　C.300　　D.350

70. 最高工作压力大于等于 0.1MPa 小于 1.6MPa 的压力容器属于( A )。

A. 低压容器　　B. 中压容器　　C. 高压容器　　D. 超高压容器

71. 输送可燃流体介质、有毒流体介质，设计压力≥4.0MPa，并且设计温度≥400℃的工业管道属于( A )级工业管道。

A.GC1　　B.GC2　　C.GC3　　D.GC4

72. 钢制固定式压力容器的液压试验压力为设计压力的( C )倍。

A.1.0　　B.1.15　　C.1.25　　D.1.50

73. 对于储存剧毒介质和设计要求不允许有微量泄漏的容器必须做( C )。

A. 耐压试验　　B. 气压试验　　C. 密封性试验　　D. 水压试验

74. 若离心泵要正常连续工作，吸入液面上的压力要( A )叶轮入口处的压力。叶轮入口处的压力越低，吸入能力越大。

A. 大于　　B. 小于　　C. 等于　　D. 小于或等于

75. 离心泵的有效气蚀余量$(NPSH)_s$与吸入系统有关，而与泵本身无关。而离心泵的必须气蚀余量$(NPSH)_r$与吸入系统无关，而与泵本身( B )。

A. 设计无关　　B. 设计有关　　C. 安装位置有关　　D. 制造无关

76. 在燃料油生产装置中的现场照明线路控制通常使用的开关是( D )。

A. 拉线开关　　B. 空气开关　　C. 胶盒开关　　D. 防爆开关

77. 正弦交流电的三要素指的是( C )。

A. 频率、有效值、相位角　　B. 幅值、有效值、初相角

C. 幅值、角频率、初相角　　D. 有效值、幅值、相位角

78. 已知 $R_1=10\Omega$，$R_2=10\Omega$，把两个电阻并联起来，其总电阻为( D )。

A. $R=10\Omega$　　B. $R=20\Omega$　　C. $R=15\Omega$　　D. $R=5\Omega$

79. 已知 $R_1=28\Omega$，$R_2=30\Omega$，如果把这两个电阻串联起来，其总电阻为( D )。

A. $R=28\Omega$　　B. $R=30\Omega$　　C. $R=2\Omega$　　D. $R=58\Omega$

80. 机泵和电机要进行检修时，必须要按照( D )程序。

A. 停机后，立即对机泵进行检修

B. 停机后，拆开对轮后，对电动机进行检修

C. 停机后，拆开电机线头，然后检修机泵

D. 对于需要检修的机泵，要先填写有关检修作业票，由运行电工停电机动力电源，并在开关处挂上“严禁合闸，有人工作”标志牌，方允许对故障机泵或电机进行检修

81. 电气设备的接地线采用铝导线时，其截面积一般不得小于( D )$mm^2$。

A. 1.5　　B. 2.5　　C. 4　　D. 6

82. 防雷装置的接地电阻，一般要求为( C )Ω以下。

A. 1　　B. 4　　C. 10　　D. 100

83. 在燃料油生产装置，通常使用的电动机类型是( D )。

A. 直流电动机　　B. 普通非防爆电动机

C. 单相交流密闭型电动机　　D. 三相防爆交流异步或同步电动机

84. 电动机的型号主要表示电机的( D )特性。

A. 电机的容量　　B. 电机的电压

C. 电机的电流　　D. 电机的类型、用途和技术结构特征

85. 人体能承受的跨步电压约为( D )。

A. 110 ~ 220V　　B. 6 ~ 10kV　　C. 20 ~ 35kV　　D. 90 ~ 110kV

86. 燃料油生产装置与泵配套使用的低压电机常用的电压等级是( D )V。

A. 110　　B. 220　　C. 36　　D. 380/660

87. 在由炉温与燃料油流量构成的串级调节系统中，下列说法正确的是( A )。

A. 炉温是主变量　　B. 燃料油流量是主变量

C. 炉温和燃料油流量都是主变量　　D. 炉温和燃料油流量都是副变量

88. 下列选项中，不是串级调节系统选择依据的是( D )。

A. 工艺要求　　B. 对象特性　　C. 干扰性质　　D. 安全要求

89. 下列选项中，可以满足开停车时小流量和正常生产时的大流量的要求，使之都能有较好的调节质量的控制方案是( C )。

A. 简单　　B. 串级　　C. 分程　　D. 比值

90. 当继电器的线圈得电时，将会产生( C )。

A. 常开触点和常闭触点都闭合　　B. 常开触点和常闭触点都断开

C. 常开触点闭合，常闭触点断开　　D. 常开触点断开，常闭触点闭合

91. 下列选项中，调节阀不需要进行流向选择的是( A )。

A. 球阀　　B. 单座阀　　C. 高压阀　　D. 套筒阀

92. 测量有腐蚀性、易冻结、易析出固体或是高黏度时，应装( D )。

A. 过滤器　　B. 伴热管线

C. 冷凝管或冷凝器　　D. 隔离器或隔离液

93. 关于取压点说法不正确的是( A )。

A. 为避免导压管堵塞，取压点要求在垂直管道上

B. 测量液体压力时，取压点应在管道下部，使导压管内不积存气体

C. 测量气体压力时，取压点应在管道上部，使导压管内不积存液体

D. 取压点不能处于流速紊乱的地方

94. 热电偶或补偿导线短路时，显示仪表的示值约为( A )。

A. 短路处的温度值　　B. 室温　　C. 最大　　D. 零

95. 热电偶产生热电势的条件是( C )。

A. 两热电极材料相同，两接点温度相同

B. 两热电极粗细不同，两接点温度相异

C. 两热电极材料相异，两接点温度相异

D. 两热电极长短不同，两接点温度相异

96. 转子流量计中转子上下的压差由( C )决定。

A. 流体的流速　　B. 流体的压力　　C. 转子的重量　　D. 流体的方向

97. 用于测量流量的导压管线，阀门组回路中，平衡阀泄漏时，仪表指示( A )。

A. 偏低　　B. 偏高　　C. 超量程　　D. 跑零下

98. 下列选项中，根据变浮力原理测量的液位计是( B )。

A. 浮标　　B. 浮筒　　C. 浮球　　D. 玻璃

99. 用双法兰液面计测量容器内的液位，其零点和量程均已校正好，后因需要仪表的安装位置上移了一段距离，则液面计( D )。

A. 零点上升，量程不变　　B. 零点下降，量程不变

C. 零点不变，量程增大　　D. 零点和量程都不变

## 多选题

1. 理想气体状态方程在化学计算中占有重要地位，其数学表达式正确的是( A，B )。

A. $\frac{P_1V_1}{T_1}=\frac{P_2V_2}{T_2}\cdots\cdots$　　B. $PV=nRT$

C. $\frac{P_1T_1}{V_1}=\frac{P_2T_2}{V_2}\cdots\cdots$　　D. $nV=PRT$

2. 对于某饱和溶液，其质量百分比浓度及溶解度的表达式正确的是( A，B，C )。

A. 饱和溶液的质量百分比浓度 $=\frac{\text{溶解度}}{100+\text{溶解度}}\times100\%$

B. 饱和溶液的质量百分比浓度 $=\frac{\text{饱和溶液中溶质质量}}{\text{饱和溶液的质量}}\times100\%$

C. $\frac{\text{溶解度}}{100+\text{溶解度}}=\frac{\text{饱和溶液中溶质质量}}{\text{饱和溶液的质量}}$

D. 饱和溶液的质量百分比浓度 = 溶解度

3. 关于可逆反应说法正确的是( A，C，D )。

A. 在同一条件下，既能向正反应方向进行，同时又能向逆反应方向进行的反应，叫可逆反应

B. 所有的反应都是可逆的

C. 有气体参加的反应或有气体生成的反应，一定要在密闭体系的条件下才能是可逆反应

D. 可逆反应中正反应和逆反应是相对的

4. 摩尔浓度为 1mol/L 的硫酸钠溶液的含义是( C，D )。

A. 溶液中含有 1mol 的硫酸钠

B. 1mol 硫酸钠溶于 1L 水中

C. 1L 溶液中含有硫酸钠 142g

D. 将 322g 硫酸钠结晶水合物($Na_2SO_4\cdot10H_2O$)完全溶于水后加水稀释至 1L

5. 下面关于化学平衡常数说法正确的是( A，B，C )。

A. 平衡常数表示可逆反应的进行程度

B. 平衡常数的值越大说明正反应进行的程度大

C. 平衡常数只随温度变化而变化

D. 反应物或生成物浓度的改变对平衡常数有影响

6. 某一多相反应的化学反应速度的大小与下面因素有关的是( A，B，C，D )。

A. 该反应的本性　　B. 反应温度及浓度

C. 催化剂　　D. 相与相间的接触面积以及扩散速度

7. 在石油炼制工程中，获取石油馏分的临界温度不常用的方法是( A，D )。

A. 经实验测定石油馏分后获取

B. 借助石油馏分的其他物性用经验关联式求取

C. 借助石油馏分的有关图表求取

D. 借助相似油品的有关数据处理后获取

8. 下面有关临界压力的说法正确的是( A，C )。

A. 每种纯气体物质都有相应的临界压力

B. 氦气是没有临界压力的气体

C. 纯气体在临界状态时的压力称其为该气体的临界压力

D. 临界压力是气体可被液化的最低压力

9. 在一定温度下，可逆反应 $A(g)+3B(g)\rightleftharpoons 2C(g)$ 达到平衡的标志是( A，C )。

A. C 的生成速率与 C 的分解速度相等

B. 单位时间内生成 $n$ mol A 同时生成 $3n$ mol B

C. A、B、C 浓度不再发生变化

D. A、B、C 的物质的量之比为 1:3:2

10. 工业上常用制取乙炔的方法是( A，B )。

A. 以煤炭为原料的电石法　　B. 以天然气为原料的部分氧化法

C. 乙烯脱氢法　　D. 乙烷脱氢法

11. 在石油中，一部分微量金属是以无机的水溶性盐类形式存在的，下列正确的是( B，C )。

A. 镍的卟啉络合物　　B. 钾的氯化物

C. 钠的氯化物　　D. 钒的卟啉络合物

12. 石油及其馏分中的弱碱性和非碱性含氮化合物主要有( B，D )。

A. 吡啶系　　B. 吡咯系　　C. 喹啉系　　D. 吲哚系

13. 在石油含氧化合物中，( A，C，D )含量通常不超过含氧化合物总量的 10%。

A. 脂肪酸　　B. 环烷酸　　C. 酚类　　D. 中性含氧化合物

14. 油品的黏度增大，其( A，C )。

A. 相对密度增大　　B. 平均沸点小

C. 特性因数 $K$ 值变大　　D. 相对分子质量变大

15. 与物质的质量热容大小有关的有( B，C，D )。

A. 物质的量　　B. 温度高低　　C. 压力高低　　D. 体积变化

16. 不可压缩流体在管内流动，下列说法正确的是( A，C，D )。

A. 输入量等于输出量　　B. 任两个截面的流速相等

C. 任两个截面的质量流量相等　　D. 任两个截面的体积流量相等

17. 热负荷与下列( A，B，D )有关。

A. 流体的流量　　B. 流体的平均比热容

C. 流体的流速　　D. 流体传热前后的温差

18. 对于精馏塔的物料衡算(原料液流量 $F$、塔顶产品流量 $D$、塔底产品流量 $W$、组分摩尔分率 $x$)，下列式子正确的是( C，D )。

A. $F > D + W$　　B. $Fx_F < Dx_D + Wx_W$

C. $F = D + W$　　D. $Fx_F = Dx_D + Wx_W$

19. 下列关于理论板正确的说法是( A，B，C，D )。

A. 理论板并不存在　　B. 理论板的液相组成均匀

C. 理论板上液相温度相等　　D. 可根据理论板数确定实际板层数

20. 对于冷液进料(提馏段下降液体流量 $L'$与精馏段回流液流量 $L$、原料液流量 $F$、精馏段的蒸汽流量 $V$ 与提馏段蒸汽流量 $V'$)，下列关系正确的是( B，C )。

A. $L' = L$　　B. $V' > V$　　C. $L' > L + F$　　D. $L' < L + F$

21. 关于液泛，下列说法正确的是( A，B )。

A. 对一定的液体流量，气速过大，容易产生液泛

B. 液体流量过大时，降液管截面不足以使液体通过，容易产生液泛

C. 板间距小，可提高液泛速度

D. 板面气流分布不均匀，容易产生液泛

22. 下列因素中可导致雾沫夹带量大的是( B，D )。

A. 空塔气速低　　B. 空塔气速高　　C. 塔板间距大　　D. 塔板间距小

23. 精馏操作过程，必须具备的条件有( A，B，C，D )。

A. 混合液各组分相对挥发度不同

B. 气液两相接触时必须存在浓度差和温度差

C. 塔内有气相回流和液相回流

D. 具有气液两相充分接触的场所

24. 影响精馏操作的因素有( A，B，C，D )。

A. 进料量　　B. 回流比大小　　C. 进料组成　　D. 进料热状况

25. 传质的基本方式是( C，D )。

A. 热传质　　B. 涡流扩散　　C. 对流传质　　D. 扩散传质

26. 雷诺数与下列参数有关的有( A，B，C，D )。

A. 管径　　B. 流体密度　　C. 流体黏度　　D. 流速

27. 下列流体在直管内流动，其雷诺数如下，属于层流的是( A，B )。

A. $Re = 1500$　　B. $Re = 2000$　　C. $Re = 2500$　　D. $Re = 3000$

28. 下列计量器具中，属于 A 级计量器具范围的有( A，B，C )。

A. 企业用于量值传递的最高标准计量器具

B. 用于贸易结算、安全防护、环境监测、医疗卫生方面属于强制管理的计量器具

C. 经政府计量行政部门认证授权的社会公用计量标准器具

D. 有效期管理的标准物质

29. 下列计量器具中，属于 B 级计量器具范围的有( A，B，C )。

A. 用于企业内部经济核算的能源、物料计量器具

B. 用于产品质量检验其检验规范中所指定的计量器具

C. 用于生产过程中带控制回路的计量器具

D. 企业用于量值传递的最高标准计量器具

30. 下列计量器具中，属于C级计量器具范围的有( A，B，C )。

A. 生产过程中非关键部位用于监测的计量器具

B. 与设备配套不能拆卸的指示仪表，盘装表等计量器具

C. 对计量数据无准确度要求的指示用计量器具

D. 用于企业内部经济核算的能源、物料计量器具

31. 蜗壳离心泵径向合力的平衡方法是( A，B，D )。

A. 导叶加蜗室结构　　B. 双层蜗壳结构

C. 设置止推轴承　　D. 双蜗室结构

32. 离心泵叶轮与壳体的耐磨环的作用是( B，C，D )。

A. 平衡转子轴向力　　B. 节流、密封

C. 提高叶轮效率　　D. 减小高压液体损失

33. 单弹簧式机械密封在高速下使用弹簧容易变形，故适用于小轴径的机械密封。而多弹簧式机械密封在高速下使用弹簧不容易变形，适用于( A，D )的机械密封。

A. 大轴径　　B. 低速　　C. 小轴径　　D. 高速

34. 高温离心泵的机械密封采用自泵出口引回液体冲洗形式时，泵出口引回液体要( A，C，D )后，才能输入到机械密封进行冲洗。

A. 过滤　　B. 保温　　C. 减压　　D. 冷却

35. 离心泵输送干净的高温介质时，其机械密封一般选择( C，D )冷却冲洗形式。

A. 利用本身介质作自我　　B. 外输送常温液体

C. 自泵出口引入冷后液体　　D. 自泵高压端引入冷后液体

36. 作为主要用于传质过程的塔设备，无论其操作条件如何不同，但总的要求是( A，B，C，D )。

A. 气液两相在塔内能充分接触，以获得较高的传质效率

B. 处理量高，操作稳定，弹性大

C. 塔盘的压力降小，不易堵塞

D. 结构简单，节省材料，制造和安装容易，使用方便，易于操作、调节和检修

37. 填料塔常用的颗粒型填料可分为( A，B，C，D )。

A. 环形填料　　B. 鞍形填料　　C. 鞍环填料　　D. 其他填料

38. 环形填料有( A，B，C，D )等。

A. 拉西环　　B. 鲍尔环　　C. 改进鲍尔环　　D. 阶梯环

39. 浮头式换热器的结构复杂，主要零部件有( A，B，C，D )等。

A. 防冲板　　B. 挡板　　C. 浮头管板　　D. 钩圈

40. 管式加热炉按结构可分为( A，B，C，D )。

A. 箱式炉　　B. 立式炉　　C. 圆筒炉　　D. 无焰炉

41. 闸阀的主要特点有( A，B，C，D )。

A. 流体阻力小　　B. 启闭力矩小　　C. 密封性能好　　D. 结构复杂

42. 新购入的润滑油品必须做到( A, B, C )。

A. 有合格证明　　B. 有油品名称，牌号标记

C. 油桶密封完好　　D. 不能使用废弃旧油桶盛装润滑油

43. 透平压缩机在用润滑油进行定期抽检的主要项目有( A, B, C )。

A. 黏度、闪点　　B. 水分、杂质

C. 抗乳化性　　D. 灰分、残炭

44. 在高温条件下，设备发生硫化氢腐蚀的类型是( A, B, C )。

A. 硫腐蚀　　B. 氢腐蚀　　C. 硫化氢腐蚀　　D. 二氧化硫

45. 根据压力容器的压力高低、介质的危害程度及在生产过程中的重要作用，将容器分为( A, B, C )。

A. 一类容器　　B. 二类容器　　C. 三类容器　　D. 四类容器

46. 在《在用工业管道定期检验规程》适用范围内的工业管道的级别分为( A, B, C )。

A. GC1 级　　B. GC2 级　　C. GC3 级　　D. GC4 级

47. 合理设计泵前系统和安装位置来提高离心泵抗气蚀的措施有( A, C, D )。

A. 增大泵前压力　　B. 减小泵前管路的流动损失

C. 增大吸上装置的安装高度　　D. 增大地面上储罐安装高度

48. 下列电气元件通常可以装在防爆操作柱上的是( C, D )。

A. 热继电器　　B. 接触器　　C. 按钮或扳把开关　　D. 电流表

49. 关于正弦交流电，下列说法中正确的是( B, C, D )。

A. 如果正弦电流的最大值为 5A，那么它的最小值为 –5A

B. 用交流电流表或电压表测量正弦电流的电流和电压时，指针来回摆动

C. 我国正弦交流电频率为 50Hz，故电流变化的周期为 0.02s

D. 正弦交变电流的有效值为 220V，它的最大值是 311V

50. 已知 $R_1$ 和 $R_2$ 两电阻组成并联电路，其总电阻计算公式为( C, D )。

A. $R=\dfrac{R_1}{R_1+R_2}$　　B. $R=\dfrac{R_1+R_2}{R_2}$　　C. $\dfrac{1}{R}=\dfrac{1}{R_1}+\dfrac{1}{R_2}$　　D. $R=\dfrac{R_1 \cdot R_2}{R_1+R_2}$

51. 已知 $R_1$ 和 $R_2$ 组成串联电路，并接入 220V 电源，下列公式可以正确计算 $U_1$ 和 $U_2$ 的是( C, D )。

A. $U_1=(R_1+R_2)\cdot 220$　　B. $U_2=\dfrac{R_1 \cdot R_2}{R_1+R_2}\cdot 220$

C. $U_1=\dfrac{220R_1}{R_1+R_2}$　　D. $U_2=\dfrac{220R_2}{R_1+R_2}$

52. 通常可以用来判定电动机正常运行的是( A, B, D )。

A. 电机的声音和振动　　B. 电机各部位的温度

C. 电机的转向　　D. 电机电流表的指示

53. 关于设备接地线的说法，正确的是( A, C, D )。

A. 油罐的接地线主要用于防雷防静电保护

B. 电机的接地线主要用于防过电压保护

C. 管线的接地线主要用于防静电保护

D. 独立避雷针的接地线主要用于接闪器和接地体之间的连接

54. 关于静电产生的原因，以下说法正确的是(B，C )。

A. 直流发电机产生　　B. 摩擦产生

C. 感应产生　　D. 化学反应

55. 下列选项中，通常列入电机铭牌的有( A，B，C )。

A. 电机额定转速　　B. 电机额定电流

C. 电机噪音分贝数功率　　D. 电机效率

56. 某调节系统采用比例积分作用调节器，某人用先比例后加积分的试凑法来整定调节器的参数，若比例带的数值已基本合适，在加入积分作用的过程中，则( A，C )。

A. 适当减小比例带　　B. 适当增加比例带

C. 适当增加后再减小比例　　D. 无需改变比例带

57. 分程调节系统调节器的型式主要是依据( A，B，C )而定。

A. 工艺要求　　B. 对象特性　　C. 干扰性质　　D. 安全要求

58. 关于联锁的概念，下列说法正确的是( A，B，C，D )。

A. 电磁阀一般使用的是长期带电的电磁阀

B. 故障检测元件的接点一般采用常闭型，工艺正常时接点闭合，越限时断开

C. 不是所有的工艺参数越限都会引发联锁的动作

D. 重要设备的联锁应采用“三取二检测系统”

59. 气动调节阀的手轮机构的用途有( B，C，D )。

A. 改变阀门的正反作用

B. 限定阀门开度

C. 有时可以省去调节阀的副线，如大口径及贵金属管路中

D. 开停车或事故状态下可以用手轮机构进行手动操作

60. 为了使热磁式氧分析的测量准确，要求( A，B，C )。

A. 测量室有恒温控制　　B. 加热丝的电源稳定

C. 气体流量和压力恒定　　D. 氧含量变化不大

61. 测量蒸汽压力或压差时，应装( C，D )。

A. 过滤器　　B. 伴热管线　　C. 冷凝管　　D. 冷凝器

62. 属于差压式测量的有( A，B )。

A. 文丘里管　　B. 孔板　　C. 椭圆流量计　　D. 转子流量计

## 工种理论知识试题

### 判断题

1. 半再生重整目前多采用催化剂两段装填及两段混氢技术。 (√)

2. 在原料性质及反应温度相同的情况下，连续重整比半再生重整有更高的芳烃转化率。 (√)

3. 为节约蒸汽，吹扫时容器、塔顶放空以及各低点放空严禁打开。 (×)

**正确答案：**蒸汽吹扫时，容器塔顶放空以及各低点放空必须打开，防止形成负压，将塔、容器抽瘪。

4. 系统气密隔离时，盲板应加在气密系统内。（×）

**正确答案：**系统气密隔离时，盲板应加在气密系统外。

5. 系统氮气的质量标准中要求氧含量≯0.3%（体积百分数），水含量≯300ppm。（√）

6. 储存精制油的目的是当重整反应系统出现紧急停工状态时，为预加氢反应系统提供合格的进料。（×）

**正确答案：**储存精制油的目的是当预加氢反应系统出现紧急停工状态时，为重整反应系统提供合格的进料。

7. 预加氢催化剂的载体大多为 $SiO_2$。（×）

**正确答案：**预加氢催化剂的载体大多为 $\gamma-Al_2O_3$。

8. 预加氢 Mo－Co 催化剂的脱氮活性与 W－Ni 催化剂相当，脱硫活性比 W－Ni 催化剂低。（×）

**正确答案：**预加氢 Mo－Co 催化剂的脱硫活性与 W－Ni 催化剂相当，脱氮活性比 W－Ni 催化剂低。

9. 重整催化剂的载体一般由二氧化硅组成。（×）

**正确答案：**重整催化剂的载体一般由活性氧化铝组成。

10. 铂铼重整催化剂的酸性活性中心是助金属铼提供的。（×）

**正确答案：**铂铼重整催化剂的酸性活性中心是氯和载体提供的。

11. 催化剂的比表面积低，说明催化剂的活性高。（×）

**正确答案：**催化剂的比表面积高，说明催化剂的活性高。

12. 加热炉新建或大修后烘炉的目的，是为了快速地除去炉墙在砌筑过程中所积存的水分，并使耐火胶泥得到充分的烧结，防止炉墙倒塌。（×）

**正确答案：**加热炉新建或大修后烘炉的目的，是为了缓慢地除去炉墙在砌筑过程中所积存的水分，并使耐火胶泥得到充分的烧结，防止炉墙倒塌。

13. 燃料气分液罐脱液操作时，操作人员必须站在上风处。（√）

14. 燃料的高热值是指每千克燃料在燃烧后所放出的热量，加上烟气中水蒸气冷凝放出的热量。（√）

15. 空气预热器的作用是回收烟气余热，减少排烟带出的热损失，减少加热炉燃料的消耗，提高热效率。（√）

16. 空气预热器投用之前，应先启动鼓风机，后点加热炉。（×）

**正确答案：**空气预热器投用之前，应先点加热炉，后启动鼓风机。

17. 新建装置贯通试压的目的，是检查系统流程的严密性及畅通性。（√）

18. 加热炉点火时，应先开燃料阀再伸火把。（×）

**正确答案：**加热炉点火时，应先伸火把再开燃料阀。

19. 分馏塔塔板效率一般大于 1。（×）

**正确答案：**分馏塔塔板效率一般小于 1。

20. 临氢系统置换是为了防止氧气与氢气在系统内发生爆炸事故。（√）

21. 重整反应系统开工前，应先用氢气将系统中的氧气置换合格。（×）

**正确答案：**重整反应系统开工前，应先用氮气将系统中的氧气置换合格。

22. 重整反应系统吹扫时，必须对各管线逐一进行吹扫。（√）

23. 预加氢催化剂硫化结束的标志，是理论硫化剂已全部注完。（×）

**正确答案：**预加氢催化剂硫化结束的标志是：反应温度最高点移至下床层、高分连续三个点放不出水、循环氢硫化氢含量连续三个点大于10000ppm。

24. 预加氢两塔合一的工艺在理论上是可行的，在实际生产中也能生产出杂质含量及馏程都符合要求的精制油。（√）

25. 先分馏后加氢工艺的优点是：预加氢反应系统规模较小，预加氢汽提塔负荷较小。（√）

26. 如重整循环氢在线氢分仪灵活好用，那么在重整提反应温度时(其他条件均不变)，氢纯度指示应该上升。（×）

**正确答案：**如重整循环氢在线氢分仪灵活好用，那么在重整提反应温度时(其他条件均不变)，氢纯度指示应该下降。

27. 重整循环氢在线水分仪的露点读数逐渐变大，说明循环氢中水含量逐渐变小。（×）

**正确答案：**重整在线水分仪的露点读数逐渐变大，说明循环氢中水含量逐渐变大。

28. 差压式流量计是利用流体介质流经管路上的局部阻力所产生的压力差来测量流量的。（√）

29. 差压流量计的差压计或差压变送器与引压导管之间，必须安装切断阀和平衡阀，以防止开停仪表时差压计单向受力而遭损坏。（√）

30. 二氯乙烷易溶水，难溶于乙醇等有机溶剂。（×）

**正确答案：**二氯乙烷难溶于水，溶于乙醇等有机溶剂。

31. 二氯乙烷是无色无味的有机溶剂。（×）

**正确答案：**二氯乙烷是无色有刺激性气味的有机溶剂。

32. 乙醇气体的爆炸极限在4%～74%。（×）

**正确答案：**乙醇气体的爆炸极限在3.3%～19%。

33. 乙醇在催化重整装置中，一般作为调节水－氯平衡的注水剂。（√）

34. 二甲基二硫醚的含硫量比二硫化碳低、毒性比二硫化碳高。（×）

**正确答案：**二甲基二硫醚的含硫量比二硫化碳低、毒性比二硫化碳低。

35. 二甲基二硫醚一般作为预加氢和重整催化剂的硫化剂使用。（√）

36. 分馏塔的回流比越大，则其分离程度越低。（×）

**正确答案：**分馏塔的回流比越大，则其分离程度越高。

37. 氧化铜是预加氢脱氯剂的主要组成部分。（×）

**正确答案：**氧化钙是预加氢脱氯剂的主要组成部分。

38. 预加氢脱氯剂氯容饱和的主要现象是精制油的氯含量高。（√）

39. 锌作为脱硫剂的活性金属组分，使用十分有效和安全，不会引起重整催化剂中毒。（×）

**正确答案：**锌作为脱硫剂的活性金属组分使用，可能会引起重整催化剂中毒。

40. 化验分析精制油硫含量低于0.1ppm后，才能切除脱硫罐。（×）

**正确答案：**化验分析精制油硫含量低于0.5ppm后，才能切除脱硫罐。

41. 重整反应进料芳烃潜含量的变化，不会对汽油辛烷值造成影响。（×）

**正确答案：**重整反应进料芳烃潜含量的变化，会对汽油辛烷值造成影响。

42. 重整催化剂积炭的主要原因是由于原料中的重芳烃、环烷烃进行脱氢反应生成了稠环芳烃，并进一步脱氢炭化而成为炭化物。（√）

43. 重整一反发生反应的是较易进行的直链烷烃脱氢环化反应。（×）

**正确答案：**重整一反发生的是较易进行的环烷脱氢反应。

44. 重整进料中的水含量与循环氢中的水含量没有对应的比例关系。（×）

**正确答案：**重整进料中的水含量与循环氢中的水含量的比例关系为1:3～3.5左右。

45. 蒸发脱水塔能够使原料中的水与油呈完全互溶的均相二元物系。（×）

**正确答案：**蒸发脱水塔能够使原料中的水与油呈不完全互溶的非均相二元物系。

46. 重整原料中含有的砷、铜、铅等化合物，会使催化剂丧失活性，但通过再生催化活性可以恢复。（×）

**正确答案：**重整原料中含有的砷、铜、铅等化合物，会使催化剂丧失活性，即使再生催化活性也不会恢复。

47. 加热炉炉管烧焦的本质是炭和氧的反应。（√）

48. 预加氢脱硫剂卸出来之后一般做深埋处理。（×）

**正确答案：**脱硫剂含有镍、铜等金属，可以回收利用。

49. 预加氢催化剂卸剂前，催化剂床层温度降至100℃以下即可。（×）

**正确答案：**预加氢催化剂卸剂前，催化剂床层最好降至60℃以下。

50. 重整催化剂再生一般分四步：烧焦、氧化、氯化、干燥。（×）

**正确答案：**重整催化剂再生一般分四步：烧焦、氯化氧化、干燥、还原。

51. 预加氢催化剂的再生烧焦方式有水蒸气+空气烧焦和氢气+空气烧焦两种。（×）

**正确答案：**预加氢催化剂的再生烧焦方式有水蒸气+空气烧焦和氮气+空气烧焦两种。

52. 重整催化剂再生的目的，是为了除去催化剂表面上聚积的硫。（×）

**正确答案：**重整催化剂再生的目的，是为了除去催化剂表面上的积炭。

53. 重整催化剂上有Ⅰ、Ⅱ、Ⅲ三种不同的类型的积炭。（√）

54. 重整催化剂烧焦时的循环气为水蒸气。（×）

**正确答案：**重整催化剂烧焦时的循环气为含低浓度氧气的氮气。

55. 重整催化剂上的积炭在300～350℃左右已经全部燃烧。（×）

**正确答案：**重整催化剂上的Ⅰ型炭在300～350℃，Ⅱ、Ⅲ型炭需再提温30～50℃才能正常燃烧。

56. 重整催化剂烧焦时床层温度过高，会烧毁催化剂，甚至反应器。（√）

57. 浮动环密封是借浮动环和浮动套端面的接触来实现轴向密封的。（√）

58. 离心泵的填料密封适宜用于高温、易燃、易爆和腐蚀介质。（×）

**正确答案：**离心泵的填料密封不宜用于高温、易燃、易爆和腐蚀介质。

59. 离心泵机械密封的特点是密封性能好，寿命长，耗功小，适用范围广。（√）

60. 离心泵启动时其出口阀应处于开通状态，防止泵体憋压。（×）

**正确答案：**离心泵启动时其出口阀应处于关闭状态，防止电机超载。

61. 离心泵启动时，应注意确认与泵相关联的阀门，启动时应注意将备用时预热的阀门打开。（×）

**正确答案：**离心泵启动时，应注意确认与泵相关联的阀门，启动时应注意将备用时预热的阀门关闭。

62. 离心泵正常停运时，应先关进口阀，再关出口阀然后停电机。 （×）

**正确答案：**离心泵正常停运时，应先关出口阀，再停电机然后关进口阀。

63. 热油泵正常切换时，若未预热，也可以直接切换。 （×）

**正确答案：**热油泵切换时，热油泵应处于完全预热状态，才能切换。

64. 往复泵启动时应先全关出口阀，再启动电机，防止启动时电流超高烧坏电机。（×）

**正确答案：**往复泵启动时应先全开出口阀，再启动电机，防止启动时因压力超高而憋坏机体及管线。

65. 往复泵停运时应先停电机，后关出口阀，防止因压力超高而憋坏机体及管线。（√）

66. 往复泵切换时要注意保持流量平稳，并防止管线憋压。 （√）

67. 热油泵使用时可不必预热，直接投用。 （×）

**正确答案：**热油泵使用时必须预热，防止泵的零件因受热不均匀膨胀而损坏。

68. 往复泵出口安全阀的作用，是当出口管线的压力超过安全阀的设定值时便开启阀门泄压以保护管线。 （√）

69. 计量泵的流量大小只与活塞的截面积有关。 （×）

**正确答案：**计量泵的流量大小与活塞的截面积、冲程和往复运动的频率有关。

70. 固定回转式加热炉吹灰器的结构比可伸缩式加热炉吹灰器复杂，它的喷枪只在吹灰时才伸入炉内，吹毕又自行退出，故不易烧坏。 （×）

**正确答案：**可伸缩式加热炉吹灰器的结构比固定回转式加热炉吹灰器复杂，它的喷枪只在吹灰时才伸入炉内，吹毕又自行退出，故不易烧坏。

71. 加热炉正常点火时应注意炉膛内的长明灯必须是点着的，否则应测爆。 （√）

72. 炉管表面热强度是指单位炉管表面所承受的热负荷。 （×）

**正确答案：**炉管表面热强度是指单位时间内通过单位炉管表面的热量。

73. 换热器管束中管子有四种排列形式，其中等边三角形排列采用最普遍，管间距都相等，相同管板面积上排列管数最多，划线钻孔方便，管间也易清洗。 （×）

**正确答案：**换热器管束中管子有四种排列形式，其中等边三角形排列采用最普遍，管间距都相等，相同管板面积上排列管数最多，划线钻孔方便，但管间不易清洗。

74. 通常有腐蚀、有毒性、温度或压力很高的介质，还有很易结垢的介质均应走壳程。（×）

**正确答案：**通常有腐蚀、有毒性、温度或压力很高的介质，还有很易结垢的介质均应走管程。

75. 换热器在工艺过程中，热流体走管程是为了减少热量的损失。 （√）

76. 改善换热器换热效率惟一的办法，是增加两股流体的温差。 （×）

**正确答案：**增加两股流体的温差不是改善换热器换热效率的惟一办法。

77. 冷换设备停用顺序是先热后冷，即冷换设备要先停热料后停冷料。 （√）

78. 浮阀塔的缺点是浮阀要求有较好的耐腐蚀性能，以防止锈死在塔板上，故一般用不锈钢制造，造价高。 （√）

79. 压缩机按其构造和操作原理的不同，可分为往复式、离心式、旋转式和流体作用式等。 （√）

80. 往复式压缩机的排气温度不一定比其吸气温度高。 （×）

**正确答案：**往复式压缩机的排气温度总比其吸气温度高，并且其升高的程度与过程的性质和压缩比的大小有关。

81. 在总压缩比相同的情况下，采用多级压缩所消耗的功率比采用单级压缩时要少，因此级数越多越好。 （×）

**正确答案：**在总压缩比相同的情况下，采用多级压缩所消耗的功率比采用单级压缩时要少，但决不是级数越多越好。

82. 通常压缩机的压缩比越大，其排气温度越高，因此压缩比应控制在适宜的范围内。 （√）

83. 压缩比越大，容积系数越低，压缩机的排气量就越小，因此提高容积系数实际提高了压缩机的生产能力。 （√）

84. 活塞扫过的体积与汽缸容积的比值称为余隙系数。 （×）

**正确答案：**活塞没扫到的体积与汽缸容积的比值称为余隙系数。

85. 余热锅炉化学煮炉的目的，是把制造、维修或运转时可能集积的油和其他沉积物除去。 （√）

86. 余热锅炉化学煮炉时应定期进行排污，如可能的话通过连续排污系统进行排污。 （√）

87. 蒸汽发生器通常装有安全阀，以防止系统压力超高。 （√）

88. 蒸汽发生器的工作原理，是用加热的方法使水沸腾变成蒸汽，蒸汽发生器的管线一般安装在加热炉的辐射段。 （×）

**正确答案：**蒸汽发生器的工作原理，是用加热的方法使水沸腾变成蒸汽，蒸汽发生器的管线一般安装在加热炉的对流段。

89. 往复式压缩机的辅助系统由密封气系统、冷却水系统、工厂风系统和润滑油系统构成。 （×）

**正确答案：**往复式压缩机的辅助系统由密封气系统、冷却水系统和润滑油系统构成。

90. 往复式压缩机润滑油系统采用强制润滑的原理，利用油泵输送润滑油到各润滑点。 （√）

91. 往复式压缩机开车前，必须用工作气体置换三遍并盘车。 （√）

92. 离心式压缩机即使排气量变动，压力也很稳定。 （×）

**正确答案：**离心式压缩机排气量不足时，压力不稳定。

93. 压缩机润滑油泵切换时，可以先停主泵再开备用泵。 （×）

**正确答案：**压缩机润滑油泵切换时，应先开备用泵，当备用泵运行平稳后，方可停运行泵。

94. 润滑油油冷器切换时，要注意在线油冷器至油箱的返回线保持畅通。 （×）

**正确答案：**润滑油油冷器切换时，要注意在线油冷器至油箱的返回线及时关闭。

95. 润滑油可将轴承间因摩擦而产生的热量带出。 （√）

96. 机械密封是由至少一对垂直于旋转轴线的端面，在液体压力和补偿机械外弹力的作用以及辅助密封的配合下，保持贴合并相对滑动而构成的防止流体泄漏的装置。 （√）

97. 按压力容器设计压力、介质危害程度以及生产工艺过程中的作用原理的分类方法，重整反应器属于第一类容器。 （×）

**正确答案：**按压力容器设计压力、介质危害程度以及生产工艺过程中的作用原理的分类方法，重整反应器属于第三类容器。

98. 压力容器裂纹应包括腐蚀裂纹及疲劳裂纹二类。 (√)

99. 大检修时，因装置已倒空置换并蒸汽吹扫，所以设备检修动火时，无需办理用火作业票。 (×)

**正确答案：**大检修时，虽然装置已倒空置换，但仍存在许多不安全的因素，所以设备检修动火时，仍需按规定办理用火作业票，并制定相应安全防范措施。

100. 离心式压缩机高位油箱的作用，是提高润滑油系统的压力。 (×)

**正确答案：**离心式压缩机高位油箱的作用是在事故状态下，油泵不能运行时提供润滑油以延长供油时间。

101. 往复式压缩机出口温度过高，只是排气量略有下降而已，没有其他危害。 (×)

**正确答案：**往复式压缩机出口温度过高，易导致气体中轻烃在阀片上结焦以及易导致润滑油挥发而引起爆炸。

102. 往复式压缩机带液的危害很大，由于液体的不可压缩性，会导致活塞和汽缸等部件的损坏。 (√)

103. 调节燃烧器的风门，使燃料混合物流出速率小于火焰传播速率，就能达到防止回火的目的。 (×)

**正确答案：**调节燃烧器的风门，使燃料混合物流出速率大于火焰传播速率，就能达到防止回火的目的。

104. 分馏塔塔底循环泵偷停，会造成塔底重沸炉管干烧，严重时甚至会将炉管烧穿。 (√)

105. 分馏塔进料带水会造成塔压力波动。 (√)

106. 分馏塔液泛和漏液现象均可能造成拔头油与精制油的馏程重叠。 (√)

107. 分馏塔进料过大或过小均会造成分馏效果变差。 (√)

108. 仪表失灵，燃料油控制阀全开，加热炉烟囱会冒黑烟。 (√)

109. 预加氢反应器产生沟流的主要原因是原料油量波动。 (×)

**正确答案：**预加氢反应器产生沟流的主要原因是催化剂装填不好。

110. 预加氢反应器产生沟流会造成精制油质量不合格，并导致催化剂板结引起反应器压降上升。 (√)

111. 催化重整装置开停工时，升降温速率过快，都会造成反应系统法兰泄漏并引发着火事故。 (√)

112. 预加氢氢油比波动，会造成催化剂积炭速率加快并导致反应床层压降上升。 (√)

113. 预加氢系统反应温度越高，精制油中硫含量就越低。 (×)

**正确答案：**预加氢反应温度太高，会造成有一部分硫化氢与烯烃重新反应生成有机硫化物。

114. 预加氢反应是体积缩小的反应，因此预加氢反应压力越高越好。 (×)

**正确答案：**预加氢反应压力过高，会加快设备损耗并造成能耗过大。

115. 预加氢空速过小或过大均有可能造成催化剂积炭速率加快。 (√)

116. 加热炉燃烧器火焰偏烧，舔舐炉管会造成炉管结焦。 (√)

117. 预加氢原料氮含量过高时，会造成预加氢催化剂氮中毒。 (×)

**正确答案：**预加氢原料氮含量偏高时，不会造成预加氢催化剂氮中毒。

118. 预加氢原料硫含量升高时，预加氢反应系统需提温操作。(√)

119. 预加氢进料重金属含量长期超高，会引起预加氢及重整催化剂永久中毒。(√)

120. 预加氢高分液面偏高时，如处理不及时，会造成循环机带油的事故。(√)

121. 预加氢原料中水含量过高，会造成预加氢反应压降上升，并可能造成冲塔事故。(√)

122. 精制油硫含量超标，会造成重整催化剂永久中毒。(×)

**正确答案：**精制油硫含量超标，会造成重整催化剂暂时性中毒。

123. 精制油氯含量偏高，会造成重整催化剂永久中毒。(×)

**正确答案：**精制油氯含量偏高，会造成重整催化剂水－氯平衡失调，不会造成催化剂中毒。

124. 精制油氮含量偏高，会影响重整系统水－氯平衡的调节。(√)

125. 精制油中水含量超标，会造成重整系统水－氯平衡失调。(√)

126. 如果加热炉燃料气气体混合物的出口流速过大，燃烧器会发生脱火现象。(√)

127. 在使用消防蒸汽驱散高浓度硫化氢气体时，要注意控制蒸汽初速不可过大，以防流速过大，产生静电造成二次危害。(√)

128. CO通过肺泡进入血液循环，可与人体血液中的血红蛋白结合，生成碳氧血红蛋白，影响了血液的输氧功能，出现窒息中毒。(√)

129. 急性硫化氢中毒的症状是肌肉抽筋、呼吸急促、脉搏降低、恶心、失去知觉，接着很快就停止呼吸。(√)

130. 硫化氢的臭鸡蛋气味之强烈程度与浓度成正比。(×)

**正确答案：**硫化氢的浓度达到一定时，人会失去嗅觉。

131. 我国卫生标准规定：车间空气中苯的最高容许浓度为40mg/m$^3$。(√)

132. 精制油硫含量超标时，可提高预加氢反应温度并立即投用脱硫罐。(√)

133. 精制油氯含量偏高时，应加强预加氢蒸发脱水塔的操作并适当降低预加氢反应温度。(×)

**正确答案：**精制油氯含量偏高时，应加强预加氢蒸发脱水塔的操作并适当提高预加氢反应温度。

134. 精制油氮含量偏高时，预加氢反应系统可适当提高反应温度和压力。(√)

135. 精制油水含量偏高时，应加强预加氢蒸发脱水塔的操作并及时进行脱水操作。(√)

136. 重整反应系统进料中断时，首先应立即熄灭重整各反应加热炉。(√)

137. 加热炉燃烧时应尽量少点火嘴，这样才能保证炉膛温度均匀。(×)

**正确答案：**加热炉燃烧时应多火嘴，齐火苗，这样才能保证炉膛温度均匀。

138. 要防止燃料气燃烧器脱火，就必须避免气体混合物的出口流速过大。(√)

139. 分馏塔顶回流带水，会造成塔顶压力波动，应加强脱水。(√)

140. 预加氢精制油氮含量高，可以采取在预加氢系统增加注氯的措施解决。(×)

**正确答案：**预加氢精制油氮含量高，可以采取在重整系统增加注氯的措施解决。

141. 精制油与拔头油的馏程重叠时，首先应检查预分馏塔的操作是否正常，其次检查是否塔板结垢。(√)

142. 预加氢原料硫含量偏高时，应提高预加氢反应温度和降低反应压力。(×)

**正确答案：**预加氢原料硫含量偏高时，应提高预加氢反应温度和反应压力。

143. 砷在预加氢催化剂上沉积是一层层进行的，并且是不可逆的，最终会导致预加氢催化剂全部失活。 (√)

144. 预加氢高分液面波动过大，应及时调整预加氢高分液面，防止循环氢压缩机带液。 (√)

145. 预加氢氢油比的调节，应主要通过调节循环氢量的方法来实施。 (√)

146. 预加氢反应温度一般通过控制进料加热炉出口温度的方法来实现。 (√)

147. 预加氢反应压力过低时会加速生焦反应，降低预加氢催化剂的活性和使用周期。 (√)

148. 液面计的玻璃管有污垢时，应用氢氟酸清洗玻璃管。 (×)

**正确答案：** 氢氟酸能够腐蚀玻璃，应用盐酸清洗。

149. 重整反应氢油比下降到规定值以下时，重整催化剂的积炭速率会加快。 (√)

150. 由于液体是不可压缩的，所以当活塞式压缩机入口带液时，会引起撞缸事故。(√)

151. 分馏塔回流比的计算方法是塔顶回流量与塔顶产品量之比。 (√)

152. 流量的表示方法有质量流量和体积流量，它们的单位分别是 kg/h，$m^3/h$。 (√)

153. 某一仪表的相对百分误差越大，则表示该仪表的精确度越高。 (×)

**正确答案：** 某一仪表的相对百分误差越大，则表示该仪表的精确度越低。

154. 催化重整装置开车未储备精制油时，可以用重整汽油代替精制油进料。 (×)

**正确答案：** 重整开车未储备精制油时，不能用重整汽油代替精制油进料，会造成催化剂积炭迅速上升。

155. 重整系统水含量超标时，可以投用分子筛干燥罐脱水。 (√)

156. 重整反应系统循环氢气中水含量小于 20ppm 时，分子筛干燥罐才能切除。 (×)

**正确答案：** 重整反应系统循环氢气中水含量小于 50ppm 时，分子筛干燥罐即可切除。

157. 重整系统停工时，需按“降量先降温”的原则进行操作。 (√)

158. 造成重整反应温降下降的原因有重整催化剂硫中毒、氮中毒、金属中毒等。 (√)

159. 重整催化剂硫中毒时，可采用切断进料并采用在 450℃热氢循环的方法脱出催化剂上的硫。 (×)

**正确答案：** 重整催化剂硫中毒时，可采用切断进料并采用在 510℃热氢循环的方法脱出催化剂上的硫。

160. 对于连续重整再生系统来讲，待生催化剂炭含量的多少对于烧焦过程没有影响。 (×)

**正确答案：** 对于连续重整再生系统来讲，待生催化剂炭含量的多少对于烧焦影响很大，必须通过化验分析进行调整操作。

161. 连续催化重整装置再生催化剂焦炭含量要求小于 0.05%。 (×)

**正确答案：** 连续催化重整装置再生催化剂焦炭含量要求小于 0.2%(重)。

162. 连续重整再生系统在准备白烧过渡前，不能有含焦催化剂通过燃烧区进入再生器的氯化区或干燥区。 (√)

163. 连续重整再生空气干燥的工作原理，是通过冷却降温，使得压缩空气中的水蒸气凝结，从而达到减少含水量。 (√)

164. 闭锁料斗的循环启动是从缓冲区的高料位开始。 (×)

**正确答案：** 闭锁料斗的循环启动是从缓冲区的低料位开始。

165. 再生系统冷停车后，需要向装置进料中补入氯化物。（√）

166. 连续催化重整装置对各种突发事故的处理原则，是首先保护好装置设备和催化剂。（√）

167. 再生系统热停车后，需向再生系统继续注入氯化物。（×）

**正确答案：** 再生系统热停车后，再生系统注氯停止，应该向重整进料中注氯。

168. 再生风机具有低速挡和高速挡，开工投运时不可以将马达直接置于高速挡。（√）

169. 再生风机密封气流量可有可无。（×）

**正确答案：** 再生系统再生风机密封气流量必须达到差压要求，才能确保风机长周期运行。

170. 在线氧气分析仪只有电化学式一种。（×）

**正确答案：** 在线氧气分析仪有 2 种基本类型，即电化学式和顺磁式。

171. 连续重整再生空气干燥的工作原理是吸附。（×）

**正确答案：** 连续重整再生空气干燥的工作原理是通过冷却降温，使得压缩空气中的水蒸气凝结从而达到减少含水量的。

172. 再生气碱洗系统伴热的目的，是为了防止在外界气温变化时系统的盐类结晶，从而堵塞管线。（√）

173. 在投用再生器操作之前，必须先建立碱液循环操作。（√）

174. 再生系统 V 阀上指针位于中间代表阀门开足。（√）

175. 连续重整再生系统催化剂粉尘对于 B 阀使用没有影响。（×）

**正确答案：** 催化剂粉尘进入球阀后会造成阀座磨损，使得阀门开关困难。

176. 再生系统 G 阀出现故障的几率非常小，这是由阀门的结构决定的。（√）

177. 再生催化剂提升管温度高不会造成催化剂的还原。（×）

**正确答案：** 再生催化剂提升管温度高会造成催化剂的还原，因此最佳提升温度应控制在150℃左右。

178. 再生提升管温度超过一定温度，再生系统停车，主要是为了防止催化剂还原。（√）

179. 氮污染会导致再生系统热停车。（×）

**正确答案：** 氮污染会导致再生系统冷停车。

180. 抽提溶剂应具备黏度大、凝固点低的性质及对原料要有足够的相对密度差。（×）

**正确答案：** 抽提溶剂应具备黏度小、凝固点低的性质及对原料要有足够的相对密度差。

181. 甲苯可以用来做阿司匹林和六六六。（×）

**正确答案：** 甲苯一般可以用来做烈性炸药。

182. 邻二甲苯可用做合成纤维、合成香精。（√）

183. 汽提水应等于芳烃完全汽提的需要量。（×）

**正确答案：** 汽提水量应高于芳烃完全汽提的需要量。

184. 在精馏塔内进行物质和能量交换过程中，有一层塔板上的温度梯度和浓度梯度变化特别大，此板称为灵敏板。（√）

185. 苯塔、甲苯塔的温度一般采用灵敏板控制。（√）

186. 溶剂的选择性随温度的上升而上升。（×）

**正确答案：** 溶剂的选择性随温度的上升而下降。

187. 在一定范围内，溶剂的溶解度随溶剂含水量的升高而升高。（×）

**正确答案：** 在一定范围内，溶剂的溶解度随溶剂含水量的升高而降低。

188. 抽提塔在一定压力下操作，可以避免抽提塔内发生冲塔。（×）

**正确答案：** 抽提塔在一定压力下操作，可以避免抽提塔内发生汽化，从而降低抽提效率。

189. 白土塔带压操作的目的，是防止白土损失。（×）

**正确答案：** 白土塔带压操作的目的，是防止芳烃气化。

190. 溶剂比增大能提高芳烃回收率，芳烃纯度会升高。（×）

**正确答案：** 溶剂比增大能提高芳烃回收率，但芳烃纯度会下降。

191. 当精馏塔内重组分含量增加，应减小回流比将重组分压下去。（×）

**正确答案：** 当精馏塔内重组分含量增加，应加大回流比将重组分压下去。

192. 当精馏段的轻组分下到提馏段造成下部温度降低时，可用增加回流比的方法。（×）

**正确答案：** 当精馏段的轻组分下到提馏段造成下部温度降低时，可用减小回流比的方法。

193. 环丁砜溶剂降解，会生成三氧化硫核酸性聚合物。（×）

**正确答案：** 环丁砜溶剂降解，会生成二氧化硫核酸性聚合物。

194. 溶剂降解、再生塔排渣都会造成环丁砜溶剂损失。（√）

195. 溶剂比增大，芳烃回收率会降低。（×）

**正确答案：** 溶剂比增大，芳烃回收率会增大。

196. 溶剂再生塔真空度正常，如需加大再生量可以降低塔底温度。（×）

**正确答案：** 溶剂再生塔真空度正常，如需较大再生量应提高塔底温度。

197. 精馏塔是利用进料量与温差串级来做到提前反应、提前调节，排除外界干扰，保证产品质量合格的。（×）

**正确答案：** 精馏塔是利用回流量与温差串级来做到提前反应、提前调节，排除外界干扰，保证产品质量合格的。

198. 抽提塔一般有两个进料口，进料位置应选在与芳烃浓度相近处。（×）

**正确答案：** 抽提塔一般有三个进料口，进料位置应选在与芳烃浓度相近处。

199. 抽提塔压力应高于抽提温度下芳烃的泡点压力。（×）

**正确答案：** 抽提塔压力应高于抽提温度下非芳的泡点压力。

200. 汽提塔液面应保持稳定，过高过低都会影响产品质量，过低则会造成冲塔。（√）

201. 汽提塔侧线不来量的原因，是由于富溶剂中芳烃组分多。（×）

**正确答案：** 汽提塔侧线不来量的原因，是由于富溶剂中芳烃组分少。

202. 精馏塔开工顺序是苯塔、甲苯塔、二甲苯塔。（√）

203. 苯的酸洗比色不合格，与后加氢催化剂用量大无关。（×）

**正确答案：** 苯的酸洗比色不合格，与后加氢催化剂失活有关。

204. 苯产品冰点不合格的原因，可能是重整反应深度不够。（√）

205. 人体接触到苯时，其部位应首先用硼酸洗。（×）

**正确答案：** 人体接触到苯时，其部位应首先用大量的水洗。

## 单选题

1. 半再生重整工艺与连续重整工艺相比，具有的特点是( A )。

A. 设备简单，投资省　　B. 反应压力低

C. 催化剂使用周期长　　D. 运转周期长

2. 原则上反应操作条件苛刻，规模较大的催化重整装置采用( B )比较有利。

A. 半再生重整　　B. 连续重整　　C. 组合床重整　　D. 循环再生重整

3. 关于重整反应系统引新氢操作的注意事项，下列叙述错误的是( C )。

A. 引氢气前氢气管线要氮气置换合格　　B. 引氢气前需检测氢气中的水含量

C. 引氢气前无需检测硫化氢含量　　D. 引氢气前反应系统应氮气置换合格

4. 燃料气管线检修施工动火前，必须连续吹扫( D )小时以上。

A. 2　　B. 4　　C. 6　　D. 8

5. 塔类、油罐类设备检修施工动火前，必须连续吹扫( D )小时以上。

A. 8　　B. 12　　C. 24　　D. 48

6. 在施工用火的管线上加设盲板时，对于直径小于或等于 150mm 的管线盲板厚度不小于( A )mm。

A. 3　　B. 5　　C. 6　　D. 10

7. 系统氮气的质量标准中，要求水含量≯( D )ppm。

A. 5　　B. 50　　C. 100　　D. 300

8. 系统氮气质量标准中，要求氧含量≯( C )%(体积百分数)。

A. 0.1　　B. 0.2　　C. 0.3　　D. 0.5

9. 新氢的质量标准中，要求氧含量≯( C )%(体积百分数)。

A. 0.1　　B. 0.2　　C. 0.3　　D. 0.5

10. 新氢的质量标准中，要求 $CO+CO_2$ 含量≯( C )ppm。

A. 5　　B. 10　　C. 30　　D. 50

11. 下列各单元中，不属于安全联锁系统组成部分的是( B )。

A. 检测部分　　B. DCS 控制部分　　C. 逻辑运算部分　　D. 终端执行器

12. 预加氢催化剂载体常用的是( B )。

A. 二氧化硅　　B. 活性氧化铝　　C. 沸石　　D. 氧化铁

13. 在预加氢反应过程中，预加氢催化剂金属活性组分的主要作用是( A )。

A. 加氢　　B. 裂化　　C. 异构化　　D. 芳构化

14. 下列金属中，不能作为重整催化剂助金属的是( B )。

A. Re　　B. Cu　　C. Sn　　D. Ir

15. 重整催化剂的加氢/脱氢作用是由( A )功能提供的，异构化作用的是由(　)功能提供。

A. 金属、酸性　　B. 金属、金属　　C. 酸性、金属　　D. 酸性、酸性

16. 与重整催化剂载体共同组成酸性活性中心的是( C )。

A. 铂　　B. 助金属　　C. 氯　　D. 炭焦

17. 加热炉烘炉的主要目的是( A )。

A. 缓慢除去炉墙中的水分，防止炉墙倒塌

B. 调试燃料气控制系统

C. 调试加热炉“三门一板”

D. 烧去炉管中的焦质

18. 燃料气进装置前，需经过燃料气分液罐脱除其中的( D )。

A. 甲烷　　B. 机械杂质　　C. 硫化氢　　D. 凝液

19. 单位质量燃料完全燃烧后，生成的水呈气态时，所放出的热量称为( A )。

A. 低发热值　　B. 高发热值　　C. 发热值　　D. 燃烧值

20. 装置贯通试压之前，系统应先进行的工作是( D )。

A. 催化剂装填　　B. 水联运　　C. 油联运　　D. 吹扫

21. 加热炉燃烧器在点火时，虽点着但又熄火时，应( A )。

A. 立即关闭燃料阀，并吹扫炉膛　　B. 立即关闭燃料阀，15min 后再点

C. 立即重新点　　D. 通入吹扫蒸汽，同时点火

22. 关于塔板效率的说法，下列表述错误的是( A )。

A. 塔板效率一般都大于 1

B. 塔板效率一般都小于 1

C. 塔板效率越高实际塔板数与论塔板数越接近

D. 塔板效率等于 1 说明实际塔板数与理论塔板数相同

23. 催化重整装置开工前临氢反应系统氮气置换的目的，是( A )。

A. 防止氧气和氢气混合发生爆炸　　B. 防止氢气和汽油混合发生爆炸

C. 防止氮气和氢气混合发生爆炸　　D. 防止氧气和氮气混合发生爆炸

24. 催化重整装置停工反应系统氮气置换合格标准是：( D ) ≯0.5%(体积百分数)。

A. 氢气含量　　B. 氧气含量　　C. 氮气含量　　D. 氢 + 烃含量

25. 下列方法中，可以快速将临氢系统置换彻底的是( D )。

A. 升压法　　B. 吹扫法　　C. 排放法　　D. 抽真空法

26. 催化重整装置开工时，重整反应系统进料温度一般控制在( B )℃左右。

A. 290　　B. 370　　C. 450　　D. 490

27. 预加氢催化剂硫化时循环气中的 $H_2S$ 的浓度应保持在( C )。

A. 0.1% ~ 0.2%　　B. 0.3% ~ 0.5%　　C. 1% ~ 2%　　D. 2% ~ 4%

28. 预加氢反应系统高温法兰热紧的温度是( C )℃。

A. 150　　B. 180　　C. 250　　D. 280

29. 预加氢两塔合一工艺的优点是( A)。

A. 节省投资　　B. 预加氢规模较小

C. 拔头油硫含量较低　　D. 产品质量好

30. 催化重整装置正常生产时，提高重整反应温度，重整循环氢在线氢分仪的读数是呈( B )趋势。

A. 上升　　B. 下降　　C. 不变　　D. 无规律

31. 重整循环氢在线水分仪的露点由 -60℃变成 -50℃时，说明重整反应系统( C )。

A. 变干　　B. 不变　　C. 变湿　　D. 无法判断

32. 孔板流量计属于( B )流量计。

A. 浮子式　　B. 差压式　　C. 涡轮式　　D. 电磁式

33. 关于转子流量计的安装，下列说法正确的是( A )。
A. 垂直安装　B. 水平安装
C. 垂直或水平安装　D. 45 度安装

34. 积分调节作用输出变化的速率，主要取决于( A )。
A. 余差存在的时间　B. 调节器输出变化量
C. 输入偏差　D. 放大倍数

35. 对于比例积分调节器而言，如没有( B )存在，就没有积分作用。
A. 速率　B. 余差　C. 微分　D. 比例度

36. 下列情况下，一般不采用积分作用调节的是( B )。
A. 压力　B. 液面　C. 温度　D. 流量

37. 具有超前调节作用，能克服被控参数调节过程的滞后现象的是( A )。
A. 微分　B. 积分　C. 比例　D. 无法确定

38. 微分调节作用是测量值变化的速率与调节器( D )之间的关系。
A. 放大倍数　B. 比例度　C. 输出速率变化　D. 输出值变化

39. 下列参数中，适用于微分调节作用的是( B )。
A. 温度　B. 流量　C. 压力　D. 液面

40. 二氯乙烷的爆炸极限范围是( A )。
A. 2.5%～15.9%　B. 4%～74%　C. 5.3%～15%　D. 4.3%～46%

41. 二氯乙烷在催化重整装置中的作用是（ B ）。
A. 做缓蚀剂　B. 做注氯剂　C. 做预硫化剂　D. 做阻垢剂

42. 下列情况下，重整反应系统不用注氯的是( D )。
A. 催化重整装置正常生产时　B. 重整催化剂再生氧氯化时
C. 重整催化剂氮中毒时　D. 重整反应系统停进料时

43. 关于乙醇的性质，下列说法错误的是( D )。
A. 易挥发　B. 密度比水大　C. 能与水互溶　D. 难溶于汽油

44. 催化重整装置注水时，最常用的试剂是( A )。
A. 乙醇　B. 新鲜水　C. 甘油　D. 甲醇

45. 二甲基二硫醚的硫含量为( C )%。
A. 37　B. 52　C. 68　D. 84

46. 二甲基二硫醚在催化重整装置中的作用，主要是( A )。
A. 重整催化剂硫化剂　B. 重整催化剂双功能调节剂
C. 预加氢阻垢剂　D. 预加氢缓蚀剂

47. 确定分馏塔最适宜回流比的依据是( D )。
A. 塔的进料量　B. 最小回流比
C. 最大回流比　D. 操作费用和设备折旧费用的总和最小

48. 蒸发脱水塔的塔底温度控制，一般选用燃料气流量与( D )串级调节。
A. 塔底循环量　B. 炉膛温度　C. 塔底温度　D. 塔底油气化率

49. 下列化合物中，可作为预加氢脱氯剂的是( A )。
A. CaO　B. NiO　C. ZnO　D. CuO

50. 目前提倡的既有效又安全的预加氢精制油脱硫剂的活性金属组分是( D )。

A. Cu　　B. Zn　　C. Mn　　D. Ni

51. 下列情况下，应投用预加氢脱硫罐的是( A )。

A. 精制油硫含量在0.5～1.0ppm之间　　B. 精制油氯含量0.5～1.0ppm之间

C. 预加氢料油硫含量<0.5ppm　　D. 预加氢原料油氯含量<0.5～1.0ppm

52. 下列情况下，应该投用预加氢脱硫罐的是( C )。

A. 重整反应系统水含量偏高时　　B. 重整立换内漏时

C. 精制油硫含量偏高时　　D. 预加氢催化剂预硫化时

53. 催化重整装置开工正常后，必须保证精制油硫含量低于( A )ppm，才可以切除脱硫罐。

A. 0.5　　B. 1　　C. 5　　D. 10

54. 下列选项中，可能会造成重整催化剂积炭速率突然上升的是( A )。

A. 重整进料干点上升　　B. 重整进料干点下降

C. 重整进料初馏点上升　　D. 重整进料芳烃潜含量上升

55. 正常情况下，在重整末反应中一般不进行( A )反应。

A. 六员环烷烃脱氢　　B. 直链烷烃异构化

C. 直链烷烃脱氢环化　　D. 加氢裂化

56. 下列选项中，会导致重整循环氢纯度下降的是( D )。

A. 重整反应进料带水　　B. 重整催化剂氮中毒

C. 重整进料芳烃潜含量上升　　D. 重整催化剂硫中毒

57. 根据长期的数据统计，重整循环氢中水含量与重整进料中水含量的比例关系为( C )。

A. 9～10:1　　B. 1:9～10　　C. 3～3.5:1　　D. 1:3～3.5

58. 下列条件下，有利于预加氢蒸发脱水塔水的蒸发脱出的是( A )。

A. 塔底温度控制较高、塔顶压力控制较低

B. 塔底温度、塔顶压力均控制较高

C. 塔底温度均控制较低

D. 塔底温度控制较低、塔顶压力控制较高

59. 其他条件均不变的情况下，重整汽油稳定塔底温度越高，其汽油的蒸汽压( A )。

A. 越低　　B. 越高　　C. 不变　　D. 无法判断

60. 造成重整汽油稳定塔底油溴价上升的原因是( D )。

A. 塔底温度高　　B. 塔顶温度高

C. 重整异构化反应加剧　　D. 重整裂化反应加剧

61. 下列杂质中，会造成重整催化剂永久性中毒的是( B )。

A. 氮　　B. 锌　　C. 硫　　D. 水

62. 预加氢系统停工时，预加氢反应温度的降温速率应控制在( C )℃/h。

A. 5～10　　B. 10～15　　C. 20～30　　D. 40～50

63. 加热炉炉管烧焦温度过高时，炉管呈现( D )。

A. 黑色　　B. 暗红色　　C. 灰白色　　D. 桃红色

64. 如加热炉管材质为 Cr5Mo 钢，则烧焦温度最高不能超过( D )℃。

A. 300　　B. 400　　C. 500　　D. 600

65. 为防止硫化亚铁自燃，预加氢催化剂卸剂时，应用( A )保护。

A. 氮气　　B. 水蒸气　　C. 泡沫灭火器　　D. 氢气

66. 如卸出的重整催化剂发生自燃，最好用( B )灭火器。

A. 干粉　　B. 二氧化碳　　C. 泡沫　　D. 1211

67. 塔、罐、容器等设备和管线需要动火时，应进行化验分析。当可燃气体爆炸下限小于4%时，其被测浓度( A )为合格。

A. ≯0.2%　　B. ≯0.5%　　C. ≯1.0%　　D. ≯1.5%

68. 关于用火监护人的职责，下列叙述正确的是( D )。

A. 当用火人违章作业又不听劝阻时，监护人可停止监护工作

B. 用火监护人只负责动火时监护工作

C. 检查落实防火措施，是安全技术人员的职责

D. 当发现用火部位与“用火作业许可证”不符合时，用火监护人有权制止用火

69. 催化重整装置停工时，控制重整反应系统降温速率的目的，是防止( C )。

A. 汽油辛烷值过低　　B. 重整催化剂积炭严重

C. 反应系统法兰泄漏　　D. 重整催化剂破碎

70. 预加氢催化剂再生的目的是( A )。

A. 除去积炭，以便恢复活性　　B. 除去重金属，提高活性

C. 使硫化态催化剂上转变为氧化态　　D. 使还原态催化剂转变为氧化态

71. 预加氢催化剂再生烧焦的循环气体有(A，B)。

A. 氮气 + 空气　　B. 水蒸气 + 空气

C. 二氧化碳 + 空气　　D. 硫化氢 + 空气

72. 重整催化剂表面上的Ⅰ型炭，一般沉积在( A )上。

A. 铂金属表面　　B. 载体表面　　C. 助金属表面　　D. 反应器表面

73. 重整催化剂上的三种类型积炭烧焦速率为( D )。

A. Ⅰ > Ⅱ > Ⅲ　　B. Ⅱ > Ⅰ > Ⅲ　　C. Ⅲ > Ⅱ > Ⅰ　　D. Ⅰ > Ⅲ > Ⅱ

74. 为避免重整催化剂烧焦时床层温度过高，下列措施正确的是( A )。

A. 严格控制氧含量　　B. 降低烧焦温度

C. 严格控制循环气量　　D. 严格控制催化剂量

75. 为了防止重整催化剂卸剂时自燃，在停工时需要( A )。

A. 热氢循环脱硫　　B. 增加注氯

C. 注硫化剂　　D. 投脱硫系统

76. 催化重整装置停工过程中反应系统降压速率不能过快，否则容易造成重整催化剂( A )。

A. 破碎　　B. 失活　　C. 孔容下降　　D. 中毒

77. 预加氢脱氯剂装填时必须用帆布软管，而不允许直接倒的原因是( A )。

A. 防止脱氯剂破碎　　B. 防止脱氯剂损耗

C. 防止脱氯剂与空气接触　　D. 防止脱氯剂自燃

78. 机械密封中属于动密封的是( A )的密封。

A. 动环与静环　B. 动环与轴　C. 静环与压盖　D. 泵体与泵压盖

79. 按照离心泵停泵步骤，离心泵正常停运时应( C )。

A. 先停电机，再关出口阀　B. 先停电机，再关出入口阀

C. 先关出口阀，再停电机　D. 先关进口阀，再关出口阀

80. 往复泵启动时，阀门的状态应是( C )。

A. 进口阀全开，出口阀全关　B. 进口阀全关，出口阀全关

C. 进口阀全开，出口阀全开　D. 进口阀全关，出口阀全开

81. 关于停往复泵的叙述，下列表述正确的是( C )。

A. 先关进口阀，再停电机　B. 先关出口阀，再停电机

C. 先停电机，再关进出口阀　D. 先关出口阀，再关进口阀

82. 关于热油泵预热，下列表述正确的是( D )。

A. 热油泵预热快慢对泵的使用寿命影响不大

B. 夏天热油泵不需预热就可以直接启动

C. 热油泵预热过快会引起介质汽化

D. 热油泵应以 50℃/h 的速率升温

83. 在实际生产中，往复泵出口通常装有安全阀，其作用是( D )。

A. 调节流量　B. 通断流体

C. 限制泵出口压力　D. 防止因后路不畅，造成管线破裂

84. 关于加热炉"三门一板"的叙述，下列描述正确的是( C )。

A. 烟道挡板开度大一些有利于燃料的充分燃烧，因此要开大一些

B. 烟道挡板开度小一些有利于防止热量的散失，因此烟道挡板开度要小一些

C. 风门开度过大烟气氧含量高，影响传热效果，因此要控制在适宜的开度

D. 风门开度小不利于燃料的完全燃烧，因此风门要开大一些

85. 加热炉吹灰器中，结构较为复杂的一类是( B)类型的。

A. 固定回转式　B. 可伸缩喷枪式

C. 电动固定回转式　D. 气动固定回转式

86. 设计加热炉时，当加热炉热负荷大于 10MW 时，应设( C )个防爆门。

A. 1　B. 2　C. 3　D. 4

87. 关于加热炉系统通常配备的安全、防爆措施，下列表述正确的是( C )。

A. 在炉膛设有蒸汽吹扫线，供灭火用

B. 在对流室管箱里设有消防灭火蒸汽线，供点火前吹扫炉膛内可燃物

C. 在炉用燃料气管线上设阻火器以防回火起爆

D. 在燃气的炉膛内设长明灯，为点火方便

88. 加热炉炉膛吹扫的介质为( C )。

A. 空气　B. 氮气　C. 1.0MPa 蒸汽　D. 3.5MPa 蒸汽

89. 炉管表面热强度是指( A )。

A. 单位时间通过单位炉管表面的热量　B. 通过炉管表面的总热量

C. 单位时间通过炉管表面的总热量　D. 通过单位炉管表面的热量

90. 当加热炉烟道气温度低于( C )的露点温度时，就会发生露点腐蚀。

A. 氧气　B. 空气　C. 水蒸气　D. 氮气

91. 为了防止发生露点腐蚀，烟道气温度不应低于( C )℃。

A. 210　B. 175　C. 150　D. 110

92. 换热器管束的排列方式多种多样，相同管板面积上排列管数最多的是( C )。

A. 正方形错列　B. 正方形直列　C. 正三角形　D. 圆形排列

93. 浮头式换器是化工装置中常用冷换设备，其特点是( D )。

A. 管束不能方便地更换　B. 壳程只能用化学方法清洗

C. 管束不能方便抽出，检修不方便　D. 壳体与管束的温差不受限制

94. 换热器两流体的进出口温度一定时，平均温差最大的相对流向是( B)。

A. 并流　B. 逆流　C. 错流　D. 层流

95. 关于冷换设备停用的注意事项，下列操作正确的是( B )。

A. 先停冷流体，再停热流体　B. 先停热流体，再停冷流体

C. 同时停冷热流体　D. 先停冷热流体的次序并不重要

96. 关于浮阀塔，下列叙述正确的是( D )。

A. 浮阀塔的生产能力比泡罩塔低　B. 浮阀塔对物料的适应性稍差一些

C. 浮阀塔的操作弹性小　D. 浮阀塔结构简单，但操作弹性大

97. 关于轴向反应器积垢篮的作用，下列叙述错误的是( A )。

A. 增加催化剂床层的强度　B. 过滤油气带进来的杂物

C. 增加催化剂床层与油气接触的表面积　D. 使反应物均匀进入催化剂床层

98. 单吸式往复压缩机，在( C )过程中做功。

A. 膨胀　B. 吸入　C. 压缩　D. 排出

99. 下列不属于往复式压缩机性能参数的是( D )。

A. 排气量　B. 压缩比或排气压强

C. 排气温度　D. 吸入温度

100. 通常当压缩比大于 8 时，应采用多级压缩，下列有关叙述正确的是( B )。

A. 降低压缩机所需做的功，因此级数越高越好

B. 多级压缩应避免压缩机的温度过高

C. 多级压缩能提高汽缸的容积系数，因此要提高压缩机的级数

D. 多级压缩能提高压缩机的效率

101. 若某压缩机的吸入口压强为 0.4MPa(表压)，排出气压强为 3.9MPa(表压)，则该压缩机宜采用( C )压缩。

A. 1 级　B. 2 级　C. 3 级　D. 4 级

102. 压缩比是衡量压缩机性能的重要标志，若某压缩机的吸气入口压强为 0.50MPa(表压)，其压缩比为 2.5，则其排气压强为( C )MPa(表压)。

A. 1.60　B. 1.50　C. 1.40　D. 1.30

103. 容积比是限制压缩机排气量的重要因素，容积比的概念是( B )。

A. 吸气量与汽缸容积之比　B. 吸气量与活塞扫过的容积之比

C. 汽缸的容积与吸气量之比　D. 活塞扫过的容积与吸气量之比

104. 余隙系数对压缩机排气量有着重要影响，余隙系数的概念是( C )。

A. 汽缸的容积与吸气量之比

B. 活塞扫过的容积与吸气量之比

C. 活塞在汽缸中没扫过的体积与汽缸容积之比

D. 活塞扫过的体积与汽缸容积之比

105. 余热锅炉是催化重整装置的重要辅助系统，余热锅炉定期煮炉，其化学物质是( D )。

A. $Na_2CO_3$　　B. NaOH

C. $Na_3PO_4$　　D. $Na_2CO_3$ 与 NaOH 等比例混合物

106. 关于余热锅炉煮炉的操作注意事项，下列表述正确的是( A )。

A. 必须保持有水流通过锅炉给水预热盘管

B. 进料水温应控制在 100℃

C. 应确认废热锅炉顶部放空阀关闭

D. 应保持余热锅炉的水位，故洗涤水不能排放

107. 关于往复式压缩机卸荷器的工作原理，下列说法正确的是( A )。

A. 当负荷为零时，压缩机吸气阀应处于打开的状态

B. 当负荷为零时，压缩机吸气阀应处于关闭的状态

C. 卸荷器采用气体驱动时通常是反作用

D. 卸荷器采用弹簧驱动时通常是正作用

108. 往复式压缩机是催化重整装置的重要动设备，其辅助系统是由( D )组成。

A. 润滑油系统　　B. 密封气系统

C. 冷却水系统　　D. 润滑油系统、密封油系统及冷却水系统

109. 关于往复式压缩机润滑油系统工作原理，下列表述正确的是( A )。

A. 采用强制给油机械润滑来进行润滑

B. 润滑油系统运行 5min 后便可启动压缩机

C. 润滑油温应控制在 0～70℃之间

D. 为防止排气温度高对润滑油不利，选择润滑油时应选闪点低一点的

110. 关于往复式压缩机正常停机的注意事项，下列叙述正确的是( B )。

A. 正常停机时应先停电机，后降负荷，再关进出口阀门，并注意保持系统平稳

B. 对于氢压机应立即用氮气置换，并保压

C. 压缩机停机后 5min 后可停润滑油系统

D. 负荷先降至 25%时就可停电机

111. 关于压缩机润滑油泵切换的注意事项，下列叙述错误的是( A )。

A. 可以先停主泵再开备用泵　　B. 应保证润滑油泵供油的连续性

C. 当备用泵运行平稳，方可停运行泵　　D. 应注意压力的平稳，防止波动

112. 关于压缩机润滑油冷却器切换的注意事项，下列表述正确的是( A )。

A. 切换前应先检查油冷器是否处于备用状态

B. 先引润滑油，再投用冷却水

C. 运行油冷器切出后应即时关闭回油管线阀

D. 备用油冷器运行正常后应保持其回油管线阀处于开通的状态

113. 关于润滑油的润滑作用，下列叙述错误的是( A )。

A. 加载　　B. 润滑　　C. 冷却　　D. 减振

114. 关于机械密封的工作原理，下列叙述正确的是( D )。

A. 动环不随轴一起转动　　B. 静环随轴一起转动

C. 机械密封由摩擦副、辅助密封和补偿件组成

D. 机械密封工作时，被输送介质渗入接触面产生一层油膜形成油楔力，有助于阻止介质泄漏

115. 压力容器如按在生产中的工艺作用分类，则重整原料罐应属于( D )。

A. 反应压力容器　　B. 换热压力容器

C. 分离压力容器　　D. 储存压力容器

116. 在有金属设备和特别潮湿的工作场地，狭窄的非金属容器内，电动工具电压应不超过( B )V。

A. 9　　B. 12　　C. 24　　D. 36

117. 关于离心式压缩机润滑油系统高位油箱作用，下列叙述正确的是( C )。

A. 正常生产时提高润滑油的压力

B. 正常生产时保证润滑油压力的平稳

C. 当润滑油意外跳停时为压缩机提供润滑油

D. 正常生产时提高润滑油的流速

118. 空气与燃料气的混合气体从燃料气喷头喷出的速率( C )火焰传播速率时，加热炉燃烧器就会发生回火现象。

A. 大于　　B. 等于　　C. 小于　　D. 均有可能

119. 重整汽油稳定塔塔底循环泵停运时，稳定汽油的( B )。

A. 干点下降　　B. 初馏点下降　　C. 干点上升　　D. 初馏点上升

120. 下列情况下，不可能造成分馏塔压力波动的是( D )。

A. 塔顶回流量波动　　B. 回流罐压控后路不畅

C. 冷后温度改变　　D. 反应温度波动

121. 下列情况中，不会造成分馏塔液面上升的是( D )。

A. 塔后路不畅　　B. 进料突然增加

C. 原料性质变重　　D. 塔底温度上升

122. 下列情况中，不可能造成分馏塔顶、塔底产品馏程重叠的是( D )。

A. 分馏塔发生液泛现象　　B. 分馏塔发生漏塔现象

C. 分馏塔发生塔板结垢　　D. 分馏塔塔顶温度偏高

123. 预加氢反应器产生沟流的主要原因是( C )。

A. 进料量波动　　B. 循环氢量波动

C. 催化剂装填不好　　D. 反应压力波动

124. 关于预加氢反应器发生沟流现象的危害，下列叙述错误的是( D )。

A. 造成精制油质量不合格　　B. 造成预加氢催化剂板结

C. 造成预加氢反应器压降上升　　D. 造成预加氢催化剂中毒

125. 关于预加氢反应温度过高的危害，下列叙述错误的是( C )。
A. 预加氢催化剂床层压降上升速率加快 B. 预加氢系统能耗增加
C. 对精制油质量没有影响 D. 影响预加氢催化剂的使用性能
126. 下列情况下，不会造成加热炉管结焦的是( D )。
A. 进料量突然中断 B. 炉膛温度过高
C. 火焰偏烧舔炉管 D. 进料量增大
127. 加热炉炉管结焦如不及时处理，会造成( C )事故。
A. 炉膛爆炸 B. 燃烧器回火 C. 炉管烧穿 D. 炉出口温度下降
128. 关于预加氢原料硫含量偏高的危害，下列说法错误的是( C )。
A. 造成精制油硫含量不合格 B. 造成预加氢催化剂积炭速率加快
C. 造成预加氢催化中毒 D. 造成重整催化剂中毒
129. 下列选项中，会严重腐蚀预加氢蒸发脱水塔空冷的是( B )。
A. 拔头油 B. 氯化氢 C. 氢气 D. 液态烃
130. 下列选项中，会造成预加氢催化剂永久中毒的是( D )。
A. 预加氢进料硫含量高 B. 预加氢进料氮含量高
C. 预加氢进料氯含量高 D. 预加氢进料砷含量高
131. 预加氢高分液面控制偏低，有可能造成的危害是( B )。
A. 预加氢外排氢带油 B. 高压窜低压
C. 精制油不合格 D. 预加氢循环机带油
132. 下列选项中，会造成预加氢蒸发脱水塔压力大幅波动的是( C )。
A. 预加氢高分压力控制较低 B. 预加氢高分液面控制较低
C. 预加氢进料带水 D. 预加氢进料硫含量过高
133. 关于精制油硫含量超标的现象，下列叙述错误的是( C )。
A. 重整产氢率下降 B. 重整芳烃产率下降
C. 重整催化剂永久中毒 D. 重整反应总温降下降
134. 关于精制油氯含量不合格的危害，下列说法错误的是( D )。
A. 可能造成重整氢产率下降 B. 可能造成重整立换腐蚀泄漏
C. 可能造成重整汽油辛烷值过高 D. 可能造成重整催化剂永久中毒
135. 关于精制油氮含量偏高的危害，下列说法正确的是( C )。
A. 可能造成重整催化剂永久中毒
B. 可能造成重整外排氢纯度下降，产氢量上升
C. 可能会影响重整系统的水－氯平衡
D. 重整汽油液收会下降
136. 关于精制油水含量偏高的危害，下列说法正确的是( A )。
A. 可能造成重整系统水－氯平衡失调 B. 可能造成重整催化剂永久中毒
C. 可能造成重整裂化反应加剧 D. 可能造成重整汽油液收下降
137. 当空气与燃料气的混合气体从燃烧器喷头流出的速率过大时，燃烧器易发生( A )现象。
A. 脱火 B. 回火 C. 闪爆 D. 熄火

138. 关于硫化氢泄漏事故，下列处理错误的是( A )。

A. 现场使用手机　　B. 配戴空气呼吸器

C. 禁止车辆进入　　D. 携带硫化氢检测仪

139. 我国卫生标准规定：车间空气中含 CO 最高允许浓度为( D )$mg/m^3$。

A. 5　　B. 10　　C. 20　　D. 30

140. 急性硫化氢中毒是短期内接触大量硫化氢引起的以( A )、眼结膜和呼吸系统损害为主的全身性疾病。

A. 中枢神经系统　　B. 皮肤　　C. 嘴唇　　D. 四肢

141. 当大气中硫化氢浓度达( B )$mg/m^3$ 时，人即可察觉到。

A. 0.015　　B. 0.035　　C. 0.050　　D. 0.080

142. 关于精制油硫含量超标，下列处理方法错误的是( B )。

A. 提高预加氢反应温度　　B. 降低预加氢反应压力

C. 降低预加氢反应空速　　D. 加强蒸发脱水塔的操作

143. 关于精制油氯含量偏高，下列处理方法错误的是( D )。

A. 提高预加氢反应温度　　B. 加强蒸发脱水塔的操作

C. 根据需要更换脱氯剂　　D. 增大预加氢反应空速

144. 关于精制油氮含量偏高的处理，下列操作错误的是( C )。

A. 提高预加氢反应压力　　B. 提高预加氢反应温度

C. 提高预加氢反应空速　　D. 增加重整系统补氯量

145. 对高压换热器泄漏部位，应采取用( A )掩护等措施，防止可燃气体在局部区域形成爆炸性混合物。

A. 蒸汽　　B. 工业风　　C. 非净化风　　D. 水

146. 如遇暴雨或气温突降天气，操作参数不及时调整，分馏塔的压力会( A )。

A. 下降　　B. 上升　　C. 不变　　D. 无法判断

147. 关于预加氢进料氮含量高的处理，下列操作错误的是( D )。

A. 提高预加氢反应压力　　B. 提高预加氢反应温度

C. 降低预加氢反应空速　　D. 降低预加氢反应压力

148. 下列选项中，不会增加分馏塔操作负荷的是( D )。

A. 分馏塔进料量过大　　B. 分馏塔进料含水

C. 提高分馏塔塔底温度　　D. 降低分馏塔顶回流量

149. 关于预加氢原料硫含量偏高的处理，下列操作正确的是( B )。

A. 降低预加氢反应压力　　B. 提高预加氢反应温度

C. 提高预加氢反应空速　　D. 降低预加氢蒸发脱水塔进料温度

150. 关于预加氢原料氯含量偏高的处理，下列操作错误的是( D )。

A. 根据需要更换预加氢脱氯剂　　B. 降低预加氢反应空速

C. 提高预加氢反应温度　　D. 预加氢原料碱洗

151. 关于预加氢原料砷含量偏高的处理，下列操作正确的是( A )。

A. 根据需要更换脱砷剂　　B. 提高预加氢反应温度

C. 提高预加氢反应压力　　D. 提高预加氢反应氢油比

152. 关于预加氢高分液面过低的处理，下列操作正确的是( C )。

A. 提高预加氢高分压力　　B. 提高油品入高分温度

C. 关小预加氢高分液控阀　　D. 减少预加氢高分进料量

153. 关于预加氢氢油比过低的处理，下列操作正确的是( C )。

A. 增加预加氢反应压力　　B. 增加预加氢循环氢纯度

C. 增加预加氢循环氢量　　D. 增加重整反应进料量

154. 关于预加氢反应温度过高的处理，下列操作正确的是( A )。

A. 降低预加氢进料加热炉炉出口温度　　B. 降低预加氢反应空速

C. 提高预加氢反应压力　　D. 提高预加氢氢油比

155. 关于预加氢反应压力偏低的处理，下列操作正确的是( C )。

A. 提高预加氢高分温度　　B. 提高预加氢循环氢纯度

C. 减少预加氢氢气外排　　D. 增加预加氢循环氢量

156. 预加氢反应系统的压力，是通过( C )来调节的。

A. 预加氢增压机的出口压力　　B. 预加氢增压机的入口压力

C. 预加氢高分罐的压力　　D. 重整反应系统的压力

157. 玻璃板液位计的玻璃管，应用( C )清洗。

A. 新鲜水　　B. 汽油　　C. 盐酸　　D. 氢氟酸

158. 下列情况下，不会加速重整催化剂结焦的是( A )。

A. 降低精制油干点　　B. 重整催化剂水－氯平衡失调

C. 提高重整反应压力　　D. 重整进料芳烃潜含量低

159. 已知预分馏塔进料量 $22m^3/h$，回流量 $10.4m^3/h$，拔头油外送流量 $3m^3/h$，回流比是( D )。

A. 0.5　　B. 0.78　　C. 1.64　　D. 3.47

160. 某分馏塔的塔顶回流量为 5t/h，塔顶产品量为 10t/h，回流比为( B )。

A. 0.33　　B. 0.5　　C. 0.67　　D. 2

161. 重整进料为 $30m^3/h$，密度为 $740kg/m^3$，稳定塔底油外送量为 $26m^3/h$，密度为 $780kg/m^3$，稳定塔底油液收率为( C )。

A. 67.60　　B. 86.67　　C. 91.35　　D. 94.87

162. 某原料泵输送的原料密度为 $0.735t/m^3$，泵出口流量为 36t/h，出口管线规格为 $\phi108\times4$，则泵出口原料的流速为( B )m/s。

A. 1.49　　B. 1.73　　C. 2.49　　D. 2.73

163. 在连续定态流动系统中，水连续地从粗管流入细管，粗管内径为细管的两倍，则细管内水的流速是粗管内的( B )倍。

A. 2　　B. 4　　C. 6　　D. 8

164. 重整各反催化剂的装填比为 1:2:3:4，重整一反的内径为 1600mm，中心管直径为 200mm，催化剂的有效装填高度为 5m，堆比为 $780kg/m^3$，则重整四反催化剂的装填量为( C )t。

A. 9.36　　B. 12.88　　C. 30.86　　D. 51.53

165. 预加氢反应器的内径为1600mm，催化剂有效装填高度为5000mm，预加氢催化剂的堆比为800kg/m$^3$，则催化剂装填量为( A )t。

A. 8.04　　B. 12.56　　C. 20.10　　D. 32.15

166. 已知加热炉有效热负荷为300×10$^4$(kcal/h)，热效率 $\eta$ 为86.5%，燃料低发热值为12265(kcal/kg)，加热炉的燃料用量为( D )kg/h。

A. 211　　B. 215　　C. 244　　D. 283

167. 某加热炉的热效率 $\eta$ 为88%，燃料用量为1000kg/h，燃料油低发热值为41MJ/h，则加热炉有效热负荷为( B )MJ/h。

A. 34562　　B. 36080　　C. 41000　　D. 46590

168. 如果重整产氢在表压1.2MPa、40℃下的体积流量是3100Nm$^3$/h，请问在常压、20℃状态下的体积流量是( D )Nm$^3$/h。

A. 18600　　B. 20150　　C. 34823　　D. 37725

169. 某气体温度为40℃、流量为6000Nm$^3$/h、压力为0.7MPa(表压)，经压缩机压缩后温度为80℃，压力为1.2MPa(表压)，此时的气体流量为( B )m$^3$/h。

A. 3947　　B. 4164　　C. 7000　　D. 7385

170. 已知某压缩机进口压力0.24MPa(表压)，进口温度41℃，进口工况下流量235m$^3$/min,该压缩机标况下的流量为( D )Nm$^3$/h。

A. 490　　B. 695　　C. 29421　　D. 41680

171. 离心泵的叶轮直径由210mm切割到200mm时，它的扬程在切割后会( B )。

A. 降低5%　　B. 降低10%　　C. 降低15%　　D. 基本不变化

172. 某泵的叶轮直径由210mm切割到200mm，那么泵切割前后的效率( D )。

A. 提高5%　　B. 降低5%　　C. 提高10%　　D. 基本不变化

173. 某一标尺为0~1000℃的温度计出厂前经校验，若对某一标准值为700℃进行实测的读数是706℃，则该温度计的绝对误差是( A )℃。

A. 6　　B. 12　　C. 294　　D. 300

174. 某一仪表的测温范围为0~500℃，校验该表时得到的最大绝对误差为±4℃，该仪表的精度等级是( C )。

A. 0.5级　　B. 0.8级　　C. 1.0级　　D. 1.5级

175. 重整系统在( C )情况下可切入分子筛。

A. 系统氯含量偏高　　B. 系统氮含量偏高

C. 系统水含量偏高　　D. 系统重金属含量偏高

176. 下列选项中，不能作为分子筛干燥时的循环气体的是( A )。

A. 加氢尾氢　　B. 重整高分尾氢

C. 干燥的氮气　　D. 干燥的制氢产氢

177. 半再生重整催化剂停工前，集中补氯的目的是( C )。

A. 提高汽油辛烷值　　B. 脱除系统硫化氢

C. 防止再生催化剂氯含量过低　　D. 减缓催化剂积炭

178. 下列情况下，不会造成重整反应温降下降的是( A )。

A. 重整催化剂氮中毒　　B. 重整催化剂硫中毒

C. 原料掺炼焦化汽油　　D. 原料芳烃潜含量高

179. 重整催化剂硫中毒时，需降温处理的原因是( B )。
A. 提高汽油辛烷值　B. 硫在低温条件下脱除的快
C. 降低催化剂铂晶粒的聚集　D. 低温条件下上硫困难
180. 待生催化剂的颜色为( C )。
A. 白色　B. 灰色　C. 黑色　D. 蓝色
181. 待生催化剂焦炭含量的推荐操作范围为( B )。
A. 0～5%　B. 3%～7%　C. 0～7%　D. 3%～10%
182. 催化剂经过“四步法工艺”再生后的颜色为( B )。
A. 白色　B. 灰色　C. 黑色　D. 蓝色
183. 若要完全再生催化剂并保持催化剂最佳状态，必须采用( A )形式。
A. 白烧　B. 黑烧　C. 白烧和黑烧　D. 白烧或黑烧
184. 连续重整粉尘过滤器拆出后进行清洗的介质为( D )。
A. 水　B. 蒸汽　C. 空气　D. 氮气
185. 空气干燥系统干燥机控制柜露点温度下降到( C )℃时，才可以开启出口阀。
A. －10　B. －20　C. －30　D. －50
186. 再生系统在( A )的条件下可以考虑进行热停车。
A. 停车时间小于 36 小时　B. 需要打开容器
C. 再生器出口膨胀节坏　D. 需要拆除管线
187. 再生系统再生风机流量用( B )。
A. 出口阀门调节　B. 最大量循环操作
C. 进口阀门调节　D. 管路压降调节
188. 再生系统除尘风机流量调节，依据( D )。
A. 重整反应温度　B. 再生器最高温度
C. 再生循环速率　D. 催化剂粒度分布
189. 再生风机密封气流量用( A )。
A. 减压阀调节　B. 最大量操作　C. 排放量调节　D. 管路压降调节
190. 再生系统再生风机密封气的主要作用是( B )。
A. 润滑　B. 稀释进入风机的再生气
C. 减小磨损　D. 传递动力
191. 再生系统氧分仪的安装部位为( B )。
A. 再生气放空管线　B. 再生气循环管线
C. 再生空气入口　D. 干燥空气放空线
192. 再生系统氧分仪的类型为( D )。
A. 电化学式　B. 氧化锆氧分析仪
C. 气相色谱　D. 顺磁式分析仪
193. 再生系统伴热介质应为( D )。
A. 热水　B. 电伴热　C. 循环水　D. 蒸汽
194. 再生碱洗系统循环碱液流量正常后，才能( C )。
A. 建立塔底液面　B. 投用测量仪表

C. 将再生气改入洗涤系统　　D. 补充碱液

195. V 阀阀门格兰泄漏的原因为( D )。

A. 阀门生锈　　B. 阀门阀芯存在 V 型槽

C. 阀门开关次数多　　D. 阀门阀芯损坏

196. 再生系统 V 阀使用的环境为( C )。

A. 清洁物流　　B. 含催化剂粉尘的物流

C. 清洁物流和含催化剂粉尘的物流　　D. 含催化剂的物流

197. B 阀阀门关闭不严的原因为( C )。

A. 阀门生锈　　B. 阀门阀芯存在 V 型槽

C. 催化剂粉尘导致阀座磨损　　D. 阀门阀芯为 B 型

198. G 阀阀门关闭不严的主要原因为( A )。

A. 催化剂粉尘导致软座磨损　　B. 阀门硬座密封差

C. 阀门阀芯存在 V 型槽　　D. 阀门生锈

199. 下列选项中，不属于再生催化剂提升管常见故障的是( D )。

A. 温度超高　　B. 堵塞　　C. 提升管破裂　　D. 提升差压增大

200. 抽提溶剂( C )越高，抽提效果越好。

A. 流量　　B. 浓度　　C. 选择性　　D. 极性

201. 苯在农药、医药上可以用来制造( D )。

A. 阿司匹林、TNT　　B. 六六六、TNT

C. TNT、六六六　　D. 六六六、阿司匹林

202. 苯在化工上可以做染料、香料、洗涤剂和( A )。

A. 工程塑料　　B. 树脂　　C. 薄膜　　D. 炸药

203. 对二甲苯可以用来制造( B )。

A. 炸药　　B. 涤纶　　C. 糖精　　D. 薄膜

204. 邻二甲苯可用作农药、染料、合成纤维及( A )。

A. 合成香精　　B. 合成洗涤剂　　C. 涤纶　　D. 合成树脂

205. 汽提水量一般要( B )芳烃完全汽提的需要量。

A. 等于　　B. 高于　　C. 低于　　D. 远远高于

206. 汽提水量过大增大了气相负荷，会把( A )带入芳烃罐和回流罐。

A. 溶剂　　B. 水　　C. 非芳　　D. 苯

207. 在精馏塔内，温度至上而下逐渐变化，但这种变化却并不呈等差变化，其中一块塔板上温度变化特别大，此板称为( A )。

A. 灵敏板　　B. 进料板

C. 侧线抽出板　　D. 回流板

208. 在精馏塔内进行物质和能量的交换过程中，灵敏板上的( D )变化特别大。

A. 溶解度、浓度　　B. 密度、温度

C. 浓度、黏度　　D. 温度、浓度

209. 温差灵敏区是由温差的( C )决定的。

A. 高限　　B. 波动快慢　　C. 高限和低限　　D. 低限

210. 苯塔、甲苯塔的塔顶温度，一般采用的控制手段是( C )。

A. 进料温度控制　B. 塔底温度控制　C. 温差控制　D. 塔压力控制

211. 溶剂的选择性随温度上升而( B )。

A. 不变　B. 下降　C. 无规律变化　D. 上升

212. 在一定范围内，溶剂的溶解度随溶剂含水量的升高而( B )。

A. 不变　B. 降低　C. 升高　D. 呈无规律变化

213. 溶剂的溶解度随压力的升高而( A )。

A. 增大　B. 不变　C. 无规律变化　D. 降低

214. 抽提塔在一定压力下操作，主要是保证抽提过程中，各介质在一定的操作温度下呈( B )操作。

A. 气、液混合　B. 液、液相　C. 气、气相　D. 气、液、固相

215. 若抽提塔不在一定压力下操作而使原料发生汽化，抽提效率会( D )。

A. 先增大后减小　B. 增大　C. 不影响　D. 降低

216. 白土塔带压操作的目的是( A )。

A. 防止芳烃气化　B. 提高芳烃纯度　C. 降低操作温度　D. 减小催化剂损失

217. 溶剂比增大时，芳烃回收率会( C )，抽提效率会( C )。

A. 降低、提高　B. 降低、降低　C. 提高、降低　D. 提高、提高

218. 当精馏塔内重组分含量增加时，回流比应( B )。

A. 减小　B. 加大　C. 不变　D. 越大越好

219. 回流比过大会增加水、电的消耗，会造成塔内物料的循环量过大，导致( C )。

A. 产品过量　B. 冲塔

C. 降低塔的生产能力　D. 漏液

220. 环丁砜降解的原因有( B )。

A. 加入单乙醇胺(MEA)　B. 含有活性氧

C. 真空度低　D. 冷却水多

221. 下列选项中，不会引起环丁砜降解的是( A )。

A. 原料中的磺化物　B. 真空系统泄漏

C. 重沸器周围过热　D. 原料中的氧化物

222. 环丁砜由于溶剂降解，会造成( D )。

A. 非芳含量大　B. 芳烃组成变化　C. 溶剂变重　D. 溶剂损失

223. 溶剂比过大，芳烃回收率会( B )，芳烃纯度会( B )。

A. 降低、降低　B. 增大、降低　C. 降低、增大　D. 增大、增大

224. 溶剂比过小，芳烃回收率会( A )，芳烃纯度会( A )。

A. 降低、增大　B. 增大、增大　C. 增大、降低　D. 降低、降低

225. 溶剂再生塔真空度正常时，如需增加溶剂再生量，可( C )。

A. 降低塔底温度　B. 提高冷却水压力

C. 提高塔底温度　D. 降低冷却水压力

226. 精馏塔是利用( B )来提前反应、提前调节，排除外界干扰，保证产品质量合格的。

A. 温差与压力串级　B. 温差与回流量串级

C. 温差与进料量串级　　D. 回流量与压力串级

227. 抽提进料口有三个，进料应选在( D )。

A. 靠近浓度高处　　B. 进料温度相当处

C. 抽提塔中间　　D. 芳烃浓度相当处

228. 控制抽提塔压力主要是为了使抽提操作在( B )下进行，防止塔内( B )。

A. 一定温度、汽化　　B. 液相、汽化

C. 液相、物料不平衡　　D. 气相、液化

229. 抽提塔压力应高于抽提温度下( C )。

A. 非芳的露点压力　　B. 芳烃的露点压力

C. 非芳的泡点压力　　D. 芳烃的泡点压力

230. 汽提塔液面应保持稳定，过高过低都会影响产品质量，过低则会造成( C )。

A. 压力下降　　B. 芳烃抽出量低　　C. 冲塔　　D. 回流增大

231. 汽提塔侧线不来量的原因，是由于富溶剂中芳烃组分( D )或芳烃( D )。

A. 多、未蒸出　　B. 少、质量不好

C. 多、质量不好　　D. 少、未蒸出

232. 精馏塔投用时，首先要开( B )进料泵抽原料罐芳烃进料。

A. 各塔　　B. 苯塔　　C. 甲苯塔　　D. 二甲苯塔

233. 脱戊烷油的烯烃含量高，会造成( C )。

A. 苯含量低　　B. 苯产品含杂质高

C. 苯酸洗比色不合格　　D. 苯产品冰点不合格

234. 下列选项中，会造成苯产品冰点不合格的是( C )。

A. 芳烃纯度高　　B. 苯回流初馏点高

C. 改循环操作不当，串线污染　　D. 非芳含量低

## 多选题

1. 连续重整相对于半再生重整，主要优点是( B，C，D )。

A. 投资省　　B. 反应苛刻度高

C. 芳烃产率高　　D. 催化剂可连续再生

2. 重整反应系统引管网新氢时，应严格控制新氢的( A，B，C )。

A. 硫化氢含量　　B. 一氧化碳含量　　C. 水含量　　D. 氮气含量

3. 预加氢反应系统出现紧急事故时，重整反应系统不能抽( B，C )来维持正常生产。

A. 预加氢精制油　　B. 延迟焦化汽油

C. 催化裂化汽油　　D. 加氢裂化石脑油

4. 预加氢催化剂一般都由两种金属共同组成，下列常用的是( A，B )。

A. Mo－Co　　B. W－Ni　　C. Pt－Re　　D. Pt－Sn

5. 关于预加氢催化剂载体的作用，下列表述正确的是( B，C )。

A. 金属功能　　B. 承载分散活性组分

C. 赋予催化剂足够强度　　D. 裂化功能

6. 下列金属中，能作为重整双金属催化剂助剂的是( A，C )。

A. Re　　B. Cu　　C. Sn　　D. Zn

7. 关于重整催化剂的基本特征，下列说法正确的是( A，B，C )。

A. 双金属功能　　B. 金属活性中心由 Pt 提供

C. 还原态活性更好　　D. 酸性活性中心由助金属提供

8. 加热炉烘炉的主要目的，是脱除炉墙内的耐火材料的( A，B )。

A. 自然水　　B. 结晶水　　C. 酸性水　　D. 碱性水

9. 关于加热炉引燃料气的注意事项，下列表述正确的是( A，D )。

A. 引燃料气脱液时，操作人员应站在上风口

B. 引燃料气前，应先用工业风试压

C. 引燃料气时，应在火嘴放空

D. 引燃料气前，燃料气管线应先用氮气置换

10. 空气预热器的作用是( A，B )。

A. 回收烟气余热　　B. 减少燃料气消耗

C. 防止露点腐蚀　　D. 炉管吹灰

11. 装置贯通试压之前，系统应先进行的工作是( D )。

A. 催化剂装填　　B. 水联运　　C. 油联运　　D. 吹扫

12. 催化重整装置开工初期，重整反应系统进料后，需待( A，B )降至规定值之后方可提至正常操作温度。

A. 系统水含量　　B. 系统硫化氢含量

C. 系统氢纯度　　D. 系统金属含量

13. 预加氢催化剂预硫化结束的标志是( A，B，C )。

A. 高分连续三个点放不出水　　B. 催化剂床层无温升

C. 反应器进出口 $H_2S$ 浓度相同　　D. 理论硫化剂量已注完

14. 重整反应系统进油的条件是( A，B，C，D )。

A. 各反入口温度升至 370～400℃　　B. 循环氢量达到指标要求

C. 精制油分析合格　　D. 重整高分压力不低于设计值的 80%

15. 预处理先分馏，后加氢工艺的主要优点是( A，B )。

A. 预加氢反应系统规模较小　　B. 脱水塔的负荷较小

C. 预加氢反应系统规模较大　　D. 脱水塔的负荷较大

16. 关于孔板的安装，下列说法正确的是( A，B，C )。

A. 安装管道应是圆形管道　　B. 一般安装于水平管道

C. 孔板前后应有足够长度的直管　　D. 应安装于物料相变区

17. 当调节系统有余差存在时，比例积分调节器输出的变化速率与积分的关系是( B，C )。

A. 调节器输出变化量慢，积分时间短　　B. 调节器输出变化量快，积分时间短

C. 调节器输出变化慢，积分时间长　　D. 调节器输出变化量快，积分时间长

18. 关于添加二氯乙烷溶剂的注意事项，下列表述正确的是( A，C )。

A. 穿棉质工作服　　B. 穿化纤工作服

C. 戴乳胶手套　　D. 戴帆布手套

19. 二甲基二硫醚与二硫化碳相比，具有( A，C )优点。

A. 毒性低　　B. 硫含量高　　C. 自燃点高　　D. 价钱便宜

20．催化重整装置加工芳烃潜含量高的原料时，下列说法正确的是（C，D）。
A．相同苛刻度下，汽油辛烷值下降　B．相同苛刻度下，循环氢纯度下降
C．相同苛刻下，循环氢纯度下降　D．相同苛刻度下，汽油辛烷值上升

21．下列操作中，会增加重整催化剂积炭的是（A，C）。
A．提高重整反应温度　B．提高重整反应压力
C．降低重整反应空速　D．增加重整反应氢油比

22．下列操作中，不能提高重整循环氢的纯度的有（A，C）。
A．提高重整反应温度　B．提高原料的芳烃潜含量
C．提高重整反应压力　D．提高重整注水量

23．下列条件下，有利于预加氢蒸发脱水塔中水的脱除的是（A，D）。
A．塔底温度控制较高　B．塔顶压力控制较高
C．塔底温度控制较低　D．塔顶压力控制较低

24．下列选项中，可能会造成重整汽油蒸汽压偏低的有（A，D）。
A．稳定塔底压力过低　B．稳定塔底温度过低
C．稳定塔底压力过高　D．稳定塔底温度过高

25．下列杂质中，会造成重整催化剂暂时性中毒的是（B，C）。
A．砷　B．氮　C．硫　D．铅

26．预加氢催化剂再生烧焦的循环气体有（A，B）。
A．氮气+空气　B．水蒸气+空气　C．二氧化碳+空气　D．硫化氢+空气

27．重整催化剂再生的目的是(B，D)。
A．除去重金属提高活性　B．除去积炭提高活性
C．除去硫提高活性　D．使活性金属重新分散以提高活性

28．重整催化剂烧焦时，不能使用水蒸气作为循环气的原因是（B，C）。
A．水蒸气的热容大能耗高　B．水蒸气会导致铂晶粒凝聚
C．水蒸气会导致载体结构老化　D．水蒸气会使铂流失

29．催化重整装置在停工过程中的注意事项有（A，B，D）。
A．避免催化剂床层处于高温状态
B．催化剂床层泄压速率不能太快
C．停工后催化剂床层应充一定压力的工业风保压
D．反应系统降温速率不能太快

30．离心泵常用的轴封结构有（A，B，C，D）。
A．有骨架的橡胶密封　B．填料密封
C．机械密封　D．浮动环密封

31．关于离心泵填料密封的特点，下列叙述正确的是（A，B）。
A．结构简单，成本低　B．不适宜用于高温、易燃、易爆和腐蚀性介质
C．寿命长，耗功小　D．密封性能好

32．关于离心泵启动时的注意事项，下列叙述正确的是（A，B，C）。
A．离心泵启动前应先检查出口阀是否处于关闭状态
B．离心泵启动后应注意泵电流、出口压力是否正常

C. 启动后若发现异常声响应根据需要果断停机

D. 离心泵启动后应快开出口阀门

33. 关于离心泵的切换，下列叙述正确的是( B，C )。

A. 离心泵的切换可不考虑保持流量的平稳

B. 离心泵切换前必须对备泵作全面检查

C. 若备用泵是热油泵，则该泵必须处于完全预热状态

D. 备用泵启动后最多 1 ~ 2min 就要打开出口阀，防止电机过载

34. 往复泵启动时，应注意( A，C )。

A. 进出口阀必须处于全开状态，再启动电机

B. 出口阀必须全关，再启动电机

C. 介质引至泵前可不必灌泵，直接启动

D. 通过调节进口阀来调节流量

35. 关于往复泵切换时的注意事项，下列叙述正确的是( B，C )。

A. 往复泵切换时其备泵需要灌泵才能启动

B. 往复泵切换时其备泵的进出口阀应处于全状态

C. 往复泵切换时，其运行泵应先停电机后关进出口阀

D. 往复泵切换时，其运行泵应先关进出口阀再停电机

36. 关于计量泵调节原理的叙述，下列描述正确的是( A，B，C )。

A. 计量泵的流量调节是基于往复泵的流量固定的特点之上的

B. 计量泵调节通常是通过改变活塞杆的冲程来实现的

C. 多台计量泵并联可实现流体按比例输送的目的

D. 计量泵的流量通过改变偏心轮的偏心程度来改变活塞杆的冲程

37. 关于加热炉“三门一板”操作时的注意事项，下列表述正确的是( A，B )。

A. 风门不要开的太大，防止带走过多的热量，且导致炉管氧化

B. 烟道挡板应保持适宜的开度，太大或太小都会影响加热炉的效率

C. 气门开小了影响燃料油的燃烧效果，因此越大越好

D. 风门开度小不利于燃料的完全燃烧，因此风门要开大一些

38. 关于加热炉吹灰器的类型的叙述，下列描述正确的是( A，C )。

A. 常用加热炉吹灰器可分为固定回转式和可伸缩喷枪式

B. 可伸缩喷枪式吹灰器可以分为手动式和电动式两种

C. 可伸缩式吹灰器的结构比固定回转式复杂

D. 固定回转式一般在高温烟气区使用

39. 关于加热炉系统正常点火，下列表述正确的是( A，C，D )。

A. 应确认“三门一板”灵活好使　　B. 应采样分析确认可燃气浓度小于 2%

C. 应先点长明灯后点主火嘴　　D. 应对称点火嘴防止受热不均匀

40. 关于炉管表面热强度，下列表述正确的是( B，C )。

A. 炉膛内所有炉管的表面热强度应大小基本一致

B. 管内介质的性质、温度、压力、流速会影响炉管表面热强度的提高

C. 炉管表面热强度的提高必须考虑炉管材质的限制

D. 提高加热炉炉管表面热强度，可使材料耗用量降低，因此要多提高加热炉管表面热强度

41. 关于烟气腐蚀机理，下列表述正确的是( B，C，D )。

A. 烟气低于0℃时便会产生露点腐蚀

B. 烟气露点腐蚀主要是在换热器表面温度低于烟露点温度时发生

C. 通常对流管表面的温度约比管内流体温度高20～50℃

D. 烟气中水蒸气及$SO_3$的分压高，则烟气的露点温度相应要高

42. 关于浮头换热器，下列表述正确的是( A，B，D )。

A. 按浮头在壳体内外可分为内外浮头式

B. 浮头换热器具有热补偿的能力，且便于清洗和补偿

C. 结构简单，造价低

D. 适用于管子和壳体的温度较大和管子需要经常清洗的场合

43. 换热器介质走管壳程的确定方法是( B，C )。

A. 雷诺数大的流体一般走壳程

B. 有腐蚀，有毒性、温度或压力很高，易结垢的介质走管程

C. 饱和蒸汽一般走管程

D. 黏度高流体一般走管程

44. 轴向反应器积垢篮的作用是( A，B，C )。

A. 增加催化剂床层顶部和油气接触的表面积

B. 使进入反应器的油气尽量均匀地进入催化剂床层

C. 过滤油气带进来的杂物

D. 分离油气

45. 关于往复式压缩机的特点，下列表述正确的是(B，D)。

A. 流量大并且均匀　　B. 出口压强高

C. 体积小，占地面积小　　D. 操作维修简单

46. 关于蒸汽发生器，下列说法正确的是( B，C )。

A. 蒸汽发生器一般安装在加热炉的辐射段

B. 蒸汽发生器一般安装在加热炉的对流段

C. 重整余热锅炉应属于水管锅炉

D. 重整余热锅炉属于火管锅炉

47. 关于蒸汽发生器的产汽工作原理，下列说法正确的是( A，B，C )。

A. 炉管内的循环的水通过吸收燃料燃烧释放出的热量而汽化成饱和蒸汽

B. 蒸汽发生器内的饱和蒸汽需进一步吸收热量变成过热蒸汽

C. 液体沸腾时的温度与蒸汽虽然相同(在一定压力下)，但要变成蒸汽还必须吸收热量才行

D. 重整锅炉水采用自然循环的方式

48. 往复式压缩机卸荷器的工作原理是( A，B )。

A. 空负荷时，卸荷器强制打开吸气阀　　B. 气动式卸荷阀一般采用正作用式

C. 气动式卸荷阀一般采用反作用式　　D. 空负荷时，卸荷器强制关闭吸气阀

49. 往复式压缩机的辅助系统包括( A，B )。

A. 润滑系统　　B. 密封系统　　C. 工厂风系统　　D. 蒸汽系统

50. 关于往复式压缩机润滑油系统的工作原理，下列叙述正确的是( B，C，D )。

A. 操作中润滑油压力越高越有利于润滑

B. 为防止润滑油的供油不足，设置了低压联锁系统

C. 润滑的部位主要是曲轴箱、轴承和十字头等

D. 采用强制润滑方式

51. 往复式压缩机正常停机时，应( A，C，D )。

A. 尽快用氮气置换，防止工艺气冷凝　　B. 停机后就可停冷却水系统

C. 将负荷先降至零，再停电机　　D. 等轴承温度冷却后，方可停润滑油系统

52. 关于往复式压缩机切换时的注意事项，下列叙述正确的是( A，C，D )。

A. 尽可能保持压力平稳

B. 为防止系统超压应先停主机，再启动备机

C. 确认备用机的流程畅通及辅助系统全部投用

D. 主机停运后，要及时泄压置换

53. 离心式压缩机的转子主要包括( A，B，D )。

A. 叶轮　　B. 平衡盘　　C. 轴承　　D. 主轴

54. 机泵盘车困难的原因是( B，C，D )。

A. 泵入口压力高　　B. 油品凝固　　C. 轴挠曲严重　　D. 叶轮卡住

55. 离心泵窜轴的原因是( A，B，C )。

A. 出口压力过大　　B. 出口压力过小

C. 轴承坏　　D. 联轴器不对中

56. 机泵定期切换的目的是( A，B，C )。

A. 计划检修　　B. 定期维护设备

C. 使设备处于良好使用状态　　D. 方便操作

57. 关于往复式压缩机出口温度过高的危害，下列表述正确的是( A，B，C )。

A. 导致汽缸中润滑油的黏度降低，性能减弱

B. 会造成零件的磨损加快

C. 严重时会造成润滑油分解炭化，引起爆炸

D. 出口温度过高没影响

58. 下列情况下，加热炉燃烧器易发生回火现象的是( A，B )。

A. 燃料气压力过低　　B. 燃烧器风门开度过小

C. 燃料气压力过高　　D. 风门开度过大

59. 分馏塔塔底循环泵停运的现象有( A，D )。

A. 泵出口流量无显示　　B. 分馏塔压力上升

C. 塔底液面下降　　D. 塔底温度下降

60. 造成分馏塔压力波动的原因有( A，B )。

A. 分馏塔进料带水　　B. 回流罐压控后路不畅

C. 塔底温度控制较高　　D. 塔顶温度控制较高

61. 关于预加氢蒸发脱水塔塔板结垢的影响，下列说法正确的是( A，B，C )。
A. 分离效果变差　B. 分馏塔液面控制不稳
C. 精制油杂质含量超标　D. 安全阀起跳

62. 分馏塔进料量过小会产生( B，C )现象。
A. 冲塔　B. 漏塔　C. 分馏效果变差　D. 分馏效果变好

63. 加热炉烟囱冒黑烟的原因有( A，B，C )。
A. 炉管破裂　B. 燃料气带油　C. 燃料气量过大　D. 风门开度过大

64. 催化重整装置开工过程中，重整反应系统升温速率过快会造成( A，B，C )。
A. 径向反应器中心管损坏　B. 反应器法兰泄漏
C. 催化剂积炭速率加快　D. 汽油辛烷值下降

65. 关于预加氢反应氢油比波动过大的危害，下列叙述正确的是( A，B )。
A. 反应床层压降增大　B. 催化剂积炭速率加快
C. 液收下降　D. 精制油硫含量不合格

66. 关于预加氢系统压力波动过大的危害，下列叙述正确的是( A，D )。
A. 加快设备损耗　B. 进料空速波动
C. 精制油硫含量波动　D. 预加氢反应床层压降上升

67. 关于预加氢空速过小的危害，下列叙述正确的是( A，B )。
A. 预加氢催化剂积炭速率加快　B. 预加氢反应床层压降上升
C. 精制油硫含量超高　D. 预加氢反应压力超高

68. 造成加热炉炉管结焦的原因有( A，B，C )。
A. 炉管受热不均　B. 加热炉进料偏流
C. 炉管清焦不彻底　D. 加热炉进料流速过大

69. 关于预加氢进料氯含量偏高的说法，下列叙述正确的是( B，C )。
A. 造成重整催化剂永久中毒　B. 加速预加氢系统氯腐蚀
C. 压缩机入口铵盐堵塞　D. 无任何危害

70. 下列选项中，会造成预加氢循环机带液的是(B，D)。
A. 预加氢高分液面控制过高　B. 预加氢反应温度控制过高
C. 预加氢反应压力控制过高　D. 预加氢高分温度控制过高

71. 关于精制油硫含量超标产生的后果，下列叙述正确的是(B，D)。
A. 造成重整汽油辛烷值上升　B. 造成重整催化剂积炭速率加快
C. 造成重整反应系统水－氯平衡失调　D. 造成重整芳烃产率下降

72. 关于精制油氮含量偏高的危害，下列说法正确的是( A，B，D )。
A. 造成重整汽油辛烷值下降　B. 可能会影响重整系统的水－氯平衡
C. 可能造成重整注氯系统管线堵塞　D. 加速设备铵盐腐蚀

73. 下列选项中，会造成精制油水含量超标的是( A，B，C )。
A. 预加氢进料带水　B. 蒸发脱水塔进料换热器内漏
C. 蒸发脱水塔发生冲塔现象　D. 蒸发脱水塔底温度过高

74. 下列情况下，易造成加热炉燃烧器发生脱火现象的是(C，D)。
A. 燃料气量过小　B. 风门开度过小
C. 燃料气量过大　D. 风门开度过大

75. 关于CO急性中毒的处理方法，下列做法正确的是( A，C，D )。
A. 迅速移至空气新鲜处　　B. 给患者喂服牛奶解毒
C. 保持患者呼吸通畅　　D. 如呼吸停止，立即进行人工呼吸

76. 关于急性苯中毒的处理，下列做法正确的是( A，B，C，D )。
A. 迅速移至空气新鲜处　　B. 立即脱去被苯污染的衣物
C. 用水冲洗被污染的皮肤　　D. 立即进行人工呼吸

77. 关于预加氢进料带水，下列处理方法正确的是( A，B，C )。
A. 联系调度换罐　　B. 加强原料罐的脱水
C. 加强脱水塔的操作　　D. 预加氢反应系统提温、提压操作

78. 关于精制油硫含量超标，下列处理方法正确的是( B，C )。
A. 提高重整反应温度　　B. 加强蒸发脱水塔的操作
C. 预加氢系统投用脱硫罐　　D. 降低重整反应温度

79. 关于精制油水含量偏高的处理，下列操作正确的是( A，B，C )。
A. 提高蒸发脱水塔底温度　　B. 降低蒸发脱水塔压力
C. 加强蒸发脱水塔回流罐的脱水　　D. 提高蒸发脱水塔的液面

80. 重整进料中断时，不能停循环机的原因是( A，C )。
A. 防止重整催化剂积炭速率过快　　B. 防止重整催化剂中毒
C. 防止重整反应床层超温　　D. 防止重整催化剂水－氯平衡失调

81. 关于加热炉炉膛温度不均匀的处理，下列操作正确的是( A，D )。
A. 保证加热炉各路进料量一致　　B. 增加加热炉供风量
C. 尽量只点一个火嘴　　D. 火嘴尽量对称燃烧

82. 加热炉燃烧器发生脱火现象时的处理原则是( A，C )。
A. 减少燃料气送入量　　B. 增大燃料气送入量
C. 减少空气送入量　　D. 增大空气送入量

83. 关于预加氢高分液面过高的处理，下列操作正确的是( B，C )。
A. 降低预加氢高分压力　　B. 开大预加氢高分液控阀
C. 加强循环氢分液罐的脱液　　D. 降低油品入预加氢高分温度

84. 关于预加氢氢油比的调节，下列处理错误的是( B，D )。
A. 调节预加氢反应温度　　B. 调节预加氢高分压力
C. 调节预加氢循环氢量　　D. 调节预加氢循环氢纯度

85. 下列选项中，可以用来清洗玻璃管液面计的试剂有( A，D )。
A. 盐酸　　B. 氢氧化钠
氢氟酸　　D. 硫酸

86. 下列情况下，会导致重整催化剂积炭速率加快的有( A，C，D )。
A. 提高重整反应温度　　B. 提高重整反应压力
C. 重整反应氢油比低　　D. 重整催化剂硫中毒

87. 关于往复式压缩机入口带液的处理，下列操作正确的是( A，B )。
A. 加强入口缓冲罐的脱液　　B. 加强汽缸脱液
C. 稍开压缩机旁路　　D. 提高入口缓冲罐温度

88. 关于半再生重整催化剂硫中毒的处理，下列操作正确的是( B，C )。

A. 重整提温　　B. 重整降温

C. 重整热氢循环脱硫　　D. 重整降量

89. 关于重整催化剂轻微硫中毒的处理，下列操作正确的是(B，D)。

A. 减少注氯　　B. 重整各反降至 480℃

C. 反应提温　　D. 增加注氯量

90. 连续催化重整装置再生催化剂需要分析的项目有( A，B，C，D )。

A. 焦炭含量　　B. 铁含量　　C. 氯含量　　D. 磨损率

91. 空气干燥系统冷凝压力高的原因有( A，B，C )。

A. 冷凝器入口水温太高　　B. 冷却水流量不足

C. 冷凝器内管路堵　　D. 膨胀阀门开度过大

92. 再生系统在( A，B，D )条件下可以考虑进行冷停车。

A. 停车时间超过 36 小时　　B. 需要打开容器

C. 注氯泵故障　　D. 需要拆除管线

93. 连续催化重整装置停工前的准备工作有(B，D)。

A. 提高注氯量　　B. 降低反应苛刻度

C. 系统注水　　D. 加快催化剂的烧焦

94. 再生系统在( A，B )的条件下可以考虑进行停车。

A. 烧焦区热电偶温度突升　　B. 氧分仪故障

C. 注氯泵故障　　D. 电加热器功率不足

95. 再生系统再生风机密封气的作用是( A，B，C )。

A. 稀释再生气　　B. 防止氯腐蚀　　C. 防止露点腐蚀　　D. 降温冷却

96. 空气干燥系统露点高的原因有( A，B，C )。

A. 超出设计条件　　B. 过载

C. 吸附剂不吸附　　D. 膨胀阀门开度过大

97. 再生碱洗系统伴热的位置是( A，C，D )。

A. 仪表引出线　　B. 碱液循环线　　C. 文丘里洗涤器　　D. 碱液注入线

98. 连续重整再生系统 24V 电源导致冷停车的条件有( B，C )。

A. 电压低于 24V　　B. 电压低于 22V　　C. 电压高于 29V　　D. 电压高于 26V

99. 抽提溶剂应具备的基本条件是( A，C，D )。

A. 对芳烃有较高的溶解度　　B. 对非芳有较高的选择性

C. 对芳烃有较高的选择性　　D. 溶剂与原料的相对密度差要大

100. 苯的用途是( B，C )。

A. 制造炸药　　B. 制造六六六　　C. 制备阿司匹林　　D. 制造薄膜

101. 在精馏塔内进行物质和能量的交换过程中，灵敏板上的( A，B )变化特别大。

A. 浓度梯度　　B. 温度梯度　　C. 密度　　D. 溶解度

102. 关于溶剂选择性影响因素的说法，下列表述正确的是( A，D )。

A. 含水量越高选择性越大　　B. 温度越高选择性越强

C. 含水量越高选择性越小　　D. 温度越高选择性越小

103. 关于溶剂溶解度影响因素的说法，下列表述正确的是( B，C )。
A. 温度越高溶解度越小　　B. 压力越大溶解度越大
C. 温度越高溶解度越大　　D. 压力越大溶解度越小

104. 抽提塔在一定压力下操作的目的是( A，B )。
A. 避免塔内发生汽化　　B. 提高抽提效率
C. 提高芳烃溶解度　　D. 提高抽提温度

105. 溶剂比增大，会导致( C，D )。
A. 芳烃收率下降　　B. 芳烃纯度上升
C. 芳烃收率上升　　D. 芳烃纯度下降

106. 造成环丁砜溶剂降解的原因是( A，C，D )。
A. 空气漏入　　B. 含水
C. 生成二氧化硫　　D. 重沸器温度高

107. 造成环丁砜溶剂损失的原因是( A，B，D )。
A. 操作温度高　　B. 溶剂降解　　C. 溶剂量大　　D. 再生塔排渣

108. 溶剂比增大或减少与芳烃回收率的关系是( A，B )。
A. 溶剂比增大，回收率增大　　B. 溶剂比减少，回收率降低
C. 溶剂比减少，回收率增　　D. 溶剂比增大，回收率降低

109. 精馏塔温差是利用( A，C，D )来提前反应、提前调节，排除外界干扰，保证产品质量合格的。
A. 调整热载体流量　　B. 调整进料量
C. 温差与回流量串级　　D. 调整回流量

110. 抽提塔一般通过控制塔的压力，来保证(C，D)。
A. 芳烃溶解度　　B. 进料温度
C. 塔内不汽化　　D. 抽提效率高

111. 下列选项中，导致汽提塔侧线不来量的因素有( B，C，D )。
A. 塔内压力低　　B. 进料量少
C. 塔底温度低　　D. 汽提水量小

112. 精馏塔投用的注意事项有( A，B )。
A. 先开苯塔进料泵　　B. 最后是二甲苯进料泵
C. 先开甲苯塔进料泵　　D. 最后是苯塔进料泵

113. 苯酸洗比色不合格的原因有(B，D)。
A. 反应压力高　　B. 脱戊烷油烯烃含量高
C. 脱戊烷油温度高　　D. 后加氢催化剂失活

114. 苯产品冰点不合格的原因有( A，B，C )。
A. 抽提原料组分变化大　　B. 重整反应深度不够
C. 设备泄漏　　D. 非芳含量低

115. 关于人体接触到苯的处理方法，下列处理正确的是( B，C )。
A. 用酸冲洗　　B. 用大量的水冲洗
C. 去医院就医　　D. 用碱洗

# 四、技能操作鉴定要素细目表

| 鉴定范围 | | | | | | 鉴定点 | |
|---|---|---|---|---|---|---|---|
| 一级 | | 二级 | | 三级 | | 代码 | 名称 |
| 代码 | 名称 | 代码 | 名称 | 代码 | 名称 | | |
| A | 技能要求 | A | 工艺操作 | A | 开车准备 | 001 | 反应系统氮气置换的操作 |
| | | | | | | 002 | 反应系统氢气置换的操作 |
| | | | | | | 003 | 管线试压操作 |
| | | | | | | 004 | 盲板的拆装 |
| | | | | | | 005 | 空气预热器的投用 |
| | | | | | | 006 | 管式加热炉点炉前的准备操作 |
| | | | | | | 007 | 分馏系统水冲洗操作 |
| | | | | | | 008 | 预加氢催化剂硫化剂灌装操作 |
| | | | | | | 009 | 工艺管线爆破吹扫的操作 |
| | | | | B | 开车操作 | 001 | 预加氢催化剂硫化剂的注入操作 |
| | | | | | | 002 | DCS 手动、自动、串级的切换操作 |
| | | | | | | 003 | 重整催化剂硫化剂的注入操作 |
| | | | | C | 正常操作 | 001 | 控制阀切换副线的操作 |
| | | | | | | 002 | 预加氢反应系统操作参数的调节 |
| | | | | | | 003 | 重整反应系统提温降量的操作 |
| | | | | | | 004 | 蒸发脱水塔操作参数的调节 |
| | | | | | | 005 | 加热炉烟气氧含量的调节 |
| | | | | | | 006 | 加热炉烟气采样操作 |
| | | | | | | 007 | 预加氢精制油馏程的控制 |
| | | | | | | 008 | 加热炉炉膛发暗的调节 |
| | | | | D | 停车操作 | 001 | 分馏塔的停车操作 |
| | | | | | | 002 | 加热炉火嘴拆装操作 |
| | | | | | | 003 | 预加氢脱氯剂的卸剂操作 |
| | | | | | | 004 | 重整反应系统降温降量的操作 |
| | | | | | | 005 | 装置燃料气管线吹扫操作 |
| | | B | 设备使用及维护 | A | 使用设备 | 001 | 水冷器的投用 |
| | | | | | | 002 | 换热器的投用 |
| | | | | | | 003 | 加热炉的开车操作 |
| | | | | | | 004 | 加热炉的停车操作 |
| | | | | | | 005 | 热油泵的开车操作 |
| | | | | B | 维护设备 | 001 | 塔类设备的日常维护 |
| | | | | | | 002 | 反应器的日常维护 |
| | | | | | | 003 | 加热炉日常维护 |
| | | | | | | 004 | 液面计的鉴定操作 |
| | | | | | | 005 | 离心泵小修的处理 |

续表

| 鉴定范围 | | | | | | 鉴定点 | |
|---|---|---|---|---|---|---|---|
| 一级 | | 二级 | | 三级 | | 代码 | 名称 |
| 代码 | 名称 | 代码 | 名称 | 代码 | 名称 | | |
| | | C | 事故判断与处理 | A | 判断事故 | 001 | 加热炉回火原因的判断 |
| | | | | | | 002 | 水冷器泄漏的判断 |
| | | | | | | 003 | 燃料气带油原因判断 |
| | | | | | | 004 | 分馏塔底液位突然升高的原因判断 |
| | | | | B | 处理事故 | 001 | $H_2S$ 中毒的救护 |
| | | | | | | 002 | 分馏塔空冷泄漏的处理 |
| | | | | | | 003 | 预加氢高分液面波动过大的处理 |
| | | | | | | 004 | 预加氢反应系统进料中断的处理 |
| | | | | | | 005 | 重整反应系统进料中断的处理 |
| | | D | 绘图与计算 | A | 绘图 | 001 | 蒸发脱水塔控制流程图的绘制 |
| | | | | | | 002 | 预加氢反应系统控制流程图的绘制 |
| | | | | | | 003 | 高分液面与流量串级调节示意图的绘制 |
| | | | | | | 004 | 加热炉出口温度与燃料气流量串级调节示意图的绘制 |
| B | 技能要求 | A | 工艺操作 | B | 开车操作 | 001 | 铂铼重整催化剂硫化剂的注入操作 |
| | | | | D | 停车操作 | 001 | 分子筛的干燥操作 |
| C | 技能要求 | A | 工艺操作 | B | 开车操作 | 001 | 白催化剂开车操作 |
| | | | | | | 002 | 再生部分升温操作 |
| | | | | C | 正常操作 | 001 | 提升气流量操作 |
| | | | | | | 002 | 循环速率判断操作 |
| | | | | D | 停车操作 | 001 | 再生降温操作 |
| | | B | 设备使用及维护 | A | 使用设备 | 001 | 卸粉尘操作 |
| | | | | | | 002 | 空气干燥器投用操作 |
| | | | | | | 003 | 抽空器的操作 |
| | | C | 事故判断与处理 | A | 判断事故 | 001 | 粉尘少的原因分析 |
| | | | | B | 处理事故 | 001 | 再生催化剂提升管破裂的处理 |
| | | D | 绘图与计算 | A | 绘图 | 001 | 再生系统原则流程图 |
| D | 技能要求 | A | 工艺操作 | B | 开车操作 | 001 | 抽提装置开工抽提、汽提两塔改联动的操作 |
| | | | | C | 正常操作 | 001 | 抽提温度的调整 |
| | | | | | | 002 | 再生塔再生量的调整 |
| | | | | D | 停车操作 | 001 | 分离系统停工操作 |
| | | C | 事故判断与处理 | A | 判断事故 | 001 | 分析汽提水乳化的原因及应采取的措施 |
| | | | | B | 处理事故 | 001 | 抽提系统瞬时停电的处理 |
| | | D | 绘图与计算 | A | 绘图 | 001 | 画出抽提系统的流程图 |

## 五、技能操作试题

### 试题 1：反应系统氮气置换的操作(现场模拟)

(考核时间：15min)

| 序号 | 考核内容 | 考核要点 | 配分 | 评分标准 | 检测结果 | 扣分 | 得分 | 备注 |
|---|---|---|---|---|---|---|---|---|
| 1 | 准备工作 | 穿戴劳保用品 | 3 | 未穿戴整齐扣 3 分 | | | | |
| | | 工具、用具准备 | 2 | 工具选择不正确扣 2 分 | | | | |
| 2 | 系统流程的检查 | 系统流程的检查 | 30 | 主流程未打通扣 10 分 | | | | |
| | | | | 与其他系统未断开一处扣 5 分 | | | | |
| | | | | 盲板一处未拆扣 5 分 | | | | |
| | | | | 流程改错一处扣 5 分 | | | | |
| 3 | 引氮气的操作 | 对外联系工作 | 20 | 未联系调度扣 10 分 | | | | |
| | | | | 未联系化验扣 10 分 | | | | |
| | | 引氮气操作 | 30 | 引氮气时机不正确扣 10 分 | | | | |
| | | | | 氮气升压压力未按规定控制扣 10 分 | | | | |
| | | | | 未达到规定的置换次数扣 10 分 | | | | |
| 4 | 结果检查 | 联系化验采样 | 10 | 采样分析不合格扣 10 分 | | | | |
| 5 | 使用工具 | 正确使用工具 | 2 | 工具使用不正确扣 2 分 | | | | |
| | | 正确维护工具 | 3 | 工具乱摆乱放扣 3 分 | | | | |
| 6 | 安全及其他 | 按国家法规或企业规定 | | 违规一次总分扣 5 分；严重违规停止操作 | | | — | |
| | | 在规定时间内完成操作 | | 每超时 1min 总分扣 5 分，超时 3min 停止操作 | | | — | |
| | | 合　　计 | 100 | | | | | |

否定项说明：若出现连续三个样均不合格等情况，该题为零分。

### 试题 2：管线试压操作(现场模拟)

(考核时间：15min)

| 序号 | 考核内容 | 考核要点 | 配分 | 评分标准 | 检测结果 | 扣分 | 得分 | 备注 |
|---|---|---|---|---|---|---|---|---|
| 1 | 准备工作 | 穿戴劳保用品 | 3 | 未穿戴整齐扣 3 分 | | | | |
| | | 工具、用具准备 | 2 | 工具选择不正确扣 2 分 | | | | |
| 2 | 操作程序 | 管线试压前检查 | 30 | 试压流程错误一处扣 10 分 | | | | |
| | | | | 用蒸汽、风试压前未排凝结水扣 10 分 | | | | |
| | | | | 未检查试压蒸汽、风压力扣 10 分 | | | | |
| | | | | 试压介质选择错误扣 10 分 | | | | |

续表

| 序号 | 考核内容 | 考核要点 | 配分 | 评分标准 | 检测结果 | 扣分 | 得分 | 备注 |
|---|---|---|---|---|---|---|---|---|
| 3 | | 管线试压前联系及汇报 | 10 | 试压前未与相关岗位联系扣5分 | | | | |
| | | | | 试压前未向车间值班管理人员汇报扣5分 | | | | |
| 4 | | 管线试压操作 | 40 | 需试压管线未贯通扣10分 | | | | |
| | | | | 未达到规定试验压力扣10分 | | | | |
| | | | | 试压过程中未检查泄漏情况扣10分 | | | | |
| | | | | 稳压未到规定时间扣10分 | | | | |
| 5 | | 试压完毕后泄压操作 | 10 | 试压结束后未排出试压介质扣5分 | | | | |
| | | | | 未按规定做好试压记录扣5分 | | | | |
| 6 | 使用工具 | 正确使用工具 | 2 | 工具使用不正确扣2分 | | | | |
| | | 正确维护工具 | 3 | 工具乱摆乱放扣3分 | | | | |
| 7 | 安全及其他 | 按国家法规或企业规定 | | 违规一次总分扣5分；严重违规停止操作 | | | — | |
| | | 在规定时间内完成操作 | | 每超时1min总分扣5分，超时3min停止操作 | | | — | |
| | | 合　计 | 100 | | | | | |

## 试题3：盲板的拆装(现场模拟)

（考核时间：25min）

| 序号 | 考核内容 | 考核要点 | 配分 | 评分标准 | 检测结果 | 扣分 | 得分 | 备注 |
|---|---|---|---|---|---|---|---|---|
| 1 | 准备工作 | 穿戴劳保用品 | 3 | 未穿戴整齐扣3分 | | | | |
| | | 工具、用具准备 | 2 | 工具选择不正确扣2分 | | | | |
| 2 | 拆法兰的工作 | 排空需加装盲板的管线内的介质、压力 | 20 | 未排空扣10分 | | | | |
| | | 拆除法兰螺栓 | | 未按规定拆除扣10分 | | | | |
| 3 | 盲板的加装 | 垫片的加装 | 40 | 法兰密封面未清理平整、干净扣10分 | | | | |
| | | | | 选择型号错误扣10分 | | | | |
| | | | | 垫片安装不正扣10分 | | | | |
| | | | | 垫片安装位置不正确扣10分 | | | | |
| | | 盲板的加装 | 30 | 盲板型号选择错误扣10分 | | | | |
| | | | | 盲板安装不正扣10分 | | | | |
| | | | | 未对称上紧螺杆扣10分 | | | | |
| 4 | 使用工具 | 正确使用工具 | 2 | 工具使用不正确扣2分 | | | | |
| | | 正确维护工具 | 3 | 工具乱摆乱放扣3分 | | | | |

续表

| 序号 | 考核内容 | 考核要点 | 配分 | 评分标准 | 检测结果 | 扣分 | 得分 | 备注 |
|---|---|---|---|---|---|---|---|---|
| 5 | 安全及其他 | 按国家法规或企业规定 | | 违规一次总分扣5分；严重违规停止操作 | | | — | |
| | | 在规定时间内完成操作 | | 每超时1min总分扣5分，超时3min停止操作 | | | — | |
| 合　计 | | | 100 | | | | | |

**试题4：分馏系统水冲洗的操作（现场模拟）**

（考核时间：20min）

| 序号 | 考核内容 | 考核要点 | 配分 | 评分标准 | 检测结果 | 扣分 | 得分 | 备注 |
|---|---|---|---|---|---|---|---|---|
| 1 | 准备工作 | 穿戴劳保用品 | 3 | 未穿戴整齐扣3分 | | | | |
| | | 工具、用具准备 | 2 | 工具选择不正确扣2分 | | | | |
| 2 | 操作程序 | 确认分馏系统与反应系统的隔离情况 | 10 | 未确认分馏系统与反应系统隔离情况扣10分 | | | | |
| 3 | | 确认水冲洗流程 | 20 | 水冲洗前未关闭仪表引出阀扣10分 | | | | |
| | | | | 未对流程的导淋、单向阀、控制阀情况进行检查确认扣10分 | | | | |
| 4 | | 系统水冲洗操作 | 60 | 未与内操联系扣10分 | | | | |
| | | | | 未在水引入设备前打开放空阀扣10分 | | | | |
| | | | | 调节阀未按照先主线、后副线冲洗扣10分 | | | | |
| | | | | 启动机泵造成电机超电流扣10分 | | | | |
| | | | | 未按照顺序进行扣10分 | | | | |
| | | | | 未对敞口管线、设备法兰做好遮盖一处扣4分 | | | | |
| 5 | 使用工具 | 正确使用工具 | 2 | 工具使用不正确扣2分 | | | | |
| | | 正确维护工具 | 3 | 工具乱摆乱放扣3分 | | | | |
| 6 | 安全及其他 | 按国家法规或企业规定 | | 违规一次总分扣5分；严重违规停止操作 | | | — | |
| | | 在规定时间内完成操作 | | 每超时1min总分扣5分，超时3min停止操作 | | | — | |
| 合　计 | | | 100 | | | | | |

## 试题5：工艺管线爆破吹扫的操作（现场模拟）

（考核时间：30min）

| 序号 | 考核内容 | 考核要点 | 配分 | 评分标准 | 检测结果 | 扣分 | 得分 | 备注 |
|---|---|---|---|---|---|---|---|---|
| 1 | 准备工作 | 穿戴劳保用品 | 3 | 未穿戴整齐扣3分 | | | | |
| | | 工具、用具准备 | 2 | 工具选择不正确扣2分 | | | | |
| 2 | 爆破吹扫流程的检查 | 爆破吹扫流程的检查 | 30 | 爆破吹扫流程错误一处扣5分 | | | | |
| | | | | 未检查爆破吹扫介质流程10分 | | | | |
| | | | | 爆破敞口处管线没有紧固措施扣10分 | | | | |
| 3 | 爆破吹扫前的准备活动 | 对外联系工作 | 10 | 未联系调度扣5分 | | | | |
| | | | | 未联系相关单位扣5分 | | | | |
| | | 实心石棉垫的安装 | 20 | 实心石棉垫未划十字口扣10分 | | | | |
| | | | | 实心石棉垫安装位置不对扣10分 | | | | |
| 4 | 爆破吹扫的工作 | 引爆破吹扫介质工作 | 15 | 未疏散爆破现场无关人员扣10分 | | | | |
| | | | | 开爆破介质阀过快扣5分 | | | | |
| | | 爆破吹扫工作 | 15 | 到规定压力未爆，未按规定处理扣5分 | | | | |
| | | | | 爆破吹扫不彻底扣10分 | | | | |
| 5 | 使用工具 | 正确使用工具 | 2 | 工具使用不正确扣2分 | | | | |
| | | 正确维护工具 | 3 | 工具乱摆乱放扣3分 | | | | |
| 6 | 安全及其他 | 按国家法规或企业规定 | | 违规一次总分扣5分；严重违规停止操作 | | | — | |
| | | 在规定时间内完成操作 | | 每超时1min总分扣5分，超时3min停止操作 | | | — | |
| | | 合　计 | 100 | | | | | |

## 试题6：预加氢催化剂硫化剂的注入操作（现场模拟）

（考核时间：30min）

| 序号 | 考核内容 | 考核要点 | 配分 | 评分标准 | 检测结果 | 扣分 | 得分 | 备注 |
|---|---|---|---|---|---|---|---|---|
| 1 | 准备工作 | 穿戴劳保用品 | 3 | 未穿戴整齐扣3分 | | | | |
| | | 工具、用具准备 | 2 | 工具选择不正确扣2分 | | | | |
| 2 | 注硫前的流程检查 | 预加氢反应流程检查 | 30 | 反应流程改错一处扣5分 | | | | |
| | | | | 未与重整系统断开一处扣5分 | | | | |
| | | | | 未检查注硫化剂流程扣10分 | | | | |
| 3 | 硫化前操作条件的检查 | 硫化起始温度的检查 | 20 | 未按要求升温扣5分 | | | | |
| | | | | 未按要求温度恒温待命扣5分 | | | | |
| | | 硫化起始压力的检查 | | 未按要求升压扣5分 | | | | |
| | | | | 未按要求压力恒压待命扣5分 | | | | |

续表

| 序号 | 考核内容 | 考核要点 | 配分 | 评分标准 | 检测结果 | 扣分 | 得分 | 备注 |
|---|---|---|---|---|---|---|---|---|
| 4 | 预加氢硫化的操作 | 硫化剂的注入操作 | 40 | 未联系调度扣 2.5 分 | | | | |
| | | | | 未联系化验扣 2.5 分 | | | | |
| | | | | 误操作造成环境污染扣 5 分 | | | | |
| | | | | 未按要求速度注硫扣 5 分 | | | | |
| | | | | 未按要求速度升温扣 5 分 | | | | |
| | | | | 未及时采样测硫化氢含量扣 5 分 | | | | |
| | | | | 未及时脱水扣 5 分 | | | | |
| | | | | 脱水后未计量称重，记录扣 5 分 | | | | |
| | | | | 未作实际硫化曲线扣 5 分 | | | | |
| 5 | 使用工具 | 正确使用工具 | 2 | 工具使用不正确扣 2 分 | | | | |
| | | 正确维护工具 | 3 | 工具乱摆乱放扣 3 分 | | | | |
| 6 | 安全及其他 | 按国家法规或企业规定 | | 违规一次总分扣 5 分；严重违规停止操作 | | | — | |
| | | 在规定时间内完成操作 | | 每超时 1min 总分扣 5 分，超时 3min 停止操作 | | | — | |
| 合　计 | | | 100 | | | | | |

### 试题 7：DCS 手动、串级的切换操作(现场模拟)

（考核时间：15min）

| 序号 | 考核内容 | 考核要点 | 配分 | 评分标准 | 检测结果 | 扣分 | 得分 | 备注 |
|---|---|---|---|---|---|---|---|---|
| 1 | 准备工作 | 穿戴劳保用品 | 3 | 未穿戴整齐扣 3 分 | | | | |
| | | 工具、用具准备 | 2 | 工具选择不正确扣 2 分 | | | | |
| 2 | 主回路的检查 | 主回路的控制方式检查 | 10 | 未检查扣 5 分 | | | | |
| | | 主回路的控制参数的检查 | | 未检查扣 5 分 | | | | |
| 3 | 副回路的检查 | 副回路的控制方式检查 | 20 | 未检查扣 10 分 | | | | |
| | | 副回路的控制参数的检查 | | 未检查扣 10 分 | | | | |
| 4 | 主回路控制方式的调整 | 主回路改自动的操作 | 30 | 调整时机不正确扣 10 分 | | | | |
| | | | | 控制方式不对扣 10 分 | | | | |
| | | | | 主回路给定值不在规定范围内扣 10 分 | | | | |
| 5 | 副回路控制方式的调整 | 副回路改串级的操作 | 30 | 调整时机不正确扣 10 分 | | | | |
| | | | | 控制方式不对扣 10 分 | | | | |
| | | | | 造成波动过大扣 10 分 | | | | |
| 6 | 使用工具 | 正确使用工具 | 2 | 工具使用不正确扣 2 分 | | | | |
| | | 正确维护工具 | 3 | 工具乱摆乱放扣 3 分 | | | | |
| 7 | 安全及其他 | 按国家法规或企业规定 | | 违规一次总分扣 5 分；严重违规停止操作 | | | — | |
| | | 在规定时间内完成操作 | | 每超时 1min 总分扣 5 分，超时 3min 停止操作 | | | — | |
| 合　计 | | | 100 | | | | | |

## 试题 8：重整反应系统提温降量的操作(现场模拟)

(考核时间：30min)

| 序号 | 考核内容 | 考核要点 | 配分 | 评分标准 | 检测结果 | 扣分 | 得分 | 备注 |
|---|---|---|---|---|---|---|---|---|
| 1 | 准备工作 | 穿戴劳保用品 | 3 | 未穿戴整齐扣 3 分 | | | | |
| | | 二具、用具准备 | 2 | 工具选择不正确扣 2 分 | | | | |
| 2 | 操作程序 | 重整反应温度的调节 | 30 | 调节方法不正确扣 10 分 | | | | |
| | | | | 操作波动大扣 10 分 | | | | |
| | | | | 造成汽油辛烷值不合格扣 10 分 | | | | |
| 3 | | 重整反应压力的调节 | 30 | 调节方法不正确扣 10 分 | | | | |
| | | | | 操作波动大扣 10 分 | | | | |
| | | | | 造成汽油辛烷值不合格扣 10 分 | | | | |
| 4 | | 重整反应空速的调节 | 30 | 调节方法不正确扣 10 分 | | | | |
| | | | | 操作波动大扣 10 分 | | | | |
| | | | | 造成汽油辛烷值不合格扣 10 分 | | | | |
| 5 | 使用工具 | 正确使用工具 | 2 | 工具使用不正确扣 2 分 | | | | |
| | | 正确维护工具 | 3 | 工具乱摆乱放扣 3 分 | | | | |
| 6 | 安全及其他 | 按国家法规或企业规定 | | 违规一次总分扣 5 分；严重违规停止操作 | | | — | |
| | | 在规定时间内完成操作 | | 每超时 1min 总分扣 5 分，超时 3min 停止操作 | | | — | |
| | | 合 计 | 100 | | | | | |

## 试题 9：加热炉烟气氧含量的调节(现场模拟)

(考核时间：20min)

| 序号 | 考核内容 | 考核要点 | 配分 | 评分标准 | 检测结果 | 扣分 | 得分 | 备注 |
|---|---|---|---|---|---|---|---|---|
| 1 | 准备工作 | 穿戴劳保用品 | 3 | 未穿戴整齐扣 3 分 | | | | |
| | | 二具、用具准备 | 2 | 工具选择不正确扣 2 分 | | | | |
| 2 | 加热炉燃烧状况的检查 | 检查烟道挡板投用情况 | 10 | 未检查烟道挡板开度扣 5 分 | | | | |
| | | | | 未检查现场实际负压值扣 5 分 | | | | |
| | | 检查风门投用情况 | 10 | 未检查一次风门开度扣 5 分 | | | | |
| | | | | 未检查二次风门开度扣 5 分 | | | | |
| | | 检查加热炉烟气氧含量情况 | 10 | 未检查烟气氧含量扣 5 分 | | | | |
| | | | | 未检查加热炉漏风情况扣 5 分 | | | | |
| 3 | 加热炉氧含量的调节 | 炉膛氧含量的调节 | 40 | 未调节烟道挡板开度扣 10 分 | | | | |
| | | | | 未堵漏风处扣 10 分 | | | | |
| | | | | 未调节一次风门扣 10 分 | | | | |
| | | | | 未调节二次风门扣 10 分 | | | | |

续表

| 序号 | 考核内容 | 考核要点 | 配分 | 评分标准 | 检测结果 | 扣分 | 得分 | 备注 |
|---|---|---|---|---|---|---|---|---|
| | | 调节后的检查 | 20 | 未检查加热炉氧含量扣5分 | | | | |
| | | | | 加热炉氧含量不在规定范围内扣10分 | | | | |
| | | | | 未检查加热炉实际负压值扣5分 | | | | |
| 4 | 使用工具 | 正确使用工具 | 2 | 工具使用不正确扣2分 | | | | |
| | | 正确维护工具 | 3 | 工具乱摆乱放扣3分 | | | | |
| 5 | 安全及其他 | 按国家法规或企业规定 | | 违规一次总分扣5分；严重违规停止操作 | | | — | |
| | | 在规定时间内完成操作 | | 每超时1min总分扣5分，超时3min停止操作 | | | — | |
| | | 合　　计 | 100 | | | | | |

**试题10：加热炉烟气采样操作(现场模拟)**

（考核时间：15min）

| 序号 | 考核内容 | 考核要点 | 配分 | 评分标准 | 检测结果 | 扣分 | 得分 | 备注 |
|---|---|---|---|---|---|---|---|---|
| 1 | 准备工作 | 穿戴劳保用品 | 3 | 未穿戴整齐扣3分 | | | | |
| | | 工具、用具准备 | 2 | 工具选择不正确扣2分 | | | | |
| 2 | 操作程序 | 烟气采样前的检查 | 30 | 未检查烟气采样管线是否畅通扣10分 | | | | |
| | | | | 未检查烟气采样管线是否泄漏扣10分 | | | | |
| | | | | 未检查加热炉运行状况扣5分 | | | | |
| | | | | 未检查采样管、球胆是否泄漏扣5分 | | | | |
| | | 安装采样器 | 20 | 未正确组装采样器扣10分 | | | | |
| | | | | 未将采样器正确连接到烟气采样口扣10分 | | | | |
| 3 | | 采样 | 40 | 未打开烟气采样阀扣10分 | | | | |
| | | | | 采样时未将球胆用采样烟气多次置换扣10分 | | | | |
| | | | | 采样结束未将球胆夹紧扣10分 | | | | |
| | | | | 采样后球胆未作标识扣10分 | | | | |
| 4 | 使用工具 | 正确使用工具 | 2 | 工具使用不正确扣2分 | | | | |
| | | 正确维护工具 | 3 | 工具乱摆乱放扣3分 | | | | |
| 5 | 安全及其他 | 按国家法规或企业规定 | | 违规一次总分扣5分；严重违规停止操作 | | | — | |
| | | 在规定时间内完成操作 | | 每超时1min总分扣5分，超时3min停止操作 | | | — | |
| | | 合　　计 | 100 | | | | | |

## 试题 11：预加氢精制油馏程的控制(现场模拟)

（考核时间：15min）

| 序号 | 考核内容 | 考核要点 | 配分 | 评分标准 | 检测结果 | 扣分 | 得分 | 备注 |
|---|---|---|---|---|---|---|---|---|
| 1 | 准备工作 | 穿戴劳保用品 | 3 | 未穿戴整齐扣 3 分 | | | | |
| | | 工具、用具准备 | 2 | 工具选择不正确扣 2 分 | | | | |
| 2 | 预加氢原料的化验分析检查 | 原料初馏点的检查 | 10 | 未检查扣 10 分 | | | | |
| 3 | 操作参数的调整 | 操作参数的调整 | 10 | 未调节蒸发脱水塔塔顶温度扣 10 分 | | | | |
| | | | 10 | 未调节蒸发脱水塔塔底温度扣 10 分 | | | | |
| | | | 10 | 未调节蒸发脱水塔压力扣 10 分 | | | | |
| | | | 10 | 操作波动大扣 10 分 | | | | |
| | | | 10 | 操作参数不在规定控制范围内一次扣 10 分 | | | | |
| | | | 10 | 造成重整反应系统波动扣 10 分 | | | | |
| | | 精制油馏程的控制结果检查 | 20 | 精制油馏程未达规定要求扣 20 分 | | | | |
| 4 | 使用工具 | 正确使用工具 | 2 | 工具使用不正确扣 2 分 | | | | |
| | | 正确维护工具 | 3 | 工具乱摆乱放扣 3 分 | | | | |
| 5 | 安全及其他 | 按国家法规或企业规定 | | 违规一次总分扣 5 分；严重违规停止操作 | | | — | |
| | | 在规定时间内完成操作 | | 每超时 1min 总分扣 5 分，超时 3min 停止操作 | | | — | |
| | | 合　计 | 100 | | | | | |

否定项说明：若出现加热炉干烧，原料泵抽空等情况，终止操作。该题为零分。

## 试题 12：加热炉炉膛发暗的调节(现场模拟)

（考核时间：15min）

| 序号 | 考核内容 | 考核要点 | 配分 | 评分标准 | 检测结果 | 扣分 | 得分 | 备注 |
|---|---|---|---|---|---|---|---|---|
| 1 | 准备工作 | 穿戴劳保用品 | 3 | 未穿戴整齐扣 3 分 | | | | |
| | | 工具、用具准备 | 2 | 工具选择不正确扣 2 分 | | | | |
| 2 | 操作程序 | 加热炉运行状况检查 | 50 | 未检查加热炉火嘴燃烧状况扣 10 分 | | | | |
| | | | | 未检查加热炉炉膛负压扣 10 分 | | | | |
| | | | | 未检查加热炉“三门一板”开度扣 10 分 | | | | |
| | | | | 未检查阻火器是否堵塞扣 10 分 | | | | |
| | | | | 未检查燃料脱气、脱液状况扣 10 分 | | | | |
| | | | | 未对加热炉炉膛发暗的原因进行分析扣5 分 | | | | |

续表

| 序号 | 考核内容 | 考核要点 | 配分 | 评分标准 | 检测结果 | 扣分 | 得分 | 备注 |
|---|---|---|---|---|---|---|---|---|
| 3 | | 燃料气(油)阀门调节 | 10 | 未调整使燃料完全燃烧扣10分 | | | | |
| 4 | | 烟道挡板的调节 | 10 | 未适当开大烟道挡板，适当增加炉膛负压扣10分 | | | | |
| 5 | | 风门的调节 | 10 | 未适当开大风门使燃料完全燃烧扣10分 | | | | |
| 6 | | 燃料气质量处理 | 10 | 未及时将燃气脱油、脱液扣10分 | | | | |
| 7 | 使用工具 | 正确使用工具 | 2 | 工具使用不正确扣2分 | | | | |
| | | 正确维护工具 | 3 | 工具乱摆乱放扣3分 | | | | |
| 8 | 安全及其他 | 按国家法规或企业规定 | | 违规一次总分扣5分；严重违规停止操作 | | | — | |
| | | 在规定时间内完成操作 | | 每超时1min总分扣5分，超时3min停止操作 | | | — | |
| | | 合　计 | 100 | | | | | |

**试题13：分馏塔的停车操作(现场模拟)**

(考核时间：15min)

| 序号 | 考核内容 | 考核要点 | 配分 | 评分标准 | 检测结果 | 扣分 | 得分 | 备注 |
|---|---|---|---|---|---|---|---|---|
| 1 | 准备工作 | 穿戴劳保用品 | 3 | 未穿戴整齐扣3分 | | | | |
| | | 工具、用具准备 | 2 | 工具选择不正确扣2分 | | | | |
| 2 | 重沸炉的降温降量操作 | 重沸炉的降温操作 | 30 | 未按要求速度降温扣5分 | | | | |
| | | 重沸炉的熄炉操作 | | 熄炉时机不正确扣10分 | | | | |
| | | | | 熄炉后烟道挡板未全开扣5分 | | | | |
| | | | | 熄炉后风机未关扣5分 | | | | |
| | | | | 熄炉后风门未开自然通风扣5分 | | | | |
| 3 | 分馏塔的停工操作 | 分馏塔切断进料的操作 | 60 | 切断进料时机不正确扣10分 | | | | |
| | | 分馏塔停塔底循环泵的操作 | | 停循环泵时机不正确扣10分 | | | | |
| | | 分馏塔停空冷、水冷的操作 | | 停空冷、水冷的时机不正确扣5分 | | | | |
| | | 停回流泵的操作 | | 停回流泵时机不正确扣10分 | | | | |
| | | 产品外送阀的关闭(有泵的停泵) | | 时机不正确扣5分 | | | | |
| | | 回流罐压控阀的关闭 | | 时机不正确扣5分 | | | | |
| | | 分馏塔、回流罐残油的回收 | | 未回收扣10分 | | | | |
| | | 分馏塔压力的排放 | | 未排放扣10分 | | | | |
| | | | | 排放位置不对，扣5分 | | | | |
| 4 | 使用工具 | 正确使用工具 | 2 | 工具使用不正确扣2分 | | | | |
| | | 正确维护工具 | 3 | 工具乱摆乱放扣3分 | | | | |

续表

| 序号 | 考核内容 | 考核要点 | 配分 | 评分标准 | 检测结果 | 扣分 | 得分 | 备注 |
|---|---|---|---|---|---|---|---|---|
| 5 | 安全及其他 | 按国家法规或企业规定 | | 违规一次总分扣5分;严重违规停止操作 | | | — | |
| | | 在规定时间内完成操作 | | 每超时1min总分扣5分,超时3min停止操作 | | | — | |
| | | 合　计 | 100 | | | | | |

**试题14:加热炉火嘴拆装操作(现场模拟)**

(考核时间:30min)

| 序号 | 考核内容 | 考核要点 | 配分 | 评分标准 | 检测结果 | 扣分 | 得分 | 备注 |
|---|---|---|---|---|---|---|---|---|
| 1 | 准备工作 | 穿戴劳保用品 | 3 | 未穿戴整齐扣3分 | | | | |
| | | 工具、用具准备 | 2 | 工具选择不正确扣2分 | | | | |
| 2 | 操作程序 | 火嘴拆卸准备 | 20 | 未按规定切断燃料线扣10分 | | | | |
| | | | | 未按规定吹扫火嘴扣10分 | | | | |
| 3 | | 火嘴拆卸 | 20 | 拆卸方法错误扣10分 | | | | |
| | | | | 拆卸火嘴后的螺栓、螺帽未收集在一起保存好扣10分 | | | | |
| 4 | | 火嘴安装 | 45 | 选用垫片规格不对扣10分 | | | | |
| | | | | 垫片未涂抹润滑脂扣5分 | | | | |
| | | | | 螺栓未均匀上紧扣10分 | | | | |
| | | | | 火嘴喷嘴安装方向错误扣10分 | | | | |
| | | | | 未恢复与燃料线的连接扣10分 | | | | |
| 5 | | 记录 | 5 | 未按规定做好记录扣5分 | | | | |
| 6 | 使用工具 | 正确使用工具 | 2 | 工具使用不正确扣2分 | | | | |
| | | 正确维护工具 | 3 | 工具乱摆乱放扣3分 | | | | |
| 7 | 安全及其他 | 按国家法规或企业规定 | | 违规一次总分扣5分;严重违规停止操作 | | | — | |
| | | 在规定时间内完成操作 | | 每超时1min总分扣5分,超时3min停止操作 | | | — | |
| | | 合　计 | 100 | | | | | |

**试题15:脱氯剂的卸剂操作(现场模拟)**

(考核时间:30min)

| 序号 | 考核内容 | 考核要点 | 配分 | 评分标准 | 检测结果 | 扣分 | 得分 | 备注 |
|---|---|---|---|---|---|---|---|---|
| 1 | 准备工作 | 穿戴劳保用品 | 3 | 未穿戴整齐扣3分 | | | | |
| | | 工具、用具准备 | 2 | 工具选择不正确扣2分 | | | | |

续表

| 序号 | 考核内容 | 考核要点 | 配分 | 评分标准 | 检测结果 | 扣分 | 得分 | 备注 |
|---|---|---|---|---|---|---|---|---|
| 2 | 操作程序 | 预加氢脱氯剂卸剂前的准备工作 | 36 | 未检查卸剂相关工具是否准备齐全扣6分 | | | | |
| | | | | 未检查反应器床层温度是否降到规定温度扣6分 | | | | |
| | | | | 未确认氮气置换是否合格扣6分 | | | | |
| | | | | 系统压力未泄尽扣6分 | | | | |
| | | | | 未检查相应管线盲板加装情况扣6分 | | | | |
| | | | | 未与相关部门联系扣6分 | | | | |
| 3 | | 预加氢脱氯剂卸剂的工作 | 42 | 拆卸料口时机不正确扣6分 | | | | |
| | | | | 拆反应器大盖时机不正确扣6分 | | | | |
| | | | | 反应器内未通入氮气保护扣6分 | | | | |
| | | | | 卸剂时未使用防护用品扣6分 | | | | |
| 4 | | 脱氯罐的清扫 | 12 | 反应器内未清扫干净扣6分 | | | | |
| | | | | 脱氯罐大盖及卸料口未封好防止水汽进入扣6分 | | | | |
| 5 | 使用工具 | 正确使用工具 | 2 | 工具使用不正确扣2分 | | | | |
| | | 正确维护工具 | 3 | 工具乱摆乱放扣3分 | | | | |
| 6 | 安全及其他 | 按国家法规或企业规定 | | 违规一次总分扣5分；严重违规停止操作 | | | — | |
| | | 在规定时间内完成操作 | | 每超时1min总分扣5分，超时3min停止操作 | | | — | |
| 合　计 | | | 100 | | | | | |

## 试题16：装置燃料气管线吹扫操作（现场模拟）

（考核时间：15min）

| 序号 | 考核内容 | 考核要点 | 配分 | 评分标准 | 检测结果 | 扣分 | 得分 | 备注 |
|---|---|---|---|---|---|---|---|---|
| 1 | 准备工作 | 穿戴劳保用品 | 3 | 未穿戴整齐扣3分 | | | | |
| | | 工具、用具准备 | 2 | 工具选择不正确扣2分 | | | | |
| 2 | 操作程序 | 吹扫准备 | 65 | 未联系相关单位扣5分 | | | | |
| | | | | 未做好瓦斯线吹扫准备扣5分 | | | | |
| | | | | 未切断与系统瓦斯线相连的阀门扣10分 | | | | |
| | | | | 未拆卸加热炉火嘴扣10分 | | | | |
| | | | | 未拆卸阻火器扣10分 | | | | |
| | | | | 瓦斯线上各排空点未打开扣10分 | | | | |
| | | | | 控制阀未走副线扣5分 | | | | |
| | | | | 流量计未走副线扣5分 | | | | |
| | | | | 流量计关前后手阀扣5分 | | | | |
| | | | | 压力表引线阀未关闭扣5分 | | | | |

续表

| 序号 | 考核内容 | 考核要点 | 配分 | 评分标准 | 检测结果 | 扣分 | 得分 | 备注 |
|---|---|---|---|---|---|---|---|---|
| 3 | | 检查盲板 | 10 | 盲板安装位置不正确扣 10 分 | | | | |
| 4 | | 用蒸汽吹扫瓦斯管线 | 15 | 吹扫管线前蒸汽未脱水扣 5 分 | | | | |
| | | | | 吹扫完毕未在低点放空、排除凝结水扣 10 分 | | | | |
| 5 | 使用工具 | 正确使用工具 | 2 | 工具使用不正确扣 2 分 | | | | |
| | | 正确维护工具 | 3 | 工具乱摆乱放扣 3 分 | | | | |
| 6 | 安全及其他 | 按国家法规或企业规定 | | 违规一次总分扣 5 分；严重违规停止操作 | | | — | |
| | | 在规定时间内完成操作 | | 每超时 1min 总分扣 5 分，超时 3min 停止操作 | | | — | |
| | | 合　计 | 100 | | | | | |

## 试题 17：水冷器的投用(现场模拟)

(考核时间：15min)

| 序号 | 考核内容 | 考核要点 | 配分 | 评分标准 | 检测结果 | 扣分 | 得分 | 备注 |
|---|---|---|---|---|---|---|---|---|
| 1 | 准备工作 | 穿戴劳保用品 | 3 | 未穿戴整齐扣 3 分 | | | | |
| | | 工具、用具准备 | 2 | 工具选择不正确扣 2 分 | | | | |
| 2 | 操作程序 | 投用前的检查 | 30 | 未检查水冷器法兰上无松动螺栓扣 5 分 | | | | |
| | | | | 未检查水冷器放空、排污口处于关闭状态扣 5 分 | | | | |
| | | | | 未检查水冷器进出口阀是否处于关闭状态扣 10 分 | | | | |
| | | | | 未检查被冷却介质进出口阀是否处于关闭状态扣 10 分 | | | | |
| 3 | | 水冷器的投用 | 60 | 未打开循环水放空阀扣 10 分 | | | | |
| | | | | 打开冷却水入口阀时机不正确扣 10 分 | | | | |
| | | | | 空气未排尽即关闭防空阀扣 10 分 | | | | |
| | | | | 排空后未关闭排空阀扣 10 分 | | | | |
| | | | | 冷却水进口阀未全开扣 10 分 | | | | |
| | | | | 未根据被冷却介质的温度调节出口阀扣 10 分 | | | | |
| 4 | 使用工具 | 正确使用工具 | 2 | 工具使用不正确扣 2 分 | | | | |
| | | 正确维护工具 | 3 | 工具乱摆乱放扣 3 分 | | | | |
| 5 | 安全及其他 | 按国家法规或企业规定 | | 违规一次总分扣 5 分；严重违规停止操作 | | | — | |
| | | 在规定时间内完成操作 | | 每超时 1min 总分扣 5 分，超时 3min 停止操作 | | | — | |
| | | 合　计 | 100 | | | | | |

## 试题 18：加热炉的开车操作（现场模拟）

（考核时间：15min）

| 序号 | 考核内容 | 考核要点 | 配分 | 评分标准 | 检测结果 | 扣分 | 得分 | 备注 |
|---|---|---|---|---|---|---|---|---|
| 1 | 准备工作 | 穿戴劳保用品 | 3 | 未穿戴整齐扣 3 分 | | | | |
| | | 工具、用具准备 | 2 | 工具选择不正确扣 2 分 | | | | |
| 2 | 操作程序 | 检查加热炉和有关配管，保证所有设备完好并已作好开车准备 | 30 | 未检查扣 2 分 | | | | |
| | | 清除所有施工后的垃圾、废料检查炉膛内有无杂物 | | 未检查扣 1 分 | | | | |
| | | 如是烧燃料油，检查燃料油总管循环情况以及燃料油是否达到规定温度，核实雾化蒸汽的冷凝水已排尽 | | 未检查总管燃料油循环情况及油温达要求扣 3 分<br>未核实雾化蒸汽凝水排尽扣 3 分 | | | | |
| | | 如用燃料气，确认燃料气管线是否吹扫 | | 未确认扣 3 分 | | | | |
| | | 保证所有炉前阀均处于关闭状态 | | 未检查确认炉前阀扣 3 分 | | | | |
| | | 开引分风机 | | 未打开扣 6 分 | | | | |
| | | 打开烟道挡板 | | 未打开扣 3 分 | | | | |
| | | 炉膛测爆合格 | | 炉膛未测爆扣 3 分 | | | | |
| | | 加热炉联锁条件均已排除 | | 联锁条件未排除扣 3 分 | | | | |
| 3 | | 点长明灯线，用点火工具依次点长明线 | 30 | 未依次点扣 10 分，没点着扣 20 分 | | | | |
| 4 | | 点主火嘴：略开火嘴风门，依次点长明灯已点着的火嘴，注意火嘴在炉膛分布均匀 | 10 | 若所点火嘴在炉膛分布不均匀扣 10 分 | | | | |
| 5 | | 调整操作：调整风门及烟道挡板，烟气氧含量及炉膛负压等均正常 | 20 | 风门、烟道挡板及烟气挡板未调正常扣 10 分 | | | | |
| | | | | 若出现炉膛不明亮，火嘴冒黑烟、偏烧、舔炉管等现象扣 10 分 | | | | |
| 6 | 使用工具 | 正确使用工具 | 2 | 工具使用不正确扣 2 分 | | | | |
| | | 正确维护工具 | 3 | 工具乱摆乱放扣 3 分 | | | | |
| 7 | 安全及其他 | 按国家法规或企业规定 | | 违规一次总分扣 5 分；严重违规停止操作 | | | — | |
| | | 在规定时间内完成操作 | | 每超时 1min 总分扣 5 分，超时 3min 停止操作 | | | — | |
| 合计 | | | 100 | | | | | |

## 试题 19：热油泵的开车操作（现场模拟）

（考核时间：15min）

| 序号 | 考核内容 | 考核要点 | 配分 | 评分标准 | 检测结果 | 扣分 | 得分 | 备注 |
|---|---|---|---|---|---|---|---|---|
| 1 | 准备工作 | 穿戴劳保用品 | 3 | 未穿戴整齐扣 3 分 | | | | |
| | | 工具、用具准备 | 2 | 工具选择不正确扣 2 分 | | | | |

续表

| 序号 | 考核内容 | 考核要点 | 配分 | 评分标准 | 检测结果 | 扣分 | 得分 | 备注 |
|---|---|---|---|---|---|---|---|---|
| 2 | 热油泵开车前的检查 | 检查润滑情况 | 30 | 润滑油质量、液位不符合规定扣10分 | | | | |
| | | 检查机泵冷却水系统 | | 未打开各冷却水阀扣10分 | | | | |
| | | 检查机泵盘车 | | 未盘车扣10分 | | | | |
| | | 联系机泵送电 | | 未联系送电扣5分 | | | | |
| 3 | 热油泵的预热工作 | 热油泵启动前预热 | 20 | 未按要求开关阀门扣10分 | | | | |
| | | | | 未按规定升温速度预热扣10分 | | | | |
| | | | | 未检查机泵密封泄漏情况扣5分 | | | | |
| 4 | 热油泵的启动工作 | 热油泵的开车 | 10 | 未确认所有条件均达到扣5分 | | | | |
| | | | | 启动时机不对扣5分 | | | | |
| 5 | 热油泵开车后的检查 | 机泵运行情况的检查 | 30 | 未检查机泵的振动情况扣5分 | | | | |
| | | | | 未检查机泵电机运行情况扣5分 | | | | |
| | | | | 未检查机泵的密封情况扣5分 | | | | |
| | | | | 未检查机泵的出口流量扣5分 | | | | |
| | | | | 未检查机泵出入口压力情况扣5分 | | | | |
| 6 | 使用工具 | 正确使用工具 | 2 | 工具使用不正确扣2分 | | | | |
| | | 正确维护工具 | 3 | 工具乱摆乱放扣3分 | | | | |
| 7 | 安全及其他 | 按国家法规或企业规定 | | 违规一次总分扣5分；严重违规停止操作 | | | — | |
| | | 在规定时间内完成操作 | | 每超时1min总分扣5分，超时3min停止操作 | | | — | |
| 合　计 | | | 100 | | | | | |

### 试题20：塔类设备的日常维护(现场模拟)

（考核时间：15min）

| 序号 | 考核内容 | 考核要点 | 配分 | 评分标准 | 检测结果 | 扣分 | 得分 | 备注 |
|---|---|---|---|---|---|---|---|---|
| 1 | 准备工作 | 穿戴劳保用品 | 3 | 未穿戴整齐扣3分 | | | | |
| | | 工具、用具准备 | 2 | 工具选择不正确扣2分 | | | | |
| 2 | 操作程序 | 检查安全附件 | 50 | 未检查安全阀铅封扣10分 | | | | |
| | | | | 未检查前后隔断阀开关状态扣10分 | | | | |
| | | | | 未检查前后隔断阀内漏情况扣10分 | | | | |
| | | | | 未检查测温热偶扣5分 | | | | |
| | | | | 未检查压力表扣5分 | | | | |
| | | | | 未检查液位计扣5分 | | | | |

续表

| 序号 | 考核内容 | 考核要点 | 配分 | 评分标准 | 检测结果 | 扣分 | 得分 | 备注 |
|---|---|---|---|---|---|---|---|---|
| 3 | | 检查人孔、阀门、法兰等密封点的泄漏 | 20 | 缺少一处扣5分 | | | | |
| 4 | | 检查封头、筒体 | 20 | 缺少一处扣5分 | | | | |
| 5 | 使用工具 | 正确使用工具 | 2 | 工具使用不正确扣2分 | | | | |
| | | 正确维护工具 | 3 | 工具乱摆乱放扣3分 | | | | |
| 6 | 安全及其他 | 按国家法规或企业规定 | | 违规一次总分扣5分；严重违规停止操作 | | | — | |
| | | 在规定时间内完成操作 | | 每超时1min总分扣5分，超时3min停止操作 | | | — | |
| | | 合　计 | 100 | | | | | |

**试题21：加热炉日常维护(现场模拟)**

(考核时间：20min)

| 序号 | 考核内容 | 考核要点 | 配分 | 评分标准 | 检测结果 | 扣分 | 得分 | 备注 |
|---|---|---|---|---|---|---|---|---|
| 1 | 准备工作 | 穿戴劳保用品 | 3 | 未穿戴整齐扣3分 | | | | |
| | | 工具、用具准备 | 2 | 工具选择不正确扣2分 | | | | |
| 2 | 操作程序 | 检查燃烧器、燃料气(油)、蒸汽系统，保证每班吹灰一次 | 30 | 未检查燃烧器有无结焦、堵塞、漏油扣5分 | | | | |
| | | | | 未检查长明灯是否正常点燃扣5分 | | | | |
| | | | | 备用燃烧器未关闭风门、气门扣5分 | | | | |
| | | | | 火焰区停用的火嘴未稍开蒸汽保护扣5分 | | | | |
| | | | | 长时间停用的油枪、瓦斯枪未拆下清洗保存扣3分 | | | | |
| | | | | 未检查灭火蒸汽、吹灰蒸汽系统有无泄漏扣3分 | | | | |
| | | | | 吹灰前未排除蒸汽凝水扣4分 | | | | |
| 3 | | 检查看火窗、看火孔、点火孔、防爆门、人孔门、弯头箱门是否严密不漏风 | 5 | 缺少一个扣1分，扣完为止 | | | | |
| 4 | | 检查炉体钢架及钢板是否完好严密，是否超温 | 5 | 未回答扣5分 | | | | |
| 5 | | 检查炉管、衬里、炉内构件 | 15 | 未检查辐射炉管有无局部过烧、开裂、鼓包、弯曲等现象扣5分 | | | | |
| | | | | 未检查炉内衬里有无脱落扣5分 | | | | |
| | | | | 未检查炉内构件有无异常扣5分 | | | | |

续表

| 序号 | 考核内容 | 考核要点 | 配分 | 评分标准 | 检测结果 | 扣分 | 得分 | 备注 |
|---|---|---|---|---|---|---|---|---|
| 6 | | 检查避雷针和接地线 | 5 | 未定期检查避雷针和接地线的完好情况扣5分 | | | | |
| 7 | | 检查加热炉调风系统 | 10 | 检查燃烧器调风系统、风门挡板、烟道挡板，缺少一个扣5分 | | | | |
| | | | | 检查余热回收系统引风机、鼓风机，缺少一个扣5分(没有可不查) | | | | |
| 8 | | 检查一次仪表的完好情况、定期对氧含量分析仪标定、保证联锁系统完好投用 | 15 | 未检查加热炉进出料系统的一次仪表扣5分 | | | | |
| | | | | 未按要求对氧含量分析仪进行标定扣5分 | | | | |
| | | | | 未检查联锁系统完好投用扣5分 | | | | |
| 9 | | 调整燃烧器火焰 | 5 | 未检查燃烧器燃烧状况并进行调整扣5分 | | | | |
| 10 | 使用工具 | 正确使用工具 | 2 | 工具使用不正确扣2分 | | | | |
| | | 正确维护工具 | 3 | 工具乱摆乱放扣3分 | | | | |
| 11 | 安全及其他 | 按国家法规或企业规定 | | 违规一次总分扣5分；严重违规停止操作 | | | — | |
| | | 在规定时间内完成操作 | | 每超时1min总分扣5分，超时3min停止操作 | | | — | |
| | | 合　计 | 100 | | | | | |

## 试题22：液面计的鉴定操作(现场模拟)

(考核时间：15min)

| 序号 | 考核内容 | 考核要点 | 配分 | 评分标准 | 检测结果 | 扣分 | 得分 | 备注 |
|---|---|---|---|---|---|---|---|---|
| 1 | 准备工作 | 穿戴劳保用品 | 3 | 未穿戴整齐扣3分 | | | | |
| | | 工具、用具准备 | 2 | 工具选择不正确扣2分 | | | | |
| 2 | 操作程序 | 关闭下引出阀阀门 | 5 | 未关闭下引出阀阀门扣5分 | | | | |
| 3 | | 关小气相连管上的阀门 | 5 | 未关小扣5分 | | | | |
| 4 | | 打开放液管阀门来冲洗气相线 | 20 | 未打开扣5分 | | | | |
| | | | | 未确认液位下降扣5分 | | | | |
| | | | | 没冲洗干净扣10分 | | | | |
| 5 | | 关闭放液管阀门 | 5 | 未关闭扣5分 | | | | |
| 6 | | 关闭气相连管上的阀门 | 5 | 未关闭扣5分 | | | | |
| 7 | | 稍开下引出阀阀门 | 5 | 未开或全开扣5分 | | | | |
| 8 | | 打开放液管上的阀门来冲洗液相线 | 15 | 未开扣5分 | | | | |
| | | | | 冲洗不干净扣10分 | | | | |
| 9 | | 关闭下引出阀阀门 | 5 | 未关扣5分 | | | | |

续表

| 序号 | 考核内容 | 考核要点 | 配分 | 评分标准 | 检测结果 | 扣分 | 得分 | 备注 |
|---|---|---|---|---|---|---|---|---|
| 10 | | 关闭放液管上的阀门 | 5 | 未关扣5分 | | | | |
| 11 | | 开气相连管上阀门 | 5 | 未开扣5分 | | | | |
| 12 | | 缓慢打开下引出阀阀门引液，并确认液位正常 | 10 | 未开或开得太快扣5分 | | | | |
| | | | | 未确认正常扣5分 | | | | |
| 13 | | 清理场地 | 5 | 未清理扣5分 | | | | |
| 14 | 使用工具 | 正确使用工具 | 2 | 工具使用不正确扣2分 | | | | |
| | | 正确维护工具 | 3 | 工具乱摆乱放扣3分 | | | | |
| 15 | 安全及其他 | 按国家法规或企业规定 | | 违规一次总分扣5分；严重违规停止操作 | | | — | |
| | | 在规定时间内完成操作 | | 每超时1min总分扣5分，超时3min停止操作 | | | — | |
| 合计 | | | 100 | | | | | |

### 试题23：加热炉回火原因的判断（现场模拟）

（考核时间：15min）

| 序号 | 考核内容 | 考核要点 | 配分 | 评分标准 | 检测结果 | 扣分 | 得分 | 备注 |
|---|---|---|---|---|---|---|---|---|
| 1 | 准备工作 | 穿戴劳保用品 | 3 | 未穿戴整齐扣3分 | | | | |
| | | 工具、用具准备 | 2 | 工具选择不正确扣2分 | | | | |
| 2 | 加热炉回火原因的判断 | 检查炉膛负压情况 | 20 | 未检查加热炉现场实际负压值扣10分 | | | | |
| 3 | | | | 未检查加热炉烟道挡板开度扣10分 | | | | |
| 4 | | 检查加热炉供风情况 | 20 | 未检查风机运转情况扣10分 | | | | |
| | | | | 未检查一次风门开度大小扣10分 | | | | |
| | | | | 未检查二次风门开度大小扣10分 | | | | |
| 5 | | 检查加热炉燃烧情况 | 30 | 未检查燃料压力大小扣10分 | | | | |
| | | | | 未检查控制阀开度大小扣10分 | | | | |
| | | | | 未检查燃料带液情况扣10分 | | | | |
| | | | | 未检查炉前阀开度大小扣10分 | | | | |
| 6 | | 回火原因的判断 | 20 | 未做出正确判断扣20分 | | | | |
| 7 | 使用工具 | 正确使用工具 | 2 | 工具使用不正确扣2分 | | | | |
| | | 正确维护工具 | 3 | 工具乱摆乱放扣3分 | | | | |
| 8 | 安全及其他 | 按国家法规或企业规定 | | 违规一次总分扣5分；严重违规停止操作 | | | — | |
| | | 在规定时间内完成操作 | | 每超时1min总分扣5分，超时3min停止操作 | | | — | |
| 合计 | | | 100 | | | | | |

**试题24：水冷器泄漏的判断(现场模拟)**

(考核时间：15min)

| 序号 | 考核内容 | 考核要点 | 配分 | 评分标准 | 检测结果 | 扣分 | 得分 | 备注 |
|---|---|---|---|---|---|---|---|---|
| 1 | 准备工作 | 穿戴劳保用品 | 3 | 未穿戴整齐扣3分 | | | | |
| | | 工具、用具准备 | 2 | 工具选择不正确扣2分 | | | | |
| 2 | 操作程序 | 检查冷却器回水带油情况 | 15 | 未检查循环水中是否夹带烃类扣15分 | | | | |
| 3 | | 检查水冷却器进出口温度 | 35 | 未检查水冷却器进出口温度扣15分 | | | | |
| | | | | 温度变化未及时报告相关人员扣5分 | | | | |
| 4 | | 检查循环水场的带烃类情况 | 20 | 未联系调度扣10分 | | | | |
| | | | | 未要求检查循环水场的烃类扣10分 | | | | |
| 5 | | 将判断结果及时汇报和及时采取安全措施 | 20 | 未及时采取警戒措施扣5分 | | | | |
| | | | | 判断结果不正确扣5分 | | | | |
| | | | | 未及时汇报扣5分 | | | | |
| 6 | 使用工具 | 正确使用工具 | 2 | 工具使用不正确扣2分 | | | | |
| | | 正确维护工具 | 3 | 工具乱摆乱放扣3分 | | | | |
| 7 | 安全及其他 | 按国家法规或企业规定 | | 违规一次总分扣5分；严重违规停止操作 | | | — | |
| | | 在规定时间内完成操作 | | 每超时1min总分扣5分，超时3min停止操作 | | | — | |
| 合计 | | | 100 | | | | | |

**试题25：$H_2S$中毒的救护(现场模拟)**

(考核时间：15min)

| 序号 | 考核内容 | 考核要点 | 配分 | 评分标准 | 检测结果 | 扣分 | 得分 | 备注 |
|---|---|---|---|---|---|---|---|---|
| 1 | 准备工作 | 穿戴劳保用品 | 3 | 未穿戴整齐扣3分 | | | | |
| | | 工具、用具准备 | 2 | 工具选择不正确扣2分 | | | | |
| 2 | 硫化氢中毒人员搜寻 | 选择合适的防护用具 | 20 | 选择时间过长扣10分 | | | | |
| | | | | 佩戴不熟练扣10分 | | | | |
| | | 寻找硫化氢中毒人员 | 40 | 单独行动扣20分 | | | | |
| | | | | 未将中毒人员转移至安全场所扣20分 | | | | |
| 3 | 硫化氢中毒人员救护 | 就地实施心肺复苏 | 30 | 未实施扣10分 | | | | |
| | | 联系医院 | | 未联系扣10分 | | | | |
| | | 设置警戒线 | | 未设置扣10分 | | | | |

续表

| 序号 | 考核内容 | 考核要点 | 配分 | 评分标准 | 检测结果 | 扣分 | 得分 | 备注 |
|---|---|---|---|---|---|---|---|---|
| 4 | 使用工具 | 正确使用工具 | 2 | 工具使用不正确扣2分 | | | | |
| | | 正确维护工具 | 3 | 工具乱摆乱放扣3分 | | | | |
| 5 | 安全及其他 | 按国家法规或企业规定 | | 违规一次总分扣5分；严重违规停止操作 | | | — | |
| | | 在规定时间内完成操作 | | 每超时1min总分扣5分，超时3min停止操作 | | | — | |
| | 合计 | | 100 | | | | | |

否定项说明：若出现未佩戴正压式空气呼吸器或使用错误的防毒面具等情况，该题为零分。

## 试题26：分馏塔空冷泄漏的处理(现场模拟)

（考核时间：30min）

| 序号 | 考核内容 | 考核要点 | 配分 | 评分标准 | 检测结果 | 扣分 | 得分 | 备注 |
|---|---|---|---|---|---|---|---|---|
| 1 | 准备工作 | 穿戴劳保用品 | 3 | 未穿戴整齐扣3分 | | | | |
| | | 工具、用具准备 | 2 | 工具选择不正确扣2分 | | | | |
| 2 | 事故现象判断 | 引发事故因素表述清晰完整 | 5 | 引发事故因素表述不完整扣3分 | | | | |
| | | | | 表述不清晰扣2分 | | | | |
| | | 事故现象信息充分无遗漏 | 10 | 事故现象信息缺一扣5分 | | | | |
| | | | | 事故现象信息表述不完整扣5分 | | | | |
| | | 关键事故现象描述清楚 | 5 | 事故关键现象描述不清楚扣5分 | | | | |
| 3 | 事故原因分析 | 事故原因分析完整无遗漏，分析透彻有深度 | 5 | 事故原因分析不完整扣3分，分析无深度扣2分 | | | | |
| | | 事故关键原因分析准确 | 5 | 事故关键原因不准确扣5分 | | | | |
| 4 | 事故处理操作 | 联系工作及时到位 | 5 | 未及时联系扣5分 | | | | |
| | | 处理原则表述完整 | 10 | 处理原则表述不完整扣10分 | | | | |
| | | 处理步骤先后顺序正确并无遗漏、操作不当 | 20 | 处理步骤顺序不对扣10分 | | | | |
| | | | | 漏项或操作不当扣10分 | | | | |
| | | 处理注意事项符合事故处理预案规范 | 10 | 未考虑操作对上下游带来的影响扣10分 | | | | |
| 5 | 事故处理操作质量 | 事故处理调节熟练，迅速，过程平稳波动小并无调节错误 | 15 | 处理事故过程引起生产波动大扣10分 | | | | |
| | | | | 调节滞后扣5分 | | | | |
| | | | | 调节错误扣10分 | | | | |
| 6 | 使用工具 | 正确使用工具 | 2 | 工具使用不正确扣2分 | | | | |
| | | 正确维护工具 | 3 | 工具乱摆乱放扣3分 | | | | |
| 7 | 安全及其他 | 按国家法规或企业规定 | | 违规一次总分扣5分；严重违规停止操作 | | | — | |
| | | 在规定时间内完成操作 | | 每超时1min总分扣5分，超时3min停止操作 | | | — | |
| | 合计 | | 100 | | | | | |

否定项说明：违章操作或发生事故须停止操作，成绩为零分。

## 试题27：预加氢系统进料中断的处理（现场模拟）

（考核时间：30min）

| 序号 | 考核内容 | 考核要点 | 配分 | 评分标准 | 检测结果 | 扣分 | 得分 | 备注 |
|---|---|---|---|---|---|---|---|---|
| 1 | 准备工作 | 穿戴劳保用品 | 3 | 未穿戴整齐扣3分 | | | | |
| | | 工具、用具准备 | 2 | 工具选择不正确扣2分 | | | | |
| 2 | 事故现象判断 | 引发事故因素表述清晰完整 | 5 | 引发事故因素表述不完整扣3分 | | | | |
| | | | | 表述不清晰扣2分 | | | | |
| | | 事故现象信息充分无遗漏 | 10 | 事故现象信息缺一扣5分 | | | | |
| | | | | 事故现象信息表述不完整扣5分 | | | | |
| | | 关键事故现象描述清楚 | 5 | 事故关键现象描述不清楚扣5分 | | | | |
| 3 | 事故原因分析 | 事故原因分析完整无遗漏，分析透彻有深度 | 5 | 事故原因分析不完整扣3分，分析无深度扣2分 | | | | |
| | | 事故关键原因分析准确 | 5 | 事故关键原因不准确扣5分 | | | | |
| 4 | 事故处理操作 | 联系工作及时到位 | 5 | 未及时联系扣5分 | | | | |
| | | 处理原则表述完整 | 10 | 处理原则表述不完整扣10分 | | | | |
| | | 处理步骤先后顺序正确并无遗漏、操作不当 | 20 | 处理步骤顺序不对扣10分 | | | | |
| | | | | 漏项或操作不当扣10分 | | | | |
| | | 处理注意事项符合事故处理预案规范 | 10 | 未考虑操作对上下游带来的影响扣10分 | | | | |
| 5 | 事故处理操作质量 | 事故处理调节熟练，迅速，过程平稳波动小并无调节错误 | 15 | 处理事故过程引起生产波动大扣10分 | | | | |
| | | | | 调节滞后扣5分 | | | | |
| | | | | 调节错误扣10分 | | | | |
| 6 | 使用工具 | 正确使用工具 | 2 | 工具使用不正确扣2分 | | | | |
| | | 正确维护工具 | 3 | 工具乱摆乱放扣3分 | | | | |
| 7 | 安全及其他 | 按国家法规或企业规定 | | 违规一次总分扣5分；严重违规停止操作 | | | — | |
| | | 在规定时间内完成操作 | | 每超时1min总分扣5分，超时3min停止操作 | | | — | |
| | | 合　计 | 100 | | | | | |

否定项说明：违章操作或发生事故须停止操作，成绩为零分。

## 试题28：重整反应系统进料中断的处理（现场模拟）

（考核时间：30min）

| 序号 | 考核内容 | 考核要点 | 配分 | 评分标准 | 检测结果 | 扣分 | 得分 | 备注 |
|---|---|---|---|---|---|---|---|---|
| 1 | 准备工作 | 穿戴劳保用品 | 3 | 未穿戴整齐扣3分 | | | | |
| | | 工具、用具准备 | 2 | 工具选择不正确扣2分 | | | | |

续表

| 序号 | 考核内容 | 考核要点 | 配分 | 评分标准 | 检测结果 | 扣分 | 得分 | 备注 |
|---|---|---|---|---|---|---|---|---|
| 2 | 事故现象判断 | 引发事故因素表述清晰完整 | 5 | 引发事故因素表述不完整扣3分 | | | | |
| | | | | 表述不清晰扣2分 | | | | |
| | | 事故现象信息充分无遗漏 | 10 | 事故现象信息缺一扣5分 | | | | |
| | | | | 事故现象信息表述不完整扣5分 | | | | |
| | | 关键事故现象描述清楚 | 5 | 事故关键现象描述不清楚扣5分 | | | | |
| 3 | 事故原因分析 | 事故原因分析完整无遗漏，分析透彻有深度 | 5 | 事故原因分析不完整扣3分，分析无深度扣2分 | | | | |
| | | 事故关键原因分析准确 | 5 | 事故关键原因不准确扣5分 | | | | |
| 4 | 事故处理操作 | 联系工作及时到位 | 5 | 未及时联系扣5分 | | | | |
| | | 处理原则表述完整 | 10 | 处理原则表述不完整扣10分 | | | | |
| | | 处理步骤先后顺序正确并无遗漏、操作不当 | 20 | 处理步骤顺序不对扣10分 | | | | |
| | | | | 漏项或操作不当扣10分 | | | | |
| | | 处理注意事项符合事故处理预案规范 | 10 | 未考虑操作对上下游带来的影响扣10分 | | | | |
| 5 | 事故处理操作质量 | 事故处理调节熟练，迅速，过程平稳波动小并无调节错误 | 15 | 处理事故过程引起生产波动大扣10分 | | | | |
| | | | | 调节滞后扣5分 | | | | |
| | | | | 调节错误扣10分 | | | | |
| 6 | 使用工具 | 正确使用工具 | 2 | 工具使用不正确扣2分 | | | | |
| | | 正确维护工具 | 3 | 工具乱摆乱放扣3分 | | | | |
| 7 | 安全及其他 | 按国家法规或企业规定 | | 违规一次总分扣5分；严重违规停止操作 | | | — | |
| | | 在规定时间内完成操作 | | 每超时1min总分扣5分，超时3min停止操作 | | | — | |
| 合　计 | | | 100 | | | | | |

否定项说明：违章操作或发生事故须停止操作，成绩为零分。

## 试题29：蒸发脱水塔控制流程图的绘制(笔试)

（考核时间：30min）

| 序号 | 考核内容 | 考核要点 | 配分 | 评分标准 | 检测结果 | 扣分 | 得分 | 备注 |
|---|---|---|---|---|---|---|---|---|
| 1 | 准备工作 | 工具、用具准备 | 5 | 未自带工具扣5分 | | | | |
| 2 | 图形绘制 | 图纸幅面选择正确 | 5 | 图纸幅面选择错误扣5分 | | | | |
| | | 绘图比例准确 | 5 | 绘图比例错误扣5分 | | | | |
| | | 图面布置完好 | 5 | 图面布置不匀称、美观扣5分 | | | | |

续表

| 序号 | 考核内容 | 考核要点 | 配分 | 评分标准 | 检测结果 | 扣分 | 得分 | 备注 |
|---|---|---|---|---|---|---|---|---|
| | | 工艺流程走向正确，排布合理，设备位置准确并整齐 | 20 | 工艺流程排布不合理扣5分 | | | | |
| | | | | 流程画错一处扣2分 | | | | |
| | | | | 漏画设备一处扣2分 | | | | |
| | | | | 设备画错一处扣2分 | | | | |
| | | 控制回路中仪表控制点完整无漏项并准确 | 15 | 缺画仪表控制点一处扣2分 | | | | |
| | | | | 仪表控制点画错一处扣2分 | | | | |
| 3 | 绘图标注 | 设备标注符合要求 | 5 | 设备位号、名称标注错一处扣2分 | | | | |
| | | 管路流程线标注符合要求 | 10 | 管路流程线上缺介质流向、来源或去向一处扣2分 | | | | |
| | | | | 管路标注错一处扣2分 | | | | |
| | | 仪表标注符合要求 | 5 | 仪表位号标注错一处扣2分 | | | | |
| 4 | 图例 | 图例要求完整 | 10 | 缺图例扣5分 | | | | |
| | | | | 图例错一处扣2分 | | | | |
| 5 | 标题栏 | 标题栏要求完整 | 10 | 缺标题栏扣5分 | | | | |
| | | | | 标题栏错一处扣2分 | | | | |
| 6 | 卷面情况 | 绘图卷面清晰、整洁 | 5 | 卷面不整洁扣5分 | | | | |
| 7 | 安全及其他 | 按国家法规或企业规定 | | 违规一次总分扣5分；严重违规停止操作 | | | — | |
| | | 在规定时间内完成操作 | | 每超时1min总分扣5分，超时3min停止操作 | | | — | |
| 合计 | | | 100 | | | | | |

**试题30：预加氢反应系统控制流程图的绘制(笔试)**

(考核时间：20min)

| 序号 | 考核内容 | 考核要点 | 配分 | 评分标准 | 检测结果 | 扣分 | 得分 | 备注 |
|---|---|---|---|---|---|---|---|---|
| 1 | 准备工作 | 工具、用具准备 | 5 | 未自带工具扣5分 | | | | |
| 2 | 图形绘制 | 图纸幅面选择正确 | 5 | 图纸幅面选择错误扣5分 | | | | |
| | | 绘图比例准确 | 5 | 绘图比例错误扣5分 | | | | |
| | | 图面布置完好 | 5 | 图面布置不匀称、美观扣5分 | | | | |
| | | 工艺流程走向正确，排布合理，设备位置准确并整齐 | 20 | 工艺流程排布不合理扣5分 | | | | |
| | | | | 流程画错一处扣2分 | | | | |
| | | | | 漏画设备一处扣2分 | | | | |
| | | | | 设备画错一处扣2分 | | | | |
| | | 控制回路中仪表控制点完整无漏项并准确 | 15 | 缺画仪表控制点一处扣2分 | | | | |
| | | | | 仪表控制点画错一处扣2分 | | | | |

续表

| 序号 | 考核内容 | 考核要点 | 配分 | 评分标准 | 检测结果 | 扣分 | 得分 | 备注 |
|---|---|---|---|---|---|---|---|---|
| 3 | 绘图标注 | 设备标注符合要求 | 5 | 设备位号、名称标注错一处扣2分 | | | | |
| | | 管路流程线标注符合要求 | 10 | 管路流程线上缺介质流向、来源或去向一处扣2分 | | | | |
| | | | | 管路标注错一处扣2分 | | | | |
| | | 仪表标注符合要求 | 5 | 仪表位号标注错一处扣2分 | | | | |
| 4 | 图例 | 图例要求完整 | 10 | 缺图例扣5分 | | | | |
| | | | | 图例错一处扣2分 | | | | |
| 5 | 标题栏 | 标题栏要求完整 | 10 | 缺标题栏扣5分 | | | | |
| | | | | 标题栏错一处扣2分 | | | | |
| 6 | 卷面情况 | 绘图卷面清晰、整洁 | 5 | 卷面不整洁扣5分 | | | | |
| 7 | 安全及其他 | 按国家法规或企业规定 | | 违规一次总分扣5分；严重违规停止操作 | | | — | |
| | | 在规定时间内完成操作 | | 每超时1min总分扣5分，超时3min停止操作 | | | — | |
| 合计 | | | 100 | | | | | |

**试题31：加热炉出口温度与燃料气流量串级调节示意图的绘制(笔试)**

(考核时间：120min)

| 序号 | 考核内容 | 考核要点 | 配分 | 评分标准 | 检测结果 | 扣分 | 得分 | 备注 |
|---|---|---|---|---|---|---|---|---|
| 1 | 准备工作 | 工具、用具准备 | 5 | 未自带工具扣5分 | | | | |
| 2 | 图形绘制 | 图纸幅面选择正确 | 5 | 图纸幅面选择错误扣5分 | | | | |
| | | 绘图比例准确 | 5 | 绘图比例错误扣5分 | | | | |
| | | 图面布置完好 | 5 | 图面布置不匀称、美观扣5分 | | | | |
| | | 工艺流程走向正确，排布合理，设备位置准确并整齐 | 20 | 工艺流程排布不合理扣5分 | | | | |
| | | | | 流程画错一处扣2分 | | | | |
| | | | | 漏画设备一处扣2分 | | | | |
| | | | | 设备画错一处扣2分 | | | | |
| | | 控制回路中仪表控制点完整无漏项并准确 | 15 | 缺画仪表控制点一处扣2分 | | | | |
| | | | | 仪表控制点画错一处扣2分 | | | | |
| 3 | 绘图标注 | 设备标注符合要求 | 5 | 设备位号、名称标注错一处扣2分 | | | | |
| | | 管路流程线标注符合要求 | 10 | 管路流程线上缺介质流向、来源或去向一处扣2分 | | | | |
| | | | | 管路标注错一处扣2分 | | | | |
| | | 仪表标注符合要求 | 5 | 仪表位号标注错一处扣2分 | | | | |

续表

| 序号 | 考核内容 | 考核要点 | 配分 | 评分标准 | 检测结果 | 扣分 | 得分 | 备注 |
|---|---|---|---|---|---|---|---|---|
| 4 | 图例 | 图例要求完整 | 10 | 缺图例扣5分 | | | | |
| | | | | 图例错一处扣2分 | | | | |
| 5 | 标题栏 | 标题栏要求完整 | 10 | 缺标题栏扣5分 | | | | |
| | | | | 标题栏错一处扣2分 | | | | |
| 6 | 卷面情况 | 绘图卷面清晰、整洁 | 5 | 卷面不整洁扣5分 | | | | |
| 7 | 安全及其他 | 按国家法规或企业规定 | | 违规一次总分扣5分；严重违规停止操作 | | | — | |
| | | 在规定时间内完成操作 | | 每超时1min总分扣5分，超时3min停止操作 | | | — | |
| | | 合　计 | 100 | | | | | |

## 试题32：铂铼重整催化剂硫化剂的注入操作(现场模拟)

（考核时间：60min）

| 序号 | 考核内容 | 考核要点 | 配分 | 评分标准 | 检测结果 | 扣分 | 得分 | 备注 |
|---|---|---|---|---|---|---|---|---|
| 1 | 准备工作 | 穿戴劳保用品 | 3 | 未穿戴整齐扣3分 | | | | |
| | | 工具、用具准备 | 2 | 工具选择不正确扣2分 | | | | |
| 2 | 注硫前的流程检查 | 反应流程检查 | 10 | 反应流程改错一处扣5分 | | | | |
| | | 注硫化剂流程检查 | 20 | 未检查硫化剂量配制是否正确扣10分 | | | | |
| | | | | 未检查注硫化剂流程是否畅通扣10分 | | | | |
| 3 | 硫化前操作条件的检查 | 硫化起始温度的检查 | 15 | 未按要求温度恒温待命扣5分 | | | | |
| | | 硫化起始压力的检查 | | 未按要求压力恒压待命扣5分 | | | | |
| | | 循环氢的检查 | | 未确定系统氢气质量扣5分 | | | | |
| 4 | 重整硫化的操作 | 硫化前的联系工作 | 45 | 未联系调度扣5分 | | | | |
| | | | | 未联系氮气站扣5分 | | | | |
| | | 硫化剂的注入操作 | | 注硫时机不正确扣10分 | | | | |
| | | | | 未按要求速度注硫扣10分 | | | | |
| | | | | 未及时采样测硫化氢穿透情况扣10分 | | | | |
| | | | | 各反未按规定注硫顺序注硫扣5分 | | | | |
| 5 | 使用工具 | 正确使用工具 | 2 | 工具使用不正确扣2分 | | | | |
| | | 正确维护工具 | 3 | 工具乱摆乱放扣3分 | | | | |
| 6 | 安全及其他 | 按国家法规或企业规定 | | 违规一次总分扣5分；严重违规停止操作 | | | — | |
| | | 在规定时间内完成操作 | | 每超时1min总分扣5分，超时3min停止操作 | | | — | |
| | | 合　计 | 100 | | | | | |

## 试题 33：分子筛的干燥操作（现场模拟）

（考核时间：60min）

| 序号 | 考核内容 | 考核要点 | 配分 | 评分标准 | 检测结果 | 扣分 | 得分 | 备注 |
|---|---|---|---|---|---|---|---|---|
| 1 | 准备工作 | 穿戴劳保用品 | 3 | 未穿戴整齐扣 3 分 | | | | |
| | | 工具、用具准备 | 2 | 工具选择不正确扣 2 分 | | | | |
| 2 | 操作程序 | 分子筛干燥前的流程检查 | 20 | 未检查分子筛干燥流程扣 10 分 | | | | |
| | | | | 检查后分子筛干燥流程错一处扣 5 分 | | | | |
| | | | | 未检查与其他系统隔离情况扣5 分 | | | | |
| 3 | | 分子筛干燥的操作 | 50 | 系统氮气置换不彻底扣 10 分 | | | | |
| | | | | 引氮气时压力未按规定控制扣 10 分 | | | | |
| | | | | 点分子筛干燥炉时机不正确扣 10 分 | | | | |
| | | | | 升温速度未按规定控制扣 10 分 | | | | |
| | | | | 开循环机时机不正确扣 10 分 | | | | |
| | | | | 恒温温度未按规定控制扣 10 分 | | | | |
| 4 | | 分子筛干燥结束后的降温操作 | 20 | 停加热炉时机不正确扣 5 分 | | | | |
| | | | | 停循环机时机不正确扣 5 分 | | | | |
| | | | | 未按规定速度降温扣 5 分 | | | | |
| | | | | 干燥结束后氮气未放空扣 5 分 | | | | |
| 5 | 使用工具 | 正确使用工具 | 2 | 工具使用不正确扣 2 分 | | | | |
| | | 正确维护工具 | 3 | 工具乱摆乱放扣 3 分 | | | | |
| 6 | 安全及其他 | 按国家法规或企业规定 | | 违规一次总分扣 5 分；严重违规停止操作 | | | — | |
| | | 在规定时间内完成操作 | | 每超时 1min 总分扣 5 分，超时 3min 停止操作 | | | — | |
| | | 合　计 | 100 | | | | | |

## 试题 34：白催化剂开车操作（现场模拟）

（考核时间：30min）

| 序号 | 考核内容 | 考核要点 | 配分 | 评分标准 | 检测结果 | 扣分 | 得分 | 备注 |
|---|---|---|---|---|---|---|---|---|
| 1 | 准备工作 | 穿戴劳保用品 | 3 | 未穿戴整齐扣 3 分 | | | | |
| | | 工具、用具准备 | 2 | 工具选择不正确扣 2 分 | | | | |
| 2 | 开车准备 | 闭锁料斗和还原段氢气流量建立 | 30 | 未确认扣 6 分 | | | | |
| | | 空气干燥器已经投用 | | 未确认扣 6 分 | | | | |
| | | 氢烃分析仪和在线氧分仪已经标定 | | 未确认扣 6 分 | | | | |
| | | 碱洗塔操作建立 | | 未确认扣 6 分 | | | | |
| | | 注氯罐注水罐已经充满 | | 未确认扣 6 分 | | | | |

续表

| 序号 | 考核内容 | 考核要点 | 配分 | 评分标准 | 检测结果 | 扣分 | 得分 | 备注 |
|---|---|---|---|---|---|---|---|---|
| 3 | 操作程序 | 吹扫闭锁料斗 | 60 | 缺少此项扣5分 | | | | |
| | | 吹扫再生器 | | 缺少此项扣5分 | | | | |
| | | 置换再生器 | | 缺少此项扣5分 | | | | |
| | | 置换分离料斗 | | 缺少此项扣5分 | | | | |
| | | 分离料斗投用淘洗系统 | | 缺少此项扣5分 | | | | |
| | | 再生系统建立差压 | | 缺少此项扣5分 | | | | |
| | | 再生系统升温 | | 缺少此项扣5分 | | | | |
| | | 隔离系统投用 | | 缺少此项扣5分 | | | | |
| | | 启动催化剂循环(循环3～5天) | | 缺少此项扣5分 | | | | |
| | | 催化剂进行黑烧 | | 缺少此项扣5分 | | | | |
| | | 采样分析 | | 缺少此项扣5分 | | | | |
| | | 催化剂改白烧 | | 缺少此项扣5分 | | | | |
| 4 | 使用工具 | 正确使用工具 | 2 | 工具使用不正确扣2分 | | | | |
| | | 正确维护工具 | 3 | 工具乱摆乱放扣3分 | | | | |
| 5 | 安全及其他 | 按国家法规或企业规定 | | 违规一次总分扣5分；严重违规停止操作 | | | — | |
| | | 在规定时间内完成操作 | | 每超时1min总分扣5分，超时3min停止操作 | | | — | |
| | | 合　　计 | 100 | | | | | |

否定项说明：若出现没有采样分析直接改白烧的情况，该题为零分。

## 试题35：再生部分升温操作(现场模拟)

(考核时间：30min)

| 序号 | 考核内容 | 考核要点 | 配分 | 评分标准 | 检测结果 | 扣分 | 得分 | 备注 |
|---|---|---|---|---|---|---|---|---|
| 1 | 准备工作 | 穿戴劳保用品 | 3 | 未穿戴整齐扣3分 | | | | |
| | | 工具、用具准备 | 2 | 工具选择不正确扣2分 | | | | |
| 2 | 升温准备 | 还原段氢气流量建立 | 50 | 未确认扣10分 | | | | |
| | | 空气干燥器已经投用 | | 未确认扣10分 | | | | |
| | | 干燥风流量建立 | | 未确认扣10分 | | | | |
| | | 冷却风流量建立 | | 未确认扣10分 | | | | |
| | | 再生风机投用 | | 未确认扣10分 | | | | |
| 3 | 操作步骤 | 启动开车按钮 | 40 | 启动开车按钮时机不正确扣10分 | | | | |
| | | 隔离系统投用 | | 未投用隔离系统扣10分 | | | | |
| | | 启动电加热器按钮 | | 启动电加热器按钮时机不正确扣10分 | | | | |
| | | 手动控制升温速度20～30℃/h | | 未按规定升温速度控制扣10分 | | | | |

续表

| 序号 | 考核内容 | 考核要点 | 配分 | 评分标准 | 检测结果 | 扣分 | 得分 | 备注 |
|---|---|---|---|---|---|---|---|---|
| 4 | 使用工具 | 正确使用工具 | 2 | 工具使用不正确扣2分 | | | | |
| | | 正确维护工具 | 3 | 工具乱摆乱放扣3分 | | | | |
| 5 | 安全及其他 | 按国家法规或企业规定 | | 违规一次总分扣5分；严重违规停止操作 | | | — | |
| | | 在规定时间内完成操作 | | 每超时1min总分扣5分，超时3min停止操作 | | | — | |
| 合　计 | | | 100 | | | | | |

否定项说明：若出现升温速度大于50℃/h的情况，该题为零分。

**试题36：提升气流量控制操作(现场模拟)**

(考核时间：30min)

| 序号 | 考核内容 | 考核要点 | 配分 | 评分标准 | 检测结果 | 扣分 | 得分 | 备注 |
|---|---|---|---|---|---|---|---|---|
| 1 | 准备工作 | 穿戴劳保用品 | 3 | 未穿戴整齐扣3分 | | | | |
| | | 工具、用具准备 | 2 | 工具选择不正确扣2分 | | | | |
| 2 | 操作程序 | 待生催化剂提升气总量自动控制指标内 | 15 | 不在规定控制范围内扣15分 | | | | |
| | | 待生催化剂二次气手动控制为0 | 15 | 不在规定控制范围内扣15分 | | | | |
| | | 根据提升差压开大逐步二次气量 | 15 | 不在规定控制范围内扣15分 | | | | |
| | | 再生催化剂提升气总量自动控制指标内 | 15 | 不在规定控制范围内扣15分 | | | | |
| | | 再生催化剂二次气手动控制为0 | 15 | 不在规定控制范围内扣15分 | | | | |
| | | 根据提升差压逐步开大二次气量 | 15 | 不在规定控制范围内扣15分 | | | | |
| 3 | 使用工具 | 正确使用工具 | 2 | 工具使用不正确扣2分 | | | | |
| | | 正确维护工具 | 3 | 工具乱摆乱放扣3分 | | | | |
| 4 | 安全及其他 | 按国家法规或企业规定 | | 违规一次总分扣5分；严重违规停止操作 | | | — | |
| | | 在规定时间内完成操作 | | 每超时1min总分扣5分，超时3min停止操作 | | | — | |
| 合　计 | | | 100 | | | | | |

否定项说明：若出现由于提升气阀门开足导致催化剂提升过快的情况，该题为零分。

**试题37：催化剂循环速率判断操作(现场模拟)**

（考核时间：30min）

| 序号 | 考核内容 | 考核要点 | 配分 | 评分标准 | 检测结果 | 扣分 | 得分 | 备注 |
|---|---|---|---|---|---|---|---|---|
| 1 | 准备工作 | 穿戴劳保用品 | 3 | 未穿戴整齐扣3分 | | | | |
| | | 工具、用具准备 | 2 | 工具选择不正确扣2分 | | | | |
| 2 | 现象 | 待生催化剂积炭含量上升 | 40 | 缺少扣10分 | | | | |
| | | 待生催化剂积炭含量下降 | | 缺少扣10分 | | | | |
| | | 催化剂烧焦峰面下移 | | 缺少扣10分 | | | | |
| | | 催化剂循环速率无法达到设定值 | | 缺少扣10分 | | | | |
| 3 | 原因 | 待生催化剂循环速率偏低 | 30 | 缺少扣10分 | | | | |
| | | 待生催化剂循环速率偏高 | | 缺少扣10分 | | | | |
| | | 提升操作波动 | | 缺少扣10分 | | | | |
| 4 | 原因判断 | 催化剂循环速率判断 | 20 | 未能正确判断扣20分 | | | | |
| 5 | 使用工具 | 正确使用工具 | 2 | 工具使用不正确扣2分 | | | | |
| | | 正确维护工具 | 3 | 工具乱摆乱放扣3分 | | | | |
| 6 | 安全及其他 | 按国家法规或企业规定 | | 违规一次总分扣5分；严重违规停止操作 | | | — | |
| | | 在规定时间内完成操作 | | 每超时1min总分扣5分，超时3min停止操作 | | | — | |
| | | 合　计 | 100 | | | | | |

**试题38：再生部分降温操作(现场模拟)**

（考核时间：30min）

| 序号 | 考核内容 | 考核要点 | 配分 | 评分标准 | 检测结果 | 扣分 | 得分 | 备注 |
|---|---|---|---|---|---|---|---|---|
| 1 | 准备工作 | 穿戴劳保用品 | 3 | 未穿戴整齐扣3分 | | | | |
| | | 工具、用具准备 | 2 | 工具选择不正确扣2分 | | | | |
| 2 | 操作程序 | 电加热器改为手动操作挡 | 20 | 操作时机不正确扣20分 | | | | |
| | | 手动控制降温速度20～30℃/h | 20 | 降温速度未按规定值控制扣20分 | | | | |
| | | 再生气温度降至规定温度 | 20 | 再生气温度不在规定值扣20分 | | | | |
| | | 再生风机由高速挡切换至低速挡 | 20 | 切换时机不正确扣20分 | | | | |
| | | 操作效果检查 | 10 | 操作波动过大扣10分 | | | | |
| 3 | 使用工具 | 正确使用工具 | 2 | 工具使用不正确扣2分 | | | | |
| | | 正确维护工具 | 3 | 工具乱摆乱放扣3分 | | | | |

续表

| 序号 | 考核内容 | 考核要点 | 配分 | 评分标准 | 检测结果 | 扣分 | 得分 | 备注 |
|---|---|---|---|---|---|---|---|---|
| 4 | 安全及其他 | 按国家法规或企业规定 | | 违规一次总分扣5分；严重违规停止操作 | | | — | |
| | | 在规定时间内完成操作 | | 每超时1min总分扣5分，超时3min停止操作 | | | — | |
| | 合　计 | | 100 | | | | | |

否定项说明：若出现降温速度超过50℃/h的情况，该题为零分。

### 试题39：卸粉尘操作（现场模拟）

（考核时间：30min）

| 序号 | 考核内容 | 考核要点 | 配分 | 评分标准 | 检测结果 | 扣分 | 得分 | 备注 |
|---|---|---|---|---|---|---|---|---|
| 1 | 准备工作 | 穿戴劳保用品 | 3 | 未穿戴整齐扣3分 | | | | |
| | | 工具、用具准备 | 2 | 工具选择不正确扣2分 | | | | |
| 2 | 操作程序 | 氮气皮带接好并将氮气引来备用 | 15 | 氮气未引来备用扣15分 | | | | |
| | | 启动现场按钮 | 15 | 启动现场按钮时机不正确扣15分 | | | | |
| | | 卸催化剂粉尘 | 15 | 卸催化剂粉尘操作不正确扣15分 | | | | |
| | | 装催化剂粉尘 | 15 | 装催化剂粉尘操作不正确扣15分 | | | | |
| | | 催化剂粉尘采样 | 15 | 催化剂粉尘未采样扣15分 | | | | |
| | | 催化剂粉尘尽可能不与空气接触 | 15 | 催化剂粉尘与空气接触扣15分 | | | | |
| 3 | 使用工具 | 正确使用工具 | 2 | 工具使用不正确扣2分 | | | | |
| | | 正确维护工具 | 3 | 工具乱摆乱放扣3分 | | | | |
| 4 | 安全及其他 | 按国家法规或企业规定 | | 违规一次总分扣5分；严重违规停止操作 | | | — | |
| | | 在规定时间内完成操作 | | 每超时1min总分扣5分，超时3min停止操作 | | | — | |
| | 合　计 | | 100 | | | | | |

### 试题40：空气干燥器投用操作（现场模拟）

（考核时间：30min）

| 序号 | 考核内容 | 考核要点 | 配分 | 评分标准 | 检测结果 | 扣分 | 得分 | 备注 |
|---|---|---|---|---|---|---|---|---|
| 1 | 准备工作 | 穿戴劳保用品 | 3 | 未穿戴整齐扣3分 | | | | |
| | | 工具、用具准备 | 2 | 工具选择不正确扣2分 | | | | |
| 2 | 操作程序 | 打开冷却水进出口阀门 | 10 | 未打开冷却水进出口阀扣10分 | | | | |
| | | 关闭干燥机旁路阀门 | 10 | 未关闭干燥机旁路阀门扣10分 | | | | |
| | | 打开干燥机进口阀门 | 15 | 未打开干燥机进口阀门扣15分 | | | | |

续表

| 序号 | 考核内容 | 考核要点 | 配分 | 评分标准 | 检测结果 | 扣分 | 得分 | 备注 |
|---|---|---|---|---|---|---|---|---|
| | | 打开控制柜总开关 | 15 | 未打开控制柜总开关扣15分 | | | | |
| | | 控制柜压力正压后激活电源 | 10 | 未激活电源扣10分 | | | | |
| | | 启动干燥机 | 15 | 启动干燥机时机不正确扣15分 | | | | |
| | | 待露点温度下降-30℃，打开干燥器出口阀 | 15 | 打开干燥器出口阀时机不正确扣15分 | | | | |
| 3 | 使用工具 | 正确使用工具 | 2 | 工具使用不正确扣2分 | | | | |
| | | 正确维护工具 | 3 | 工具乱摆乱放扣3分 | | | | |
| 4 | 安全及其他 | 按国家法规或企业规定 | | 违规一次总分扣5分；严重违规停止操作 | | | — | |
| | | 在规定时间内完成操作 | | 每超时1min总分扣5分，超时3min停止操作 | | | — | |
| | 合　计 | | 100 | | | | | |

否定项说明：若操作步骤出现顺序错误的情况，该题为零分。

**试题41：抽空器的操作（现场模拟）**

（考核时间：30min）

| 序号 | 考核内容 | 考核要点 | 配分 | 评分标准 | 检测结果 | 扣分 | 得分 | 备注 |
|---|---|---|---|---|---|---|---|---|
| 1 | 准备工作 | 穿戴劳保用品 | 3 | 未穿戴整齐扣3分 | | | | |
| | | 工具、用具准备 | 2 | 工具选择不正确扣2分 | | | | |
| 2 | 投用准备 | 蒸汽引至抽空器前并排凝 | 20 | 蒸汽引至抽空器前未排凝扣10分 | | | | |
| | | 检查抽空器系统流程 | | 未检查抽空器系统流程扣10分 | | | | |
| 3 | 操作步骤 | 打开抽空器下游阀 | 70 | 操作错误扣10分 | | | | |
| | | 稍开蒸汽阀门 | | 阀门开足扣10分 | | | | |
| | | 打开系统至抽空器阀门 | | 未执行扣10分 | | | | |
| | | 缓慢开大蒸汽阀门 | | 幅度太大扣10分 | | | | |
| | | 联系内操，检查系统压力的下降情况 | | 未联系扣10分 | | | | |
| | | 密切检测系统压力，达到要求压力立即停止蒸汽 | | 未执行扣10分 | | | | |
| | | 关闭系统的阀门和抽空器阀门 | | 未关闭扣10分 | | | | |
| 4 | 使用工具 | 正确使用工具 | 2 | 工具使用不正确扣2分 | | | | |
| | | 正确维护工具 | 3 | 工具乱摆乱放扣3分 | | | | |
| 5 | 安全及其他 | 按国家法规或企业规定 | | 违规一次总分扣5分；严重违规停止操作 | | | — | |
| | | 在规定时间内完成操作 | | 每超时1min总分扣5分，超时3min停止操作 | | | — | |
| | 合　计 | | 100 | | | | | |

否定项说明：若出现抽空器发生振动大，发生泄漏的情况，该题为零分。

## 试题 42：催化剂粉尘少的原因分析(现场模拟)

（考核时间：30min）

| 序号 | 考核内容 | 考核要点 | 配分 | 评分标准 | 检测结果 | 扣分 | 得分 | 备注 |
|---|---|---|---|---|---|---|---|---|
| 1 | 准备工作 | 穿戴劳保用品 | 3 | 未穿戴整齐扣 3 分 | | | | |
| | | 工具、用具准备 | 2 | 工具选择不正确扣 2 分 | | | | |
| 2 | 现象 | 粉尘收集器滤芯差压上升缓慢<br>卸粉尘量偏小或者没有粉尘 | 30 | 缺少扣 15 分<br>缺少扣 15 分 | | | | |
| 3 | 原因 | 粉尘收集器滤芯故障<br>除尘风量偏小<br>系统水含量大导致粉尘凝结<br>反吹氮气压力偏低 | 60 | 缺少扣 15 分<br>缺少扣 15 分<br>缺少扣 15 分<br>缺少扣 15 分 | | | | |
| 4 | 使用工具 | 正确使用工具 | 2 | 工具使用不正确扣 2 分 | | | | |
| | | 正确维护工具 | 3 | 工具乱摆乱放扣 3 分 | | | | |
| 5 | 安全及其他 | 按国家法规或企业规定 | | 违规一次总分扣 5 分；严重违规停止操作 | | | — | |
| | | 在规定时间内完成操作 | | 每超时 1min 总分扣 5 分，超时 3min 停止操作 | | | — | |
| | | 合　计 | 100 | | | | | |

## 试题 43：再生催化剂提升管破裂处理(现场模拟)

（考核时间：30min）

| 序号 | 考核内容 | 考核要点 | 配分 | 评分标准 | 检测结果 | 扣分 | 得分 | 备注 |
|---|---|---|---|---|---|---|---|---|
| 1 | 准备工作 | 穿戴劳保用品 | 3 | 未穿戴整齐扣 3 分 | | | | |
| | | 工具、用具准备 | 2 | 工具选择不正确扣 2 分 | | | | |
| 2 | 操作程序 | 切断与还原段的连接阀<br>切断催化剂提升管线的阀门<br>提升管泄压<br>蒸汽氮气保护<br>联系进行处理 | 90 | 缺少扣 16 分<br>缺少扣 16 分<br>缺少扣 16 分<br>缺少扣 16 分<br>缺少扣 16 分 | | | | |
| 3 | 使用工具 | 正确使用工具 | 2 | 工具使用不正确扣 2 分 | | | | |
| | | 正确维护工具 | 3 | 工具乱摆乱放扣 3 分 | | | | |
| 4 | 安全及其他 | 按国家法规或企业规定 | | 违规一次总分扣 5 分；严重违规停止操作 | | | — | |
| | | 在规定时间内完成操作 | | 每超时 1min 总分扣 5 分，超时 3min 停止操作 | | | — | |
| | | 合　计 | 100 | | | | | |

否定项说明：若出现不处理的情况，该题为零分。

## 试题44：再生系统原则流程绘制（笔试）

（考核时间：30min）

| 序号 | 考核内容 | 考核要点 | 配分 | 评分标准 | 检测结果 | 扣分 | 得分 | 备注 |
|---|---|---|---|---|---|---|---|---|
| 1 | 准备工作 | 穿戴劳保用品 | 3 | 未穿戴整齐扣3分 | | | | |
| | | 工具、用具准备 | 2 | 工具选择不正确扣2分 | | | | |
| 2 | 流程走向 | 排布合理，卷面清晰 | 10 | 布局不合理扣5分<br>卷面不清晰扣5分 | | | | |
| 3 | 反应器 | 进出管线、位号正确 | 15 | 进出管线不正确扣8分<br>位号不正确扣7分 | | | | |
| 4 | 待生催化剂提升 | 进出管线、位号正确 | 15 | 进出管线不正确扣8分<br>位号不正确扣7分 | | | | |
| 5 | 分离料斗 | 进出管线、位号正确 | 10 | 进出管线不正确扣7分<br>位号不正确扣3分 | | | | |
| 6 | 再生器 | 进出管线、位号正确 | 10 | 进出管线不正确扣7分<br>位号不正确扣3分 | | | | |
| 7 | 氮风罐 | 进出管线、位号正确 | 10 | 进出管线不正确扣7分<br>位号不正确扣3分 | | | | |
| 8 | 闭锁料斗 | 进出管线、位号正确 | 10 | 进出管线不正确扣7分<br>位号不正确扣3分 | | | | |
| 9 | 再生催化剂提升 | 进出管线、位号正确 | 10 | 进出管线不正确扣7分<br>位号不正确扣3分 | | | | |
| 10 | 使用工具 | 正确使用工具 | 2 | 工具使用不正确扣2分 | | | | |
| | | 正确维护工具 | 3 | 工具乱摆乱放扣3分 | | | | |
| 11 | 安全及其他 | 按国家法规或企业规定 | | 违规一次总分扣5分；严重违规停止操作 | | | — | |
| | | 在规定时间内完成操作 | | 每超时1min总分扣5分，超时3min停止操作 | | | — | |
| | | 合　计 | 100 | | | | | |

## 试题45：抽提系统开工抽提、汽提两塔改联动的操作（现场模拟）

（考核时间：15min）

| 序号 | 考核内容 | 考核要点 | 配分 | 评分标准 | 检测结果 | 扣分 | 得分 | 备注 |
|---|---|---|---|---|---|---|---|---|
| 1 | 准备工作 | 穿戴劳保用品 | 3 | 未穿戴整齐扣3分 | | | | |
| | | 工具、用具准备 | 2 | 工具选择不正确扣2分 | | | | |
| 2 | 操作程序 | 将贫溶剂下游阀打开检查控制阀是否好用 | 30 | 开错阀扣15分 | | | | |
| | | | | 操作波动大扣15分 | | | | |
| 3 | | 关闭汽提塔单塔循环阀 | 10 | 未与相关岗位联系扣5分 | | | | |
| | | | | 未关阀扣5分 | | | | |

续表

| 序号 | 考核内容 | 考核要点 | 配分 | 评分标准 | 检测结果 | 扣分 | 得分 | 备注 |
|---|---|---|---|---|---|---|---|---|
| 4 | | 稍开抽提塔底富溶剂大阀，同时开贫溶剂控制阀的上游阀（注意塔底压力） | 40 | 塔底大阀未开扣10分 | | | | |
| | | | | 未开贫溶剂控制阀扣10分 | | | | |
| | | | | 造成压力波动大扣10分 | | | | |
| | | | | 稳压未到规定时间扣10分 | | | | |
| 5 | | 室内要调节好富溶剂和贫溶剂流量，控制好抽提压力 | 10 | 流量未控制好扣5分 | | | | |
| | | | | 压力未控制好扣5分 | | | | |
| 6 | 使用工具 | 正确使用工具 | 2 | 工具使用不正确扣2分 | | | | |
| | | 正确维护工具 | 3 | 工具乱摆乱放扣3分 | | | | |
| 7 | 安全及其他 | 按国家法规或企业规定 | | 违规一次总分扣5分；严重违规停止操作 | | | — | |
| | | 在规定时间内完成操作 | | 每超时1min总分扣5分，超时3min停止操作 | | | — | |
| | | 合　　计 | 100 | | | | | |

**试题46：抽提温度的调整（现场模拟）**

（考核时间：15min）

| 序号 | 考核内容 | 考核要点 | 配分 | 评分标准 | 检测结果 | 扣分 | 得分 | 备注 |
|---|---|---|---|---|---|---|---|---|
| 1 | 准备工作 | 穿戴劳保用品 | 3 | 未穿戴整齐扣3分 | | | | |
| | | 工具、用具准备 | 2 | 工具选择不正确扣2分 | | | | |
| 2 | 操作程序 | 控制点选择 | 5 | 由汽提塔塔底温控制5分 | | | | |
| 3 | | 若底温变化不大，可以提高回流量 | 5 | 调整反向扣5分 | | | | |
| 4 | | 底温变化大，稍降汽提塔底温 | 75 | 造成操作波动大扣10分 | | | | |
| | | | | 调整反向扣10分 | | | | |
| | | | | 调整方法错误扣5分 | | | | |
| | | | | 造成超温扣10分 | | | | |
| | | | | 造成安全阀起跳扣10分 | | | | |
| | | | | 造成贫剂带油扣6分 | | | | |
| | | | | 造成芳烃回收率下降扣8分 | | | | |
| | | | | 造成非芳烃不合格扣8分 | | | | |
| | | | | 造成芳烃不合格扣8分 | | | | |
| | | 分析误差 | 5 | 校正仪表误差5分 | | | | |
| 5 | 使用工具 | 正确使用工具 | 2 | 工具使用不正确扣2分 | | | | |
| | | 正确维护工具 | 3 | 工具乱摆乱放扣3分 | | | | |
| 6 | 安全及其他 | 按国家法规或企业规定 | | 违规一次总分扣5分；严重违规停止操作 | | | — | |
| | | 在规定时间内完成操作 | | 每超时1min总分扣5分，超时3min停止操作 | | | — | |
| | | 合　　计 | 100 | | | | | |

**试题 47：再生塔再生量的调整(现场模拟)**

(考核时间：15min)

| 序号 | 考核内容 | 考核要点 | 配分 | 评分标准 | 检测结果 | 扣分 | 得分 | 备注 |
|---|---|---|---|---|---|---|---|---|
| 1 | 准备工作 | 穿戴劳保用品 | 3 | 未穿戴整齐扣 3 分 | | | | |
| | | 工具、用具准备 | 2 | 工具选择不正确扣 2 分 | | | | |
| 2 | 操作程序 | 控制点选择 | 10 | 由塔底温控制扣 10 分 | | | | |
| 3 | | 再生量下降,塔底液面迅速上升,应排掉部分老化溶剂 | 10 | 若未及时排出老化溶剂扣 10 分 | | | | |
| 4 | | 再生量低，提高塔底温度 | 60 | 造成超温扣 10 分 | | | | |
| | | | | 造成波动大扣 10 分 | | | | |
| | | | | 操作反向扣 10 分 | | | | |
| | | | | 调整方法错误扣 5 分 | | | | |
| | | | | 造成塔底液面满扣 10 分 | | | | |
| | | | | 老化溶剂中含溶剂量不足未及时排除部分老化溶剂扣 10 分 | | | | |
| | | | | 校正仪表误差 5 分 | | | | |
| | | 塔底应保持大的循环量，防止结焦 | 10 | 造成换热器结焦扣 10 分 | | | | |
| 5 | 使用工具 | 正确使用工具 | 2 | 工具使用不正确扣 2 分 | | | | |
| | | 正确维护工具 | 3 | 工具乱摆乱放扣 3 分 | | | | |
| 6 | 安全及其他 | 按国家法规或企业规定 | | 违规一次总分扣 5 分；严重违规停止操作 | | | — | |
| | | 在规定时间内完成操作 | | 每超时 1min 总分扣 5 分，超时 3min 停止操作 | | | — | |
| | | 合　计 | 100 | | | | | |

**试题 48：分离系统停工操作(现场模拟)**

(考核时间：15min)

| 序号 | 考核内容 | 考核要点 | 配分 | 评分标准 | 检测结果 | 扣分 | 得分 | 备注 |
|---|---|---|---|---|---|---|---|---|
| 1 | 准备工作 | 穿戴劳保用品 | 3 | 未穿戴整齐扣 3 分 | | | | |
| | | 工具、用具准备 | 2 | 工具选择不正确扣 2 分 | | | | |
| 2 | 操作程序 | 分离塔降进料降量降至一定时两台换热器均按一定速度降温。当进料换热器降温至一定，塔底再沸器降温至一定时停热源 | 90 | 降温降量顺序错扣 10 分 | | | | |
| | | | | 停热源不正确扣 10 分 | | | | |
| | | 当回流罐液面低时，可逐渐降低回流量，直至抽空停泵 | | 操作波动大扣 10 分 | | | | |
| | | | | 未及时停泵扣 10 分 | | | | |

续表

| 序号 | 考核内容 | 考核要点 | 配分 | 评分标准 | 检测结果 | 扣分 | 得分 | 备注 |
|---|---|---|---|---|---|---|---|---|
| | | 停分离塔进料，继续抽塔底油进芳烃中间罐，抽空停泵，将塔底再沸器内存油放至地下罐 | | 未及时停分离塔进料扣10分 | | | | |
| | | | | 塔底油未处理扣10分 | | | | |
| | | | | 再沸器内存油未放至地下罐扣10分 | | | | |
| | | 引水顶油，引汽吹扫 | | 引水不正确扣10分 | | | | |
| | | | | 引汽不正确扣10分 | | | | |
| 3 | 使用工具 | 正确使用工具 | 2 | 工具使用不正确扣2分 | | | | |
| | | 正确维护工具 | 3 | 工具乱摆乱放扣3分 | | | | |
| 4 | 安全及其他 | 按国家法规或企业规定 | | 违规一次总分扣5分；严重违规停止操作 | | | — | |
| | | 在规定时间内完成操作 | | 每超时1min总分扣5分，超时3min停止操作 | | | — | |
| 合计 | | | 100 | | | | | |

第三部分

# 高级工

# 一、国家职业标准(高级工工作要求)

| 职业功能 | 工作内容 | 技能要求 | 相关知识 |
| --- | --- | --- | --- |
| 工艺操作 | (一)开车准备 | 1. 能引入燃料、原料等开车介质<br>2. 能安排开车流程的更改<br>3. 能完成装置开车吹扫、气密等操作<br>4. 能投用和切除工艺联锁<br>5. 能完成化工原材料的准备工作 | 1. 工艺联锁操作法<br>2. 清洁生产基本知识 |
| | (二)开车操作 | 1. 能完成催化剂预硫化<br>2. 能完成催化剂"黑烧"至"白烧"的切换操作<br>3. 能操作闭锁料斗控制系统<br>4. 能根据气中水含量调整注氯、注水量<br>5. 能完成抽提油、溶剂、水的循环操作<br>6. 能用温差调节苯类产品质量 | 1. 催化剂预硫化操作步骤<br>2. 重整催化剂烧焦切换操作要点<br>3. 闭锁料斗控制系统原理<br>4. 重整催化剂水、氯平衡原理<br>5. 吸收、解吸等理论知识<br>6. 精馏塔操作方法<br>7. 抽提原理 |
| | (三)正常操作 | 1. 能操作常规仪表、DCS操作站<br>2. 能根据原料性质的变化调节工艺参数<br>3. 能根据分析结果控制产品质量<br>4. 能处理各种扰动引起的工艺波动<br>5. 能调节P、I、D参数<br>6. 能投用联锁系统<br>7. 能协调各岗位的操作 | 1. DCS操作知识<br>2. 产品质量标准<br>3. APC(先进过程控制)基本知识<br>4. 仪表P、I、D知识 |
| | (四)停车操作 | 1. 能完成停车装置的吹扫工作<br>2. 能判断炉管结焦并能完成炉管烧焦操作<br>3. 能按标准验收已吹扫完毕的设备、管道<br>4. 能完成防硫化亚铁自燃的钝化操作<br>5. 能通过常规仪表、DCS操作站控制停车速度 | 1. 炉管烧焦操作步骤<br>2. 硫化亚铁钝化原理 |
| 设备使用与维护 | (一)使用设备 | 1. 能操作蒸汽透平及离心压缩机组<br>2. 能投用板式换热器<br>3. 能操作冷冻机组 | 1. 蒸汽透平、离心式压缩机的结构及工作原理<br>2. 板式换热器结构及操作要点<br>3. 制冷原理 |
| | (二)维护设备 | 1. 能根据设备运行情况，提出维护措施<br>2. 能配合验收检修后动、静设备<br>3. 能做好一般设备、管线交出检修前的安全确认工作 | 1. 设备维护保养制度<br>2. 关键设备特级维护制度要点<br>3. 设备验收知识 |
| 事故判断与处理 | (一)判断事故 | 1. 能根据操作参数、分析数据判断质量事故<br>2. 能判断大型机组运行故障<br>3. 能判断各类仪表故障<br>4. 能及时发现事故隐患<br>5. 能判断冷换设备故障 | 大型机组结构及故障产生原因 |
| | (二)处理事故 | 1. 能处理因仪表(包括DCS)故障、联锁引起的事故<br>2. 能针对装置异常程度提出开、停建议<br>3. 能处理产品质量事故<br>4. 能提出消除事故隐患的建议<br>5. 能处理冷换设备内漏引起的事故<br>6. 能处理循环压缩机跳车事故<br>7. 能处理炉管结焦事故<br>8. 能处理提升器运行故障 | 1. 事故处理预案<br>2. 报警联锁值<br>3. 事故等级分类标准<br>4. 循环压缩机常见故障处理方法<br>5. 炉管偏流及超温判断原则<br>6. 提升器运行故障处理方法 |

续表

| 职业功能 | 工作内容 | 技能要求 | 相关知识 |
|---|---|---|---|
| 绘图与计算 | (一) 绘图 | 1. 能识读仪表联锁图<br>2. 能绘制设备结构简图<br>3. 能绘制工艺配管单线图 | 1. 工艺配管单线图知识<br>2. 仪表联锁图知识 |
| | (二) 计算 | 1. 能完成简单热量平衡计算<br>2. 能完成经济核算分析<br>3. 能查油品数据图表 | 热量平衡的计算方法 |
| 培训与指导 | 培训与指导 | 1. 能指导初、中级操作人员进行操作<br>2. 能协助培训初、中级操作人员 | 培训基本知识 |

# 二、理论知识鉴定要素细目表

## 行业通用理论知识鉴定要素细目表

| 鉴定范围 | | | | | | 鉴定点 | | |
|---|---|---|---|---|---|---|---|---|
| 一级 | | 二级 | | 三级 | | 代码 | 名称 | 重要程度 |
| 代码 | 名称 | 代码 | 名称 | 代码 | 名称 | | | |
| A | 基本要求 | B | 基础知识 | A | 记录填写基础知识 | 001 | 班组交接记录的填写要求 | X |
| | | | | | | 002 | 班组安全活动记录填写要求 | X |
| | | | | B | 识图基础知识 | 001 | 剖视图知识 | X |
| | | | | | | 002 | 断面图知识 | X |
| | | | | | | 003 | 化工设备图表示方法 | X |
| | | | | | | 004 | 零件图的内容 | X |
| | | | | C | 安全环保基础知识 | 001 | 清洁生产审计的程序 | X |
| | | | | | | 002 | HSE 管理体系文件架构 | X |
| | | | | | | 003 | ISO 14001 环境管理体系的组成要素 | X |
| | | | | | | 004 | ISO 14000 系列标准的指导思想 | X |
| | | | | | | 005 | ISO 14001 环境管理体系的运行模式 | X |
| | | | | | | 006 | 防尘防毒的技术措施 | X |
| | | | | | | 007 | 防尘防毒的管理措施 | X |
| | | | | | | 008 | 国家劳动安全卫生管理体制职责划分的内容 | X |
| | | | | | | 009 | ISO 14001 环境管理体系建立的步骤 | X |
| | | | | | | 010 | HSE 危害辨识 | X |
| | | | | | | 011 | HSE 风险评价的概念 | X |
| | | | | | | 012 | HSE 风险评价的目的 | X |
| | | | | D | 质量基础知识 | 001 | 不合格品的处置途径 | X |
| | | | | | | 002 | ISO 9001 族标准质量管理审核的特点 | X |
| | | | | | | 003 | ISO 9000 族标准第一、第二、第三方审核的区别 | X |

续表

| 鉴定范围 | | | | | | 鉴定点 | | |
|---|---|---|---|---|---|---|---|---|
| 一级 | | 二级 | | 三级 | | 代码 | 名称 | 重要程度 |
| 代码 | 名称 | 代码 | 名称 | 代码 | 名称 | | | |
| | | | | | | 004 | 质量统计直方图 | X |
| | | | | | | 005 | 质量统计排列图 | X |
| | | | | | | 006 | 质量统计因果图 | X |
| | | | | | | 007 | 质量统计控制图 | X |
| | | | | | | 008 | 不良产品的分级 | X |
| | | | | E | 计算机基础知识 | 001 | Word 绘图 | X |
| | | | | | | 002 | Excel 公式与函数的运用 | X |
| | | | | | | 003 | Excel 数据的简单分析与管理 | X |
| | | | | | | 004 | Excel 简单的图表处理 | X |
| B | 相关知识 | E | 管理知识 | A | 生产管理 | 001 | 班组的管理 | X |
| | | | | | | 002 | 班组的成本核算 | X |
| | | | | B | 编写技术文件 | 001 | 总结的格式 | X |
| | | | | | | 002 | 报告的格式 | X |
| | | | | | | 003 | 请示的格式 | X |

## 职业通用理论知识鉴定要素细目表(《燃料油生产工》)

| 鉴定范围 | | | | | | 鉴定点 | | |
|---|---|---|---|---|---|---|---|---|
| 一级 | | 二级 | | 三级 | | 代码 | 名称 | 重要程度 |
| 代码 | 名称 | 代码 | 名称 | 代码 | 名称 | | | |
| A | 基本要求 | B | 基础知识 | G | 化学基础知识 | 001 | 溶解度的计算 | X |
| | | | | | | 002 | 化学平衡常数的简单计算 | X |
| | | | | | | 003 | 化学反应速率的影响因素 | X |
| | | | | | | 004 | 摩尔浓度的计算 | Y |
| | | | | H | 石油及油品基础知识 | 001 | 油品黏度的测定方法 | Y |
| | | | | | | 002 | 油品黏度与压力的关系 | X |
| | | | | | | 003 | 油品的焓 | X |
| | | | | | | 004 | 石油的元素组成 | X |
| | | | | | | 005 | 石油的馏分组成 | X |
| | | | | I | 化工基础知识 | 001 | 对流传热系数的影响因素 | X |
| | | | | | | 002 | 实际流体的能量衡算 | Y |
| | | | | | | 003 | 挥发度的概念 | X |
| | | | | | | 004 | 相对挥发度的概念 | X |
| | | | | | | 005 | 最小回流比的概念 | X |

续表

| 鉴定范围 | | | | | | 鉴定点 | | |
|---|---|---|---|---|---|---|---|---|
| 一级 | | 二级 | | 三级 | | 代码 | 名称 | 重要程度 |
| 代码 | 名称 | 代码 | 名称 | 代码 | 名称 | | | |
| | | | | | | 006 | 塔设备空速的概念 | X |
| | | | | | | 007 | 回流比对精馏操作的影响 | X |
| | | | | | | 008 | 汽提的基本原理 | X |
| | | | | | | 009 | 单板效率的概念 | Y |
| | | | | | | 010 | 总板效率的概念 | Y |
| | | | | J | 计量基础知识 | 001 | 物料计量表检定要求 | X |
| | | | | | | 002 | 计量误差的概念 | X |
| | | | | | | 003 | 计量误差的主要来源 | Y |
| | | | | | | 004 | 强制检定的计量标准 | X |
| | | | | K | 炼油机械与设备 | 001 | 往复压缩机工作原理 | X |
| | | | | | | 002 | 往复式压缩机的结构 | X |
| | | | | | | 003 | 离心压缩机的工作原理 | X |
| | | | | | | 004 | 离心式压缩机的结构 | X |
| | | | | | | 005 | 往复压缩机填料密封结构 | Y |
| | | | | | | 006 | 滑动轴承的工作原理 | Z |
| | | | | | | 007 | 离心泵串并联操作特点 | Y |
| | | | | | | 008 | 离心泵安装高度的计算 | Y |
| | | | | | | 009 | 滚动轴承的工作原理 | X |
| | | | | | | 010 | 填料塔的适用范围 | X |
| | | | | | | 011 | 板式塔的适用范围 | Y |
| | | | | | | 012 | 法兰压力等级含义 | X |
| | | | | | | 013 | 管道检修的验收标准 | X |
| | | | | | | 014 | 泵检修的验收标准 | Y |
| | | | | | | 015 | 换热器检修的验收标准 | Y |
| | | | | | | 016 | 电化学腐蚀的概念 | X |
| | | | | | | 017 | 常见防腐蚀的方法 | X |
| | | | | | | 018 | 压力容器定期检验常识 | Z |
| | | | | | | 019 | 压力管道定期检验常识 | Y |
| | | | | L | 电工基础知识 | 001 | 闭合电路欧姆定律 | Z |
| | | | | | | 002 | 简单交流电路常识 | X |
| | | | | | | 003 | 混联电路电阻的简单计算方法 | X |
| | | | | | | 004 | 三相交流电的概念 | X |
| | | | | | | 005 | 异步电动机的工作原理 | Y |
| | | | | | | 006 | 用电设备防爆等级的常识 | X |
| | | | | | | 007 | 装置用电设备的防护等级的常识 | X |

续表

| 鉴定范围 | | | | | | 鉴定点 | | |
|---|---|---|---|---|---|---|---|---|
| 一级 | | 二级 | | 三级 | | 代码 | 名称 | 重要程度 |
| 代码 | 名称 | 代码 | 名称 | 代码 | 名称 | | | |
| | | | | M | 仪表基础知识 | 001 | 比值控制的概念 | Y |
| | | | | | | 002 | 均匀调节系统的概念 | Y |
| | | | | | | 003 | 机组控制仪表的种类 | X |
| | | | | | | 004 | 调节阀一般故障的判断方法 | X |
| | | | | | | 005 | 控制回路的正反作用判断 | X |
| | | | | | | 006 | 自力式控制阀工作原理 | X |

## 工种理论知识鉴定要素细目表

| 鉴定范围 | | | | | | 鉴定点 | | |
|---|---|---|---|---|---|---|---|---|
| 一级 | | 二级 | | 三级 | | 代码 | 名称 | 重要程度 |
| 代码 | 名称 | 代码 | 名称 | 代码 | 名称 | | | |
| B | 相关知识 | A | 工艺操作 | A | 开车准备 | 001 | 新装置“三查四定”的概念 | Y |
| | | | | | | 002 | 汽油馏程各点的代表意义 | Z |
| | | | | | | 003 | 化工助剂添加注意事项 | Y |
| | | | | | | 004 | 装填催化剂的准备工作 | Y |
| | | | | | | 005 | 轴向反应器催化剂的装填注意事项 | X |
| | | | | | | 006 | 不同生产目的的催化重整原料流程的控制 | X |
| | | | | | | 007 | 现代重整催化剂常用的助剂 | X |
| | | | | | | 008 | 现代重整催化剂常用助剂的作用 | Y |
| | | | | | | 009 | 车用汽油的质量评定指标 | Y |
| | | | | | | 010 | 催化剂干燥的注意事项 | X |
| | | | | | | 011 | 加热炉烘炉操作的注意事项 | X |
| | | | | | | 012 | 装置设备热紧的目的 | X |
| | | | | | | 013 | 衡量催化剂使用性能的主要指标 | X |
| | | | | | | 014 | 催化剂活性的涵义 | X |
| | | | | | | 015 | 催化剂选择性的涵义 | X |
| | | | | | | 016 | 催化剂稳定性的涵义 | X |
| | | | | B | 开车操作 | 001 | 预加氢催化剂硫化的反应机理 | X |
| | | | | | | 002 | 预加氢催化剂硫化操作注意事项 | X |
| | | | | | | 003 | 重整催化剂水氯平衡机理 | X |
| | | | | | | 004 | 重整催化剂金属功能的形成原理 | Y |
| | | | | | | 005 | 重整催化剂的酸性功能的形成原理 | Y |

续表

| 鉴定范围 | | | | | | 鉴定点 | | |
|---|---|---|---|---|---|---|---|---|
| 一级 | | 二级 | | 三级 | | 代码 | 名称 | 重要程度 |
| 代码 | 名称 | 代码 | 名称 | 代码 | 名称 | | | |
| | | | | | | 006 | 重整催化剂金属功能作用 | X |
| | | | | | | 007 | 重整催化剂酸性功能作用 | X |
| | | | | | | 008 | 热载体升温操作注意事项 | Y |
| | | | | | | 009 | 搞好水氯平衡的意义 | X |
| | | | | C | 正常操作 | 001 | 车用汽油的欧Ⅱ的标准 | Z |
| | | | | | | 002 | 车用汽油的欧Ⅲ的标准 | Z |
| | | | | | | 003 | 精制油质量的影响因素 | X |
| | | | | | | 004 | 影响重整汽油辛烷值的因素 | X |
| | | | | | | 005 | 影响重整生成油收率的因素 | X |
| | | | | | | 006 | 正常生产时注氯、注水量的调整原则 | X |
| | | | | | | 007 | 预加氢催化剂使用保护要点 | X |
| | | | | | | 008 | 重整催化剂使用保护要点 | X |
| | | | | | | 009 | 分馏塔的主要控制参数 | X |
| | | | | | | 010 | 分馏塔采用泡点进料的原因 | Z |
| | | | | | | 011 | 预加氢系统不同氢气流程的特点 | Y |
| | | | | | | 012 | 重整反应器温降的分布梯度关系 | X |
| | | | | | | 013 | 减缓预加氢催化剂积炭速率的方法 | X |
| | | | | | | 014 | 定排连排的目的 | X |
| | | | | | | 015 | 氢提纯系统压力控制的特点 | X |
| | | | | | | 016 | 重整外排氢提纯的原理 | Y |
| | | | | D | 停车操作 | 001 | 注硫的目的 | Z |
| | | | | | | 002 | 加热炉正常熄炉注意事项 | Y |
| | | | | | | 003 | 分馏系统吹扫验收标准 | X |
| | | | | | | 004 | 预加氢系统腐蚀机理 | X |
| | | | | | | 005 | 减缓预加氢系统腐蚀的方法 | X |
| | | | | | | 006 | 重整催化剂再生烧焦的目的 | X |
| | | | | | | 007 | 重整催化剂再生烧焦注意事项 | X |
| | | | | | | 008 | 重整催化剂再生氯化更新的目的 | X |
| | | | | | | 009 | 重整催化剂再生干燥的目的 | X |
| | | | | | | 010 | 重整催化剂再生还原的目的 | X |
| | | B | 设备使用 | A | 使用设备 | 001 | 离心泵流量调节方法 | X |
| | | | | | | 002 | 离心泵的比转速的概念 | Y |
| | | | | | | 003 | 电动机的工作原理 | Z |

续表

| 鉴定范围 | | | | | | 鉴定点 | | |
|---|---|---|---|---|---|---|---|---|
| 一级 | | 二级 | | 三级 | | 代码 | 名称 | 重要程度 |
| 代码 | 名称 | 代码 | 名称 | 代码 | 名称 | | | |
| | | | | | | 004 | 往复泵的流量调节方法 | X |
| | | | | | | 005 | 加热炉理论空气量的概念 | X |
| | | | | | | 006 | 加热炉过剩空气系数的概念 | Y |
| | | | | | | 007 | 加热炉的基本结构 | X |
| | | | | | | 008 | 分馏塔的基本结构 | X |
| | | | | | | 009 | 填料的分类 | Y |
| | | | | | | 010 | 填料的功能用途 | Y |
| | | | | | | 011 | 浮阀塔板的结构 | X |
| | | | | | | 012 | 浮阀塔板的工作原理 | X |
| | | | | | | 013 | 常用塔板的类型 | Y |
| | | | | | | 014 | 填料塔与板式塔的区别 | X |
| | | | | | | 015 | 筛板塔板的结构 | X |
| | | | | | | 016 | 筛板塔板的工作原理 | X |
| | | | | | | 017 | 列管式换热器类型 | X |
| | | | | | | 018 | 列管式换热器结构 | Y |
| | | | | | | 019 | 离心式压缩机的结构 | Y |
| | | | | | | 020 | 离心式压缩机的性能参数 | X |
| | | | | | | 021 | 离心压缩机喘振发生的原因 | X |
| | | | | | | 022 | 临界转速的概念 | Y |
| | | | | | | 023 | 离心式压缩机启动前的准备工作 | X |
| | | | | | | 024 | 离心式压缩机启动时的注意事项 | X |
| | | | | | | 025 | 离心式压缩机的停车注意事项 | X |
| | | | | | | 026 | 预加氢反应器材质选用要求 | X |
| | | | | | | 027 | 重整反应器材质选用要求 | X |
| | | | | | | 028 | 轴流式压缩机的特点 | Z |
| | | | | | | 029 | 轴向反应器的结构 | X |
| | | | | | | 030 | 径向反应器的结构 | X |
| | | | | | | 031 | 往复式压缩机活塞环开口的目的 | X |
| | | | | | | 032 | 离心式压缩机流量调节的方法 | X |
| | | | | | | 033 | 压力表安装注意事项 | Y |
| | | | | B | 维护设备 | 001 | 阀门的选用原则 | X |
| | | | | | | 002 | 换热器泄漏的判断方法 | X |
| | | | | | | 003 | 往复式压缩机的日常维护内容 | X |
| | | | | | | 004 | 离心式压缩机的日常维护内容 | X |

续表

| 鉴定范围 | | | | | | 鉴定点 | | |
|---|---|---|---|---|---|---|---|---|
| 一级 | | 二级 | | 三级 | | 代码 | 名称 | 重要程度 |
| 代码 | 名称 | 代码 | 名称 | 代码 | 名称 | | | |
| | | | | | | 005 | 塔类设备的日常维护注意事项 | X |
| | | | | | | 006 | 反应器的日常维护注意事项 | X |
| | | | | | | 007 | 加热炉日常维护注意事项 | X |
| | | | | | | 008 | 换热器日常维护注意事项 | X |
| | | | | | | 009 | 液面计的使用维护注意事项 | Y |
| | | | | | | 010 | 安全阀的维护要求 | X |
| | | | | | | 011 | 压力表的检验要求 | X |
| | | | | | | 012 | 法兰垫片的选用原则 | X |
| | | | | | | 013 | 离心式压缩机组空运转的目的 | X |
| | | C | 事故判断与处理 | A | 判断事故 | 001 | 离心泵物料反窜的危害 | X |
| | | | | | | 002 | 离心泵物料反窜发生的原因 | X |
| | | | | | | 003 | 重整催化剂硫中毒的现象 | X |
| | | | | | | 004 | 重整催化剂氮中毒的现象 | X |
| | | | | | | 005 | 重整催化剂重金属中毒的现象 | X |
| | | | | | | 006 | 重整进料芳潜过低对重整的影响 | Y |
| | | | | | | 007 | 重整进料的初馏点过低的影响 | X |
| | | | | | | 008 | 重整进料的干点过高的影响 | X |
| | | | | | | 009 | 重整高分温度对系统的影响 | Y |
| | | | | | | 010 | 重整系统过干的现象 | X |
| | | | | | | 011 | 重整系统过氯的现象 | X |
| | | | | | | 012 | 重整系统过湿的现象 | X |
| | | | | | | 013 | 重整系统缺氯的现象 | X |
| | | | | | | 014 | 循环机喘振的现象 | Y |
| | | | | | | 015 | 循环机喘振的危害 | Y |
| | | | | | | 016 | 氢油比波动对重整反应的影响 | X |
| | | | | | | 017 | 温度波动对重整反应的影响 | X |
| | | | | | | 018 | 压力波动对重整反应的影响 | X |
| | | | | | | 019 | 空速波动对重整反应的影响 | X |
| | | | | | | 020 | 加热炉炉管穿孔的现象 | X |
| | | | | | | 021 | 加热炉炉管穿孔的原因 | X |
| | | | | | | 022 | 加热炉炉管结焦的现象 | X |
| | | | | | | 023 | 加热炉炉管结焦的原因 | X |
| | | | | | | 024 | 加热炉炉管干烧的危害 | X |

续表

| 鉴定范围 | | | | | | 鉴定点 | | |
|---|---|---|---|---|---|---|---|---|
| 一级 | | 二级 | | 三级 | | 代码 | 名称 | 重要程度 |
| 代码 | 名称 | 代码 | 名称 | 代码 | 名称 | | | |
| | | | | | | 025 | 预加氢原料带水的现象 | Y |
| | | | | | | 026 | 循环水停的现象 | X |
| | | | | | | 027 | 稳定汽油蒸汽压不合格的原因 | X |
| | | | | | | 028 | 停仪表风的现象 | X |
| | | | | | | 029 | 停燃料气的现象 | X |
| | | | | | | 030 | 停低压电的现象 | X |
| | | | | | | 031 | 造成离心式压缩机止推轴承损坏原因 | X |
| | | | | B | 处理事故 | 001 | 循环氢机润滑油压力低的处理原则 | X |
| | | | | | | 002 | 仪表 DCS 画面无显示的处理要点 | X |
| | | | | | | 003 | 往复压缩机振动过大的处理要点 | X |
| | | | | | | 004 | 离心机喘振的处理原则 | X |
| | | | | | | 005 | 原料泵物料反窜的处理要点 | Y |
| | | | | | | 006 | 重整进料芳潜过低的处理原则 | Y |
| | | | | | | 007 | 重整反应温度波动的处理原则 | X |
| | | | | | | 008 | 重整反应压力波动的处理原则 | X |
| | | | | | | 009 | 重整反应氢油比波动的处理原则 | X |
| | | | | | | 010 | 重整进料换热器内漏的处理原则 | X |
| | | | | | | 011 | 加热炉炉管穿孔的处理原则 | X |
| | | | | | | 012 | 加热炉炉管干烧的处理原则 | Z |
| | | | | | | 013 | 预加氢原料带水的处理原则 | Y |
| | | | | | | 014 | 离心机润滑油温不正常的处理 | X |
| | | | | | | 015 | 重整催化剂硫中毒的处理原则 | X |
| | | | | | | 016 | 重整催化剂氮中毒的处理原则 | X |
| | | | | | | 017 | 重整催化剂重金属中毒的处理原则 | X |
| | | | | | | 018 | 精制油初馏点偏低时的处理原则 | X |
| | | | | | | 019 | 精制油干点偏高的处理原则 | X |
| | | | | | | 020 | 重整系统过干的处理原则 | X |
| | | | | | | 021 | 重整系统过氯的处理原则 | X |
| | | | | | | 022 | 重整系统过湿的处理原则 | X |
| | | | | | | 023 | 重整系统缺氯的处理原则 | X |
| | | | | | | 024 | 停燃料气的处理要点 | X |
| | | | | | | 025 | 停循环水的处理要点 | X |
| | | | | | | 026 | 停仪表风的处理要点 | X |
| | | | | | | 027 | 往复机常见故障处理 | X |
| | | | | | | 028 | 停低压电的处理要点 | X |

续表

| 鉴定范围 | | | | | | 鉴定点 | | |
| --- | --- | --- | --- | --- | --- | --- | --- | --- |
| 一级 | | 二级 | | 三级 | | 代码 | 名称 | 重要程度 |
| 代码 | 名称 | 代码 | 名称 | 代码 | 名称 | | | |
| | | D | 绘图与计算 | A | 绘图 | 001 | 绘制零件装配图的基本知识 | Z |
| | | | | B | 计算 | 001 | 离心泵切削定律的计算 | X |
| | | | | | | 002 | 芳烃潜含量的计算 | X |
| | | | | | | 003 | 芳烃转化率的计算 | X |
| | | | | | | 004 | 气体平均相对分子质量的计算 | X |
| | | | | | | 005 | 加热炉燃料燃烧值的计算 | X |
| | | | | | | 006 | 重整注氯量的计算 | X |
| | | | | | | 007 | 重整注水量的计算 | X |
| | | | | | | 008 | 重整装置的能耗简单计算 | X |
| | | | | | | 009 | 重整反应总温降的计算 | X |
| | | | | | | 010 | 催化剂寿命的计算 | X |
| | | | | | | 011 | 离心泵效率的计算 | X |
| | | | | | | 012 | 离心泵比例定律的应用计算 | X |
| C | 相关知识 | A | 工艺操作 | A | 开车准备 | 001 | 径向反应器装填注意事项 | X |
| | | | | B | 开车操作 | 001 | 半再生铂铼重整催化剂的预硫化操作注意事项 | X |
| | | | | | | 002 | 半再生铂铼重整催化剂预硫化的化学反应特点 | X |
| | | | | | | 003 | 半再生铂铼重整催化剂预硫化的目的 | X |
| | | | | | | 004 | 半再生铂铼重整催化剂预硫化剂注入量的确认 | X |
| | | | | | | 005 | 铂铼重整催化剂预硫化结束的标志 | X |
| | | | | | | 006 | 开工初期重整催化剂集中补氯注意事项 | X |
| | | | | C | 正常操作 | 001 | 重整反应温度对注氯量的影响 | Z |
| | | | | | | 002 | 重整末反温降高的原因 | X |
| | | | | | | 003 | 重整末反温降低的原因 | X |
| | | | | D | 停车操作 | 001 | 停车前注氯量的调整标准 | Y |
| | | | | | | 002 | 重整催化剂热氢循环脱硫的作用 | X |
| | | | | | | 003 | 重整催化剂再生氯化更新注意事项 | X |
| | | | | | | 004 | 重整催化剂再生干燥注意事项 | X |
| | | | | | | 005 | 重整催化剂再生还原注意事项 | X |
| D | 相关知识 | A | 工艺操作 | A | 开车准备 | 001 | 放射源的危害 | X |
| | | | | B | 开车操作 | 001 | 催化剂黑烧改白烧切换操作注意要点 | X |
| | | | | | | 002 | 闭锁料斗控制原理 | X |
| | | | | | | 003 | 催化剂的提升原理 | X |
| | | | | | | 004 | 连续重整注硫的目的 | X |

续表

| 鉴定范围 | | | | | | 鉴定点 | | |
|---|---|---|---|---|---|---|---|---|
| 一级 | | 二级 | | 三级 | | 代码 | 名称 | 重要程度 |
| 代码 | 名称 | 代码 | 名称 | 代码 | 名称 | | | |
| | | | | C | 正常操作 | 001 | 催化剂粉尘粒度分布 | X |
| | | | | | | 002 | 再生催化剂质量指标 | X |
| | | | | | | 003 | 待生催化剂炭含量指标 | X |
| | | B | 设备使用及维护 | A | 使用设备 | 001 | 连续重整氢提纯制冷原理 | X |
| | | | | | | 002 | 再生系统V阀门的结构 | Y |
| | | | | | | 003 | 再生系统B阀门的结构 | Y |
| | | | | | | 004 | 再生系统G阀门的结构 | Y |
| | | C | 事故判断与处理 | A | 判断事故 | 001 | 再生提升管堵的现象 | X |
| | | | | | | 002 | 催化剂粉尘收集器差压大原因 | X |
| | | | | | | 003 | 闭锁料斗快装料的原因 | X |
| | | | | | | 004 | 闭锁料斗慢装料的原因 | X |
| | | | | | | 005 | 氢烃分析仪高报、低报的原因 | X |
| | | | | | | 006 | 催化剂贴壁原因 | X |
| | | | | B | 处理事故 | 001 | 再生提升管堵的处理 | X |
| | | | | | | 002 | 催化剂粉尘收集器差压大的处理 | X |
| | | | | | | 003 | 闭锁料斗快装料的处理 | X |
| | | | | | | 004 | 闭锁料斗慢装料的处理 | X |
| E | 相关知识 | A | 工艺操作 | A | 开车准备 | 001 | 常用精馏塔板式塔盘的类型 | Y |
| | | | | | | 002 | 液液抽提与抽提蒸馏工艺的比较 | X |
| | | | | | | 003 | 溶剂选择性的概念 | X |
| | | | | | | 004 | 贫溶剂的概念 | X |
| | | | | | | 005 | 富溶剂的概念 | X |
| | | | | | | 006 | 汽提塔的作用 | X |
| | | | | | | 007 | 回流芳烃的作用 | X |
| | | | | B | 开车操作 | 001 | 溶剂回收塔进行减压操作的原因 | X |
| | | | | | | 002 | 抽提塔进料口的选择依据 | X |
| | | | | C | 正常操作 | 001 | 二甲苯塔底温度的调节方法 | X |
| | | | | | | 002 | 抽提温度对溶剂性能的影响 | X |
| | | | | | | 003 | 抽余油水洗塔上循环量对操作的影响 | X |
| | | | | | | 004 | 影响白土寿命的原因 | X |
| | | | | | | 005 | 影响芳烃回收率的主要因素 | X |
| | | | | | | 006 | 二甲苯质量不合格原因分析 | X |
| | | | | | | 007 | 苯初馏点不合格原因分析 | X |

续表

| 鉴定范围 | | | | | | 鉴定点 | | |
|---|---|---|---|---|---|---|---|---|
| 一级 | | 二级 | | 三级 | | 代码 | 名称 | 重要程度 |
| 代码 | 名称 | 代码 | 名称 | 代码 | 名称 | | | |
| | | | | D | 操作停车 | 001 | 抽提装置停车操作注意事项 | X |
| | | C | 事故判断与处理 | A | 判事处理 | 001 | 造成汽提塔发泡的原因 | X |
| | | | | B | 事故处理 | 001 | 抽提装置进料中断的处理要点 | X |
| | | | | | | 002 | 抽提装置溶剂中断的处理要点 | X |

# 三、理论知识试题

## 行业通用理论知识试题

### 判断题

1. 班组交接班记录必须凭旧换新。（√）

2. 车间主要领导参加班组安全日活动每月不少于2次。（×）

**正确答案：**车间主要领导参加班组安全日活动每月不少于3次。

3. 在剖视图中，零件后部的不见轮廓线、虚线一律省略不画。（×）

**正确答案：**在剖视图中，零件后部的不见轮廓线、虚线一般省略不画，只有对尚未表达清楚的结构，才用虚线画出。

4. 剖面图是剖视图的一种特殊视图。（×）

**正确答案：**剖面图是零件上剖切处断面的投影，而剖视图是剖切后零件的投影。

5. 化工设备图的视图布置灵活，俯(左)视图可以配置在图面任何地方，但必须注明“俯(左)视图”的字样。（√）

6. 化工设备图中的零件图与装配图一定分别画在不同的图纸上。（×）

**正确答案：**化工设备图中的零件图可与装配图画在同张图纸上。

7. 零件图不需要技术要求，在装配图表述。（×）

**正确答案：**零件图一般需要技术要求。

8. 零件图用视图、剖视图、剖面图及其他各种表达方法，正确、完整、清晰地表达零件的各部分形状和结构。（√）

9. ISO 14000系列标准对管理标准的一个重大改进，就是建立了一套对组织环境行为的评价体系，这便是环境行为评价标准。（√）

10. 环境管理体系的运行模式，遵守由查理斯·德明提供的规划策划(PLAN)、实施(DO)、验证(CHECK)和改进(ACTION)运行模式可简称PDCA模式。（√）

11. 环境管理体系的运行模式与其他管理的运行模式相似，共同遵循PDCA运行模式，没有区别。（×）

**正确答案：**环境管理体系的运行模式与其他管理的运行模式相似，除了共同遵循PDCA运行模式外，它还有自身的特点，那就是持续改进，也就是说它的环线是永远不能闭合的。

12. 采取隔离操作，实现微机控制，不属于防尘防毒的技术措施。（×）

**正确答案**：采取隔离操作，实现微机控制是防尘防毒的技术措施之一。

13. 严格执行设备维护检修责任制，消除“跑冒滴漏”是防尘防毒的技术措施。（ × ）

**正确答案**：严格执行设备维护检修责任制，消除“跑冒滴漏”是防尘防毒的管理措施。

14. 在 ISO 14001 环境管理体系中，初始环境评审是建立环境管理体系的基础。（ √ ）

15. 在 HSE 管理体系中，定量评价指不对风险进行量化处理，只用发生的可能性等级和后果的严重度等级进行相对比较。（ × ）

**正确答案**：在 HSE 管理体系中，定性评价指不对风险进行量化处理，只用发生的可能性等级和后果的严重度等级进行相对比较。

16. HSE 管理体系规定，在生产日常运行中各种操作、开停工、检维修作业、进行基建及变更等活动前，均应进行风险评价。（ √ ）

17. 对某项产品返工后仍需重新进行检查。（ √ ）

18. ISO 9000 族标准中，质量审核是保证各部门持续改进工作的一项重要活动。（ √ ）

19. ISO 9000 族标准的三种审核类型中，第三方审核的客观程度最高，具有更强的可信度。（ √ ）

20. 平顶型直方图的形成由单向公差要求或加工习惯等引起。（ × ）

**正确答案**：平顶型直方图的形成往往因生产过程有缓慢因素作用引起。

21. 质量统计排列图分析是质量成本分析的方法之一。（ √ ）

22. 质量统计因果图的作用是为了确定“关键的少数”。（ × ）

**正确答案**：质量统计排列图的作用是为了确定“关键的少数”。

23. 质量统计控制图上出现异常点时，才表示有不良品发生。（ × ）

**正确答案**：不一定。在质量统计控制图上，即使点子都在控制线内，但排列有缺陷，也要判做异常。

24. 国际上通用的产品不良项分级共分三级。（ × ）

**正确答案**：国际上通用的产品不良项分级共分四级。

25. 在计算机应用软件 Word 中插入的文本框不允许在文字的上方或下方。（ × ）

**正确答案**：Word 中插入的文本框通过设置文本框格式当中的版式允许在文字的上方或下方。

26. 在计算机应用软件 Word 中绘制图形要求两个图形能准确对齐可通过调整绘图网格的水平、垂直间距来实现。（ √ ）

27. 在计算机应用软件 Excel 中“COUNTIF(　　)”函数的作用是计算某区域满足条件的单元格数。（ √ ）

28. Excel 数据表中汉字排序一般是按拼音顺序排序，但也可以按笔画排序。（ √ ）

29. Excel 数据表中分类汇总的选项包括分类字段、汇总方式两方面的内容。（ × ）

**正确答案**：Excel 数据表中分类汇总的选项包括分类字段、汇总方式多方面的内容。

30. Excel 数据表中修改图表中的数据标志是通过图表区格式选项中的数据标志选项实现的。（ × ）

**正确答案**：Excel 数据表中修改图表中的数据标志是通过数据系列格式选项中的数据标志选项实现的。

31. 班组建设不同于班组管理，班组建设是一个大概念，班组管理从属于班组建设。（ √ ）

32. 一般来说，班组的成本核算是全面的统计核算、业务核算和会计核算。 ( × )

**正确答案：**一般来说，班组的成本核算是局部核算和群众核算。

33. 总结的基本特点是汇报性和陈述性。 ( × )

**正确答案：**总结的基本特点是回顾过去，评估得失，指导将来。

34. 报告的目的在于把已经实践过的事情上升到理论认识，指导以后的实践，或用来交流，加以推广。 ( × )

**正确答案：**报告的主要目的是下情上达，向上级汇报工作、反映情况、提出意见和建议。

35. 为了减少发文，可以把若干问题归纳起来向上级写综合请示，但不能多方请示。 ( × )

**正确答案：**要坚持“一文一事”的原则，切忌“一文数事”使上级机关无法审批。

## 单选题

1. 班组交接班记录填写时，一般要求使用的字体是( B )。

A. 宋体　B. 仿宋　C. 正楷　D. 隶书

2. 下列选项中不属于班组安全活动的内容是( A )。

A. 对外来施工人员进行安全教育

B. 学习安全文件、安全通报

C. 安全讲座、分析典型事故，吸取事故教训

D. 开展安全技术座谈、消防、气防实地救护训练

3. 安全日活动常白班每周不少于( D )次，每次不少于 1h。

A.4　B.3　C.2　D.1

4. 当物体结构形状复杂，虚线就愈多，为此，对物体上不可见的内部结构形状采用( C )来表示。

A. 旋转视图　B. 局部视图　C. 全剖视图　D. 端面图

5. 单独将一部分的结构形状向基本投影面投影需要用( B )来表示。

A. 旋转视图　B. 局部视图　C. 全剖视图　D. 端面图

6. 用剖切平面把物体完全剖开后所得到的剖视图称为( D )。

A. 局部剖视图　B. 局部视图　C. 半剖视图　D. 全剖视图

7. 画在视图外的剖面图称为( A )剖面图。

A. 移出　B. 重合　C. 局部放大　D. 局部

8. 重合在视图内的剖面图称为( B )剖面图。

A. 移出　B. 重合　C. 局部放大　D. 局部

9. 化工设备图中，表示点焊的焊接焊缝是( A )。

A.○　B.∪　C.△　D.◿

10. 下列选项中，不属于零件图内容的是( D )。

A. 零件尺寸　B. 技术要求　C. 标题栏　D. 零件序号表

11. 在 HSE 管理体系中，( C )是管理手册的支持性文件，上接管理手册，是管理手册规定的具体展开。

A. 作业文件　B. 作业指导书　C. 程序文件　D. 管理规定

12. ISO 14001 环境管理体系共由( B )个要素所组成。

A. 18　　B. 17　　C. 16　　D. 15

13. ISO 14000 系列标准的指导思想是( D )。

A. 污染预防　　B. 持续改进

C. 末端治理　　D. 污染预防，持续改进

14. 不属于防尘防毒技术措施的是( C )。

A. 改革工艺　　B. 湿法除尘　　C. 安全技术教育　　D. 通风净化

15. 防尘防毒治理设施要与主体工程( A )、同时施工、同时投产。

A. 同时设计　　B. 同时引进

C. 同时检修　　D. 同时受益

16. 在 HSE 管理体系中，物的不安全状态是指使事故( B )发生的不安全条件或物质条件。

A. 不可能　　B. 可能　　C. 必然　　D. 必要

17. 在 HSE 管理体系中，风险指发生特定危害事件的( C )性以及发生事件结果严重性的结合。

A. 必要　　B. 严重　　C. 可能　　D. 必然

18. 在( B )情况下不能对不合格品采取让步或放行。

A. 有关的授权人员批准　　B. 法律不允许

C. 顾客批准　　D. 企业批准

19. 不合格品控制的目的是( C )。

A. 让顾客满意　　B. 减少质量损失

C. 防止不合格品的非预期使用　　D. 提高产品质量

20. 在 ISO 9001 族标准中，内部审核是( D )。

A. 内部质量管理体系审核

B. 内部产品质量审核

C. 内部过程质量审核

D. 内部质量管理体系、产品质量、过程质量的审核

21. 在 ISO 9001 族标准中，第三方质量管理体系审核的目的是( C )。

A. 发现尽可能多的不符合项

B. 建立互利的供方关系

C. 证实组织的质量管理体系符合已确定准则的要求

D. 评估产品质量的符合性

22. ISO 9000 族标准规定，( C )属于第三方审核。

A. 顾客进行的审核　　B. 总公司对其下属公司组织的审核

C. 认证机构进行的审核　　D. 对协作厂进行的审核

23. 在 ISO 9000 族标准中，组织对供方的审核是( D )。

A. 第一方审核　　B. 第一、第二、第三方审核

C. 第三方审核　　D. 第二方审核

24. 数据分组过多或测量读数错误而形成的质量统计直方图形状为( A )形。

A. 锯齿　　B. 平顶　　C. 孤岛　　D. 偏峰

25. 把不同材料、不同加工者、不同操作方法、不同设备生产的两批产品混在一起时，质量统计直方图形状为( D )形。

A. 偏向　　B. 孤岛　　C. 对称　　D. 双峰

26. 在质量管理过程中，以下哪个常用工具可用于明确“关键的少数”( A )。

A. 排列图　　B. 因果图　　C. 直方图　　D. 调查表

27. 质量统计图中，图形形状像“鱼刺”的图是( D )图。

A. 排列　　B. 控制　　C. 直方　　D. 因果

28. 在质量统计控制图中，若某个点超出了控制界限，就说明工序处于( D )。

A. 波动状态　　B. 异常状态

C. 正常状态　　D. 异常状态的可能性大

29. 质量统计控制图的上、下控制限可以用来( B )。

A. 判断产品是否合格　　B. 判断过程是否稳定

C. 判断过程能力是否满足技术要求　　D. 判断过程中心与技术中心是否发生偏移

30. 产品的不良项分为 A、B、C、D 四级，A 级不良项是指产品的( C )不良项。

A. 轻微　　B. 一般　　C. 致命　　D. 严重

31. 产品的不良项分为 A、B、C、D 四级，C 级不良项是指产品的( B )不良项。

A. 轻微　　B. 一般　　C. 致命　　D. 严重

32. 在计算机应用软件 Word 中插入的图片( A )。

A. 可以嵌入到文本段落中

B. 图片的位置可以改变，但大小不能改变

C. 文档中的图片只能显示，无法用打印机打印输出

D. 不能自行绘制，只能从 Office 的剪辑库中插入

33. 在 Excel97 工作表中，单元格 C4 中有公式“= A3 + $C$5”，在第 3 行之前插入一行之后，单元格 C5 中的公式为( A )。

A. = A4 + $C$6　　B. = A4 + $C$5

C. = A3 + $C$6　　D. = A3 + $C$5

34. 

图中所指的按钮是( B )。

A. 降序按钮　　B. 升序按钮　　C. 插入字母表　　D. 删除字母表

35. 建立图表的方法是从( C )菜单里点击图表。

A. 编辑　　B. 视图　　C. 插入　　D. 工具

36. 班组管理是在企业整个生产活动中，由( D )进行的管理活动。

A. 职工自我　　B. 企业　　C. 车间　　D. 班组自身

37. 属于班组经济核算主要项目的是( C )。

A. 设备完好率　　B. 安全生产　　C. 能耗　　D. 环保中的三废处理

## 多选题

1. 属于班组交接班记录的内容是( A，B，C )。

A. 生产运行　　B. 设备运行　　C. 出勤情况　　D. 安全学习

2. 下列属于班组安全活动的内容是( B，C，D )。

A. 对外来施工人员进行安全教育

B. 学习安全文件、安全通报

C. 安全讲座、分析典型事故，吸取事故教训

D. 开展安全技术座谈，消防、气防实地救护训练

3. 化工设备装配图中，螺栓连接可简化画图，其中所用的符号可以是( C，D )。

A. 细实线 + B. 细实线 × C. 粗实线 + D. 粗实线 ×

4. 下列选项中，属于零件图内容的是( A，C )。

A. 零件尺寸 B. 零件的明细栏 C. 技术要求 D. 零件序号表

5. 清洁生产审计有一套完整的程序，是企业实行清洁生产的核心，其中包括以下( B，C，D )阶段。

A. 确定实施方案 B. 方案产生和筛选 C. 可行性分析 D. 方案实施

6. HSE 体系文件主要包括( A，B，C )。

A. 管理手册 B. 程序文件 C. 作业文件 D. 法律法规

7. 下列叙述中，属于生产中防尘防毒技术措施的是( A，B，C，D )。

A. 改革生产工艺 B. 采用新材料新设备

C. 车间内通风净化 D. 湿法除尘

8. 下列叙述中，不属于生产中防尘防毒的管理措施的有( A，B )。

A. 采取隔离法操作，实现生产的微机控制 B. 湿法除尘

C. 严格执行安全生产责任制 D. 严格执行安全技术教育制度

9. 我国在劳动安全卫生管理上实行“( A，B，C，D )”的体制。

A. 企业负责 B. 行业管理 C. 国家监察 D. 群众监督

10. 在 HSE 管理体系中，危害识别的状态是( A，B，C )。

A. 正常状态 B. 异常状态 C. 紧急状态 D. 事故状态

11. 在 HSE 管理体系中，可承受风险是根据企业的( A，B )，企业可接受的风险。

A. 法律义务 B. HSE 方针

C. 承受能力 D. 心理状态

12. 在 HSE 管理体系中，风险控制措施选择的原则是( A，B )。

A. 可行性 B. 先进性、安全性 C. 经济合理 D. 技术保证和服务

13. 对于在产品交付给顾客及产品投入使用时才发现不合格产品，可采用以下方法处置( B，D )。

A. 一等品降为二等品 B. 调换

C. 向使用者或顾客道歉 D. 修理

14. 在 ISO 9000 族标准中，关于第一方审核说法正确的是( A，B，D )。

A. 第一方审核又称为内部审核

B. 第一方审核为组织提供了一种自我检查、自我完善的机制

C. 第一方审核也要由外部专业机构进行的审核

D. 第一方审核的目的是确保质量管理体系得到有效地实施

15. 质量统计排列图的作用是( A，B )。

A. 找出关键的少数 B. 识别进行质量改进的机会

C. 判断工序状态 D. 度量过程的稳定性

16. 质量统计因果图具有( C，D )特点。
A. 寻找原因时按照从小到大的顺序　　B. 用于找到关键的少数
C. 是一种简单易行的科学分析方法　　D. 集思广益，集中群众智慧
17. 质量统计控制图包括( B，C，D )。
A. 一个坐标系　　B. 两条虚线　　C. 一条中心实线　　D. 两个坐标系
18. 产品不良项的内容包括( A，C，D )。
A. 对产品功能的影响　　B. 对质量合格率的影响
C. 对外观的影响　　D. 对包装质量的影响
19. 在计算机应用软件 Word 中页眉设置中可以实现的操作是( A，B，D )。
A. 在页眉中插入剪贴画　　B. 建立奇偶页内容不同的页眉
C. 在页眉中插入分隔符　　D. 在页眉中插入日期
20. 在计算机应用软件 Excel 中单元格中的格式可以进行( A，B，C )等操作。
A. 复制　　B. 粘贴　　C. 删除　　D. 连接
21. 自动筛选可以实现的条件是( A，C，D )。
A. 自定义　　B. 数值　　C. 前 10 个　　D. 全部
22. 对于已生成的图表，说法正确的是( A，B，D )。
A. 可以改变图表格式　　B. 可以更新数据
C. 不能改变图表类型　　D. 可以移动位置
23. 班组的劳动管理包括( A，B，D )。
A. 班组的劳动纪律　　B. 班组的劳动保护管理
C. 对新工人进行“三级教育”　　D. 班组的考勤、考核管理
24. 班组生产技术管理的主要内容有( A，C，D )。
A. 定时查看各岗位的原始记录，分析判断生产是否处于正常状态
B. 对计划完成情况进行统计公布并进行分析讲评
C. 指挥岗位或系统的开停车
D. 建立指标管理账
25. 在班组经济核算中，从项目的主次关系上看，属于主要项目的有( A，C，D )指标。
A. 产量　　B. 安全生产　　C. 质量　　D. 工时
26. 总结与报告的主要区别是( A，C，D )不同。
A. 人称　　B. 文体　　C. 目的　　D. 要求
27. 报告与请示的区别在于( A，B，C，D )不同。
A. 行文目的　　B. 行文时限　　C. 内容　　D. 结构
28. 请示的种类可分为( A，B，C，D )的请示。
A. 请求批准　　B. 请求指示　　C. 请求批转　　D. 请求裁决

## 简答题

**1. 清洁生产审计有哪几个阶段？**

**答：**①筹划与组织；②预评估；③评估；④方案产生和筛选；⑤可行性分析；⑥方案实施；⑦持续清洁生产。

**2. ISO 14001 环境管理体系由哪些基本要素构成？**

**答：**ISO 14001 环境管理体系由环境方针、规划、实施、测量和评价、评审和改进等五

个基本要素构成。

**3. 防尘防毒的主要措施是什么？**

**答：**我国石化工业多年来治理尘毒的实践证明，在大多数情况下，靠单一的方法防尘治毒是行不通的，必须采取综合治理措施。即首先改革工艺设备和工艺操作方法，从根本上杜绝和减少有害物质的产生，在此基础上采取合理的通风措施，建立严格的检查管理制度，这样才能有效防止石化行业尘毒的危害。

**4. 什么叫消除二次尘毒源？**

**答：**对于因“跑冒滴漏”而散落地面的粉尘、固、液体有害物质要加强管理，及时清扫、冲洗地面，实现文明生产，叫消除二次尘毒源。

**5. 什么是劳动安全卫生管理体制中的“行业管理”？**

**答：**劳动安全卫生管理体制中的“行业管理”就是行业主管部门根据本行业的实际和特点切实提出本行业的劳动安全卫生管理的各项规章制度，并监督检查各企业的贯彻执行情况。

**6. 简述 ISO 14001 环境管理体系建立的步骤。**

**答：**一般而言，建立环境管理体系过程包括以下六大阶段：①领导决策与准备；②初始环境评审；③体系策划与设计；④环境管理体系文件编制；⑤体系运行；⑥内部审核及管理评审。

**7. HSE 管理体系中危害识别的思路是什么？**

**答：**①存在什么危害(伤害源)？②谁(什么)会受到伤害？③伤害怎样发生？

**8. 什么是第一方审核？第二方审核？第三方审核？**

**答：**第一方审核又称为内部审核，第二方审核和第三方审核统称为外部审核。①第一方审核指由组织的成员或其他人员以组织的名义进行的审核。这种审核为组织提供了一种自我检查、自我完善的机制。②第二方审核是在某种合同要求的情况下，由与组织有某种利益关系的相关方或由其他人员以相关方的名义实施的审核。这种审核旨在为组织的相关方提供信任的证据。③第三方审核是由独立于受审核方且不受其经济利益制约的第三方机构依据特定的审核准则，按规定的程序和方法对受审核方进行的审核。

**9. 什么是排列图？**

**答：**排列图又叫帕累托图，在质量管理中，排列图是用来寻找影响产品质量的主要问题，确定质量改进关键项目的图。

**10. 控制图的主要用途是什么？**

**答：**①分析用的控制图主要用于分析工艺过程的状态，看工序是否处于稳定状态；②管理用的控制图主要用于预防不合格品的产生。

**11. 国际上通用的产品不良项分为几级？**

**答：**国际上通用的产品不良项分级共分为：致命(A 级)、严重(B 级)、一般(C 级)、轻微(D 级)四级。

**12. 班组在企业生产中的地位如何？**

**答：**①班组是企业组织生产活动的基本单位；②班组是企业管理的基础和一切工作的立脚点；③班组是培养职工队伍，提高工人技能的课堂；④班组是社会主义精神文明建设的重要阵地。

**13. 班组管理有哪些基本内容?**

**答:** ①建立和健全班组的各项管理制度;②编制和执行生产作业计划,开展班组核算;③班组的生产技术管理;④班组的质量管理;⑤班组的劳动管理;⑥班组的安全管理;⑦班组的环境卫生管理;⑧班组的思想政治工作。

**14. 班组经济核算的基本原则和注意事项是什么?**

**答:** 班组经济核算应遵循"干什么、管什么、算什么"的原则,力求注意三个问题:一是计算内容少而精;二是分清主次;三是方法简洁。

**15. 总结的写作要求是什么?**

**答:** ①要新颖独特,不能报流水账;②要重点突出,找出规律,避免事无巨细面面俱到;③要实事求是,全面分析问题,从中找出经验教训;④要材料取舍得当;⑤要先叙后议或夹叙夹议。

**16. 什么是报告?**

**答:** 报告是下级机关向上级机关汇报工作、反映情况、提出意见或建议,答复上级机关的询问时使用的行文。

**17. 请示的特点是什么?**

**答:** 请示的最大特点是请求性。指本机关、本部门打算办理某件事情,而碍于无权自行决定、或者无力去做,或不知该不该办,必须请求上级机关批准、同意后方可办理。

## 职业通用理论知识试题(《燃料油生产工》)

### 判断题

1. 当 $N_2+3H_2 \rightleftharpoons 2NH_3$ 反应达到平衡时,加压时,正反应速度加快,逆反应速度减慢,平衡向右移动。 (×)

**正确答案:** 因在加压时由于反应物和生成物中均有气体,故加压都相当于增大浓度,反应速度都增大,只不过由于两方气体的物质的量不同,正反应速度增大的倍数大于逆反应速度,故平衡向右移动。

2. 摩尔浓度相同,体积相同的盐酸、硫酸、磷酸,如用同摩尔浓度氢氧化钠溶液去中和,则消耗氢氧化钠的体积是相同的。 (×)

**正确答案:** 消耗的氢氧化钠的体积是不同的,中和磷酸消耗的为最多,其次为硫酸,最后为盐酸。

3. 一般来说,石蜡基原油其氢碳比较高,环烷基原油其氢碳比较低。 (√)

4. 常压渣油实际上也包含了减压渣油(简称 VR)这部分。 (√)

5. 溶液中组分的挥发度是随温度变化的。 (√)

6. 相对挥发度的大小可以用来判断某混合液是否能用蒸馏方法加以分离以及分离的难易程度。 (√)

7. 计算塔径的关键在于确定适宜的空塔气速。 (√)

8. 汽提是直接通入水蒸气,水蒸气即作为惰性气体,又作为加热介质的一种脱吸方法。 (√)

9. 单板效率是基于该塔板理论增浓程度的概念。 (√)

10. 总板效率简单反映了整个塔内的平均传质效果。 (√)

11. 总板效率可直接由公式计算得来。 (×)

**正确答案：** 影响塔板效率的因素多而复杂，塔板效率只能估算。

12. 物料计量表检定的精度要求，要符合物料计量表配备的精度要求。（√）

13. 有的测量结果没有误差。（×）

**正确答案：** 测量结果都含有误差。

14. 用于贸易结算、安全防护、医疗卫生、环境监测方面的列入强制检定目录的工作计量器具，不必实行强制检定。（×）

**正确答案：** 用于贸易结算、安全防护、医疗卫生、环境监测方面的列入强制检定目录的工作计量器具，必须实行强制检定。

15. 往复压缩机的压缩工作过程是在活塞缸容积逐渐减小，活塞缸内压力逐渐升高而推开排出气阀不断将气体排出出口管中的过程。（×）

**正确答案：** 往复压缩机的压缩工作过程是在活塞缸容积逐渐减小，气体被不断压缩。活塞缸内压力逐渐升高的过程。

16. 往复压缩机主要部件由曲轴箱、汽缸、中体、曲轴、连杆、十字头、活塞、活塞杆、气阀、填料密封构成。（√）

17. 离心压缩机是通过旋转的叶轮对气体产生离心力获得静压能和动能，并在扩压器中对动能转变为压力能。（√）

18. 离心压缩机的后弯叶轮比径向叶轮或前弯叶轮的级效率高，稳定工作区范围宽。（√）

19. 往复压缩机填料密封作用是密封汽缸和穿出汽缸的活塞杆之间间隙流出的气体。（√）

20. 离心压缩机径向轴承的作用是转子在一定转速下运行时，承受转子的重力和振动等原因引起的附加径向载荷，保护转子转动中心和汽缸中心同心。（√）

21. 在管线不变的情况下，只要更换一台大流量离心泵，就能大幅度增加工艺流量。（×）

**正确答案：** 在管线不变的情况下，要更换一台大流量离心泵，流速必须不超过原管线允许流速的前提下，才能大幅度增加工艺流量。

22. 内圈固定比外圈固定的滚动轴承在相同转速下，滚珠绕轴承轴线转动的回转数小。（√）

23. 一般情况下，填料塔不能代替传统的板式塔。（×）

**正确答案：** 一般情况下，填料塔已经可以代替传统的板式塔。

24. 即使材料不同,工作温度不同,但法兰允许的最大工作压力与其公称压力相同。（×）

**正确答案：** 若材料不同，工作温度不同，则允许的最大工作压力与公称压力不同。

25. 许多腐蚀破坏是由电化学作用造成的。（×）

**正确答案：** 许多腐蚀破坏是由化学和电化学作用联合造成的。

26. 根据腐蚀的电化学机理，电化学保护方法可以分为阴极保护和阳极保护两种。（√）

27. 外部检查是指在用压力容器临时停车时的定期检查，每年至少一次。（×）

**正确答案：** 外部检查是指在用压力容器在运行中的定期检查，每年至少一次。

28. 在线检验是在运行条件下对在用工业管道进行的检验，在线检验每年至少两次。（×）

**正确答案：** 在线检验是在运行条件下对在用工业管道进行的检验，在线检验每年至少一次。

29. 在线检验工作由使用单位进行，使用单位也可将在线检验工作委托给具有压力管道

检验资格的单位。 (√)

30. 在串联交流电路中，总电压是各分电压的矢量和。 (√)

31. 混联电路的总电流等于各电阻的电流之和。 (×)

**正确答案：** 混联电路的总电流等于混联电路中各并联支路的电流之和。

32. 三个最大值相等，角频率相同，彼此互差90°的电动势叫做三相对称电动势。 (×)

**正确答案：** 三个最大值相等，角频率相同，相位互差120°的电动势叫做三相对称电动势。

33. 异步电动机的转子转速总是低于定子旋转磁场转速。 (√)

34. 存在连续释放源的区域可划为1区。 (×)

**正确答案：** 存在连续释放源的区域可划为0区。

35. IP 55结构的电机可以在户外使用。 (√)

36. 调节阀工作在小开度有利于延长使用寿命。 (×)

**正确答案：** 调节阀工作在小开度将减少使用寿命。

37. 调节器的正反作用和调节阀的正反作用意义相同。 (×)

**正确答案：** 调节器的正反作用和调节阀的正反作用意义完全不同。

38. 自力式调节阀使用中无需有气源或电源。 (√)

## 单选题

1. 某温度时，把$B$g饱和氯化钾溶液蒸干，得氯化钾晶体$A$g，则此温度下氯化钾的溶解度为( D )g。

A. $A$　　B. $\frac{A}{B}\times 100$　　C. $\frac{A}{B-A}$　　D. $\frac{A}{B-A}\times 100$

2. 分别用1mol/L的硝酸银溶液10mL与相同体积的下述溶液恰好完全反应，下述溶液中摩尔浓度最小的是( D )。

A. 氯化钠溶液　　B. 氯化钾溶液　　C. 氯化钙溶液　　D. 氯化铁溶液

3. 在30mL 1mol/L氯化钠溶液和40mL的0.5mol/L氯化钙溶液混合后，混合溶液中$Cl^-$的摩尔浓度为[溶液体积变化忽略不计]( B )。

A. 0.50mol/L　　B. 1.00mol/L　　C. 0.67mol/L　　D. 2.00mol/L

4. 当液体所受的压力增大时。其分子间的距离缩小，引力也就增强，导致其黏度增大。对于石油产品而言，只有当压力大到( C )以上时对黏度才有显著的影响。

A. 5MPa　　B. 10MPa　　C. 20MPa　　D. 50MPa

5. 当压力较低时，也就是( C )时，压力对于液相石油馏分焓值的影响就可以忽略。

A. <10MPa　　B. <1MPa　　C. $P_r<1$　　D. $P_r<10$

6. 除了基本元素外，原油中还有微量的( A )元素。

A. 金属和非金属　　B. 硫　　C. 氮　　D. 氧

7. 大庆原油的特点有( C )。

A. 含蜡低、含硫低　　B. 含硫高、含氮低

C. 含硫低、含氮高　　D. 含硫低、含氧高

8. 从原油直接分馏得到的馏分基本上保留着石油原来的性质，例如基本上不含( D )。

A. 饱和烃　　B. 沥青质　　C. 芳香烃　　D. 不饱和烃

9. 为了统一称呼，一般把原油中从常压蒸馏开始馏出的温度(初馏点)到 200℃(或 180℃)之间的馏分称为( A )馏分。

A. 汽油　　B. 饱和烃组成的　　C. 煤油　　D. 柴油

10. 关于对流传热系数，下列说法正确的是( A )。

A. 有相变化时的对流传热系数比无相变化时的大

B. 流体的密度和比热对对流传热系数没有影响

C. 强制对流的传热系数要比自然对流的小

D. 传热面的形状和布置不直接影响对流传热系数

11. 溶液中各组分的挥发度是指( A )。

A. 组分在蒸汽中的分压和与之平衡的液相中的摩尔分率之比

B. 组分在蒸汽中的分压和与之平衡的液相中的体积分率之比

C. 平衡的液相中的摩尔分率与组分在蒸汽中的分压之比

D. 平衡的液相中的体积分率与组分在蒸汽中的分压之比

12. 理想溶液中组分的相对挥发度为( D )。

A. 难挥发组分的摩尔分率对易挥发组分的摩尔分率之比

B. 易挥发组分的摩尔分率对难挥发组分的摩尔分率之比

C. 难挥发组分的体积分率对易挥发组分的体积分率之比

D. 同温度下两纯组分的饱和蒸汽压之比

13. 实际回流比大于最小回流比时，精馏所需的塔板数应该是( B )。

A. 多　　B. 少　　C. 相同　　D. 无穷多

14. 关于空塔气速，下列说法正确的是( C )。

A. 空塔气速对设计塔径没有意义

B. 其上限由漏液决定

C. 设计塔时空塔气速为液泛时速度的 0.6~0.8 倍

D. 一定处理量下，塔径大，空塔气速大

15. 汽提过程是( A )。

A. 传质方向与吸收相反　　B. 溶质由气相向液相传递

C. 增大气相中的溶质分压　　D. 减小溶液的平衡分压

16. 用于企业内部经济核算的物料计量表，其检定周期要求按( B )进行检定。

A. 国家检定规程规定的检定周期　　B. 装置检修期

C. 检定周期固定为每年二次　　D. 检定周期固定为每年四次

17. 下列选项中，要实行强制检定的有( A )。

A. 部门和企业、事业单位使用的最高计量标准器具

B. 生产过程中非关键部位用于监测的计量器具

C. 有效期管理的标准物质

D. 对计量数据无准确度要求的指示用计量器具

18. 往复压缩机一个循环工作过程的顺序是( B )。

A. 吸入，膨胀，压缩，排出　　B. 膨胀，吸入，压缩，排出

C. 压缩，排出，吸入，膨胀　　D. 排出，吸入，膨胀，压缩

19. 活塞重量不作用汽缸镜面上、往复运动部件的惯性力垂直作用在基础上、机身承受着垂直拉压载荷的是( B )往复压缩机。

A. V形　　B. 立式　　C. L形　　D. W形

20. 具有十字头、汽缸彼此错开90°角、两列连杆可以装在同一曲拐上的是( C )往复压缩机。

A. V形　　B. 立式　　C. L形　　D. W形

21. 两列对称平衡型往复压缩机的往复惯性力方向相反，一阶、二阶往复惯性力互相抵消，一阶、二阶往复惯性力矩由主轴承承担，旋转惯性力矩在两曲柄( B )上加平衡重的方法平衡。

A. 相同方向　　B. 相反方向　　C. 任意方向　　D. 附近

22. 气体在离心压缩机的后弯式叶轮流动时，其出口绝对速度比入口绝对速度( C )。

A. 低　　B. 相等　　C. 高　　D. 时高时低

23. 离心压缩机的体积流量与叶轮中绝对速度的径向分速度成( B )关系，与气体的流通面积成正比关系。

A. 反比　　B. 正比　　C. 无关　　D. 平方

24. 压缩比越大，离心压缩机的排气温度( B )。

A. 越低　　B. 越高　　C. 不变　　D. 不能确定

25. 在设计工况下运行时，离心压缩机无叶扩压器比有叶扩压器的效率( B )。

A. 高　　B. 低　　C. 同等　　D. 小一倍

26. 前弯、后弯、径向叶轮三者中，绝对速度最小的是( D )叶轮。

A. 前弯　　B. 径向　　C. 径向和后弯　　D. 后弯

27. 每组填料密封由一片切向环和二片径向环组成的往复压缩机填料密封中，其中切向环起着密封的作用，一片径向环起着阻流 的作用，另一片径向闭锁环起着( A )的作用。

A. 密封　　B. 阻流　　C. 隔绝空气　　D. 隔绝冷却水

28. 每组填料密封由一片切向环和二片径向环组成的往复压缩机填料密封中，其中径向闭锁环( B )安装，起着密封的作用。

A. 靠近汽缸侧　　B. 靠近曲轴侧　　C. 放置中间　　D. 任意

29. 在滑动轴承中，转子转速 $\omega$ 越高，油的黏度越大，油膜的承载能力 $G$( B )。

A. 越小　　B. 越大　　C. 不变　　D. 波动

30. 在滑动轴承中，轴承宽度与轴颈直径之比 $L/d$ 越大，油膜的承载能力 $G$( A )。

A. 越大　　B. 越小　　C. 不变　　D. 波动

31. 抑制振动性能最好的是( D )。

A. 圆轴承　　B. 不能确定　　C. 椭圆轴承　　D. 三油叶轴承

32. 两台离心泵的流量、扬程分别为 $Q_1$、$H_1$ 和 $Q_2$、$H_2$，串联时，其流量满足 $Q_{总} = Q_1 = Q_2$，其扬程应满足( D )。

A. $H_{总} = H_1 - H_2$　　B. $H_{总} = H_2 - H_1$　　C. $H_{总} = H_1 = H_2$　　D. $H_{总} = H_1 + H_2$

33. 两台性能相同离心泵串联时，其效率不变，两台性能相差较大离心泵串联时，其效率( A )。

A. 降低　　B. 升高　　C. 不变　　D. 不能确定

34. 全关闭出口阀时，离心泵流量最小，扬程( C )。

A. 最小　　B. 等于 0　　C. 最大　　D. 不变

35. 润滑脂在滚动轴承内部不是连续循环使用时，摩擦部位主要依靠润滑脂中的( B )来润滑。

A. 脂析出　　B. 油析出　　C. 脂和油　　D. 油蒸气

36. 在滚动轴承内，摩擦部位主要依靠润滑油中的( B )来润滑。

A. 添加剂　　B. 油　　C. 脂　　D. 添加剂和油

37. 在滚动轴承内，转速越快，润滑脂的有效黏度( A )。

A. 降低　　B. 升高　　C. 不变　　D. 波动

38. 管道检修现场验收的主要标准有( B )。

A. 检修记录准确齐全

B. 管道油漆完好无损，附件灵活好用，运行一周无泄漏

C. 提交检修过程技术资料

D. 管道耐压试验报告

39. 换热器检修的现场验收标准有( A )。

A. 设备投用运行一周，各项指标达到技术要求或能满足生产需要

B. 设备防腐、保留完整无损，达到完好标准

C. 提交检修过程技术资料

D. 维护记录

40. 电化学腐蚀是金属与介质之间由于( B )作用而引起的破坏。

A. 纯化学　　B. 电化学　　C. 物理化学　　D. 纯物理

41. 压力容器出厂资料齐全；设计、制造质量符合有关法规和标准要求的；在设计条件下能安全使用。达到这样的标准的压力容器其安全状况等级为( A )级。

A. 一　　B. 二　　C. 三　　D. 四

42. 压力容器投用后首次内外部检验周期一般为( C )年。

A. 一　　B. 二　　C. 三　　D. 四

43. 安装资料齐全；设计、制造、安装质量符合有关法规和标准要求；在设计条件下能安全使用的工业管道，其安全状况等级定为( A )级。

A. 一　　B. 二　　C. 三　　D. 四

44. 安全状况等级为 1 级和 2 级的在用工业管道，其检验周期一般不超过( D )年。

A. 三　　B. 四　　C. 五　　D. 六

45. 闭合电路欧姆定律表达式是( D )。

A. $I=\frac{U}{R}$　　B. $U=IR$　　C. $I=\frac{E}{R}$　　D. $I=\frac{E}{R+r}$

46. 在仅有电阻参数的交流电路中，以下论述错误的是( D )。

A. 纯电阻交流电路中，电压与电流的关系，可根据欧姆定律确定

B. 电流的瞬时值和电阻两端的电压瞬时值成正比

C. 电流和电压是同频率的正弦量

D. 在相位上，电流超前于电压 90 度

47. 在正常运行时，不可能出现爆炸性气体混合物的环境，或即使出现也仅是短时存在的爆炸性气体混合物环境，按规定属( C )区。

A. 0　　B. 1　　C. 2　　D. 附加 2

48. 在火灾危险区域 22 区，固定使用的电机，选用的防护等级是( D )。

A. IP21　　B. IP30　　C. IP14　　D. IP54

49. 关于均匀控制系统，说法不正确的是( C )。

A. 使两个相互联系的变量在允许的范围内缓慢变化的控制系统

B. 目的是为了解决前后工序的供求矛盾，使两个变量之间能够互相兼顾和协调操作的控制系统

C. 调节器一般采用比例积分微分作用，且积分时间很大

D. 调节器一般采用纯比例作用，且比例度很大

50. 压缩机控制中，经常用来联锁的参数是( D )。

A. 流量　　B. 压力　　C. 温度　　D. 振动

51. 有一台正在运行中的气关单座阀经常关不死，它的原因是( B )。

A. 阀芯阀座磨损严重　　B. 阀门定位器输出总是在最大值

C. 阀芯阀座间有异物卡住　　D. 阀杆太短

52. 有液体流过调节阀，在节流口流速急剧上升，压力下降，若此时压力下降到低于液体在该温度下的饱和蒸汽压便会汽化，分解出气体后形成气液双向流动，这种现象叫( A )。

A. 闪蒸　　B. 空化　　C. 汽蚀　　D. 腐蚀

53. 图示一液面调节回路，工艺要求故障情况下顶部出料送出的气体中不许带有液体，下述说法正确的是( C )。

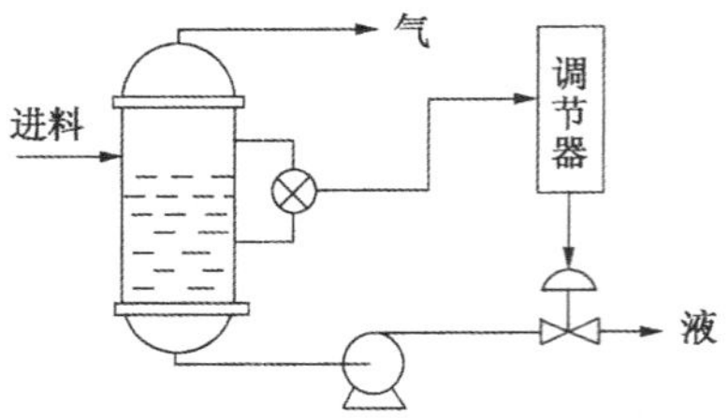


A. 调节阀是风开阀，调节器正作用　　B. 调节阀是风关阀，调节器正作用

C. 调节阀是风关阀，调节器反作用　　D. 调节阀是风开阀，调节器反作用

54. 自力式调节阀与其他调节阀的区别是( B )。

A. 执行机构靠气源或电源产生的动力

B. 执行机构靠工艺管线中介质的压力产生动力

C. 它没有正反作用

D. 它没有风开风关

## 多选题

1. 关于 $2NO + O_2 = 2NO_2$，下列叙述不正确的是( A，B，C，D )。

A. 当 $V_{正} = V_{逆} = 0$ 时，体系即达到平衡

B. 当 $V_{NO} = V_{NO_2}$ 时，体系即达到平衡

C. 当体系中$[NO]:[O_2]:[NO_2]=2:1:2$时，体系即达到平衡

D. 在加压时，正反应速度增大，逆反应速度减小，因此平衡向有利于生成$NO_2$的方向移动

2. 在焓值的计算中，其基准状态的压力通常选用常压，而其基准温度可选择的是(A，B，C，D)。

A. 0℃　　B. 0K　　C. －17.8℃　　D. －129℃

3. 关于相对挥发度，下列说法正确的是(A，B，D)。

A. 对理想溶液中组分的相对挥发度等于同温度下两纯组分的饱和蒸汽压之比

B. 相对挥发度大于1，则表示两组分难分离

C. 相对挥发度等于1，表示不能用普通蒸馏方法分离该混合液

D. 相对挥发度的大小可以用来判断某混合液是否能用蒸馏方法加以分离以及分离的难易程度

4. 引用最小回流比的意义是(B，C)。

A. 确定塔径　　B. 可由最小回流比选取适宜的操作回流比

C. 求理论板层数　　D. 确定实际板层数

5. 关于空塔气速的大小，下列说法正确的是(C，D)。

A. 空塔气速依据最小允许气速决定

B. 空塔气速大，所需塔径大

C. 空塔气速的下限由漏液时的气速决定

D. 空塔气速的上限由液泛时的气速决定

6. 下列说法正确的是(A，C)

A. 单板效率的数值有可能超过100%　　B. 数值与总板效率相等

C. 基于该板理论增浓的概念　　D. 各层的单板效率相等

7. 总板效率是(A，C，D)。

A. 其概念基于所需理论板数

B. 其数值可能大于1

C. 反映整个塔内的平均传质效果

D. 达到指定分离效果所需理论板层数与实际板层数的比值

8. 根据误差的性质可分为(A，B，C)。

A. 系统误差　　B. 随机误差　　C. 粗大误差　　D. 示值误差

9. 计量误差的主要来源于(A，B，C，D)。

A. 设备误差　　B. 环境误差　　C. 人员误差　　D. 方法误差

10. 用于(A，B)方面的工作计量器具，实行强制检定。

A. 医疗卫生　　B. 环境监测　　C. 一般测量　　D. 指示

11. 可以无十字头、一阶往复惯性力的合力大部分平衡、汽缸彼此错开一定角度、两列连杆可以装在同一曲拐上的是(A，D)往复压缩机。

A. V形　　B. 立式　　C. L形　　D. W形

12. 离心压缩机单级叶轮对单位质量的理论功是(A，C)。

A. $L_{th}=U_2\times C_{u2}-U_1\times C_{u1}$

B. $L_{th} = U_1 \times C_{u1} - U_2 \times C_{u2}$

C. $L_{th} = (U_2 - U_1)/2 + (W_1 - W_2)/2 + (C_2 - C_1)/2$

D. $L = (U_2 - U_1)/2 + (W_1 - W_2)/2 + (C_2 - C_1)/2$

13. 离心压缩机的轴向力平衡方法是( A，B，C )。

A. 叶轮背对背　B. 止推轴承　C. 平衡鼓　D. 径向轴承

14. 往复压缩机填料密封环一般有( A，B )。

A. 三片式切向环　B. 三片式径向环

C. 三片式轴向环　D. 三片式周向环

15. 往复压缩机填料密封一般由许多组填料密封组成，每组填料密封一般由二片或三片填料环组成，即是由( A，B )组成。

A. 一片切向环和二片式径向环　B. 一片切向环和一片式径向环

C. 一片切向环和二片式轴向环　D. 一片周向环和一片径向环

16. 下列技术资料中，管道检修验收应提交的技术资料是( A，B，C，D )。

A. 设计变更及材料代用通知单，材质、零部件合格证

B. 隐蔽工程记录

C. 检修记录(含单线图)　D. 焊缝质量检验报告

17. 泵检修时的施工现场的验收包括( A，B，D )。

A. 检修工具摆放整齐　B. 当日施工当日清洁

C. 钳工申报泵零部件报废　D. 钳工新领配件妥善保管

18. 泵检修完工后的施工现场的验收标准包括( A，B，C )。

A. 现场卫生清洁，无油污　B. 零附件齐全好用

C. 连接螺丝齐全、满扣、齐整、坚固　D. 旧配件现场摆放整齐

19. 泵检修完工后检修质量的验收标准包括( A，B，C，D )。

A. 转子径向轴向跳动符合标准　B. 配合零部件间隙符合标准

C. 压力表温度表齐全校验准确　D. 控制和联锁系统验收合格

20. 离心泵检修完工后检修质量的验收完好标准包括( B，C )。

A. 泄漏量≤10 滴/分(填料密封轻质油)

B. 泄漏量≤20 滴/分(填料密封轻质油)

C. 泄漏量≤10 滴/分(填料密封重质油)

D. 泄漏量≤20 滴/分(填料密封重质油)

21. 下列技术资料中，换热器检修验收应提交的技术资料有( A，B，C，D )。

A. 设计变更及材料代用通知单，材质、零部件合格证

B. 焊缝质量检验(包括外观检验和无损探伤等)报告

C. 检修记录

D. 试验记录

22. 腐蚀介质的处理一般包括腐蚀介质的脱除及应用( A，B，C )。

A. 中和剂　B. 缓蚀剂　C. 抗垢剂　D. 保护剂

23. 电脱盐装置一般用于原油的( A，B )。

A. 脱盐　B. 脱水　C. 脱硫　D. 脱氰

24. 安全状况等级为( A，B )的压力容器每六年至少进行一次内外部检验。

A. 一级　　B. 二级　　C. 三级　　D. 四级

25. 如图所示，将 $R_1$、$R_2$、$R_3$、$R_4$ 接成混联电路，其电路参数计算公式正确的是( C )。

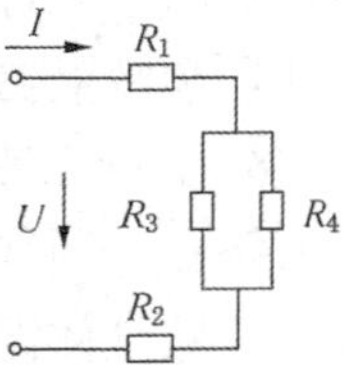


A. $R = R_1 + R_2 + R_3 + R_4$　　B. $R = \frac{R_1 + R_2}{R_3 + R_4}$

C. $R = R_1 + R_2 + \frac{R_3 \cdot R_4}{R_3 + R_4}$　　D. $R = R_1 + R_2 + \frac{1}{R_3} + \frac{1}{R_4}$

26. 根据以下电压瞬时值表达式判断，对称三相交流电的表达式是( B，D )。

A. $U_A = 311\sin 314t$　$U_B = 311\sin(280t + 120)°$　$U_C = 311\sin(140t - 120)°$

B. $U_A = 311\sin 314t$　$U_B = 311\sin(314t - 120)°$　$U_C = 311\sin(314t - 240)°$

C. $U_A = \sqrt{2} \cdot 220\sin 314t$　$U_B = \sqrt{2} \cdot 220\sin(314t - 120)°$　$U_C = \sqrt{2} \cdot 220\sin(314t + 120)°$

D. $U_A = 3420\sin 314t$　$U_B = 3420\sin(314t - 120)°$　$U_C = 3420\sin(314t - 240)°$

27. 气动薄膜调节阀工作不稳定，产生振荡，是因为( A，B，C，D )。

A. 调节器输出信号不稳定

B. 管道或基座剧烈振动

C. 阀杆摩擦力大，容易产生迟滞性振荡

D. 执行机构刚度不够，会在全行程中产生振荡；弹簧预紧量不够，会在低行程中发生振荡

## 简答题

**1. 某可逆反应已建立平衡，加入一种正催化剂，反应速度将有何变化？**

**答：**加入了正催化剂，使平衡体系中两方反应的活化能降低，提高了两方活化分子的百分数，增大了两方单位体积内活化分子数，增加了两方单位时间内的有效碰撞次数使反应速度增大，使正、逆反应同时同等的增大速度，故化学平衡不移动，只是增大了反应速度。

**2. 目前最常用什么方法测定油品的运动黏度？**

**答：**目前最常用的运动黏度的测定方法是毛细管黏度计法，国家标准代号 GB265。

**3. 焓的定义如何？**

**答：**焓又称热焓，是体系的热力学状态函数之一。通常用符号 $H$ 表示，其定义为：

$$H = U + pV$$

式中：$U$、$p$、$V$ 分别代表体系的内能、压力和体积。焓的量纲与能量相同。

**4. 对流传热系数的影响因素有哪些？**

**答：**①流体的种类及相变化情况不同，其对流传热系数不同；②流体的物性不同，其对流传热系数不同；③流体的温度不同，对流传热系数不同；④流体的流动状态影响对流传热系数；⑤流体流动的原因影响对流传热系数；⑥传热面的形状、位置、大小直接影响对流传热系数。

**5. 回流比对精馏操作的影响？**

**答：**①回流比是影响精馏塔分离效果的主要因素，生产经常用回流比来调节、控制产品的质量；② 当回流比增大时，精馏段操作线斜率变大，该段内传质推动力增大，因此在一定的精馏段理论板数下馏出液组成变大；③ 回流比大，提馏段操作线斜率变小，该段的传

质推动力增加，因此在一定的提馏段理论板数下，釜液组成变小；④反之，当回流比减小时，分离效果变差；⑤ 回流比增加，使塔内上升蒸汽量及下降液体量均增加，若塔内汽液相负荷超过允许值，则可能引起塔板效率下降，此时应减小原料液流量；同时回流比变化时再沸器和冷凝器的传热量也相应发生变化。

**6. 为什么高压缩比的往复压缩机需要多级压缩?**

**答：**①当往复压缩机需要将气体压缩到很高压力而达到一定的压缩比时，单级压缩往往导致压缩气体温度升得太高，单级压缩比越大，压缩气体温度升得越高。缸内的气体和注入的润滑油因温度太高而结焦。影响了气阀正常工作和加剧了活塞环的磨损。②而余隙内残留的高温、高压气体膨胀后占去很大部分汽缸容积，单级压缩比越大，余隙内残留的气体温度、压力越高。气体膨胀后占去汽缸容积越大，导致容积效率减小。③单级压缩的气体温度太高，导致压缩机消耗功率增大，单级压缩比越大，压缩温度越高，压缩机消耗功率越大。综合上述，高压缩比的往复压缩机必需设置多级压缩。

**7. 转子的轴颈在滑动轴承中要完全具备产生稳定的液体动压力的三个条件是什么?**

**答：**①轴颈与轴承工作表面之间必须形成楔形间隙，且相对滑动方向必须保证润滑油从大截面流向小截面。②轴颈与轴承工作表面之间应有足够的相对滑动速度。③润滑油要有一定的黏度，且必须连续供应。

**8. 简述填料塔的适用范围。**

**答：**填料塔以填料作为气液接触元件，气液两相在填料层中逆向连续接触。它具有结构简单、压力降小、易于用耐腐蚀非金属材料制造等优点，对于气体吸收、真空蒸馏以及处理腐蚀性流体的操作，颇为适用。

**9. 简述板式塔的适用范围。**

**答：**在板式塔中，塔内装有一定数量的塔盘，气体以鼓泡或喷射的形式穿过塔盘上的液层使两相密切接触，进行传质。两相的组分浓度沿塔高呈阶梯式变化。适用于蒸馏、吸收等单元操作。

**10. 简述法兰压力等级的含义。**

**答：**法兰公称压力是压力容器(设备)或管道的标准压力等级。每个公称压力是表示一定材料和一定温度下的最大工作压力。若材料不同，工作温度不同，则允许的最大工作压力与公称压力应进行换算。

**11. 电化学腐蚀有哪三个环节?**

**答：**电化学腐蚀过程是下列三个环节所组成：金属在阳极溶解，变成金属离子进入溶液中，电子留在金属上。电子从阳极流到阴极。在阴极，流来的电子被溶液中能够吸收电子的物质所吸收。

**12. 简答“一脱四注”工艺防腐蚀措施的内容。**

**答：**“一脱四注”工艺防腐蚀方法包括原油脱盐、注碱和塔顶挥发线注氨、注水及注缓蚀剂。

**13. 简述在用压力容器内外部检验的周期。**

**答：**安全状况等级为 1 级和 2 级的压力容器每 6 年至少一次，安全状况等级为 3 级的压力容器每 3 年至少一次，投用后首次内外部检验周期一般为 3 年。

**14. 简述压力管道全面检验的周期。**

**答：** 安全状况等级为1级和2级的在用工业管道，其检验周期一般不超过6年；安全状况等级为3级的在用工业管道，其检验周期一般不超过3年。

**15. 在闭合电路中，负载电阻变化时，负载端电压将如何变化？**

**答：** ①当外电路电阻增大时，根据 $I=\frac{E}{R+r}$，可知，$I$ 减小，再由 $U=E-Ir$ 可知端电压 $U$ 增加。②外电路电阻减小时，基于上述理由，可知端电压 $U$ 减小。

**16. 混联电路与串联、并联电路的电压、电流关系有什么不同？**

**答：** 混联电路与串联、并联电路负载电阻上的参数关系为：

①串联电路负载电阻上的电压等于各串联电阻之和，并联电路的电压等于并联电阻端电压，而混联电路电压等于串联电阻和并联电阻端电压之和。②串联电路负载电阻上的总电流等于任一串联电阻的电流，并联电路的总电流等于各并联电阻电流之和，而混联电路电流等于混联电路中并联电阻的电流之和。

**17. 何为隔爆型电气设备和增安型电气设备？**

**答：** 隔爆型电气设备是具有隔爆外壳的电气设备，是指能把点燃爆炸性混合物的部件封闭在一个外壳内，该外壳能承受内部爆炸性混合物的爆炸压力，并阻止向周围的爆炸性混合物传爆的电气设备。增安型电气设备是在正常运行条件下，不会产生点燃爆炸性混合物的火花或危险温度，并在结构上采取措施，提高其安全程度，以避免在正常和规定过载条件下出现点燃现象的电气设备。

**18. 请解释电机防护等级IP65第二位数字的意思。**

**答：** IP65第二位数字的意思是设备防水的技术要求，5的意思是任何方向的喷水对电机无有害影响。

## 计算题

1. 20℃时食盐的饱和溶解度为36g。如果向50g20℃的饱和食盐溶液加入10%的硝酸银溶液，需用硝酸银溶液多少克恰好反应？（食盐的相对分子质量：58.5，硝酸银的相对分子质量：170）

**解：** 50g 20℃的饱和食盐溶液中含 NaCl $=50\times36/136=13.24$ 克或设50g 20℃的饱和食盐溶液中含NaCl为 $x$g，后根据溶解度定义得：$x:(50-x)=36:100$ $x=13.24$g 根据：

$$NaCl + AgNO_3 = AgCl\downarrow + NaNO_3$$

$$58.5 \quad 170$$

$$13.24 \quad y\times10\%$$

则：$170\times13.24=58.5\times y\times10\%$　　$y=385(g)$

**答：** 需要10%硝酸银溶液385g恰好反应。

2. 把0.01mol的 $CO_2$ 和0.01mol的 $H_2$ 放在1L的密闭容器里，加热到1200℃，在生成0.006mol的CO和0.006mol的 $H_2O$（气）的时候，反应达到平衡。试求这时候反应的化学平衡常数。

**解：**

$$CO_2 + H_2 \rightleftharpoons CO + H_2O(气)$$

| | | | | |
|---|---|---|---|---|
| 反应开始时各物质的量 | 0.01 | 0.01 | 0 | 0 |
| 达到平衡时各物质的量 | 0.004 | 0.004 | 0.006 | 0.006 |

因为在1L的容器里，所以，平衡时各参加反应物质的浓度分别是：

$[CO]=0.006mol/L$，$[H_2O]=0.006mol/L$，$[CO_2]=0.004mol/L$，$[H_2]=0.004mol/L$

$$K=\frac{[CO][H_2O]}{[CO_2][H_2]}=\frac{0.006\times0.006}{0.004\times0.004}=2.25$$

**答：**在1200℃时，这个反应的平衡常数是2.25。

3. 已知$PCl_5$(气)$\rightleftharpoons PCl_3$(气)$+Cl_2$(气)，在230℃达到平衡时，平衡混合物中各物质的浓度分别是$[PCl_5]=0.47mol/L$，$[PCl_3]=0.098mol/L$，$[Cl_2]=0.098mol/L$，求这个反应的平衡常数。

**解：** $PCl_5$(气)$\rightleftharpoons PCl_3$(气)$+Cl_2$(气)

达到平衡时各物质的摩尔浓度 0.47 0.098 0.098

$$K=\frac{[PCl_3][Cl_2]}{[PCl_5]}=\frac{0.098\times0.098}{0.47}=0.02$$

**答：**这个反应的平衡常数是0.02。

4. 已知塔底液面距地面4m，机泵入口距地面0.5m，油品相对密度为0.8，求机泵入口静压。

**解：** $P=\rho\Delta h=\rho(h_2-h_1)=0.8\times10^3\times(4-0.5)=2.8kgf/m^3=0.28kgf/cm^2=0.27\times10^5Pa$

**答：**机泵入口静压为$0.27\times10^5Pa$。

5. 密度为$850kg/m^3$的料液从高位槽送入塔中，高位槽中的液面维持恒定。塔内表压强为$9.81\times10^3Pa$，进料量为$5m^3/h$。连接管直径为$\phi38mm\times2.5mm$，料液在连接管内流动时的能量损失为30J/kg(不包括出口的能量损失)。试求高位槽内的液面应比塔的进料口高出多少？

**解：**取高位槽液面为上游截面1－1′，连接管出口内侧为下游截面2－2′，并以截面2－2′的中心线为基准水平面。在两截面间列伯努利方程式，即：

$$gZ_1+\frac{u_1^2}{2}+\frac{P_1}{\rho}=gZ_2+\frac{u_2^2}{2}+\frac{P_2}{\rho}+\Sigma h_f$$

式中：$Z_2=0$ $P_1=0$(表压) $P_2=9.81\times10^3Pa$(表压) $\Sigma h_f=30J/kg$

$$u_1\approx0 \qquad u_2=\frac{V_s}{A}=\frac{V_s}{\frac{\pi}{4}d^2}=\frac{5}{3600\times\frac{\pi}{4}\times0.033^2}=1.62(m/s)$$

将上列数值代入伯努利方程式，并整理得：

$$Z_1=\left(\frac{1.62^2}{2}+\frac{9.81\times10^3}{850}+30\right)/9.81=4.37(m)$$

即高位槽内的液面应比塔的进料口高4.37m

**答：**高位槽内的液面应比塔的进料口高4.37m。

6. 一台泵吸入管口径为200mm，流量$Q=7.78L/s$，样本给定性能参数$(H_s)_a=3.6m$，估算$\Sigma h=0.5m$，分别计算标准状态下和在拉萨地区从开式容器中抽送40℃清水时的安装高度？（已知：拉萨地区大气压$P'_a=6.62mH_2O$，抽送液体温度下的饱和蒸汽压$P'_v=7355Pa$，40℃下清水密度$\rho'=992.2kg/m^3$；泵样本上给出的性能参数$(H_s)_a$为标准大气压$P_a=10.33mH_2O$和20℃清水饱和蒸汽压$P_v=0.24mH_2O$下测得的数值。）

**解**：已知 $P_A = P_a$，$C_s = 4Q/\pi D_s^2 = 4 \times 7.78 \times 10^{-3}/3.14 \times 0.2^2 = 2.48(m/s)$

$$Z_s = (P_A - P_a)/(\rho \times g) + (H_s)_a - \Sigma h_s - C_s^2/(2 \times g) = 3.6 - 0.5 = 3.1(m)$$

在拉萨地区 $P_A = P'_a$，因拉萨地区与泵样本上使用的条件有差异。对 $(H_s)_a$ 必须修正，则

$$(H_s)'_a = (P'_a - P'_v)/(\rho' \times g) + (H_s)_a - 10.33 - 0.24$$
$$= 6.62 - (7355)/(992.2 \times 9.8) + 3.6 - 10.33 - 0.24 = -0.63(m)$$
$$Z_s = (H_s)'_a - \Sigma h - (C_s^2)/2g = -0.63 - 0.5 - (2.48^2)/(2 \times 9.8) = -1.44(m)$$

负值表示倒灌

**答**：泵在标准状态下的安装高度为低于泵 3.1m，泵在拉萨地区的安装高度为高于泵 1.44m。

7. 已知一简单交流电路，$u = 311\sin 314t$V，$R = 11\Omega$，求电路中的电流瞬时值？

**解**：电压的有效值：$U = U_m/\sqrt{2} = 311/\sqrt{2} = 220$V

电流的有效值：$I = U/R = 220/11 = 20$A

电流的瞬时值：$i = \sqrt{2}I\sin 314t = 28.3\sin 314t$A

**答**：电路中电流的瞬时值为 $28.3\sin 314t$A。

8. 已知两交流电压 $U_1 = 220\sqrt{2}\sin 314t$　$U_2 = 380\sqrt{2}\sin(314t + 90)°$指出各电压量的最大值、有效值、初相角、角频率以及两者相位差。

**解**：$U_{1m} = 220\sqrt{2} = 311.08$V　$U_{2m} = 380\sqrt{2} = 537.32$V　$U_1 = 220$V　$U_2 = 380$V

初相角：$\varphi_1 = 0°$　$\varphi_2 = 90°$　相位差：$\varphi_2 - \varphi_1 = 90°$　角频率：$\omega_1 = \omega_2 = 314$rad/s

**答**：$U_{1m} = 311.08$V；$U_{2m} = 537.32$V；$U_1 = 220$ V；$U_2 = 380$V

初相角：$\varphi_1 = 0°$　$\varphi_2 = 90°$　相位差：$\varphi_2 - \varphi_1 = 90°$　角频率：$\omega_1 = \omega_2 = 314$rad/s。

9. 一台异步电动机，频率 $f = 50$Hz，电机额定转速 $n = 960$r/min，问这台电动机是几极的？额定转差率 $S = ?$

**解**：异步电动机的额定转速是接近而又小于旋转磁场转速的，而接近于 $n = 960$r/min 的旋转磁场转速是 1000r/min，根据公式 $n_1 = \frac{60f}{p}$，得：$p = \frac{60f}{n_1} = \frac{60 \times 50}{1000} = 3$(对极)；$S = \frac{n_1 - n}{n_1} = \frac{1000 - 960}{1000} = 0.04$

**答**：该电动机是 6 极的，转差率为 0.04。

## 工种理论知识试题

### 判断题

1. 重整汽油 10%馏出温度愈低，发动机所需启动时间愈短，耗油量愈少，故汽油 10%馏出口温度控制愈低愈好。（×）

**正确答案**：重整汽油 10%馏出温度过低，会导致汽油中轻组分过多，并致使发动机产生气阻现象，故不是愈低愈好。

2. 二硫化碳着火应用二氧化碳灭火。（×）

**正确答案**：二硫化碳着火应用水灭火。

3. 预加氢催化剂装填过程中，无论装瓷球还是装催化剂，必须每种瓷球装完后耙平一次，床层中催化剂每上升 1m 耙平一次。（√）

4. 以高辛烷值汽油和芳烃为不同生产目的的催化重整装置，原料的馏程一般均控制在80～180℃左右。（×）

**正确答案：**以高辛烷值汽油和芳烃为不同生产目的的催化重整装置的原料的馏程的控制是不同的。

5. 重整催化剂常用的添加助剂有铼、锡、铱、铜等。（×）

**正确答案：**重整催化剂常用的添加助剂有铼、锡、铱等。

6. 抗爆性是评定发动机燃料是否适合内燃机操作的主要指标。（√）

7. 在预加氢装置开工过程中，必须对新装填的催化剂进行干燥脱水处理，所以在催化剂运输、装填过程中不需要采取防水措施。（×）

**正确答案：**在预加氢装置开工过程中，必须对新装填的催化剂进行干燥脱水处理，但在催化剂运输、装填过程中，也必须采取防水措施。

8. 加热炉烘炉操作中，炉管首先要通入蒸汽进行暖炉。（√）

9. 冷换设备热紧的目的是为了防止升温过程中螺栓热膨胀，对法兰预紧力不足，继续升温会造成泄漏。（√）

10. 重整催化剂的使用性能包括活性、选择性、稳定性和使用寿命、再生性能、机械强度等。（√）

11. 催化剂的活性是指该催化剂改变反应能力的大小。（√）

12. 催化剂的选择性是指催化剂促进主反应能力的大小。（√）

13. 稳定性是指催化剂达到一定活性和选择性的条件下，催化剂所使用的时间。（√）

14. 预加氢催化剂预硫化的实质，是将活性较低的氧化态金属催化剂转变为活性较高的硫化态金属催化剂。（√）

15. 重整反应系统控制水－氯平衡的目的，是控制重整催化剂金属功能和酸性功能的平衡。（√）

16. 铂是重整催化剂中心不可少的活性组分，它具有强烈的吸引氢原子的能力，对脱氢芳构化反应具有催化功能。（√）

17. 重整催化剂的酸性功能主要是指其加氢/脱氢功能。（×）

**正确答案：**重整催化剂的酸性功能主要是指其异构化功能。

18. 热载体一般适用于温度控制波动较小的场所。（√）

19. 搞好水－氯平衡是保证重整催化剂保持良好的活性、选择性、稳定性的重要手段。（√）

20. 欧Ⅲ的标准规定：车用汽油的硫含量≯500mg/kg。（×）

**正确答案：**欧Ⅲ的标准规定：车用汽油的硫含量≯150mg/kg。

21. 精制油的质量除了与预加氢反应条件有关外，还与蒸发脱水塔的操作有关。（√）

22. 重整循环机停运时，对重整反应系统进行“闷锅”处理，可减缓催化剂积炭。（√）

23. 预分馏塔采用泡点温度进料的原因，是因为这样预分馏塔的分馏效果较好。（√）

24. 预加氢氢气循环式装置适用于原料杂质含量较低、压力要求不高的情况。（×）

**正确答案：**氢气循环式预加氢装置适用于原料杂质含量较高、压力要求高的情况。

25. 由于四个重整反应器的操作压力和温度基本相同，因此我们可以将一反中多装些催化剂以减少二、三反的负荷。（×）

**正确答案**：由于四个重整反应器的操作压力和温度基本相同，如一反装填催化剂过多，势必造成下床层温度较低而影响反应效果。

26. 预加氢循环氢纯度高，有利于增大反应中的氢分压，这样可以减少预加氢催化剂的积炭，因此在生产中要保证一定的氢纯度。 (√)

27. 介质的腐蚀并不取决于总硫含量，而取决于其中活性硫化物(如硫醇，硫醚等)的含量。 (√)

28. 重整催化剂氯化氧化的惟一目的，是补充催化剂上流失的氯。 (×)

**正确答案**：重整催化剂氯化氧化的目的，是补充催化剂上流失的氯，并使铂晶粒氧化和重新分散。

29. 再生重整催化剂干燥的目的是将烧焦过程中产生的大量水分带走，防止催化剂上的氯流失。 (√)

30. 离心泵的流量调节可通过调节其进口阀的开度来实现。 (×)

31. 通常离心泵的比转数在 90～300 范围内时的效率较高，比转数太小或太大都会使泵效率降低。 (√)

32. 把三相电源的三条线中任何两条线的位置对调一下，虽改变了旋转磁场的方向，但转子的转动方向不变。 (×)

**正确答案**：若把三相电源的三条线中任何两条线的位置对调一下，就改变了旋转磁场的方向，而转子的转动方向也同步改变。

33. 往复泵的流量调节可通过调节旁路阀的开度来实现。 (√)

34. 加热炉正常燃烧时，其过剩空气系数一般都不大于 1。 (×)

**正确答案**：加热炉正常燃烧时，其过剩空气系数一般都大于 1。

35. 加热炉一般是由 4 个主要部分构成：辐射室、对流室、锥形体和烟道。 (×)

**正确答案**：加热炉一般是由 4 个主要部分构成的：辐射室、对流室、烟囱和燃烧器。

36. 分馏塔的基本结构包括塔体、支座、头盖、连接管、人孔、平台、塔顶破沫网、原料入口、塔底㳂涡器和塔壁保温层等构成。 (√)

37. 填料的种类很多，一般可以分为实体填料和网体填料两大类。 (√)

38. 浮阀塔的结构和泡罩塔相似，只是用浮阀代替了升气管和泡罩。 (√)

39. 填料塔与板式塔的传质方式一样，在塔内汽液两相是连续接触。 (×)

**正确答案**：填料塔与板式塔的传质方式不同，在填料塔内汽液两相是连续接触，而板式塔属于阶梯式接触。

40. 筛板塔的分离效果只与筛孔的直径与数目等有关。 (×)

**正确答案**：筛板塔的分离效果与蒸汽的速度、筛板上液层的高度、筛孔的直径与数目等有关。

41. 列管式换热器主要包括固定管板式换热器、U 形管式换热器、浮头式换热器和套管式换热器。 (×)

**正确答案**：列管式换热器主要包括固定管板式换热器、U 形管式换热器和浮头式换热器。

42. 在列管式换热器中，为提高流体的流速，通常在壳体内安装一定数量与管束垂直的折流挡板。 (√)

43. 动平衡十分良好的转子在临界转速下工作时，不会产生强烈振动现象。 （×）

**正确答案：**动平衡十分良好的转子在临界转速下工作时，也会产生强烈振动现象。

44. 离心式压缩机启动前，应确认出气管闸阀和其旁路阀关闭。 （×）

**正确答案：**离心式压缩机启动前，应确认出气管闸阀关闭，但其旁路阀应处于开通的状态。

45. 离心式压缩机开机后正常升速，但注意转速最高不要超过临界转速。 （×）

**正确答案：**离心式压缩机的临界转速并不是最大允许转速。

46. 轴流式压缩机和离心式压缩机都属于透平式压缩机。 （√）

47. 对于相同直径和体积的反应器，径向反应器流通面积总小于轴向反应器流通面积。对于相同体积的反应器，径向流通面积总小于轴向流通面积。 （×）

**正确答案：**对于相同体积的反应器，径向流通面积总大于轴向流通面积。

48. 中心管是轴向反应器的重要组成部分，它由内管、定距圆钢和外包丝网构成。 （×）

**正确答案：**中心管是径向反应器的重要组成部分，它由内管、定距圆钢和外包丝网构成。

49. 往复式压缩机活塞环开口间隙，是为了降低活塞环的工作温度。 （×）

**正确答案：**往复式压缩机活塞环开口间隙，是为了防止热膨胀使活塞卡住。

50. 在离心式压缩机进气管上装设节流阀，改变阀门的开度，就改变了压缩机的进气状态，压缩机的特性曲线也就跟着改变。 （√）

51. 测量液体压力时，压力表的取压点应在管道上部，测量气体压力时，取压点应在管道的下部。 （×）

**正确答案：**测量气体压力时，压力表的取压点应在管道上部，使导压管内不积存液体，测量液体压力时，取压点应在管道的下部，使导压管内不积存气体。

52. 阀门选用原则应综合考虑工艺介质、工艺状况以及阀门自身的功能特点。 （√）

53. 离心式压缩机日常维护中要注意记录机组各轴承的振动振幅、温度、轴向位移，以及润滑油压在正常工艺控制范围内。 （√）

54. 反应器在日常操作中，严禁超温、超压或超负荷，并严密监视反应器的压降情况。 （√）

55. 管式加热炉的日常维护最重要的内容，是检查加热炉管的腐蚀减薄情况。 （×）

**正确答案：**管式加热炉管的腐蚀减薄情况的检查是停工检修期间的工作。

56. 管束和壳体的试压试漏工作，均不属于换热器的日常维护工作。 （√）

57. 液面计的最高和最低安全液位，都应作出明显的标志。 （√）

58. 安全阀只有出现异常情况后，才需要重新检验。 （×）

**正确答案：**安全阀需定期检验，包括清洗、研磨、试验及校验调整。

59. 压力表检验用表的精度不应低于 1.0 级。 （√）

60. 离心式压缩机组试运转的惟一目的，是检验设备的机械性能。 （×）

**正确答案：**离心式压缩机组试运转目的，主要是检验调整设备的技术性能、电气、仪表各系统的正常工作。

61. 往复机运转期间，其排气温度过高会使润滑性能恶化，并引发次生事故。 （√）

62. 硫是铂铼重整催化剂的毒物，所以在铂铼重整催化剂中最好不含硫。 （×）

**正确答案：** 开工初期，铂铼重整催化剂需注硫抑制其过高的金属活性。

63. 重整催化剂氮中毒的机理与催化剂硫中毒的机理相同。（×）

**正确答案：** 重整催化剂氮中毒的机理与硫中毒的机理不相同。

64. 重整催化剂永久中毒后需做深埋处理。（×）

**正确答案：** 重整催化剂永久中毒后其中的贵金属还可回收利用。

65. 催化重整装置长期加工芳烃潜含量较低的原料，会缩短重整催化剂的使用周期。（√）

66. 重整反应系统进料的初馏点高低，对重整催化剂没有什么影响。（×）

**正确答案：** 重整反应系统进料的初馏点高低，会影响重整催化剂的积炭速率。

67. 重整反应系统进料的干点过高，会加快重整催化剂的积炭速率。（√）

68. 重整反应高分温度过高，会造成重整循环机负荷过大。（√）

69. 重整反应系统“过氯”，“缺氯”时的现象完全相反。（×）

**正确答案：** 重整反应系统“缺氯”，“过氯”时产氢量均减少。

70. 重整反应进料中过多的水在高温下会使重整催化剂上的铂晶粒分散，影响了催化剂的金属功能。（×）

**正确答案：** 重整反应进料中过多的水在高温下会使重整催化剂上的铂晶粒增大，影响了金属组分的分散。

71. 重整催化剂缺氯的主要表现为重整反应总温降大，汽油液收高，稳定塔顶产气少，循环氢纯度高，汽油辛烷值低。（√）

72. 离心压缩机所压缩气体的密度越小，越易发生喘振现象。（√）

73. 离心式压缩机喘振流量是固定不变的。（×）

**正确答案：** 离心式压缩机在不同的转速下其喘振流量不同。

74. 在重整反应系统总压不变的情况下，提高氢油比有利于抑制重整催化剂积炭。（√）

75. 无论从反应动力学还是从反应热力学的角度看，高温对芳构化反应都是有利的。（√）

76. 重整降压操作有利于芳构化反应，故重整反应压力越低越好。（×）

**正确答案：** 重整降压操作有利于芳构化反应，但反应压力过低，会造成催化剂积炭速度过快，需经常再生催化剂。

77. 在其他条件不变的条件下，空速减小，芳构化反应会大大增加。（×）

**正确答案：** 在其他条件不变的条件下，空速减小对芳构化反应影响不大。

78. 加热炉炉管结焦后，会造成加热炉出入口压降升高。（√）

79. 加热炉进料量忽大忽小，易造成炉管结焦。（√）

80. 加热炉进料突然中断后，如处理不及时，会造成炉管烧穿等事故。（√）

81. 仪表风中断时，所有加热炉的燃料控制阀会自动关闭。（√）

82. 离心式压缩机止推轴承损坏的主要原因，是轴向力过大和润滑不正常而引起的。（√）

83. 往复式压缩机排量偏大、偏小均会造成汽缸振动过大。（×）

**正确答案：** 往复式压缩机排量偏大、偏小不会造成汽缸振动过大。

84. 离心机发生喘振后，可适当提高循环量，使压缩机入口流量大于喘振流量。（√）

85. 重整进料芳烃潜含量低时，为了达到规定的产品质量，可适当提高反应苛刻度。（√）

86. 预加氢的反应温度，一般是通过控制加热炉出口温度的方法来实现。 (√)

87. 重整反应压力波动时，应重点调节重整循环氢量。 (×)

**正确答案：** 重整反应压力波动时，应重点调节重整氢气外排量。

88. 重整反应的氢油比必须通过调节重整进料量的方法来调节。 (×)

**正确答案：** 氢油比可以通过调节重整循环氢量的大小来调节。

89. 加热炉炉管破裂时，应全关烟道挡板。 (×)

**正确答案：** 加热炉炉管破裂时，应全开烟道挡板。

90. 加热炉炉管干烧时，应立即熄加热炉，防止炉管烧穿。 (√)

91. 预加氢反应系统带明水时，对生产不会造成影响。 (×)

**正确答案：** 预加氢反应系统带明水时，重整要改精制油维持生产。

92. 重整催化剂硫中毒时辛烷值下降，此时为保证产品质量，重整各反应应提温操作。 (×)

**正确答案：** 重整催化剂硫中毒时辛烷值下降，提温效果不明显，为了保证硫尽快脱除，重整各反应应降温操作。

93. 重整催化剂氮污染后，导致辛烷值下降，可用提温的方法来保持汽油辛烷值。 (×)

**正确答案：** 重整催化剂氮污染后，导致辛烷值下降，最好降温操作，找出原因。

94. 重整催化剂重金属中毒时，应立即再生。 (×)

**正确答案：** 重整催化剂重金属中毒是永久性中毒，重整应立即停工换剂，并对污染管线进行酸洗，脱除重金属。

95. 精制油的干点最好在上游装置控制。 (√)

96. 重整系统过干，可采用增加注水，减少注氯的处理方法。 (√)

97. 重整催化剂“过氯”时，应该调整水－氯的注入量，使催化剂始终在水－氯平衡的状态下运行。 (√)

98. 重整停低压电时，首先各加热炉应熄火，防止重整各反超温造成催化剂积炭。 (√)

99. 重整径向反应器装填催化剂时，必须在挡板裙内壁和中心管之间加入封顶和沉降所需催化剂。 (√)

100. 重整催化剂预硫化时，预硫化剂应尽快注入到反应系统中。 (×)

**正确答案：** 重整催化剂预硫化剂应缓慢注入到反应系统中，注入时间掌握在1～2小时。

101. 在重整催化剂预硫化过程中，由于不会生成水，因此无需切除在线气中水和氢纯度分析仪。 (×)

**正确答案：** 在重整催化剂预硫化过程中，生成的硫化氢会腐蚀在线气中水和氢纯度分析仪的探头，因此必须切除。

102. 重整催化剂预硫化时，硫为催化剂吸附，但均为可逆吸附硫，进油后可逐渐解脱。 (×)

**正确答案：** 重整催化剂预硫化时，一小部分硫为催化剂吸附成为不可逆吸取附状态，而大部分硫呈可逆吸附硫，进油后可逐渐解脱。

103. 重整催化剂再生后的旧剂，不需要预硫化即可直接进油。 (×)

**正确答案：** 重整催化剂再生后的旧剂也需要预硫化。

104. 重整催化剂开工初期集中补氯时，应尽量在低温区间进行。 (√)

105. 重整催化剂的氯含量高低，一般可以从末反温降变化趋势判断出来。 (√)

106. 一、二、三反温降正常，四反温降偏小的原因是催化剂上的氯含量过高。 (√)

107. 重整催化剂氯化氧化的作用是使铂晶粒聚集，以发挥更好的金属活性。 (×)

**正确答案：** 重整催化剂氯化氧化的作用是使铂晶粒分散，以发挥更好的金属活性。

108. 重整催化剂再生干燥时，干燥气体中不能含氧。 (×)

**正确答案：** 重整催化剂再生干燥时，干燥气体中含氧可以促进催化剂上的金属颗粒分散。

109. 现行国家放射防护标准中规定：工作人员受到全身均匀的年剂量当量不超过50毫希伏特。 (√)

110. 在任何情况下，如果再生器处于黑烧状态，则不存在催化剂的移动，即氯化区、干燥区内催化剂不会带焦。 (×)

**正确答案：** 在任何情况下，如果再生器不处于黑烧状态，则不存在催化剂的移动，即氯化区、干燥区内催化剂不会带焦。

111. 再生系统补偿阀的作用是提供给闭锁料斗缓冲区的增压气体，使闭锁料斗区增压，同时保持闭锁料斗与L阀组间差压的稳定。 (√)

112. 粉尘的生成量与催化剂输送体系有关，而与再生器燃烧区的操作无关。 (×)

**正确答案：** 粉尘的生成量与催化剂输送体系和再生器燃烧区的操作有关。

113. 待生催化剂焦炭含量的推荐操作范围为0～10%(重)。 (×)

**正确答案：** 待生催化剂焦炭含量的推荐操作范围为3%～7%(重)。

114. 重整装置氢气提纯系统采用液态氨作为制冷剂，主要是因为液态氨价钱便宜。 (√)

115. 重整系统的水－氯平衡失调，不会导致粉尘收集器差压增大。 (×)

**正确答案：** 重整系统的水－氯平衡失调，导致催化剂强度降低；同时烧焦波动大，容易生成粉尘，间接导致粉尘收集器差压增大。

116. 闭锁料斗装料慢，主要是因为催化剂流动过快造成的。 (×)

**正确答案：** 闭锁料斗慢速装料可能因为催化剂提升波动大、料位指示偏差、闭锁料斗控制程序故障、输送管中存在烧结的催化剂块等。

117. 连续重整装置发生催化剂贴壁现象，影响最大的是反应器压力的波动。 (×)

**正确答案：** 连续重整装置发生催化剂贴壁现象，影响最大的是反应器内气体流速的波动。

118. 再生系统提升管堵的最佳处理方法，是对再生系统停车进行疏通。 (√)

119. 连续重整装置粉尘收集器差压增大，首先应降低催化剂循环速度。 (×)

**正确答案：** 连续重整装置粉尘收集器差压增大，首先应增加反吹频次。

120. 闭锁料斗快速装料再生热停车，应该检查原因后再开车。 (√)

121. 闭锁料斗出现慢速装料，首先应提高催化剂温度。 (×)

**正确答案：** 闭锁料斗出现慢速装料，首先应稳定催化剂提升差压，然后补偿阀进行自适应学习。

122. 常用的精馏塔板式塔盘有筛板塔、浮阀塔两种。 (×)

**正确答案：** 常用的精馏塔板式塔盘有筛板塔、浮阀塔、泡罩塔和喷射塔等。

123. 液液抽提与抽提蒸馏的主要工艺区别在于控制温度不同。 (×)

**正确答案：** 液液抽提与抽提蒸馏的主要工艺区别在于：前者是根据混合物组分的溶解度不同，后者是根据混合物组分的挥发度不同。

124. 溶剂的选择性β越大越好。 (√)

125. 汽提塔塔底蒸出了非芳的溶剂，称为贫溶剂。 (×)

**正确答案：** 汽提塔塔底蒸出了芳烃的溶剂，称为贫溶剂。

126. 抽提塔塔底吸收了芳烃的溶剂称为富溶剂。 (√)

127. 汽提塔的作用是将芳烃和非芳分离。 (×)

**正确答案：** 汽提塔的作用是将芳烃汽提出来。

128. 回流芳烃量越大，芳烃纯度越高，芳烃的回收率下降。 (√)

129. 由于溶剂的分解温度远远高于其沸点温度，所以溶剂需要在减压条件下进行蒸馏。 (×)

**正确答案：** 由于溶剂的分解温度远远低于其沸点温度，所以溶剂需要在减压条件下进行蒸馏。

130. 二甲苯塔底温度高则二甲苯干点高。 (√)

131. 随着操作温度的升高，溶剂的溶解能力随之上升。 (×)

**正确答案：** 在一定温度范围内，溶剂的溶解能力会随温度的升高而上升。

甲苯塔温差波动大，会造成二甲苯的终馏点不合格。 (×)

**正确答案：** 甲苯塔温差波动大，会造成二甲苯的初馏点不合格。

132. 苯初馏点不合格的原因是芳烃含杂质高。 (√)

133. 抽提进料中断的处理中，芳烃、非芳不需要改。 (×)

**正确答案：** 抽提进料中断的处理中，芳烃、非芳需要改入中间罐。

## 单选题

1. 不属于新装置“三查四定”中“四定”内容的是( D )。

A. 定任务　B. 定人员　C. 定措施　D. 定设计

2. 重整汽油的50%馏出点说明汽油在发动机中的( B )。

A. 启动性能的好坏　B. 加速性能的好坏
C. 蒸发完全程度　D. 工作稳定性能的好坏

3. 重整水－氯平衡助剂的添加原则是( D )。

A. 大流量、短时间　B. 小流量、短时间
C. 大流量、不间断　D. 小流量、不间断

4. 关于预加氢催化剂装填的做法，下列操作正确的是( D )。

A. 催化剂开盖后直接倒入反应器　B. 洒落的催化剂应回收并装入反应器
C. 所有规格瓷球装填完毕后再耙平　D. 催化剂床层每上升1米耙平一次

5. 催化剂装填时，要求催化剂的自由落体高度小于1m的原因是( C )。

A. 减少催化剂吸水量　B. 防止催化剂污染
C. 防止催化剂破碎　D. 防止催化剂浪费

6. 以生产高辛烷值汽油为目的的催化重整装置，其原料的馏程一般控制在( B )℃。

A. 40～180　B. 80～180　C. 40～230　D. 80～230

7. 以生产芳烃为目的的催化重整装置，其原料的理想组分为( B )。

A. $C_5 \sim C_{10}$　　B. $C_6 \sim C_9$　　C. $C_6 \sim C_{10}$　　D. $C_5 \sim C_{11}$

8. 下列金属中，不能用做重整催化剂金属助剂的是( D )。

A. 铼　　B. 锡　　C. 铱　　D. 铜

9. 重整催化剂中添加金属铼的主要作用是( A )。

A. 减少催化剂结焦、增强其稳定性　　B. 增强催化剂加氢功能

C. 增强催化剂酸性功能　　D. 增强催化剂的选择性

10. 重整催化剂中添加金属锡的作用是( B )。

A. 减少催化剂结焦　　B. 促进脱氢环化选择性的改善

C. 提高催化剂稳定性　　D. 提高催化剂裂解性能

11. 降低汽油的雷德蒸汽压的关键，是从汽油组分中除去( D )。

A. 甲烷　　B. 乙烷　　C. 丙烷　　D. 丁烷

12. 水对预加氢催化剂的危害是( C )。

A. 破坏其选择性　　B. 破坏其稳定性

C. 破坏其机械强度　　D. 破坏其酸性中心

13. 加热炉烘炉时，炉膛 150℃恒温的目的是( A )。

A. 除去自然水　　B. 除去结晶水

C. 使耐火胶泥充分烧结　　D. 除去自然水和结晶水

14. 加热炉烘炉时，炉膛 320℃恒温的目的是( B )。

A. 除去自然水　　B. 除去结晶水

C. 使耐火胶泥充分烧结　　D. 除去自然水和结晶水

15. 预加氢装置开工升温过程中，预加氢反应系统恒温热紧的温度是( C )℃。

A. 120　　B. 150　　C. 250　　D. 300

16. 催化剂活性是指催化剂( A )的能力。

A. 改变反应　　B. 促进目的反应　　C. 保持反应　　D. 保持再生性能

17. 催化剂的选择性越好，促进主反应的能力( A )，副反应( A )。

A. 越好、越少　　B. 越差、越少　　C. 越好、越大　　D. 越差、越大

18. 催化剂稳定性是指催化剂( C )的能力。

A. 加速反应　　B. 促进目的反应　　C. 保持反应　　D. 保持再生性能

19. 预加氢催化剂预硫化的目的是( B )。

A. 抑制催化剂初期过高的活性　　B. 促使催化剂具有更高的活性

C. 抑制催化剂的积炭度　　D. 使催化剂的双功能分配更好

20. DMDS( 二甲基二硫醚 )的分解温度为( B )℃。

A. 175　　B. 200　　C. 225　　D. 250

21. $CS_2$( 二硫化碳 )的分解温度为( A )℃。

A. 175　　B. 200　　C. 225　　D. 250

22. 重整反应系统注水、注氯的目的是( C )。

A. 减缓设备腐蚀　　B. 阻缓设备结垢

C. 保持系统水－氯平衡　　D. 防止重整催化剂中毒

23. 重整催化剂金属活性功能主要由( A )提供。

A. 铂 B. 氯 C. 载体 D. 助金属

24. 重整环烷脱氢反应主要借助重整催化剂的( A )。

A. 金属功能 B. 酸性功能

C. 载体功能 D. 裂化功能

25. 催化重整装置所使用的热载体一般是( C )。

A. 常压直馏汽油 B. 中压蒸汽

C. 精制柴油 D. 除盐水

26. 搞好重整装置水－氯平衡的目的是( B )。

A. 减缓设备腐蚀 B. 保证催化剂使用性能

C. 防止催化剂中毒 D. 减缓设备结垢

27. 欧Ⅱ标准规定的车用汽油硫含量为 ( D )mg/kg。

A. ≯50 B. ≯150 C. ≯200 D. ≯500

28. 欧Ⅱ标准规定的车用汽油苯含量为( C )。

A. ≯1(v/v)% B. ≯2.5(v/v)% C. ≯5(v/v)% D. ≯8(v/v)%

29. 欧Ⅲ的标准规定：车用汽油的苯含量为( A )。

A. ≯1(v/v)% B. ≯2.5(v/v)% C. ≯5(v/v)% D. ≯8(v/v)%

30. 欧Ⅲ的标准规定：车用汽油的硫含量为( B )mg/kg。

A. ≯50 B. ≯150 C. ≯200 D. ≯500

31. 预加氢蒸发脱水塔底精制油分析合格，但发现重整催化剂硫中毒，可能是因为( C )造成的。

A. 预加氢脱硫剂饱和 B. 蒸发脱水塔操作不稳

C. 蒸发脱水塔进料换热器内漏 D. 预加氢进料换热器内漏

32. 下列重整操作参数中，对汽油辛烷值影响最大的是( A )。

A. 重整反应温度 B. 重整反应压力 C. 重整反应氢油比 D. 重整反应空速

33. 重整反应系统的液收会随着重整反应压力的下降而( A )。

A. 上升 B. 下降 C. 不变 D. 无法确定

34. 为了维持重整反应系统的水－氯平衡，提高重整反应温度时注氯量要相应( B )。

A. 减小 B. 增大 C. 保持不变 D. 不注

35. 预分馏塔一般采用的进料方式是( C )。

A. 露点进料 B. 沸点进料 C. 泡点进料 D. 过冷进料

36. 氢气一次通过式预加氢装置的特点是( A )。

A. 重整产氢纯度得到提高 B. 精制油杂质含量少

C. 预加氢系统流程复杂 D. 适用预加氢原料杂质含量高的装置

37. 正常生产时，重整各反应器温降分布趋势是( A )。

A. 依次递减 B. 依次递增 C. 上下相同 D. 无法确定

38. 汽包排污有间排，连排两种，其作用为( A )。

A. 连排排悬浮物，间断排沉淀物 B. 连排排沉淀物、间断排悬浮物

C. 连排、间排都排悬浮物 D. 连排、间排都排沉淀物

39. 重整氢气再接触部分的任务，是将重整产氢与重整生成油再一次进行气液接触，并经( C )、深冷分离，使产氢中的( C )组分溶于油相中，以达到提高氢纯度的目的。

A. 高压、$C_2^+$　　B. 低压、$C_2^+$　　C. 高压、$C_3^+$　　D. 低压、$C_3^+$

40. 重整氢气再接触部分设置氨冷冻的作用是( A )。

A. 提高重整的副产氢纯度　　B. 改变副产氢的相态

C. 提高汽油蒸汽压　　D. 减少氢气损耗

41. 正常生产时，连续重整反应系统注硫的目的是( C )。

A. 催化剂硫化　　B. 提高汽油收率

C. 防止积炭　　D. 提高催化剂活性

42. 分馏塔吹扫时，下列做法错误的是( D )。

A. 分馏塔连接的管线要卡开吹扫　　B. 分馏塔玻璃液位计要吹扫

C. 分馏塔压力表引压管要吹扫　　D. 分馏塔安全阀要吹扫

43. 腐蚀性介质是指对所用管材腐蚀率大于等于( B )mm/a 的介质。

A. 0.05　　B. 0.10　　C. 0.20　　D. 0.50

44. 重整催化剂烧焦的目的是( D )。

A. 使催化剂金属颗粒分散　　B. 烧去催化剂上的硫

C. 烧去催化剂上的重金属　　D. 烧去催化剂上的积炭

45. 重整催化剂再生烧焦是从( C )阶段开始的。

A. 低温、高氧　　B. 高温、高氧　　C. 低温、低氧　　D. 高温、低氧

46. 重整催化剂氯化更新的目的是( B )。

A. 烧去催化剂上尚未烧尽的积炭　　B. 使还原态铂变成氧化态并重新分散

C. 使还原态金属变成有更高活性的氧化态　D. 防止重整催化剂上铂金属跑损

47. 再生重整催化剂还原的目的是( B )。

A. 抑制催化剂初期较高的金属活性

B. 将氧化态催化剂还原成金属态，使催化剂具有更高的活性

C. 促使催化剂上的金属与氯更好的结合

D. 促使重整催化剂上的金属晶粒分散

48. 一般情况下，离心泵的流量增加，扬程( B )。

A. 上升　　B. 下降　　C. 不变　　D. 无法判断

49. 调节离心泵的流量时，为了达到节能目的，可采用( A )。

A. 变频电机调节　　B. 切割叶轮改变泵特性

C. 减少叶轮级数改变泵特性　　D. 堵塞叶轮部分入口改变泵特性

50. 关于离心泵比转数的说法，下列表述正确的是( A )。

A. 通常取泵具有最大流量时的比转数作为泵的比转数

B. 同一台泵在不同工况下具有相同的比转数

C. 扬程大流量小的泵，其比转数越大

D. 扬程小流量大的泵，其比转数小

51. 关于电动机的工作原理，下列说法错误的是( D )。

A. 电动机的主要工作部分是转子

B. 电动机定子绕组互成 90℃，通过三相交流电后能产生旋转磁场
C. 若把三相电源的三条线中任何两面条线人位置对调一下就改变旋转磁场的方向，而转子的方向也就改变
D. 电动机只能用交流电，而不能用直流电

52. 关于往复泵正常运行时的流量调节，下列说法正确的是( C )。
A. 通过调节往复泵的出口阀来调节流量
B. 通过往复泵的进口阀来调节流量
C. 通过调节旁路阀的开度来调节流量
D. 通过调节往复泵的电机功率转速来调节流量

53. 关于加热炉理论空气量的概念，下列说法正确的是( B )。
A. 加热炉炉膛所能容纳的空气量为理论空气量
B. 燃料完全燃烧所需的空气量为理论空气量
C. 燃料燃烧所耗费的空气量为理论空气量
D. 进入加热炉炉膛的实际空气量

54. 关于加热炉过剩空气系数的说法，下列叙述错误的是( A )。
A. 进入炉膛的理论空气量与实际空气量之比叫做加热炉过剩空气系数
B. 进入炉膛的实际空气量与理论空气量之比叫做加热炉过剩空气系数
C. 通常烧燃料油时过剩空气系数为 1.3 左右
D. 通常烧燃料气时过剩空气系数为 1.2 左右

55. 加热炉炉壁最内层的是( C )。
A. 保温层　B. 保护层　C. 耐火层　D. 防水层

56. 下列不属于填料塔基本结构的是( B )。
A. 塔体　B. 塔板　C. 支座　D. 除沫器

57. 关于填料的基本要求，下列说法错误的是( B )。
A. 具有大的比表面积　B. 不易被液体湿润
C. 不易引起偏流　D. 空隙要大

58. 关于浮阀塔的说法，下列表述正确的是( A )。
A. 浮阀塔板上开有正三角形的阀孔
B. 浮阀没气通过时是紧贴塔板面的
C. 浮阀塔的压力降比泡罩塔小
D. 浮阀塔板对物料的适应性比筛板塔板差

59. 下列塔板形式中，压降最大的是( B )。
A. 筛板塔板　B. 泡帽塔板　C. 浮阀塔板　D. 网孔塔板

60. 填料塔盘的压力降比浮阀塔盘的压力降( B )。
A. 高　B. 低　C. 相等　D. 不确定

61. 对于筛板塔来讲，其结构确定，则其分离效果主要取决于( B )。
A. 筛板上的液层高度　B. 蒸汽速度　C. 汽液接触时间　D. 液面梯度

62. 对于筛板塔，能影响其汽液接触时间的是( B )。
A. 筛板塔筛孔的大小　B. 筛板上的液层高度

C. 蒸汽流速　　D. 液面梯度

63. 当换热器确定后，可明显提高两流体传热平均推动力的流向是( B )。

A. 并流　　B. 逆流　　C. 折流　　D. 无法确定

64. 以下不属于离心式压缩机主要性能参数的是( D )。

A. 流量　　B. 功率　　C. 出口压强　　D. 吸入口压强

65. 离心式压缩机流量调节中，最节能的方法是( C )。

A. 入口阀节流　　B. 放空调节　　C. 改变转速　　D. 出口阀节流

66. 下列选项中，不会造成离心式压缩机喘振的是( D )。

A. 压缩机入口流量过小　　B. 压缩机入口压力低

C. 压缩机出口阀关闭过快　　D. 压缩机入口温度高

67. 当转子升速将达临界转速时，为保转子安全，应( C )。

A. 缓慢升速，慢慢通过临界转速

B. 立即停止升速，不使转子达到临界转速

C. 快速升速，迅速通过临界转速

D. 正常升速，平稳通过临界转速

68. 关于离心压缩机的启动前的准备工作，下列说法正确的是( C )。

A. 投用润滑油系统，应保证轴承部分的润滑油压力稳定且达到 1 ~ 1.5MPa

B. 控制进入各轴承的润滑油油温在 45 ~ 75℃

C. 高位油箱中应充满润滑油

D. 密封油系统暂不投用，待机组运转正常后再投用

69. 预加氢反应器一般选用的材质是( A )。

A. 铬钼钢　　B. 高温钢　　C. 耐腐蚀钢　　D. 碳钢

70. 有关轴流式压缩机的说法，下列表述正确的是( C )。

A. 气体沿径向流动　　B. 主要用于大流量、中高压力场合

C. 效率比离心式压缩机高　　D. 对气体中杂质不敏感,叶片不易磨损

71. 关于轴向反应器的结构，下列说法正确的是( A )。

A. 物料通过催化剂床层时是沿着与反应器轴向平行的方向

B. 物料通过催化剂床层时是沿着与反应器径向平行的方向

C. 反应物通过床层时的压降低

D. 结构复杂

72. 往复式压缩机活塞环开口间隙的主要作用是( B )。

A. 增加密封　　B. 防止热膨胀　　C. 安装方便　　D. 便于生产

73. 关于压力表引压管的描述，下列说法错误的是( A )。

A. 引压管的内径一般为 10 ~ 20mm 长度方面基本上要尽量短

B. 为了便于管线和压力表的维修，通常在取压点附近装有切断阀

C. 引压管水平安装时应保证有 1:10 ~ 1:20 的倾斜度

D. 当测量液体压力时在引压系统最高处应装设集气器

74. 下列阀门中，适用于高温高压场合的是( B )。

A. 球阀　　B. 闸阀　　C. 蝶阀　　D. 截止阀

75. 下列不属于往复式压缩机日常维护内容的是( D )。

A. 检查气路系统　　B. 检查润滑系统

C. 检查辅助设备　　D. 检查汽缸余隙

76. 离心式压缩机日常维护中，不需要监控的参数是( D )。

A. 润滑油温度　　B. 转速

C. 机组的振动　　D. 离心式压缩机的进出口压差

77. 下列所做的工作中，不属于塔设备日常维护范围内的是( C )。

A. 更换塔顶压力表　　B. 检查塔基础是否下沉

C. 塔板清垢　　D. 检查塔体腐蚀情况

78. 下列各项工作中，不属于加热炉日常维护内容的是( D )。

A. 检查加热炉炉膛负压情况　　B. 检查加热炉燃烧器燃烧情况

C. 检查加热炉进料偏流情况　　D. 检查加热炉炉管减薄情况

79. 下列各项工作中，不属于换热器日常维护内容的是( D )。

A. 检查换热器出入口温差　　B. 检查换热器出入口压差

C. 更换换热器压力表、温度计　　D. 清洗换热器管束

80. 关于压力表的检验和维护，下列描述错误的是( A )。

A. 压力表出厂前已经过生产厂的检测，所以使用前不需要重新校验

B. 压力表的检验和维护，应符合国家计量部门的有关规定

C. 压力表的检定应按照其检定规程进行

D. 压力表检验合格后应加铅封

81. 对于内部介质是有刺激性、易燃易爆、有毒、温度和压力不高的气体且密封要求较严的管道，应采用( B )连接(如 $NH_3$)。

A. 平焊法兰　　B. 凹凸面法兰

C. 榫槽面法兰　　D. 对焊法兰

82. 下列选项中，不属于离心式压缩机组试运转的目的是( C )。

A. 检查各运动机构的跑合情况　　B. 检验机组各部的振动情况

C. 检查各部的外观情况　　D. 检查机组润滑系统严密性

83. 关于往复压缩机出口排气温度高的原因，下列叙述错误的是( C )。

A. 冷却水中断　　B. 汽缸阀片损坏

C. 压缩机入口压力高　　D. 活塞磨损

84. 下列情况中，可能发生离心泵物料反窜事故的是( D )。

A. 离心泵电机反相　　B. 离心泵汽蚀

C. 离心泵抱轴　　D. 离心泵出口单向阀失效

85. 关于重整催化剂硫中毒的现象，下列叙述错误的是( A )。

A. 反应总温降下降、但一反温降上升　　B. 循环氢纯度下降

C. 产氢量下降　　D. 汽油辛烷值下降

86. 关于重整催化剂氮中毒的现象，下列叙述错误的是( C )。

A. 重整汽油芳烃含量下降　　B. 循环氢纯度提高

C. 稳定塔顶气量增加　　D. 汽油辛烷值下降

87. 重整换原料后发现一反温降上升、循环氢纯度提高、但汽油辛烷值下降，造成这种现象的原因有可能是( B )。

A. 重整催化剂硫中毒　　B. 重整催化剂氮中毒

C. 重整催化剂砷中毒　　D. 重整原料芳烃潜含量上升

88. 下列选项中，会造成重整催化剂永久性中毒的是( B )。

A. As，Pb，S，Na　　B. As，Cu，Na，Co

C. As，Na，N，Cu　　D. As，Cu，S，Na

89. 关于重整反应进料的初馏点低的影响，下列叙述正确的是( C )。

A. 造成重整汽油蒸汽压下降　　B. 造成汽油辛烷值上升

C. 初馏点低，加快重整催化剂的积炭速率　　D. 造成重整系统水－氯平衡失调

90. 重整反应系统进料的干点过高的危害有( A )。

A. 加快重整催化剂的积炭速率　　B. 造成重整循环氢带液

C. 造成汽油辛烷值下降　　D. 造成重整循环压缩机负荷增大

91. 关于重整高压分离器温度过高的现象，下列叙述错误的是( D )。

A. 重整循环氢纯度下降　　B. 重整循环机流量增大

C. 重整循环机负荷增大　　D. 重整高分液面下降

92. 关于重整反应系统"过干"时的现象，下列叙述正确的是( B )。

A. 循环氢纯度上升　　B. $C_5^+$ 液收降低

C. 反应总温降上升　　D. 生成油芳烃含量降低

93. 重整反应系统"过湿"的现象有( B )。

A. 汽油辛烷值增加　　B. 稳定塔顶气量减少

C. 氢纯度下降　　D. $C_5^+$ 液收减少

94. 关于重整反应系统"缺氯"时的现象，下列叙述正确的是( A )。

A. 循环氢纯度上升　B. 稳定塔顶气量增加

C. 汽油辛烷值上升　　D. $C_5^+$ 液收减少

95. 关于离心机发生喘振时的现象，下列叙述错误的是( D )。

A. 机组噪音大　　B. 出入口流量大幅波动

C. 机组振动大　　D. 出口压力大大上升

96. 关于重整反应系统提高氢油比的操作，下列叙述正确的是( A )。

A. 有利于加氢裂化反应　　B. 有利于直链烷烃异构化反应

C. 会增加重整催化剂积炭　　D. 有利于降低重整系统能耗

97. 重整装置正常生产时，反应总温降增大，说明( C )。

A. 烯烃饱和反应增加　　B. 加氢裂化反应增加

C. 芳构化反应增加　　D. 生焦反应增加

98. 重整反应系统高压操作的不利之处是( A )。

A. 对辛烷值的提高不利　　B. 加速重整催化剂的积炭

C. 造成加热炉负荷增大　　D. 造成重整循环氢纯度下降

99. 重整进料空速增大，对下列反应影响不大的是( D )。

A. 加氢裂化反应　　B. 异构化反应

C. 烷烃脱氢环化反应　　D. 六员环烷脱氢反应

100. 从炉管内油品的压力损失可以初步判断出( A )。

A. 炉管结焦程度　B. 炉温的波动程度　C. 产品的合格率　D. 炉管烧穿程度

101. 下面选项中，会造成加热炉炉管结焦的是( A )。

A. 加热炉进料突然中断　　B. 加热炉进料量大

C. 加热炉进料温度高　　D. 加热炉炉出口温度高

102. 关于预加氢原料带水的现象，下列描述错误的是( D )。

A. 反应加热炉出口温度下降　　B. 预加氢反应入口温度突然下降

C. 催化剂床层温度突然下降　　D. 预加氢反应温升突然上升

103. 系统循环水中断时，不会发生的现象是( D )。

A. 各水冷后温度全面升高　　B. 各回流罐，分液罐排气量增大

C. 各回流罐，分液罐压力超高　　D. 各加热炉出口温度上升

104. 造成重整汽油的蒸汽压偏高的原因是( B )。

A. 稳定塔底温度过高　　B. 稳定塔顶回流量过大

C. 稳定塔的操作压力过高　　D. 汽油稳定塔顶温度偏高

105. 当催化重整装置停低压电时，会出现的现象是( A )。

A. 在运行低压机泵停运　　B. 装置所有在运机泵停运

C. 循环氢压缩机停　　D. 新鲜水中断

106. 离心式压缩机止推轴承间隙偏小的危害有( B )。

A. 振动加剧　　B. 止推轴承温度升高

C. 润滑油压升高　　D. 流量下降

107. 下面选项中，不可能造成压缩机润滑油压力低的原因是( D )。

A. 润滑油过滤器堵塞　　B. 润滑油油温升高

C. 主油箱油位过低　　D. 高位油箱油位低

108. 重整出现 DCS 黑屏故障时，应采取的措施是( D )。

A. 停运反应加热炉　　B. 立即停循环机

C. 立即停进料　　D. 立即到现场监视各关键部位

109. 关于往复式压缩机汽缸振动过大，下列处理错误的是( D )。

A. 调整支撑间隙　　B. 活塞杆磨损，更换

C. 紧固好配管　　D. 减小排气量

110. 离心机发生喘振后，下列工艺调整错误的是( D )。

A. 适当提高压缩机循环量　　B. 适当提高压缩机入口压力

C. 适当降低压缩机转速　　D. 适当关闭压缩机出口阀

111. 低压电晃电时，如原料泵发生物料反窜事故，应采取的措施是( C )。

A. 立即开备用泵　　B. 立即熄加热炉

C. 立即关闭泵出入口阀　　D. 立即开主泵

112. 重整反应温度过高时，应采取的措施有( A )。

A. 减少重整各反加热炉燃料气量　　B. 降低重整反应空速

C. 提高重整反应压力　　D. 提高重整反应氢油比

113. 重整反应压力过低时，应采取的措施是( C )。
A. 提高重整高分温度
B. 提高重整循环氢纯度
C. 减少重整氢气外排量
D. 增加重整循环氢量

114. 重整反应系统调节氢油比时，主要应调节( C )。
A. 重整反应进料量
B. 重整高分压力
C. 重整循环氢量
D. 重整循环氢纯度

115. 重整进料换热器内漏时，下列处理正确的是( B )。
A. 停用走副线
B. 停工堵漏
C. 提反应温度
D. 带压堵漏

116. 如重整反应加热炉炉管破裂时，下列处理错误的是( C )。
A. 全开加热炉烟道挡板
B. 重整反应系统立即切断进料
C. 炉管内立即通入蒸汽置换
D. 立即通入炉膛吹扫蒸汽

117. 重整反应加热炉炉管干烧时，下列处理错误的是( D )。
A. 加热炉立即熄火
B. 炉膛立即通入蒸汽
C. 烟道挡板全开降温
D. 炉管内立即通入蒸汽置换

118. 循环氢压缩机润滑油温度高时，下列处理错误的是( D )。
A. 降低循环冷却水水温
B. 关小润滑油油箱伴热
C. 调节润滑油出口冷却器，以降低油温
D. 减小油箱润滑油液面

119. 离心机润滑油温过低的危害是( C )。
A. 润滑油承载能力降低
B. 易引起润滑油碳化
C. 易引起油膜振荡
D. 润滑油黏性降低

120. 离心机润滑油温过低时，可以采取的措施是( A )。
A. 投用电加热器
B. 开大冷油器冷却水量
C. 用蒸汽加热润滑油
D. 降低润滑油循环量

121. 重整催化剂硫中毒时，下列处理方法错误的是( D )。
A. 重整各反降温操作
B. 重整反应系统增加注氯
C. 搞好预加氢系统操作，保证精制油质量
D. 立即更换重整催化剂

122. 重整催化剂重金属中毒时，应采取的措施有( D )。
A. 重整反应系统降温操作
B. 搞好重整催化剂再生
C. 重整反应系统提温操作
D. 停工更换重整催化剂

123. 当精制油初馏点偏高时，下列处理正确的是( D )。
A. 提高蒸发脱水塔塔顶温度
B. 提高蒸发脱水塔塔底温度
C. 提高蒸发脱水塔回流罐压力
D. 增加预加氢拔头油外排量

124. 重整反应系统过干时，下列处理正确的是( D )。
A. 反应系统增加注氯、注水量
B. 减少注氯、注水量
C. 增加注氯量、减少注水量
D. 减少注氯量、增加注水量

125. 重整反应系统“过氯”时，下列处理正确的是( D )。
A. 增加注氯、增加注水
B. 减少注氯、减少注水
C. 增加注氯、减少注水
D. 减少注氯、增加注水

126. 重整反应系统“过湿”时，下列处理正确的是( C )。
A. 增加注氯、注水量
B. 减少注氯、注水量

C. 增加注氯量、减少注水量　　D. 减少注氯量、增加注水量

127. 重整反应循环气中水含量超标时，下列处理正确的是( A )。

A. 增加注氯量　　B. 减少注氯量

C. 提高反应温度　　D. 降低反应压力

128. 重整反应系统“缺氯”时，下列处理正确的是( C )。

A. 增加注氯、注水量　　B. 减少注氯、注水量

C. 增加注氯量、减少注水量　　D. 减少注氯量、增加注水量

129. 重整反应加热炉燃料突然中断时，下面处理是错误的是( B )。

A. 立即停重整反应进料　　B. 立即停重整循环氢压缩机

C. 立即停炉通入炉膛蒸汽　　D. 查明原因、准备重新点炉

130. 催化重整装置长时间停循环水时，下列处理错误的是( B )。

A. 立即熄各反加热炉　　B. 立即停循环氢压缩机

C. 立即停重整反应进料　　D. 尽可能保持循环压缩机的运行

131. 往复式压缩机的排气温度不允许超过( D )℃。

A. 110　　B. 120　　C. 135　　D. 150

132. 催化重整装置停低压电时，下面处理错误的是( D )。

A. 各加热炉立即熄火　　B. 重整反应系统保压

C. 重整循环氢压缩机尽量保持全量循环　　D. 重整反应系统改柴油加氢尾氢置换

133. 在装配图中，零件明细栏应紧接着标题栏的上方，按( A )的顺序填写。

A. 由下而上　　B. 由上而下　　C. 由左而右　　D. 由右而左

134. 径向反应器的中心管和扇形筒上的孔应比催化剂的直径( B )。

A. 稍大　　B. 稍小　　C. 相等　　D. 不确定

135. 半再生重整装置铂铼重整催化剂的预硫化的温度在( C )。

A. 180～200℃左右　　B. 270～320℃左右

C. 370～420℃左右　　D. 480～520℃左右

136. 铂铼系列重整催化剂预硫化是为了( D )。

A. 提高催化剂活性

B. 提高催化剂选择性

C. 提高催化剂稳定性

D. 抑制催化剂初期过高的加氢裂化活性

137. 一般来说，不同铼含量的催化剂的注硫量( C )。

A. 铼越高注硫量越小　　B. 相同

C. 铼越高注硫量越大　　D. 无法确定

138. 某重整装置装填催化剂 10t，催化剂硫化量为 0.12%，应注二甲基二硫( D )kg。

A. 1.20　　B. 8.16　　C. 12.00　　D. 17.60

139. 重整装置开工初期系统水含量较高，此时应采取( B )的措施。

A. 重整反应升温　　B. 集中补氯　　C. 集中补水　　D. 补硫

140. 随着重整反应温度升高，催化剂所需的平衡氯含量是( B )。

A. 上升的　　B. 下降的　　C. 不变的　　D. 无法确定

141. 随着重整反应温度升高，催化剂保持氯的能力是( C )，注氯量是( C )。

A. 不变的、不变的　　B. 上升的、减少的

C. 下降的、增加的　　D. 均无法确定

142. 重整末反温降变大高的主要原因是( C )。

A. 催化剂硫中毒　　B. 原料芳烃潜含量高

C. 催化剂氯含量偏低　　D. 反应温度较低

143. 重整末反温降减少的主要原因是( B )。

A. 催化剂硫中毒　　B. 催化剂氯含量偏高

C. 原料芳烃潜含量低　　D. 反应温度较低

144. 重整催化剂停工后需再生，停工前几天，重整系统注氯应( C )。

A. 不注　　B. 减小　　C. 增大　　D. 保持不变

145. 重整催化剂氯化时，一般氯化温度控制在( D )。

A. 370℃左右　　B. 420℃左右　　C. 450℃左右　　D. 490℃左右

146. 重整催化剂氯化氧化时应在( D )下进行。

A. 低温低氧环境　　B. 高温低氧环境

C. 低温高氧环境　　D. 高温高氧环境

147. 重整催化剂的活性组元铂，在氯化区存在的形式是( A )。

A. 氧化态　　B. 还原态　　C. 单质态　　D. 氯化态

148. 重整催化剂再生干燥初期要求的环境条件是( A )。

A. 低温低氧环境　　B. 高温低氧环境

C. 低温富氧环境　　D. 高温富氧环境

149. 重整催化剂还原时的还原介质为( C )。

A. 空气　　B. 氮气　　C. 氢气　　D. 氧气

150. 连续重整装置再生核料位仪的射线为( C )。

A. 紫外线　　B. $\alpha$射线　　C. $\gamma$射线　　D. X射线

151. 再生系统催化剂由黑烧过渡到白烧过程中，烧焦峰下部温度突升，则应( A )。

A. 改回黑烧　　B. 继续改白烧　　C. 保持现状　　D. 热停车

152. 再生系统催化剂的循环量由( D )决定。

A. 闭锁料斗的容纳量

B. 催化剂的循环频次

C. 催化剂提升气量

D. 闭锁料斗的容纳量和催化剂的循环频次

153. 关于硫对连续重整催化剂的作用，下列描述正确的是( C )。

A. 只能导致催化剂中毒　　B. 加速氢解反应

C. 抑制氢解反应和削弱脱氢反应　　D. 增强脱氢反应

154. 连续重整装置再生催化剂氯含量要求为( D )。

A. 0.3%～1%　　B. $\ngtr$1.5%　　C. $\nless$1.5%　　D. 1.1%～1.3%

155. 重整装置氢气提纯系统的冷却剂为( C )。

A. 氟里昂　　B. 环丁砜　　C. 液态氨　　D. 液态空气

156. V形阀门阀芯为( B )型。

A. 梯形　B. 球形　C. 方形　D. 板型

157. B型阀门球芯的孔为( D )。

A. 全径　B. 非全径　C. B形　D. 全径和非全径

158. G型阀门是( B )座球阀。

A. 单　B. 双　C. 三　D. 四

159. 闭锁料斗快速装料的主要现象为( D )。

A. 一次气减少　B. 二次气量减少

C. 下部料位指示满过快　D. 上部料位指示满过快

160. 闭锁料斗慢速装料的主要现象为( A )。

A. 上部料位指示满过慢　B. 下部料位指示满过慢

C. 二次气量减少　D. 一次气减少

161. 再生系统氢烃分析仪的作用为( D )。

A. 分析监测再生气中的污染物　B. 分析监测干燥空气中的污染物

C. 分析监测再生排放气中的污染物　D. 分析监测氮气总管中的污染物

162. 再生系统氢烃分析仪报警，则( C )。

A. 快速装料报警　B. 快速卸料报警　C. 再生停车　D. 再生不停车

163. 连续重整装置发生催化剂贴壁的主要现象为( A )。

A. 某个反应器温降下降，下一个反应器温降上升

B. 总温降较大下降

C. 催化剂烧焦峰面温度下降

D. 催化剂提升差压下降

164. 再生系统提升差压偏大，而循环速率稍低于设定值，应( D )。

A. 关闭V阀　B. 降低提升温度

C. 降低循环速率设定值　D. 暂时增大提升气量

165. 再生催化剂提升差压偏大、循环速率低于设定值，而还原段料位下降快，应( C )。

A. 降低循环速率设定值　B. 降低待生提升速度

C. 再生热停车，疏通　D. 再生冷停车

166. 连续重整装置粉尘收集器差压增大，首先应( A )。

A. 增加反吹频次　B. 降低除尘氮气量

C. 停车拆洗　D. 降低催化剂的循环速率

167. 连续重整装置粉尘收集器差压增大，拆洗过滤带，必须( B )。

A. 保持再生运行　B. 再生停车，泄压

C. 置换为氧气工况　D. 增加重整的反应苛刻度

168. 若出现闭锁料斗出现慢速装料的现象，则应该( A )。

A. 观察差压是否波动大　B. 检查氧含量是否平稳

C. 减少二次气量　D. 减少一次气

169. 闭锁料斗出现上部料位经常指示满过慢，处理措施为( B )。

A. 快速装料报警　B. 检查料位仪

C. 再生冷停车　　D. 慢速卸料报警

170. 常用的精馏板式塔盘的类型有筛板塔、( A )和泡罩塔和喷射塔等。

A. 浮阀塔　　B. 减压塔　　C. 填料塔　　D. 精馏塔

171. 液液抽提与抽提蒸馏工艺，最根本的区别在于( D )。

A. 两者使用的溶剂不同

B. 前考根据沸点的差异，后者根据溶解度的不同

C. 两考操作温度不同

D. 前者根据混合物组分的溶解度的差异，后者根据混合物组分的挥发度的不同

172. 当溶剂的选择性 $\beta = 1$ 时，说明( D )。

A. 芳烃与溶剂不能互溶　　B. 非芳比芳烃的溶解性好

C. 芳烃比非芳的溶解性好　　D. 芳烃和非芳不能分离

173. 当液液抽提溶剂的选择性 $\beta > 1$ 时，说明( A )。

A. 溶剂对芳烃的溶解性强　　B. 所选溶剂不适合

C. 溶剂对非芳溶解性强　　D. 芳烃与非芳不能分离

174. 抽提塔底溶有芳烃的溶剂叫( B )。

A. 贫剂　　B. 富剂　　C. 重液　　D. 提取油

175. 汽提塔压力上升会造成( A )、汽液平衡被破坏、贫溶剂带油等。

A. 芳烃与富溶剂不易分离　　B. 富溶剂与非芳不易分离

C. 非芳不合格　　D. 测线泡芳烃

176. 溶剂再生在减压条件下进行，主要目的是( A )。

A. 防止溶剂分解　　B. 操作方便　　C. 降低成本　　D. 溶剂纯度高

177. 抽提塔进料口位置的选择，主要是根据( D )进行调节的。

A. 进料温度　　B. 原料组成中烯烃含量

C. 原料含水量　　D. 原料组成中芳烃含量

178. 二甲苯塔底操作温度高，会导致二甲苯( C )。

A. 干点偏低　　B. 初馏点不合格　　C. 干点偏高　　D. 收率低

179. 二甲苯塔回流量小，冷后温度高，造成二甲苯( A )。

A. 干点高　　B. 初馏点不合格　　C. 干点低　　D. 比色不合格

180. 抽余油水洗塔上循环量的作用，是使抽余液在水洗塔内有一个较稳定的( A )，避免水洗效果受到抽余油量的影响。

A. 过孔速率　　B. 液面　　C. 流量　　D. 回流量

181. 下面选项中，不会影响白土使用寿命的因素有( C )。

A. 操作温度　　B. 芳烃中的烯烃含量

C. 进料量　　D. 操作温度低

182. 在芳烃回收率低于指标时，其他参数不变的情况下，应采取的措施有( B )。

A. 降低溶剂比　　B. 提高贫溶剂量

C. 增大回流比　　D. 降低贫溶剂量

183. 在芳烃回收率低于指标时，其他参数不变的情况下，应( B )溶剂比，然后适当( B )回流比，提高芳烃回收率。

A. 不变、提高　　B. 提高、降低　　C. 提高、提高　　D. 降低、不变

184. 二甲苯塔塔底温度高，造成二甲苯( D )不合格。

A. 冰点　　B. 比色　　C. 初馏点　　D. 干点

185. 苯初馏点低的原因是芳烃中含有的少量戊烷、非芳等杂质形成共沸物，其沸点( A )苯的沸点。

A. 低于　　B. 等于　　C. 影响　　D. 高于

186. 抽提装置停车，首先要停( B )。

A. 分离系统　　B. 溶剂再生系统　　C. 液液抽提系统　　D. 汽提系统

187. 抽提停工过程要退油、退溶剂和( C )，以将溶剂损耗降至最低。

A. 回收芳烃　　B. 退进料　　C. 回收水洗水　　D. 退热载体

188. 抽提塔界面过低或发生长时间的混相而未能及时调整，造成未溶的芳烃带入汽提塔，导致( C )。

A. 回流比　　B. 液收率　　C. 汽提塔发泡　　D. 回收率

189. 抽提装置停进料，首先应( D )

A. 芳烃、非芳烃改入中间罐　　B. 抢修泵

C. 再生塔停工　　D. 汽提塔改单塔循环

190. 抽提装置溶剂中断时，若有水分离罐液面过高，应采取的措施是( C )。

A. 从界控放　　B. 放地下池

C. 关闭容器顶部溢流阀　　D. 降低冷却水压力

## 多选题

1. 新装置“三查四定”中“三查”内容的是指( A，B，C )。

A. 查设计漏项　　B. 查工程质量隐患　　C. 查未完工程　　D. 查装置流程

2. 新装置“三查四定”中“四定”是指对查出的问题要( A，B，C，D )。

A. 定任务　　B. 定人员　　C. 定措施　　D. 定限期整改时间

3. 预加氢催化剂正常装填时应具备的条件是( A，C，D )。

A. 预加氢反应系统干燥已经完成

B. 预加氢催化剂硫化结束

C. 预加氢反应器内划线工作已经完成

D. 预加氢催化剂和瓷球已经按要求运到现场

4. 重整催化剂的主要性能指标有( A，B，C )。

A. 活性　　B. 选择性　　C. 稳定性　　D. 抗水性

5. 重整催化剂的酸性功能由( B，C )提供。

A. 铂　　B. 氯　　C. 载体　　D. 助金属

6. 下列工艺操作中，造成重整汽油收率下降的是( A，D )。

A. 重整反应系统增加注氯　　B. 降低重整反应压力

C. 增加重整氢油比　　D. 提高重整反应温度

7. 预加氢进料泵停运时，为保护预加氢催化剂，应采取的措施有( A，D )。

A. 加热炉立即熄火　　B. 预加氢系统保压严禁外排

C. 预加氢循环机立即停机　　D. 预加氢循环机全量运行

8. 分馏塔内主要控制参数有( A，B，C，D )。

A. 塔底温度　　B. 进料量　　C. 塔顶回流量　　D. 进料温度

9. 下列选项中，会加速预加氢催化剂积炭速率的有( A，B，C )。

A. 预加氢反应温度高　　B. 预加氢原料烯烃含量低

C. 预加氢循环氢中断　　D. 预加氢反应压力高

10. 下列选项中，共同作用可导致预加氢系统管线腐蚀的是( A，B，D )。

A. $H_2S$　　B. HCl　　C. $N_2$　　D. $H_2O$

11. 重整催化剂烧焦时，需控制氧含量不能过高的主要原因是( A，B )。

A. 防止烧坏设备　　B. 防止烧毁重整催化剂

C. 防止压缩机负荷不够　　D. 防止烧焦不完全

12. 有关加热炉理论空气量的说法，下列叙述正确的是( A，B )。

A. 液体燃烧与气体燃烧所需理论空气量计算方法不一样

B. 燃料完全燃烧时所需的空气量即为理论空气量

C. 进入炉膛的空气量总小于理论空气量

D. 进入炉膛的空气量总大于理论空气量

13. 有关加热炉过剩空气系数的概念，下列说法正确的是( A，B )。

A. 进入炉膛的实际空气量与理论空气量之比叫做加热炉过剩空气系数

B. 烧油过剩空气系数略高于烧气时的过剩空气系数

C. 过剩空气系数每降低 10%，一般可使炉子热效率提高 3% ~ 3.5%

D. 过剩空气系数不可能大于 1

14. 下列属于实体填料的是( A，B，C )。

A. 拉西环填料　　B. 鞍形填料　　C. 栅条填料　　D. 网鞍填料

15. 关于填料的功能和用途，下列说法正确的是( A，B，D )。

A. 填料提供了气液两相接触的传质表面

B. 促使汽液两相分散

C. 充当化学反应催化剂

D. 使液膜不断更新

16. 列管式换热器主要包括( A，B，C )。

A. U 形管式换热器　　B. 浮头式换热器

C. 固定管板式换热器　　D. 板式换热器

17. 离心式压缩机主要性能参数有( A，B，C )。

A. 流量　　B. 压缩比　　C. 功率　　D. 吸入口压强

18. 下列选项中，不会引起离心压缩机喘振的是( A，D )。

A. 循环气相对分子质量变大　　B. 压缩机入口流量过小

C. 压缩机出口阀关闭过快　　D. 压缩机出入口压降小

19. 关于离心式压缩机启动时的注意事项，下列说法正确的是( A，B，C )。

A. 启动时应迅速通过离心压缩机的临界转速

B. 启动时应注意机组的轴承的振动

C. 启动时机组的轴承温度应在规定的范围内

D. 压缩机启动正常后投用密封油系统

20. 关于离心式压缩机停车的注意事项，下列说法正确的是( A，B，C )。

A. 通常机组停机后，系统泄压后方可停密封油系统

B. 通常原动机停机后，润滑油温低于45℃时方可停润滑油泵

C. 机组停车后每隔30min盘车转180°，直至机体温度降至室温

D. 停机后即可停润滑油及密封油

21. 离心式压缩机流量可通过变转速调节、可转动扩压器叶片调节或( A，B，C )。

A. 出口节流调节　　B. 进口节流调节

C. 进口导流叶片调节　　D. 出口导流叶片调节

22. 关于塔类设备日常维护的注意事项，下列叙述正确的是( A，C，D )。

A. 定时检查塔设备操作温度、压力情况

B. 定时检查塔板、鼓泡构件的紧固情况、是否有松动

C. 定时检查安全附件灵活、可靠

D. 定时检查人孔、阀门和法兰等密封点的泄漏

23. 换热器日常维护的主要内容有( A，B，C )。

A. 检查换热器有无泄漏　　B. 检查换热器出入口压差

C. 应注意换热器上的温度计准确可靠　　D. 换热器管束试漏

24. 关于往复机排气温度过高的原因，下列叙述正确的有( A，C，D )。

A. 吸气温度过高　　B. 往复机排量大

C. 吸排气阀密封不严　　D. 冷却水夹套积垢严重或冷却水量不足

25. 重整进料芳烃潜含量下降，如不及时调整，可能会造成( A，B，C )。

A. 重整氢纯度下降　　B. 汽油辛烷值下降

C. 反应总温降下降　　D. 重整催化剂暂时性中毒

26. 下列选项中，可能会造成预加氢精制油初馏点偏低的有( A，B，C )。

A. 蒸发脱水塔底温度低　　B. 蒸发脱水塔回流量大

C. 蒸发脱水塔塔顶压力低　　D. 预加氢反应温度过低

27. 下列情况下，离心机易发生喘振现象的是( A，D )。

A. 离心机入口阀开度过小　　B. 循环氢入口温度过高

C. 循环氢纯度过低　　D. 离心机入口压力过低

28. 重整提高反应压力操作，可能会发生的现象有( A，B )。

A. 重整汽油芳烃产率降低　　B. 重整汽油 $C_5^+$ 液收减少

C. 重整汽油 $C_5^+$ 液收升高　　D. 重整汽油芳烃产率上升

29. 重整进料空速减小，对下列反应有利的是( B，D )。

A. 六员环烷脱氢反应　　B. 异构化反应

C. 五员环烷脱氢异构反应　　D. 烷烃脱氢环化反应

30. 加热炉炉管穿孔时，会出现的现象是( A，C )。

A. 烟囱冒黑烟　　B. 加热炉氧含量上升

C. 炉膛温度上升　　D. 炉膛负压增大

31. 下列情况下，可能会造成加热炉炉管破裂的有( A，B，C )。
A. 加热炉炉管干烧　B. 加热炉炉管结焦
C. 加热炉炉膛温度过高　D. 加热炉炉膛负压大
32. 加热炉炉管结焦后的现象有( A，B )。
A. 加热炉进料发生偏流　B. 加热炉炉膛温度过高
C. 加热炉炉膛负压过高　D. 炉管颜色发黑
33. 仪表风中断的现象是( B，C )。
A. 所有风关阀全部关闭　B. 所有风关阀全部打开
C. 所有风开阀全部关闭　D. 所有风开阀全部打开
34. 加热炉燃料气中断的现象有( A，B，C )。
A. 加热炉炉膛温度迅速下降　B. 加热炉燃料气无流量显示
C. 各反应器入口温度迅速下降　D. 燃料气分液罐带液严重
35. 下列选项中，会造成离心式压缩机止推轴承损坏的有( B，D )。
A. 压缩机负荷大　B. 轴向力过大　C. 润滑油压大　D. 润滑油温过高
36. 造成离心机润滑油压力低的原因有( A，B，C，D )。
A. 润滑油过滤器堵塞　B. 主油泵磨损严重，间隙超标
C. 轴瓦间隙大　D. 油温升高，润滑油黏度下降
37. 重整循环机发生喘振后，下列调整正确的是( A，C，D )。
A. 适当提高循环量　B. 适当降低重整进料量
C. 适当降低压缩机转速　D. 提高压缩机入口压力
38. 某重整装置拟加工芳烃潜含量较低的原料，操作上应采取的措施是( A，D )。
A. 适当提高重整各反反应温度　B. 适当增加重整反应氢油比
C. 适当提高重整反应压力　D. 适当减少重整反应系统注水量
39. 重整在线气中水分析仪显示值为 -70℃，此时操作员应采取的措施是( B，C )。
A. 重整反应系统增加注氯量　B. 重整反应系统减少注氯量
C. 重整反应系统增加注水量　D. 重整反应系统减少注水量
40. 重整反应系统因“过氯”造成裂化反应严重，下列处理正确的是( B，C )。
A. 增加注氯量　B. 减少注氯量
C. 增加注水量　D. 减少注水量
41. 重整循环氢在线气中水分析仪露点显示值突然升至 -40℃，此时操作员应采取的措施是( A，D )。
A. 增加注氯量　B. 减少注氯量　C. 增加注水量　D. 减少注水量
42. 催化重整装置停仪表风时，下列处理正确的是( A，B，C，D )。
A. 工业风改入仪表风系统
B. 各控制阀副线操作，保证参数在控制范围内
C. 若长时间停风，按紧急停工处理
D. 尽可能保持重整循环氢压缩机的运行
43. 往复式压缩机排气量不足时，下列处理正确的是( A，B，C，D )。
A. 清扫管线　B. 清过滤器　C. 换气阀　D. 关旁路阀

44. 重整停工前510℃热氢循环脱硫的作用是( A, B )。
A. 防止卸剂时硫化铁自燃　B. 防止再生时生成硫酸根
C. 防止卸剂时发生 $H_2S$ 泄漏事　D. 防止烧焦超温
45. 下列气体中，可以作为重整催化剂还原介质的是( A, B, C )。
A. 重整氢气　B. 制氢氢气　C. 电解氢　D. 加氢尾氢
46. 催化剂的循环过程包括( A, B, C, D )。
A. 反应器中催化剂的流动　B. 再生催化剂提升
C. 待生催化剂提升　D. 再生器中催化剂的流动
47. 连续重整装置进料硫含量太少或者无硫的危害是( A, B, D )。
A. 炉管及器壁表面金属离子没有钝化，脱氢活性没有得到抑制
B. 设备腐蚀产生硫化亚铁碎片
C. 反应器内大量结焦，床层压降增大
D. 反应器内构件损坏
48. 重整装置V型阀门由( B, C, D )等构成。
A. 手柄　B. 阀杆　C. 阀芯　D. 阀座
49. 重整装置B型阀门由( A, C, D )等构成。
A. 手柄　B. 手轮　C. 阀芯　D. 阀座
50. 再生提升部分由( A, B )等构成。
A. L阀组　B. 提升管　C. 闭锁料斗　D. 还原段
51. 闭锁料斗快速装料的原因有( A, B, C )等。
A. 催化剂提升波动大　B. 料位指示偏差
C. 闭锁料斗控制程序故障　D. 输送管中存在烧结的催化剂块
52. 关于连续重整装置发生催化剂贴壁的原因，下列描述正确的为( A, B, D )。
A. 进入反应器气体流速增大　B. 反应器入口温度骤降
C. 与中心管设计无关　D. 重整反应压力上升
53. 连续重整装置粉尘收集器差压增大的处理措施有( B, C, D )。
A. 降低催化剂的提升速率　B. 平稳催化剂烧焦温度控制
C. 拆洗过滤带　D. 增加反吹频次
54. 闭锁料斗经常快速装料的处理措施有( A, B, C )等。
A. 平稳催化剂提升差压　B. 校验料位指示
C. 检查闭锁料斗控制程序　D. 疏通提升管线
55. 闭锁料斗经常慢速装料的处理措施有( A, B, C, D )等。
A. 稳定催化剂提升差压　B. 校验料位指示
C. 检查闭锁料斗控制程序　D. 提高催化剂温度
56. 贫溶剂是指汽提塔底经汽提蒸发后不含( A, B )的溶剂。
A. 苯　B. 芳烃　C. 非芳烃　D. 重液
57. 汽提水乳化导致芳烃纯度下降，其原因有( A, B, C )。
A. 开工溶剂系统处理不干净　B. 老化溶剂串入
C. 溶剂再生周期太长　D. 使用了循环水

58. 抽提塔有三个进料口，进料口位置选择主要是为了获取较高的芳烃纯度。因此当原料中芳烃含量( B )时，进料口应( D )，便于溶剂溶解，相反，则进料口往上移。

A. 上移　　B. 增加　　C. 减少　　D. 不变

59. 下列选项中，造成二甲苯干点高的原因有( B，C )。

A. 甲苯温差波动大　　B. 二甲苯塔底温度高

C. 回流量小，冷后温度高　　D. 二甲苯塔底温度低

60. 抽提温度在高于120℃时，溶剂的溶解能力( A )，当温度上升至140～150℃后，溶剂的溶解能力( B )。

A. 上升　　B. 基本不变　　C. 下降　　D. 与其无关

61. 抽余油水洗塔上循环量的作用是( A，D )。

A. 上循环的作用是抽余液在水洗塔内有一个较稳定的过孔速率，避免水洗效果受到抽余油量的影响

B. 上循环量过小，烃的过孔速度变大，使烃水传质效果变差，影响洗涤效果

C. 上循环量过大，烃过孔速度变小，使烃水传质效果变差，影响洗涤效果

D. 上循环量过小，烃的过孔速度变小，使烃水传质效果变差，影响洗涤效果

62. 芳烃回收率低于指标时，在其他条件正常的情况下应( C，D )以提高芳烃纯度。

A. 降低贫剂量　　B. 提高回流比　　C. 提高贫剂量　　D. 降低回流比

63. 二甲苯干点高的原因有( A，C )。

A. 二甲苯塔塔底温度高　　B. 冷却水与进料调配不当

C. 回流量小，后冷温度高　　D. 系统设备泄漏

64. 影响苯初馏点的原因有( C，D )。

A. 塔底温度波动　　B. 回流量大

C. 抽提生产的芳烃纯度低　　D. 芳烃含杂质多

65. 汽提塔发泡的原因有( A，B，C，D )。

A. 污溶剂影响溶剂的表面张力使之增加

B. 汽提塔的操作压力低于进料温度下的饱和蒸汽压而引起闪蒸现象造成的

C. 抽提塔进料组成变化较大，特别是 $C_5$ 的含量增高而引起波动造成的

D. 反洗液中的不饱和烃含量较高，未能及时排除

66. 抽提装置溶剂中断，应采取的措施有( B，C，D )。

A. 提高汽提水量　　B. 汽提塔改单塔循环

C. 再生系统降温　　D. 抽提塔改单塔循环

## 简答题

**1. 新装置的“三查四定”指的是什么？**

**答：**①“三查”是指：查设计漏项，查工程质量隐患，查未完工程；②“四定”是指：对查出的问题定任务、定人员、定措施、定限期整改时间。

**2. 现代双、多金属重整催化剂常用的助剂各有些什么作用？**

**答：**①铼(Re)能促进铂的分散，抑制主剂铂的凝聚；并起到抗积炭的作用，能使催化剂的稳定性提高、使用寿命延长。②锡(Sn)能促进重整催化剂选择性的改善，$C_5^+$ 液收率明显提高，但温度效应较差，稳定性欠佳，此类催化剂多适用于连续再生型重整过程。③铱

(Ir)本身具有良好的脱氢环化功能，能提高重整催化剂的稳定性，但它的氢解和裂化性能较强；④铝(Al)作为第三种组分加入，能改善重整催化剂的裂解性能；⑤铅(Pb)是重要催化剂的毒物，但作为制备催化剂的活性组分，具有催化剂的变性剂功能。

**3. 开工时预加氢催化剂为什么要进行干燥脱水处理？**

**答：**因为大多数预加氢催化剂都是以氧化铝或含硅氧化铝为担体，而担体的吸水性能很强。在开工进油时，热的油气一旦与湿的催化剂接触，催化剂中的水分迅速汽化，这时未与油气接触的后部催化剂仍是冷的，下行的水蒸气被催化剂冷凝吸附时要放出大量的热，由于热应力作用会使催化剂颗粒破碎；其次，这种快速而反复的汽化－冷凝过程会降低预加氢催化剂的活性和影响预硫化的效果。所以，在开工前要对预加氢催化剂进行热干燥处理。

**4. 在烘炉曲线上150℃、320℃、500℃炉膛恒温的目的是什么？**

**答：**加热炉在烘炉时，炉膛温度达到150℃恒温的目的是除去炉墙中的自然水；320℃恒温的目的是除去炉墙中的结晶水；500℃恒温的目的是使炉墙中的耐火胶泥充分烧结。

**5. 什么是催化剂的活性、选择性、稳定性？**

**答：**①催化剂的活性是指该催化剂改变反应速率的能力大小。②选择性是指催化剂促进主反应的能力的大小。③稳定性是指催化剂达到一定活性和选择性的条件下，催化剂所使用的时间长短。

**6. 为什么预加氢催化剂要预硫化？**

**答：**由于新的或再生后的预加氢催化剂，其活性组分是以氧化态形式存在的，而催化剂中的Mo、Co、W、Ni等成分要在硫化态下才具有较好的活性。因此为了使催化剂具有较高的活性，必须进行预硫化。

**7. 重整催化剂为什么必须具备双功能作用？**

**答：**重整催化剂必须具备金属和酸性两种功能。因为重整反应中通常包括几种不同类型的反应。一类是脱氢反应，要求催化剂具有金属功能来促进脱氢、加氢反应。另一类是裂化、异构化反应，要求催化剂具有酸性功能，以便促进裂化、异构化反应。还有一类是烷烃脱氢环化转化成芳烃的反应，它必须在金属中心与酸性中心交替地进行反应，所以重整催化剂必须具备金属和酸性两种功能。

**8. 为什么要搞好重整反应系统的水－氯平衡？**

**答：**重整催化剂是一种双功能催化剂，其脱氢功能和酸性功能要有良好的配合才能发挥出好的活性水平。氯含量过低，酸性功能不够，活性下降；氯含量过高，酸性功能太强，加氢裂化反应加剧，引起液收率下降，严重时生成油易于变黄，环烷断裂，引起芳烃产率下降，若系统中水含量过高，会冲洗氯而使催化剂氯含量减少；在高温下水的存在会促进铂晶粒的长大和破坏氧化铝担体的微孔结构，从而使催化剂的活性和稳定性降低，若水含量过低，氯含量分配不均匀，裂解反应加剧，$C_5^+$ 产品液收、辛烷值或芳烃产率下降。因此，必须搞好水－氯平衡。保持催化剂上适宜的氯含量，保证系统中适宜的水含量，才能保证发挥出催化剂的最佳水平。

**9. 造成重整汽油辛烷值低的原因有哪些？应如何处理？**

**答：**造成重整汽油辛烷值低的原因：

①重整反应温度低；②重整空速过大；③重整压力过高；④重整催化剂活性下降；⑤重整原料油芳烃潜含量低；⑥重整催化剂氯含量低；⑦精制油杂质含量不合格；⑧重整进料换

热器内漏。

处理的方法：

①提高重整反应温度；②降低重整进料量；③降低重整反应压力；④检查进料油杂质分析是否超标；换算氢油比是否偏低；操作是否波动，并对症处理；⑤重整重新调整操作，联系调度换罐；⑥加大注氯量；⑦调整预加氢操作条件，调整蒸发脱水塔的操作，投脱硫罐；⑧停工检修。

**10. 正常生产中，注氯、注水要注意什么？**

**答：**①要均匀，连续地进行注水、注氯，不能随意中断，切忌大起大落；②注氯、注水系统泄漏要及时修复，管线堵塞要及时清通；③不要因切换原料造成参数变化而影响注氯、注水；④在气中水正常的情况下，注氯量通常在1.5~2.5ppm之间，且随着反应苛刻度增加而增加，一个周期内随催化剂使用时间延长而逐步加大注氯量。

**11. 重整各反应器温降为什么是依次减少的？**

**答：**重整六员环烷脱氢反应的吸热量大，而且反应容易进行，几乎是定量发生的过程，其大部分在第一反应器中进行，这就是一反温降最大的原因。后面的第二、三、四反应器环烷脱氢反应渐少，依次发生的反应主要是难于进行的，需较高温度才能发生的五员环异构化、烷烃脱氢环化、加氢裂化等反应，它们的反应速度和产生的温降显然低于六员环烷脱氢过程。

**12. 水垢对锅炉的安全运行有哪些影响？**

**答：**①水垢导热能力低，管内水、汽吸热困难。致使烟气温度高，锅炉效率降低。②由于结垢的不均匀，使得管壁受热不均匀，造成局部温度升高，同时，由于其导热能力低，若要维持操控指标，则相应提高炉膛温度，使管壁温度过高，承压能力降低，缩短锅炉使用年限，严重时可引起爆管事故。③水垢的各种化学盐类在不同条件下都对管壁起腐蚀作用。

**13. 重整催化剂烧焦时为什么不用蒸汽作载气？**

**答：**这是因为重整催化剂怕水，若用水蒸气处理重整催化剂不仅会使铂晶粒凝聚，而且会使载体$Al_2O_3$结构老化，不但不能恢复其活性，甚至会导致催化剂永久失活。

**14. 再生催化剂进行氯化更新的作用是什么？**

**答：**催化剂氯化的作用是补充催化剂上失掉的氯，并使长大了的铂晶粒重新分散，提高铂的分散度，使催化剂更好地恢复共活性。氧化更新的作用是更新氧化铂的表面，阻滞铂晶粒的凝聚，保持铂的表面积和活性，并保证氯和催化剂在活性状态下结合。

**15. 离心泵比转数的概念是什么？**

**答：**①泵的比转数表明流量、扬程、转数之间的关系；②同一台泵在不同的工况下具有不同的比转数；③大流量小扬程的泵，比转数大；小流量大扬程的泵，比转数小；④比转数太大或太小都会使泵效率降低。

**16. 电动机的工作原理是什么？**

**答：**①电动机主要工作部分是定子和转子；②定子绕组互成120°，通过三相交流电后能产生旋转磁场；③当电动机接通电源后，转子就跟着旋转磁场一起转动(作切割磁力线运动)；④若把三相电源的三条线中任何两条线的位置对调一下就改变旋转磁场的方向，而转子的转动方向也就改变。

**17. 填料通常可分为几类？**

**答：**①填料通常可分为实体填料和网体填料两大类；②实体填料包括拉西环、鲍尔环、弧鞍型填料；③网体填料包括金属丝编织而成的网环填料和网鞍填料等。

**18. 填料有哪些功能和用途?**

答：①填料是用来提供气液相接触的塔内填充物；②填料对于接触的气体和液体均具有较好的化学稳定性，即耐腐蚀性；③填料主要用来吸收物料中的某种组分，以达到工艺目的；④填料的表面积越大，空隙率越大，吸收速率越快。

**19. 浮阀塔板的结构有何特点?**

答：①浮阀塔板相对泡罩塔板来讲，取消了升气管，在塔板开孔上方设有浮动的盖板；②在低气量时阀片处于低位，开度较小，气体仍以足够气速通过环隙，避免过多漏液；③气速高时阀片自动浮起，开度增大，使气速不致过高，从而降低了高气速时的压降；④浮阀塔板在高液气比下，生产能力大于泡罩塔板。

**20. 常用塔板主要有哪些类型?**

答：①圆形泡帽塔板；②槽形泡帽塔板；③S形塔板；④舌形塔板；⑤浮阀塔板；⑥浮动喷射塔板；⑦筛板塔板；⑧网孔塔板。

**21. 填料塔与板式塔的区别是什么?**

答：①结构不同，填料塔不是由一层层塔板组成，而是由一段段填料组成；②传质方式不同，在填料塔中汽液两相是连续接触，而板式塔属于阶梯式接触；③提供汽液两相传质交换的场所不同；④对传质效果的影响因素不同。

**22. 列管式换热器主要由哪几部分组成?**

答：①壳体；②管板；③换热管；④封头；⑤折流挡板。

**23. 离心式压缩机本体的主要结构有哪些?**

答：①离心压缩机主要包括转子和定子两部分；②其中转子：叶轮、主轴、平衡盘、推力盘和联轴器等；③其中定子：机壳、扩压器、弯道、轴承和密封等。

**24. 离心式压缩机启动时的注意事项是什么?**

答：①离心式压缩机升速时要尽快通过临界转速；②监控压缩机，严禁进入喘振区域工作；③控制润滑油温在工艺范围内；④控制润滑油压力在工艺范围内。

**25. 离心式压缩机的停车注意事项是什么?**

答：①离心压缩机停机后应先停密封油系统再泄压；②离心式压缩机停机后，机体压力应泄往安全系统而不能明排；③润滑油系统必须等到从轴承流出的温度与润滑油流往轴承时的温度相同时才能停；④离心式压缩机停机后每隔一段时间就要盘车，一直等轴承温度下来，防止轴承挠曲。

**26. 离心式压缩机流量调节的方法有哪些?**

答：①变转速调节；②出口节流调节；③进口节流调节；④进口导流叶片调节；⑤可转动扩压器叶片调节。

**27. 阀门的选用原则主要有哪些?**

答：①应充分考虑工艺用途；②应考虑到工艺介质的温度、压力；③应考虑到阀门自身的材质；④应考虑门的连接方式。

**28. 离心式压缩机的日常维护内容主要有哪些?**

答：①监测和控制各运行参数；②进口液包定期排液；③经常对备泵进行盘车；④控制润滑油温在工艺范围内；⑤过滤器压差高时，即时切换。

**29. 压力表的检验要求主要有哪些?**

**答:** ①压力表的检验和维护，应符合国家计量部门的有关规定；②所有新压力表投用前都应进行检定；③强制检定的压力表应当由政府计量部门或政府计量行政部门授权的检定部门执行检定。

**30. 离心式压缩机组空运转的目的是什么?**

**答:** ①检验、调整机组的技术性能，消除设计制造、检修中的问题；②检验、调整机组各部的运动机构，并得到良好跑合；③检验、调整机组电气、仪表自动控制系统及其附属装置的灵敏性和可靠性；④检验机组各部的振动情况，消除异常振动和噪声；⑤检验机组润滑系统、冷却系统、工艺管路系统及附属装置的正确性和严密性。

**31. 重整催化剂硫中毒有何现象?**

**答:** ①在原料及其他条件不变情况下，反应温降迅速下降，特别一反明显；②重整生成油芳烃含量，辛烷值迅速下降；③产氢量、在线氢纯度迅速下降，循环气中硫化氢含量增大；④循环氢流量表指示值迅速上升；⑤稳定塔顶气体增多。

**32. 砷为什么能使重整催化剂永久性中毒?**

**答:** 由于砷与铂有很强的亲合力，能与催化剂表面的铂粒形成稳定的铂砷化合物(PtAs)，使金属铂失去吸附氢离子的能力，也就使重整催化剂失去脱氢、加氢反应的能力，因此说砷能使重整催化剂永久性中毒。

**33. 操作温度对重整反应有何影响?**

**答:** 在催化重整过程中，几乎所有的主要反应都是吸热反应，从热力学平衡观点上考虑，提高反应温度，有利于提高产率。但是反应温度提高后，加氢裂化反应加快，催化剂上的积炭速率就要增加，引起催化剂加速失活，液体产品收率要下降。特别是当反应温度超过适宜温度后，不希望发生的副反应加剧，所以操作温度不能过高。

**34. 操作压力对重整反应有何影响?**

**答:** 从热力学观点考虑，压力较高不利于芳烃的生成，而且高的氢分压导致加氢裂化反应加速。但是提高操作压力，能减少深度脱氢和缩聚反应生成的积炭前身物，使催化剂的失活速率减慢。在低压操作条件下，生成芳烃的转化率高，氢产率也高，加氢裂化反应的转化率降低，特别是它能够提高液体产品收率和芳烃产率(即对芳烃选择性有利)。可是在低压下催化剂易于积炭失活，其运转期缩短，因此，欲实现低压操作，必须选择稳定性好或容炭能力强的催化剂。另外，压力降低还会引起循环压缩机动力消耗增加。

**35. 如何判断炉管结焦?**

**答:** ①炉管压降增大；②炉管壁温度上升；③炉膛发亮、炉管发红，结焦部位发黑；④炉出口温度烧不上去；⑤燃料耗量大。

**36. 请简述离心机润滑油压力低的原因。**

**答:** 离心机润滑油压力低的原因有：1. 润滑油过滤器堵塞、油压损失太大；2. 主油泵磨损严重，间隙超标，供油压力不足；3. 回油阀失效，主油泵输出的润滑油经回油阀返回油箱；4. 轴瓦损坏，轴瓦间隙严重超标，泄漏量增加太多；5. 油温升高，润滑油黏度下降，各部位泄漏量增加较多；6. 压力表失灵。

**37. 离心压缩机喘振原因是什么?**

**答:** 喘振的原因是：1. 入口流量太小；2. 入口压力低；3. 出口控制阀关闭太快。

**38. 加热炉炉管发生破裂时，应采取哪些紧急措施?**

答：停止所有通过炉膛的加热介质，并用蒸汽、氮气吹扫破裂处，以防止空气进入工艺管线和设备。具体按以下程序处理：①切断进入加热炉的所有液体进料和氢气；②关闭加热炉燃料供应管线，打开加热炉炉膛的吹扫蒸汽；③全开烟囱挡板；④切断补充氢，压缩机系统停止运转，如果装置还未向加热炉膛泄压，则使装置向火炬泄压；⑤系统压力降低后，用蒸汽继续吹扫破裂处，防止空气返流与烃类混合形成易爆混合物。如果吹扫必须通过反应器，应用氮气代替蒸汽。在任何情况下，都应优先采用氮气保护催化剂和系统中奥氏体不锈钢管线或设备。

**39. 请简述重整催化剂硫中毒的现象及处理。**

答：硫中毒的现象：①开始时，一反温降下降，二反温降有所上升；②严重时，一、二、三反温降下降，四反上升；③循环氢中硫含量升高，氢纯度下降；④循环氢中 $C_3$、$C_4$ 含量增加，这主要是由于金属铂的活性下降，相对而言以酸性功能为主的加氢裂解反应增强；⑤产氢量下降；⑥提温效果不明显；⑦产品稳定塔定气中的硫含量明显升高。

硫中毒的处理：①重整各反温度降至 480℃以下；②增加注氯量(最大不要大于 5ppm)；③迅速查明硫污染源并消除；如硫中毒较深，重整停进料，510℃热氢循环除硫。

**40. 重整催化剂氮中毒的现象及处理。**

答：重整催化剂氮中毒的现象有：①循环氢中 $C_3$、$C_4$ 组分下降，氢纯度提高；②一反温降上升；③汽油辛烷值下降；④循环氢压缩机入口过滤网出现白色粉状物造成堵塞。

处理：①首先找出氮多的原因并加以除去；②重整系统降温降量操作，不允许提温；③增加注氯量，在氮含量确定的基础上，增加的补氯量是：(进料氮含量的 ppm 数 $-$ 0.5ppm) $\times$ 2.1，但最大补氯量不应大于 5ppm。

**41. 重整反应系统含水量过低，环境过干的现象、危害及处理。**

如果系统含水量过低，反应环境过干将有如下现象：

①氢纯度下降；②$C_5^+$ 液收减少；③生成油芳含量和辛烷值上升；④循环氯中$C_1/(C_1+C_2+C_3)$比率增加；⑤最后一台反应器的温降减小。

过干的危害：裂解反应加剧，$C_5^+$ 产品液收、辛烷值或芳烃产率下降，影响装置经济效益，特别是对催化剂性能、运转周期不利。

处理措施：适当增加注水，必要时减少注氯。

**42. 请简述重整催化剂“过氯”的现象及处理。**

答：重整催化剂”过氯”的现象有：

①$C_5^+$ 液体收率偏低；②总温降减少；③稳定塔顶排气增加(燃料气量多)；④氢纯度下降，产氢量减少，HCl 含量高；⑤循环氢中 $C_3$、$C_4$ 量增加、$C_3/C_1$ 增加；⑥苯含量增加或不变，但总芳烃含量下降，颜色发黄，溴价升高。

“过氯”的调整方法是：

①尽快查找原因，主要查看注氯量是否比适宜注氯量超高，或注水量是否比适宜注水量偏低。②根据装置情况，减少注氯或增加注水，严重时，可暂停注氯。

**43. 重整系统含水量过高，反应环境过湿的现象及处理。**

答：如果系统含水量过高，反应环境过湿将有如下现象：①反应器总温降减小，提高反应温度也不见明显效果；②生成油芳烃含量和辛烷值，短期内升高后，很快下降；③氢纯度有所增加，但产氢总量减少；④循环气中 $C_4$ 以下烃产率减少；⑤稳定塔顶气产量下降。

处理方法：增加注氯量，减少或暂停注水。①立即将重整各入口温度降至480℃以下；②重整反应系统适当增加注氯量(3~5ppm)，加强预处理部分脱水，搞好平稳操作；③若发现回流罐有大量水，且气中水还在上升，则要检查是否原料带水，若是预加氢原料带水，重整反应系统则切换精制油，并根据气中水含量再降温度至450~40℃，加大注氯量；④投入分子筛干燥器脱除重整反应系统中的部分水，待气中水减少，再按开工时的要求提高温度至正常。

**44. 重整催化剂“缺氯”的现象及处理。**

重整催化剂“缺氯”的现象：①氢纯度上升，产氢量减少；②稳定塔顶气量减少；③重整油芳含量或辛烷值下降，$C_5^+$ 液收增高；④床层温降(特别是末反床层)大；⑤提高温度效果不明显。

处理方法：①尽快查找原因，查看注氯量是否达到适宜注氯量，还是系统过湿。②根据查找的原因，适当增加注氯，或减少注水。需要注意的是调整催化剂平衡氯含量时，一定要细水长流，不可忽高、忽低间断注氯或注水，否则不容易使平衡氯含量逼近适宜含氯量，而且一偏离，幅度就会很大，不易稳定操作。必要时可采取集中补氯措施。

**45. 简述画装配图的一般步骤。**

**答：**①确定视图方案；②选择合适的比例和图幅；③具体画图步骤：(1)布置图幅；(2)画主要零件的投影；(3)画其他零件的投影；④标注尺寸；⑤编写零件序号、填写标题栏和明细表中各项内容；⑥注写技术要求和其他技术文件；⑦校核。

**46. 请简述半再生重整铂－铼硫化剂操作注意事项。**

**答：**在硫化操作中应注意的事项是：①各反应器注硫量应认真计算，并用适当方法装入硫化罐中，并认真做好记录。②认真做好各反应器开始注硫时间，并做好穿透时间的记录($H_2S$ 检测管测试穿透)。③认真调整注硫速度，应掌握在1~2小时均匀注完，严格按硫化条件要求指标进行操作。

**47. 现代双、多金属铂铼、铂铱重整催化剂开工时，为什么要进行预硫化？**

**答：**$Pt-Re/Al_2O_3$ 和 $Pt-Ir/Al_2O_3$ 双(多)金属重整催化剂还原后，具有很高的氢解活性，如不进行硫化，将在进油初期发生强烈的氢解反应，放出大量的反应热，使催化剂床层温度迅速升高(简称为“飞温”)，出现超温现象。一旦出现这种情况，其后果是极为严重的，轻则造成催化剂大量积炭，损害催化剂的活性的稳定性，重则烧坏催化剂的反应器。将催化剂进行预硫化后，能够在催化剂金属活性中心产生临时性的可控制的硫中毒，从而抑制其过度的氢解反应，以保护催化剂的活性和稳定性，改善初期选择性。

**48. 请简述重整催化剂预硫化的注意事项。**

**答：**预硫化是现代双、多金属重整催化剂开工中不可缺少的重要环节。①硫化量不足难以控制催化剂初期床层温度，硫化量过多时会影响催化剂的活性。硫化剂用量，通常按催化剂“上硫量”为准，应为“上硫量”的2~3倍。②注入硫化剂的速度不宜过快，避免床层各部“上硫量”不均，达不到钝化催化剂，防止局部超温的目的。③反应器出口应设 $H_2S$ 监测点。当反应器出口发现有 $H_2S$ 穿透现象或已达到预先计算好的硫化剂量后，可停止注硫。

**49. 请简述现代重整装置开工过程中，重整催化剂干燥的注意事项。**

**答：**为进行好重整催化剂干燥，关键是应在不同的干燥温度下，系统保持适宜的氧含量。在干燥的初期不宜采用高氧干燥介质，以免系统残存烃类剧烈燃烧而超温。催化剂干燥的后期可逐渐提高系统的氧含量及床层温度。高温、富氧干燥时，系统氧含量亦不宜过高，以免生成过多的 $Fe_2O_3$，使系统压降增大。

**50. 请简述催化剂由黑烧过渡到白烧的条件。**

答：①再生器中催化剂已经全部置换出；②再生催化剂连续采样 2 次含焦量小于 0.2%；③黑烧过程中氧含量不能低于设定值 0.1% 以上；④黑烧阶段烧焦区温度稳定。

**51. 请叙述闭锁料斗加压时各个阀门的动作。**

答：①上平衡阀全关；②下平衡阀全开；③补偿阀慢慢开大，然后关一点。

**52. 催化剂粉尘如不从催化剂循环中除去，对连续重整装置有什么危害？**

答：①堵塞再生器和反应器中心筛网；②堵塞仪表引出线；③影响催化剂提升；④损坏设备。

**53. 请简述液液抽提与抽提蒸馏的不同之处。**

答：①两者工艺原理不同。前者是根据混合物组分的溶解度的不同，后者是根据混合物组分的挥发度的不同；②两者塔板形式不同。前者为筛板塔，后者为浮阀塔。

**54. 如何用 $\beta$ 值来判断溶剂的选择性？**

答：①$\beta = 1$ 说明芳烃和非芳是不能用此种溶剂分离的；②$\beta > 1$ 而且越高说明溶剂的选择性越好。

**55. 请简述溶剂再生在减压条件下进行的原因。**

答：①因为溶剂在使用过程中与空气接触，被氧化变质，生成小分子有机酸、腐蚀设备，还会生成高分子迭合物，堵塞抽提塔筛板，影响抽提塔效率；②溶剂再生在减压条件下进行是防止溶剂分解；③因为溶剂的沸点远远高于其分解温度，无法在常压下进行蒸馏，故利用液体沸点随压力降而下降的性质，采用减压的办法进行溶剂再生。

**56. 请简述抽提塔进料口选择的依据。**

答：①抽提塔有三个进料口；②进料口位置应选定在芳烃浓度相当处；③当原料中芳烃含量增加时，进料口应下移，便于溶剂溶解，相反，则进料口往上移。

**57. 请简述温度对抽提过程的影响。**

答：①温度是决定溶剂溶解能力的主要因素；②温度升高，溶解能力增强，选择性下降；③当温度达 100℃以上时，溶剂有比较合适的黏度，达 120℃以上时，其溶解能力大幅度上升，当升至 140 ~ 150℃以上时，再提高温度溶剂的溶解能力已不明显上升，但产品的纯度却明显下降；④所以控制其温度，既要保证产品质量，又要有较好的溶解能力，操作中一般控制在 140 ~ 147℃范围内较适宜。

**58. 请简述抽余油水洗塔上循环量对操作的影响。**

答：①上循环的作用是抽余液在水洗塔内有一个较稳定的过孔速率，避免水洗效果受到抽余油量的影响；②使烃水两相在塔盘上充分接触，从而提高水洗的效果；③最大限度的回收抽余油中的溶剂；④上循环量过大，造成喷射速率过快，而使水与油不能充分接触，造成溶剂损失；⑤上循环量过小，烃的过孔速度变小，使烃水传质效果变差，影响洗涤效果。

**59. 请简述影响白土寿命的主要因素。**

答：①进料中烯烃含量大小；②操作温度过低；③进料中对白土有害的物质含量，如茚满、噻吩；④当白土塔进料中环丁砜溶剂长期较高，白土活性也会下降；⑤所需除去烯烃的程度；⑥所使用白土的种类；⑦两塔的切换操作。

**60. 请简述影响芳烃回收率的主要原因。**

**答：**①一次溶剂比；②进料组成；③芳烃回流速率；④进料点以下的抽提板数；⑤进料点以上的抽提板数；⑥抽提塔温度；⑦一次溶剂中的水含量；⑧一次溶剂中的芳烃含量。

**61. 请简述二甲苯质量不合格的原因。**

**答：**①回流小；②塔底气化率高；③温差失灵；④仪表故障；⑤回流中断。

**62. 请简述苯初馏点低的原因。**

**答：**①初馏点低的原因是因为芳烃中含有少量的戊烷、非芳烃杂质；②与苯形成的共沸物比苯沸点低，集聚在苯塔顶时间久了，不排苯回流，就会影响苯的初馏点。

**63. 请简述造成汽提塔发泡的原因。**

**答：**①污溶剂影响溶剂的表面张力使之增加；②汽提塔的塔温过高；③汽提塔的操作压力低于进料温度下的饱和蒸汽压而引起闪蒸现象造成的；④抽提塔进料组成变化较大，特别是 $C_5$ 的含量增高而引起波动造成的；⑤抽提塔界面过低或发生长时间的混相而未能及时调整，造成未溶的芳烃带入汽提塔；⑥反洗液中的不饱和烃含量较高，未能及时排除。

## 计算题

1. 已知离心泵的直径 $D_1 = 200\text{mm}$，扬程 $H_1 = 65\text{m}$，求把叶轮直径切割到 $D_2 = 170\text{mm}$ 时，扬程为多少？

**解：**

$$\frac{H_1}{H_2} = \left(\frac{D_1}{D_2}\right)^2$$

$$H_2 = H_1\left(\frac{D_2}{D_1}\right)^2$$

$$H_2 = 65\left(\frac{170}{200}\right)^2$$

$$H_2 = 47\text{m}$$

**答：**切割后的扬程为47m。

2. 已知某离心泵的流量 $Q_1$ 为 $86\text{m}^3/\text{h}$，扬程 $H_1$ 为 20m，轴功率 $N_1$ 为 20kW。现把叶轮直径从 $D_1 = 200\text{mm}$ 车削为 $D_2 = 180\text{mm}$，试计算车削后的流量、扬程、轴功率各变为多少？

**解：**① 由公式 $\frac{Q_1}{Q_2} = \frac{D_1}{D_2}$ 得

② $Q_2 = \frac{Q_1 \times D_2}{D_1} = \frac{86 \times 180}{200} = 77.4(\text{m}^3/\text{h})$

③ 由公式 $\frac{H_1}{H_2} = \left(\frac{D_1}{D_2}\right)^2$ 得

④ $H_2 = H_1 \times \left(\frac{D_2}{D_1}\right)^2 = 20 \times \left(\frac{180}{200}\right)^2 = 16.2(\text{m})$

⑤ 由公式 $\frac{N_1}{N_2} = \left(\frac{D_1}{D_2}\right)^3$ 得

⑥ $N_2 = N_1 \times \left(\frac{D_2}{D_1}\right)^3 = 20 \times \left(\frac{180}{200}\right)^3 = 14.58(\text{kW})$

**答：** 车削后离心泵的流量为 $77.4m^3/h$，扬程为16.2m，轴功率为14.58kW。

3. 已知某重整装置进料油含 $C_6$ 环烷 9.98%，$C_7$ 环烷 18.38%，$C_8$ 环烷 12.59%，苯 1.41%，甲苯 4.07%，乙苯 0.41%，间二甲苯和对二甲苯 2.49%，邻二甲苯 0.64%(重量)，求原料芳烃潜含量。

**解：** 苯潜含量 = 9.98% × (78/84) + 1.41% = 10.68%

甲苯潜含量 = 18.38% × (92/98) + 4.07% = 21.32%

$C_8$ 芳烃潜含量 = 12.59% × (106/112) + 0.41% + 2.49% + 0.64% = 15.44%

芳烃潜含量 = 10.68% + 21.32% + 15.44% = 47.44%

**答：** 原料芳烃潜含量为47.44%。

4. 已知重整进料30t/h，稳定塔底油27t/h；稳定塔底油芳含为51%，重整进料组成分析为：

| | $C_5$ | $C_6$ | $C_7$ | $C_8$ | $C_9$ | $>C_9$ |
|---|---|---|---|---|---|---|
| 烷　烃 | 0.61 | 13.07 | 14.73 | 15.13 | 10.64 | 4.53 |
| 环烷烃 | 0.22 | 5.48 | 11.84 | 12.37 | 6.25 | 1 |
| 芳　烃 | 1 | 1.31 | 1.26 | 1.98 | 0.59 | 1 |

求：芳烃转化率为多少？

**解：** 液收率 = $\frac{27}{30}$ × 100% = 90%，芳产 = 90% × 51% = 45.9%

芳烃潜含量 = 5.48% × $\frac{78}{84}$ + 11.84% × $\frac{92}{98}$ + 12.37% × $\frac{106}{112}$ + 6.25% × $\frac{120}{126}$ + 1.31% + 1.26% + 1.98% + 0.59% = 39.01%

芳烃转化率 = $\frac{\text{芳烃产率}}{\text{芳烃潜含量}} = \frac{45.9}{39.01} \times 100\% = 117.66\%$

**答：** 芳烃转化率为117.66%

5. 在预加氢系统中，循环氢组成为 $H_2$：92%、$CH_4$：3.5%、$C_2H_6$：2.5%、$C_3H_8$：2%，求该气体的平均相对分子质量。

**解：** 各种气体的相对分子质量分别为：$H_2$：2、$CH_4$：16、$C_2H_6$：30、$C_3H_8$：44

气体的平均相对分子质量 = 2 × 92% + 16 × 3.5% + 30 × 2.5% + 44 × 2%

= 1.84 + 0.56 + 0.75 + 0.88

= 4.03

**答：** 该气体的平均相对分子质量为4.03。

6. 某台加热炉的气体燃料组成如下表所示，计算该燃料低发热值。

| 组　成 | $H_2$ | $N_2$ | $CH_4$ | $C_2H_6$ | $C_2H_4$ | $C_3H_8$ | $C_3H_6$ |
|---|---|---|---|---|---|---|---|
| 体积/% | 3.7 | 0.3 | 74.0 | 17.0 | 3.0 | 0.10 | 1.9 |
| 低发热值(千焦/标立方米) | 10743 | 0 | 35739 | 64247 | 58967 | 22350 | 88073 |

**解：** $Q_L = 10743y_{H_2} + 35739y_{CH_4} + 64247y_{C_2H_6} + 58967y_{C_2H_4} + 93423y_{C_3H_8} + 880073y_{C_3H_6}$ = 3.7% × 10743 + 74.0% × 35739 + 17.0% × 64247 + 3.0% × 58967 + 0.1% × 22350 + 1.9% × 88073

= 41231 千焦/标准立方米

**答**：该燃料低发热值为 41231 千焦/标准立方米。

7.某加热炉有效热负荷 $Q_{有}$ 为 39077.3MJ/h，燃料油低发热值 $Q_L = 41.9$MJ/h。热效率 $\eta$ 为 86%，求燃料用量。

**解**：$W = Q_{有}/(Q_L \times \eta) = 39077.3/(41.9 \times 86\%) = 1084.5$kg/h

**答**：燃料用量为 1084.5kg/h。

8.已知每瓶二氯乙烷含氯量为 448g，当重整进料量为 30t/h，要求进料油中含氯量达 3ppm，问每天要注二氯乙烷多少瓶？

**解**：设每天注二氯乙烷 $x$ 瓶。

$$\frac{448 \times 10^{-6} \cdot x}{30 \times 24} = 3 \times 10^{-6}$$

$$448 \cdot x \cdot 10^{-6} = 3 \times 10^{-6} \times 30 \times 24$$

$$x \approx 5(\text{瓶})$$

**答**：每天要注二氯乙烷 5 瓶。

9.已知重整进料为 35t/h，用瓶装 500mL 的二氯乙烷(密度为 1.253g/mL)作为注氯剂，若要求注氯 1.6ppm(对重整进料)，求每天要注二氯乙烷几瓶？

**解**：$d_{CH_2CH_2Cl_2}$相对分子质量 = 99

每瓶二氯乙烷含氯量为：$500 \times 1.253 \times \frac{71}{99} = 449.3(g)$

1.6ppm 氯为：$35 \times 10^6 \times 1.6 \times 10^{-6} = 56(g/h)$

每天注二氯乙烷：$\frac{56 \times 24}{449.3} \approx 3$(瓶)

**答**：每天注二氯乙烷 3 瓶。

10.已知：重整进料为 35t/h，若用注乙醇代替注水操作，现每天注乙醇(密度为 0.7892g/mL)7 瓶(500mL/瓶)，求：注水量对重整进料相当于多少 ppm。

**解**：乙醇重：$500 \times 7 \times 0.7892 = 2762.2(g)$

乙醇含水量：$2762.2 \times 18/46 = 1080.86(g)$

注水浓度：$\frac{1080.86}{35 \times 24 \times 10^6} = 1.29 \times 10^{-6}$

**答**：注水量相当于重整进料量的 1.29ppm。

11.某重整装置一个月的处理量为 32400 吨，消耗中电的耗量为 880000kW·h，试求电的能耗是多少？(电的能耗折算为 0.3 千克标油/kW·h)

**解**：电耗量折算为：$880000 \times 0.3 = 264000$(千克标油)

能耗为：$\frac{264000}{32400} = 8.15$(千克标油/吨)

**答**：电的能耗为 8.15 千克标油/吨。

12.已知重整一、二、三、四反应器入口温度为 500℃、500℃、505℃、505℃，出口温度分别为 420℃、450℃、470℃、485℃，求重整反应总温降。

**解**：一反温降为：500 − 420 = 80℃

二反温降为：500 − 450 = 50℃

三反温降为：505 − 470 = 35℃

四反温降为：505 − 485 = 20℃

反应总温降：80 + 50 + 35 + 20 = 185℃

**答：**重整反应总温降为185℃。

13. 某半再生重整装置，催化剂总装入量为40吨，在累计生产1000天，处理量为200万吨后，催化剂失活报废，试表示每千克催化剂加工多少原料。

**解：**每千克催化剂加工原料：处理量/催化剂量 = 2000000吨/40000千克 = 50吨进料/千克催化剂

**答：**每千克催化剂加工50吨原料。

14. 已知某泵的扬程为100米，输送介质的密度为700千克/立方米，出口流量为36立方米/小时，其轴功率为14.4千瓦，求该泵的效率是多少？

**解：**$N_{有} = \rho Q g H$

$= 700 \times 36 \times 9.8 \times 100/3600 \times 1000$

$= 6.86(\mathrm{kW})$

$$\eta = \frac{N_{有}}{N_{轴}} \times 100\% = \frac{6.86}{14.4} \times 100\% = 47.64\%$$

**答：**该泵的效率为47.64%。

15. 已知某泵的转速为 $n_1 = 2950$ r/min，轴功率为 $N_1 = 100\mathrm{kW}$，改用电机转速为 $n_2 = 1450\mathrm{r/min}$ 的电动机，求该泵改变转速后的轴功率？

**解：**$\frac{N_1}{N_2} = \left(\frac{n_1}{n_2}\right)^3$

$N_2 = N_1 \times \left(\frac{n_2}{n_1}\right)^3$

$N_2 = 100 \times \left(\frac{1450}{2950}\right)^3$

$N_2 = 12.5\mathrm{kW}$

**答：**该泵改变转速后的轴功率为12.5kW。

16. 一台离心泵原设计转数 $n_1$ 为1450r/min，流量 $Q_1 = 100\mathrm{m^3/h}$，扬程 $H_1 = 60\mathrm{m}$，功率 $N_1 = 100\mathrm{kW}$，试计算用2900r/min的电机，其流量、扬程、功率各为多少？

**解：**① 由公式 $\frac{Q_1}{Q_2} = \frac{n_1}{n_2}$ 得

② $Q_2 = \frac{n_2}{n_1} \times Q_1 = \frac{2900}{1450} \times 100 = 200(\mathrm{m^3/h})$

③ 由公式 $\frac{H_1}{H_2} = \left(\frac{n_1}{n_2}\right)^2$ 得

④ $H_2 = H_1 \times \left(\frac{n_2}{n_1}\right)^2 = 60 \times \left(\frac{2900}{1450}\right)^2 = 240(\mathrm{m})$

⑤ 由公式 $\frac{N_1}{N_2} = \left(\frac{n_1}{n_2}\right)^3$ 得

⑥ $N_2 = \left(\frac{n_2}{n_1}\right)^3 \times N_1 = \left(\frac{2900}{1450}\right)^3 \times 100 = 800(\mathrm{kW})$

**答：**离心泵的流量为 $200\mathrm{m^3/h}$，扬程为240m，功率为800kW。

17. 已知一台泵的额定流量为 $Q_1 = 200m^3/h$，扬程为 $H_1 = 240m$，转速 $n_1 = 2950r/min$，轴功率 $N_1 = 120KW$。现改转速 $n_2$ 为 1475r/min 的电动机驱动已完全可以满足生产装置的需要，求此时该泵的流量 $Q_2$、扬程 $H_2$ 和轴功率 $N_2$ 是多少？

**解：** ① 由公式 $\frac{Q_1}{Q_2} = \frac{n_1}{n_2}$ 得：

② $Q_2 = \frac{n_2}{n_1} \times Q_1 = \frac{1475}{2950} \times 200 = 100(m^3/h)$

③由公式 $\frac{H_1}{H_2} = \left(\frac{n_1}{n_2}\right)^2$ 得：

④ $H_2 = \left(\frac{n_2}{n_1}\right)^2 \times H_1 = \left(\frac{1475}{2950}\right)^2 \times 240 = 60(m)$

⑤ 由公式 $\frac{N_1}{N_2} = \left(\frac{n_1}{n_2}\right)^3$ 得：

⑥ $N_2 = \left(\frac{n_2}{n_1}\right) \times N_1 = \left(\frac{1475}{2950}\right)^3 \times 120 = 15(kW)$

**答：** 该泵的流量 $Q_2$ 为 $100m^3/h$，扬程 $H_2$ 为 60m，轴功率 $N_2$ 为 15kW。

## 四、技能操作鉴定要素细目表

| 鉴定范围 | | | | | | 鉴定点 | |
|---|---|---|---|---|---|---|---|
| 一级 | | 二级 | | 三级 | | 代码 | 名称 |
| 代码 | 名称 | 代码 | 名称 | 代码 | 名称 | | |
| A | 技能要求 | A | 工艺操作 | A | 开车准备 | 001 | 分馏系统水联运的操作 |
| | | | | | | 002 | 分馏系统冷油运的操作 |
| | | | | | | 003 | 分馏系统热油运的操作 |
| | | | | | | 004 | 离心式压缩机润滑油系统的联锁调试 |
| | | | | | | 005 | 离心式压缩机润滑油路的建立 |
| | | | | | | 006 | 加热炉烘炉的操作 |
| | | | | | | 007 | 加热炉烘炉结束后的检查 |
| | | | | | | 008 | 预加氢催化剂的干燥操作 |
| | | | | | | 009 | 分馏塔蒸汽试压的操作 |
| | | | | | | 010 | 系统引新氢的操作 |
| | | | | B | 开车操作 | 001 | 分馏塔顶压力波动的操作 |
| | | | | | | 002 | 脱氯罐的投用操作 |
| | | | | | | 003 | 脱硫罐的投用操作 |
| | | | | | | 004 | 热载体系统升温脱水操作 |
| | | | | C | 正常操作 | 001 | 预加氢原料硫含量高的调节 |
| | | | | | | 002 | 预加氢原料氯含量高的调节 |
| | | | | | | 003 | 预加氢原料氮含量高的调节 |
| | | | | | | 004 | 正常生产时注氯量的调节操作 |

续表

| 鉴定范围 | | | | | | 鉴定点 | |
| --- | --- | --- | --- | --- | --- | --- | --- |
| 一级 | | 二级 | | 三级 | | 代码 | 名称 |
| 代码 | 名称 | 代码 | 名称 | 代码 | 名称 | | |
| | | | | D | 停车操作 | 001 | 分馏系统停工步骤 |
| | | | | | | 002 | 预加氢反应系统的停车操作 |
| | | B | 设备使用及维护 | A | 使用设备 | 001 | 离心式压缩机喘振的处理 |
| | | | | | | 002 | 往复式压缩机的开车操作 |
| | | | | | | 003 | 往复式压缩机的切换操作 |
| | | | | | | 004 | 往复式压缩机的停车操作 |
| | | | | | | 005 | 压力表的选用 |
| | | | | B | 维护设备 | 001 | 换热器检修后的验收 |
| | | | | | | 002 | 离心泵检修后的验收 |
| | | | | | | 003 | 往复式压缩机的日常维护 |
| | | | | | | 004 | 离心式压缩机的日常维护 |
| | | | | | | 005 | 循环压缩机开机前的检查 |
| | | C | 事故判断与处理 | A | 判断事故 | 001 | 分馏塔顶回流泵抽空的判断 |
| | | | | | | 002 | 分馏塔产生冲塔原因的判断 |
| | | | | | | 003 | 分馏塔产生漏液的原因判断 |
| | | | | | | 004 | 分馏塔重沸炉泵抽空的判断 |
| | | | | | | 005 | 分馏塔塔顶回流带水的事故判断 |
| | | | | B | 处理事故 | 001 | 离心式压缩机轴承温度高的处理 |
| | | | | | | 002 | 分馏塔发生冲塔处理方法 |
| | | | | | | 003 | 催化重整装置短时间停循环水的处理 |
| | | | | | | 004 | 催化重整装置瞬时停电的处理 |
| | | | | | | 005 | 催化重整装置仪表风中断事故的处理 |
| | | | | | | 006 | 催化重整装置燃料气中断的处理 |
| | | | | | | 007 | 分馏塔顶回流中断的处理 |
| | | | | | | 008 | 加热炉回火的处理 |
| | | | | | | 009 | 精制油硫含量不合格的处理 |
| | | | | | | 010 | 精制油水含量不合格的处理 |
| | | | | | | 011 | 预加氢反应系统带水的处理 |
| | | D | 绘图与计算 | A | 绘图 | 001 | 加热炉烘炉曲线图的绘制 |
| | | | | | | 002 | 预加氢催化剂硫化曲线图的绘制 |
| | | | | | | 003 | 设备结构简图的绘制 |
| | | | | | | 004 | 预加氢反应系统的工艺控制流程图的绘制 |
| | | | | | | 005 | 催化重整装置燃料气流程图的绘制 |
| | | | | | | 006 | 催化重整装置循环水流程图的绘制 |

续表

| 鉴定范围 | | | | | | 鉴定点 | |
|---|---|---|---|---|---|---|---|
| 一级 | | 二级 | | 三级 | | 代码 | 名称 |
| 代码 | 名称 | 代码 | 名称 | 代码 | 名称 | | |
| B | 技能要求 | C | 事故判断与处理 | | 处理事故 | 001 | 汽油辛烷值低的处理 |
| | | | | | | 002 | 重整反应系统带水的处理 |
| C | 技能要求 | A | 工艺操作 | B | 开车操作 | 001 | 催化剂黑烧至白烧切换操作 |
| | | | | | | 002 | 黑催化剂开车操作 |
| | | | | | | 003 | 再生系统开车操作 |
| | | | | | | 004 | 催化剂循环速率的确定 |
| | | | | C | 正常操作 | 001 | 淘析气流量调整操作 |
| | | | | | | 002 | APC 投用操作 |
| | | | | D | 停车操作 | 001 | 再生热停车操作 |
| | | | | | | 002 | 再生冷停车操作 |
| | | C | 事故判断与处理 | A | 判断事故 | 001 | 根据烧焦温度催化剂炭含量变化判断 |
| D | 技能要求 | A | 工艺操作 | B | 开车操作 | 001 | 再生塔抽空器的开启操作 |
| | | | | C | 正常操作 | 001 | 降低抽提系统溶剂损耗的操作 |
| | | | | | | 002 | 抽提系统回流比的调整 |
| | | | | | | 003 | 汽提塔侧线跑溶剂后的回收操作 |
| | | | | D | 停车操作 | 001 | 溶剂再生系统停工操作 |
| | | C | 事故判断与处理 | A | 判断事故 | 001 | 分析芳烃不合格的原因 |
| | | | | B | 处理事故 | 001 | 抽提岗位停蒸汽的处理 |
| | | D | 绘图与计算 | A | 绘图 | 001 | 画出分离系统流程图 |

# 五、技能操作试题

## 试题1：分馏系统水联运的操作(现场模拟)

（考核时间：15min）

| 序号 | 考核内容 | 考核要点 | 配分 | 评分标准 | 检测结果 | 扣分 | 得分 | 备注 |
|---|---|---|---|---|---|---|---|---|
| 1 | 准备工作 | 穿戴劳保用品 | 3 | 未穿戴整齐扣3分 | | | | |
| | | 工具、用具准备 | 2 | 工具选择不正确扣2分 | | | | |
| 2 | 操作程序 | 系统水联运的准备工作 | 30 | 未阅读水联运方案扣5分 | | | | |
| | | | | 未检查水联运流程扣5分 | | | | |
| | | | | 未做好隔离工作扣5分 | | | | |
| | | | | 未确认参加水联运部分的管线的法兰已把好扣5分 | | | | |

续表

| 序号 | 考核内容 | 考核要点 | 配分 | 评分标准 | 检测结果 | 扣分 | 得分 | 备注 |
|---|---|---|---|---|---|---|---|---|
| 2 | | | | 未确认参加水联运部分的管线的控制阀已把好扣5分 | | | | |
| | | | | 未确认参加水联运部分的管线的孔板已把好扣5分 | | | | |
| | | | | 未确认参加水联运的所有机泵入口已安装好过滤器扣5分 | | | | |
| | | | | 未联系相关人员参加保运工作扣5分 | | | | |
| 3 | | 系统水联运的操作 | 40 | 系统垫水完毕，在水联运前未在低点排污扣5分 | | | | |
| | | | | 开阀及机泵时机不对一次扣5分 | | | | |
| | | | | 操作不当造成水窜入其他不联运的部位扣5分 | | | | |
| | | | | 水经过控制阀、冷却器、换热器时，若有副线，为先走副线，直接走设备的扣5分 | | | | |
| | | | | 过滤网、管线堵塞时，未及时处理扣5分 | | | | |
| | | | | 水联运时未及时调节泵出口流量造成电机超电流扣5分 | | | | |
| | | | | 水联运时，备用机泵未进行切换参加联运扣5分 | | | | |
| | | | | 未及时调整各塔及容器的液面，造成液面波动过大扣5分 | | | | |
| 4 | | 水联运的收尾工作 | 20 | 水联运的时间、质量未达到规定要求扣5分 | | | | |
| | | | | 水联运结束后，未排净管线、设备内的存水扣5分 | | | | |
| | | | | 水联运结束后，未引工业风或氮气吹干水联运系统扣5分 | | | | |
| | | | | 未做整改及运行记录扣5分 | | | | |
| 5 | 使用工具 | 正确使用工具 | 2 | 工具使用不正确扣2分 | | | | |
| | | 正确维护工具 | 3 | 工具乱摆乱放扣3分 | | | | |
| 6 | 安全及其他 | 按国家法规或企业规定 | | 违规一次总分扣5分；严重违规停止操作 | | | — | |
| | | 在规定时间内完成操作 | | 每超时1min总分扣5分，超时3min停止操作 | | | — | |
| | | 合　计 | 100 | | | | | |

**试题2：分馏系统冷油运的操作(现场模拟)**

(考核时间：15min)

| 序号 | 考核内容 | 考核要点 | 配分 | 评分标准 | 检测结果 | 扣分 | 得分 | 备注 |
|---|---|---|---|---|---|---|---|---|
| 1 | 准备工作 | 穿戴劳保用品 | 3 | 未穿戴整齐扣3分 | | | | |
| | | 工具、用具准备 | 2 | 工具选择不正确扣2分 | | | | |
| 2 | 操作程序 | 分馏系统冷油运的准备工作 | 40 | 未阅读及学习冷油运方案扣5分 | | | | |
| | | | | 未与调度及相关人员联系扣5分 | | | | |
| | | | | 未检查设备、管线是否处于备用状态扣5分 | | | | |
| | | | | 未检查仪表是否处于备用状态扣5分 | | | | |
| | | | | 未检查公用系统是否引入装置扣5分 | | | | |
| | | | | 未检查各塔、容器的安全阀是否已投用扣5分 | | | | |
| | | | | 冷油运流程改错一处扣5分 | | | | |
| | | | | 未检查与其他系统的隔离工作是否做好扣5分 | | | | |
| | | | | 流程改错一处扣5分 | | | | |
| | | | | 未核实分馏系统氮气置换是否合格扣5分 | | | | |
| 3 | | 分馏系统冷油运的操作 | 50 | 开阀及机泵时机不对一次扣10分 | | | | |
| | | | | 启动机泵时未按规定执行，造成电机超电流扣10分 | | | | |
| | | | | 未按冷油运方案规定步骤进行一次扣10分 | | | | |
| | | | | 冷油运过程中未检查各设备液面造成液面波动扣10分 | | | | |
| | | | | 冷油运过程中未检查各设备压力造成设备憋压超压扣10分 | | | | |
| | | | | 冷油运过程中未及时在低点脱水排污扣10分 | | | | |
| 4 | 使用工具 | 正确使用工具 | 2 | 工具使用不正确扣2分 | | | | |
| | | 正确维护工具 | 3 | 工具乱摆乱放扣3分 | | | | |
| 5 | 安全及其他 | 按国家法规或企业规定 | | 违规一次总分扣5分；严重违规停止操作 | | | — | |
| | | 在规定时间内完成操作 | | 每超时1min总分扣5分，超时3min停止操作 | | | — | |
| | | 合　计 | 100 | | | | | |

**试题3：分馏系统热油运的操作(现场模拟)**

(考核时间：15min)

| 序号 | 考核内容 | 考核要点 | 配分 | 评分标准 | 检测结果 | 扣分 | 得分 | 备注 |
|---|---|---|---|---|---|---|---|---|
| 1 | 准备工作 | 穿戴劳保用品 | 3 | 未穿戴整齐扣3分 | | | | |
| | | 工具、用具准备 | 2 | 工具选择不正确扣2分 | | | | |

续表

| 序号 | 考核内容 | 考核要点 | 配分 | 评分标准 | 检测结果 | 扣分 | 得分 | 备注 |
|---|---|---|---|---|---|---|---|---|
| 2 | 操作程序 | 考核热油运前的检查情况 | 30 | 各容器、冷换设备未脱水扣10分 | | | | |
| | | | | 未检查冷换设备是否投用扣10分 | | | | |
| | | | | 未检查热油运流程扣10分 | | | | |
| 3 | | 考核热油运的流程是否正确 | 20 | 未检查与其他系统的隔离工作扣10分 | | | | |
| | | | | 热油运流程改错一处扣10分 | | | | |
| 4 | | 考核热油运操作步骤是否正确 | 40 | 加热炉未按规定要求升温扣5分 | | | | |
| | | | | 各塔、容器间液面后未脱水扣5分 | | | | |
| | | | | 未按规定要求升压扣5分 | | | | |
| | | | | 未按规定要求控制压力扣5分 | | | | |
| | | | | 未按规定要求控制温度扣5分 | | | | |
| | | | | 未按规定要求控制液面扣5分 | | | | |
| | | | | 热油运的时间未达到规定时间扣5分 | | | | |
| | | | | 热油运结束后未按规定速度降温扣5分 | | | | |
| 5 | 使用工具 | 正确使用工具 | 2 | 工具使用不正确扣2分 | | | | |
| | | 正确维护工具 | 3 | 工具乱摆乱放扣3分 | | | | |
| 6 | 安全及其他 | 按国家法规或企业规定 | | 违规一次总分扣5分；严重违规停止操作 | | | — | |
| | | 在规定时间内完成操作 | | 每超时1min总分扣5分，超时3min停止操作 | | | — | |
| | | 合　　计 | 100 | | | | | |

否定项说明：若出现塔液面过低造成重沸炉干烧等情况，该题为零分。

## 试题4：离心式压缩机润滑油路的建立(现场模拟)

(考核时间：30min)

| 序号 | 考核内容 | 考核要点 | 配分 | 评分标准 | 检测结果 | 扣分 | 得分 | 备注 |
|---|---|---|---|---|---|---|---|---|
| 1 | 准备工作 | 穿戴劳保用品 | 3 | 未穿戴整齐扣3分 | | | | |
| | | 工具、用具准备 | 2 | 工具选择不正确扣2分 | | | | |
| 2 | 操作程序 | 将规定型号的润滑油加入油箱，液位在80%~90% | 43 | 未执行三级过滤扣3分 | | | | |
| | | | | 油位未加到规定最低值扣3分 | | | | |
| | | 开动油加热器，使油温达到指标要求 | | 油温不在规定之内扣3分 | | | | |
| | | 检查各控制阀前后截止阀、副线阀、各低点放空阀是否关闭 | | 控制阀前后截止阀、副线阀未关闭一处扣2分 | | | | |
| | | | | 低点放空阀未关闭一处扣2分 | | | | |
| | | 确认仪表调节阀灵活好用 | | 未确认扣5分 | | | | |
| | | 确认润滑油泵处于备用状态 | | 未确认扣5分 | | | | |
| | | 打开主油泵出入口阀及泵出口压控前后截止阀 | | 时机不对扣5分 | | | | |
| | | 将泵出口压控阀全开 | | 时机不对扣5分 | | | | |
| | | 投用一组润滑油冷却器 | | 时机不对扣5分 | | | | |
| | | 投用一组润滑油过滤器 | | 时机不对扣5分 | | | | |

续表

| 序号 | 考核内容 | 考核要点 | 配分 | 评分标准 | 检测结果 | 扣分 | 得分 | 备注 |
|---|---|---|---|---|---|---|---|---|
| 3 | 润滑油路的调节 | 启动主油泵 | 38 | 时机不对扣5分 | | | | |
| | | 润滑油冷却器充油排空气 | | 未排空气扣2分 | | | | |
| | | | | 备用油过冷却器未充油扣2分 | | | | |
| | | 润滑油过滤器充油排空气 | | 未排空气扣2分 | | | | |
| | | | | 备用油过滤器未充油扣2分 | | | | |
| | | 控制泵出口压力在规定值 | | 不在规定值内扣5分 | | | | |
| | | 控制润滑油总管压力在规定值 | | 不在规定值内扣5分 | | | | |
| | | 向高位油箱注油 | | 未向高位油箱注油扣5分 | | | | |
| | | 检查各路进油压力是否正常 | | 未检查扣5分 | | | | |
| | | 检查各路回油量、温度是否正常 | | 未检查扣5分 | | | | |
| 4 | 密封油路的建立 | 控制密封油油气压差在规定值 | 9 | 不在规定值内扣3分 | | | | |
| | | 建立参考气 | | 未建立扣3分 | | | | |
| | | 投用油气分离器 | | 未投用扣3分 | | | | |
| 5 | 使用工具 | 正确使用工具 | 2 | 工具使用不正确扣2分 | | | | |
| | | 正确维护工具 | 3 | 工具乱摆乱放扣3分 | | | | |
| 6 | 安全及其他 | 按国家法规或企业规定 | | 违规一次总分扣5分；严重违规停止操作 | | | — | |
| | | 在规定时间内完成操作 | | 每超时1min总分扣5分，超时3min停止操作 | | | — | |
| 合计 | | | 100 | | | | | |

## 试题5：加热炉烘炉结束后的检查(现场模拟)

(考核时间：15min)

| 序号 | 考核内容 | 考核要点 | 配分 | 评分标准 | 检测结果 | 扣分 | 得分 | 备注 |
|---|---|---|---|---|---|---|---|---|
| 1 | 准备工作 | 穿戴劳保用品 | 3 | 未穿戴整齐扣3分 | | | | |
| | | 工具、用具准备 | 2 | 工具选择不正确扣2分 | | | | |
| 2 | 操作程序 | 检查加热介质管道阀门状态 | 5 | 未检查扣5分 | | | | |
| 3 | | 检查燃料系统盲板，包括蒸汽；加热炉炉膛内氧含量分析，打开加热炉人孔 | 15 | 未检查扣5分 | | | | |
| | | | | 未检查扣5分 | | | | |
| | | | | 未拆除扣5分 | | | | |
| 4 | | 加热炉炉膛照明 | 5 | 未安装扣5分 | | | | |
| 5 | | 检查炉内保温层 | 15 | 未检查扣5分 | | | | |
| | | 检查炉内吊架、导向杆 | | 未检查扣5分 | | | | |
| | | 检查炉内炉管 | | 未检查扣5分 | | | | |

续表

| 序号 | 考核内容 | 考核要点 | 配分 | 评分标准 | 检测结果 | 扣分 | 得分 | 备注 |
|---|---|---|---|---|---|---|---|---|
| 6 | | 检查火嘴 | 20 | 未检查扣5分 | | | | |
| | | 检查风机、蝶阀 | | 未检查扣5分 | | | | |
| | | 检查烟道挡板 | | 未检查扣5分 | | | | |
| | | 检查防爆门、看火孔 | | 未检查扣5分 | | | | |
| 7 | | 检查对流室炉管吹灰器及相关仪表 | 20 | 未检查扣10分 | | | | |
| | | | | 未检查扣10分 | | | | |
| 8 | | 清理炉膛杂物、关闭人孔 | 10 | 未清理扣10分 | | | | |
| | | | | 未关闭扣5分 | | | | |
| 9 | 使用工具 | 正确使用工具 | 2 | 工具使用不正确扣2分 | | | | |
| | | 正确维护工具 | 3 | 工具乱摆乱放扣3分 | | | | |
| 10 | 安全及其他 | 按国家法规或企业规定 | | 违规一次总分扣5分；严重违规停止操作 | | | — | |
| | | 在规定时间内完成操作 | | 每超时1min总分扣5分，超时3min停止操作 | | | — | |
| 合　计 | | | 100 | | | | | |

**试题6：预加氢催化剂的干燥操作(现场模拟)**

（考核时间：30min）

| 序号 | 考核内容 | 考核要点 | 配分 | 评分标准 | 检测结果 | 扣分 | 得分 | 备注 |
|---|---|---|---|---|---|---|---|---|
| 1 | 准备工作 | 穿戴劳保用品 | 3 | 未穿戴整齐扣3分 | | | | |
| | | 工具、用具准备 | 2 | 工具选择不正确扣2分 | | | | |
| 2 | 干燥前的准备工作 | 反应系统氮气置换 | 15 | 置换不合格扣5分 | | | | |
| | | 反应系统脱水操作 | | 未脱水操作扣5分 | | | | |
| | | 干燥流程的检查工作 | | 流程未检查确认扣5分 | | | | |
| 3 | 催化剂的干燥操作 | 反应系统建立氮气循环 | 20 | 开氮气阀门过快扣5分 | | | | |
| | | | | 未达到启动条件就启动循环机扣5分 | | | | |
| | | | | 氮气压力不在规定控制范围内扣5分 | | | | |
| | | | | 氮气循环量不在规定控制范围内扣5分 | | | | |
| 4 | | 反应系统升温操作 | 25 | 升温速度不在规定控制要求内扣5分 | | | | |
| | | | | 恒温值不在规定值内扣8分 | | | | |
| | | | | 恒温时间不在规定值内扣7分 | | | | |
| | | | | 温度控制波动较大扣5分 | | | | |

续表

| 序号 | 考核内容 | 考核要点 | 配分 | 评分标准 | 检测结果 | 扣分 | 得分 | 备注 |
|---|---|---|---|---|---|---|---|---|
| 5 | | 催化剂的干燥脱水操作 | 10 | 未按规定的时间间隔脱水扣5分 | | | | |
| | | | | 脱水未计量扣5分 | | | | |
| 6 | | 反应系统的降温操作 | 15 | 未达到降温条件就开始降温扣5分 | | | | |
| | | | | 降温速度不符合控制要求扣5分 | | | | |
| | | | | 温度未降到规定值下就进行下一道工序扣5分 | | | | |
| 7 | | 实际干燥曲线的绘制 | 5 | 未按要求绘制扣5分 | | | | |
| 8 | 使用工具 | 正确使用工具 | 2 | 工具使用不正确扣2分 | | | | |
| | | 正确维护工具 | 3 | 工具乱摆乱放扣3分 | | | | |
| 9 | 安全及其他 | 按国家法规或企业规定 | | 违规一次总分扣5分；严重违规停止操作 | | | — | |
| | | 在规定时间内完成操作 | | 每超时1min总分扣5分，超时3min停止操作 | | | — | |
| | | 合　计 | 100 | | | | | |

**试题7：分馏塔蒸汽试压的操作(现场模拟)**

(考核时间：30min)

| 序号 | 考核内容 | 考核要点 | 配分 | 评分标准 | 检测结果 | 扣分 | 得分 | 备注 |
|---|---|---|---|---|---|---|---|---|
| 1 | 准备工作 | 穿戴劳保用品 | 3 | 未穿戴整齐扣3分 | | | | |
| | | 工具、用具准备 | 2 | 工具选择不正确扣2分 | | | | |
| 2 | 分馏塔蒸汽试压的准备工作 | 试压前必须详细检查流程 | 30 | 检查后流程错一处扣10分 | | | | |
| | | 放尽设备内存水及蒸汽冷凝水 | | 未执行扣10分 | | | | |
| | | 关闭安全阀上游阀，以防安全阀起跳 | | 未执行扣10分 | | | | |
| 3 | 分馏塔蒸汽吹扫的工作 | 引蒸汽先放尽冷凝水，给汽要慢，以防水击 | 60 | 给汽过快扣10分 | | | | |
| | | 放空见汽后，先贯通再吹扫。然后试压，升压速度要慢，防止设备超压 | | 憋压速度未按规定执行扣10分 | | | | |
| | | 冷却器，换热器扫线时，管壳程分别进行，一程吹扫时、另一程放空要打开放尽存水，以防设备由于水汽化而损坏设备 | | 未执行扣10分 | | | | |
| | | 检查所有的放空是否畅通，若有堵塞应及时处理 | | 放空堵塞未及时处理扣10分 | | | | |
| | | 放空阀和排凝阀不要开得过大，防止管线内大量蒸汽喷出伤人 | | 蒸汽量过大扣10分 | | | | |
| | | 换热器副线的吹扫 | | 未执行扣5分 | | | | |

续表

| 序号 | 考核内容 | 考核要点 | 配分 | 评分标准 | 检测结果 | 扣分 | 得分 | 备注 |
|---|---|---|---|---|---|---|---|---|
| | | 控制阀，流量计走副线 | | 未执行扣5分 | | | | |
| | | 蒸汽吹扫时间要达到规定要求 | | 蒸汽吹扫时间未达到规定要求扣10分 | | | | |
| | | 试压过程要由专人负责，必须做好记录，试压结束后，操作人员予以签名确认 | | 未执行5分 | | | | |
| 4 | 使用工具 | 正确使用工具 | 2 | 工具使用不正确扣2分 | | | | |
| | | 正确维护工具 | 3 | 工具乱摆乱放扣3分 | | | | |
| 5 | 安全及其他 | 按国家法规或企业规定 | | 违规一次总分扣5分；严重违规停止操作 | | | — | |
| | | 在规定时间内完成操作 | | 每超时1min总分扣5分，超时3min停止操作 | | | — | |
| | | 合　　计 | 100 | | | | | |

### 试题8：脱氯罐的投用操作(现场模拟)

（考核时间：30min）

| 序号 | 考核内容 | 考核要点 | 配分 | 评分标准 | 检测结果 | 扣分 | 得分 | 备注 |
|---|---|---|---|---|---|---|---|---|
| 1 | 准备工作 | 穿戴劳保用品 | 3 | 未穿戴整齐扣3分 | | | | |
| | | 工具、用具准备 | 2 | 工具选择不正确扣2分 | | | | |
| 2 | 脱氯罐的充压 | 联系调度要氮气 | 25 | 未联系扣5分 | | | | |
| | | 开氮气阀 | | 时机不对扣5分 | | | | |
| | | 脱氯罐置换、充压 | | 脱氯罐未置换扣5分 | | | | |
| | | | | 升压速度未按要求控制扣5分 | | | | |
| | | | | 脱氯罐充压压力未按要求控制扣5分 | | | | |
| | | 脱氯罐气密 | | 未执行扣5分 | | | | |
| 3 | 脱氯罐的投用 | 打开脱氯罐入口阀，然后缓慢打开出口阀，最后慢慢关闭旁路阀 | 20 | 开错阀门扣10分 | | | | |
| | | | | 开入口阀过快扣5分 | | | | |
| | | | | 关旁路阀过快扣5分 | | | | |
| | | 在切换过程中，应确保系统操作平稳 | 30 | 未注意观察系统温度变化，造成温度波动过大扣10分 | | | | |
| | | | | 未注意观察系统压力变化，造成压力波动过大扣10分 | | | | |
| | | | | 未注意观察系统流量变化，造成液位波动过大扣10分 | | | | |
| 4 | 投用后的检查 | 检查脱氯罐是否有泄漏情况 | 15 | 未检查泄漏情况扣5分 | | | | |
| | | 检查投用后对精制油的影响情况 | | 未检查精制油的影响情况扣10分 | | | | |
| 5 | 使用工具 | 正确使用工具 | 2 | 工具使用不正确扣2分 | | | | |
| | | 正确维护工具 | 3 | 工具乱摆乱放扣3分 | | | | |

续表

| 序号 | 考核内容 | 考核要点 | 配分 | 评分标准 | 检测结果 | 扣分 | 得分 | 备注 |
|---|---|---|---|---|---|---|---|---|
| 6 | 安全及其他 | 按国家法规或企业规定 | | 违规一次总分扣 5 分；严重违规停止操作 | | | — | |
| | | 在规定时间内完成操作 | | 每超时 1min 总分扣 5 分，超时 3min 停止操作 | | | — | |
| | | 合　　计 | 100 | | | | | |

## 试题 9：热载体系统升温脱水操作(现场模拟)

（考核时间：15min）

| 序号 | 考核内容 | 考核要点 | 配分 | 评分标准 | 检测结果 | 扣分 | 得分 | 备注 |
|---|---|---|---|---|---|---|---|---|
| 1 | 准备工作 | 穿戴劳保用品 | 3 | 未穿戴整齐扣 3 分 | | | | |
| | | 工具、用具准备 | 2 | 工具选择不正确扣 2 分 | | | | |
| 2 | 操作程序 | 考核热载体升温前的检查工作 | 30 | 未阅读热载体升温方案扣 5 分 | | | | |
| | | | | 未检查热载体炉的燃烧情况扣 10 分 | | | | |
| | | | | 未检查热载体系统流程扣 10 分 | | | | |
| | | | | 未检查热载体罐液面是否在规定范围内扣 10 分 | | | | |
| 3 | | 考核热载体升温操作 | 30 | 热载体升温速度不在规定范围内扣 10 分 | | | | |
| | | | | 未按规定的升温曲线升温扣 10 分 | | | | |
| | | | | 未按规程开热载体泵扣 10 分 | | | | |
| 4 | | 考核热载体脱水操作 | 30 | 未按规定的温度点进行脱水操作扣 10 分 | | | | |
| | | | | 规定的脱水位置漏脱一处扣 5 分 | | | | |
| | | | | 脱水时将大量的热载体脱出扣 10 分 | | | | |
| | | | | 未定时分析热载体含水情况扣 5 分 | | | | |
| 5 | 使用工具 | 正确使用工具 | 2 | 工具使用不正确扣 2 分 | | | | |
| | | 正确维护工具 | 3 | 工具乱摆乱放扣 3 分 | | | | |
| 6 | 安全及其他 | 按国家法规或企业规定 | | 违规一次总分扣 5 分；严重违规停止操作 | | | — | |
| | | 在规定时间内完成操作 | | 每超时 1min 总分扣 5 分，超时 3min 停止操作 | | | — | |
| | | 合　　计 | 100 | | | | | |

否定项说明：若出现热载体突沸等情况，该题为零分。

## 试题10：预加氢原料硫含量高的调节（现场模拟）

（考核时间：15min）

| 序号 | 考核内容 | 考核要点 | 配分 | 评分标准 | 检测结果 | 扣分 | 得分 | 备注 |
|---|---|---|---|---|---|---|---|---|
| 1 | 准备工作 | 穿戴劳保用品 | 3 | 未穿戴整齐扣3分 | | | | |
| | | 工具、用具准备 | 2 | 工具选择不正确扣2分 | | | | |
| 2 | 操作程序 | 操作参数调整前的汇报工作 | 10 | 预加氢原料分析未记录扣5分 | | | | |
| | | | | 未向相关人员请示扣5分 | | | | |
| 3 | | 预加氢操作温度的调整 | 20 | 升温操作时机不正确扣5分 | | | | |
| | | | | 升温操作时未按规定进行扣8分 | | | | |
| | | | | 温度波动幅度过大扣7分 | | | | |
| 4 | | 预加氢操作压力的调整 | 20 | 升压操作时机不正确扣5分 | | | | |
| | | | | 升压操作时未按规定进行扣8分 | | | | |
| | | | | 压力波动幅度过大扣7分 | | | | |
| 5 | | 预加氢空速的调整 | 20 | 预加氢降量时机不正确扣5分 | | | | |
| | | | | 降量操作时未按规定进行扣8分 | | | | |
| | | | | 预加氢降量操作波动过大扣7分 | | | | |
| 6 | | 调整后的工作 | 20 | 调整后未联系化验采样扣5分 | | | | |
| | | | | 精制油硫含量化验分析情况未向相关人员汇报扣5分 | | | | |
| | | | | 未采取进一步措施扣10分 | | | | |
| 7 | 使用工具 | 正确使用工具 | 2 | 工具使用不正确扣2分 | | | | |
| | | 正确维护工具 | 3 | 工具乱摆乱放扣3分 | | | | |
| 8 | 安全及其他 | 按国家法规或企业规定 | | 违规一次总分扣5分；严重违规停止操作 | | | — | |
| | | 在规定时间内完成操作 | | 每超时1min总分扣5分，超时3min停止操作 | | | — | |
| 合计 | | | 100 | | | | | |

## 试题11：正常生产时注氯量的调节操作（现场模拟）

（考核时间：15min）

| 序号 | 考核内容 | 考核要点 | 配分 | 评分标准 | 检测结果 | 扣分 | 得分 | 备注 |
|---|---|---|---|---|---|---|---|---|
| 1 | 准备工作 | 穿戴劳保用品 | 3 | 未穿戴整齐扣3分 | | | | |
| | | 工具、用具准备 | 2 | 工具选择不正确扣2分 | | | | |
| 2 | 操作程序 | 注氯剂的配制工作 | 25 | 未使用防护用品扣10分 | | | | |
| | | | | 试剂乱排乱放扣10分 | | | | |
| | | | | 试剂未按规定要求加注扣5分 | | | | |
| 3 | | 注氯量的计算 | 20 | 未分析判断重整系统水氯平衡情况扣10分 | | | | |
| | | | | 未根据分析计算实际注氯量扣10分 | | | | |

续表

| 序号 | 考核内容 | 考核要点 | 配分 | 评分标准 | 检测结果 | 扣分 | 得分 | 备注 |
|---|---|---|---|---|---|---|---|---|
| 4 |  | 注氯量的调节操作 | 30 | 开错阀门扣 10 分 |  |  |  |  |
|  |  |  |  | 调节注氯量时操作波动大扣 10 分 |  |  |  |  |
|  |  |  |  | 未达到调节目的扣 10 分 |  |  |  |  |
| 5 |  | 注氯后的记录工作 | 15 | 未认真记录调节注氯量变化量扣 5 分 |  |  |  |  |
|  |  |  |  | 未记录重整反应系统床层温度扣 5 分 |  |  |  |  |
|  |  |  |  | 未记录重整反应系统循环氢量扣 5 分 |  |  |  |  |
| 6 | 使用工具 | 正确使用工具 | 2 | 工具使用不正确扣 2 分 |  |  |  |  |
|  |  | 正确维护工具 | 3 | 工具乱摆乱放扣 3 分 |  |  |  |  |
| 7 | 安全及其他 | 按国家法规或企业规定 |  | 违规一次总分扣 5 分；严重违规停止操作 |  |  | — |  |
|  |  | 在规定时间内完成操作 |  | 每超时 1min 总分扣 5 分，超时 3min 停止操作 |  |  | — |  |
|  |  | 合　计 | 100 |  |  |  |  |  |

**试题 12：预加氢反应系统的停车操作（现场模拟）**

（考核时间：15min）

| 序号 | 考核内容 | 考核要点 | 配分 | 评分标准 | 检测结果 | 扣分 | 得分 | 备注 |
|---|---|---|---|---|---|---|---|---|
| 1 | 准备工作 | 穿戴劳保用品 | 3 | 未穿戴整齐扣 3 分 |  |  |  |  |
|  |  | 工具、用具准备 | 2 | 工具选择不正确扣 2 分 |  |  |  |  |
|  |  | 联系相关部门 | 5 | 未联系相关部门及后路扣 5 分 |  |  |  |  |
| 2 | 操作程序 | 预加氢反应系统的降温降量操作 | 30 | 未按要求进行速度降温扣 5 分 |  |  |  |  |
|  |  |  |  | 降量操作的时机不正确扣 10 分 |  |  |  |  |
| 2 |  | 预加氢反应系统切断进料的操作 |  | 切断进料时机不正确扣 5 分 |  |  |  |  |
|  |  |  |  | 未按规定停进料泵扣 5 分 |  |  |  |  |
| 3 |  | 预加氢高分后路改线的操作 |  | 改氢气后路时机不正确扣 5 分 |  |  |  |  |
|  |  |  |  | 改生成油后路时机不正确扣 5 分 |  |  |  |  |
| 5 |  | 预加氢系统热氢循环的操作 | 30 | 热氢循环的恒温温度未按要求控制扣 5 分 |  |  |  |  |
|  |  |  |  | 热氢循环的氢气量未按要求控制扣 5 分 |  |  |  |  |
|  |  |  |  | 热氢循环的时间未按要求控制扣 5 分 |  |  |  |  |
|  |  |  |  | 停循环机的时机不正确扣 5 分 |  |  |  |  |
|  |  |  |  | 预加氢高分液控阀的关闭时机不正确扣 5 分 |  |  |  |  |
|  |  |  |  | 预加氢高分压控阀的关闭时机不正确扣 5 分 |  |  |  |  |

续表

| 序号 | 考核内容 | 考核要点 | 配分 | 评分标准 | 检测结果 | 扣分 | 得分 | 备注 |
| --- | --- | --- | --- | --- | --- | --- | --- | --- |
| 6 | | 进料加热炉的熄炉操作 | 25 | 熄炉时机不正确扣5分 | | | | |
| | | | | 熄炉后烟道挡板未全开扣5分 | | | | |
| | | | | 熄炉后风机未关扣5分 | | | | |
| | | | | 熄炉后风门未开自然通风扣5分 | | | | |
| | | | | 停空冷、水冷的时机不正确扣5分 | | | | |
| 7 | 使用工具 | 正确使用工具 | 2 | 工具使用不正确扣2分 | | | | |
| | | 正确维护工具 | 3 | 工具乱摆乱放扣3分 | | | | |
| 8 | 安全及其他 | 按国家法规或企业规定 | | 违规一次总分扣5分；严重违规停止操作 | | | — | |
| | | 在规定时间内完成操作 | | 每超时1min总分扣5分，超时3min停止操作 | | | — | |
| | | 合　计 | 100 | | | | | |

### 试题13：离心压缩机喘振的处理(现场模拟)

(考核时间：15min)

| 序号 | 考核内容 | 考核要点 | 配分 | 评分标准 | 检测结果 | 扣分 | 得分 | 备注 |
| --- | --- | --- | --- | --- | --- | --- | --- | --- |
| 1 | 准备工作 | 穿戴劳保用品 | 5 | 未穿戴整齐扣5分 | | | | |
| 2 | 喘振原因 | 压缩机的实际流量低于某一极限值时，压缩机就会出现不稳定工作状态 | 10 | 没有答出压缩机实际流量低于某一极限值扣5分 | | | | |
| 3 | 喘振现象 | 压缩机噪音很大，时高时低 | 30 | 缺此项扣10分 | | | | |
| | | 出口压力波动大 | | 缺此项扣10分 | | | | |
| | | 整个压缩机强烈振动 | | 缺此项扣10分 | | | | |
| 4 | 喘振危害 | 压缩机性能恶化，工艺参数大幅波动 | 20 | 缺此项扣5分 | | | | |
| | | 对轴承产生冲击 | | 缺此项扣5分 | | | | |
| | | 机组静动件碰撞，机器破坏 | | 缺此项扣5分 | | | | |
| | | 密封破坏，严重时大量气体外逸，引起爆炸恶性事故 | | 缺此项扣5分 | | | | |
| 5 | 喘振处理 | 原因分析 | 35 | 未分析喘振原因扣5分 | | | | |
| | | 打开防喘振阀 | | 开防喘振阀时机不正确扣5分 | | | | |
| | | | | 开防喘振阀时操作波动大扣5分 | | | | |
| | | 调整循环机进气压力 | | 开错阀门扣5分 | | | | |
| | | | | 操作波动大扣5分 | | | | |
| | | 调整循环气气体相对分子质量 | | 操作时未注意观察循环氢变化，造成循环机负荷过大扣10分 | | | | |

续表

| 序号 | 考核内容 | 考核要点 | 配分 | 评分标准 | 检测结果 | 扣分 | 得分 | 备注 |
|---|---|---|---|---|---|---|---|---|
| 6 | 安全及其他 | 按国家法规或企业规定 | | 违规一次总分扣5分；严重违规停止操作 | | | — | |
| | | 在规定时间内完成操作 | | 每超时1min总分扣5分，超时3min停止操作 | | | — | |
| | | 合　计 | 100 | | | | | |

**试题14：往复式压缩机的停车操作(现场模拟)**

(考核时间：20min)

| 序号 | 考核内容 | 考核要点 | 配分 | 评分标准 | 检测结果 | 扣分 | 得分 | 备注 |
|---|---|---|---|---|---|---|---|---|
| 1 | 准备工作 | 穿戴劳保用品 | 3 | 未穿戴整齐扣3分 | | | | |
| | | 工具、用具准备 | 2 | 工具选择不正确扣2分 | | | | |
| 2 | 操作程序 | 逐渐降至零负荷 | 10 | 负荷降太快扣5分 | | | | |
| | | | | 负荷未降至零扣5分 | | | | |
| 3 | | 停电机 | 10 | 未停电机扣10分 | | | | |
| 4 | | 关进、出口阀 | 20 | 未关进口阀扣10分 | | | | |
| | | | | 未关出口阀扣10分 | | | | |
| 5 | | 往复式压缩机机体泄压 | 10 | 泄压时机不正确扣5分 | | | | |
| | | | | 泄压流程不正确扣5分 | | | | |
| 6 | | 停冷却水系统 | 10 | 未停冷却水系统扣10分 | | | | |
| 7 | | 停润滑油系统 | 10 | 未停润滑油系统扣10分 | | | | |
| 8 | | 停密封气系统 | 10 | 未停密封气系统扣10分 | | | | |
| 9 | | 惰性气体置换 | 10 | 置换不彻底扣5分 | | | | |
| 10 | 使用工具 | 正确使用工具 | 2 | 工具使用不正确扣2分 | | | | |
| | | 正确维护工具 | 3 | 工具乱摆乱放扣3分 | | | | |
| 11 | 安全及其他 | 按国家法规或企业规定 | | 违规一次总分扣5分；严重违规停止操作 | | | — | |
| | | 在规定时间内完成操作 | | 每超时1min总分扣5分，超时3min停止操作 | | | — | |
| | | 合　计 | 100 | | | | | |

**试题15：压力表的选用(现场模拟)**

(考核时间：15min)

| 序号 | 考核内容 | 考核要点 | 配分 | 评分标准 | 检测结果 | 扣分 | 得分 | 备注 |
|---|---|---|---|---|---|---|---|---|
| 1 | 准备工作 | 穿戴劳保用品 | 3 | 未穿戴整齐扣3分 | | | | |
| | | 工具、用具准备 | 2 | 工具选择不正确扣2分 | | | | |

续表

| 序号 | 考核内容 | 考核要点 | 配分 | 评分标准 | 检测结果 | 扣分 | 得分 | 备注 |
|---|---|---|---|---|---|---|---|---|
| 2 | 压力表选用 | 工况检查 | 20 | 未了解压力表使用环境扣10分 | | | | |
| | | | | 未确定压力表使用要求扣10分 | | | | |
| 3 | | 压力表选择 | 65 | 未检查待用压力表精度等级扣10分 | | | | |
| | | | | 未检查待用压力表规格型号扣10分 | | | | |
| | | | | 使用未校验合格的压力表扣10分 | | | | |
| | | | | 未选用符合实际精度要求的压力表扣10分 | | | | |
| | | | | 未选用符合实际工作介质的压力表扣10分 | | | | |
| | | | | 压力表量程选择不正确扣10分 | | | | |
| | | | | 垫片选择不正确扣10分 | | | | |
| 4 | | 安装压力表 | 5 | 压力表未装好扣5分 | | | | |
| 5 | 使用工具 | 正确使用工具 | 2 | 工具使用不正确扣2分 | | | | |
| | | 正确维护工具 | 3 | 工具乱摆乱放扣3分 | | | | |
| 6 | 安全及其他 | 按国家法规或企业规定 | | 违规一次总分扣5分；严重违规停止操作 | | | — | |
| | | 在规定时间内完成操作 | | 每超时1min总分扣5分，超时3min停止操作 | | | — | |
| | | 合　计 | 100 | | | | | |

### 试题16：换热器检修后的验收(现场模拟)

(考核时间：30min)

| 序号 | 考核内容 | 考核要点 | 配分 | 评分标准 | 检测结果 | 扣分 | 得分 | 备注 |
|---|---|---|---|---|---|---|---|---|
| 1 | 准备工作 | 穿戴劳保用品 | 3 | 未穿戴整齐扣3分 | | | | |
| | | 工具、用具准备 | 2 | 工具选择不正确扣2分 | | | | |
| 2 | 操作程序 | 检查换热器连接部位是否正常 | 10 | 未检查扣10分 | | | | |
| 3 | | 检查管壳程进出口是否加好盲板 | 10 | 未检查扣10分 | | | | |
| 4 | | 试水压至设计压力的1.25~1.5倍 | 20 | 未按试压标准检查扣20分 | | | | |
| 5 | | 达到压力后恒压检查压力是否下降 | 20 | 未达到压力要求扣20分 | | | | |
| 6 | | 检查各连接部位及各焊口是否泄漏 | 10 | 未检查扣10分 | | | | |
| 7 | | 试压完毕后泄压 | 10 | 未泄压扣10分 | | | | |
| 8 | | 管壳程进出口按要求拆除盲板装好垫片 | 10 | 未装好垫片扣10分 | | | | |

续表

| 序号 | 考核内容 | 考核要点 | 配分 | 评分标准 | 检测结果 | 扣分 | 得分 | 备注 |
|---|---|---|---|---|---|---|---|---|
| 9 | 使用工具 | 正确使用工具 | 2 | 工具使用不正确扣2分 | | | | |
| | | 正确维护工具 | 3 | 工具乱摆乱放扣3分 | | | | |
| 10 | 安全及其他 | 按国家法规或企业规定 | | 违规一次总分扣5分；严重违规停止操作 | | | — | |
| | | 在规定时间内完成操作 | | 每超时1min总分扣5分，超时3min停止操作 | | | — | |
| 合计 | | | 100 | | | | | |

**试题17：离心泵检修后的验收(现场模拟)**

(考核时间：15min)

| 序号 | 考核内容 | 考核要点 | 配分 | 评分标准 | 检测结果 | 扣分 | 得分 | 备注 |
|---|---|---|---|---|---|---|---|---|
| 1 | 准备工作 | 穿戴劳保用品 | 3 | 未穿戴整齐扣3分 | | | | |
| | | 工具、用具准备 | 2 | 工具选择不正确扣2分 | | | | |
| 2 | 操作程序 | 确认动设备检修安装完毕，各部联接紧固螺栓符合要求 | 5 | 未检查确认扣5分 | | | | |
| 3 | | 打开动设备入口阀门，检查轴封是否泄漏 | 10 | 未检验轴封扣5分 | | | | |
| | | | | 轴封漏而没发现扣5分 | | | | |
| 4 | | 检查所有附属管线安装是否正确 | 5 | 未检查全扣5分 | | | | |
| 5 | | 充压检查是否畅通及有无泄漏 | 15 | 未充压扣5分 | | | | |
| | | | | 有泄漏没检查出来扣10分 | | | | |
| 6 | | 轴承箱加油后，检查油封，油杯是否漏油 | 10 | 未检查油封扣5分 | | | | |
| | | | | 油杯漏油检查不出来扣5分 | | | | |
| 7 | | 手动盘车，检查有无卡涩、受阻 | 10 | 未盘车或盘车不正确扣5分 | | | | |
| | | | | 有卡涩或受阻而没发现扣5分 | | | | |
| 8 | | 确认联轴器对中找正完毕，并符合要求 | 15 | 未确认扣5分 | | | | |
| | | | | 联轴器明显没对中而没发现扣10分 | | | | |
| 9 | | 电机送电，点动电机，确认电机转向是否正确 | 15 | 未送电(无送电票)，扣5分 | | | | |
| | | | | 未确认电机转向扣5分 | | | | |
| | | | | 不能确认电机转向是否正确扣5分 | | | | |
| 10 | | 清理场地 | 5 | 未清理扣5分 | | | | |
| 11 | 使用工具 | 正确使用工具 | 2 | 工具使用不正确扣2分 | | | | |
| | | 正确维护工具 | 3 | 工具乱摆乱放扣3分 | | | | |
| 12 | 安全及其他 | 按国家法规或企业规定 | | 违规一次总分扣5分；严重违规停止操作 | | | — | |
| | | 在规定时间内完成操作 | | 每超时1min总分扣5分，超时3min停止操作 | | | — | |
| 合计 | | | 100 | | | | | |

## 试题 18：往复式压缩机的日常维护(现场模拟)

(考核时间：30min)

| 序号 | 考核内容 | 考核要点 | 配分 | 评分标准 | 检测结果 | 扣分 | 得分 | 备注 |
|---|---|---|---|---|---|---|---|---|
| 1 | 准备工作 | 穿戴劳保用品 | 3 | 未穿戴整齐扣 3 分 | | | | |
| | | 工具、用具准备 | 2 | 工具选择不正确扣 2 分 | | | | |
| 2 | 操作程序 | 检查记录各级吸排气阀泄漏以及十字头滑道、冷却水、润滑油、电机轴瓦的温度数值是否正常 | 10 | 未检查扣 6 分 | | | | |
| | | | | 有不正常的没发现扣 4 分 | | | | |
| 3 | | 检查记录各级填料泄漏、冷却水、密封气、润滑油压力是否正常 | 10 | 未检查扣 6 分 | | | | |
| | | | | 有不正常的没发现扣 4 分 | | | | |
| 4 | | 检查记录控制表盘上有无报警、联锁信号并判断真假 | 10 | 未检查扣 6 分 | | | | |
| | | | | 有报警或联锁的没发现、不能判断真假扣 4 分 | | | | |
| 5 | | 检查记录冷却水是否畅通及流量大小，冬季不流动的冷却水必须排尽 | 10 | 未检查扣 6 分 | | | | |
| | | | | 不会判断冷却水是否畅通扣 4 分 | | | | |
| 6 | | 检查记录润滑油的油位、油量及其污染情况，泄漏情况 | 8 | 未检查扣 4 分 | | | | |
| | | | | 有污染或泄漏未发现扣 4 分 | | | | |
| 7 | | 检查记录负荷调节器(卸荷器)是否漏气，是否有异常响声、工作状态是否正常 | 10 | 未检查扣 6 分 | | | | |
| | | | | 有不正常而没发现扣 4 分 | | | | |
| 8 | | 检查并记录主轴瓦、大小头瓦、汽缸、十字头、活塞杆、连杆等部位的运转声音有无异常，机体振动有无异常，电机电流是否正常 | 10 | 未检查扣 6 分 | | | | |
| | | | | 有不正常而没发现扣 4 分 | | | | |
| 9 | | 检查记录各部分油、水、气有无跑冒滴漏 | 10 | 未检查扣 6 分 | | | | |
| | | | | 有跑冒滴漏没发现扣 4 分 | | | | |
| 10 | | 检查润滑油过滤器、压缩机入口过滤器压差堵塞情况 | 10 | 未检查扣 6 分 | | | | |
| | | | | 有堵塞而没检查出的扣 4 分 | | | | |
| 11 | | 清理场地 | 2 | 未清理扣 2 分 | | | | |
| 12 | 使用工具 | 正确使用工具 | 2 | 工具使用不正确扣 2 分 | | | | |
| | | 正确维护工具 | 3 | 工具乱摆乱放扣 3 分 | | | | |
| 13 | 安全及其他 | 按国家法规或企业规定 | | 违规一次总分扣 5 分；严重违规停止操作 | | | — | |
| | | 在规定时间内完成操作 | | 每超时 1min 总分扣 5 分，超时 3min 停止操作 | | | — | |
| 合计 | | | 100 | | | | | |

## 试题19：离心式压缩机的日常维护(现场模拟)

（考核时间：30min）

| 序号 | 考核内容 | 考核要点 | 配分 | 评分标准 | 检测结果 | 扣分 | 得分 | 备注 |
|---|---|---|---|---|---|---|---|---|
| 1 | 准备工作 | 穿戴劳保用品 | 3 | 未穿戴整齐扣3分 | | | | |
| | | 工具、用具准备 | 2 | 工具选择不正确扣2分 | | | | |
| 2 | 操作程序 | 检查、记录压缩机的转速是否稳定，正常 | 5 | 未检查扣3分 | | | | |
| | | | | 有不正常的没发现扣2分 | | | | |
| 3 | | 检查、记录压缩机各透平的轴振动、轴位移是否正常 | 10 | 未检查扣6分 | | | | |
| | | | | 轴振动与轴位移不正常而没发现扣4分 | | | | |
| 4 | | 检查记录压缩机和透平的各轴承温度是否正常 | 10 | 未检查扣6分 | | | | |
| | | | | 有轴承温度不正常而没发现扣4分 | | | | |
| 5 | | 检查记录透平的入口蒸汽压力温度和排汽压力温度、真空度(压力)是否正常 | 10 | 未检查扣6分 | | | | |
| | | | | 有不正常而未发现扣4分 | | | | |
| 6 | | 检查记录压缩机的入口、出口压力和温度是否正常 | 5 | 未检查扣5分 | | | | |
| | | | | 有不正常而没发现，一处扣2分 | | | | |
| 7 | | 检查记录润滑油(密封油)的油压、油量、油温、油位是否正常 | 10 | 未检查扣10分 | | | | |
| | | | | 有不正常而没发现扣5分 | | | | |
| 8 | | 检查润滑油滤器压差，密封油气压差是否适当。无密封油的检查干气密封的过滤器压差是否正常 | 10 | 未检查扣10分 | | | | |
| | | | | 压差不正常而没发现扣10分 | | | | |
| 9 | | 检查记录透平、压缩机机体运转有无异常响声、振动 | 10 | 未检查扣10分 | | | | |
| | | | | 有异常而没检查出，一处扣5分 | | | | |
| 10 | | 检查润滑油、密封油(包括高位槽)，干气密封控制有无油气的泄漏 | 10 | 未检查扣10分 | | | | |
| | | | | 有泄漏而没发现扣10分 | | | | |
| 11 | | 检查油冷器出入口温度是否正常 | 5 | 没检查扣5分 | | | | |
| | | | | 温度不正常而没发现扣3分 | | | | |
| 12 | | 检查离心压缩机及辅助系统的保温、防腐、防冻情况 | 3 | 未检查扣3分 | | | | |
| 13 | | 清理场地 | 2 | 未清理扣2分 | | | | |
| 14 | 使用工具 | 正确使用工具 | 2 | 工具使用不正确扣2分 | | | | |
| | | 正确维护工具 | 3 | 工具乱摆乱放扣3分 | | | | |
| 15 | 安全及其他 | 按国家法规或企业规定 | | 违规一次总分扣5分；严重违规停止操作 | | | — | |
| | | 在规定时间内完成操作 | | 每超时1min总分扣5分，超时3min停止操作 | | | — | |
| 合计 | | | 100 | | | | | |

**试题 20：循环压缩机开机前的检查（现场模拟）**

（考核时间：20min）

| 序号 | 考核内容 | 考核要点 | 配分 | 评分标准 | 检测结果 | 扣分 | 得分 | 备注 |
|---|---|---|---|---|---|---|---|---|
| 1 | 准备工作 | 穿戴劳保用品 | 3 | 未穿戴整齐扣3分 | | | | |
| | | 工具、用具准备 | 2 | 工具选择不正确扣2分 | | | | |
| 2 | 操作程序 | 准备好开车工具，全面检查系统内的设备、管线、阀门连接是否正确可靠，有无泄漏，阀门开关是否灵活 | 15 | 未准备好开车工具扣5分 | | | | |
| | | | | 未全面检查系统内设备、管线、阀门等情况扣5分 | | | | |
| | | | | 未确认阀门开关是否灵活扣5分 | | | | |
| 3 | | 现场环境整洁，照明及消防器材齐全，机组保温完好 | 10 | 现场环境不整洁扣5分 | | | | |
| | | | | 相关器材不齐全未联系处理扣5分 | | | | |
| 4 | | 检查管线阀门，排凝点的通畅情况和开关状态 | 15 | 未检查阀门的开关情况扣10分 | | | | |
| | | | | 未检查排凝点的通畅情况扣5分 | | | | |
| 5 | | 联系仪表调校各仪表设备、自保联锁处于完好状态 | 15 | 未联系仪表进行联锁试验扣5分 | | | | |
| | | | | 自保联锁未处于完好状态扣10分 | | | | |
| 6 | | 联系电气调校各电气设备、自保联锁处于完好状态 | 10 | 未联系电气调校扣5分 | | | | |
| | | | | 自保联锁未处于完好状态扣5分 | | | | |
| 7 | | 主机盘车灵活 | 5 | 未对主机进行盘车扣5分 | | | | |
| 8 | | 联系调度，引进仪表风、蒸汽、电、循环水、氮气等，而且各项指标达要求 | 5 | 未联系调度进行相关作业扣5分 | | | | |
| 9 | | 打开系统上各压力开关、压力表、压力变送器、液位计及所有通向仪表的阀门 | 5 | 未确认仪表的投用情况扣5分 | | | | |
| 10 | | 机、电、仪及有关人员到现场 | 5 | 未对到场人员进行确认扣5分 | | | | |
| 11 | | 润滑油、封油或密封气系统运转正常 | 5 | 未对润滑油、封油或密封气系统进行确认扣5分 | | | | |
| 12 | 使用工具 | 正确使用工具 | 2 | 工具使用不正确扣2分 | | | | |
| | | 正确维护工具 | 3 | 工具乱摆乱放扣3分 | | | | |
| 13 | 安全及其他 | 按国家法规或企业规定 | | 违规一次总分扣5分；严重违规停止操作 | | | — | |
| | | 在规定时间内完成操作 | | 每超时1min总分扣5分，超时3min停止操作 | | | — | |
| 合计 | | | 100 | | | | | |

**试题 21：分馏塔顶回流泵抽空的判断（现场模拟）**

（考核时间：15min）

| 序号 | 考核内容 | 考核要点 | 配分 | 评分标准 | 检测结果 | 扣分 | 得分 | 备注 |
|---|---|---|---|---|---|---|---|---|
| 1 | 准备工作 | 穿戴劳保用品 | 3 | 未穿戴整齐扣3分 | | | | |
| | | 工具、用具准备 | 2 | 工具选择不正确扣2分 | | | | |

续表

| 序号 | 考核内容 | 考核要点 | 配分 | 评分标准 | 检测结果 | 扣分 | 得分 | 备注 |
|---|---|---|---|---|---|---|---|---|
| 2 | 分馏塔回流泵抽空的现象 | 泵出口压力低 | 10 | 未检查泵出口压力扣10分 | | | | |
| | | 泵出口回流量无显示 | 10 | 未检查泵出口回流量扣10分 | | | | |
| | | 机泵震动大 | 10 | 未检查泵运行情况扣10分 | | | | |
| | | 塔顶回流罐液面上升 | 15 | 未检查回流罐液面扣15分 | | | | |
| | | 塔顶压力上升 | 10 | 未检查回流罐压力扣10分 | | | | |
| | | 塔顶温度升高 | 10 | 未检查塔顶温度扣10分 | | | | |
| 3 | 抽空的判断 | 回流泵抽空的判断 | 25 | 未做出正确判断扣25分 | | | | |
| 4 | 使用工具 | 正确使用工具 | 2 | 工具使用不正确扣2分 | | | | |
| | | 正确维护工具 | 3 | 工具乱摆乱放扣3分 | | | | |
| 5 | 安全及其他 | 按国家法规或企业规定 | | 违规一次总分扣5分；严重违规停止操作 | | | — | |
| | | 在规定时间内完成操作 | | 每超时1min总分扣5分，超时3min停止操作 | | | — | |
| | | 合计 | 100 | | | | | |

## 试题22：分馏塔产生冲塔原因的判断(现场模拟)

(考核时间：15min)

| 序号 | 考核内容 | 考核要点 | 配分 | 评分标准 | 检测结果 | 扣分 | 得分 | 备注 |
|---|---|---|---|---|---|---|---|---|
| 1 | 准备工作 | 穿戴劳保用品 | 3 | 未穿戴整齐扣3分 | | | | |
| | | 工具、用具准备 | 2 | 工具选择不正确扣2分 | | | | |
| 2 | 分馏塔产生冲塔原因的判断 | 检查进料流量是否正常 | 9 | 未检查扣9分 | | | | |
| | | 检查塔进料组成是否变化 | 9 | 未检查扣9分 | | | | |
| | | 检查进料是否带水 | 9 | 未检查扣9分 | | | | |
| | | 检查进料温度 | 9 | 未检查扣9分 | | | | |
| | | 检查塔底温度是否正常 | 9 | 未检查扣9分 | | | | |
| | | 检查塔顶回流量是否正常 | 9 | 未检查扣9分 | | | | |
| | | 检查塔顶回流温度是否正常 | 9 | 未检查扣9分 | | | | |
| | | 检查塔压力是否正常 | 9 | 未检查扣9分 | | | | |
| | | 检查塔液面是否正常 | 9 | 未检查扣9分 | | | | |
| | | 原因判断 | 9 | 未正确判断原因扣9分 | | | | |
| 3 | 使用工具 | 正确使用工具 | 2 | 工具使用不正确扣2分 | | | | |
| | | 正确维护工具 | 3 | 工具乱摆乱放扣3分 | | | | |
| 4 | 安全及其他 | 按国家法规或企业规定 | | 违规一次总分扣5分；严重违规停止操作 | | | — | |
| | | 在规定时间内完成操作 | | 每超时1min总分扣5分，超时3min停止操作 | | | — | |
| | | 合计 | 100 | | | | | |

## 试题23：离心式压缩机轴承温度高的处理(现场模拟)

(考核时间：30min)

| 序号 | 考核内容 | 考核要点 | 配分 | 评分标准 | 检测结果 | 扣分 | 得分 | 备注 |
|---|---|---|---|---|---|---|---|---|
| 1 | 准备工作 | 穿戴劳保用品 | 3 | 未穿戴整齐扣3分 | | | | |
| | | 工具、用具准备 | 2 | 工具选择不正确扣2分 | | | | |
| 2 | 事故现象判断 | 引发事故因素表述清晰完整 | 5 | 引发事故因素表述不完整扣3分 | | | | |
| | | | | 表述不清晰扣2分 | | | | |
| | | 事故现象信息充分无遗漏 | 10 | 事故现象信息缺一扣5分 | | | | |
| | | | | 事故现象信息表述不完整扣5分 | | | | |
| | | 关键事故现象描述清楚 | 5 | 事故关键现象描述不清楚扣5分 | | | | |
| 3 | 事故原因分析 | 事故原因分析完整无遗漏，分析透彻有深度 | 5 | 事故原因分析不完整扣3分，分析无深度扣2分 | | | | |
| | | 事故关键原因分析准确 | 5 | 事故关键原因不准确扣5分 | | | | |
| 4 | 事故处理操作 | 联系工作及时到位 | 5 | 未及时联系扣5分 | | | | |
| | | 处理原则表述完整 | 10 | 处理原则表述不完整扣10分 | | | | |
| | | 处理步骤先后顺序正确并无遗漏、操作不当 | 20 | 处理步骤顺序不对扣10分 | | | | |
| | | | | 漏项或操作不当扣10分 | | | | |
| | | 处理注意事项符合事故处理预案规范 | 10 | 未考虑操作对上下游带来的影响扣10分 | | | | |
| 5 | 事故处理操作质量 | 事故处理调节熟练，迅速，过程平稳波动小并无调节错误 | 15 | 处理事故过程引起生产波动大扣10分 | | | | |
| | | | | 调节滞后扣5分 | | | | |
| | | | | 调节错误扣10分 | | | | |
| 6 | 使用工具 | 正确使用工具 | 2 | 工具使用不正确扣2分 | | | | |
| | | 正确维护工具 | 3 | 工具乱摆乱放扣3分 | | | | |
| 7 | 安全及其他 | 按国家法规或企业规定 | | 违规一次总分扣5分；严重违规停止操作 | | | — | |
| | | 在规定时间内完成操作 | | 每超时1min总分扣5分，超时3min停止操作 | | | — | |
| | | 合　　计 | 100 | | | | | |

否定项说明：违章操作或发生事故须停止操作，成绩为零分。

## 试题24：分馏塔冲塔的处理(现场模拟)

(考核时间：30min)

| 序号 | 考核内容 | 考核要点 | 配分 | 评分标准 | 检测结果 | 扣分 | 得分 | 备注 |
|---|---|---|---|---|---|---|---|---|
| 1 | 准备工作 | 穿戴劳保用品 | 3 | 未穿戴整齐扣3分 | | | | |
| | | 工具、用具准备 | 2 | 工具选择不正确扣2分 | | | | |

续表

| 序号 | 考核内容 | 考核要点 | 配分 | 评分标准 | 检测结果 | 扣分 | 得分 | 备注 |
|---|---|---|---|---|---|---|---|---|
| 2 | 事故现象判断 | 引发事故因素表述清晰完整 | 5 | 引发事故因素表述不完整扣3分 | | | | |
| | | | | 表述不清晰扣2分 | | | | |
| | | 事故现象信息充分无遗漏 | 10 | 事故现象信息缺一扣5分 | | | | |
| | | | | 事故现象信息表述不完整扣5分 | | | | |
| | | 关键事故现象描述清楚 | 5 | 事故关键现象描述不清楚扣5分 | | | | |
| 3 | 事故原因分析 | 事故原因分析完整无遗漏，分析透彻有深度 | 5 | 事故原因分析不完整扣3分，分析无深度扣2分 | | | | |
| | | 事故关键原因分析准确 | 5 | 事故关键原因不准确扣5分 | | | | |
| 4 | 事故处理操作 | 联系工作及时到位 | 5 | 未及时联系扣5分 | | | | |
| | | 处理原则表述完整 | 10 | 处理原则表述不完整扣10分 | | | | |
| | | 处理步骤先后顺序正确并无遗漏、操作不当 | 20 | 处理步骤顺序不对扣10分 | | | | |
| | | | | 漏项或操作不当扣10分 | | | | |
| | | 处理注意事项符合事故处理预案规范 | 10 | 未考虑操作对上下游带来的影响扣10分 | | | | |
| 5 | 事故处理操作质量 | 事故处理调节熟练，迅速，过程平稳波动小并无调节错误 | 15 | 处理事故过程引起生产波动大扣10分 | | | | |
| | | | | 调节滞后扣5分 | | | | |
| | | | | 调节错误扣10分 | | | | |
| 6 | 使用工具 | 正确使用工具 | 2 | 工具使用不正确扣2分 | | | | |
| | | 正确维护工具 | 3 | 工具乱摆乱放扣3分 | | | | |
| 7 | 安全及其他 | 按国家法规或企业规定 | | 违规一次总分扣5分；严重违规停止操作 | | | — | |
| | | 在规定时间内完成操作 | | 每超时1min总分扣5分，超时3min停止操作 | | | — | |
| | | 合　计 | 100 | | | | | |

否定项说明：违章操作或发生事故须停止操作，成绩为零分。

### 试题25：催化重整装置停循环水的处理(现场模拟)

（考核时间：30min）

| 序号 | 考核内容 | 考核要点 | 配分 | 评分标准 | 检测结果 | 扣分 | 得分 | 备注 |
|---|---|---|---|---|---|---|---|---|
| 1 | 准备工作 | 穿戴劳保用品 | 3 | 未穿戴整齐扣3分 | | | | |
| | | 工具、用具准备 | 2 | 工具选择不正确扣2分 | | | | |
| 2 | 事故现象判断 | 引发事故因素表述清晰完整 | 5 | 引发事故因素表述不完整扣3分 | | | | |
| | | | | 表述不清晰扣2分 | | | | |
| | | 事故现象信息充分无遗漏 | 10 | 事故现象信息缺一扣5分 | | | | |
| | | | | 事故现象信息表述不完整扣5分 | | | | |
| | | 关键事故现象描述清楚 | 5 | 事故关键现象描述不清楚扣5分 | | | | |

续表

| 序号 | 考核内容 | 考核要点 | 配分 | 评分标准 | 检测结果 | 扣分 | 得分 | 备注 |
|---|---|---|---|---|---|---|---|---|
| 3 | 事故原因分析 | 事故原因分析完整无遗漏，分析透彻有深度 | 5 | 事故原因分析不完整扣3分，分析无深度扣2分 | | | | |
| | | 事故关键原因分析准确 | 5 | 事故关键原因不准确扣5分 | | | | |
| 4 | 事故处理操作 | 联系工作及时到位 | 5 | 未及时联系扣5分 | | | | |
| | | 处理原则表述完整 | 10 | 处理原则表述不完整扣10分 | | | | |
| | | 处理步骤先后顺序正确并无遗漏、操作不当 | 20 | 处理步骤顺序不对扣10分 | | | | |
| | | | | 漏项或操作不当扣10分 | | | | |
| | | 处理注意事项符合事故处理预案规范 | 10 | 未考虑操作对上下游带来的影响扣10分 | | | | |
| 5 | 事故处理操作质量 | 事故处理调节熟练，迅速，过程平稳波动小并无调节错误 | 15 | 处理事故过程引起生产波动大扣10分 | | | | |
| | | | | 调节滞后扣5分 | | | | |
| | | | | 调节错误扣10分 | | | | |
| 6 | 使用工具 | 正确使用工具 | 2 | 工具使用不正确扣2分 | | | | |
| | | 正确维护工具 | 3 | 工具乱摆乱放扣3分 | | | | |
| 7 | 安全及其他 | 按国家法规或企业规定 | | 违规一次总分扣5分；严重违规停止操作 | | | — | |
| | | 在规定时间内完成操作 | | 每超时1min总分扣5分，超时3min停止操作 | | | — | |
| | | 合　　计 | 100 | | | | | |

否定项说明：违章操作或发生事故须停止操作，成绩为零分。

### 试题26：催化重整装置瞬时停电的处理（现场模拟）

（考核时间：30min）

| 序号 | 考核内容 | 考核要点 | 配分 | 评分标准 | 检测结果 | 扣分 | 得分 | 备注 |
|---|---|---|---|---|---|---|---|---|
| 1 | 准备工作 | 穿戴劳保用品 | 3 | 未穿戴整齐扣3分 | | | | |
| | | 工具、用具准备 | 2 | 工具选择不正确扣2分 | | | | |
| 2 | 事故现象判断 | 引发事故因素表述清晰完整 | 5 | 引发事故因素表述不完整扣3分 | | | | |
| | | | | 表述不清晰扣2分 | | | | |
| | | 事故现象信息充分无遗漏 | 10 | 事故现象信息缺一扣5分 | | | | |
| | | | | 事故现象信息表述不完整扣5分 | | | | |
| | | 关键事故现象描述清楚 | 5 | 事故关键现象描述不清楚扣5分 | | | | |
| 3 | 事故原因分析 | 事故原因分析完整无遗漏，分析透彻有深度 | 5 | 事故原因分析不完整扣3分，分析无深度扣2分 | | | | |
| | | 事故关键原因分析准确 | 5 | 事故关键原因不准确扣5分 | | | | |
| 4 | 事故处理操作 | 联系工作及时到位 | 5 | 未及时联系扣5分 | | | | |
| | | 处理原则表述完整 | 10 | 处理原则表述不完整扣10分 | | | | |
| | | 处理步骤先后顺序正确并无遗漏、操作不当 | 20 | 处理步骤顺序不对扣10分 | | | | |
| | | | | 漏项或操作不当扣10分 | | | | |
| | | 处理注意事项符合事故处理预案规范 | 10 | 未考虑操作对上下游带来的影响扣10分 | | | | |

续表

| 序号 | 考核内容 | 考核要点 | 配分 | 评分标准 | 检测结果 | 扣分 | 得分 | 备注 |
|---|---|---|---|---|---|---|---|---|
| 5 | 事故处理操作质量 | 事故处理调节熟练，迅速，过程平稳波动小并无调节错误 | 15 | 处理事故过程引起生产波动大扣10分 | | | | |
| | | | | 调节滞后扣5分 | | | | |
| | | | | 调节错误扣10分 | | | | |
| 6 | 使用工具 | 正确使用工具 | 2 | 工具使用不正确扣2分 | | | | |
| | | 正确维护工具 | 3 | 工具乱摆乱放扣3分 | | | | |
| 7 | 安全及其他 | 按国家法规或企业规定 | | 违规一次总分扣5分；严重违规停止操作 | | | — | |
| | | 在规定时间内完成操作 | | 每超时1min总分扣5分，超时3min停止操作 | | | — | |
| 合　计 | | | 100 | | | | | |

否定项说明：违章操作或发生事故须停止操作，成绩为零分。

## 试题27：催化重整装置仪表风中断事故的处理(现场模拟)

(考核时间：30min)

| 序号 | 考核内容 | 考核要点 | 配分 | 评分标准 | 检测结果 | 扣分 | 得分 | 备注 |
|---|---|---|---|---|---|---|---|---|
| 1 | 准备工作 | 穿戴劳保用品 | 3 | 未穿戴整齐扣3分 | | | | |
| | | 工具、用具准备 | 2 | 工具选择不正确扣2分 | | | | |
| 2 | 事故现象判断 | 引发事故因素表述清晰完整 | 5 | 引发事故因素表述不完整扣3分 | | | | |
| | | | | 表述不清晰扣2分 | | | | |
| | | 事故现象信息充分无遗漏 | 10 | 事故现象信息缺一扣5分 | | | | |
| | | | | 事故现象信息表述不完整扣5分 | | | | |
| | | 关键事故现象描述清楚 | 5 | 事故关键现象描述不清楚扣5分 | | | | |
| 3 | 事故原因分析 | 事故原因分析完整无遗漏，分析透彻有深度 | 5 | 事故原因分析不完整扣3分，分析无深度扣2分 | | | | |
| | | 事故关键原因分析准确 | 5 | 事故关键原因不准确扣5分 | | | | |
| 4 | 事故处理操作 | 联系工作及时到位 | 5 | 未及时联系扣5分 | | | | |
| | | 处理原则表述完整 | 10 | 处理原则表述不完整扣10分 | | | | |
| | | 处理步骤先后顺序正确并无遗漏、操作不当 | 20 | 处理步骤顺序不对扣10分 | | | | |
| | | | | 漏项或操作不当扣10分 | | | | |
| | | 处理注意事项符合事故处理预案规范 | 10 | 未考虑操作对上下游带来的影响扣10分 | | | | |
| 5 | 事故处理操作质量 | 事故处理调节熟练，迅速，过程平稳波动小并无调节错误 | 15 | 处理事故过程引起生产波动大扣10分 | | | | |
| | | | | 调节滞后扣5分 | | | | |
| | | | | 调节错误扣10分 | | | | |
| 6 | 使用工具 | 正确使用工具 | 2 | 工具使用不正确扣2分 | | | | |
| | | 正确维护工具 | 3 | 工具乱摆乱放扣3分 | | | | |

续表

| 序号 | 考核内容 | 考核要点 | 配分 | 评分标准 | 检测结果 | 扣分 | 得分 | 备注 |
|---|---|---|---|---|---|---|---|---|
| 7 | 安全及其他 | 按国家法规或企业规定 | | 违规一次总分扣5分；严重违规停止操作 | | | — | |
| | | 在规定时间内完成操作 | | 每超时1min总分扣5分，超时3min停止操作 | | | — | |
| 合计 | | | 100 | | | | | |

否定项说明：违章操作或发生事故须停止操作，成绩为零分。

### 试题28：催化重整装置燃料气中断的处理（现场模拟）

（考核时间：30min）

| 序号 | 考核内容 | 考核要点 | 配分 | 评分标准 | 检测结果 | 扣分 | 得分 | 备注 |
|---|---|---|---|---|---|---|---|---|
| 1 | 准备工作 | 穿戴劳保用品 | 3 | 未穿戴整齐扣3分 | | | | |
| | | 工具、用具准备 | 2 | 工具选择不正确扣2分 | | | | |
| 2 | 事故现象判断 | 引发事故因素表述清晰完整 | 5 | 引发事故因素表述不完整扣3分 | | | | |
| | | | | 表述不清晰扣2分 | | | | |
| | | 事故现象信息充分无遗漏 | 10 | 事故现象信息缺一扣5分 | | | | |
| | | | | 事故现象信息表述不完整扣5分 | | | | |
| | | 关键事故现象描述清楚 | 5 | 事故关键现象描述不清楚扣5分 | | | | |
| 3 | 事故原因分析 | 事故原因分析完整无遗漏，分析透彻有深度 | 5 | 事故原因分析不完整扣3分，分析无深度扣2分 | | | | |
| | | 事故关键原因分析准确 | 5 | 事故关键原因不准确扣5分 | | | | |
| 4 | 事故处理操作 | 联系工作及时到位 | 5 | 未及时联系扣5分 | | | | |
| | | 处理原则表述完整 | 10 | 处理原则表述不完整扣10分 | | | | |
| | | 处理步骤先后顺序正确并无遗漏、操作不当 | 20 | 处理步骤顺序不对扣10分 | | | | |
| | | | | 漏项或操作不当扣10分 | | | | |
| | | 处理注意事项符合事故处理预案规范 | 10 | 未考虑操作对上下游带来的影响扣10分 | | | | |
| 5 | 事故处理操作质量 | 事故处理调节熟练，迅速，过程平稳波动小并无调节错误 | 15 | 处理事故过程引起生产波动大扣10分 | | | | |
| | | | | 调节滞后扣5分 | | | | |
| | | | | 调节错误扣10分 | | | | |
| 6 | 使用工具 | 正确使用工具 | 2 | 工具使用不正确扣2分 | | | | |
| | | 正确维护工具 | 3 | 工具乱摆乱放扣3分 | | | | |
| 7 | 安全及其他 | 按国家法规或企业规定 | | 违规一次总分扣5分；严重违规停止操作 | | | — | |
| | | 在规定时间内完成操作 | | 每超时1min总分扣5分，超时3min停止操作 | | | — | |
| 合计 | | | 100 | | | | | |

否定项说明：违章操作或发生事故须停止操作，成绩为零分。

## 试题29：加热炉回火的处理(现场模拟)

(考核时间：15min)

| 序号 | 考核内容 | 考核要点 | 配分 | 评分标准 | 检测结果 | 扣分 | 得分 | 备注 |
|---|---|---|---|---|---|---|---|---|
| 1 | 准备工作 | 穿戴劳保用品 | 3 | 未穿戴整齐扣3分 | | | | |
| | | 工具、用具准备 | 2 | 工具选择不正确扣2分 | | | | |
| 2 | 加热炉回火的原因 | 燃料气压力低 | 5 | 少此项扣5分 | | | | |
| | | 抽力不足 | 5 | 少此项扣5分 | | | | |
| | | 燃烧器风门开度过小 | 10 | 少此项扣10分 | | | | |
| | | 燃料气量调小时太快 | 10 | 少此项扣10分 | | | | |
| 3 | 原因判断 | 加热炉回火的原因判断 | 10 | 未得出正确结论扣10分 | | | | |
| 4 | 加热炉回火的处理 | 提高燃料气管网压力 | 10 | 未正确调整扣10分 | | | | |
| | | 清理阻火器 | 10 | 未正确调整扣10分 | | | | |
| | | 适当开大烟道挡板 | 10 | 未正确调整扣10分 | | | | |
| | | 适当开大燃烧器风门 | 10 | 未正确调整扣10分 | | | | |
| | | 降低燃料气量，调节速度要适当 | 10 | 未正确调整扣10分 | | | | |
| 5 | 使用工具 | 正确使用工具 | 2 | 工具使用不正确扣2分 | | | | |
| | | 正确维护工具 | 3 | 工具乱摆乱放扣3分 | | | | |
| 6 | 安全及其他 | 按国家法规或企业规定 | | 违规一次总分扣5分；严重违规停止操作 | | | — | |
| | | 在规定时间内完成操作 | | 每超时1min总分扣5分，超时3min停止操作 | | | — | |
| | | 合　计 | 100 | | | | | |

## 试题30：精制油硫含量不合格的处理(现场模拟)

(考核时间：30min)

| 序号 | 考核内容 | 考核要点 | 配分 | 评分标准 | 检测结果 | 扣分 | 得分 | 备注 |
|---|---|---|---|---|---|---|---|---|
| 1 | 准备工作 | 穿戴劳保用品 | 3 | 未穿戴整齐扣3分 | | | | |
| | | 工具、用具准备 | 2 | 工具选择不正确扣2分 | | | | |
| 2 | 事故现象判断 | 引发事故因素表述清晰完整 | 5 | 引发事故因素表述不完整扣3分 | | | | |
| | | | | 表述不清晰扣2分 | | | | |
| | | 事故现象信息充分无遗漏 | 10 | 事故现象信息缺一扣5分 | | | | |
| | | | | 事故现象信息表述不完整扣5分 | | | | |
| | | 关键事故现象描述清楚 | 5 | 事故关键现象描述不清楚扣5分 | | | | |
| 3 | 事故原因分析 | 事故原因分析完整无遗漏，分析透彻有深度 | 5 | 事故原因分析不完整扣3分，分析无深度扣2分 | | | | |
| | | 事故关键原因分析准确 | 5 | 事故关键原因不准确扣5分 | | | | |

续表

| 序号 | 考核内容 | 考核要点 | 配分 | 评分标准 | 检测结果 | 扣分 | 得分 | 备注 |
|---|---|---|---|---|---|---|---|---|
| 4 | 事故处理操作 | 联系工作及时到位 | 5 | 未及时联系扣5分 | | | | |
| | | 处理原则表述完整 | 10 | 处理原则表述不完整扣10分 | | | | |
| | | 处理步骤先后顺序正确并无遗漏、操作不当 | 20 | 处理步骤顺序不对扣10分 | | | | |
| | | | | 漏项或操作不当扣10分 | | | | |
| | | 处理注意事项符合事故处理预案规范 | 10 | 未考虑操作对上下游带来的影响扣10分 | | | | |
| 5 | 事故处理操作质量 | 事故处理调节熟练，迅速，过程平稳波动小并无调节错误 | 15 | 处理事故过程引起生产波动大扣10分 | | | | |
| | | | | 调节滞后扣5分 | | | | |
| | | | | 调节错误扣10分 | | | | |
| 6 | 使用工具 | 正确使用工具 | 2 | 工具使用不正确扣2分 | | | | |
| | | 正确维护工具 | 3 | 工具乱摆乱放扣3分 | | | | |
| 7 | 安全及其他 | 按国家法规或企业规定 | | 违规一次总分扣5分；严重违规停止操作 | | | — | |
| | | 在规定时间内完成操作 | | 每超时1min总分扣5分，超时3min停止操作 | | | — | |
| 合计 | | | 100 | | | | | |

否定项说明：违章操作或发生事故须停止操作，成绩为零分。

## 试题31：精制油水含量不合格的处理(现场模拟)

（考核时间：30min）

| 序号 | 考核内容 | 考核要点 | 配分 | 评分标准 | 检测结果 | 扣分 | 得分 | 备注 |
|---|---|---|---|---|---|---|---|---|
| 1 | 准备工作 | 穿戴劳保用品 | 3 | 未穿戴整齐扣3分 | | | | |
| | | 工具、用具准备 | 2 | 工具选择不正确扣2分 | | | | |
| 2 | 事故现象判断 | 引发事故因素表述清晰完整 | 5 | 引发事故因素表述不完整扣3分 | | | | |
| | | | | 表述不清晰扣2分 | | | | |
| | | 事故现象信息充分无遗漏 | 10 | 事故现象信息缺一扣5分 | | | | |
| | | | | 事故现象信息表述不完整扣5分 | | | | |
| | | 关键事故现象描述清楚 | 5 | 事故关键现象描述不清楚扣5分 | | | | |
| 3 | 事故原因分析 | 事故原因分析完整无遗漏，分析透彻有深度 | 5 | 事故原因分析不完整扣3分，分析无深度扣2分 | | | | |
| | | 事故关键原因分析准确 | 5 | 事故关键原因不准确扣5分 | | | | |
| 4 | 事故处理操作 | 联系工作及时到位 | 5 | 未及时联系扣5分 | | | | |
| | | 处理原则表述完整 | 10 | 处理原则表述不完整扣10分 | | | | |
| | | 处理步骤先后顺序正确并无遗漏、操作不当 | 20 | 处理步骤顺序不对扣10分 | | | | |
| | | | | 漏项或操作不当扣10分 | | | | |
| | | 处理注意事项符合事故处理预案规范 | 10 | 未考虑操作对上下游带来的影响扣10分 | | | | |

续表

| 序号 | 考核内容 | 考核要点 | 配分 | 评分标准 | 检测结果 | 扣分 | 得分 | 备注 |
|---|---|---|---|---|---|---|---|---|
| 5 | 事故处理操作质量 | 事故处理调节熟练，迅速，过程平稳波动小并无调节错误 | 15 | 处理事故过程引起生产波动大扣10分 | | | | |
| | | | | 调节滞后扣5分 | | | | |
| | | | | 调节错误扣10分 | | | | |
| 6 | 使用工具 | 正确使用工具 | 2 | 工具使用不正确扣2分 | | | | |
| | | 正确维护工具 | 3 | 工具乱摆乱放扣3分 | | | | |
| 7 | 安全及其他 | 按国家法规或企业规定 | | 违规一次总分扣5分；严重违规停止操作 | | | — | |
| | | 在规定时间内完成操作 | | 每超时1min总分扣5分，超时3min停止操作 | | | — | |
| 合　计 | | | 100 | | | | | |

否定项说明：违章操作或发生事故须停止操作，成绩为零分。

### 试题32：加热炉烘炉曲线图的绘制(现场模拟)

（考核时间：15min）

| 序号 | 考核内容 | 考核要点 | 配分 | 评分标准 | 检测结果 | 扣分 | 得分 | 备注 |
|---|---|---|---|---|---|---|---|---|
| 1 | 准备工作 | 穿戴劳保用品 | 3 | 未穿戴整齐扣3分 | | | | |
| | | 工具、用具准备 | 2 | 工具选择不正确扣2分 | | | | |
| 2 | 操作程序 | 坐标系的建立 | 20 | 横坐标未按规定绘制扣10分 | | | | |
| | | | | 纵坐标未按规定绘制扣10分 | | | | |
| 3 | | 检查升温速度是否符合规定 | 10 | 各阶段升温速度未按规定绘制一处扣5分 | | | | |
| 4 | | 检查恒温温度是否符合规定 | 20 | 各阶段恒温温度未按规定绘制一处扣10分 | | | | |
| 5 | | 检查恒温时间是否符合规定 | 20 | 各阶段恒温时间未按规定绘制一处扣10分 | | | | |
| 6 | | 检查降温阶段是否符合规定 | 10 | 降温速度未按规定绘制扣5分 | | | | |
| | | | | 降温时间未按规定绘制扣5分 | | | | |
| 7 | | 检查作图是否规范 | 10 | 画图不规范扣5分 | | | | |
| | | | | 卷面不整洁扣5分 | | | | |
| 8 | 使用工具 | 正确使用工具 | 2 | 工具使用不正确扣2分 | | | | |
| | | 正确维护工具 | 3 | 工具乱摆乱放扣3分 | | | | |
| 9 | 安全及其他 | 按国家法规或企业规定 | | 违规一次总分扣5分；严重违规停止操作 | | | — | |
| | | 在规定时间内完成操作 | | 每超时1min总分扣5分，超时3min停止操作 | | | — | |
| 合　计 | | | 100 | | | | | |

## 试题33：预加氢催化剂理论硫化曲线图的绘制(现场模拟)

（考核时间：15min）

| 序号 | 考核内容 | 考核要点 | 配分 | 评分标准 | 检测结果 | 扣分 | 得分 | 备注 |
|---|---|---|---|---|---|---|---|---|
| 1 | 准备工作 | 穿戴劳保用品 | 3 | 未穿戴整齐扣3分 | | | | |
| | | 工具、用具准备 | 2 | 工具选择不正确扣2分 | | | | |
| 2 | 操作程序 | 坐标系的建立 | 10 | 横坐标未按规定绘制扣5分 | | | | |
| | | | | 纵坐标未按规定绘制扣5分 | | | | |
| 3 | | 检查升温速度是否符合规定 | 20 | 各阶段升温速度未按规定绘制一处扣10分 | | | | |
| | | | | 注硫点未标明扣10分 | | | | |
| 4 | | 检查恒温温度是否符合规定 | 20 | 各阶段恒温温度未按规定绘制一处扣10分 | | | | |
| 5 | | 检查恒温时间是否符合规定 | 20 | 各阶段恒温时间未按规定绘制一处扣10分 | | | | |
| 6 | | 检查作图是否规范 | 20 | 画图不规范扣10分 | | | | |
| | | | | 卷面不整洁扣10分 | | | | |
| 7 | 使用工具 | 正确使用工具 | 2 | 工具使用不正确扣2分 | | | | |
| | | 正确维护工具 | 3 | 工具乱摆乱放扣3分 | | | | |
| 8 | 安全及其他 | 按国家法规或企业规定 | | 违规一次总分扣5分；严重违规停止操作 | | | — | |
| | | 在规定时间内完成操作 | | 每超时1min总分扣5分，超时3min停止操作 | | | — | |
| 合计 | | | 100 | | | | | |

## 试题34：设备结构简图的绘制(笔试)

（考核时间：120min）

| 序号 | 考核内容 | 考核要点 | 配分 | 评分标准 | 检测结果 | 扣分 | 得分 | 备注 |
|---|---|---|---|---|---|---|---|---|
| 1 | 准备工作 | 工具、用具准备 | 5 | 未自带工具扣5分 | | | | |
| 2 | 图形绘制 | 图纸幅面选择合理 | 5 | 图纸幅面选择错误扣5分 | | | | |
| | | 绘图比例准确 | 5 | 绘图比例错误扣5分 | | | | |
| | | 图面布置完好 | 5 | 图面布置不匀称、美观扣5分 | | | | |
| | | 零部件结构绘制正确，主要装配关系表达清楚 | 10 | 零部件结构形状未表达清楚扣5分 | | | | |
| | | | | 主要装配关系未表达清楚扣5分 | | | | |
| | | 绘图完整并正确，无遗漏 | 10 | 画错一处扣2分 | | | | |
| | | | | 缺画一处扣2分 | | | | |
| | | 各类表格填写完整，技术要求符合绘图规范 | 35 | 缺标题栏扣5分 | | | | |
| | | | | 缺明细栏扣5分 | | | | |
| | | | | 缺管口表扣5分 | | | | |
| | | | | 缺技术特性表扣5分 | | | | |
| | | | | 缺技术要求扣5分 | | | | |
| | | | | 填写错误一处扣2分 | | | | |

续表

| 序号 | 考核内容 | 考核要点 | 配分 | 评分标准 | 检测结果 | 扣分 | 得分 | 备注 |
|---|---|---|---|---|---|---|---|---|
| 3 | 绘图标注 | 尺寸标注准确无漏项 | 10 | 尺寸线及尺寸界线标注错一处扣2分 | | | | |
| | | | | 尺寸标注错一处扣2分 | | | | |
| | | 零部件序号及管口符号编排顺序正确，指引标注完整无漏项 | 10 | 指引标注错误一处扣2分 | | | | |
| | | | | 编排顺序错误一处扣2分 | | | | |
| 4 | 卷面情况 | 绘图卷面清晰、整洁 | 5 | 卷面不整洁扣5分 | | | | |
| 5 | 安全及其他 | 按国家法规或企业规定 | | 违规一次总分扣5分；严重违规停止操作 | | | — | |
| | | 在规定时间内完成操作 | | 每超时1min总分扣5分，超时3min停止操作 | | | — | |
| | | 合　　计 | 100 | | | | | |

**试题35：预加氢反应系统的工艺控制流程图的绘制(笔试)**

（考核时间：120min）

| 序号 | 考核内容 | 考核要点 | 配分 | 评分标准 | 检测结果 | 扣分 | 得分 | 备注 |
|---|---|---|---|---|---|---|---|---|
| 1 | 准备工作 | 工具、用具准备 | 5 | 未自带工具扣5分 | | | | |
| 2 | 图形绘制 | 图纸幅面选择正确 | 5 | 图纸幅面选择错误扣5分 | | | | |
| | | 绘图比例准确 | 5 | 绘图比例错误扣5分 | | | | |
| | | 图面布置完好 | 5 | 图面布置不匀称、美观扣5分 | | | | |
| | | 工艺流程走向正确，排布合理，设备位置准确并整齐 | 20 | 工艺流程排布不合理扣5分 | | | | |
| | | | | 流程画错一处扣2分 | | | | |
| | | | | 漏画设备一处扣2分 | | | | |
| | | | | 设备画错一处扣2分 | | | | |
| | | 控制回路中仪表控制点完整无漏项并准确 | 15 | 缺画仪表控制点一处扣2分 | | | | |
| | | | | 仪表控制点画错一处扣2分 | | | | |
| 3 | 绘图标注 | 设备标注符合要求 | 5 | 设备位号、名称标注错一处扣2分 | | | | |
| | | 管路流程线标注符合要求 | 10 | 管路流程线上缺介质流向、来源或去向一处扣2分 | | | | |
| | | | | 管路标注错一处扣2分 | | | | |
| | | 仪表标注符合要求 | 5 | 仪表位号标注错一处扣2分 | | | | |
| 4 | 图例 | 图例要求完整 | 10 | 缺图例扣5分 | | | | |
| | | | | 图例错一处扣2分 | | | | |
| 5 | 标题栏 | 标题栏要求完整 | 10 | 缺标题栏扣5分 | | | | |
| | | | | 标题栏错一处扣2分 | | | | |
| 6 | 卷面情况 | 绘图卷面清晰、整洁 | 5 | 卷面不整洁扣5分 | | | | |

续表

| 序号 | 考核内容 | 考核要点 | 配分 | 评分标准 | 检测结果 | 扣分 | 得分 | 备注 |
|---|---|---|---|---|---|---|---|---|
| 7 | 安全及其他 | 按国家法规或企业规定 | | 违规一次总分扣5分；严重违规停止操作 | | | — | |
| | | 在规定时间内完成操作 | | 每超时1min总分扣5分，超时3min停止操作 | | | — | |
| | | 合　　计 | 100 | | | | | |

**试题36：产品汽油辛烷值低的处理(现场模拟)**

（考核时间：15min）

| 序号 | 考核内容 | 考核要点 | 配分 | 评分标准 | 检测结果 | 扣分 | 得分 | 备注 |
|---|---|---|---|---|---|---|---|---|
| 1 | 准备工作 | 穿戴劳保用品 | 3 | 未穿戴整齐扣3分 | | | | |
| | | 工具、用具准备 | 2 | 工具选择不正确扣2分 | | | | |
| 2 | 产品汽油辛烷值低的原因 | 反应温度低 | 2 | 未检查扣2分 | | | | |
| | | 重整空速过大 | 3 | 未检查扣3分 | | | | |
| | | 重整压力过高 | 5 | 未检查扣5分 | | | | |
| | | 重整氢油比过低 | 5 | 未检查扣5分 | | | | |
| | | 原料油芳烃潜含量低 | 5 | 未检查扣5分 | | | | |
| | | 催化剂氯含量低 | 5 | 未检查扣5分 | | | | |
| | | 催化剂水含量高 | 5 | 未检查扣5分 | | | | |
| | | 精制油杂质含量不合格 | 5 | 未检查扣5分 | | | | |
| | | 重整进料换热器内漏 | 5 | 未检查扣5分 | | | | |
| 3 | 原因判断 | 汽油辛烷值低的原因判断 | 5 | 未得出正确结论扣5分 | | | | |
| 4 | 根据判断结果调整相应参数 | 提高反应温度 | 5 | 调整不正确扣5分 | | | | |
| | | 降低重整进料量 | 5 | 调整不正确扣5分 | | | | |
| | | 降低重整压力 | 5 | 调整不正确扣5分 | | | | |
| | | 提高重整氢油比 | 5 | 调整不正确扣5分 | | | | |
| | | 调整重整操作条件或换罐 | 5 | 调整不正确扣5分 | | | | |
| | | 加大注氯量 | 5 | 调整不正确扣5分 | | | | |
| | | 调节蒸发塔操作条件 | 5 | 调整不正确扣5分 | | | | |
| | | 调节预处理系统操作条件 | 5 | 调整不正确扣5分 | | | | |
| | | 停工检修 | 5 | 调整不正确扣5分 | | | | |
| 5 | 使用工具 | 正确使用工具 | 2 | 工具使用不正确扣2分 | | | | |
| | | 正确维护工具 | 3 | 工具乱摆乱放扣3分 | | | | |

续表

| 序号 | 考核内容 | 考核要点 | 配分 | 评分标准 | 检测结果 | 扣分 | 得分 | 备注 |
|---|---|---|---|---|---|---|---|---|
| 6 | 安全及其他 | 按国家法规或企业规定 | | 违规一次总分扣5分；严重违规停止操作 | | | — | |
| | | 在规定时间内完成操作 | | 每超时1min总分扣5分，超时3min停止操作 | | | — | |
| 合　计 | | | 100 | | | | | |

## 试题37：重整反应系统带水的处理(现场模拟)

（考核时间：30min）

| 序号 | 考核内容 | 考核要点 | 配分 | 评分标准 | 检测结果 | 扣分 | 得分 | 备注 |
|---|---|---|---|---|---|---|---|---|
| 1 | 准备工作 | 穿戴劳保用品 | 3 | 未穿戴整齐扣3分 | | | | |
| | | 工具、用具准备 | 2 | 工具选择不正确扣2分 | | | | |
| 2 | 重整反应系统带水的现象 | 重整进料加热炉出口温度下降 | 30 | 少此项扣5分 | | | | |
| | | 重整反应温降短时间内上升，很快下降 | | 少此项扣5分 | | | | |
| | | 重整产氢量减少，氢纯度上升 | | 少此项扣5分 | | | | |
| | | 汽油稳定塔 $C_3$、$C_4$ 含量降低 | | 少此项扣5分 | | | | |
| | | 重整汽油辛烷值下降 | | 少此项扣5分 | | | | |
| | | 液体收率上升 | | 少此项扣5分 | | | | |
| 3 | 重整反应系统带水的处理 | 重整进料切换合格精制油维持生产 | 60 | 未执行扣10分 | | | | |
| | | 降低重整反应温度至规定温度 | | 未执行扣10分 | | | | |
| | | 维持循环机全量循环，进行循环赶水 | | 未执行扣10分 | | | | |
| | | 重整加强脱水工作，投入分子筛干燥罐脱水 | | 未执行扣10分 | | | | |
| | | 重整系统增加注氯 | | 未执行扣10分 | | | | |
| | | 预加氢系统调整操作，保证精制油水含量合格 | | 未执行扣10分 | | | | |
| 4 | 使用工具 | 正确使用工具 | 2 | 工具使用不正确扣2分 | | | | |
| | | 正确维护工具 | 3 | 工具乱摆乱放扣3分 | | | | |
| 5 | 安全及其他 | 按国家法规或企业规定 | | 违规一次总分扣5分；严重违规停止操作 | | | — | |
| | | 在规定时间内完成操作 | | 每超时1min总分扣5分，超时3min停止操作 | | | — | |
| 合　计 | | | 100 | | | | | |

## 试题38：催化剂黑烧至白烧切换操作(现场模拟)

(考核时间：30min)

| 序号 | 考核内容 | 考核要点 | 配分 | 评分标准 | 检测结果 | 扣分 | 得分 | 备注 |
|---|---|---|---|---|---|---|---|---|
| 1 | 准备工作 | 穿戴劳保用品 | 3 | 未穿戴整齐扣3分 | | | | |
| | | 工具、用具准备 | 2 | 工具选择不正确扣2分 | | | | |
| 2 | 切换条件 | 连续黑烧过程中再生器内的催化剂装置已全部置换过 | 10 | 缺此项扣10分 | | | | |
| | | 再生催化剂连续二次采样含焦量<0.2%(重) | 10 | 缺此项扣10分 | | | | |
| | | 黑烧操作时，燃烧区内氧含量决不能低于设定值0.1%摩尔以上 | 10 | 缺此项扣10分 | | | | |
| 3 | 操作步骤 | 打开空气失业阀 | 60 | 缺此项扣8分 | | | | |
| | | 关闭氮气阀门 | | 缺此项扣8分 | | | | |
| | | 黑烧 | | 缺此项扣8分 | | | | |
| | | 逐渐减少上部烧焦空气量 | | 缺此项扣8分 | | | | |
| | | 逐渐增大下部空气量 | | 缺此项扣8分 | | | | |
| | | 保持上部烧焦空气量和下部空气量与改前进入氯化区量持平 | | 缺此项扣8分 | | | | |
| | | 开始注氯 | | 缺此项扣8分 | | | | |
| | | 干燥区的出口温度超过规定值或干燥区出口温度超过规定值，仍回到 | | 缺此项扣8分 | | | | |
| 4 | 使用工具 | 正确使用工具 | 2 | 工具使用不正确扣2分 | | | | |
| | | 正确维护工具 | 3 | 工具乱摆乱放扣3分 | | | | |
| 5 | 安全及其他 | 按国家法规或企业规定 | | 违规一次总分扣5分；严重违规停止操作 | | | — | |
| | | 在规定时间内完成操作 | | 每超时1min总分扣5分，超时3min停止操作 | | | — | |
| | 合　计 | | 100 | | | | | |

否定项说明：若出现由于床层温度超标联锁的情况，该题为零分。

## 试题39：黑催化剂开车操作(现场模拟)

(考核时间：30min)

| 序号 | 考核内容 | 考核要点 | 配分 | 评分标准 | 检测结果 | 扣分 | 得分 | 备注 |
|---|---|---|---|---|---|---|---|---|
| 1 | 准备工作 | 穿戴劳保用品 | 3 | 未穿戴整齐扣3分 | | | | |
| | | 工具、用具准备 | 2 | 工具选择不正确扣2分 | | | | |
| 2 | 开车准备 | 闭锁料斗和还原段氢气流量建立 | 25 | 缺此项扣5分 | | | | |
| | | 空气干燥器已经投用 | | 缺此项扣5分 | | | | |
| | | 氢烃分析仪和在线氧分仪已经标定 | | 缺此项扣5分 | | | | |
| | | 碱洗塔操作建立 | | 缺此项扣5分 | | | | |
| | | 注氯罐注水罐已经充满 | | 缺此项扣5分 | | | | |

续表

| 序号 | 考核内容 | 考核要点 | 配分 | 评分标准 | 检测结果 | 扣分 | 得分 | 备注 |
|---|---|---|---|---|---|---|---|---|
| 3 | 操作步骤 | 再生风机密封气差压建立并低速档开机 | 65 | 顺序错误扣15分<br>缺少一项扣5分 | | | | |
| | | 再生冷却风机投用 | | 缺此项扣5分 | | | | |
| | | 氮气流量指示器投用 | | 缺此项扣5分 | | | | |
| | | 将再生旁路开关恢复正常 | | 缺此项扣5分 | | | | |
| | | 调节氮气进入再生器量 | | 缺此项扣5分 | | | | |
| | | 还原区升温 | | 缺此项扣5分 | | | | |
| | | 再生器升温 | | 缺此项扣5分 | | | | |
| | | 燃烧区温度高于400℃，风机高速档投用 | | 缺此项扣5分 | | | | |
| | | 启动催化剂循环 | | 缺此项扣5分 | | | | |
| | | 打开上部烧焦阀进行烧焦 | | 缺此项扣5分 | | | | |
| | | 氧分仪与烧焦风量串级控制 | | 缺此项扣5分 | | | | |
| 4 | 使用工具 | 正确使用工具 | 2 | 工具使用不正确扣2分 | | | | |
| | | 正确维护工具 | 3 | 工具乱摆乱放扣3分 | | | | |
| 5 | 安全及其他 | 按国家法规或企业规定 | | 违规一次总分扣5分；严重违规停止操作 | | | — | |
| | | 在规定时间内完成操作 | | 每超时1min总分扣5分，超时3min停止操作 | | | — | |
| 合计 | | | 100 | | | | | |

否定项说明：若出现烧焦床层温度超标联锁的情况，该题为零分。

## 试题40：再生系统开车操作(现场模拟)

(考核时间：30min)

| 序号 | 考核内容 | 考核要点 | 配分 | 评分标准 | 检测结果 | 扣分 | 得分 | 备注 |
|---|---|---|---|---|---|---|---|---|
| 1 | 准备工作 | 穿戴劳保用品 | 3 | 未穿戴整齐扣3分 | | | | |
| | | 工具、用具准备 | 2 | 工具选择不正确扣2分 | | | | |
| 2 | 开车准备 | 闭锁料斗和还原段氢气流量建立 | 25 | 缺少扣5分 | | | | |
| | | 空气干燥器已经投用 | | 缺少扣5分 | | | | |
| | | 氢烃分析仪和在线氧分仪已经标定 | | 缺少扣5分 | | | | |
| | | 碱洗塔操作建立 | | 缺少扣5分 | | | | |
| | | 注氯罐注水罐已经充满 | | 缺少扣5分 | | | | |
| 3 | 操作步骤 | 吹扫闭锁料斗 | 55 | 缺少扣5分 | | | | |
| | | 催化剂改白烧 | | 缺少扣5分 | | | | |
| | | 吹扫再生器 | | 缺少扣6分 | | | | |
| | | 置换再生器和分离料斗 | | 缺少扣6分 | | | | |

续表

| 序号 | 考核内容 | 考核要点 | 配分 | 评分标准 | 检测结果 | 扣分 | 得分 | 备注 |
|---|---|---|---|---|---|---|---|---|
| | | 分离料斗投用淘洗系统 | | 缺少扣6分 | | | | |
| | | 再生系统建立差压并升温 | | 缺少扣5分 | | | | |
| | | 隔离系统投用 | | 缺少扣5分 | | | | |
| | | 启动催化剂循环 | | 缺少扣6分 | | | | |
| | | 催化剂进行黑烧 | | 缺少扣5分 | | | | |
| | | 采样分析 | | 缺少扣6分 | | | | |
| 4 | 安全及其他 | 按国家法规或企业规定 | 15 | 违规一次总分扣5分；严重违规停止操作 | | | — | |
| | | 在规定时间内完成操作 | | 每超时1min总分扣5分，超时3min停止操作 | | | — | |
| 合计 | | | 100 | | | | | |

否定项说明：若出现床层温度超标的情况，该题为零分。

## 试题41：催化剂循环速率确定(现场模拟)

（考核时间：30min）

| 序号 | 考核内容 | 考核要点 | 配分 | 评分标准 | 检测结果 | 扣分 | 得分 | 备注 |
|---|---|---|---|---|---|---|---|---|
| 1 | 准备工作 | 穿戴劳保用品 | 3 | 未穿戴整齐扣3分 | | | | |
| | | 工具、用具准备 | 2 | 工具选择不正确扣2分 | | | | |
| 2 | 操作步骤 | 根据待生催化剂的炭含量，计算焦炭含量 | 80 | 计算错误或者未计算扣10分 | | | | |
| | | 在通用操作曲线中查出与再生气量为100%的交点 | | 查不出交点或者缺少扣10分 | | | | |
| | | 自行给定一个烧焦氧含量 | | 未设定扣10分 | | | | |
| | | 沿着横轴方向查出与氧含量交点 | | 查不出交点或者缺少扣10分 | | | | |
| | | 该交点沿着纵轴方向，确定循环速率 | | 查不出交点或者缺少扣10分 | | | | |
| | | 根据烧焦的峰值位置及氧浓度，验证查得的循环速率是否合适 | | 依据错误扣10分 | | | | |
| | | | | 未验证缺少扣20分 | | | | |
| 4 | 安全及其他 | 按国家法规或企业规定 | 15 | 违规一次总分扣5分；严重违规停止操作 | | | — | |
| | | 在规定时间内完成操作 | | 每超时1min总分扣5分，超时3min停止操作 | | | — | |
| 合计 | | | 100 | | | | | |

否定项说明：若出现循环速率超出100%的情况，该题为零分。

## 试题42：淘洗气流量调整操作(现场模拟)

（考核时间：30min）

| 序号 | 考核内容 | 考核要点 | 配分 | 评分标准 | 检测结果 | 扣分 | 得分 | 备注 |
|---|---|---|---|---|---|---|---|---|
| 1 | 准备工作 | 穿戴劳保用品 | 3 | 未穿戴整齐扣3分 | | | | |
| | | 工具、用具准备 | 2 | 工具选择不正确扣2分 | | | | |

续表

| 序号 | 考核内容 | 考核要点 | 配分 | 评分标准 | 检测结果 | 扣分 | 得分 | 备注 |
|---|---|---|---|---|---|---|---|---|
| 2 | 粉尘粒度检查 | 化验分析粒度分布数值，整颗粒比例大于50%或低于20% | 30 | 化验分析粒度分布数值，整颗粒比例30%最佳。不检查不得分 | | | | |
| 3 | 淘洗气流量调整 | 整颗粒比例大于50%，则降低除尘风量整颗粒比例低于20%，则降低除尘风量改变风机出口流量的PV值 | 30 | 不执行不得分 | | | | |
| 4 | 效果检查 | 检查收集器滤芯差压是否正常<br>检查粉尘粒度变化是否达到要求 | 30 | 未检查收集器滤芯差压扣10分<br>未检查粉尘粒度变化扣10分 | | | | |
| 5 | 使用工具 | 正确使用工具 | 2 | 工具使用不正确扣2分 | | | | |
| | | 正确维护工具 | 3 | 工具乱摆乱放扣3分 | | | | |
| 6 | 安全及其他 | 按国家法规或企业规定 | | 违规一次总分扣5分；严重违规停止操作 | | | — | |
| | | 在规定时间内完成操作 | | 每超时1min总分扣5分，超时3min停止操作 | | | — | |
| | | 合　计 | 100 | | | | | |

否定项说明：若出现除尘风机超负荷的情况，该题为零分。

## 试题43：再生热停车操作(现场模拟)

（考核时间：30min）

| 序号 | 考核内容 | 考核要点 | 配分 | 评分标准 | 检测结果 | 扣分 | 得分 | 备注 |
|---|---|---|---|---|---|---|---|---|
| 1 | 准备工作 | 穿戴劳保用品 | 3 | 未穿戴整齐扣3分 | | | | |
| | | 工具、用具准备 | 2 | 工具选择不正确扣2分 | | | | |
| 2 | 操作步骤 | 停止催化剂循环 | 15 | 时机不正确扣15分 | | | | |
| | | 再生器注入氮气 | 10 | 时机不正确扣10分 | | | | |
| | | 将空气关闭 | 10 | 时机不正确扣10分 | | | | |
| | | 催化剂循环速率设置为0 | 15 | 时机不正确扣15分 | | | | |
| | | 关闭过剩空气放空控制阀 | 10 | 时机不正确扣10分 | | | | |
| | | 调整进入再生器的氮气流量 | 10 | 时机不正确扣10分 | | | | |
| | | 将空气阀置于关的位置，并关闭总阀 | 10 | 时机不正确扣10分 | | | | |
| | | 停注氯泵，关闭注氯阀 | 10 | 时机不正确扣10分 | | | | |
| 3 | 使用工具 | 正确使用工具 | 2 | 工具使用不正确扣2分 | | | | |
| | | 正确维护工具 | 3 | 工具乱摆乱放扣3分 | | | | |
| 4 | 安全及其他 | 按国家法规或企业规定 | | 违规一次总分扣5分；严重违规停止操作 | | | — | |
| | | 在规定时间内完成操作 | | 每超时1min总分扣5分，超时3min停止操作 | | | — | |
| | | 合　计 | 100 | | | | | |

否定项说明：若出现烧焦床层温度飞温的情况，该题为零分。

## 试题44：再生冷停车操作(现场模拟)

(考核时间：30min)

| 序号 | 考核内容 | 考核要点 | 配分 | 评分标准 | 检测结果 | 扣分 | 得分 | 备注 |
|---|---|---|---|---|---|---|---|---|
| 1 | 准备工作 | 穿戴劳保用品 | 3 | 未穿戴整齐扣3分 | | | | |
| | | 工具、用具准备 | 2 | 工具选择不正确扣2分 | | | | |
| 2 | 操作步骤 | 按下催化剂停止按钮，停止催化剂循环 | 10 | 未执行扣10分 | | | | |
| | | 将氮气按钮置于开的位置，开始向再生器注入氮气 | 10 | 未执行扣10分 | | | | |
| | | 将空气按钮置于关的位置 | 10 | 未执行扣10分 | | | | |
| | | 催化剂循环速率设置为0 | 10 | 未执行扣10分 | | | | |
| | | 关闭过剩空气放空手动控制阀 | 10 | 未执行扣10分 | | | | |
| | | 调整进入再生器的氮气流量 | 5 | 未执行扣5分 | | | | |
| | | 将空气阀按钮置于关的位置，并关闭总阀 | 10 | 未执行扣10分 | | | | |
| | | 停注氯泵，关闭注氯阀 | 5 | 未执行扣5分 | | | | |
| | | 按照20~30℃/h的速度降温 | 5 | 未执行扣5分 | | | | |
| | | 当再生气温度低于400，再生风机改低速档 | 5 | 未执行扣5分 | | | | |
| | | 当再生器温度低于200℃，停风机 | 5 | 未执行扣5分 | | | | |
| | | 压力保持微正压，尽可能少用氮气 | 5 | 未执行扣5分 | | | | |
| 3 | 使用工具 | 正确使用工具 | 2 | 工具使用不正确扣2分 | | | | |
| | | 正确维护工具 | 3 | 工具乱摆乱放扣3分 | | | | |
| 4 | 安全及其他 | 按国家法规或企业规定 | | 违规一次总分扣5分；严重违规停止操作 | | | — | |
| | | 在规定时间内完成操作 | | 每超时1min总分扣5分，超时3min停止操作 | | | — | |
| 合计 | | | 100 | | | | | |

否定项说明：若出现烧焦床层温度飞温的情况，该题为零分。

## 试题45：催化剂碳含量变化判断(现场模拟)

(考核时间：30min)

| 序号 | 考核内容 | 考核要点 | 配分 | 评分标准 | 检测结果 | 扣分 | 得分 | 备注 |
|---|---|---|---|---|---|---|---|---|
| 1 | 准备工作 | 穿戴劳保用品 | 3 | 未穿戴整齐扣3分 | | | | |
| | | 工具、用具准备 | 2 | 工具选择不正确扣2分 | | | | |

续表

| 序号 | 考核内容 | 考核要点 | 配分 | 评分标准 | 检测结果 | 扣分 | 得分 | 备注 |
|---|---|---|---|---|---|---|---|---|
| 2 | 催化剂碳含量波动的现象 | 氧含量波动大 | 15 | 缺此项扣15分 | | | | |
| | | 烧焦床层温度波动 | 10 | 缺此项扣10分 | | | | |
| | | 再生器差压波动 | 10 | 缺此项扣10分 | | | | |
| 3 | 催化剂碳含量上升的现象 | 氧含量下降 | 10 | 缺此项扣10分 | | | | |
| | | 烧焦床层温度峰面向下移动 | 10 | 缺此项扣10分 | | | | |
| | | 再生器差压上升，后恢复 | 10 | 缺此项扣10分 | | | | |
| 4 | 催化剂碳含量下降的现象 | 氧含量上升 | 10 | 缺此项扣10分 | | | | |
| | | 烧焦床层温度峰面向上移动 | 10 | 缺此项扣10分 | | | | |
| | | 再生器差压下降，后恢复 | 10 | 缺此项扣10分 | | | | |
| 5 | 安全及其他 | 按国家法规或企业规定 | | 违规一次总分扣5分；严重违规停止操作 | | | — | |
| | | 在规定时间内完成操作 | | 每超时1min总分扣5分，超时3min停止操作 | | | — | |
| | | 合　计 | 100 | | | | | |

### 试题46：再生塔抽空器的开启操作(现场模拟)

（考核时间：15min）

| 序号 | 考核内容 | 考核要点 | 配分 | 评分标准 | 检测结果 | 扣分 | 得分 | 备注 |
|---|---|---|---|---|---|---|---|---|
| 1 | 准备工作 | 穿戴劳保用品 | 3 | 未穿戴整齐扣3分 | | | | |
| | | 工具、用具准备 | 2 | 工具选择不正确扣2分 | | | | |
| 2 | 机泵润滑油更换 | 关闭塔顶大阀 | 10 | 未关闭塔顶大阀扣10分 | | | | |
| 3 | | 先调试三级抽空器 | 15 | 顺序错扣5分 | | | | |
| | | | | 调试压力不足扣10分 | | | | |
| 4 | | 启动二级抽空器 | 15 | 顺序错扣5分 | | | | |
| | | | | 调试压力不足扣10分 | | | | |
| 5 | | 最后启动一级抽空器 | 15 | 顺序错扣5分 | | | | |
| | | | | 调试压力不足扣10分 | | | | |
| 6 | | 如真空度达不到要求应检查设备有无漏气，喷嘴有无问题，管线有无结垢 | 25 | 未查出原因一项扣5分 | | | | |
| 7 | | 清理现场，定置摆放 | 15 | 使用过的工具未摆放回规定位置扣10分 | | | | |
| | | | | 未按规定收拾现场卫生扣5分 | | | | |
| 8 | 安全及其他 | 按国家法规或企业规定 | | 违规一次总分扣5分；严重违规停止操作 | | | — | |
| | | 在规定时间内完成操作 | | 每超时1min总分扣5分，超时3min停止操作 | | | — | |
| | | 合　计 | 100 | | | | | |

**试题47：降低抽提系统溶剂损耗的操作(现场模拟)**

(考核时间：30min)

| 序号 | 考核内容 | 考核要点 | 配分 | 评分标准 | 检测结果 | 扣分 | 得分 | 备注 |
|---|---|---|---|---|---|---|---|---|
| 1 | 准备工作 | 穿戴劳保用品 | 3 | 未穿戴整齐扣3分 | | | | |
| | | 工具、用具准备 | 2 | 工具选择不正确扣2分 | | | | |
| 2 | 操作方法 | 正常生产搞好平稳操作杜绝跑溶剂事故 | 15 | 发生跑冒滴漏现象此题按零分记 | | | | |
| | | 停工时做好溶剂的回收工作 | 5 | 无此项工作扣5分 | | | | |
| | | 开好再生塔，塔底温度不能超高 | 15 | 造成操作波动大扣8分 | | | | |
| | | | | 温度超高扣7分 | | | | |
| | | 系统不要漏入空气以免溶剂氧化 | 10 | 导致溶剂氧化扣5分 | | | | |
| | | | | 漏入空气扣5分 | | | | |
| | | 搞好芳烃的油水分离罐界面不要超高，避免芳烃带水 | 15 | 芳烃带水污染大罐扣10分 | | | | |
| | | | | 界面超高扣5分 | | | | |
| | | 搞好水洗塔操作，加强脱水 | 10 | 脱水不及时扣10分 | | | | |
| | | 防止泵及设备漏损，加强检查 | 10 | 因设备问题未及时发现导致跑溶剂扣10分 | | | | |
| | | 加强水平衡，不得将溶剂水排入地下池 | 10 | 排入地下池扣10分 | | | | |
| 3 | 使用工具 | 正确使用工具 | 2 | 工具使用不正确扣2分 | | | | |
| | | 正确维护工具 | 3 | 工具乱摆乱放扣3分 | | | | |
| 4 | 安全及其他 | 按国家法规或企业规定 | | 违规一次总分扣5分；严重违规停止操作 | | | — | |
| | | 在规定时间内完成操作 | | 每超时1min总分扣5分，超时3min停止操作 | | | — | |
| | 合　计 | | 100 | | | | | |

**试题48：抽提系统回流比的调整(现场模拟)**

(考核时间：30min)

| 序号 | 考核内容 | 考核要点 | 配分 | 评分标准 | 检测结果 | 扣分 | 得分 | 备注 |
|---|---|---|---|---|---|---|---|---|
| 1 | 准备工作 | 穿戴劳保用品 | 3 | 未穿戴整齐扣3分 | | | | |
| | | 工具、用具准备 | 2 | 工具选择不正确扣2分 | | | | |
| 2 | 调整方法 | 回流比是调节芳烃质量的手段 | 5 | 此项不对扣5分 | | | | |
| 3 | 影响因素 | 进料量组成、回流量、溶剂比、溶剂的性质及抽提温度 | 15 | 错一项或漏一项均扣2分 | | | | |

续表

| 序号 | 考核内容 | 考核要点 | 配分 | 评分标准 | 检测结果 | 扣分 | 得分 | 备注 |
|---|---|---|---|---|---|---|---|---|
| 4 | 现场处理 | 芳烃纯度下降 | 15 | 未调整至指标范围内扣5分 | | | | |
| | | | | 降低回流比扣10分 | | | | |
| | | 轻液中芳烃含量下降 | 15 | 未调整至指标范围内扣5分 | | | | |
| | | | | 降低回流比扣10分 | | | | |
| | | 原料油馏分由宽变窄，由重变轻 | 15 | 未调整至指标范围内扣5分 | | | | |
| | | | | 降低回流比扣10分 | | | | |
| | | 造成操作波动大 | 20 | 造成超温扣5分 | | | | |
| | | | | 造成超压扣5分 | | | | |
| | | | | 造成跑冒滴漏扣10分 | | | | |
| | | 在回流比及其他参数都要提时 | 5 | 未先提回流比扣5分 | | | | |
| 5 | 使用工具 | 正确使用工具 | 2 | 工具使用不正确扣2分 | | | | |
| | | 正确维护工具 | 3 | 工具乱摆乱放扣3分 | | | | |
| 6 | 安全及其他 | 按国家法规或企业规定 | | 违规一次总分扣5分；严重违规停止操作 | | | — | |
| | | 在规定时间内完成操作 | | 每超时1min总分扣5分，超时3min停止操作 | | | — | |
| | | 合　计 | 100 | | | | | |

**试题49：汽提塔侧线跑溶剂后的回收操作（现场模拟）**

（考核时间：30min）

| 序号 | 考核内容 | 考核要点 | 配分 | 评分标准 | 检测结果 | 扣分 | 得分 | 备注 |
|---|---|---|---|---|---|---|---|---|
| 1 | 准备工作 | 穿戴劳保用品 | 3 | 未穿戴整齐扣3分 | | | | |
| | | 工具、用具准备 | 2 | 工具选择不正确扣2分 | | | | |
| 2 | 处理方法 | 控制循环水罐溢流量使其不溢流到地面 | 15 | 发生溢流扣10分 | | | | |
| | | | | 液面高扣5分 | | | | |
| 3 | | 可加大汽提水量，将地下池溶剂水送走，提大汽提水量就可以解决汽提效果差的问题 | 30 | 未及时送走地下池溶剂扣10分 | | | | |
| | | | | 没有解决汽提效果差的问题扣10分 | | | | |
| | | | | 采取措施不正确扣10分 | | | | |
| 4 | | 跑溶剂后循环水罐切忌补入软化水 | 10 | 补入软化水扣10分 | | | | |
| 5 | | 由于芳烃分离罐界面高随芳烃带入水洗塔的溶剂水也应逐步回收至循环水罐 | 35 | 未回收水洗塔溶剂水的扣10分 | | | | |
| | | | | 回收错误扣10分 | | | | |
| | | | | 回收不彻底扣5分 | | | | |
| | | | | 造成冒罐扣10分 | | | | |

续表

| 序号 | 考核内容 | 考核要点 | 配分 | 评分标准 | 检测结果 | 扣分 | 得分 | 备注 |
|---|---|---|---|---|---|---|---|---|
| 6 | 使用工具 | 正确使用工具 | 2 | 工具使用不正确扣2分 | | | | |
| | | 正确维护工具 | 3 | 工具乱摆乱放扣3分 | | | | |
| 7 | 安全及其他 | 按国家法规或企业规定 | | 违规一次总分扣5分；严重违规停止操作 | | | — | |
| | | 在规定时间内完成操作 | | 每超时1min总分扣5分，超时3min停止操作 | | | — | |
| | 合　　计 | | 100 | | | | | |

## 试题50：溶剂再生系统停工操作（现场模拟）

（考核时间：30min）

| 序号 | 考核内容 | 考核要点 | 配分 | 评分标准 | 检测结果 | 扣分 | 得分 | 备注 |
|---|---|---|---|---|---|---|---|---|
| 1 | 准备工作 | 穿戴劳保用品 | 3 | 未穿戴整齐扣3分 | | | | |
| | | 工具、用具准备 | 2 | 工具选择不正确扣2分 | | | | |
| 2 | 前题 | 首先此操作在分离停工之前 | 5 | 未指明或不清楚的扣10分 | | | | |
| 3 | 处理方法 | 换热器降温停进出料 | 10 | 降温降量顺序错误扣10分 | | | | |
| | | 根据中部液面停回流泵、抽空器，开塔顶放空阀 | 15 | 提前停回流泵扣5分<br>塔顶大阀未开扣5分<br>抽空器未停扣5分 | | | | |
| | | 温度降至一定从抽提三合一线串入软化水至再生塔底，启泵联系调度将老化溶剂送出 | 25 | 引水错误扣5分<br>未联系调度直接送水扣10分<br>老化溶剂送错扣10分 | | | | |
| | | 再生塔侧线、回流线、水冷溶剂全部回收，然后集油箱装水循环1～2小时，溶剂水回收 | 25 | 有一项未回收扣5分 | | | | |
| | | 再生塔底装软化水，启泵循环，换热器升温，水循环过程间断退老化溶剂进行2～3次 | 10 | 无此项扣10分 | | | | |
| 4 | 使用工具 | 正确使用工具 | 2 | 工具使用不正确扣2分 | | | | |
| | | 正确维护工具 | 3 | 工具乱摆乱放扣3分 | | | | |
| 5 | 安全及其他 | 按国家法规或企业规定 | | 违规一次总分扣5分；严重违规停止操作 | | | — | |
| | | 在规定时间内完成操作 | | 每超时1min总分扣5分，超时3min停止操作 | | | — | |
| | 合　　计 | | 100 | | | | | |

造成污染大罐或者跑冒现象此题不得分。

## 试题51：分析芳烃不合格的原因(现场模拟)

（考核时间：30min）

| 序号 | 考核内容 | 考核要点 | 配分 | 评分标准 | 检测结果 | 扣分 | 得分 | 备注 |
|---|---|---|---|---|---|---|---|---|
| 1 | 准备工作 | 穿戴劳保用品 | 3 | 未穿戴整齐扣3分 | | | | |
| | | 工具、用具准备 | 2 | 工具选择不正确扣2分 | | | | |
| 2 | 事故现象 | 化验分析芳烃不合格 | 10 | 未发现此项扣10分 | | | | |
| 3 | 原因分析 | 重整转化率低 | 5 | 缺一项扣5分 | | | | |
| | | 剩余环烷过多 | 5 | | | | | |
| | | 溶剂比过大，回流比过小，回流芳烃纯度低 | 15 | 缺一项扣5分 | | | | |
| | | 汽提塔换热器内漏，汽提水带油和溶剂 | 15 | 缺一项扣5分 | | | | |
| | | 汽提水量过小或侧线蝶阀开度过大，或波动大 | 15 | 缺一项扣5分 | | | | |
| | | 汽提塔底温度高，溶剂的溶解度大，但选择性不高 | 15 | 缺一项扣5分 | | | | |
| | | 分析误差或采样瓶污染 | 10 | 缺一项扣5分 | | | | |
| 4 | 使用工具 | 正确使用工具 | 2 | 工具使用不正确扣2分 | | | | |
| | | 正确维护工具 | 3 | 工具乱摆乱放扣3分 | | | | |
| 5 | 安全及其他 | 按国家法规或企业规定 | | 违规一次总分扣5分；严重违规停止操作 | | | — | |
| | | 在规定时间内完成操作 | | 每超时1min总分扣5分，超时3min停止操作 | | | — | |
| 合计 | | | 100 | | | | | |

第四部分

# 技师/高级技师

# 一、国家职业标准(技师工作要求)

| 职业功能 | 工作内容 | 技 能 要 求 | 相 关 知 识 |
|---|---|---|---|
| 工艺操作 | (一) 开车准备 | 1. 能完成开车流程的确认工作<br>2. 能完成开车化工原材料的准备工作<br>3. 能按进度组织完成开车盲板的拆装操作<br>4. 能组织做好装置开车介质的引入工作<br>5. 能组织完成装置自修项目的验收<br>6. 能按开车网络计划要求，组织完成装置吹扫、试漏工作<br>7. 能参与装置开车条件的确认工作 | 1. 流程确认要求<br>2. 安全环保的有关制度 |
| | (二) 开车操作 | 1. 能确认催化剂的装填状态<br>2. 能完成高、低碳催化剂的特殊再生烧焦操作<br>3. 能校验催化剂提升速率与循环速率<br>4. 能确定精馏塔温差<br>5. 能制定芳烃抽提优化方案 | 1. 催化剂装填方案<br>2. 特殊再生烧焦操作方法<br>3. 催化剂提升速率与循环速率校验方法<br>4. 精馏塔温差确定方法 |
| | (三) 正常操作 | 1. 能优化操作工况，降低装置物耗、能耗<br>2. 能指导装置的日常操作<br>3. 能独立处理和解决技术难题<br>4. 能根据上下游装置重大工况变化提出本装置的处理方案 | 1. 装置历年主要技术改造情况<br>2. 工艺指标、产品质量指标的制定依据 |
| | (四) 停车操作 | 1. 能组织完成装置停车吹扫工作<br>2. 能按进度组织完成停车盲板的拆装工作<br>3. 能组织完成装置自修项目的验收<br>4. 能控制并降低停车过程中的物耗、能耗 | 自修项目验收标准 |
| 设备使用与维护 | (一) 使用设备 | 1. 能处理复杂的设备故障<br>2. 能组织设备的验收工作<br>3. 能提出设备大修和改进意见<br>4. 能落实设备的防冻防凝、防腐蚀等技术措施<br>5. 能判断往复式压缩机、离心式压缩机等大型机组的运行故障，并做相应处理<br>6. 能发现和处理汽轮机调速系统运行故障<br>7. 能判断反应器、再生器运行故障 | 1. 设备验收标准<br>2. 设备检修内容、技术要求<br>3. 连续重整重要设备特点<br>4. 压缩机构造、特点及其运行故障判断<br>5. 汽轮机调速系统原理<br>6. 再生器材质和腐蚀特点 |
| | (二) 维护设备 | 1. 能根据装置特点提出设备防腐措施<br>2. 能根据设备运行中存在的问题提出大、中修项目及改进措施，并参与编制设备大修计划<br>3. 能参与制定设备维护保养制度<br>4. 能组织完成硫化亚铁钝化技术的实施工作<br>5. 能检查确认紧急停车系统运行状况 | 1. 设备大、中修规范<br>2. 设备防腐知识<br>3. 硫化亚铁钝化技术<br>4. 紧急停车系统原理及操作法 |
| 事故判断与处理 | (一) 判断事故 | 1. 能判断复杂事故<br>2. 能组织复杂事故应急预案的演练 | 反事故演习方案 |
| | (二) 处理事故 | 1. 能针对装置发生的各类事故，分析原因，提出预防措施<br>2. 能在紧急情况下采取果断措施，防止事故扩大<br>3. 能处理再生器约翰逊内外网堵塞事故<br>4. 能提出预加氢、重整部分氯、硫腐蚀的预防措施 | 1. 约翰逊网堵塞原因<br>2. 氯腐蚀、硫腐蚀机理 |

续表

| 职业功能 | 工作内容 | 技能要求 | 相关知识 |
|---|---|---|---|
| 绘图与计算 | (一) 绘图 | 1. 能绘制技术改进简图<br>2. 能识读一般零件图 | 1. 装置设计资料<br>2. 零件图知识 |
| | (二) 计算 | 能完成一般的热量平衡和传质计算 | —— |
| 管理 | (一) 质量管理 | 1. 能组织 QC 小组开展质量攻关活动<br>2. 能按质量管理体系要求指导生产 | 1. 全面质量管理方法<br>2. 质量管理体系运行要求 |
| | (二) 生产管理 | 1. 能组织、指导班组进行经济核算和经济活动分析<br>2. 能应用统计技术对生产工况进行分析<br>3. 能参与装置的标定工作 | 1. 工艺技术管理规定<br>2. 统计基础知识 |
| | (三) 编写技术文件 | 1. 能撰写生产技术总结<br>2. 能参与编写装置开、停车方案 | 1. 技术总结撰写方法<br>2. 装置开、停车方案编写方法 |
| | (四) 技术改进 | 能参与技措、技改项目的实施 | 国内同类装置常用技术应用信息 |
| 培训与指导 | 培训与指导 | 1. 能培训初、中、高级操作人员<br>2. 能传授特有的操作经验和技能 | 教案编写方法 |

## 二、国家职业标准(高级技师工作要求)

| 职业功能 | 工作内容 | 技能要求 | 相关知识 |
|---|---|---|---|
| 工艺操作 | (一) 开车准备 | 1. 能编写、审核开车方案及网络计划<br>2. 能组织确认装置开车条件 | 开、停车网络计划及方案的编写、审核要求 |
| | (二) 开车操作 | 1. 能指挥新装置开车<br>2. 能指导同类装置的试车、投产工作 | |
| | (三) 正常操作 | 1. 能解决同类装置的工艺技术难题<br>2. 能对生产工况进行指导优化 | |
| | (四) 停车操作 | 能指导同类装置的停车检修工作 | |
| 设备使用与维护 | (一) 使用设备 | 1. 能分析各类设备的使用情况并提出操作改进意见<br>2. 能对设备的安装、调试提出建议 | 1. 设备安装、调试的有关知识<br>2. 各类设备腐蚀机理及防腐措施 |
| | (二) 维护设备 | 1. 能根据原料和工艺条件的变化提出装置防腐措施<br>2. 能完成重要设备、管线等工况安全的确认工作 | |
| 事故判断与处理 | 事故判断与处理 | 1. 能判断并处理工艺、设备等疑难故障<br>2. 能对国内外同类装置的事故原因进行分析 | 同类装置事故典型案例 |
| 绘图与计算 | (一) 绘图 | 能参与审定技术改造图 | 工艺设计规范 |
| | (二) 计算 | 能完成较复杂的热量平衡和传质传热计算 | |
| 管理 | (一) 质量管理 | 能提出产品质量的改进方案并组织实施 | 质量管理知识 |
| | (二) 生产管理 | 1. 能组织实施节能降耗措施<br>2. 能参与装置经济活动分析 | 经济活动分析方法 |

续表

| 职业功能 | 工作内容 | 技能要求 | 相关知识 |
|---|---|---|---|
| 管理 | （三）编写技术文件 | 1. 能撰写技术论文<br>2. 能参与制定各类生产方案<br>3. 能参与制定岗位操作法和工艺技术规程<br>4. 能参与编制装置标定方案<br>5. 能参与编制重大、复杂的事故处理预案 | 1. 技术论文撰写方法<br>2. 标定报告、技术规程等编写格式 |
| | （四）技术改进 | 1. 能组织技术改造和技术革新<br>2. 能参与重大技术改造方案的审定 | 国内外同类装置工艺、设备、自动化控制等方面的技术发展信息 |
| 培训与指导 | 培训与指导 | 1. 能系统讲授本职业相应模块的基本知识，并能指导学员的实际操作<br>2. 能制订本职业相应模块的培训班教学计划、大纲<br>3. 能合理安排教学内容，选择适当的教学方式 | 培训计划、大纲的编写方法 |

## 三、理论知识鉴定要素细目表

### 行业通用理论知识鉴定要素细目表

| 鉴定范围 | | | | | | 鉴定点 | | |
|---|---|---|---|---|---|---|---|---|
| 一级 | | 二级 | | 三级 | | 代码 | 名称 | 重要程度 |
| 代码 | 名称 | 代码 | 名称 | 代码 | 名称 | | | |
| A | 基本要求 | B | 基础知识 | B | 识图基础知识 | 001 | 设备布置图基础知识 | X |
| | | | | | | 002 | 管道布置图基础知识 | X |
| | | | | | | 003 | 化工设备图尺寸标注方法 | X |
| | | | | | | 004 | 装配图内容 | X |
| | | | | D | 质量基础知识 | 001 | ISO 9000 族标准质量管理审核的依据 | X |
| | | | | | | 002 | ISO 9001 标准质量管理体系的总体思路 | X |
| | | | | E | 计算机基础知识 | 001 | 数据库的概念 | X |
| | | | | | | 002 | 数据表的建立 | X |
| | | | | | | 003 | PowerPoint 课件的制作 | X |
| B | 相关知识 | E | 管理知识 | A | 生产管理 | 001 | 生产的管理 | X |
| | | | | | | 002 | 设备的管理 | X |
| | | | | | | 003 | 现场的管理 | X |
| | | | | B | 编写技术文件 | 001 | 生产总结报告的常用格式 | X |
| | | | | | | 002 | 技术论文的结构内容 | X |
| | | | | | | 003 | 技术论文标题拟订的基本原则 | X |
| | | | | | | 004 | 技术论文摘要拟订的基本原则 | X |
| | | | | | | 005 | 技术论文编写的基本要素 | X |
| | | | | | | 006 | 装置标定报告主要内容 | X |

续表

| 鉴定范围 | | | | | | 鉴定点 | | |
|---|---|---|---|---|---|---|---|---|
| 一级 | | 二级 | | 三级 | | 代码 | 名　　称 | 重要程度 |
| 代码 | 名　称 | 代码 | 名　称 | 代码 | 名　称 | | | |
| | | | | | | 007 | 装置验收报告主要内容 | X |
| | | | | | | 008 | 工艺技术规程主要内容 | X |
| | | | | | | 009 | 岗位操作法的主要内容 | X |
| | | | | | | 010 | 检修方案的主要内容 | X |
| | | | | | | 011 | 开工方案的主要内容 | X |
| | | | | | | 012 | 停工方案的主要内容 | X |
| | | | | C | 技术改进 | 001 | 技术改造的目的 | X |
| | | | | | | 002 | 技术改造的程序 | X |
| | | | | | | 003 | 技术改造方案的主要内容 | X |
| | | | | | | 004 | 技术改造的有关步骤 | X |
| | | | | | | 005 | 技术改造申请书的编写格式 | X |
| | | | | | | 006 | 技术革新成果的鉴定知识 | X |
| | | | | | | 007 | 技术改造的注意事项 | X |
| | | | | | | 008 | 技术革新成果报告的主要内容 | X |
| | | F | 培训与指导 | A | 培训与指导 | 001 | 专项培训方案制定的要求 | X |
| | | | | | | 002 | 培训教学常用方法 | X |
| | | | | | | 003 | 培训教案编写的要求 | X |
| | | | | | | 004 | 培训教学的组织实施 | X |
| | | | | | | 005 | 评估培训效果的意义 | X |

## 职业通用理论知识鉴定要素细目表(《燃料油生产工》)

| 鉴定范围 | | | | | | 鉴定点 | | |
|---|---|---|---|---|---|---|---|---|
| 一级 | | 二级 | | 三级 | | 代码 | 名　　称 | 重要程度 |
| 代码 | 名　称 | 代码 | 名　称 | 代码 | 名　称 | | | |
| A | 基本要求 | B | 基础知识 | G | 化学基础知识 | 001 | 化学平衡的分析 | X |
| | | | | | | 002 | 化学反应速率的分析 | X |
| | | | | H | 石油及油品基础知识 | 001 | 石油馏分焓值的求定 | X |
| | | | | | | 002 | 石油馏分质量热容的计算 | X |
| | | | | | | 003 | 石油馏分蒸汽的黏度 | Y |
| | | | | I | 化工基础知识 | 001 | 换热器总传热系数的影响因素 | Z |
| | | | | | | 002 | 换热器的简单标定 | X |
| | | | | | | 003 | 蒸馏塔物料平衡的计算 | X |
| | | | | J | 计量基础知识 | 001 | 消除误差的方法 | Y |

续表

| 鉴定范围 | | | | | | 鉴定点 | | |
|---|---|---|---|---|---|---|---|---|
| 一级 | | 二级 | | 三级 | | 代码 | 名称 | 重要程度 |
| 代码 | 名称 | 代码 | 名称 | 代码 | 名称 | | | |
| | | | | K | 炼油机械与设备 | 001 | 离心泵性能曲线的意义 | X |
| | | | | | | 002 | 离心泵功率的计算 | Y |
| | | | | | | 003 | 离心泵扬程的计算 | Y |
| | | | | | | 004 | 常用故障诊断技术概念 | X |
| | | | | | | 005 | 机械密封失效的原因 | X |
| | | | | | | 006 | 塔检修方案的主要内容 | X |
| | | | | | | 007 | 换热器检修的主要内容 | X |
| | | | | | | 008 | 离心泵检修的主要内容 | X |
| | | | | | | 009 | 压缩机检修的验收标准 | X |
| | | | | | | 010 | 塔检修的验收标准 | Z |
| | | | | | | 011 | 设备可靠性的概念 | Y |
| | | | | | | 012 | 常用腐蚀调查的方法 | Y |
| | | | | | | 013 | 常见的腐蚀环境类型 | Y |
| | | | | | | 014 | 特种设备的分类 | X |
| | | | | L | 电工基础知识 | 001 | 欧姆定律的定义 | X |
| | | | | | | 002 | 电磁感应的常识 | X |
| | | | | | | 003 | 同步电动机的工作原理 | Y |
| | | | | | | 004 | 电功率及功率因数计算方法 | Y |
| | | | | | | 005 | 简单三相交流电路计算方法 | Z |
| | | | | M | 仪表基础知识 | 001 | ESD 系统的基本概念 | X |
| | | | | | | 002 | 三冲量控制的概念 | Y |
| | | | | | | 003 | 先进控制的概念 | Y |
| | | | | | | 004 | PLC 系统的基本概念 | X |
| | | | | | | 005 | 复杂控制回路 PID 参数整定 | Y |

## 工种理论知识鉴定要素细目表

| 鉴定范围 | | | | | | 鉴定点 | | |
|---|---|---|---|---|---|---|---|---|
| 一级 | | 二级 | | 三级 | | 代码 | 名称 | 重要程度 |
| 代码 | 名称 | 代码 | 名称 | 代码 | 名称 | | | |
| B | 相关知识 | A | 工艺操作 | A | 开车准备 | 001 | 新装置中交应具备的条件 | X |
| | | | | | | 002 | 新装置开车注意事项 | X |
| | | | | | | 003 | 预处理系统开车条件确认 | X |
| | | | | | | 004 | 重整反应系统开车条件确认 | X |
| | | | | | | 005 | 加热炉烘炉方案编写要点 | X |
| | | | | | | 006 | 开车网络计划编写要点 | Y |
| | | | | | | 007 | 现代重整技术发展趋势 | X |
| | | | | | | 008 | 重整装置开工化工料的确认 | X |
| | | | | | | 009 | 催化剂的物化性能 | Y |

续表

| 鉴定范围 | | | | | | 鉴定点 | | |
|---|---|---|---|---|---|---|---|---|
| 一级 | | 二级 | | 三级 | | 代码 | 名称 | 重要程度 |
| 代码 | 名称 | 代码 | 名称 | 代码 | 名称 | | | |
| | | | | B | 开车操作 | 001 | 催化剂装填方案编写要点 | X |
| | | | | | | 002 | 麦格纳重整工艺的特点 | X |
| | | | | | | 003 | 第一代 IFP 连续重整再生工艺的特点 | Z |
| | | | | | | 004 | 第二代 IFP(Regen B)连续重整再生工艺的特点 | Y |
| | | | | | | 005 | 第三代 IFP(Regen C)连续重整再生工艺的特点 | Y |
| | | | | | | 006 | 第一代 IFP 连续重整反应工艺的特点 | Z |
| | | | | | | 007 | 第二代 IFP 连续重整反应工艺的特点 | X |
| | | | | | | 008 | 第一代 UOP 连续重整再生工艺的特点 | X |
| | | | | | | 009 | 第二代 UOP 连续重整再生工艺的特点 | Y |
| | | | | | | 010 | 第三代 UOP(CycleMAx)连续重整再生工艺的特点 | X |
| | | | | | | 011 | 第一代 UOP 连续重整反应工艺的特点 | X |
| | | | | | | 012 | 第二代 UOP 连续重整反应工艺的特点 | X |
| | | | | | | 013 | “逆流”移动床连续重整工艺的特点 | X |
| | | | | | | 014 | 低压组合床重整工艺的特点 | Z |
| | | | | | | 015 | 预加氢催化剂的器外预硫化的特点 | X |
| | | | | | | 016 | 预加氢催化剂的器外预硫化的注意事项 | X |
| | | | | | | 017 | 预加氢催化剂硫化方案编写要点 | X |
| | | | | | | 018 | 火灾的危险性分类 | Y |
| | | | | | | 019 | 重整催化剂的制备注意事项 | Z |
| | | | | C | 正常操作 | 001 | 我国催化剂重整装置的发展历程 | Y |
| | | | | | | 002 | 催化重整装置操作工况的优化方法 | X |
| | | | | | | 003 | 优化分馏塔操作的措施 | X |
| | | | | | | 004 | 分馏塔分馏效果的评价依据 | X |
| | | | | | | 005 | 原料对预加氢反应系统操作的影响 | X |
| | | | | | | 006 | 预加氢催化剂使用性能的评价指标 | X |
| | | | | | | 007 | 重整催化剂使用性能的评价指标 | X |
| | | | | | | 008 | 水－氯平衡的判断标准 | X |
| | | | | | | 009 | 提高加热炉热效率的措施 | Y |
| | | | | | | 010 | 氢脆的特征 | Y |
| | | | | | | 011 | 氢脆防止的方法 | X |
| | | | | | | 012 | 高温氢腐蚀的特征 | X |
| | | | | | | 013 | 高温氢腐蚀防止的方法 | X |

续表

| 鉴定范围 | | | | | | 鉴定点 | | |
|---|---|---|---|---|---|---|---|---|
| 一级 | | 二级 | | 三级 | | 代码 | 名称 | 重要程度 |
| 代码 | 名称 | 代码 | 名称 | 代码 | 名称 | | | |
| | | | | | | 014 | 预加氢反应器的材质 | X |
| | | | | | | 015 | 重整反应器的材质 | X |
| | | | | | | 016 | 装置节能设计措施 | X |
| | | | | | | 017 | 硫化氢腐蚀的特征 | X |
| | | | | | | 018 | 高温硫化氢腐蚀的防治 | X |
| | | | | D | 停车操作 | 001 | 停车方案的编制编写要点 | X |
| | | | | | | 002 | 装置紧急停车的注意事项 | Y |
| | | | | | | 003 | 积炭量对重整催化剂烧焦过程的影响 | Y |
| | | | | | | 004 | 氧分压对重整催化剂烧焦过程的影响 | X |
| | | | | | | 005 | 烧焦压力对重整催化剂烧焦过程的影响 | X |
| | | | | | | 006 | 温度对重整催化剂烧焦过程的影响 | X |
| | | | | | | 007 | 气体循环量对重整烧焦过程的影响 | X |
| | | | | | | 008 | 避免重整催化剂烧焦超温的方法 | X |
| | | | | | | 009 | 预加氢烧焦注意事项 | X |
| | | | | | | 010 | ESD 联锁停车系统 | Y |
| | | | | | | 011 | 重整催化剂烧焦过程的影响因素 | X |
| | | | | | | 012 | 重整废催化剂的回收原理 | Z |
| | | B | 设备使用及维护 | A | 使用设备 | 001 | 蒸汽轮机做功原理 | X |
| | | | | | | 002 | 压力容器的验收标准 | X |
| | | | | | | 003 | 板式换热器结构 | Y |
| | | | | | | 004 | 双壳程换热器的结构 | Z |
| | | | | | | 005 | 板式换热器操作要点 | Y |
| | | | | | | 006 | 蒸汽透平的调速系统工作原理 | Y |
| | | | | | | 007 | 蒸汽透平的解扣系统工作原理 | X |
| | | | | | | 008 | 密封油浮环密封的工作原理 | X |
| | | | | | | 009 | 蒸汽透平的复水系统工作原理 | X |
| | | | | | | 010 | 离心式压缩机迷宫密封的工作原理 | X |
| | | | | | | 011 | 离心式压缩机组辅助系统组成 | X |
| | | | | | | 012 | 离心式压缩机润滑油系统的组成 | X |
| | | | | | | 013 | 离心式压缩机润滑油系统各部分的作用 | X |
| | | | | | | 014 | 离心机检修后试车注意事项 | X |
| | | | | | | 015 | 往复机检修后试车注意事项 | X |
| | | | | | | 016 | 离心泵特性曲线的内容 | Y |
| | | | | | | 017 | 往复泵特性曲线的内容 | Y |

续表

| 鉴定范围 | | | | | | 鉴定点 | | |
|---|---|---|---|---|---|---|---|---|
| 一级 | | 二级 | | 三级 | | 代码 | 名称 | 重要程度 |
| 代码 | 名称 | 代码 | 名称 | 代码 | 名称 | | | |
| | | | | | | 018 | 螺杆式压缩机的类型 | Y |
| | | | | | | 019 | 螺杆式压缩机的工作原理 | Y |
| | | | | | | 020 | 机泵安装验收标准 | X |
| | | | | | | 021 | 汽轮机的主要结构 | Y |
| | | | | | | 022 | 合金钢的分类编号 | Y |
| | | | | | | 023 | 奥氏体不锈钢的特性 | Y |
| | | | | | | 024 | 氧化锆氧分仪测量原理 | Y |
| | | | | | | 025 | 干气密封的原理 | Y |
| | | | | | | 026 | 加热炉管材的选择原则 | Y |
| | | | | | | 027 | 常用炉管金属的使用温度 | Y |
| | | | | | | 028 | 各种元素对不锈钢性能的影响 | X |
| | | | | | | 029 | 蒸汽透平的工作原理 | X |
| | | | | | | 030 | 汽轮机低速暖机的原因 | X |
| | | | | | | 031 | 汽轮机暖机操作要点 | X |
| | | | | B | 维护设备 | 001 | 常用管件选用原则 | Y |
| | | | | | | 002 | 压缩机润滑油路油冲洗的标准 | Z |
| | | | | | | 003 | 蒸汽打靶的操作方法 | Y |
| | | | | | | 004 | 蒸汽打靶的检验方法 | Y |
| | | | | | | 005 | 安全阀调试的要求 | X |
| | | | | | | 006 | 装置检修计划的编制注意事项 | Y |
| | | | | | | 007 | FSC 系统投用注意事项 | X |
| | | C | 事故判断与处理 | A | 判断事故 | 001 | 装置长时间停电的现象 | X |
| | | | | | | 002 | 原料预处理系统压降增大的现象 | X |
| | | | | | | 003 | 预加氢蒸发脱水系统问题分析 | X |
| | | | | | | 004 | 塔盘结盐堵塞事故现象 | X |
| | | | | | | 005 | 国内外典型事故案例分析 | Z |
| | | | | | | 006 | 重整催化剂失活的原因 | X |
| | | | | | | 007 | 从温降分布判断重整反应趋势 | X |
| | | | | | | 008 | 重整催化剂硫中毒的反应机理 | X |
| | | | | | | 009 | 重整催化剂氮中毒的反应机理 | X |
| | | | | | | 010 | 重整催化剂重金属中毒的机理 | X |
| | | | | | | 011 | 重整催化剂积炭的现象 | X |
| | | | | | | 012 | 重整催化剂积炭的危害 | X |
| | | | | | | 013 | 事故应急预案的编写要点 | X |

续表

| 鉴定范围 | | | | | | 鉴定点 | | |
|---|---|---|---|---|---|---|---|---|
| 一级 | | 二级 | | 三级 | | 代码 | 名称 | 重要程度 |
| 代码 | 名称 | 代码 | 名称 | 代码 | 名称 | | | |
| | | | | | | 014 | 反事故演习方案的编写要点 | Y |
| | | | | | | 015 | 余热锅炉干锅的现象 | X |
| | | | | | | 016 | 余热锅炉汽包满水的现象 | X |
| | | | | | | 017 | 余热锅炉汽水共沸的现象 | X |
| | | | | | | 018 | 重整催化剂积炭增加的原因 | X |
| | | | | | | 019 | 重整反应系统裂解反应加剧的现象 | X |
| | | | | | | 020 | 重整反应系统裂解反应加剧的原因 | X |
| | | | | | | 021 | 螺杆压缩机起动负荷大的原因 | X |
| | | | | | | 022 | 造成螺杆压缩机机体温度过高的原因 | X |
| | | | | B | 处理事故 | 001 | 装置紧急停车时的处理原则 | X |
| | | | | | | 002 | 循环机联锁停车的处理原则 | X |
| | | | | | | 003 | 装置长时间停电的处理原则 | X |
| | | | | | | 004 | 装置发生重大火灾的处理原则 | Y |
| | | | | | | 005 | 事故处理原则 | X |
| | | | | | | 006 | 炉膛爆炸事故的处理 | X |
| | | | | | | 007 | 塔盘结盐堵塞事故处理 | Y |
| | | | | | | 008 | 加热炉烧焦的操作要求 | X |
| | | | | | | 009 | 加热炉烧焦的注意事项 | X |
| | | | | | | 010 | 分馏塔发生冲塔处理要点 | X |
| | | | | | | 011 | 重整反应温降下降的原因 | X |
| | | | | | | 012 | 重整催化剂水-氯平衡失调的处理要点 | X |
| | | | | | | 013 | 重整汽油辛烷值低的处理要点 | X |
| | | | | | | 014 | 润滑油温度上升或下降的原因 | X |
| | | | | | | 015 | 重整裂解反应加剧的处理要点 | X |
| | | | | | | 016 | 润滑油温度上升或下降的处理 | X |
| | | | | | | 017 | 余热锅炉干锅的处理要点 | X |
| | | | | | | 018 | 余热锅炉汽包满水的处理要点 | X |
| | | | | | | 019 | 余热锅炉汽水共沸的处理要点 | X |
| | | D | 绘图与计算 | A | 绘图 | 001 | 剖面图的识读 | Z |
| | | | | B | 计算 | 001 | 换热器热量的简单衡算 | X |
| | | | | | | 002 | 重整加权平均入口温度(WAIT)的计算 | X |
| | | | | | | 003 | 重整加权平均床层温度(WABT)的计算 | X |
| | | | | | | 004 | 重整平均反应压力的计算 | X |
| | | | | | | 005 | 循环氢 $C_3/C_1$ 比的计算 | X |

续表

| 鉴定范围 | | | | | | 鉴定点 | | |
|---|---|---|---|---|---|---|---|---|
| 一级 | | 二级 | | 三级 | | 代码 | 名称 | 重要程度 |
| 代码 | 名称 | 代码 | 名称 | 代码 | 名称 | | | |
| | | | | | | 006 | 理论产氢量的计算 | Y |
| | | | | | | 007 | 预加氢催化剂预硫化剂理论注硫量的计算 | X |
| | | | | | | 008 | 预加氢催化剂预硫化剂理论产水量的计算 | X |
| | | | | | | 009 | 加热炉热效率的简单计算 | X |
| | | | | | | 010 | 重整装置的能耗计算 | X |
| | | | | | | 011 | 加热炉过剩空气系数的计算 | X |
| | | | | | | 012 | 分馏塔的简单物料衡算 | X |
| C | 相关知识 | A | 工艺操作 | B | 开车操作 | 001 | 氧化态催化剂开工注意事项 | X |
| | | | | D | 停车操作 | 001 | 重整催化剂热氢循环脱硫操作注意事项 | X |
| | | | | | | 002 | 重整催化剂器内再生注意事项 | Z |
| | | C | 事故判断与处理 | A | 判断事故 | 001 | 重整催化剂硫酸盐积累的危害 | X |
| | | | | | | 002 | 开工初期重整反应器飞温产生的原因 | Y |
| | | | | B | 处理事故 | 001 | 突然停电的处理要点 | X |
| | | D | 绘图与计算 | B | 计算 | 001 | 重整催化剂理论注硫量的计算 | X |
| | | | | | | 001 | 重整催化剂集中补氯量的计算 | X |
| D | 相关知识 | A | 工艺操作 | A | 开车准备 | 001 | 连续重整装置开车要点 | Y |
| | | | | B | 开车操作 | 001 | 催化剂流量控制料斗标定方法 | X |
| | | | | | | 002 | 核料位仪的校验方法 | X |
| | | | | | | 003 | 催化剂烧焦试验方法 | X |
| | | | | | | 004 | 烧焦曲线的内涵 | Y |
| | | | | | | 005 | 烧焦效果的检查方法 | X |
| | | | | | | 006 | 再生循环气量对烧焦过程的影响 | X |
| | | | | | | 007 | 循环速率对烧焦过程的影响 | X |
| | | | | C | 正常操作 | 001 | 减少催化剂消耗的措施 | X |
| | | B | 设备使用及维护 | A | 使用设备 | 001 | 反应器约翰逊网的特点 | X |
| | | | | | | 002 | 粉尘收集器常见故障 | X |
| | | | | | | 003 | 再生设备防腐技术 | X |
| | | | | | | 004 | 再生设备材质 | X |
| | | | | | | 005 | 再生器腐蚀特点 | X |
| | | C | 事故判断与处理 | A | 判断事故 | 001 | 催化剂烧焦曲线的分析 | X |
| | | | | | | 002 | 约翰逊网堵塞原因 | X |
| | | | | | | 003 | 闭锁料斗的运行故障的预防措施 | X |
| | | | | | | 004 | 预防约翰逊网堵塞措施 | Z |
| | | | | | | 005 | 催化剂烧结失活的原因 | Y |

续表

| 鉴定范围 | | | | | | 鉴定点 | | |
|---|---|---|---|---|---|---|---|---|
| 一级 | | 二级 | | 三级 | | 代码 | 名称 | 重要程度 |
| 代码 | 名称 | 代码 | 名称 | 代码 | 名称 | | | |
| | | | | B | 处理事故 | 001 | 约翰逊网堵塞的处理 | X |
| | | | | | | 002 | 重整加热炉联锁停车处理原则 | X |
| | | D | 绘图与计算 | B | 计算 | 001 | 连续重整理论注硫量的计算 | X |
| E | 相关知识 | A | 工艺操作 | B | 开车操作 | 001 | 改善芳烃产品酸洗比色指标的方法 | Y |
| | | | | | | 002 | 原料烯烃含量对产品质量的影响 | X |
| | | | | | | 003 | 系统溶剂老化原因分析及措施 | X |
| | | | | | | 004 | 系统溶剂损失原因分析 | X |
| | | | | C | 正常操作 | 001 | 造成环丁砜溶剂 pH 值下降的原因 | X |
| | | | | | | 002 | 影响抽提油质量的因素 | X |
| | | | | | | 003 | 影响抽余油质量的因素 | X |
| | | | | | | 004 | 抽余油含溶剂高的原因 | X |
| | | | | | | 005 | 抽余油含芳烃高的原因 | X |
| | | | | | | 006 | 苯产品冰点不合格的原因 | X |
| | | | | | | 007 | 苯酸洗比色不合格的原因 | X |
| | | | | | | 008 | 抽提温度对操作的影响 | X |
| | | | | | | 009 | 抽提装置溶剂损耗高的原因 | X |
| | | | | | | 010 | 真空度对溶剂回收塔操作的影响 | X |
| | | C | 事故判断与处理 | A | 判断事故 | 001 | 溶剂再生系统溶剂再生量下降的判断 | X |
| | | | | | | 002 | 汽提水发生乳化的判断 | Y |

# 四、理论知识试题

## 行业通用理论知识试题

### 判断题

1. 设备布置图是构思建筑图的前提，建筑图又是设备布置图的依据。 (√)

2. 化工设备图中，如图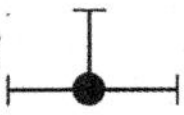管道立面图，其平面图为。 (×)

**正确答案**：化工设备图中，如图管道立面图，其平面图为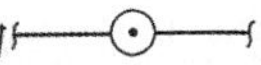。

3. 在化工设备图中，由于零件的制造精度不高，故允许在图上将同方向(轴向)的尺寸注成封闭形式。 (√)

4. 装配图中，当序号的指引线通过剖面线时，指引线的方向必须与剖面线平行。 (×)

**正确答案**：装配图中当序号的指引线通过剖面线时，指引线的方向必须与剖面线不平行。

5. 只有 ISO 9000 质量保证模式的标准才能作为质量审核的依据。 (×)

**正确答案**：除 ISO 9000 族质量标准以外，还有其他一些国际标准可以作为质量审核的依据。

6. ISO 9000：2000 版标准减少了过多强制性文件化要求，使组织更能结合自己的实际，控制体系过程，发挥组织的自我能力。(√)

7. 数据库就是存储和管理数据的仓库。(×)

**正确答案：**数据库就是按一定结构存储和管理数据的仓库。

8. 在计算机应用软件中 VFP 数据表中日期字段的宽度一般为 10 个字符。(×)

**正确答案：**在计算机应用软件中 VFP 数据表中日期字段的宽度一般为 8 个字符。

9. 在应用软件 PowerPoint 中可以插入 WAV 文件、AVI 影片，但不能插入 CD 音乐。(×)

**正确答案：**在 PowerPoint 中可以插入 WAV 文件、AVI 影片，也能够插入 CD 音乐。

10. 在应用软件 PowerPoint 中播放演示文稿的同时，单击鼠标右键，选择“指针选项”中的“画笔”选项，此时指针会自动的变成一支画笔的形状，按住鼠标左键，就可以随意书写文字了。(√)

11. 基本生产过程在企业的全部生产活动中居主导地位。(√)

12. 企业的生产性质、生产结构、生产规模、设备工装条件、专业化协作和生产类型等因素都会影响企业的生产过程组织，其中影响最大的是生产规模。(×)

**正确答案：**企业的生产性质、生产结构、生产规模、设备工装条件、专业化协作和生产类型等因素都会影响企业的生产过程组织，其中影响最大的是生产类型。

13. 日常设备检查是指专职维修人员每天对设备进行的检查。(×)

**正确答案：**日常设备检查是指操作者每天对设备进行的检查。

14. 现场管理是综合性、全面性、全员性的管理。(√)

15. 通过对工艺指标分析和对比可以找出设备运行中存在的不足和问题，指导有目的地加以优化和改进。(√)

16. 关键词是为了文献标引工作，从论文中选取出来，用以表示全文主要内容信息款目的单词或术语，一般选用 3～8 个词作为关键词。(√)

17. 技术论文的摘要是对各部分内容的高度浓缩，可以用图表和化学结构式说明复杂的问题，并要求对论文进行自我评价。(×)

**正确答案：**技术论文的摘要是对各部分内容的高度浓缩，在摘要中不可以用图表和化学结构式，不要对论文进行自我评价。

18. 理论性是技术论文的生命，是检验论文价值的基本尺度。(×)

**正确答案：**创见性是技术论文的生命，是检验论文价值的基本尺度。

19. 生产准备应包括：组织机构(附组织机构图)、人员准备及培训、技术准备及编制《投料试车总体方案》(附投料试车统筹网络图)、物资准备、资金准备、外部条件准备和营销准备。(√)

20. 工艺技术规程侧重于主要规定设备如何操作。(×)

**正确答案：**工艺技术规程侧重于主要规定设备为何如此操作。

21. 岗位操作法应由车间技术人员根据现场实际情况编写，经车间主管审定，并组织有关专家进行审查后，由企业主管批准后执行。(√)

22. 技术改造的过程中竣工验收时应以基础设计为依据。(×)

**正确答案：**技术改造的过程中竣工验收的依据是批准的项目建议书、可行性研究报告、基础设计(初步设计)、有关修改文件及专业验收确认的文件。

23. 技术改造项目正式验收后要按照对技术经济指标进行考核标定，编写运行标定

报告。 （×）

**正确答案：**技术改造项目正式验收前要按照对技术经济指标进行考核标定，编写运行标定报告。

24．培训需求分析是培训方案设计和制定的基础和指南。 （√）

25．案例教学因受到案例数量的限制，并不能满足每个问题都有相应案例的需求。（√）

26．主题是培训教案的灵魂，提纲是教案的血脉，素材是培训教案的血肉。 （√）

27．在培训活动中，学员不仅是学习资料的摄取者，同时也是一种可以开发利用的宝贵的学习资源。 （√）

28．对内容、讲师、方法、材料、设施、场地、报名的程序等方面的评价属于结果层面的评价。 （×）

**正确答案：**对内容、讲师、方法、材料、设施、场地、报名的程序等方面的评价属于反应层面的评价。

## 单选题

1．设备布置图中，用（ B ）线来表示设备安装基础。

A．细实　B．粗实　C．虚　D．点划

2．如图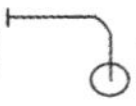为一根管道空间走向的平面图，它的左视图是（ B ）。

A．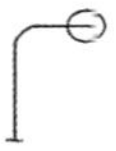　B．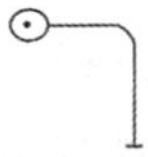　C．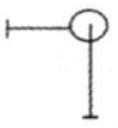　D．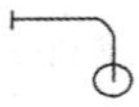

3．在储罐的化工设备图中，储罐的筒体内径尺寸 $\phi$2000 表示的是（ A ）尺寸。

A．特性　B．装配　C．安装　D．总体

4．关于零件图和装配图，下列说法不正确的是（ C ）。

A．零件图表达零件的大小、形状及技术要求

B．装配图是表示装配及其组成部分的连接、装配关系的图样

C．零件图和装配图都用于指导零件的加工制造和检验

D．零件图和装配图都是生产上的重要技术资料

5．在 ISO 9000 族标准中，可以作为质量管理体系审核的依据是（ A ）。

A．GB/T 19001　B．GB/T 19000　C．GB/T 19021　D．GB/T 19011

6．按 ISO 9001：2000 标准建立质量管理体系，鼓励组织采用（ A ）方法。

A．过程　B．管理的系统　C．基于事实的决策　D．全员参与

7．目前，比较流行的数据模型有三种，下列不属于这三种的是（ D ）结构模型。

A．层次　B．网状　C．关系　D．星形

8．在计算机应用软件中 VFP 数据库中浏览数据表的命令是（ A ）。

A．BROWS　B．SET　C．USE　D．APPEND

9．在应用软件 PowerPoint 中演示文稿的后缀名是（ C ）。

A．doc　B．xls　C．ppt　D．ppl

10．在生产过程中，由于操作不当造成原材料、半成品或产品损失的，属于（ A ）事故。

A．生产　B．质量　C．破坏　D．操作

11．对设备进行清洗、润滑、紧固易松动的螺丝、检查零部件的状况，这属于设备的（ C ）保养。

A．一级　B．二级　C．例行　D．三级

12. 分层管理是现场5S管理中( C )常用的方法。

A. 常清洁　B. 常整顿　C. 常组织　D. 常规范

13. 目视管理是现场5S管理中( D )常用的方法。

A. 常组织　B. 常整顿　C. 常自律　D. 常规范

14. 按规定中、小型建设项目应在投料试车正常后( D )内完成竣工验收。

A. 两个月　B. 一年　C. 三个月　D. 半年

15. 下列叙述中，( A )不是岗位操作法中必须包含的部分。

A. 生产原理　B. 事故处理　C. 投、停运方法　D. 运行参数

16. 下列选项中，不属于标准改造项目的是( A )。

A. 重要的技术改造项目　B. 全面检查、清扫、修理

C. 消除设备缺陷，更换易损件　D. 进行定期试验和鉴定

17. 在停车操作阶段不是技师所必须具备的是( D )。

A. 组织完成装置停车吹扫工作

B. 按进度组织完成停车盲板的拆装工作

C. 控制并降低停车过程中物耗、能耗

D. 指导同类型的装置停车检修

18. 下列选项中，属于技术改造的是( C )。

A. 原设计系统的恢复的项目　B. 旧设备更新的项目

C. 工艺系统流程变化的项目　D. 新设备的更新项目

19. 为使培训计划富有成效，一个重要的方法是( A )。

A. 建立集体目标

B. 编成训练班次讲授所需的技术和知识

C. 把关于雇员的作茧自缚情况的主要评价反馈给本人

D. 在实施培训计划后公布成绩

20. 在培训教学中，案例法有利于参加者( D )。

A. 提高创新意识　B. 系统接受新知识

C. 获得感性知识　D. 培养分析解决实际问题能力

21. 课程设计过程的实质性阶段是( C )。

A. 课程规划　B. 课程安排　C. 课程实施　D. 课程评价

22. 正确评估培训效果要坚持一个原则，即培训效果应在( B )中得到检验。

A. 培训过程　B. 实际工作　C. 培训教学　D. 培训评价

## 多选题

1. 设备布置图必须具有的内容是( A，B，D )。

A. 一组视图　B. 尺寸及标注　C. 技术要求　D. 标题栏

2. 在化工设备图中，当控制元件位置与任一直角坐标轴平行时，可用( A，C，D )表示。

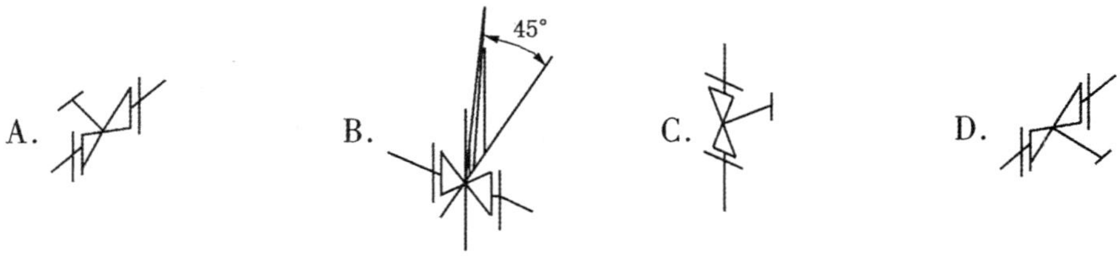

3. 在化工设备图中，可以作为尺寸基准的有( A，B，C，D )。
A. 设备筒体和封头的中心线　　B. 设备筒体和封头时的环焊缝
C. 设备法兰的密封面　　D. 设备支座的底面

4. 在化工设备图中，可以作为尺寸基准的有( A，B，D )。
A. 设备筒体和封头的中心线　　B. 设备筒体和封头时的环焊缝
C. 设备人孔的中心线　　D. 管口的轴线和壳体表面的交线

5. 下列叙述中，不正确的是( A，B，D )。
A. 根据零件加工、测量的要求而选定的基准为工艺基准。从工艺基准出发标注尺寸，能把尺寸标注与零件的加工制造联系起来，使零件便于制造、加工和测量
B. 装配图中，相邻零件的剖面线方向必须相反
C. 零件的每一个方向的定向尺寸一律从该方向主要基准出发标注
D. 零件图和装配图都用于指导零件的加工制造和检验

6. 在 ISO 9000 族标准中，内部质量体系审核的依据是( A，B，C，D )。
A. 合同要素　　B. 质量文件
C. ISO 9000 族标准　　D. 法律、法规要求

7. ISO 9001 标准具有广泛的适用性，适用于( B，D )。
A. 大中型企业　　B. 各种类型规模及所有产品的生产组织
C. 制造业　　D. 各种类型规模及所有产品的服务的组织

8. 在计算机应用软件中 VFP 能用来建立索引的字段是( C，D )字段。
A. 通用型(图文型)　B. 备注(文本型)　C. 日期　D. 逻辑

9. 关于幻灯片的背景，说法不正确的是( A，C，D )。
A. 只有一种背景　B. 可以是图片　C. 不能更改　D. 以上都错

10. 企业在安排产品生产进度计划时，对市场需求量大，而且比较稳定的产品，其全年任务可采取( A，B )。
A. 平均分配的方式　　B. 分期递增方法
C. 抛物线形递增方式　　D. 集中轮番方式

11. 设备的一级维护保养的主要内容是( A，B，C )。
A. 彻底清洗、擦拭外表　　B. 检查设备的内脏
C. 检查油箱油质、油量　　D. 局部解体检查

12. 现场目视管理的基本要求是( A，B，C，D )。
A. 统一　B. 简约　C. 鲜明　D. 实用

13. 在月度生产总结报告中对工艺指标完成情况的分析应包括( A，B，C，D )。
A. 去年同期工艺指标完成情况　　B. 本月工艺指标完成情况
C. 计划本月工艺指标情况　　D. 未达到工艺指标要求的原因

14. 技术论文标题拟订的基本要求是( B，C，D )。
A. 标新立异　B. 简短精练　C. 准确得体　D. 醒目

15. 技术论文摘要的内容有( A，C，D )。
A. 研究的主要内容　　B. 研究的目的和自我评价
C. 获得的基本结论和研究成果　　D. 结论或结果的意义

16. 技术论文的写作要求是( A，B，D )。
A. 选题恰当　B. 主旨突出　C. 叙述全面　D. 语言准确
17. 装置标定报告的目的是( A，B，D )。
A. 进行重大工艺改造前为改造设计提供技术依据
B. 技术改造后考核改造结果，总结经验
C. 完成定期工作
D. 了解装置运行状况，获得一手资料，及时发现问题，有针对性地加以解决
18. 下列选项中，属于竣工验收报告的内容有( A，B，C，D )。
A. 工程设计　B. 竣工决算与审计　C. 环境保护　D. 建设项目综合评价
19. “三级验收”是指( B，C，D )验收。
A. 个人　B. 班组　C. 车间　D. 厂部
20. 在技术改造过程中( A，B，C )的项目应该优先申报。
A. 解决重大安全隐患　B. 生产急需项目
C. 效益明显项目　D. 技术成熟项目
21. 在技术改造方案中( A，C，D )设施应按设计要求与主体工程同时建成使用。
A. 环境保护　B. 交通　C. 消防　D. 劳动安全卫生
22. 技术改造申请书应包括( A，B，C，D )。
A. 项目名称和立项依据　B. 项目内容和改造方案
C. 项目投资预算及进度安排　D. 预计经济效益分析
23. 进行技术革新成果鉴定必要的条件是( A，B，C，D )。
A. 技术革新确实取得了良好的效果
B. 申报单位编制好技术革新成果汇报
C. 确定鉴定小组人员、资格
D. 确定鉴定的时间、地点和参加人员，提供鉴定时所需各种要求
24. 培训方案应包括( A，B，C，D )等内容。
A. 培训目标　B. 培训内容　C. 培训指导者　D. 培训方法
25. 在职工培训活动中，培训的指导者可以是( A，B，C，D )。
A. 组织的领导　B. 具备特殊知识和技能的员工
C. 专业培训人员　D. 学术讲座
26. 在职工培训中，案例教学具有( A，B，C )等优点。
A. 提供了一个系统的思考模式
B. 有利于使受培训者参与企业实际问题的解决
C. 可得到有关管理方面的知识与原则
D. 有利于获得感性知识，加深对所学内容的印象
27. 在职工培训中，讲授法的缺点是( A，B，D )。
A. 讲授内容具有强制性　B. 学习效果易受教师讲授水平的影响
C. 适用的范围有限　D. 没有反馈
28. 培训教案一般包括( A，B，C，D )等内容。
A. 培训目标　B. 教学设计　C. 培训目的　D. 重点、难点

29. 编写培训教案的基本技巧是( A，B，C，D )。

A. 确立培训的主题 B. 构思培训提纲 C. 搜集素材 D. 整理素材

30. 培训项目即将实施之前需做好的准备工作包括( A，B，C，D )。

A. 通知学员 B. 后勤准备 C. 确认时间 D. 准备教材

31. 生产管理或计划部门对培训组织实施的( A，B )是否得当具有发言权。

A. 培训时机的选择 B. 培训目标的确定 C. 培训计划设计 D. 培训过程控制

32. 在评估培训效果时，行为层面的评估，主要包括( B，C，D )等内容。

A. 投资回报率 B. 客户的评价 C. 同事的评价 D. 主管的评价

33. 培训评估的作用主要有( B，D )等几个方面。

A. 提高员工的绩效和有利于实现组织的目标

B. 保证培训活动按照计划进行

C. 有利于提高员工的专业技能

D. 培训执行情况的反馈和培训计划的调整

## 简答题

**1. 在 ISO 9000 族标准中质量体系审核的依据包括哪些内容？**

**答：**①相关的质量保证模式标准(一般是 ISO 9001、9002、9003)；②质量手册或质量管理手册或质量保证手册；③程序文件；④质量计划；⑤合同或协议；⑥有关的法律、法规。

**2. 简述生产过程的基本内容。**

**答：**①生产准备过程；②基本生产过程；③辅助生产过程；④生产服务过程。

**3. 什么是设备检查？设备检查的目的是什么？**

**答：**①设备检查是指对设备的运行状况、工作性能、磨损腐蚀程度等方面进行检查和校验；②设备检查能够及时查明和清除设备隐患，针对发现的问题提出解决的措施，有目的地做好维修前的准备工作，以缩短维修时间，提高维修质量。

**4. 现场管理有哪些具体要求？**

**答：**①组织均衡生产；②实现物流有序化；③设备状况良好；④纪律严明；⑤管理信息准确；⑥环境整洁，文明生产；⑦组织好安全生产，减少各种事故。

**5. 经济指标分析时应注意什么？**

**答：**①指标的准确性。指标的采集汇总必须准确，错误的数据缺乏参照和分析性，甚至产生错误的结论。②指标的可比性。在进行指标分析时通常要在相同运行的状况下进行比较，通常要参照上个月和去年同期的指标。如果运行的状况发生变化要对指标进行相应的修正，否则就失去了指标的可比性。③突出指标分析指导的作用。通过指标分析和对比要找出设备运行中存在的不足和问题，指导有目的地加以优化和改进。

**6. 国家标准技术论文应该包括哪些内容？**

**答：**技术论文应包括题目、作者、摘要、关键词、引言、正文、结论、致谢、参考文献、附录等十个部分。

**7. 通常情况下技术论文的结构是怎样的？**

**答：**在通常情况下技术论文的正文结构应该是按提出问题——分析问题——提供对策来布置的。①要概括情况、阐述背景、说明意义、提出问题。②在分析问题时必须观点明确，既要抓住矛盾的主要方面，又不能忽视次要方面，析因探源，寻求出路。③要概括前文，肯定中心论点，提出工作对策。提供的对策要有针对性和必要的论证。

**8. 技术论文摘要的要求是什么？**

**答：**摘要文字必须十分简练，篇幅大小一般限制字数不超过论文字数的5%。论文摘要不要列举例证，不讲研究过程，不用图表，不给化学结构式，也不要作自我评价。

**9. 简述技术论文的写作步骤。**

**答：**①选题，确定论文的主攻方向和阐述或解决的问题。选题时一般要选择自己感兴趣的和人们关心的“焦点”问题；②搜集材料，要坚持少而精的原则，做到必要、可靠、新颖，同时必须充分；③研究资料，确定论点，选出可供论文作依据的材料，支持论点；④列出详细的提纲，使想法和观点文字化、明晰化、系统化，从而可以确定论文的主调和重点。提纲拟订好后，可以遵循论文写作的规范和通常格式动笔拟初稿。

**10. 在竣工验收报告中关于工程建设应包括哪些内容？**

**答：**①工程建设概况；②工程建设组织及总体统筹计划；③工程进度控制；④工程质量控制；⑤工程安全控制；⑥工程投资控制；⑦未完工程安排；⑧工程建设体会。

**11. 工艺技术规程应包括哪些内容？**

**答：**①总则；②原料、中间产品、产品的物、化性质以及产品单耗；③工艺流程；④生产原理；⑤设备状况及设备规范；⑥操作方法；⑦分析标准；⑧安全计划要求。

**12. 岗位操作法应包括哪些内容？**

**答：**①名称；②岗位职责和权限；③本岗位与上、下游的联系；④设备规范和技术特性，原料产品的物、化性质；⑤开工准备；⑥开工操作步骤；⑦典型状况下投、停运方法和步骤；⑧事故预防、判断及处理；⑨系统流程图；⑩运行参数正常范围和各种试验。

**13. 检修方案应包括哪些内容？**

**答：**①设备运行情况；②检修组织机构；③检修工期；④检修内容；⑤检修进度图；⑥检修的技术要求；⑦检修任务落实情况；⑧安全防范措施；⑨检修备品、备件；⑩检修验收内容和标准。

**14. 在开车准备阶段技师应具备哪些技能要求？**

**答：**①能完成开车流程的确认工作；②能完成开车化工原材料的准备工作；③ 能按进度组织完成开车盲板的拆装操作；④能组织做好装置开车介质的引入工作；⑤能组织完成装置自修项目的验收；⑥能按开车网络图计划要求，组织完成装置吹扫、试漏工作；⑦能参与装置开车条件的确认工作。

**15. 开工方案应包括哪些内容？**

**答：**①开工组织机构；②开工的条件确认；③开工前的准备条件；④开工的步骤及应注意的问题；⑤开工过程中事故预防和处理；⑥开工过程中安全分析及防范措施；⑦附录，重要的参数和控制点、网络图。

**16. 停工方案应包括哪些内容？**

**答：**①设备运行情况；②停工组织机构；③停工的条件确认；④停工前的准备条件；⑤停工的步骤及应注意的问题；⑥停工后的隔绝措施；⑦停工过程中事故预防和处理；⑧停工过程中安全分析及防范措施；⑨附录，重要的参数和控制点。

**17. 技术改造的目的是什么？**

**答：**通过采用新技术、新工艺，解决制约系统安、稳、优生产运行的问题，推动技术进步和技术创新，更好地提高企业经济效益。

**18. 技术改造的前期准备是什么?**

**答:** 通过选题和论证确定技术改造的项目和内容，提出立项申请和改造方案。经领导和专家批准后，进行改造设计和设计审查。改造项目确定后，需及时落实资金，完成设备、材料的采购，落实施工单位，组织设计交底。

**19. 技术改造方案的主要内容是什么?**

**答:** ①项目名称；②项目负责单位；③项目负责人；④建设立项理由和依据，包括原始状况、存在问题和改造依据；⑤改造主要内容，需要写明改造涉及装置设备及详细改造内容；⑥改造技术方案，需写明技术分析、技术要求、方案选择、设备选型及详细的技术方案，并注明动力消耗指标及公用工程配套情况；⑦预计改造效果及经济效益，包括改造后主要经济、技术指标及取得效果；经济效益(附计算式)及技术经济分析；⑧投资计划，包括主要设备材料清单和费用安排(设备询价、材料费用、安装施工费用等)；⑨计划进度安排；⑩安全环保措施。

**20. 技术改造的步骤是什么?**

**答:** ①前期准备，确定技术改造的项目和内容，经领导和专家批准后，进行改造设计和设计审查。改造项目确定后，需及时落实资金，完成设备、材料的采购，落实施工单位，组织设计交底；②实施阶段，根据改造设计的要求，施工单位应在规定工期内保质保量地完成改造的各项内容。在此过程中应对工程进度、工程质量、工程安全、工程投资进行重点控制；③验收阶段，改造项目完成后，应及时组织投用试车，进行性能考核，检验是否达到设计要求，在运行正常后组织进行竣工验收，并填写竣工验收报告；④后评估阶段，在设备稳定运行一段时间后，应组织对技术改造进行后评估，总结技术改造的效果和经验，根据生产运行实际情况提出建议。

**21. 技术革新成果鉴定小组主要程序和主要内容是什么?**

**答:** ①听取申报单位技术革新成果汇报情况；②实地查验技术革新成果完成情况，审阅技术革新成果申报资料；③讨论对技术革新成果验收意见，签署技术革新成果验收证书；④颁发技术革新成果验收证书。

**22. 在技术改造过程中施工管理时应注意什么?**

**答:** ①对改造工程施工全过程应进行组织和管理，及时发现并解决施工存在的问题，严格按照技术检修规程及施工图纸进行施工，确保工程质量和施工进度；②在施工过程中，应加强质量监督并进行实施阶段的设计协调工作，对检查发现的工程质量问题有权责令其停止施工并限期整改；③在施工过程中，应加强对施工现场安全、人身安全的监督，禁止“三违”现象的出现，对不符合要求的有权责令其停止施工并限期整改；④在施工过程中，应加强对施工周围环境的影响的监管，对施工过程中产生的废物要及时妥善处理。

**23. 技术革新成果的主要内容是什么?**

**答:** 技术革新成果的主要内容是：①项目编号、成果名称、完成单位、申报日期、项目负责人、主要完成人、工作起止时间；②系统原始状况和技术难点；③实施报告，包括方案、措施、完成时间、取得成果(附图纸、资料、技术说明)；④社会、经济效益；⑤申报车间审核意见、技术主管部门审核意见、专业评审小组意见和企业主管领导意见。

**24. 培训方案有哪些要素组成?**

**答:** 培训方案主要有培训目标、培训内容、培训指导者、受训者、培训日期和时间、培训场所与设备以及培训方法等要素组成。

**25. 培训需求分析包括哪些内容?**

**答:** 培训需求分析需从多维度来进行，包括组织、工作、个人三个方面；①组织分析指确定组织范围内的培训需求，以保证培训计划符合组织的整体目标与战略要求；②工作分析指员工达到理想的工作绩效所必须掌握的技能和知识；③个人分析是将员工现有的水平与预期未来对员工技能的要求进行比照，发现两者之间是否存在差距。

**26. 什么是培训方案?**

**答:** 培训方案是培训目标、培训内容、培训指导者、受训者、培训日期和时间、培训场所与设备以及培训方法的有机结合。

**27. 什么是演示教学法? 在教学中演示教学法具有哪些优点?**

**答:** 演示法是运用一定的实物和教具，通过实地示范，使受训者明白某种事务是如何完成的。演示法优点为：①有助于激发受训者的学习兴趣；②可利用多种感官，做到看、听、想、问相结合；③有利于获得感性知识，加深对所学内容的印象。

**28. 如何准备教案?**

**答:** 准备教案要从以下几个方面着手：

①做好培训需求分析；②教案的编写：确定教案的核心内容与结构，选择合适的教案模式；③培训方式的选择与应用。

**29. 在培训教学的组织实施与管理的前期准备阶段，主要的工作有哪些?**

**答:** ①确认和通知参加培训的学员；②培训后勤准备；③确认培训时间；④教材的准备；⑤确认理想的讲师。

**30. 培训评估具有什么意义?**

**答:** ①能为决策提供有关培训项目的系统信息，从而做出正确的判断。②可以促进培训管理水平的提升。③可使培训管理资源得到更广泛的推广和共享。

**31. 应从哪些方面评价培训效果?**

**答:** 主要应从以下四个层面评估培训效果的：①反应，即课程刚结束时，了解学员对培训项目的主观感觉；②学习，即学员在知识、技能或态度等方面学到了什么；③行为，即学员的工作行为方式有多大程度的改变；④结果，即通过诸如质量、数量、安全、销售额、成本、利润、投资回报率等可以量度的指标来考查，看最终产生了什么结果。

## 职业通用理论知识试题(《燃料油生产工》)

### 判断题

1. 不同的反应，其化学反应速度是不同的，但对于相同的反应，其化学反应速度是相同的。（×）

**正确答案:** 不同的反应，其化学反应速度是不同的，即使是相同的反应，条件不同时，其化学反应速度也会不相同。

2. 石油馏分的焓值可用查图法或计算法求取，但是，相对而言，在热平衡计算中若采用质量热容则更为准确。（×）

**正确答案:** 石油馏分的质量热容可用查图法或计算法求取，但是，相对而言，在热平衡计算中若采用焓值则相对更为准确。

3. 就不同族的烃类而言，当相对分子质量接近时，芳香烃的质量热容最大，环烷烃的

次之，烷烃的最小。（×）

**正确答案：**就不同族的烃类而言，当相对分子质量接近时，烷烃的质量热容最大，环烷烃的次之，芳香烃的最小。

4. 石油气体的黏度是随着温度的升高而减少的。（×）

**正确答案：**与液体相反，石油气体的黏度是随着温度的升高而增大的。

5. 要提高换热器的总传热系数 $K$，就必须减少各项热阻。（√）

6. 加修正值法是消除误差的方法之一，它预先将测量器具的系统误差检定出来，然后取与此误差绝对值相等符号相反的值作为修正值，将实际测得值加上相应的修正值即可得到不包括系统误差的测量结果。（√）

7. 离心泵的 $N-Q$(轴功率与流量)曲线为二次抛物线，单调上升段表明流量增大时，扬程虽下降，但轴功率仍增大，单调下降段表明流量增大时，扬程急剧下降，轴功率下降。（√）

8. 故障诊断技术就是不需要对设备进行解体，而对设备的应力、劣化、故障、强度、功能等进行定量评价的一种方法。（√）

9. 转子发生油膜振荡的原因是轴承间隙减小。（×）

**正确答案：**转子发生油膜振荡的主要原因有轴承稳定性差、轴承严重磨损、润滑油黏度或压力不符合要求、转子不平衡。

10. 检查校验安全附件是塔检修的内容之一。（√）

11. 检查修理塔体和内衬的腐蚀、变形和各部焊缝都不是塔检修的内容。（×）

**正确答案：**检查修理塔体和内衬的腐蚀、变形和各部焊缝都是塔检修的内容之一。

12. 管束焊口、胀口处理及单管更换不是换热器检修的内容。（×）

**正确答案：**管束焊口、胀口处理及单管更换是换热器检修的内容之一。

13. 更换管束或壳体是换热器检修的内容之一。（√）

14. 固有可靠性是设备在设计、制造之后所具有的可靠性。（√）

15. 冲击腐蚀是流体的冲击与腐蚀介质同时作用的结果。（×）

**正确答案：**冲击腐蚀是流体的湍流和冲击与腐蚀介质同时作用的结果。

16. 由于绝大多数的设备是在大气条件下操作，因而都要受到大气的腐蚀。（√）

17. 蒸汽锅炉不是特种设备。（×）

**正确答案：**蒸汽锅炉是特种设备。

18. 根据欧姆定律，当电阻是常数时，则流经该电阻的电流越大，该电阻两端的电压就越低。（×）

**正确答案：**根据欧姆定律，当电阻是常数时，则流经该电阻的电流越大，该电阻两端的电压就越高。

19. 闭合导体在磁场中运动产生电流的现象就是电磁感应现象。（√）

20. 同步电动机是依据异性磁极相吸的原理，由旋转磁极吸引转子磁极并带动转子同步运转的。（√）

21. 单相电气设备的额定视在功率是额定电压和额定电流的乘积。（√）

22. 星型联接时，线电压等于相电压。（×）

**正确答案：**星型联接时，线电压不等于相电压。

23. ESD 系统和 DCS 系统之间可以任意互相操作。（×）

**正确答案：** ESD系统和DCS系统之间不可以任意互相操作。

24. PLC系统是以扫描方式循环、连续、顺序地逐条执行程序。 (√)

## 单选题

1. 可逆反应 $2NO_2 \rightleftharpoons N_2O_4 + Q$，50℃时平衡常数 $K_1$，0℃时平衡常数 $K_2$，100℃时平衡常数 $K_3$，则 $K_1$，$K_2$，$K_3$ 之间的数量关系是( D )。

A. $K_1 < K_2 < K_3$　B. $K_1 = K_2 = K_3$　C. $K_3 > K_2 > K_1$　D. $K_2 > K_1 > K_3$

2. 机械密封使用在液态烃离心泵中因工艺和操作造成失效的主要原因有( C )。

A. 未使用外冲洗液　B. 安装尺寸误差

C. 泵抽空　D. 辅助密封圈切断

3. 不是塔检修的内容是( A )。

A. 清扫管束和壳体

B. 检查修理塔体和内衬的腐蚀、变形和各部焊缝

C. 检查修理或更换塔盘板和鼓泡元件

D. 检查校验安全附件

4. 不属于换热器检修内容的是( D )。

A. 清扫管束和壳体

B. 管束焊口、胀口处理及单管更换

C. 检查修复管箱、前后盖、大小浮头、接管及其密封面，更换垫片并试压

D. 检查修理或更换塔内构件

5. 应力腐蚀是指腐蚀介质和( A )同时作用下的腐蚀。

A. 拉应力　B. 交变应力　C. 机械应力　D. 压应力

6. 不是石油化工生产装置中使用的特种设备有( D )。

A. 锅炉　B. 压力容器　C. 压力管道　D. 离心泵

7. 下列属于电磁感应现象的是( D )。

A. 通电导体周围产生磁场

B. 磁场对感应电流发生作用，阻碍导体运动

C. 由于导体自身电流发生变化，导体周围磁场发生变化

D. 穿过闭合线圈的磁感应线条数发生变化，一定能产生感应电流

8. SOE是( C )的简称。

A. 紧急停车系统　B. 分散控制系统

C. 事件顺序记录　D. 可编程控制系统

9. 三冲量控制实际上是( C )系统。

A. 分程控制　B. 比值控制

C. 前馈加反馈控制　D. 选择控制

10. 下列控制方案不属于先进控制的有( B )。

A. 自适应控制　B. 超驰控制

C. 预测控制　D. 神经元网络控制

11. PLC系统是( D )的简称。

A. 紧急停车系统　B. 分散控制系统

C. 事件顺序记录　　　　　　　　D. 可编程控制器

12. 用经验凑试法整定 PID 参数，在整定中观察到曲线最大偏差大且趋于非周期过程，需要把比例度( B )。

A. 增大　　　　B. 减小　　　　C. 增加到最大　　　　D. 减小到最小

## 多选题

1. 当某密闭容器中建立了化学平衡 $SO_2 + NO_2 \rightleftharpoons SO_3 + NO$ 后，若往容器中通入少量氧气时，将会发生的变化是( A，D )。

A. 化学平衡向正反应方向移动

B. 化学平衡向逆反应方向移动

C. 化学平衡不移动

D. 容器内反应速度加快(正、逆速度均加快)

2. 在 2 升的密闭容器中进行反应：$N_2$(气) + $3H_2$(气)$\rightleftharpoons$$2NH_3$(气)，30s 内有 0.6mol 氨生成，正确表示这 30s 内的反应速度的是( A，B，C )。

A. $V_{N_2} = 0.005mol/(L·s)$　　　　B. $V_{H_2} = 0.015mol/(L·s)$

C. $V_{NH_3} = 0.01mol/(L·s)$　　　　D. $V_{NH_3} = 0.02mol/(L·s)$

3. 液相石油馏分的质量定压热容，可以根据其( A，B，D )从有关的图表中查得。

A. 温度　　　　B. 相对密度　　　　C. 临界压力　　　　D. 特性因数

4. 换热器的总传热系数 $K$ 的大小与下列( A，B，C，D )因素有关。

A. 流体的物性　　　　B. 换热器类型　　　　C. 操作条件　　　　D. 污垢层厚度

5. 消除误差的方法是( A，B，C，D )。

A. 消除误差源　　　　B. 加修正值法　　　　C. 替代法　　　　D. 抵消法

6. 离心泵的 $H-Q$(扬程与流量)曲线有( A，B，C )曲线。

A. 单调下降形扬程　　　　B. 平坦形扬程

C. 驼峰形扬程　　　　D. 单调上升形扬程

7. 离心泵的总效率包括( A，B，C )。

A. 水力效率　　　　B. 机械效率　　　　C. 容积效率　　　　D. 密封效率

8. 转子发生工频振动的原因有( A，C，D )。

A. 转子不平衡　　　　B. 油膜振荡　　　　C. 轴承无紧力　　　　D. 对中不良

9. 机械密封材料选择不当造成失效的主要原因有( A，B，C )。

A. 密封面材料配合不当　　　　B. 耐压性能差

C. 耐蚀性能差　　　　D. 耐振性能差

10. 机械密封因装配原因造成失效的主要原因有( A，B，C )。

A. 弹簧压缩量过大或过小　　　　B. 辅助密封圈装配时切断

C. 动环机构传动销未固紧　　　　D. 密封腔与轴偏心

11. 离心泵大修的内容有( A，B，C，D )。

A. 包括小修内容　　　　B. 泵全解体

C. 检查转子跳动值　　　　D. 检查机械密封压缩量

12. 离心泵大修的内容有( A，B，C，D )。

A. 包括小修内容　　　　B. 泵全解体

C. 检查转子轴颈磨损　　D. 检查机械密封动静环磨损状况

13. 离心压缩机大修后试运的要求有( B，C，D )。

A. 压缩机机械试运　　B. 工艺气体试运

C. 空气或氮气试运　　D. 透平或电机试运

14. 可靠性的特性值主要有：( A，B，C，D )等。

A. 可靠度　　B. 不可靠度

C. 故障率　　D. 平均故障间隔期和平均寿命

15. 常用的腐蚀调查方法有( A，B，C，D )。

A. 资料收集(包括内窥镜)　　B. 测厚

C. 金相检查　　D. MT/PT/UT/RT

16. 常温下，碳钢在( A，B，C )的作用下会产生应力腐蚀开裂，在器壁内部形成鼓包。

A. 硫化氢　　B. 水　　C. 拉应力　　D. 交变应力

17. 下述公式中，属于欧姆定律的公式是( A，B )。

A. $U=IR$　　B. $I=\frac{U}{R}$　　C. $I=UR$　　D. $R=UI$

18. 关于电功率的概念，以下说法错误的是( C，D )。

A. 电功率是描述电流所做的功

B. 电功率是描述电能转化为导体内能的能力

C. 电功率是描述电流做功快慢的物理量

D. 电功率是描述电能转化为其他能量功率的物理量

19. 三相交流电路，相电压与线电压，相电流与线电流的关系，下列说法正确的是( B，C )。

A. 在Δ形联接时，负载上的线电流等于相电流

B. 在Δ形联接时，负载上的线电压等于相电压

C. 在Y形联接时，负载上的线电流等于相电流

D. 在Y形联接时，负载上的线电压等于相电压

20. 下面说法正确的是( B，C，D )。

A. 故障安全是指 ESD 系统发生故障时，装置不会停车

B. 故障安全是指 ESD 系统发生故障时，不会影响装置的安全运行

C. 冗余系统是指并行地使用多个系统部件，以提供错误检测和错误校正能力

D. 表决是指冗余系统中用多数原则将每个支路的数据进行比较和修正的一种机理

21. 锅炉汽包三冲量液位控制系统和单冲量、双冲量对比可以( B，C )。

A. 克服纯滞后　　B. 克服虚假水位

C. 克服给水干扰　　D. 克服蒸汽扰动

22. 下列选项中属于 PLC 系统中的硬件组成的有( A，B，C )。

A. 中央控制单元　　B. 存储器　　C. 输入输出单元　　D. 编程器

## 简答题

**1. 在 $N_2+3H_2 \rightleftharpoons 2NH_3+$ 热的平衡体系中，改变什么条件，能使反应速度增大且氨的产率增大？**

**答：**增大氮气或氢气的浓度，使反应速度增大，并使平衡向正反应方向移动，提高合成

氨的产率；加压使气态物质浓度增大，化学反应速度加大，加压使平衡向减小气体物质的量方向移动，即向正反应方向移动，提高合成氨的产率。

**2. 判断和计算($T_r \leqslant 0.8$，$P_r \leqslant 1.0$)液相石油馏分的焓值的步骤都有哪些?**

**答：**一般有如下步骤：

第一，用所得的数据求取石油馏分的假临界温度和假临界压力；

第二，求取石油馏分的偏心因子；

第三，计算其对比温度和对比压力；若该石油馏分处于气相状态，或虽然处于液相但其 $T_r \geqslant 0.8$，$P_r \geqslant 1.0$，则用别的方法步骤；

第四，用有关公式计算石油馏分液相的焓值。

**3. 如何提高换热器的总传热系数 $K$?**

**答：**要提高 $K$ 值，就必须减少各项热阻，减少热阻的方法有：①增加湍流程度，可减少层流边界层厚度；②防止结垢和及时清除垢层，以减少垢层热阻。

**4. 简述塔检修的主要内容。**

**答：**塔检修的内容包括：清扫塔内壁和塔盘等内件。检查修理塔体和内衬的腐蚀、变形和各部焊缝。检查修理或更换塔盘板和鼓泡元件。检查修理或更换塔内构件。检查修理破沫网、集油箱、喷淋装置和除沫器等部件。检查校验安全附件。检查修理塔基础裂纹、破损、倾斜和下沉。检查修理塔体油漆和保温。

**5. 离心压缩机大修主要验收标准是什么?**

**答：**①检修现场清扫干净。②水、电、风投用正常。③油系统、油箱清扫干净，油系统油运合格。④压缩机与驱动机同心度找正符合标准。⑤转子与隔板同心度符合标准。⑥轴承间隙和紧力符合标准。⑦电器、仪表联锁调试合格。⑧电机电阻测试合格/透平调速系统调试合格。⑨驱动机单机试运 8 小时合格。⑩压缩机试运 48h 合格。⑪机械密封/浮环密封装配合格，工作正常。⑫ 建立检修技术资料档案并归档。

**6. 简述塔检修的验收标准。**

**答：**塔检修的验收标准如下：试运行一周，各项指标达到技术要求或能满足生产需要。设备达到完好标准。提交下列技术资料。a. 设计变更及材料代用通知单、材质、零部件合格证。b. 隐蔽工程记录和封闭记录。c. 检修记录。d. 焊缝质量检验(包括外观、无损探伤等)报告。e. 试验记录。

**7. 何谓可靠度?**

**答：**所谓可靠度，是指设备、零部件等在规定的条件下和规定的时间内，完成规定功能的概率。通常用符合 $R(t)$表示。

**8. 热交换器腐蚀调查的常用方法有哪些?**

**答：**热交换器腐蚀调查的常用方法有：目视检查(内窥镜)；锤击检查；测厚；局部凹坑测量深度；内外径测量；MT、PT、UT、RT 检查；管内充水探头；有损检查(取样)；金相检查、气密性或水压试验。

**9. 配管腐蚀调查的常用方法有哪些?**

**答：**配管腐蚀调查的常用方法有：测厚；目视检查(内窥镜检查)；PT、MT、UT、RT 检查；硬度检查；金相检查；蠕变变形检查。

**10. 何谓应力腐蚀开裂？**

**答：** 拉伸应力和腐蚀介质同时作用下的腐蚀，叫做应力腐蚀开裂，大部分的合金容易出现这种腐蚀。但是，某一种合金，只有在一定的介质中才产生应力腐蚀开裂。

**11. 何谓腐蚀疲劳？**

**答：** 腐蚀疲劳是应力腐蚀开裂的特殊形式之一。在腐蚀介质和周期性交变应力的相互作用下导致金属材料的疲劳极限大大降低，因而过早地破裂。

**12. 简述在《特种设备安全监察条例》中压力容器的含义。**

**答：** 压力容器，是指盛装气体或者液体，承载一定压力的密闭设备，其范围规定为最高工作压力大于或者等于 0.1MPa(表压)，且压力与容积的乘积大于或者等于 2.5MPa·L 气体、液化气体和最高工作温度高于或者等于标准沸点的液体的固定式容器和移动式容器；盛装公称工作压力大于或者等于 0.2MPa(表压)且压力与容积的乘积大于或者等于 1.0MPa·L 的气体、液化气体和标准沸点等于或者低于 60℃液体的气瓶；氧舱等。

**13. 简述在《特种设备安全监察条例》中压力管道的含义。**

**答：** 压力管道，是指利用一定的压力，用于输送气体或者液体的管状设备，其范围规定为最高工作压力大于或者等于 0.1MPa(表压)的气体、液化气体、蒸汽介质或者可燃、易爆、有毒、有腐蚀性、最高工作温度高于或者等于标准沸点的液体介质 ，且公称直径大于 25mm 的管道。

**14. 根据下图，简述欧姆定律的作用。**

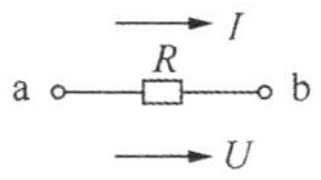


**答：** 在图中 a、b 两端间接有电阻 $R$，$R$ 上的电压 $U$ 和电流 $I$ 的方向如图所示，欧姆定律的作用是阐明了电阻上电流与电压的关系，其数学表达式为：$U = IR$

**15. 请阐述同步电动机的启动过程。**

**答：** 同步电动机定子上通入三相交流电后形成定子旋转磁场，定子旋转磁场在转子上感应电流后使转子异步启动。当转子启动后转子转速接近定子旋转磁场转速时通入直流电，使同步电动机的转子拉入同步运行。

**16. 什么叫做功率因数？提高功率因数有什么意义？**

**答：** 有功功率与视在功率的比值称为功率因数 $\cos\phi = P/S$。提高功率因数，可降低电源负担，减少线路损耗，对国民经济有重大意义。

**17. 什么叫对称三相负载？**

**答：** 如果各相负载相同，即它们的复数阻抗相等，$Z_A = Z_B = Z_C$，其中，$R_A = R_B = R_C$ 和 $X_A = X_B = X_C$，这种三相负载叫做对称三相负载，如三相电动机就属三相对称负载。

**18. 锅炉汽包三冲量液位控制系统的特点是什么？**

**答：** ①锅炉汽包三冲量液位控制系统是在双冲量液位控制的基础上引入了给水量信号，由水位、蒸汽流量和给水流量组成了三冲量液位控制系统。②在这个系统中，汽包水位是被控变量，是主冲量信号，蒸汽流量、给水流量是两个辅助冲量信号，实质上三冲量系统控制系统是前馈加反馈控制系统。

**19．最有代表性的预测控制算法是什么？**

**答：**①预测控制系统实质上是指预测控制算法在工业过程控制上的成功应用。预测控制算法是一类特定的计算机控制算法的总称；②最有代表性的预测控制算法，是一种基于模型的预测控制算法，这种算法的基本思想是先预测后控制，即首先利用模型预测对象未来的输出状态，然后据此以某种优化指标来计算出当前应施加于过程的控制作用。

## 计算题

1．将 $N_2$ 和 $H_2$ 按一定比例混合，反应达到平衡状态后，测得 $NH_3$ 占 26%。求：平衡时混和气体的体积是开始时混合气体体积的百分之几？（假设压强不变）

**解：**设 $N_2$ 和 $H_2$ 按 $1:x$ 摩尔比混合后放入反应器，反应后 $NH_3$ 有 $y$ 摩尔。则

| | $N_2$ + | $3H_2$ $\rightleftharpoons$ | $2NH_3$ |
|---|---|---|---|
| 反应前(mol)： | 1 | $x$ | $y$ |
| 反应时(mol)： | $-\frac{y}{2}$ | $-\frac{3y}{2}$ | $+y$ |
| 平衡时(mol)： | $1-\frac{y}{2}$ | $x-\frac{3y}{2}$ | $y \Rightarrow$ 总量 $=1+x-y$ |

已知 $y:(1+x-y)=26:100$

即

$$y=\frac{26(1+x)}{126}$$

$$V_{平衡时}:V_{初始}=(1+x-y):(1+x)$$

$$=\left(1+x-\frac{26(1+x)}{126}\right):(1+x)$$

$$=\left(1-\frac{26}{126}\right)=100:126\approx 79.36\%$$

**答：**平衡时混合气体的体积是开始时混合气体体积的 79.36%。

2．在列管换热器中，两流体进行换热。若已知管内、外流体的平均温度分别为 170℃和 135℃；管内、外流体的对流传热系数分别为 12000W/(m²·℃)及 1100W/(m²·℃)，管内、外侧污垢热阻分别为 0.0002 及 0.0005m²·℃/W。试估算管壁平均温度。（假设管壁热传导热阻可以忽略）

**解：**管壁的平均温度由下列式子进行计算

$$\frac{t_0-t_w}{\frac{1}{\alpha_0}+R_{so}}=\frac{t_w-t_i}{\frac{1}{\alpha_i}+R_{si}}$$

$$\frac{135-t_w}{\frac{1}{1100}+0.0005}=\frac{t_w-170}{\frac{1}{12000}+0.0002}$$

$$t_w=164℃$$

**答：**管壁平均温度是 164℃。

3．用一常压操作的连续精馏塔，分离含苯 0.44（摩尔分率，以下同）的苯－甲苯混合液 15000/h，塔顶馏出液中含苯为 0.975，塔底釜残液含苯 0.235。试求馏出液和釜残液的流量，以摩尔流量表示。（苯相对分子质量 78，甲苯相对分子质量 92）

**解**：原料液的相对分子质量 $M_F=0.44\times78+0.56\times92=85.8$

原料液流量：　　　　$F=15000/85.8=175.0\text{kmol/h}$

全塔物料衡算：　　　　$D+W=F=175$

$$D\chi_D+W\chi_W=F\chi_F$$

或　　　　$0.975D+0.0235W=175\times0.44$

求得 $D=76.7\text{kmol/h}$　$W=98.3\text{kmol/h}$

**答**：$D=76.7\text{kmol/h}$　$W=98.3\ \text{kmol/h}$。

4. 某台柴油离心泵的扬程为 68m，流量为 $180\text{m}^3/\text{h}$，柴油密度为 $860\text{kg/m}^3$，效率为 73%，试求该台柴油离心泵的轴功率？

**解**：已知 $H=68\text{m}$，$Q=180\text{m}^3/\text{h}=0.5\text{m}^3/\text{s}$，$\rho=860\text{kg/m}^3$，$\eta^{mec}=73\%$，求 $N$。

根据离心泵的轴功率公式：

(1) 求水力功率：$N^i=(\rho)/102=(860\times68\times0.5)/102=286\text{kW}$

(2) 求轴功率 $N$：$N=N^i/\eta^{mec}=393\text{kW}$

**答**：该台柴油离心泵的轴功率为 393kW

5. 某台离心泵，其吸入口径为 0.1m，排出管口径为 0.075m，流量为 $0.025\ \text{m}^3/\text{s}$，出口压力表读数为 0.33MPa(表压)，进口真空表读数为 0.04MPa，两表位差为 $0.8\text{mH}_2\text{O}$，输送介质为水。电机出力功率为 12.5kW，电机效率 0.95，大气压力为 0.1MPa，泵与电机直联，问此泵的扬程为多少？

**解**：已知 $D=0.1\text{m}$，$\rho=1000\text{kg/m}^3$，$\eta'=0.95$，$N'=12.5\text{kW}$

$P_s=(0.1-0.04)=0.06\text{MPa}$，$P_d=(0.33+0.1)=0.43\text{MPa}$

$Z=0.8\text{mH}_2\text{O}$，$D=0.075\text{m}$，$Q=0.025\text{m}^3/\text{s}$

根据离心泵液体能量平衡式得：

$$\begin{aligned}H&=\Delta Z+(P_d-P_s)/\rho g+(C_d^2-C_s^2)/2g\\&=0.8+[(4.3-0.6)\times105]/(1000\times9.81)+\\&\quad[(0.025\times4/3.14\times0.075^2)^2-(0.025\times4/3.14\times0.1^2)^2]/(2\times9.81)\\&=40.163\ \text{mH}_2\text{O}\end{aligned}$$

**答**：该台离心泵的扬程为 $40.163\ \text{mH}_2\text{O}$。

6. 某换热器壳程最高工作压力为 0.8MPa，操作温度下材料的许用压力为 $[\sigma]_{200}=116\text{MPa}$，试验温度下材料的许用应力为 $[\sigma]=133\text{MPa}$。求气压试压值。

**解**：　　　　$[\sigma]/[\sigma]_{200}=133/116\approx1.15$

$PT=1.15\times0.8\times1.15=1.06\text{MPa}$

$PT=0.8+0.1=0.9\text{MPa}$

取大值　　　　$PT=1.06\text{MPa}$

**答**：该换热器的气压试验压力值为 1.06MPa。

7. 有 1000 只电灯泡，点燃到 200h 后，有 800 只仍在使用，求该种电灯泡的可靠度。

**解**：　　　　$R(t)=(800/1000)\times100\%=80\%$

**答**：该种电灯泡的可靠度为 80%。

8. 已知一直线导体以每秒 10m 的速度在 1 特斯拉的匀强磁场中运动，直线导体的长度为 1m，其运动方向跟导体垂直，又跟磁感线方向垂直，则直线导体感应电动势 $E=?$

**解**：

$$E = BLV = 1 \times 1 \times 10 = 10\text{V}$$

**答**：导体感应的电动势 $E = 10$ V。

9. 某串级控制系统采用两步整定法整定调节器参数，测得 4:1 衰减过程得参数为 $\delta_{1S} = 8\%$，$T_{1S} = 100\text{s}$；$\delta_{2S} = 40\%$，$T_{2S} = 10\text{s}$。若已知主调节器选用 PID 规律，副调节器选用 $P$ 规律，试求主、副调节器的参数值为多少？

**解**：按简单控制系统中 4:1 衰减曲线法整定参数的计算表，可计算出主调节器的参数值为 $\delta_1 = 0.8 \times \delta_{1S} = 0.8 \times 8\% = 6.4\%$；$T_{\text{I}1} = 0.3 \times T_{1S} = 0.3 \times 100\text{s} = 30\text{s}$；$T_{\text{II}1} = 0.1 \times T_{1S} = 0.1 \times 100\text{s} = 10\text{s}$；副调节器的参数值为 $\delta_2 = \delta_{2S} = 40\%$。

**答**：主、副调节器参数值分别为 6.4%和 40%。

## 工种理论知识试题

### 判断题

1. 所有加热炉烘炉时，均需经历三个恒温阶段。（√）

2. 在催化重整装置开车准备工作中，要制定一份详细的开车方案，主要包括：人员组织、开车基本步骤、基本工艺参数及调节方式、化验分析项目频次、安全注意事项等。（√）

3. 现代重整发展趋势是连续重整工艺必将取代半再生重整工艺。（×）

**正确答案**：连续重整工艺不会取代半再生重整工艺。

4. 催化重整装置开工前只需准备需装填的催化剂、瓷球即可，其他化工料可以在开工后逐步配齐。（×）

**正确答案**：重整装置开工前需准备需装填的催化剂、瓷球、二甲基二硫醚、二氯乙烷、乙醇等等。

5. 预加氢催化剂装填工作的好坏与预加氢反应深度之间没有什么必然的联系。（×）

**正确答案**：预加氢催化剂装填工作与加氢反应深度之间有联系，催化剂装填的均匀性，装填密度，级配分配，内件安装等均影响日后的加氢反应深度。

6. 麦格纳重整工艺就是两段混氢式催化重整工艺。（√）

7. 第一代 IFP 连续重整再生工艺中，为了保证再生催化剂的氯化效果，而在再生气回路中设置了注水系统。（√）

8. 第二代 IFP 连续重整的再生器的结构是轴向的。（×）

**正确答案**：第二代 IFP 连续重整的再生器的结构是径向的。

9. 第一代 IFP 连续重整的反应器是并列式的径向反应器。（√）

10. 第一代 UOP 连续重整再生工艺中，再生催化剂的还原过程采用的是两段还原。（×）

**正确答案**：第一代 UOP 连续重整再生工艺中，再生催化剂的还原过程采用的是一段还原。

11. 第二代 UOP 连续重整再生工艺提高了再生器的操作压力，从而增加了催化剂的再生苛刻度。（×）

**正确答案**：第二代 UOP 连续重整再生工艺提高了再生器的操作压力，从而降低了催化剂的再生苛刻度。

12. 第三代 UOP 连续重整再生工艺(CyclemAx)催化剂还原采用的是一段还原方式。（×）

**正确答案**：第三代 UOP 连续重整再生工艺(CyclemAx)催化剂还原采用的是两段还原方式。

13. 第一代 UOP 连续重整催化剂再生循环周期大约为 7 天左右。（√）

14.“逆流”移动床连续重整工艺中再生催化剂的输送方向是四反、三反、二反、一反。 (√)

15. 低压组合床重整工艺的特点，是前部反应器采用移动床而后部反应器采用固定床。 (×)

**正确答案：** 低压组合床重整工艺的特点，是前部反应器采用固定床而后部反应器采用移动床。

16. 预加氢使用器外预硫化催化剂开工时，催化剂装填后预加氢系统即可直接开工进料。 (×)

**正确答案：** 预加氢使用器外预硫化催化剂开工时，催化剂装入反应器后需进一步处理使之完全硫化，以使催化剂活性达到最佳。

17. 预加氢器外预硫化催化剂活化引氢气时，须严格控制新氢中存在 CO 或 $CO_2$ 含量，因为这些化合物会竞争吸附在催化剂活性中心上，从而影响催化剂的活性。 (√)

18. 预加氢催化剂硫化方案中，需注明采用何种方式硫化。 (√)

19. 催化重整装置按火灾的危险性分类，应属于甲类。 (√)

20. 制备重整催化剂时，其焙烧环节应在氢气气氛下进行。 (×)

**正确答案：** 制备重整催化剂时，其焙烧环节应在空气气氛或高氧氮气气氛下进行。

21. 重整装置生产高辛烷值汽油时，精制油初馏点可以适当提高。 (√)

22. 重整反应进料切取合适的馏分对提高重整芳烃产率，延长重整催化剂寿命都是非常有利的。 (√)

23. 从分馏塔塔顶和塔底产品馏程的迭加度，我们可以判断出该分馏塔分馏效果的好坏。 (√)

24. 重整原料的芳烃潜含量增加，会导致预加氢反应器床层温升下降。 (×)

**正确答案：** 原料芳烃潜含量增加，不会导致预加氢反应器床层温升下降。

25. 在进行预加氢催化剂性能比较时，应在操作条件和原料性质相同时进行比较。 (√)

26. 重整汽油液收、辛烷值及芳烃转化率高，说明重整催化剂的性能好。 (√)

27. 某催化重整装置循环氢中 $C_3/C_1$ 分子比为 0.3，可以由此判断重整反应系统偏干。 (×)

**正确答案：** 某催化重整装置循环氢中 $C_3/C_1$ 分子比为 0.3，由此判断重整反应系统偏湿。

28. 过剩空气系数的大小是衡量加热炉热效率高低的重要标志。 (√)

29. 氢脆与高温氢腐蚀特性不同，氢脆是可逆的，在一定条件下钢材的力学性能可以得到恢复。 (√)

30. 反应温度和压力越高，发生氢腐蚀的速率越快。 (√)

31. 高温氢腐蚀与氢脆的特性相同，在一定条件下钢材的力学性能可以得到恢复。 (×)

**正确答案：** 高温氢腐蚀与氢脆的特性不同，高温氢腐蚀损伤后钢材的力学性不能恢复。

32. 硫化氢单独存在相比硫化氢和氢共存条件，对设备的腐蚀更剧烈。 (×)

**正确答案：** 硫化氢和氢共存条件下比硫化氢单独存在时，对设备的腐蚀更剧烈。

33. 高温 $H_2S$ 腐蚀为均匀腐蚀。 (√)

34. 对于重整石蜡基原料，环烷脱氢的任务小，烷烃脱氢环化的任务较重，重整各反温度宜采取递升式操作。 (√)

35. 重整反应系统在紧急停车处理过程中，要防止不合格精制油及硫化氢窜入反应

系统。 (√)

36. 在其他参数均不变的条件下，重整催化剂积炭量越大，烧焦时间越短。 (×)

**正确答案：**在其他参数均不变的条件下，重整催化剂积炭量越大，烧焦时间越短。

37. 重整催化剂的烧焦压力越高，烧焦反应速率就越快。 (√)

38. 预加氢催化剂的烧焦，是通过出口温度来控制催化剂床层温度的。 (×)

**正确答案：**预加氢催化剂的烧焦，是通过控制通入的空气流量来控制床层温度的。

39. 硫化亚铁钝化的目的，是为了减缓设备腐蚀。 (×)

**正确答案：**硫化亚铁钝化的目的，是为了防止硫化亚铁与空气接触发生自燃。

40. 废重整催化剂的活性已经很低，并且含有大量重金属，最好是深埋处理。 (×)

**正确答案：**废重整催化剂的活性已经很低，但含有大量贵金属，最好是回收利用。

41. 在反动式蒸汽轮机中，动叶片仅受到喷嘴出口高速汽流的冲动力作功。 (×)

**正确答案：**在反动式蒸汽轮机中，动叶片不仅受到喷嘴出口高速汽流的冲动力作功，而且还受到蒸汽离开动叶片的反作用力作功。

42. 压力容器安装或组焊的质量峻工验收资料，应由施工单位提供给使用单位，并归入容器档案之中。 (√)

43. 板式换热器与板框式换热器相似，主要由传热片、垫片和压紧装置三部分组成。 (√)

44. 双壳程换热器是由两台换热器串联而成的。 (×)

**正确答案：**双壳程换热器是在壳体内用挡板，使流体分两次通过壳体空间。

45. 蒸汽透平的调速系统主要由调速器、滑阀、伺服马达油控制器和手动三通组成。 (×)

**正确答案：**蒸汽透平的调速系统主要由调速器、滑阀、伺服马达油控制器和串行组合阀组成。

46. 蒸汽透平危急保安机构系统触发后，透平转速降至零时，解扣螺栓才能复位。 (×)

**正确答案：**蒸汽透平危急保安机构系统触发后，透平转速降至设计值的65%时，解扣螺栓才能复位。

47. 蒸汽透平的排汽温度越低，越有利于透平的运转。 (×)

**正确答案：**蒸汽透平的排汽温度太低，会使叶轮背部冷凝积水而损坏叶轮。

48. 迷宫密封的原理就是基于工艺气体在通过环形孔时体积不断膨胀而压力降低，从而只需少量密封气即可密封住工艺气。 (√)

49. 凝汽汽轮机驱动的离心压缩机组辅助系统主要包括润滑系统、密封系统、调节系统和干燥系统。 (×)

**正确答案：**离心压缩机组辅助系统主要包括润滑系统、密封系统、调节系统和复水系统。

50. 在一定热负荷下，如果炉管表面热强度越低，则所需炉管越多，炉子体积越大，投资增加，因而尽可能提高炉管的表面热强度。 (√)

51. 螺杆压缩机中具有凸齿的转子称为阳螺杆，具有凹齿的转子称为阴螺杆。 (√)

52. 机泵安装验收时应注意检查机泵中心线、水平度的测量与调整符合安装要求。 (√)

53. 汽轮机的转速不能调节，启动后便以最大转速运转。 (×)

**正确答案：**汽轮机具有调速装置，其转速可在一定范围内变动，增加了调节手段和操作的灵活性。

54. 按合金钢的分类表示方法，Q235A 中的“235”表示最高屈服强度值。（×）

**正确答案：** Q235A 中“235”表示最低屈服强度值。

55. 奥氏体不锈钢有较好的防腐蚀性，因此在使用时不必考虑介质对它的腐蚀。（×）

**正确答案：** 奥氏体不锈钢有较好的防腐蚀性，但有些介质对它仍有腐蚀性。

56. 氧化锆分析仪是利用氧化锆在低温时传导气体中的氧离子来测定氧含量的。（×）

**正确答案：** 氧化锆分析仪是利用氧化锆在高温时传导气体中的氧离子来测定氧含量的。

57. 汽轮机在低速暖机前要疏水，防止造成叶片冲蚀。（√）

58. 在压缩机润滑油冲洗过程中，油温要有适度变化，使附着于管内的铁锈及其他杂质，更易被冲洗带走。（√）

59. 汽轮机蒸汽系统打靶使用的蒸汽量应小于额定蒸汽用量。（×）

**正确答案：** 汽轮机蒸汽系统打靶使用的蒸汽量要大于额定蒸汽用量。

60. 在装置停车检修前，要制定详细的检修计划，并确定检修设备的备件落实情况，确保设备检修顺利。（√）

61. 重整装置停车检修前要制定详细的检修进度网络，其中要确定每一个项检修项目时间进度要求。（√）

62. FSC 系统与大型机组的联锁可以相互替代。（×）

**正确答案：** FSC 系统与大型机组的联锁不可以相互替代。

63. 从循环机的负荷大小，可以判断出系统压降是否增大。（√）

64. 蒸发脱水过程能够提供含水量小于 $5\times10^{-6}$的重整原料，是因为蒸发脱水塔能够使重整原料中存在的水与油呈互溶的均相二元物系。（×）

**正确答案：** 蒸发脱水过程能够提供含水量小于 $5\times10^{-6}$的重整原料，是因为蒸发脱水塔能够使重整原料中存在的水与油呈不完全互溶的非均相二元物系。

65. 重整催化剂的比表面积过低，会导致重整催化剂失活。（√）

66. 重整最后一台反应器的温降变化，是催化剂酸性功能变化的重要标志。（√）

67. 重整催化剂中，铂原子吸附的不可逆硫，会导致重整催化剂中毒，性能变差。（×）

**正确答案：** 重整催化剂中，铂原子吸附的可逆硫，会导致重整催化剂中毒，性能变差。

68. 重整催化剂氮中毒的机理和硫中毒是相同的。（×）

**正确答案：** 重整催化剂氮中毒的机理和硫中毒是不相同的。

69. 重整催化剂积炭增多会造成重整催化剂活性、选择性、稳定性均降低。（√）

70. 企业事故应急处理预案应以努力保护人身安全、防止人员伤害为第一目的，同时兼顾设备和环境的防护。（√）

71. 烟气温度过高而不及时调节，会造成余热锅炉汽包缺水。（√）

72. 炉水水质不好，碱度高，或给水中带油多会造成余热锅炉汽水共沸现象的发生。（√）

73. 重整反应系统裂解反应加剧，会造成重整汽油辛烷值下降。（×）

**正确答案：** 重整反应系统裂解反应加剧，不会造成重整汽油辛烷值下降。

74. 重整催化剂硫、氮及重金属中毒，不会造成重整裂解反应加剧。（×）

**正确答案：** 重整催化剂硫中毒，会造成重整裂解反应加剧。

75. 螺杆压缩机同步齿轮调整正确与否，对螺杆压缩机起动负荷影响不大。（×）

**正确答案** 螺杆压缩机同步齿轮调整不正确，会引起螺杆压缩机阴阳转子碰摩而引起起动负荷大。

76. 吸气温度过高和压缩比过小，会引起螺杆压缩机机体温度过高。 （×）

**正确答案**：吸气温度过高和压缩比过大，会引起螺杆压缩机机体温度过高。

77. 装置发生事故时，首要任务是保护设备安全。 （×）

**正确答案**：装置发生事故时，首要任务是保护人身安全。

78. 加热炉着火进行灭火时，应用消防水直接对炉膛内或炉壁喷射，以达到快速降温冷却的目的。 （×）

**正确答案**：加热炉着火进行灭火时，不应用消防水直接对炉膛内或炉壁喷射，以防止炉膛倒塌。

79. 加热炉烧焦时应先点火后给汽。 （×）

**正确答案**：加热炉烧焦时应先给汽后点火。

80. 分馏塔液面超高而造成冲塔时，应降低进料量，尽可能启动备用泵，增大塔底油的抽出量，把液面抽低。 （√）

81. 如发现重整汽油辛烷值低时，首先应提重整反应温度。 （×）

**正确答案**：如发现重整汽油辛烷值低时，首先应分析原因，然后再视具体情况处理。

82. 离心机的轴瓦间隙过小、巴氏合金脱落，会造成润滑油温度上升。 （√）

83. 裂解反应加剧会造成催化剂积炭速率加快，并降低汽油收率，故在日常操作中应尽量避免裂解反应加剧。 （√）

84. 离心机润滑油温度过高或过低，都会影响润滑效果。 （√）

85. 当发现锅炉汽包无液面时，应立即补加锅炉给水。 （×）

**正确答案**：锅炉汽包无液面时，不能立即补加锅炉给水。

86. 余热锅炉汽包满水时应紧急停炉。 （×）

**正确答案**：余热锅炉汽包满水时，应减少或停止锅炉上水，使液位恢复正常。

87. 假想用剖切平面将机件的某处切断，仅画出端面的图形，称为剖面图。 （√）

88. 重整氧化态催化剂与还原态催化剂的开工步骤相同。 （×）

**正确答案**：重整氧化态催化剂与还原态催化剂的开工步骤不同。

89. 重整装置停工 450℃热氢循环的目的，一方面是循环带油，另一方面是脱硫，防止硫酸盐积累。 （×）

**正确答案**：重整装置停工 450℃热氢循环时主要是带油，510℃热氢循环时是脱硫。

90. 判断重整催化剂再生是否结束的主要标志，是各反应床层无温升，反应器出入口氧含量相等，系统氧含量不再增加。 （×）

**正确答案**：判断催化剂再生是否结束的主要标志，是各反应床层无温升，系统氧含量持续增加。

91. 重整系统中的 FeS 在还原条件下会生成硫酸根，导致重整催化剂中毒。 （√）

92. 重整装置瞬时停电时，应立即熄炉，并向炉膛吹入蒸汽进行降温。 （×）

**正确答案**：瞬时停电时，如重整循环氢压缩机未停运，不用熄加热炉。

93. 连续重整装置使用氧化态重整催化剂开工，不需要进行催化剂还原。 （×）

**正确答案**：连续重整装置使用氧化态重整催化剂开工，必须进行催化剂还原。

94. 闭锁料斗的装载量可以用缓冲区容量简单标定。 (√)

95. 连续重整装置通过一次烧焦试验，就可以对再生器最大烧焦能力进行量化分析。 (×)

**正确答案：**连续重整装置应通过 4～5 次的烧焦试验，才可以获得足够数据，对再生器最大烧焦能力进行量化分析。

96. UOP 提供的通用操作曲线适用于大多数 UOP 连续重整装置再生系统的操作曲线。 (√)

97. 连续重整装置催化剂加压再生，增加了烧焦的苛刻度。 (×)

**正确答案：**连续重整装置催化剂加压再生增加了烧焦能力，降低了烧焦的苛刻度。

98. 连续重整装置催化剂循环速率大小对于催化剂再生影响不大。 (×)

**正确答案：**连续重整装置催化剂再生效果主要有循环速率和燃烧区氧含量这 2 个可以调节变量，因此催化剂的循环速率大小对于催化剂再生效果影响很大。

99. 连续重整装置催化剂的粉尘生成量很小，催化剂消耗可以不用考虑。 (×)

**正确答案：**连续重整装置催化剂的粉尘生成量虽然很小，但是由于贵重金属铂价钱高，因此催化剂消耗要控制好。

100. 连续重整反应器内部有用约翰逊网制成的环型外套筒。 (√)

101. 连续重整粉尘收集器发生滤芯脱落，可以在维持再生运行的情况下维修。 (×)

**正确答案：**连续重整粉尘收集器发生滤芯脱落，再生系统必须停止运行，在泄压的情况下维修。

102. 连续重整再生器内部催化剂可以吸收再生过程产生的水分，从而消弱氯腐蚀。 (√)

103. 连续重整再生器的材质为 20# 钢。 (×)

**正确答案：**连续重整再生器的材质为不锈钢。

104. 连续重整再生器升温时禁止有机氯注入，直至有关条件符合为止。 (√)

105. 连续重整再生除尘系统操作，对再生器内部约翰逊网堵塞影响不大。 (×)

**正确答案：**连续重整再生除尘系统操作，对再生器内部约翰逊网堵塞影响很大，若除尘效果差，在 1～2 天内将出现再生气循环量明显下降。

106. 连续重整闭锁料斗补偿阀禁止进行自适应学习，才能够保证闭锁料斗平稳运行。 (×)

**正确答案：**连续重整闭锁料斗补偿阀要经常进行自适应学习，才能够保证闭锁料斗平稳运行。

107. 连续重整再生除尘系统的良好操作，对缓解再生器内部约翰逊网堵塞情况，效果较好。 (√)

108. 连续重整再生过程发生瞬间高温，不会导致铂晶粒凝聚。 (×)

**正确答案：**连续重整再生过程发生瞬间高温会导致铂晶粒凝聚，使得铂晶粒长大。

109. 连续重整反应器约翰逊网堵塞很容易导致催化剂贴壁现象甚至损坏设备，因此处理要及时。 (√)

110. 连续重整加热炉联锁停车，反应器和炉管应该保持“闷锅”状态。 (√)

111. 降低重整后反温度，可以改善芳烃产品酸洗比色指标。 (×)

**正确答案：**提高重整后反温度，可以改善芳烃产品酸洗比色指标。

112. 抽提原料烯烃含量高，会造成苯酸洗比色不合格。 (√)

113. 抽提溶剂长时间运转中，会生成有机酸和黏稠的大分子迭合物，而使溶剂老化。 (√)

114. 非芳烃携带溶剂多或者抽提塔顶温度高，都会造成系统溶剂损失。 (×)

**正确答案：**非芳烃携带溶剂多或者再生塔顶温度高，都会造成系统溶剂损失。

115. 抽余油质量不受抽提温度的影响。 (×)

**正确答案：**抽余油质量受到抽提温度的影响。

116. 当进料中芳烃含量高，进料口位置选择高时，不会造成抽余油含芳高。 (×)

**正确答案：**当进料中芳烃含量高，进料口位置选择高时，会造成抽余油含芳高。

117. 苯回流终馏点低、含水以及改循环分罐时操作不当，都会造成苯冰点不合格。 (×)

**正确答案：**苯回流初馏点低、含水以及改循环分罐时操作不当，都会造成苯冰点不合格。

118. 苯酸洗比色不合格的原因不包括苯塔底重沸器堵。 (×)

**正确答案：**苯酸洗比色不合格的原因包括苯塔底重沸器堵。

119. 抽提温度对操作的影响主要体现在对溶剂溶解度的影响上，当温度在120℃以上时，溶解度已不再随温度的变化而变化。 (×)

**正确答案：**抽提温度对操作的影响主要体现在对溶剂溶解度的影响上，当温度在150℃以上时，溶解度已不再随温度的变化而变化。

120. 在其他参数正常的条件下，若芳烃回收率降低则应降低溶剂比，并降低回流。 (×)

**正确答案：**在其他参数正常的条件下，若芳烃回收率降低则应提高溶剂比，并降低回流。

## 单选题

1. 下列工作应在新建装置中交前完成的是( A )。

A. 动设备单机试运　　B. 分馏系统系统热油运

C. 加热炉烘炉　　D. 预加氢催化剂装填

2. 关于催化重整装置开车方案的制定，下列选项中错误的是( D )。

A. 确定开车的基本步骤和程序　　B. 提供一份基本参数和调节方式

C. 制定开车过程中的安全环境要求　　D. 开车方案中要提供一份重要设备备件清单

3. 新建加热炉烘炉时，通常需经过的三个恒温阶段是( B )。

A. 150℃、350℃、450℃　　B. 150℃、320℃、500℃

C. 150℃、250℃、450℃　　D. 120℃、320℃、500℃

4. 在催化重整装置开车网络计划中，不用编写的内容是( A )。

A. 参加开工的人员和保运单位名称　　B. 开车开始的准确时间

C. 开车所需总时间　　D. 每项工作的时间节点

5. 单位重量催化剂的内、外表面积之和叫做( D )。

A. 堆比　　B. 孔体积　　C. 孔径　　D. 比表面积

6. 第一代IFP连续重整再生工艺中，催化剂再生器采用的是( A )。

A. 固定床反应器　　B. 移动床反应器

C. 沸腾床反应器　　D. 流动床反应器

7. 第二代IFP(Regen B)连续重整再生工艺中，催化剂的提升气是( A )。

A. 氮气　　B. 氢气　　C. 空气　　D. 水蒸气

8. 第三代 IFP(Regen C)连续重整再生工艺中，催化剂培烧气使用的是( C )。
A. 再生循环气　B. 氧气　C. 空气　D. 氯气
9. 第一代 IFP 连续重整工艺的催化剂再生周期一般控制在( B )。
A. 2~3 天　B. 7~15 天　C. 28~31 天　D. 一年左右
10. 关于 IFP 第一代和第二代连续重整工艺，下列叙述错误的是( C )。
A. 第一代的反应压力高　B. 第一代的反应氢油比高
C. 第一代催化剂再生频率高　D. 第一代的再生压力高
11. 第一代 UOP 连续重整再生工艺的再生压力为( A )。
A. 常压　B. 0.25MPa　C. 0.35MPa　D. 0.55MPa
12. 第二代与第一代 UOP 连续重整工艺相比，再生系统有了新的改动，下列说法错误的是( B )。
A. 增加了再生压力
B. 催化剂还原段由闭锁料斗上部移到了反应器顶部
C. 取消了原有的位于再生器下部的流量控制料斗
D. 在氯化段增加了环形挡板
13. 关于第三代 UOP 连续重整再生工艺( CyclemAx )，下列叙述错误的是( C )。
A. 催化剂还原使用的是重整氢　B. 还原区位于反应器上方
C. 还原过程采用一段还原　D. 催化剂先经过干燥区后到达还原区
14. 第一代 UOP 连续重整工艺的反应压力为( C )。
A. 常压　B. 0.35 MPa　C. 0.88 MPa　D. 8.8 MPa
15. 第二代 UOP 连续重整工艺的反应压力为( A )MPa。
A. 0.35　B. 0.8　C. 1.5　D. 3.5
16. “逆流”移动床重整与“顺流”移动床重整工艺相比，下列说法错误的是( B )。
A. 在相同的反应苛刻度下，“逆流”移动床重整的 $C_5^+$ 液收高
B. 在相同的反应苛刻度下，“逆流”移动床重整催化剂的平均积炭量高
C. 在相同的反应苛刻度下，“逆流”移动床重整的氢产率高
D. 在相同的反应苛刻度下，“逆流”移动床重整的芳烃产率高
17. 关于低压组合床工艺的叙述，下列说法错误的是( B )。
A. 采用固定床半再生重整工艺和移动床连续重整工艺串联操作
B. 反应压力控制前部为 1.3MPa 左右；后部为 0.8MPa 左右
C. 前部主要进行环网脱氢反应；后部主要进行烷烃脱氢环化反应
D. 前部采用铂铼系列催化剂；后部采用铂锡系列催化剂
18. 关于预加氢器外预硫化催化剂，下列叙述正确的是( A )。
A. 催化剂上的活性金属是氧硫化态　B. 催化剂上的活性金属是氧化态
C. 催化剂上的活性金属是硫化态　D. 催化剂上的活性金属是还原态
19. 关于预加氢器外预硫化催化剂活化阶段的注意事项，下列叙述错误的是( C )。
A. 引氢气时必须严格控制新氢中存在 CO、$CO_2$ 含量
B. 采用湿法活化时，严禁活化油的排放
C. 活化阶段是一个吸热过程，需严格控制催化剂床层温度

D. 进油活化阶段严禁循环氢气的排放

20. 下列选项中，对预加氢催化剂硫化效果影响最大的是( B )。

A. 硫化时间　　B. 硫化温度

C. $H_2S$ 分压　　D. 硫化剂的种类

21. 制备重整催化剂时，其金属组元的引入一般采用的是( D )。

A. 喷雾法　　B. 混捏法　　C. 离子交换法　　D. 浸渍法

22. 我国第一套 UOP 连续重整装置 1985 年在( A )建成。

A. 上海石化　　B. 扬子石化　　C. 抚顺石油三厂　　D. 广州石化

23. 为了最大量生产汽油，可以采取在重整生成油稳定塔中先脱出( B )的方法操作，在出厂前再掺入。

A. 丙烷　　B. 丁烷　　C. 戊烷　　D. 苯

24. 从分馏塔的( B )，可以看出该塔的加工能力。

A. 塔高　　B. 塔径　　C. 进料口高度　　D. 出料口个数

25. 关于预加氢原料油溴价升高的影响，下列叙述正确的是( C )。

A. 造成预加氢反应压力上升　　B. 造成预加氢反应温降上升

C. 造成预加氢反应温升上升　　D. 造成预加氢反应耗氢减少

26. 下列选项中，可以用来评价预加氢催化剂活性的是( B )。

A. 预加氢反应耗氢量　　B. 预加氢原料脱硫率

C. 预加氢原料芳烃转化率　　D. 预加氢精制油辛烷值

27. 根据经验数据，重整循环氢分析 $C_3/C_1$ 分子比在( C )时，说明重整反应系统偏干。

A. 0.3～0.4　　B. <0.7　　C. >1.0　　D. 0.7～1.0

28. 下列选项中，与加热炉热效率有关的操作参数是( B )。

A. 加热炉炉膛温度　　B. 加热炉过热空气系数

C. 加热炉瓦斯耗量　　D. 加热炉出口温度

29. 氢脆的敏感性一般是随钢材的( B )的提高而增加。

A. 碳含量　　B. 强度　　C. 铬含量　　D. 铁含量

30. 氢脆发生的温度一般在( A )℃以下。

A. 150　　B. 180　　C. 250　　D. 280

31. 临氢系统氢分压和温度越高，氢腐蚀的速率( A )。

A. 越快　　B. 越慢　　C. 恒定　　D. 不能确定

32. 压力管道用材质 Cr5Mo 合金钢焊后热处理温度为( C )℃。

A. 700～720　　B. 720～750　　C. 750～780　　D. 780～800

33. 下列各材质，可以用来制作重整反应器的是( D )。

A. 16MnR　　B. 20R　　C. Q235　　D. 1Cr18Ni9Ti

34. 当操作温度大于( B )℃时，高温硫化氢腐蚀就随着的温度的升高而增加。

A. 150　　B. 240　　C. 255　　D. 288

35. 应力腐蚀是材料在腐蚀与( B )同时作用下产生的破裂。

A. 拉应力和压应力　　B. 拉应力

C. 压应力　　D. 其他应力

36. 一般来说，对于石蜡基原料，重整各反温度采用( B )操作较合适。
A. 等温式　B. 递升式　C. 递降式　D. 拱桥式
37. 一般来说，对于中环烷基原料，重整各反温度采用( A )操作较合适。
A. 等温式　B. 递升式　C. 递降式　D. 拱桥式
38. 重整催化剂烧焦时，烧焦反应速率与积炭量成( B )。
A. 反比　B. 正比　C. 无关　D. 无法确定
39. 在其他参数均不变的条件下，重整催化剂烧焦时氧分压越高，烧焦反应速率( B )。
A. 越慢　B. 越快　C. 不变　D. 无法确定
40. 重整催化剂烧焦时，烧焦反应速率与烧焦压力成( B )。
A. 反比　B. 正比　C. 无关　D. 无法确定
41. 氧分压和烧焦温度对重整催化剂烧焦速率的影响是( B )。
A. 烧焦温度影响大　B. 氧分压影响大
C. 相同　D. 无法确定
42. 重整催化剂烧焦时间与气体循环量成( A )。
A. 反比　B. 正比　C. 无关　D. 无法确定
43. 发现重整催化剂烧焦超温时，首先应采取的措施是( B )。
A. 降低炉出口温度　B. 降低空气量
C. 增大蒸汽量　D. 增大氮气量
44. 没有再生的预加氢催化剂，不允许随意外卸，以防( D )自燃着火。
A. 积炭　B. 氢气　C. 残烃　D. 硫化亚铁
45. 下列选项中，不会影响重整催化剂烧焦速率的是( C )。
A. 催化剂积炭量　B. 催化剂残存的烃量
C. 催化剂金属含量　D. 催化剂积炭类型
46. 从废重整催化剂回收金属铂时，一般使用( D )从 $PtCl_2$ 溶液中置换出 Pt 金属。
A. 钠　B. 镁　C. 钙　D. 铝
47. 从废重整催化剂回收金属铂时，被金属铝还原后生成的金属铂的颗粒很小，此时应使用( B )作吸附剂吸附粉末状的铂。
A. 活性炭　B. 硅藻土　C. 氧化铝　D. 二氧化硅
48. 在冲动式蒸汽轮机中，蒸汽的膨胀只发生在( D )中。
A. 动叶栅　B. 汽缸　C. 喷嘴室　D. 喷嘴
49. 关于双壳程换热器的结构，下列说法正确的是( D )。
A. 双壳程换热器由两个换热器组成
B. 双壳程换热器的换热效果是单壳程换热器的两倍
C. 双壳程换热器有两个壳体　D. 双壳程换热器是指一个壳程分为两部分
50. 下列属于蒸汽透平的调速系统执行机构的是( C )。
A. 伺服马达油控制器　B. 油过滤器
C. 串行组合阀　D. 滑阀
51. 关于密封油浮环密封的工作原理，下列说法正确的是( A )。
A. 靠旋转中的密封油形成的油膜进行密封

B. 是一种接触式密封

C. 浮环紧贴着轴，之间不能存在空隙

D. 浮环随转子转动

52. 关于凝汽式蒸汽透平的复水系统的工作原理，下列说法正确的是( D )。

A. 蒸汽透平的排汽温度越低越好

B. 蒸汽透平的真空度越高越好

C. 蒸汽透平的排汽压力较低，因此不需要安全阀

D. 蒸汽透平排汽温度的控制应考虑真空度的高低

53. 关于离心式压缩机迷宫密封的工作原理，下列叙述正确的是( A )。

A. 机体的壳体表面有许多环形金属与轴表面的径向间隙形成环形孔

B. 气体每通过一个气孔压力就会升高一点

C. 密封气比工艺气的压力要高

D. 迷宫密封属于接触式密封

54. 下列属于离心式压缩机润滑油系统的部分是( D )。

A. 迷宫密封　B. 增速箱　C. 蓄能器　D. 高位油箱

55. 离心机润滑油高位油箱的作用是( B )。

A. 正常时回收润滑油　B. 事故状态时供给轴承润滑油

C. 正常时保证润滑油压力　D. 正常时保证润滑油液位

56. 在 1 小时内，1 米$^2$ 炉管表面积所吸收的热量叫(A)，用 $W/m^2$ 表示。

A. 炉管表面热强度　B. 炉管平均热强度

C. 炉管局部热强度　D. 炉管体积热强度

57. 露点腐蚀发生时，加热炉烟道的排烟温度一般低于( C )℃。

A. 300　B. 200　C. 165　D. 100

58. 螺杆压缩机的工作原理决定其出入口的位置必须在( B )。

A. 汽缸同一侧　B. 汽缸的对角线上

C. 汽缸两端　D. 汽缸中间上下部

59. 按合金钢的分类编号方法，16Mn 中的“16”的含义是( C )。

A. Mn 的含量占 16%　B. 碳含量占 16%

C. 碳含量占 1.6%　D. Mn 的含量占 1.6%

60. 按合金钢的分类编号方法，1Cr18Ni9Ti 中的“18”的含义是( A )。

A. Cr 含量占 18%　B. Ni 含量占 18%

C. Cr 含量占 1.8%　D. Ni 含量占 1.8%

61. 氧化锆氧分仪是根据氧化锆在高温下( C )的特性来测量氧含量的。

A. 溶解氧分子　B. 辐射氧分子　C. 传导氧分子　D. 对流氧分子

62. 干气密封系统中进入低压端前置密封腔的气体是( A )，主要是防止机内介质污染密封端面。

A. 氮气　B. 蒸汽　C. 净化风　D. 非净化风

63. 干气密封系统中主密封气的作用是依靠在环面上的螺旋槽的泵送作用，打开密封端面并起( B )作用。

A. 密封　B. 润滑　C. 保护　D. 减振

64. 加热炉管外壁的腐蚀主要需考虑高温的钒腐蚀和低温的( C )。

A. 氢腐蚀　　B. 硫腐蚀　　C. 露点腐蚀　　D. 硫化氢腐蚀

65. 关于加热炉管材选择原则，下列叙述正确的是( A )。

A. 应根据工艺介质的特性选择合适的管材

B. 能防止高温蠕变就行，其他关系不大

C. 炉管的韧性要求较高，其他无关紧要

D. 没有特殊要求

66. 加热炉管材质为 1Cr18Ni9Ti 时，其最高使用温度为( C )℃，抗氧化极限温度为( C )℃。

A. 450，565　　B. 600，650　　C. 650，820　　D. 815，900

67. 低碳镍钢要获得纯奥氏体组织，含镍量必须达到( D )以上。

A. 8%　　B. 9%　　C. 12%　　D. 24%

68. 不锈钢中添加钛的目的是( C )。

A. 提高不锈钢的耐腐蚀性能　　B. 提高不锈钢的硬度

C. 为了防止晶间腐蚀　　D. 提高不锈钢的切削性能

69. 蒸汽透平机是一种将( A )转换成机械能的旋转式原动机。

A. 热能　　B. 压力能　　C. 化学能　　D. 电磁能

70. 关于蒸汽透平机的工作原理，下列说法正确的是( A )。

A. 利用蒸汽经过喷嘴后膨胀做功，将热能转化动能，推动叶轮做功

B. 利用蒸汽冷凝时释放的热能转化为动能，推动叶轮做功

C. 蒸汽排出口的压力越低，热能向动能转化的越多，因此排放蒸汽压力越低越好

D. 排放蒸汽的温度越低越好，热能向动能转化越多越好，因此排放蒸汽的温度越低好

71. 关于汽轮机暖机的操作要点，下列说法正确的是( A )。

A. 暖机的转速不能太低，转速低不易建立轴承油膜，易造成轴承摩擦

B. 暖机转速越高越好，这样才能使暖机充分

C. 暖机的时间越长越好，使轴承有足够的时间预热

D. 停机后不用排冷凝水

72. 管子和管子连接件的选用，是根据所输送介质的( C )及其在该条件下的介质性质决定的。

A. 压力　　B. 温度　　C. 操作条件　　D. 密度

73. 有关压缩机油路系统油洗的工作，下列说法正确的是( A )。

A. 油洗应至少进行 24 小时以上　　B. 油冲洗过程中油温严禁波动

C. 应选用黏度较高润滑油进行油洗　　D. 油洗过程应选用 60 目的滤网

74. 汽压机蒸汽系统打靶时，靶板材料宜用( A )。

A. 铝板　　B. 石棉板　　C. 硬纸板　　D. 不锈钢板

75. 汽轮机蒸汽系统打靶时，靶板上肉眼可见的冲击斑痕个数小于( A )个，直径不大于( A )mm，可认为打靶合格。

A. 10，1　　B. 8，2　　C. 6，3　　D. 4，4

76. 安全阀耐压试验压力为其设计压力的( A )倍。

A. 1.5　　B. 1.25　　C. 1　　D. 0.9

77. 分馏塔塔板结垢的现象有( D )。

A. 分馏效果变差　　B. 塔液面波动大

C. 回流罐液面波动大　　D. 分馏塔压力波动大

78. 某厂近期汽油辛烷值一直较低，环烷烃含量偏高，反应温降没有明显变化，可能的原因是( D )。

A. 催化剂硫中毒　　B. 催化剂砷中毒

C. 系统氯含量较高　　D. 重整立换内漏

79. 某厂近期汽油的初馏点一直偏高，可能的原因是( C )。

A. 重整反应苛刻度较高　　B. 稳定塔压力较高

C. 稳定塔温度较高　　D. 精制油初馏点高

80. 重整催化剂再生次数过多，会造成( B )下降，导致催化剂活性下降。

A. 铂含量　　B. 载体比表面积　　C. 酸性功能　　D. 积炭量

81. 重整反应总温降下降，说明( A )反应加剧，( A )反应被抑制。

A. 裂解反应、环烷脱氢　　B. 环烷脱氢、催化裂化

C. 烷烃异构化、裂解反应　　D. 烷烃异构化、环烷脱氢

82. 铂原子吸附的硫中，可以引起催化剂中毒，性能变差的是( B )。

A. 不可逆硫　　B. 可逆硫

C. 可逆硫和不可逆硫　　D. 无法确定

83. 重整催化剂氮中毒的实质是氨与催化剂上的( D )反应，减少了( D )的数量。

A. 铂，酸性活性中心　　B. 氯，金属活性中心

C. 铂，金属活性中心　　D. 氯，酸性活性中心

84. 重整催化剂砷中毒的实质是砷与催化剂上的( C )反应，生成稳定的化合物，从而失去( C )的能力。

A. 铂，酸性活性　　B. 氯，金属活性

C. 铂，金属活性　　D. 氯，酸性活性

85. 事故应急处理预案的编制分为( C )、重大危险源辨识和风险评价、预案编制、评审与修正四个阶段。

A. 调查研究　　B. 现状调查　　C. 资料收集　　D. 召开座谈会

86. 关于进行事故应急预案的演习，下列说法错误的是( C )。

A. 演习过程中，应让熟悉危险设施的工人、有关的安全管理人员一起参加

B. 事故预案内容应向参加演习人员保密

C. 演习后应针对发现的问题对事故应急预案进行修改完善

D. 应定期进行事故应急预案的演习

87. 余热锅炉干锅的现象有( A )。

A. 汽包低液位报警　　B. 液面计水位剧烈波动

C. 炉水带油　　D. 主汽管内发生水击

88. 余热锅炉满水的现象是( A )。

A. 汽包高液位报警　　B. 液面计水位剧烈波动

C. 炉水带油　　D. 烟气温度过高

89. 下列选项中，会造成重整催化剂积炭速率增加的是( C )。
A. 氢油比过大 B. 原料油干点过低
C. 系统压力过低 D. 原料芳烃潜含量含量过高
90. 重整裂解反应加剧时，不会发生的现象是( C )。
A. 重整反应总温降减少 B. 重整汽油收率下降
C. 重整产氢量增加 D. 重整循环氢纯度下降
91. 下列情况中，不会造成重整反应系统裂解反应加剧的是( C )。
A. 重整反应氢油比过低 B. 重整反应系统“过氯”
C. 重整反应空速过大 D. 重整催化剂硫中毒
92. 下列选项中，易造成螺杆压缩机机体温度过高的是( B )。
A. 吸气阻力大 B. 压缩比过大
C. 吸入润滑油量过多 D. 能量调节机构故障
93. 重整循环机联锁停机时，下列处理正确的是( A )。
A. 立即熄重整各反加热炉
B. 加大重整进料防止重整催化剂床层超温
C. 重整反应系统可改柴油加氢尾氢置换
D. 立即重新启动重整循环机
94. 装置内发生重大火灾事故时，下列应采取的处理措施是( A )。
A. 报告值班、调度及消防支队 B. 报告班长即可
C. 处理完后再报告 D. 不用报告
95. 装置发生事故时，处理的原则首先是( A )。
A. 保护人身安全 B. 保护设备安全
C. 保护催化剂 D. 装置停工
96. 加热炉烧焦时应先( B )后( B )。
A. 点火、给蒸汽 B. 给蒸汽、点火
C. 给风、点火 D. 点火、给风
97. 加热炉烧焦正常时，炉管呈( C )。
A. 黑色 B. 桃红色 C. 暗红色 D. 灰色
98. 进料带水引起分馏塔冲塔时，下列处理错误的是( A )。
A. 增加塔顶回流量 B. 加强进料脱水
C. 降低重沸炉出口温度 D. 加强回流罐脱水
99. 下列选项中，会造成重整反应总温降下降的是( C )。
A. 重整反应进料初馏点偏高 B. 精制油水含量偏高
C. 重整反应进料干点偏高 D. 精制油芳烃潜含量偏高
100. 重整催化剂水－氯平衡失调后，下列处理错误的是( C )。
A. 重整反应系统过湿时，降温带水 B. 重整反应系统过干时，增加注水
C. 重整反应系统过氯时，降温带氯 D. 重整反应系统缺氯时，增加注氯
101. 下列选项中，会导致离心机润滑油温度上升的是( C )。
A. 轴瓦间隙较大 B. 油过滤器堵塞

C. 油冷器结垢　　D. 循环氢量较大

102. 离心机润滑油温度过高时，下列处理错误的是( D )。

A. 开大冷却水阀　　B. 切换油冷却器

C. 油冷器管束清垢　　D. 降低循环氢量

103. 余热锅炉长时间缺水时，下列处理正确的是( C )。

A. 加大上水　　B. 降低过热蒸汽温度

C. 紧急停炉　　D. 提高供水压力

104. 锅炉发生汽水共沸现象时，下列处理错误的是( B )。

A. 加强定排　　B. 关闭连排

C. 定期换水　　D. 减小负荷

105. 在轴的主视图中，通孔处标注了 A－A 剖面图的剖切符号，下列图中为正确的 A－A 剖面图的是( B )。

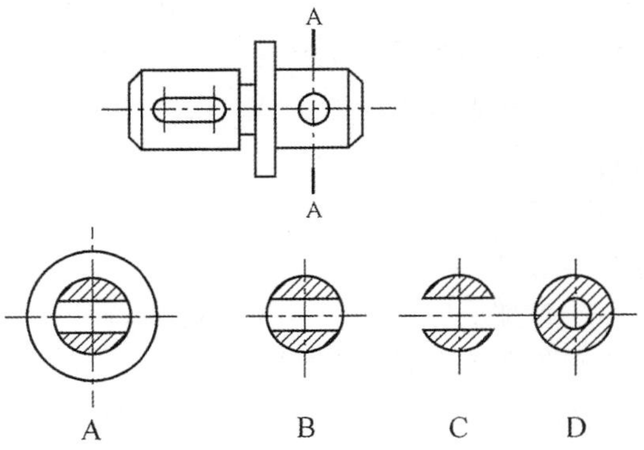


106. 重整催化剂停工热氢循环脱硫的控制温度是( D )。

A. 370℃　　B. 450℃　　C. 480℃　　D. 510℃

107. 重整催化剂烧焦和氯化再生期间温度、氧含量均按( D )原则控制。

A. 初期高温低氧、后期低温高　　B. 初期低温高氧、后期高温低氧

C. 初期高温高氧、后期低温低氧　　D. 初期低温低氧、后期高温高氧

108. 为了防止重整催化剂硫酸盐积累，重整催化剂在停工时需( C )。

A. 氧化处理　　B. 碱洗处理

C. 热氢循环脱硫处理　　D. 氯化处理

109. 再生系统吹扫介质应选择( B )。

A. 蒸汽　　B. 氮气或者空气　　C. 水　　D. 汽油

110. 闭锁料斗进行标定前，高位与低位的料位仪监测器的初始位置应设定在( D )。

A. 0　　B. 50　　C. 100　　D. 设计位置

111. 核料位仪校验时需要用( B )放在测试仪的前面，用来模拟容器中催化剂对射线的吸收程度。

A. 钢板　　B. 铅板　　C. 铝板　　D. 催化剂

112. 再生系统烧焦试验选用黑烧条件，除了烧焦能力超过负荷的原因外，还可以( C )。

A. 控制放空量　　B. 测定燃烧区耗氧率

C. 测定再生气循环量　　D. 测定闭锁料斗料位

113. 再生器燃烧区四个操作变量相互影响，其中烧焦区氧含量在可接受范围内，不受( A )变量的限制。

A. 干燥空气排放量　　B. 待生催化剂焦炭含量

C. 燃烧区气体流量　　D. 催化剂循环速率

114. 再生部分的操作条件影响燃烧区的床层温度，该温度说明( D )。

A. 氧含量供应　　B. 催化剂碳含量

C. 再生操作曲线　　D. 燃烧区烧焦情况

115. 再生系统再生气量下降的主要原因为( A )。

A. 催化剂粉尘堵塞燃烧区中心筛网　　B. 待生催化剂焦炭含量上升

C. 干燥空气排放量增大　　D. 催化剂循环速率大

116. 连续重整催化剂再生通过( D )来控制催化剂循环速率。

A. 提升气流量　　B. 催化剂碳含量

C. 再生操作曲线　　D. 催化剂流量设定

117. 为了减少催化剂在提升中的磨损，UOP 再生工艺在控制程序上设定了( B )。

A. 提升速率　　B. 提升限位　　C. 提升气量　　D. 提升差压

118. 反应器约翰逊网的材质是( C )。

A. 20#钢　　B. 碳钢　　C. 不锈钢　　D. 316L

119. 反应器约翰逊网的作用是( D )。

A. 预热催化剂　　B. 参加反应　　C. 增大压降　　D. 防止催化剂堵塞

120. 粉尘收集器发生滤芯脱落的现象是( A )。

A. 滤芯差压上升缓慢　　B. 催化剂粉尘增多

C. 除尘风增大　　D. 除尘风机负荷增大

121. UOP 再生部分采用热风机系统的目的是( C )。

A. 节能　　B. 方便烧焦　　C. 防止露点腐蚀　　D. 降低再生器高度

122. 下列选项中，不是再生设备发生腐蚀的条件是( A )。

A. 一旦再生器停工，再生器处于氮气吹扫状态

B. 存在液态水

C. 存在氯化氢

D. 液态水超过 60℃

123. 连续重整再生器以及配套管线容易发生的腐蚀为( C )。

A. 氢腐蚀　　B. 酸腐蚀　　C. 应力腐蚀　　D. 碱腐蚀

124. 从操作曲线上看，催化剂再生循环速率超过 100%，应( B )。

A. 适当降低重整反应温度　　B. 适当降低氧含量

C. 适当提高氧含量　　D. 适当增加除尘风量

125. 在夏季生产时，闭锁料斗料位仪容易出现故障的原因是( B )。

A. 老化　　B. 自然界射线干扰　　C. 使用不当　　D. 天气湿度大

126. 预防重整反应器约翰逊网堵塞的主要措施是( C )。

A. 减少催化剂破碎　　B. 减少催化剂积炭

C. 平稳重整进料量　　D. 减少反应温度波动

127. 连续重整催化剂再生过程中使得铂金属凝聚的根本原因是( B )。
A. 超压　B. 超温　C. 水分　D. 粉尘量

128. 连续重整烧焦是强放热的反应，操作上要严格控制注氧速率和系统的( A )。
A. 氧含量　B. 压力　C. 注氯量　D. 干燥气量

129. 连续重整再生器约翰逊网堵塞的最初处理方法是( D )。
A. 降低除尘风量　B. 维持操作
C. 仪表风吹扫　D. 氮气反吹扫

130. 连续重整加热炉联锁停车，余热锅炉应( A )。
A. 脱网，直接放空　B. 保持现状
C. 降低压力操作　D. 减少发汽量

131. 连续重整加热炉联锁停车，按处理程序的排列为( D )。
a. 高分油尽量改至稳定塔　b. 系统保持"闷锅"
c. 自然降温，停止进料　d. 余热锅炉脱网放空
A. abcd　B. dcba　C. cadb　D. cabd

132. 改善芳烃产品酸洗比色指标的方法有( C )。
A. 提高后反催化剂装填量　B. 催化剂注硫
C. 排苯回流　D. 降低重整反应温度

133. 抽提原料烯烃含量高，会造成产品的( D )。
A. 非芳含芳高　B. 芳烃溶解度低　C. 苯产量低　D. 苯酸洗比色不合格

134. 抽提溶剂在长时间运转过程中，会生成( C )。
A. 有机酸、醇　B. 无机酸和大分子迭合物
C. 有机酸和大分子迭合物　D. 多元醇

135. 再生塔顶温度高，汽化的溶剂由抽空器冷却水带走，会造成( D )。
A. 冷却水用量大　B. 溶剂含芳高
C. 溶剂纯度低　D. 溶剂损失

136. 造成环丁砜 pH 值下降的原因有( A )。
A. 空气进入溶剂回收系统　B. 溶剂含水量增大
C. 溶剂被碱性物质中和的结果　D. 溶剂再生效果不好

137. 下列选项中，不可能影响抽提油质量的是( C )。
A. 汽提塔压力　B. 抽提塔温度　C. 汽提塔进料量　D. 抽提塔进料位置

138. 影响抽提油质量的因素有( D )。
A. 第四溶剂　B. 一次溶剂量　C. 抽提进料量　D. 汽提塔进料位置

139. 影响抽余油质量的因素有( A )。
A. 抽提溶剂比过小　B. 汽提塔塔底温度高
C. 抽提温度高　D. 进料中含芳高选择低进料口

140. 抽余油含溶剂高的原因是( B )。
A. 上循环不好　B. 下循环不好　C. 回流芳烃低　D. 溶剂量大

141. 下列选项中，不可能造成抽余油含芳烃高的是( B )。
A. 抽提效率下降　B. 汽提水量大　C. 抽提温度低　D. 进料口选择不当

142. 苯回流 HK 值低且含有水的危害是( C )。

A. 造成苯干点低　　B. 造成苯初馏点不合格

C. 造成苯冰点不合格　　D. 造成苯产量低

143. 关于苯酸洗比色不合格原因的叙述，下列说法错误的是( D )。

A. 苯塔底重沸器堵　　B. 后加氢催化剂活性差

C. 后加氢反应温度低　　D. 脱戊烷油含烯烃低

144. 苯酸洗比色不合格的原因有( B )。

A. 苯塔底温度高　　B. 后加氢催化剂活性差

C. 后加氢反应温度高　　D. 原料含烷烃高

145. 抽提温度上升至一定时，再提高温度，溶剂的溶解能力已不明显( C )，产品的纯度明显( C )。

A. 下降、上升　　B. 上升、上升　　C. 上升、下降　　D. 下降、下降

146. 抽提装置溶剂损耗高的原因有( B )。

A. 芳烃不带水　　B. 溶剂老化分解多

C. 系统气密性能好　　D. 再生系统压力低

147. 关于溶剂回收塔真空度下降现象的叙述，下列说法错误的是( C )。

A. 中部集油箱液面高　　B. 塔底液面不变

C. 塔底温度上升　　D. 塔侧线温度高

148. 溶剂再生系统溶剂再生量下降的原因有( B )。

A. 溶剂不易老化　　B. 塔顶温度高，抽空器带溶剂

C. 老化溶剂带溶剂量少　　D. 溶剂水回收好

149. 汽提水发生乳化的原因( A )。

A. 开工时溶剂系统冲洗处理不干净　　B. 老化溶剂窜入系统

C. 溶剂质量差　　D. 溶剂 pH 值太高

## 多选题

1. 新建装置工程中间交接的参加单位有( A，B，C )。

A. 施工单位　　B. 设计单位　　C. 生产单位　　D. 设备制造单位

2. 预加氢反应系统开循环机的条件是( A，C )。

A. 所有检修项目完工　　B. 预加氢进料加热炉已点火

C. 预加氢反应系统氢气置换合格　　D. 重整反应系统已产氢

3. 重整反应系统引氢气前，必须完成的工作是( A，C )。

A. 重整反应系统氮气置换合格　　B. 重整催化剂预硫化结束

C. 重整反应系统气密合格　　D. 预加氢生产合格精制油

4. 随着催化重整装置规模的日益扩大，我们需要扩大其原料来源，下面可以作为新的重整料来源的是( A，B，C )。

A. 加氢改质石脑油　　B. 加氢裂化石脑油

C. 乙烯裂解汽油抽余油　　D. 常减压航煤料

5. 预加氢催化剂装填前的准备工作有( A，C，D )。

A. 预加氢反应系统干燥已经完成

B. 预加氢催化剂还原结束

C. 反应器划线工作已经完成

D. 装填所需设备和安全劳保用品已经准备齐全

6. 第二代 UOP 连续重整工艺采用的先进设备有( A，C，D )。

A. 板式换热器　　B. 并列式移动床

C. 上流式径向反应器　　D. 高效再生器

7. 有关"逆流"移动床连续重整工艺的叙述，下列说法正确的是( A，B )。

A. 重整反应物流流动方向为一反、二反、三反、四反

B. 催化剂输送方向为四反、三反、二反、一反

C. 重整反应器中催化剂的积炭量为四反 > 三反 > 二反 > 一反

D. 重整反应器中催化剂的活性为一反 > 二反 > 三反 > 四反

8. 生产中使用或产生下列( A，C )物质的装置，火灾的危险性属于甲类。

A. 闪点 < 28℃的易燃液体　　B. 28℃ ≤ 闪点 < 60℃的易燃、可燃液体

C. 爆炸下限 < 10%的可燃气体　　D. 闪点 ≥ 60℃的可燃液体

9. 以生产高辛烷值汽油为目的的催化重整装置，重整反应系统操作多采用( A，C )。

A. 较低空速　　B. 高空速　　C. 较高温度　　D. 中等温度

10. 下列选项中，会导致预加氢催化剂寿命缩短的有( A，C，D )。

A. 预加氢进料干点过高　　B. 预加氢进料初馏点过高

C. 预加氢进料空速过低　　D. 预加氢氢油比过低

11. 加热炉热效率高低的关键取决于( A，B )。

A. 加热炉排烟温度　　B. 加热炉烟气氧含量

C. 加热炉炉膛负压　　D. 系统燃料气压力

12. 防止氢脆的要点是( A，B，C )。

A. 降低设备焊接热影响区的硬度　　B. 装置停工冷却速率不应过快

C. 避免紧急放空　　D. 降低系统循环氢纯度

13. 高温氢腐蚀的表现形式有( A，C，D )。

A. 晶间裂纹　　B. 释放甲烷气体　　C. 氢鼓泡　　D. 金属脱炭

14. 影响氢腐蚀的因素包括( A，B，C )。

A. 材料的化学成分　　B. 系统反应温度

C. 系统氢气压力　　D. 材料的强度

15. 下列选项中，对材质的高温氢腐蚀有影响的是( A，B，C )。

A. 反应系统温度、压力　　B. 材料的合金元素和杂质元素

C. 材料的热处理和应力　　D. 反应系统降压速率

16. 为了降低装置能耗，空冷可( A，B，C )等方法来节能。

A. 采用变频电机　　B. 采用湿空冷

C. 定期清洗翅片　　D. 停用空冷、投用水冷

17. 下列选项中，可以用来预防硫化氢环境下应力腐蚀开裂的有( A，B，C )

A. 根据设计条件( 温度、氢分压 )合理选用合适的钢种

B. 安装时应在自由状态下组焊或上紧法兰，不能产生附加安装应力

C. 对焊缝进行焊后热处理，消除焊接残余应力

D. 提高硫化氢浓度

18. 关于硫化亚铁钝化的原理，下列说法正确的是( A，B )。

A. 钝化过程就是使硫化亚铁生成稳定的盐

B. 钝化剂可在金属表面形成保护膜

C. 形成稳定的硫酸铁

D. 钝化过程将增加设备的腐蚀

19. 下列选项中，会加快重整催化剂烧焦速率的是( A，D )。

A. 增加氧分压　　B. 增加积炭量

C. 增加催化剂残存的烃量　　D. 增加烧焦温度

20. 在冲动式蒸汽轮机中，蒸汽在动叶栅中不继续膨胀，其( B，C )保持不变。

A. 方向　　B. 温度　　C. 压力　　D. 功

21. 蒸汽透平的解扣系统主要由( A，B，C，D )组成。

A. 电磁三通　　B. 手动三通

C. 应急截止阀　　D. 超速脱扣装置

22. 关于密封油的浮环密封的工作原理，下列说法正确的是( B，C，D )。

A. 浮环密封是一种接触式密封

B. 密封中浮环可径向移动

C. 浮环与轴间隙的大小决定了密封性

D. 浮环与轴间隙大于油膜厚度时，会引起泄漏

23. 下列能引起蒸汽透平真空度下降的原因有( A，B，C )。

A. 蒸汽喷射泵的喷嘴堵　　B. 复水系统空冷器效果差

C. 复水系统密封性能差　　D. 汽轮机用汽量下降

24. 迷宫密封是离心式压缩机常用的密封方式，下列叙述正确的是( B，C，D )。

A. 密封气比工艺气的压力高　　B. 密封气比工艺气的压力低

C. 工艺气沿轴向外流动其压力不断降低　　D. 采用迷宫密封只需少量密封气

25. 往复机汽缸在检修中，应注意( A，B，C，D )。

A. 水平偏差不得超过 0.05mm/m

B. 同心度偏差不得超过 0.05mm/m

C. 汽缸水压试验压力为操作压力的 1.5 倍，但不得低于 $3kg/cm^2$

D. 汽缸水套试验压力为 $6kg/cm^2$

26. 下列措施中，可以有效防止和减轻加热炉烟气露点腐蚀的是( B，C，D )。

A. 降低加热炉排烟温度

B. 采用耐腐蚀的材料

C. 采用低氧燃烧，控制燃烧过剩空气量，减少 $SO_3$ 的生成量

D. 使用低硫燃料，降低烟气露点温度，减少低温腐蚀

27. 关于螺杆式压缩机的工作原理，下列说法正确的是( A，B，C )。

A. 属于正位移式，后路不能憋压　　B. 排气量几乎同排气压力无关

C. 排气量与转速有关　　D. 在小流量时会发生喘振

28. 关于氧化锆分析仪，下列说法正确的是( A，D )。
  A. 高浓度侧的氧会夺取电极上的自由电子
  B. 高浓度侧的氧会在电极上的释放出多余电子
  C. 低浓度侧的氧会夺取电极上的自由电子
  D. 低浓度侧的氧会在电极上的释放出多余电子

29. 汽轮机暖机的目的是( A，B )。
  A. 避免轴挠曲变形　B. 使各部件受热均匀膨胀
  C. 避免启动时润滑油低温联锁　D. 避免启动时发生喘振

30. 蒸汽打靶对靶板的要求是( A，B，D )。
  A. 靶板的表面应光洁　B. 靶板宽度为排汽管内径的5%～8%
  C. 靶板宽度为排汽管内径的50%～80%　D. 靶板的长度等于排汽管的直径

31. 有关安全阀调校的说法，下列表述正确的是( A，C，D )。
  A. 必须定期校验安全阀
  B. 安全阀一般是6个月就必须重新调校
  C. 安全阀一般是12个月就必须重新调校
  D. 安全阀调校站交回安全阀时，必须同时交出调校记录单

32. 重整装置停车检修前要制定详细的检修计划和检修进度网络，关于检修进度网络，下列说法正确的是( A，B，C )。
  A. 对每一项检修内容要列出检修时间进度
  B. 检修网络进度要有时间节点要求
  C. 检修进度网络要有项目负责人
  D. 检修网络进度中要确定检修施工小组

33. 装置长时间停电的现象有( A，B，C，D )。
  A. 所有机泵、空冷停运　B. DCS画面无显示
  C. 所有照明灯熄灭　D. 装置内噪音减小

34. 重整催化剂积炭增多时的现象是( A，B，C )。
  A. 反应总温降下降　B. 反应器压降增加
  C. 汽油辛烷值降低　D. 催化剂永久中毒

35. 造成余热锅炉汽包缺水的原因有( A，B，D )。
  A. 烟气温度过高　B. 给水量过小
  C. 炉水水质不好　D. 液位控制调节阀失灵

36. 造成余热锅炉汽包满水的原因有( A，C )。
  A. 液位控制调节阀失灵　B. 烟气温度过高
  C. 给水量过大　D. 炉水水质不好

37. 下列选项中，不会造成余热锅炉汽水共沸的是( A，C )。
  A. 对流室炉管破裂　B. 炉水碱度高　C. 汽包缺水　D. 给水中带油多

38. 下列选项中，会造成重整催化剂积炭速率增加的是( B，C )。
  A. 氢油比过大　B. 原料油干点过高
  C. 系统压力过低　D. 系统水含量过高

39. 下列选项中，可以造成螺杆压缩机启动负荷大的原因有( B，C，D )。
A. 入口压力高　　B. 机内有异物进入
C. 机内积液过多　　D. 部分零件磨损烧伤
40. 造成螺杆压缩机机体温度过高的因素很多，其中有( A，B，C )。
A. 吸气温度过高　　B. 润滑油温度高
C. 冷却水管堵塞　　D. 吸入过量的润滑油
41. 重整系统紧急停车时，保护重整催化剂的原则有( B，D )。
A. 进料中断时应全开重整高分压控
B. 进料中断时应熄重整反应加热炉
C. 重整循环机停机时，应加大重整反应进料，防止催化剂床层超温
D. 重整循环机停机时，应关闭重整高分压控
42. 重整循环机联锁停机时，下列处理正确的是( A，C )。
A. 重整反应加热炉立即熄火　　B. 加大重整进料防止床层超温
C. 反应系统保压　　D. 改加氢尾氢系统置换
43. 长时间停电时( 循环压缩机停 )，预加氢系统应采取的处理措施是( A，B，C，D )。
A. 立即熄加热炉并通入炉膛蒸气降温
B. 预加氢高分压控改放空，保证气体流动
C. 预加氢高分注意减油
D. 精制油改不合格罐区
44. 长时间停电时，重整反应系统进行“闷锅”处理的原因是( B，D )。
A. 保证气体正向流动　　B. 防止高温油气流动
C. 防止重整催化剂中毒　　D. 防止重整催化剂积炭
45. 加热炉烧焦时，炉管内的介质有( A，D )。
A. 蒸汽　　B. 氮气　　C. 氢气　　D. 风
46. 下列选项中，会造成重整反应总温降下降的是( A，C )。
A. 重整反应系统氯含量偏高　　B. 重整反应系统水含量偏高
C. 重整催化剂硫中毒　　D. 精制油初馏点偏高
47. 下列情况下，可采用增加注水的方法调节的是( A，C )。
A. 重整反应系统“过氯”　　B. 重整反应系统“缺氯”
C. 重整反应系统“过干”　　D. 重整反应系统“过湿”
48. 下列选项中，可以预防锅炉发生汽水共沸现象的是( A，B，D )。
A. 加强连排　　B. 加强定排
C. 停止上水　　D. 定期换水
49. 关于重整反应系统突然停电(循环机停、进料泵未停)，下列处理错误的是( B，D )。
A. 加热炉立即熄火，向炉膛通入蒸气降温
B. 保持进料泵运转以降床层温度
C. 反应系统“闷锅”处理
D. 如很快来电，立即启动循环机

50. 闭锁料斗的标定方法是( A，B，C )。
A. 调节闭锁料斗的装载量
B. 通过调节闭锁料斗每次循环传递的催化剂量，设定装料数量
C. 调节缓冲区的料位
D. 调节催化剂循环速率
51. 通用操作曲线的四个相关变量中，( A，B )可以直接控制。
A. 催化剂循环速率 B. 燃烧区氧含量
C. 待生催化剂焦炭含量 D. 燃烧区气体流量
52. 再生气循环量下降对再生器内( C，D )区的效率有不利影响。
A. 冷却 B. 干燥 C. 燃烧 D. 氯化
53. 连续再生装置正常烧焦时，催化剂的循环速率是由( A，B，C )确定的。
A. 燃烧区氧含量 B. 待生催化剂碳含量
C. 燃烧区气体流量 D. 再生催化剂的碳含量
54. 反应器约翰逊网的主要特点为( A，B，C )。
A. 开孔率大 B. 强度高 C. 表面光滑 D. 传热快
55. 粉尘收集器常见的故障有( A，B，D )。
A. 过滤滤芯脱落 B. 催化剂粉尘卸不出
C. 除尘风量增大 D. 反吹阀门故障
56. 连续重整再生器以及配套管线的材质适用于( A，C，D )。
A. 正常操作条件 B. 高氯并具有明水的操作条件
C. 停工操作条件 D. 开工操作条件
57. 在下列( A，B，C )情况下，操作人员需要根据再生操作曲线调整再生操作。
A. 催化剂焦炭含量下降 B. 再生器内部氧含量控制指标上升
C. 反应苛刻度提高 D. 再生气量不变
58. 预防重整反应器约翰逊网堵塞的措施有( A，C，D )。
A. 减少催化剂破碎 B. 平稳重整进料量和系统压力
C. 降低催化剂积炭 D. 降低系统水含量
59. 催化剂再生过程中产生的热量烧结催化剂的过程为( B，C，D )。
A. 催化剂提升 B. 碳与氧的氧化反应
C. 焦炭燃烧热 D. 一氧化碳的继续燃烧
60. 改善芳烃酸洗比色指标的方法有( B，C，D )。
A. 加大酸洗量 B. 提高重整后反温度
C. 更换催化剂 D. 排苯回流
61. 抽提原料烯烃含量对产品质量的影响有( A，B，C )。
A. 造成苯酸洗比色不合格 B. 造成苯冰点不合格
C. 造成非芳不合格 D. 造成抽提油不合格
62. 系统溶剂损失的原因有( A，D )。
A. 非芳携带溶剂多 B. 重沸器加热温度低于其分解温度
C. 抽提塔非芳流速慢 D. 再生塔顶温度高

63. 造成环丁砜溶剂 pH 值下降的原因是( A，B，C )。

A. 外界氧进入系统　　B. 生成二氧化硫

C. 系统再沸器周围过热　　D. 使用了循环水

64. 影响抽提油质量的因素有( B，C，D )。

A. 一次溶剂量　　B. 二次溶剂量

C. 汽提塔进料位置　　D. 抽提塔进料位置

65. 影响抽余油质量的因素有( A，C )。

A. 芳烃窜入　　B. 烯烃含量高　　C. 抽提效率低　　D. 塔的液面高

66. 抽余油含溶剂高的原因是( A，B )。

A. 下循环不好　　B. 溶剂冷却后形成了稳定的悬浮液

C. 上循环不好　　D. 操作压力高

67. 抽余油含芳烃高的原因是( B，D )。

A. 抽提温度高　　B. 抽提溶剂比过小

C. 汽提塔底温度高　　D. 汽提水量小

68. 造成苯产品冰点不合格的因素有( B，C )。

A. 苯塔压力波动大　　B. 重整反应深度不够

C. 苯回流初馏点低　　D. 苯塔温差大

69. 下列选项中，能够造成苯酸洗比色不合格的原因有( A，B，C )。

A. 脱戊烷油含烯烃高　　B. 后加氢催化剂活性差

C. 苯塔重沸器堵　　D. 酸洗量不足

70. 抽提温度对操作的影响，主要体现在( B，C )。

A. 温度越高溶解度越小

B. 当温度上升到一定程度时，再提高温度溶剂的溶解能力已不明显上升，但产品的纯度却明显下降

C. 温度越高溶解度越大

D. 温度越高越好

71. 造成抽提溶剂损耗高的原因有( A，B，C，D )。

A. 非芳烃携带溶剂量大　　B. 抽提塔塞控堵塞

C. 再生塔顶温度高　　D. 泵及设备漏损

72. 真空度下降对溶剂回收塔的影响有( A，C )。

A. 会造成塔底温度上升　　B. 会造成塔底液面下降

C. 会造成中部集油箱液面低　　D. 会造成塔侧线温度高

73. 溶剂再生系统真空度下降的原因有( C，D )。

A. 进料量低　　B. 塔顶温度低

C. 蒸汽及冷却水压力低　　D. 冷却水与蒸汽调配不当

## 简答题

**1. 什么是催化剂的比表面积？孔体积？**

**答：**比表面积就是单位重量催化剂的内、外表面积之和，以平方米/克表示。单位重量催化剂的孔隙体积称为孔体积，以立方厘米/克表示。

**2. 请简述麦格纳重整的特点。**

**答：**麦格纳重整就是两段混氢式催化重整工艺。环烷脱氢反应快，是在前面的反应器中进行的，故前面的反应器采用高空速、低温、低氢油比操作，以抑制加氢裂化反应；烷烃的芳构化、异构化和催化重整，反应速率慢，主要是在后面的反应器中进行，故后面的反应器采用低空速、高温、高氢油比操作，以利于脱氢环化反应，防止催化剂高温失活，延长运转周期。此外，麦格纳重整的能耗比传统的半再生重整的能耗要低。

**3. 第二代 IFP(Regen B)连续重整与第一代 IFP 连续重整工艺相比，再生系统做了哪些改进?**

**答：**①再生催化剂和待生催化剂提升改用氮气提升；②催化剂再生器采用了移动床再生器；③催化剂再生采用移动床分区连续进行烧焦、氧氯化、培烧干燥；④再生气改为两路去再生器的燃烧区段，一路去烧焦段上部主燃烧区，第二路去再生器下部干燥培烧区。

**4. 第三代 IFP(Regen C)与第二代 IFP(Regen B)连续重整再生工艺相比，具有哪些优点?**

**答：**①通过降低燃烧区的温度，湿度和时间的苛刻度延长催化剂的寿命；②通过氧气和空气调节系统改进，增加了烧焦操作的可靠性；③通过优化氧氯化操作参数，是催化剂的性能更稳定；④由于将烧焦和氧氯化气体回路分开，改进了再生器操作的灵活性，⑤排出清洁气体，无需脱氯化物。

**5. 第三代 UOP 连续重整再生工艺(CyclemAx)再生器增加再加热和冷却区的目的是什么?**

**答：**①增加再加热区的目的是提高进入氯化区催化剂的温度，同时保证使催化剂上的所有焦炭都烧光；②增加冷却区的目的是降低下游输送设备的材质要求、有利于催化剂在接近等温条件下提升，同时可以预热一部分进入干燥区的空气。

**6. UOP 第二代连续重整工艺的基本特点是什么?**

**答：**①与 UOP 第一代连续重整工艺相比，UOP 第二代连续重整采用上流式中心管反应器，使油气在催化剂床层分布更佳；②采用新型焊板式换热器，减少了投资、占地、及操作费用；③采用了高效再生器，使得反应部分能够在较高苛刻度下运转；④反应系统采用低压操作，有利于提高芳烃选择性和 $C_5^+$ 液体产品收率、氢产率及产品辛烷值。

**7. 简述“逆流”移动床重整工艺的特点。**

**答：**①该工艺有三至四个并列布置的重整反应器和催化剂再生器，再生器的操作压力介于第一反应器和最后一台反应器之间。②重整反应物流流动方向为：第一重整反应器→二反→三反→末反，而催化剂输送循环方向为：再生器→末反→三反→二反→第一重整反应器→再生器。③这种催化剂的循环流程使得反应器中催化剂的活性由高到低的顺序为末反→三反→二反→第一重整反应器。催化剂的积炭高低顺序为第一重整反应器→二反→三反→末反。④反应器中进行的反应的难易程度是第一重整反应器→二反→三反→末反逐渐变难。⑤因“逆流”移动床重整在每个反应器中的催化剂的活性状态与反应的难易程度是相匹配的，所以每个反应器中催化剂的活性都能得到充分的发挥。

**8. 为什么预加氢器外预硫化催化剂活化阶段严禁循环氢气及活化油的排放?**

**答：**①器外预硫化催化剂装入反应器后无需进行预硫化，只需进一步活化处理使之完全硫化。②活化处理过程只是将原来器外的硫化过程中固定在催化剂上的硫释放出来，与催化剂发生反应生成金属硫化物。③在整个活化阶段并没有采取任何注硫措施。④如果大量排放循环氢及活化油势必会导致系统中的硫化氢含量下降，进而影响催化剂活化效果。最终造成预加氢催化剂硫化不彻底，活性达不到规定要求。

**9. 请叙述判断重整反应系统水－氯平衡是否适宜的方法。**

答：可采取分析重整循环氢组成，并计算 $C_3/C_1$ 分子比的方法来判断。如分子比在 0.7～1.0 说明水氯比合适；如 $C_3/C_1$ 分子比 < 0.7 时，表明氯含量低或水稍高；当 $C_3/C_1$ 分子比 > 1.0 时，表明系统氯过多或太干。

**10. 防止氢脆发生的措施有哪些?**

**答：**①避开其温度敏感区使用；②选用强度低的材料；③降低金属构件的应力水平。

**11. 如何防止高温硫化氢腐蚀?**

**答：**防止办法有：①降低循环氢中的 $H_2S$ 浓度；②采用抗 $H_2S$ 腐蚀的钢材，如用不锈钢；③选用不锈钢衬里或钢材表面渗铝；④加注缓蚀剂。

**12. 应力腐蚀的机理是什么?**

**答：**材料在腐蚀与拉应力的同时作用下产生破裂，称为应力腐蚀破裂(SCC)。影响应力腐蚀破裂的重要变量是温度、介质成分、材料成分和组织结构、应力。破裂方向一般与作用应力垂直。应力增大，则发生破裂的时间缩短。应力来源于外加应力、焊接和冷加工等产生的残余应力、热应力等。

**13. 影响重整催化剂烧焦速率的因素有哪些?**

**答：**影响重整催化剂烧焦速率的因素有：①催化剂积炭类型。②催化剂积炭量。③烧焦过程的温度。④烧焦过程的循环气量。⑤烧焦过程的补氧量或氧分压。⑥系统残存的烃和 $H_2$ 总量等。

**14. 压力容器的安全等级评定是怎么划分的?**

**答：**安全等级共分四级，1～2 级为优，设备检测复检时间可以适当的延长，3 级为出现了轻微的缺陷或设备运行时间较长，已超过设计使用寿命但仍不影响使用的设备，检测可按规程进行。4 级为出现了明显的缺陷，极易出现事故，必须尽快进行报废更换的设备。这种设备已属监护设备，使用者应对其有计划的定期检测，有制度的专项巡检，以防恶性事故发生。

**15. 双壳程换热器的结构有何特点?**

**答：**①双壳程换热器属于管壳式换热器；②在壳体内部安装纵向挡板使用流体两次通过壳体空间；③双壳程换热器加快了管外流速，增强了换热效果。

**16. 密封油浮环密封的工作原理主要有哪些?**

**答：**①密封油的浮环密封主要靠旋转中的密封油形成的油膜进行密封、是一种非接触式密封；②浮环与轴之间有一定间隙，使浮环虽不能转动，但可浮动；③在运转过程中，浮环与轴之间由于油膜支承使浮环与轴的经向间隙圆周相同，这样即可密封住气体。

**17. 离心式压缩机迷宫密封的工作原理是怎样的?**

**答：**①在离心式压缩机的壳体上有许多环形金属与轴表面的径向间隙形成许多环形孔口，且每两个环形孔口形成一个环形气室；②工艺气泄漏时每通过一个环形孔，由于截面积突然增大，气流形成旋涡而压力下降；③于是，密封气只需用较低压力就可把工艺气密封住。

**18. 离心式压缩机润滑油系统的组成部分有哪些？**

**答：**①润滑油箱；②润滑油泵；③润滑油冷却器；④润滑油过滤器；⑤高位油箱。

**19. 提高炉管表面热强度将受到哪些限制？**

**答：**提高炉管表面热强度将受到一定的限制：①炉管热强度增加，管壁温度也会增加，靠近管壁处的油品就会因过热而裂解积炭，在积炭严重时，可能会引起炉管破裂；②在炉膛内，炉管各处受热是不均匀的，为保证高热强度处的炉管不积炭、不烧坏，需合理地选用炉管热强度，使炉管各处的受热尽量达到均匀。

**20. 螺杆式压缩机的分类有哪些？**

**答：**①按润滑方式可分为无油式压缩机和喷油式压缩机；②按驱动方式可分为阴螺杆驱动压缩机和阳螺杆驱动压缩机；③按螺杆的数目可分为单螺杆式压缩机和双螺杆压缩机；④按工作介质可分为空气压缩机和氨压缩机。

**21. 螺杆式压缩机的工作原理是什么？**

**答：**①螺杆式压缩机属于容积式压缩机，主要是依靠容积的变化使气体压缩；②利用机体内的具有螺旋状齿槽的螺杆相啮合旋转及其与机体内壁和吸、排气端座内壁的配合，造成齿间容积的变化，从而完成气体的吸入、压缩及排出过程；③螺杆式压缩机主要利用滑阀调节，使螺杆式压缩机的负荷在10%~100%之间无级调节。

**22. 汽轮机本体的主要结构有哪几部分？**

**答：**①转动部分：主轴、叶轮、轴承套和安装在叶轮上的动叶片等；②固定部分：汽缸、隔板、喷嘴、静叶片、汽封和轴封；③控制部分由调节装置、保护装置和油系统等组成。

**23. 请简述氧化锆测量氧含量的原理？**

**答：**氧化锆的阴极在一定温度下，氧分子受热变成氧原子，并从铂片夺取自由电子形成氧离子，这时铂片带正电。若两个铂片处于不同的氧浓度中，则氧离子可以通过氧化锆中的氧离子空穴到底阳极，并释放出自由电子，还原为氧分子，这时阳极与阴极之间产生一个电位差，如果将氧化锆的结构做成内外管壁的形式，内管通入纯净的空气，外管为测量气体介质，则可以用来测量介质的氧含量。

**24. 请简述干气密封的作用原理？**

**答：**干气密封的作用原理是当端面外径侧开设流体动压槽的动环按顺时针方向旋转时，流体动压槽把外径侧的高压隔离气体泵入密封端面之间，由外径至槽径处气膜压力逐渐增加，而自槽径至内径处气膜压力逐渐下降，因端面膜压增加使所形成的开启力大于作用在密封环上的闭合力，使在静止状态下保持接触的两端面分离并处于稳定的非接触状态。由中性高压隔离气体所形成的气膜完全阻塞了相对低压的密封介质泄漏信道，实现了密封介质的零泄漏或零溢出。

**25. 请简述铬在不锈钢中的作用？**

**答：**铬之所以成为决定不锈钢性能的主要元素，根本的原因是向钢中添加铬作为合金元素后，促使其内部的矛盾运动向有利于抵抗腐蚀破坏的方面发展。这种变化可以从以下两方面得到说明：①铬使铁基固溶体的电极电位提高；②铬吸收铁的电子使铁钝化。

**26. 蒸汽透平机的工作原理是什么？**

**答：**蒸汽通过透平的喷嘴或静叶片时，压力下降，体积膨胀，形成高速汽流，推动透平的动叶片及转子旋转。从而将蒸汽的热能转变成透平旋转的机械能。

**27. 汽轮机低速暖机的操作要点是什么？**

**答：** ①在暖机前，应将管道及汽缸中的凝水排尽；②暖机的转速不能太低，太低轴承油膜不易建立，造成轴承磨损；③暖机的转速不能太高，会造成暖机速度太快；④暖机的时间不能过长，过长易导致泵卡塞。

**28. 请简述汽轮机蒸汽系统打靶的注意事项。**

**答：** 蒸汽吹扫前，应缓慢升温暖管，并恒温一小时后再进行吹扫。之后自然降温到环境温度，再升温、暖管、恒温进行第二次吹扫。如此反复一般不少于三次。蒸汽吹扫的排气管应引至室外，并加以明显标志，管口应朝上倾斜，保证安全排放。排气管应具有牢固的支承，以承受其排空的反作用力。排气管直径不宜小于被吹扫管的管径，长度应尽量短。绝热管道的蒸汽吹扫工作，一般宜在绝热施工前进行。

**29. 请简述汽轮机蒸汽系统打靶的检查方法。**

**答：** 中高压蒸汽管道、蒸汽透平入口管道的吹扫效果，应以检查装于排汽管的铝靶板为准。靶板表面应光洁，宽度为排汽管内径的 5% ~ 8%，长度等于管子内径。连续两次更换靶板检查，如靶板上肉眼可见的冲击斑痕不多于 10 点，每点不大于 1mm，即认为合格；一般蒸汽或其他管道，可用刨光木板置于排汽口处检查，板上应无铁锈、脏物。

**30. 请简述安全阀的检查和维护内容。**

**答：** ①压力容器正常运行时，前后手阀必须全开，并加铅封；②如果安全阀因超压起跳，操作人员应及时分析原因，调整操作，使压力恢复到正常范围内；压力正常后检查安全阀的工作情况，是否内漏，紧固件有无松动；③如果安全阀内漏，应及时将安全阀的前后手阀关闭，按有关程序将安全阀重新定压；④定完压的安全阀有铅封标记，操作人员应按时检查铅封的状况。

**31. 预加氢蒸发脱水过程的特点是什么？**

**答：** 蒸发脱水过程能够提供含水量小于 $5\times10^{-6}$的重整原料，这是因为蒸发脱水塔能够使重整原料中存在的水与油呈不完全互溶的非均相二元物系，它存在于与其形成共沸物的最轻组分中，即存在于塔顶。塔顶蒸出的蒸汽冷凝后可以分成油相和水相，绝对量不多的水相中含油较少，可将水相排出系统，原料中的水就被脱除；油相则作为回流送回塔内，以保持适宜的塔顶操作温度。顺利蒸出水。含水量小于 $5\times10^{-6}$的重整原料从塔底排出。

**32. 某重整装置换罐后的操作数据如下：**

| 项目/℃ 时间 | 一反入口 | 一反出口 | 二反入口 | 二反出口 | 三反入口 | 三反出口 | 四反入口 | 四反出口 |
|---|---|---|---|---|---|---|---|---|
| 9:00 | 490 | 415 | 490 | 450 | 495 | 470 | 495 | 482 |
| 11:00 | 490 | 420 | 490 | 448 | 495 | 469 | 495 | 482 |
| 13:00 | 490 | 425 | 490 | 453 | 495 | 467 | 495 | 480 |
| 15:00 | 490 | 430 | 490 | 456 | 495 | 472 | 495 | 485 |

试分析原因。

**答：** 根据操作数据可得出这段时间的反应温降分布趋势：

| 时间＼项目/℃ | 一反温降 | 二反温降 | 三反温降 | 四反温降 | 总温降 |
|---|---|---|---|---|---|
| 9:00 | 75 | 40 | 25 | 13 | 153 |
| 11:00 | 70 | 42 | 26 | 13 | 151 |
| 13:00 | 65 | 37 | 28 | 15 | 145 |
| 15:00 | 60 | 34 | 23 | 10 | 127 |

从反应温降分布趋势可以看出，重整一反温降呈下降趋势，而二、三、四反温降均是先上升后下降，反应总温降也是呈下降趋势。这种温降下降趋势符合催化剂硫中毒的下降趋势，可以确定重整催化剂是硫中毒。

**33. 请简述重整催化剂硫中毒的机理。**

**答：**重整催化剂的硫中毒主要是过量的硫与催化剂表面的金属发生强烈的化学吸附作用，从而引起催化剂中毒。该过程可以简要的用下面两个方程式来表示：

$$Pt + H_2S \longrightarrow PtS_{不可逆} + H_2 \quad (1)$$

$$PtS + H_2S \longrightarrow PtS_{不可逆}S_{可逆} + H_2 \quad (2)$$

方程式(1)中，铂原子不可逆地吸附了一部分硫。这部分硫对催化剂性能有改善的作用，可以减少烃类的氢解反应，有利于液体产品收率的提高。这部分不可逆吸附硫的数量，与催化剂的铂含量有关，也与助剂的种类和数量有关。这一步骤一般由开工初期的预硫化来完成。

方程式(2)中，铂原子除了不可逆地吸附了一部分硫以外，还可逆吸附一定数量的硫。这部分硫会引起催化剂中毒，性能变差。

**34. 砷为什么能使重整催化剂永久性中毒？**

**答：**由于砷与铂有很强的亲合力，能与催化剂表面的铂粒形成稳定的铂砷化合物($PtAs_2$)，使金属铂失去吸附氢离子的能力，也就使重整催化剂失去脱氢、加氢反应的能力，因此说砷能使重整催化剂永久性中毒。

**35. 重整催化剂积炭增多有何现象？**

**答：**①重整生成油辛烷值降低(或芳含、芳产下降)；②反应总温降下降；③产氢量减少，循环氢纯度下降；④反应器压降增加。

**36. 正常生产时，减缓重整催化剂积炭速率的措施有哪些？**

**答：**①尽量避免操作强度过高，保持合理的操作苛刻度。②保持系统压力和氢油摩尔比稳定，避免压力或氢油摩尔比过低。③不要使用干点过高或芳烃潜含量过低的原料。④不要使用含硫过高的原料。⑤保持好系统的氯/水平衡，避免氯超高造成催化剂酸性过强等。

**37. 余热锅炉汽包缺水的原因有哪些？**

**答：**余热锅炉汽包缺水的原因有：①液位控制调节阀失灵；②玻璃液面计指示错误；③给水系统故障，使实际给水量低于蒸汽发生量；④排污时间过长，未注意水位变化情况。或未关阀、管路泄漏严重；⑤对流室炉管破裂；⑥烟气温度过高造成过热蒸汽温度上升。

**38. 请简述余热锅炉发生汽水共沸的现象及原因。**

**答：**现象：液面计内水位剧烈波动，甚至看不清水位，严重时主汽管内甚至发生水击，蒸汽含盐量急剧增加，液面报警器间断地发生高或低的信号。

原因：炉水水质不好，碱度高，给水中油多或加药不正常，水位过高，炉水在极限情况下负荷骤增。

**39. 造成重整催化剂积炭增加的原因有哪些?**

**答:** ①反应空速过低;②反应温度过高;③系统压力突然下降;④氢油比过低;⑤原料油干点过高;⑥精制油芳烃潜含量含量变少;⑦系统水含量过低;⑧催化剂氯含量过高;⑨原料油硫含量过高。

**40. 请简述重整反应系统裂解反应加剧的现象。**

**答:** ①反应器总温降减小;②脱戊烷油或重整(稳定)油收率下降;③循环氢中氢含量下降;④重整油或脱戊烷油芳烃含量降低;⑤稳定塔或脱戊烷塔顶干气产量增加。

**41. 请简述重整裂解反应加剧的原因。**

**答:** ①系统过干;②系统过氯;③空速过小;④反应温度上升或大幅度波动;⑤氢油比过低;⑥精制油含硫量高或组成变化过大等。

**42. 请简述螺杆压缩机启动负荷大的原因。**

**答:** 螺杆压缩机启动负荷大的原因如下:①排气压力高;②滑阀未回零位;③机体内充满油和液体;④部分机械磨损或烧坏。

**43. 造成螺杆压缩机机体温度过高的原因有哪些?**

**答:** ①吸气温度过高;②部件磨损造成摩擦部位发热;③压缩比过大;④油冷却器能力不足;⑤喷油量不足;⑥由于杂质等原因造成压缩机烧伤。

**44. 重整反应总温降下降的原因有哪些?**

**答:** 主要原因有:①原料芳烃潜含量下降;②重整催化剂活性下降;③精制油杂质不合格,造成催化剂中毒;④重整进料干点过高,催化剂积炭速率增加;⑤重整系统氯含量偏高;⑥人为降低反应苛刻度。

**45. 造成稳定汽油辛烷值低的原因有哪些? 应如何处理?**

**答:** 造成稳定汽油辛烷值低的原因:①反应温度低。②重整空速过大。③重整压力过高。④催化剂活性下降。⑤重整原料油芳烃潜含量低。⑥催化剂氯含量低。⑦精制油含硫及其他杂质含量不合格。⑧进料换热器内漏。

处理的方法:①提高反应温度。②降低重整进料量。③降低重整的压力。④检查进料油杂质分析是否超标;换算氢油比是否偏低;操作是否波动,并对症处理。⑤重新调整重整操作条件;⑥加大注氯量;⑦调整预加氢操作条件,调整汽提塔的操作;⑧停工检修。

**46. 怎样防止重整裂解反应加剧?**

**答:** ①控制好合适的操作条件(温度、压力、空速、氢/油比等);②掌握好提温、降温原则,避免温度大幅度波动;③控制好原料油含硫量、干点,使之符合规定指标;④控制好反应环境,调整好系统的水-氯平衡。

**47. 余热锅炉汽包液位满罐,应如何处理?**

**答:** ①校核玻璃板液面计及冲洗、检查其指示是否正确;②减少或停止锅炉上水,将液位自控改手动降低液位;③加强排污或开大放空阀,降低水位调节其液位正常。

**48. 请简述锅炉汽水共沸时的处理注意事项。**

**答:** ①加强表面排污和定期排污,经常注意给水流量,防止水位过高;②保持低水位进行定期排污和换水,通过换水来改善炉水品质,当炉水分析合格后,调整排污量至正常指标;③当炉水质量不合格时,锅炉不能增加负荷,必要时尽量减少烟气给热量。

**49. 请简述连续核料位仪校验时解决辐射交叉干扰影响的方法。**

①用铅板屏蔽点源；②安装一个长的辐射源接受器，扩大量程。

**50. 请简述系统溶剂老化的原因和改善的措施。**

**答：**原因：①溶剂在长时间运转中生成有机酸。②或者生成大分子迭合物；③改善措施：一般是加入单乙醇胺。

**51. 请简述环丁砜溶剂 pH 值下降的原因。**

**答：**①由于抽提进料中常常含有活性氧，特别是在真空下操作的溶剂回收系统可能泄漏造成外界氧进入系统而使环丁砜发生氧化分解产生二氧化硫；②因系统的再沸器周围发生过热而使环丁砜分解形成酸性物质；③系统的酸性不断增强，对设备产生严重的腐蚀。

**52. 请简述抽余油含芳烃高的原因。**

**答：**①抽提溶剂比过小或回流比过大；②进料口位置不当；③汽提水量、汽提蒸汽量太小；④芳烃随水洗水窜入；⑤界面高导致抽提效率低；⑥塞控堵塞。

**53. 请简述苯产品冰点不合格的原因。**

**答：**①抽提来料组成变化；②芳烃纯度低，含非芳；③重整转化深度不够；④苯回流初馏点低；⑤改循环或分管操作不当，串线污染；⑥设备泄漏或者化验分析有误。

**54. 请简述造成苯酸洗比色不合格的原因。**

**答：**①脱戊烷油含烯烃高；②后加氢催化剂活性差，反应温度低；③苯塔底重沸器堵。

**55. 请简述抽提装置溶剂损耗高的原因。**

**答：**①非芳烃携带的溶剂量大；②水洗塔界控失灵；③抽提塔筛孔堵塞严重；④再生塔顶温度超高；⑤再生系统加热器温度过高；⑥汽提塔侧线跑溶剂严重；⑦泵及设备漏损严重。

**56. 请简述真空度对溶剂回收塔操作的影响。**

**答：**①一次溶剂比；②进料组成；③芳烃回流速率；④进料点以下的抽提板数；⑤进料点以上的抽提板数；⑥抽提塔温度；⑦一次溶剂中的水含量；⑧一次溶剂中的芳烃含量。

## 计算题

1. 已知换热器热流出入口温度分别为 160℃，200℃，冷流出入口温度分别为 140℃，120℃，逆流情况下，试求对数平均温度差 $\Delta Tm$。

**解：**

$$\Delta Tm = \frac{\Delta tn - \Delta tc}{\ln \Delta tn / \Delta tc} = \frac{(200 - 140) - (160 - 20)}{\ln(200 - 140)/(160 - 120)} = 49.3℃$$

**答：**对数平均温度差 $\Delta Tm$ 为 49.3℃。

2. 重整一、二、三、四反应器催化剂装填比为 8.5:13.5:28:50，重整一、二、三、四反应器入口温度分别为 490℃，493℃，495℃，498℃，试求加权平均入口温度 *WAIT*。

**解：**将装填比转化为百分数比，8.5 + 13.5 + 28 + 50 = 100，

$$\frac{8.5}{100}:\frac{13.5}{100}:\frac{28}{100}:\frac{50}{100}$$

则 $WAIT = 490 \times \frac{8.5}{100} + 493 \times \frac{13.5}{100} + 495 \times \frac{28}{100} + 498 \times \frac{50}{100} = 495.8℃$

**答：**加权平均入口温度为 495.8℃。

3. 某重整装置有 4 台反应器，各反应器催化剂装填比例为 R1:R2:R3:R4 = 1:2:3:4，四

台反应器的进口温度依次为490℃、490℃，495℃，495℃，出口温度分别为420℃、440℃、475℃、490℃，试求加权平均床层温度 $WABT$。

**解**：由于各反应器催化剂装填比例为 $R_1:R_2:R_3:R_4=1:2:3:4$

转化为百分数分别为10%，20%，30%，40%

$WABT=0.1\times(490+420)/2+0.2(490+440)/2+0.3\times(495+475)/2+0.4(495+490)/2=481℃$

**答**：加权平均床层温度为481℃。

4. 已知：重整一、二、三、四反应器催化剂装填比为8.5:13.5:28:50，重整一、二、三、四反入口温度分别为490℃、493℃、495℃、498℃，出口温度分别为419℃、449℃、469℃、486℃，试求重整反应加权平均床层温度 $WABT$。

**解**：

$8.5+13.5+28+50=100$、各反装置百分比为 $\frac{85}{100}:\frac{135}{100}:\frac{28}{100}:\frac{50}{100}$

$$\text{故 } WABT=\frac{85}{100}\times\left(\frac{490+419}{2}\right)+\frac{135}{100}\times\left(\frac{493+449}{2}\right)+\frac{28}{100}\times\left(\frac{493+469}{2}\right)+\frac{50}{100}\times\left(\frac{498+486}{2}\right)=483.2℃$$

**答**：重整反应加权平均床层温度为483.2℃

5. 某重整装置催化剂装填比为1:2:3:4，各反出入口压力分别为

| | 一反 | 二反 | 三反 | 四反 |
|---|---|---|---|---|
| 入口/MPa | 1.5 | 1.45 | 1.4 | 1.35 |
| 出口/MPa | 1.45 | 1.4 | 1.35 | 1.3 |

试求重整平均反应压力。

**解**：$$\text{重整平均反应压力}=\frac{1.5+1.45}{2}\times0.1+\frac{1.45+1.4}{2}\times0.2+\frac{1.4+1.35}{2}\times0.3+\frac{1.35+1.3}{2}\times0.4\text{MPa}=1.375\text{MPa}$$

**答**：重整平均反应压力为1.375MPa。

6. 已知：重整循环氢组成分析数据如下表：

| 项　目 | $H_2$ | $C_1$ | $C_2$ | $C_3$ | $C_4$ | $C_{4异}$ | $C_5$ | $C_{5异}$ | $C_{6以上}$ |
|---|---|---|---|---|---|---|---|---|---|
| 组成/% | 93.01 | 1.98 | 1.74 | 1.51 | 0.48 | 0.41 | 0.08 | 0.18 | 0.21 |

试求：$C_3/C_1$ 的摩尔比，并分析系统水－氯平衡情况。

**解**：

$$\frac{C_3}{C_1}=\frac{1.51}{1.98}\approx0.76$$

**答**：$C_3/C_1$ 的摩尔比为0.76，$0.7<0.76<1.0$ 说明系统水含量适宜。

7. 试计算1kg六元环烷环完全转化为苯的产氢量为多少 $Nm^3$。

**解**：根据化学方程式 $C_6H_{12}\rightarrow C_6H_6+3H_2$

产氢量：$\left(\frac{1000}{84}\times 3\right)\times 22.4/1000=0.8(Nm^3)$

**答**：1kg六元环烷完全转化为苯时产氢 $0.8Nm^3$。

8. 某铂重整装置每小时进料20吨，原料中含 $C_6$ 环烷、$C_7$ 环烷、$C_8$ 环烷量分别为10%（$m$）、11%（$m$）、12%（$m$），试求当其全部转化为相应的芳烃后的产氢量为多少？

**解**：根据化学方程式 $C_6H_{12}\longrightarrow C_6H_6+3H_2$

$$2C_7H_{14}\longrightarrow 2C_7H_7+7H_2$$

$$C_8H_{16}\longrightarrow C_8H_8+4H_2$$

可知1摩尔的 $C_6$、$C_7$、$C_8$ 可分别产生3、3.5、4摩尔的氢气

$$C_6\text{产氢：}\frac{20\times 1000\times 1000\times 10\%}{84}\times 3=71428(\text{摩尔})$$

$$C_7\text{产氢：}\frac{20\times 1000\times 1000\times 11\%}{98}\times 3.5=78571(\text{摩尔})$$

$$C_8\text{产氢：}\frac{20\times 1000\times 1000\times 12\%}{112}\times 4=85714(\text{摩尔})$$

$$\text{共产氢：}\frac{(71428+78571+85714)\times 22.4}{1000}=5280(m^3)$$

**答**：共产氢 $5280m^3$。

9. 某W－NI系预加氢催化剂的化学组成如下：NiO：2.0%（$m$）、$WO_3$：19%（$m$），问开工预硫化时理论产水多少。（已知催化剂装填量为10吨，NiO、$WO_3$ 相对分子质量分别为75、232）

**解**：由硫化反应方程式 $3NiO+2H_2S+H_2\longrightarrow Ni_3S_2+3H_2O$

$$WO_3+2H_2S+H_2\longrightarrow WS_2+3H_2O$$

可知：1摩尔NiO完全硫化产1摩尔水、1摩尔 $WO_3$ 完全硫化产3摩尔水

催化剂中含NiO：$(10\times 1000\times 2.0\%)/75=2.667$ 千摩尔

催化剂中含 $WO_3$：$(10\times 1000\times 19\%)/232=24.569$ 千摩尔

共产水：$(2.667+24.569\times 3)\times 18=76.374\times 18=1374.7$ 千克 $=1.374$ 吨

**答**：理论产水1.374吨。

10. 某催化重整装置有预加氢催化剂10吨，催化剂上含 $WS_3$ 15%、$Ni_3S_2$ 3%，送往催化剂厂再生，假定全部硫化物均能100%转化为氧化物，在再生后要筛出5%的粉末及夹杂物，问返厂再生好的催化剂的质量是多少？（假定催化剂上没有积炭。已知相对原子质量：Ni：58.7，W：183.8，O：16，S：32）

**解**：$2WS_3+9O_2\longrightarrow 2WO_3+6SO_2$

$Ni_3S_2+7O_2\longrightarrow 6NiO+4SO_2$

$WO_3$，NiO，$WS_3$，$Ni_3S_2$ 的相对分子质量为231.8，74.7，279.8，240.1

催化剂中含 $WS_3$：$10\times 15\%=1.5t$

由 $WS_3$ 变成 $WO_3$ 后的质量为：$1.5\times(231.8/279.8)=1.243t$

催化剂中含 $Ni_3S_2$：$10\times 3\%=0.3t$

由 $Ni_3S_2$ 变成NiO后的质量为：$0.3\times(6\times 74.7/2\times 240.1)=0.28t$

返厂后催化剂的质量为：$10-(1.5-1.243)-(0.3-0.28)=9.723t$

**答**：返厂后催化剂的质量为9.723吨。

11. 某加热炉有效热负荷 $8.37\times10^6$kJ/h，每小时实际消耗 208.33kg 燃料气(已知燃料气发热值为 $5.36\times10^4$kJ/kg)，试求该加热炉热效率？

**解：** 热效率 $\eta = Q_{有效}/(B\times Q) = 8.37\times10^6/208.33\times5.36\times10^4\times100\% = 75\%$。

**答：** 该加热炉热效率为 75%。

12. 某加热炉有效热负荷 200 万 kcal/h，每小时实际消耗 208.33kg 燃料气(已知燃料气发热值为 12000kcal/kg)试求该炉的热效率。

**解：** 热效率 $\eta = Q/(B\times Q_L) = 200\times10000/(208.33\times12000) = 80\%$ 式中：$B$—实际消耗量；$Q_L$—发热量；$Q$—热负荷

**答：** 该炉的热效率为 80%。

13. 某重整装置一个月的处理量为 32400t，消耗中电的耗量为 880000kW·h，试求电的能耗是多少？(电的能耗折算系数为 0.3kg 标油/kW·h)

**解：** 电耗量折算为：$880000\times0.3 = 264000$(kg 标油)

能耗为：$\frac{264000}{32400} = 8.15$(kg 标油/t)

**答：** 电的能耗为 8.15kg 标油/t。

14. 某班在某天的消耗如下：电量：12000kW·h；燃料气 30t；蒸汽 123t；循环水 700t；除盐水 1t；它们的能耗折算系数分别是 0.3、1000、88、0.1、0.23；重整进料量为 800t，试计算该班的能耗为多少 kg 标油/吨？

**解：** $(12000\times0.3+30\times1000+88\times123+700\times0.1+1\times0.23)/800 = 55.62$kg 标油/吨

**答：** 该班的能耗为 55.62kg 标油/吨。

15. 已知烟道气采样分析如下：

| 组　成 | $O_2$ | $N_2$ | CO | $CO_2$ |
|---|---|---|---|---|
| 体积/% | 4.25 | 82.26 | 1 | 13.13 |

试求：过剩空气系数为多少？

**解：**

$\alpha = 100 - CO_2 - O_2/100 - CO_2 - 4.76\cdot O_2 = 100 - 13.13 - 4.25/100 - 13.13 - 4.76\times4.25$

$= 82.6/66.64 = 1.24$

**答：** 过剩空气系数为 1.24。

16. 在连续定态过程的精馏塔中，塔的进料量是 1.5t/h，原料组成是 40% 的苯和 60% 的甲苯，操作压力是常压，要求塔底产品中苯含量为 2%，塔顶产品中苯对塔进料的回收率为 97.1%，试求塔底、塔顶产品的流量及组成？

解：设塔顶产品流量为 $D$，塔底产品流量为 $W$，塔顶产品中苯含量为 $X$。

$$D + W = 1.5$$

$$D\times X + W\times0.02 = 1.5\times0.4$$

$$\frac{D\times X}{1.5\times0.4} = 97\%$$

解得：$FW = 0.87$t/h，$D = 0.63$t/h，$X = 92.5\%$

**答：** 塔顶产品流量为 0.63t/h，塔底产品流量为 0.87t/h，塔顶产品中苯含量为 92.5%。

17. 已知某精馏塔进料量为 50 kmol/h，塔顶馏出量为 41.8kmol/h，回流比为 3，当进料状况为饱和蒸汽进料时，试求提馏段内上升气体量及下降的液体量。

**解：** $L = RD = 3 \times 41.8 = 125.6$(kmol/h)

因 $V = L + D = (R+1)D = 4 \times 41.8 = 167.5$(kmol/h)

因进料状况为饱和蒸汽进料，所以 $q = 0$

$V' = V - (1-q)F = 167.5 - (1-0) \times 50 = 117.5$(kmol/h)

$L' = L + qF = 125.6 + 0 \times 50 = 125.6$(kmol/h)

**答：** 提馏段内上升气体量及下降的液体量分别为 117.5kmol/h，125.6kmol/h。

18. 某催化重整装置催化剂分两段装填共 20t，催化剂装填比为 1:2:3:4，一、二反催化剂理论需硫量为 0.13%、三、四反为 0.15%，问四个反应器各需多少千克二甲基二硫。

**解：** 各反催化剂装填量为：一反：$20 \times 0.1 = 2$t；二反：$20 \times 0.2 = 4$t；三反：$20 \times 0.3 = 6$t；四反：$20 \times 0.4 = 8$t

各反理论需硫量为：一反：$2 \times 1000 \times 0.13\% = 2.6$kg；二反：$4 \times 1000 \times 0.13\% = 5.2$kg；三反：$6 \times 1000 \times 0.15\% = 9$kg；四反：$8 \times 1000 \times 0.15\% = 12$kg

各反需二甲基二硫：一反：$2.6 \div 68\% = 3.82$kg；二反：$5.2 \div 68\% = 7.647$kg；三反：$9 \div 68\% = 13.24$kg；四反：$12 \div 68\% = 17.65$kg。

**答：** 各反所需二甲基二硫分别为：3.82kg；7.647kg；13.24kg；17.65kg。

19. 某重整装置装填的催化剂上的氯含量为 0.5%，开工期间共脱水 100 千克，化验分析其中氯的含量为 1.2%，问开工期间共需补多少二氯乙烷才能达到催化剂的适宜氯含量。已知：适宜氯含量是 1.0%(催化剂重量)，催化剂装填量为 10t，循环气中氯忽略不计。

**解：** 水中失氯：$100\text{kg} \times 1.2\% = 1.2$kg

氯含量由 0.5%补到 1.0%需氯：$10 \times 1000\text{kg} \times (1.0 - 0.5)\% = 50$kg

需二氯乙烷：$(1.2 + 50) \times 99/71 = 71.39$kg

**答：** 共需补二氯乙烷 71.39kg。

20. 重整装置进料量为 75t/h，分析进料硫含量为 0.05ppm，要求的进料硫含量为 0.25ppm，求每分钟硫的注入量为多少？

**解：** 注硫的需求量为 $0.25 - 0.05 = 0.20$ppm；进料量为 75t/h，则注入的硫含量为 $75 \times 1000/60 \times 0.5 \times 10^{-6} = 0.00025$kg 硫/min

答：每分钟注硫量为 0.00025kg 硫。

21. 重整装置进料量为 75t/h，分析进料硫含量为 0.05ppm，要求的进料硫含量为 0.25ppm，求每分钟硫化物的体积注入量为多少？(硫化物为二甲基二硫，相对分子质量 94，相对密度为 1.063g/mL)

**解：** 注硫的需求量为 $0.25 - 0.05 = 0.20$ppm；进料量为 75t/h，则注入硫的量为 $75 \times 1000/60 \times 0.5 \times 10^{-6} = 0.00025$kg/min；由二甲基二硫的相对分子质量得：1kg 硫化物含有 0.6809kg 硫；由相对密度得：1g 硫化物体积为 0.9407mL；

硫化物注入量为：$0.0025/0.6809 \times 0.9407 \times 1000 = 0.345$mL/min。

**答：** 每分钟硫化物的注入量为 0.345mL/min。

# 五、技能操作鉴定要素细目表(技师)

<table>
<tr><th colspan="6">鉴 定 范 围</th><th colspan="2">鉴 定 点</th></tr>
<tr><th colspan="2">一级</th><th colspan="2">二级</th><th colspan="2">三级</th><th rowspan="2">代码</th><th rowspan="2">名 称</th></tr>
<tr><th>代码</th><th>名 称</th><th>代码</th><th>名 称</th><th>代码</th><th>名 称</th></tr>
<tr><td rowspan="35">A</td><td rowspan="35">技能要求</td><td rowspan="12">A</td><td rowspan="12">工艺操作</td><td rowspan="3">A</td><td rowspan="3">开车准备</td><td>001</td><td>离心式压缩机的整机试运转的验收</td></tr>
<tr><td>002</td><td>新装置开工前的工艺管线检查</td></tr>
<tr><td>003</td><td>催化重整装置开车条件的确认</td></tr>
<tr><td rowspan="2">B</td><td rowspan="2">开车操作</td><td>001</td><td>压缩机润滑油系统的投用</td></tr>
<tr><td>002</td><td>预加氢催化剂硫化的操作</td></tr>
<tr><td rowspan="4">C</td><td rowspan="4">正常操作</td><td>001</td><td>加热炉正常操作时的检查</td></tr>
<tr><td>002</td><td>提高重整生成油辛烷值的操作</td></tr>
<tr><td>003</td><td>精制油初馏点偏低的调整</td></tr>
<tr><td>004</td><td>加热炉出口温度低的调节</td></tr>
<tr><td rowspan="3">D</td><td rowspan="3">停车操作</td><td>001</td><td>催化重整装置停车重点设备检修安排</td></tr>
<tr><td>002</td><td>加热炉的烧焦操作</td></tr>
<tr><td>003</td><td>预加氢催化剂再生(蒸汽＋空气)的操作</td></tr>
<tr><td rowspan="7">B</td><td rowspan="7">设备使用及维护</td><td rowspan="6">A</td><td rowspan="6">使用设备</td><td>001</td><td>往复式压缩机的安装验收</td></tr>
<tr><td>002</td><td>机泵的安装验收</td></tr>
<tr><td>003</td><td>凝汽式循环氢压缩机开车的操作</td></tr>
<tr><td>004</td><td>凝汽式循环氢压缩机停车的操作</td></tr>
<tr><td>005</td><td>润滑油螺杆泵的正常维护操作</td></tr>
<tr><td>006</td><td>干气密封投用操作</td></tr>
<tr><td>B</td><td>维护设备</td><td>001</td><td>透平式循环压缩机联锁系统确认</td></tr>
<tr><td rowspan="10">C</td><td rowspan="10">事故判断与处理</td><td rowspan="6">A</td><td rowspan="6">判断事故</td><td>001</td><td>火灾事故应急预案的编制</td></tr>
<tr><td>002</td><td>重整催化剂积炭增多的原因判断</td></tr>
<tr><td>003</td><td>产品汽油辛烷值低的原因判断</td></tr>
<tr><td>004</td><td>离心式压缩机轴承温度异常升高的原因判断</td></tr>
<tr><td>005</td><td>重整催化剂硫中毒的判断</td></tr>
<tr><td>006</td><td>反应进料加热炉炉管结焦的判断</td></tr>
<tr><td rowspan="4">B</td><td rowspan="4">处理事故</td><td>001</td><td>重整循环氢压缩机联锁停车的处理</td></tr>
<tr><td>002</td><td>重整反应器法兰泄漏着火处理</td></tr>
<tr><td>003</td><td>预加氢循环机停机的处理</td></tr>
<tr><td>004</td><td>离心式压缩机轴承温度异常升高的处理</td></tr>
<tr><td>D</td><td>绘图与计算</td><td>A</td><td>绘图</td><td>001</td><td>重整循环氢压缩机工艺流程图</td></tr>
</table>

续表

| 鉴定范围 | | | | | | 鉴定点 | |
|---|---|---|---|---|---|---|---|
| 一级 | | 二级 | | 三级 | | 代码 | 名称 |
| 代码 | 名称 | 代码 | 名称 | 代码 | 名称 | | |
| B | 技能要求 | A | 工艺操作 | D | 停车操作 | 001 | 重整催化剂热氢循环脱硫操作 |
| C | 相关知识 | A | 工艺操作 | A | 开车准备 | 001 | 再生部分开工流程确认 |
| | | | | B | 开车操作 | 001 | 催化剂循环速率确认操作 |
| | | | | C | 正常操作 | 001 | 减少催化剂消耗途径分析 |
| | | | | D | 停车操作 | 001 | 闭锁料斗的切出操作 |
| | | C | 事故判断与处理 | A | 判断事故 | 001 | 催化剂贴壁的现象 |
| | | | | | 处理事故 | 001 | 催化剂贴壁的处理 |
| D | 技能要求 | A | 工艺操作 | C | 正常操作 | 001 | 抽提系统溶剂比的调整 |
| | | | | | | 002 | 水洗塔调整操作 |
| | | | | D | 停车操作 | 001 | 抽提分离停工后回收溶剂的操作 |
| | | | | | | 002 | 抽提系统停车的操作 |
| | | C | 事故判断 | A | 判断事故 | 001 | 分析溶剂再生塔再生困难的原因 |
| | | D | 绘图与计算 | A | 绘图 | 001 | 画出溶剂再生系统流程图 |

# 六、技能操作试题(技师)

## 试题1：新装置开工前的工艺管线检查(现场模拟)

(考核时间：25min)

| 序号 | 考核内容 | 考核要点 | 配分 | 评分标准 | 检测结果 | 扣分 | 得分 | 备注 |
|---|---|---|---|---|---|---|---|---|
| 1 | 准备工作 | 穿戴劳保用品 | 3 | 未穿戴整齐扣3分 | | | | |
| | | 工具、用具准备 | 2 | 工具选择不正确扣2分 | | | | |
| 2 | 操作程序 | 按照PI图逐条核对，装置所有管线走向是否正确无误，进出装置与设备连接的位置是否符合设计要求，特别注意高压管线的检查 | 20 | 未按照PI图进行逐条核对扣5分 | | | | |
| | | | | 未核对管线走向是否正确扣5分 | | | | |
| | | | | 未检查位置是否符合设计要求扣5分 | | | | |
| | | | | 未对高压管线检查特别注意扣5分 | | | | |
| 3 | | 工艺管线的公称直径、阀门、垫片、法兰、螺栓规格及材质是否符合设计要求 | 10 | 漏一项扣2分 | | | | |
| 4 | | 所有阀门类型、方向正确，特别注意检查高压阀门 | 10 | 核对阀门类型是否正确，漏一项扣2分 | | | | |
| | | | | 核对阀门方向是否正确，漏一项扣2分 | | | | |
| 5 | | 所有管线的保温伴热是否齐全，完整，高温管线是否承受得住预期的热膨胀 | 10 | 未检查保温伴热是否齐全扣5分 | | | | |
| | | | | 未对高温管线是否承受得住预期的热膨胀进行检查扣5分 | | | | |

续表

| 序号 | 考核内容 | 考核要点 | 配分 | 评分标准 | 检测结果 | 扣分 | 得分 | 备注 |
|---|---|---|---|---|---|---|---|---|
| 6 | | 所有仪表管线的安装是否正确 | 10 | 未检查仪表管线的安装是否正确扣10分 | | | | |
| 7 | | 工艺管线中的单向阀、安全阀、调节阀、疏水阀、阻火器、压力表、取压点、热偶、孔板、盲板、取样分析点、高低放空、低点排凝等安装位置是否正确 | 20 | 核对管线中设备安装的位置是否正确，漏一项扣2分 | | | | |
| 8 | | 阀门盘根是否压好，开关是否灵活 | 10 | 未对阀门盘根是否压好进行检查扣5分 | | | | |
| | | | | 未检查阀门开关是否灵活扣5分 | | | | |
| 9 | 使用工具 | 正确使用工具 | 2 | 工具使用不正确扣2分 | | | | |
| | | 正确维护工具 | 3 | 工具乱摆乱放扣3分 | | | | |
| 10 | 安全及其他 | 按国家法规或企业规定 | | 违规一次总分扣5分；严重违规停止操作 | | | — | |
| | | 在规定时间内完成操作 | | 每超时1min总分扣5分，超时3min停止操作 | | | — | |
| | | 合　　计 | 100 | | | | | |

**试题2：压缩机润滑油系统的投用(现场模拟)**

（考核时间：15min）

| 序号 | 考核内容 | 考核要点 | 配分 | 评分标准 | 检测结果 | 扣分 | 得分 | 备注 |
|---|---|---|---|---|---|---|---|---|
| 1 | 准备工作 | 穿戴劳保用品 | 3 | 未穿戴整齐扣3分 | | | | |
| | | 工具、用具准备 | 2 | 工具选择不正确扣2分 | | | | |
| 2 | 操作程序 | 检查润滑油系统流程及油箱液位、温度 | 15 | 未检查润滑油系统流程扣5分 | | | | |
| | | | | 未检查润滑油液位扣5分 | | | | |
| | | | | 未检查润滑油温度扣5分 | | | | |
| 3 | | 检查泵进出口阀位是否符合要求及泵出口安全阀 | 10 | 未检查泵阀位扣5分 | | | | |
| | | | | 未检查泵安全阀扣5分 | | | | |
| 4 | | 泵盘车、润滑油冷却器检查、投运 | 10 | 未检查泵盘车扣5分 | | | | |
| | | | | 未检查冷却器扣5分 | | | | |
| 5 | | 油过滤器检查投运 | 10 | 未检查油过滤器扣10分 | | | | |
| 6 | | 检查油路上的各阀门 | 15 | 未检查油路上的各阀门扣15分 | | | | |
| 7 | | 检查注油点的阀门 | 20 | 未检查注油点的阀门扣10分 | | | | |
| 8 | | 打开导压管线上的截止阀及仪表一次阀 | 10 | 未打开导压管线上的截止阀扣5分 | | | | |
| | | | | 未打开导压管线上的仪表一次阀扣5分 | | | | |

续表

| 序号 | 考核内容 | 考核要点 | 配分 | 评分标准 | 检测结果 | 扣分 | 得分 | 备注 |
|---|---|---|---|---|---|---|---|---|
| 9 | 使用工具 | 正确使用工具 | 2 | 工具使用不正确扣2分 | | | | |
| | | 正确维护工具 | 3 | 工具乱摆乱放扣3分 | | | | |
| 10 | 安全及其他 | 按国家法规或企业规定 | | 违规一次总分扣5分；严重违规停止操作 | | | — | |
| | | 在规定时间内完成操作 | | 每超时1min总分扣5分，超时3min停止操作 | | | — | |
| | | 合　计 | 100 | | | | | |

### 试题3：预加氢催化剂预硫化的操作(现场模拟)

（考核时间：30min）

| 序号 | 考核内容 | 考核要点 | 配分 | 评分标准 | 检测结果 | 扣分 | 得分 | 备注 |
|---|---|---|---|---|---|---|---|---|
| 1 | 准备工作 | 穿戴劳保用品 | 3 | 未穿戴整齐扣3分 | | | | |
| | | 工具、用具准备 | 2 | 工具选择不正确扣2分 | | | | |
| 2 | 预硫化前的准备工作 | 反应系统氮气置换、气密氢气置换气密 | 15 | 置换不合格就进行下一道工序扣5分 | | | | |
| | | 预硫化剂装入硫化剂罐 | | 未确认硫化剂装入量扣5分 | | | | |
| | | 预硫化流程的检查工作 | | 未现场确认预硫化流程就进行下一道工序扣5分 | | | | |
| 3 | 操作程序 | 系统建立氢气循环 | 15 | 引氢气时机不对扣2.5分 | | | | |
| | | | | 氢气置换不合格就进行下一道工序扣2.5分 | | | | |
| | | | | 循环机开机时机不对扣2.5分 | | | | |
| | | | | 未按规定升压速度升压扣2.5分 | | | | |
| | | | | 氢气压力不在规定控制要求内或波动较大扣2.5分 | | | | |
| | | | | 氢气循环量不在规定范围内扣2.5分 | | | | |
| 4 | | 系统升温操作 | 10 | 点炉升温时机不对扣2.5分 | | | | |
| | | | | 升温速度不在规定控制要求内扣2.5分 | | | | |
| | | | | 未在规定温度范围内恒温待命扣2.5分 | | | | |
| | | | | 温度控制波动较大扣2.5分 | | | | |
| 5 | | 系统引油的操作 | 15 | 开泵引油的时机不对扣5分 | | | | |
| | | | | 进料量不在规定范围内或控制波动较大扣5分 | | | | |
| | | | | 未建立起油循环流程扣5分 | | | | |

续表

| 序号 | 考核内容 | 考核要点 | 配分 | 评分标准 | 检测结果 | 扣分 | 得分 | 备注 |
|---|---|---|---|---|---|---|---|---|
| 6 | | 催化剂硫化的操作 | 35 | 注硫化剂时机不对扣5分 | | | | |
| | | | | 循环氢中的 $H_2S$ 未穿透床层前即提温扣5分 | | | | |
| | | | | 硫化开始后升温速度未按规定控制扣5分 | | | | |
| | | | | 到规定温度时恒温时间未按要求执行扣5分 | | | | |
| | | | | 注硫速度未按要求控制扣5分 | | | | |
| | | | | 未按规定时间间隔分析循环气中 $H_2S$ 浓度扣5分 | | | | |
| | | | | 高分脱水未计量扣5分 | | | | |
| | | | | 未根据分析确定硫化已结束扣5分 | | | | |
| 7 | 使用工具 | 正确使用工具 | 2 | 工具使用不正确扣2分 | | | | |
| | | 正确维护工具 | 3 | 工具乱摆乱放扣3分 | | | | |
| 8 | 安全及其他 | 按国家法规或企业规定 | | 违规一次总分扣5分；严重违规停止操作 | | | — | |
| | | 在规定时间内完成操作 | | 每超时1min总分扣5分，超时3min停止操作 | | | — | |
| 合计 | | | 100 | | | | | |

**试题4：加热炉正常操作时的检查(现场模拟)**

(考核时间：15min)

| 序号 | 考核内容 | 考核要点 | 配分 | 评分标准 | 检测结果 | 扣分 | 得分 | 备注 |
|---|---|---|---|---|---|---|---|---|
| 1 | 准备工作 | 穿戴劳保用品 | 3 | 未穿戴整齐扣3分 | | | | |
| | | 工具、用具准备 | 2 | 工具选择不正确扣2分 | | | | |
| 2 | 操作程序 | 检查介质总出口温度、各路流量、温差及炉膛温度等是否符合工艺指标 | 15 | 未检查介质总出口温度扣5分 | | | | |
| | | | | 未检查介质各路流量扣5分 | | | | |
| | | | | 未检查介质温差扣5分 | | | | |
| | | | | 未检查炉膛温度扣5分 | | | | |
| 3 | | 检查加热炉负压是否在 $-20\sim-40$Pa之间 | 10 | 未检查负压值扣5分 | | | | |
| | | | | 未检查加热炉烟气外排温度扣5分 | | | | |
| | | | | 未检查加热炉氧含量扣5分 | | | | |
| 4 | | 检查加热炉各燃烧器的燃烧情况，火焰的形状及颜色是否符合要求，火焰是否烧着炉管 | 15 | 未检查各燃料器是否对称燃烧扣5分 | | | | |
| | | | | 未检查火焰的形状是否符合要求扣5分 | | | | |
| | | | | 未检查火焰的颜色是否符合要求扣5分 | | | | |
| | | | | 未检查火焰是否“添舐”炉管扣5分 | | | | |

续表

| 序号 | 考核内容 | 考核要点 | 配分 | 评分标准 | 检测结果 | 扣分 | 得分 | 备注 |
|---|---|---|---|---|---|---|---|---|
| 5 | | 检查各个炉管是否有弯曲、脱皮、鼓包、发红、发暗等现象 | 10 | 未检查加热炉炉管是否有变形扣5分 | | | | |
| | | | | 未检查加热炉是否超温变色扣5分 | | | | |
| 6 | | 检查加热炉回弯头堵头、出入口阀、法兰等处有无泄漏 | 5 | 未检查加热炉各炉管是否穿孔泄漏扣5分 | | | | |
| 7 | | 检查火盆砖、钓钩、炉墙、衬里等变化情况 | 10 | 未检查加热炉火盆砖是否有脱落扣5分 | | | | |
| | | | | 未检查加热炉炉墙衬里情况扣5分 | | | | |
| 8 | | 燃料压力是否符合要求 | 5 | 未检查燃料压力是否符合要求扣5分 | | | | |
| 9 | | 燃料气分液罐是否有液位、脱液阀是否关闭 | 10 | 未检查燃料气分液罐是否有液位扣5分 | | | | |
| | | | | 未检查脱液阀是否关闭扣5分 | | | | |
| 10 | | 检查加热炉的防爆门、通风门、人孔、看火门是否关闭 | 10 | 未检查防爆门等是否关闭扣5分 | | | | |
| | | | | 看火门在看完火后未关闭扣5分 | | | | |
| 11 | 使用工具 | 正确使用工具 | 2 | 工具使用不正确扣2分 | | | | |
| | | 正确维护工具 | 3 | 工具乱摆乱放扣3分 | | | | |
| 12 | 安全及其他 | 按国家法规或企业规定 | | 违规一次总分扣5分；严重违规停止操作 | | | — | |
| | | 在规定时间内完成操作 | | 每超时1min总分扣5分，超时3min停止操作 | | | — | |
| 合计 | | | 100 | | | | | |

**试题5：提高重整生成油辛烷值的操作(现场模拟)**

(考核时间：15min)

| 序号 | 考核内容 | 考核要点 | 配分 | 评分标准 | 检测结果 | 扣分 | 得分 | 备注 |
|---|---|---|---|---|---|---|---|---|
| 1 | 准备工作 | 穿戴劳保用品 | 3 | 未穿戴整齐扣3分 | | | | |
| | | 工具、用具准备 | 2 | 工具选择不正确扣2分 | | | | |
| 2 | 操作程序 | 重整进料性质的调节 | 20 | 未相应调整精制油初馏点扣10分 | | | | |
| | | | | 未相应调节精制油干点扣10分 | | | | |
| 3 | | 反应温度的调节 | 15 | 未相应调节重整反应温度扣10分 | | | | |
| | | | | 操作波动大扣5分 | | | | |
| 4 | | 反应压力的调节 | 10 | 反应压力波动大扣10分 | | | | |
| 5 | | 反应空速的调节 | 15 | 未相应调节反应空速扣10分 | | | | |
| | | | | 操作波动大扣5分 | | | | |
| 6 | | 反应氢油比的调节 | 15 | 未相应调节反应压力扣10分 | | | | |
| | | | | 操作波动大扣5分 | | | | |
| 7 | | 重整系统水氯平衡的调节 | 15 | 未相应调节重整反应系统的氯含量扣15分 | | | | |

续表

| 序号 | 考核内容 | 考核要点 | 配分 | 评分标准 | 检测结果 | 扣分 | 得分 | 备注 |
|---|---|---|---|---|---|---|---|---|
| 8 | 使用工具 | 正确使用工具 | 2 | 工具使用不正确扣2分 | | | | |
| | | 正确维护工具 | 3 | 工具乱摆乱放扣3分 | | | | |
| 9 | 安全及其他 | 按国家法规或企业规定 | | 违规一次总分扣5分；严重违规停止操作 | | | — | |
| | | 在规定时间内完成操作 | | 每超时1min总分扣5分，超时3min停止操作 | | | — | |
| 合　计 | | | 100 | | | | | |

**试题6：精制油初馏点偏低的调整(现场模拟)**

(考核时间：15min)

| 序号 | 考核内容 | 考核要点 | 配分 | 评分标准 | 检测结果 | 扣分 | 得分 | 备注 |
|---|---|---|---|---|---|---|---|---|
| 1 | 准备工作 | 穿戴劳保用品 | 3 | 未穿戴整齐扣3分 | | | | |
| | | 工具、用具准备 | 2 | 工具选择不正确扣2分 | | | | |
| 2 | 操作程序 | 增加分馏塔底温度 | 20 | 未及时调整扣5分 | | | | |
| | | | | 燃料气阀门开度过大造成塔底温度过高扣5分 | | | | |
| | | | | 未注意温度变化情况，分馏塔液面过低扣5分 | | | | |
| | | | | 操作波动大扣5分 | | | | |
| 3 | | 降低分馏塔塔顶回流量 | 20 | 未及时调整扣5分 | | | | |
| | | | | 拔头油外排阀门开度过大，造成塔顶温度过高扣5分 | | | | |
| | | | | 未注意回流量变化情况，造成回流罐液面过高扣5分 | | | | |
| | | | | 操作波动大扣5分 | | | | |
| 4 | | 降低分馏塔顶压力 | 20 | 未及时调整扣5分 | | | | |
| | | | | 压控阀阀门开度过大，造成分馏塔压力过低扣10分 | | | | |
| | | | | 操作波动大扣5分 | | | | |
| 5 | | 增加分析频度 | 10 | 未联系增加分析频度扣10分 | | | | |
| | | 将调节过程在交接班簿上记录，并交班 | 20 | 记录不清扣10分 | | | | |
| | | | | 未交调节过程扣10分 | | | | |
| 6 | 使用工具 | 正确使用工具 | 2 | 工具使用不正确扣2分 | | | | |
| | | 正确维护工具 | 3 | 工具乱摆乱放扣3分 | | | | |
| 7 | 安全及其他 | 按国家法规或企业规定 | | 违规一次总分扣5分；严重违规停止操作 | | | — | |
| | | 在规定时间内完成操作 | | 每超时1min总分扣5分，超时3min停止操作 | | | — | |
| 合　计 | | | 100 | | | | | |

## 试题7：加热炉的烧焦操作（现场模拟）

（考核时间：30min）

| 序号 | 考核内容 | 考核要点 | 配分 | 评分标准 | 检测结果 | 扣分 | 得分 | 备注 |
|---|---|---|---|---|---|---|---|---|
| 1 | 准备工作 | 穿戴劳保用品 | 3 | 未穿戴整齐扣3分 | | | | |
| | | 工具、用具准备 | 2 | 工具选择不正确扣2分 | | | | |
| 2 | 操作程序 | 停工后吹扫干净炉管 | 5 | 未吹扫干净扣5分 | | | | |
| 3 | | 加盲板隔离炉管 | 5 | 未加盲板扣5分 | | | | |
| 4 | | 拆烧焦线盲板 | 5 | 未拆清焦盲板扣5分 | | | | |
| 5 | | 联系好非净化风 | 3 | 未联系好扣3分 | | | | |
| 6 | | 烧焦罐给冷却水 | 2 | 给冷却水时机不正确扣2分 | | | | |
| 7 | | 炉管给蒸汽 | 6 | 蒸汽未排凝扣3分 | | | | |
| | | | | 给蒸汽时机不正确扣3分 | | | | |
| 8 | | 炉膛点火升温 | 10 | 点火时机不正确扣2分 | | | | |
| | | | | 未按规定升温速度升温扣4分 | | | | |
| | | | | 未保持在规定的温度扣4分 | | | | |
| 9 | | 升温过程中不断加大烧焦罐冷却水量 | 5 | 未执行扣5分 | | | | |
| 10 | | 控制好通风速度 | 5 | 未控制好通风量扣5分 | | | | |
| 11 | | 恒温，加大蒸汽剥离焦 | 5 | 未控制好蒸汽量扣5分 | | | | |
| 12 | | 控制好吹出的焦粉的大小 | 5 | 未控制好5分 | | | | |
| 13 | | 炉膛继续升温到规定的最高温度 | 5 | 未按规定升温速度升温扣3分 | | | | |
| | | | | 未保持在规定的温度扣2分 | | | | |
| 14 | | 调整蒸汽与风的比例，控制炉管颜色为暗红色 | 10 | 未控制好通风量扣5分 | | | | |
| | | | | 未控制好蒸汽量扣5分 | | | | |
| 15 | | 检查烧焦罐的水的颜色 | 3 | 未检查扣3分 | | | | |
| 16 | | 加热炉炉膛降温熄火 | 2 | 未按规定速度降温扣1分 | | | | |
| | | | | 加热炉熄火时机不正确扣1分 | | | | |
| 17 | | 加热炉炉管停止通蒸汽 | 5 | 加热炉炉管停止通蒸汽时机不正确扣5分 | | | | |
| 18 | | 检查炉管烧焦效果 | 2 | 未检查炉管烧焦效果扣2分 | | | | |
| 19 | | 打开烟道挡板、人孔、看火门自然通风 | 2 | 未打开扣2分 | | | | |
| 20 | | 吹扫瓦斯管线 | 5 | 未吹扫扣5分 | | | | |
| 21 | 使用工具 | 正确使用工具 | 2 | 工具使用不正确扣2分 | | | | |
| | | 正确维护工具 | 3 | 工具乱摆乱放扣3分 | | | | |
| 22 | 安全及其他 | 按国家法规或企业规定 | | 违规一次总分扣5分；严重违规停止操作 | | | — | |
| | | 在规定时间内完成操作 | | 每超时1min总分扣5分，超时3min停止操作 | | | — | |
| | | 合　计 | 100 | | | | | |

## 试题8：往复式压缩机的安装验收(现场模拟)

(考核时间：30min)

| 序号 | 考核内容 | 考核要点 | 配分 | 评分标准 | 检测结果 | 扣分 | 得分 | 备注 |
|---|---|---|---|---|---|---|---|---|
| 1 | 准备工作 | 穿戴劳保用品 | 3 | 未穿戴整齐扣3分 | | | | |
| | | 工具、用具准备 | 2 | 工具选择不正确扣2分 | | | | |
| 2 | 操作程序 | 检查机身的安装、基础面铲麻、垫片规格数量、机身试漏、地脚螺栓调平等符合要求 | 8 | 未检查扣3分 | | | | |
| | | | | 有一项不符合要求而没发现扣1分，总计不超过5分 | | | | |
| 3 | | 检查主轴与主轴承的安装符合技术要求 | 8 | 未检查扣4分 | | | | |
| | | | | 不符合技术要求扣4分 | | | | |
| 4 | | 用拉钢丝中心线检测缸体与中体中心位置同心度并符合要求 | 7 | 未检查扣4分 | | | | |
| | | | | 不符合要求扣3分 | | | | |
| 5 | | 检查中体与汽缸安装(汽缸与中体中心线与主轴中心线标高相同且垂直)的同轴度符合要求 | 8 | 未检查扣5分 | | | | |
| | | | | 有一项不符合要求而没发现扣1分，总计不超过3分 | | | | |
| 6 | | 检查十字头与连杆的安装(十字头上、下滑板的刮研修配、大头瓦的刮研)间隙符合要求 | 8 | 未检查扣5分 | | | | |
| | | | | 有一项不符合要求而没发现扣1分，总计不超过3分 | | | | |
| 7 | | 检查填料函的组装间隙和刮油环安装符合设计要求 | 8 | 未检查扣4分 | | | | |
| | | | | 有一项不符合要求扣4分 | | | | |
| 8 | | 检查活塞环、导向环，活塞与活塞杆的安装符合技术要求 | 7 | 未检查扣4分 | | | | |
| | | | | 有一项不符合要求而没发现扣1分，总计不超过3分 | | | | |
| 9 | | 检查汽缸进排气阀的安装符合技术要求 | 6 | 未检查扣3分 | | | | |
| | | | | 有一项不符合要求而没发现扣3分 | | | | |
| 10 | | 检查同步电机的安装(吊装、找正、定子安装找正)符合要求 | 6 | 未检查扣3分 | | | | |
| | | | | 有一项不符合要求而没发现扣1分，总计不超过6分 | | | | |
| 11 | | 检查基础的二次灌浆与抹面符合要求 | 6 | 未检查扣3分 | | | | |
| | | | | 不符合要求扣3分 | | | | |
| 12 | | 检查润滑油系统的安装符合要求 | 10 | 未检查扣5分 | | | | |
| | | | | 不符合要求而没发现扣5分 | | | | |
| 13 | | 检查附属设备(缓冲罐、冷却器、分离器、安全阀等)的安装符合要求 | 6 | 未检查扣3分 | | | | |
| | | | | 有一项不符合要求没检查扣1分，但总计不超过6分 | | | | |
| 14 | | 清理场地 | 2 | 未清理扣2分 | | | | |
| 15 | 使用工具 | 正确使用工具 | 2 | 工具使用不正确扣2分 | | | | |
| | | 正确维护工具 | 3 | 工具乱摆乱放扣3分 | | | | |

续表

| 序号 | 考核内容 | 考核要点 | 配分 | 评分标准 | 检测结果 | 扣分 | 得分 | 备注 |
|---|---|---|---|---|---|---|---|---|
| 16 | 安全及其他 | 按国家法规或企业规定 | | 违规一次总分扣5分；严重违规停止操作 | | | — | |
| | | 在规定时间内完成操作 | | 每超时1min总分扣5分，超时3min停止操作 | | | — | |
| 合计 | | | 100 | | | | | |

**试题9：机泵的安装验收（现场模拟）**

（考核时间：30min）

| 序号 | 考核内容 | 考核要点 | 配分 | 评分标准 | 检测结果 | 扣分 | 得分 | 备注 |
|---|---|---|---|---|---|---|---|---|
| 1 | 准备工作 | 穿戴劳保用品 | 3 | 未穿戴整齐扣3分 | | | | |
| | | 工具、用具准备 | 2 | 工具选择不正确扣2分 | | | | |
| 2 | 操作程序 | 检查机座（台板）的找正与调平并符合安装要求 | 10 | 未检查扣6分 | | | | |
| | | | | 机座明显不正而没发现扣4分 | | | | |
| 3 | | 机泵中心线、水平度的测量与调整，符合安装要求 | 10 | 未测量与调整扣6分 | | | | |
| | | | | 不符合安装标准而没发现扣4分 | | | | |
| 4 | | 检查机泵地脚螺栓的灌浆与精调泵体水平符合标准要求 | 10 | 未检查扣6分 | | | | |
| | | | | 精调泵体水平不符合标准或机泵地脚螺栓的灌脚不符合标准扣4分 | | | | |
| 5 | | 机泵的解体检查与组装符合标准要求 | 10 | 解体检查与组装不符合标准扣6分 | | | | |
| 6 | | 检查各种仪表（压力表、流量表、电流表）是否安装完毕好用 | 4 | 未检查扣4分 | | | | |
| 7 | | 检查轴承的型号、温度、振动是否正常 | 8 | 未检查扣8分 | | | | |
| | | | | 有不正常而没发现一处扣4分 | | | | |
| 8 | | 机械或填料密封压缩量是否合适，泄漏是否超标 | 10 | 未检查扣10分 | | | | |
| | | | | 有不合适或泄漏而没发现扣5分 | | | | |
| 9 | | 检查所有阀门、法兰、接头是否泄漏，冷却水温度、流量是否正常 | 8 | 未检查扣8分 | | | | |
| | | | | 有泄漏没发现扣3分 | | | | |
| | | | | 冷却水温、流量不正常而没发现扣3分 | | | | |
| 10 | | 润滑油油温、油压、油量、油位及污染情况是否正常 | 10 | 未检查扣10分 | | | | |
| | | | | 有不正常而没检查出的扣4分 | | | | |
| 11 | | 盘车有无卡涩受阻现象，电机转向是否与轴保持一致 | 8 | 未盘车检查扣8分 | | | | |
| | | | | 电机转向与轴不一致而没判断出扣4分 | | | | |
| 12 | | 清理场地 | 2 | 未清理扣2分 | | | | |

续表

| 序号 | 考核内容 | 考核要点 | 配分 | 评分标准 | 检测结果 | 扣分 | 得分 | 备注 |
|---|---|---|---|---|---|---|---|---|
| 13 | 使用工具 | 正确使用工具 | 2 | 工具使用不正确扣2分 | | | | |
| | | 正确维护工具 | 3 | 工具乱摆乱放扣3分 | | | | |
| 14 | 安全及其他 | 按国家法规或企业规定 | | 违规一次总分扣5分；严重违规停止操作 | | | — | |
| | | 在规定时间内完成操作 | | 每超时1min总分扣5分，超时3min停止操作 | | | — | |
| | | 合　计 | 100 | | | | | |

## 试题10：润滑油螺杆泵的正常维护操作（现场模拟）

（考核时间：20min）

| 序号 | 考核内容 | 考核要点 | 配分 | 评分标准 | 检测结果 | 扣分 | 得分 | 备注 |
|---|---|---|---|---|---|---|---|---|
| 1 | 准备工作 | 穿戴劳保用品 | 3 | 未穿戴整齐扣3分 | | | | |
| | | 工具、用具准备 | 2 | 工具选择不正确扣2分 | | | | |
| 2 | 操作程序 | 检查泵出口压力、电流值是否正常 | 10 | 未检查泵出口压力是否正常扣5分 | | | | |
| | | | | 未检查泵电流值是否正常扣5分 | | | | |
| 3 | | 检查泵体、油箱温度和各轴承温度 | 15 | 未检查泵体温度扣5分 | | | | |
| | | | | 未检查油箱温度扣5分 | | | | |
| | | | | 未检查各轴承温度扣5分 | | | | |
| 4 | | 检查泵各部的振动和声音情况，各部零件和地脚螺栓是否松动 | 20 | 未检查泵各部的振动扣5分 | | | | |
| | | | | 未检查泵各部的声音扣5分 | | | | |
| | | | | 未检查各部零件是否松动扣5分 | | | | |
| | | | | 未检查地脚螺栓是否松动扣5分 | | | | |
| 5 | | 检查油箱内润滑油的用油情况，油质和油量是否正常，检查润滑油的三级过滤制度 | 20 | 未检查润滑油箱内润滑油的用油情况扣5分 | | | | |
| | | | | 未检查油质是否正常扣5分 | | | | |
| | | | | 未检查油量是否正常扣5分 | | | | |
| | | | | 未执行润滑油的三级过滤制度扣5分 | | | | |
| 6 | | 轴封处泄漏量大量增加时，对软填料应压紧填料压盖，对机械密封应停泵检修 | 10 | 未处理扣10分 | | | | |
| 7 | | 做好备用泵的备用工作，按规定对备用泵进行定期盘车，检查备用泵启动旋钮是否在“自动”位置 | 15 | 未做好备用泵的备用工作扣5分 | | | | |
| | | | | 未对备用泵进行定期盘车扣5分 | | | | |
| | | | | 未检查备用泵启动按钮的位置扣5分 | | | | |
| 8 | 使用工具 | 正确使用工具 | 2 | 工具使用不正确扣2分 | | | | |
| | | 正确维护工具 | 3 | 工具乱摆乱放扣3分 | | | | |

续表

| 序号 | 考核内容 | 考核要点 | 配分 | 评分标准 | 检测结果 | 扣分 | 得分 | 备注 |
|---|---|---|---|---|---|---|---|---|
| 9 | 安全及其他 | 按国家法规或企业规定 | | 违规一次总分扣5分；严重违规停止操作 | | | — | |
| | | 在规定时间内完成操作 | | 每超时1min总分扣5分，超时3min停止操作 | | | — | |
| 合　计 | | | 100 | | | | | |

### 试题11：干气密封的投用操作(现场模拟)

(考核时间：20min)

| 序号 | 考核内容 | 考核要点 | 配分 | 评分标准 | 检测结果 | 扣分 | 得分 | 备注 |
|---|---|---|---|---|---|---|---|---|
| 1 | 准备工作 | 穿戴劳保用品 | 3 | 未穿戴整齐扣3分 | | | | |
| | | 工具、用具准备 | 2 | 工具选择不正确扣2分 | | | | |
| 2 | 操作程序 | 投用系统所有压力表 | 5 | 没全部投用扣5分 | | | | |
| 3 | | 投用隔离气 | 30 | 未在润滑油投用前10分钟投用扣10分 | | | | |
| | | | | 投用步骤不正确扣5分 | | | | |
| | | | | 投用的工艺介质错扣10分 | | | | |
| | | | | 隔离气的流量不符合要求扣5分 | | | | |
| 4 | | 投用一级密封气 | 30 | 未在开压缩机进出口阀前投用扣10分 | | | | |
| | | | | 投用步骤不正确扣5分 | | | | |
| | | | | 投用的工艺介质不正确扣10分 | | | | |
| | | | | 一级密封气的流量不符合要求扣5分 | | | | |
| 5 | | 投用二级密封气 | 15 | 未在压缩机启动前投用扣10分 | | | | |
| | | | | 二级密封气的流量不符合要求扣5分 | | | | |
| 6 | | 投用火炬排放气 | 8 | 火炬排放气压力不在工艺范围内扣8分 | | | | |
| 7 | | 清理场地 | 2 | 未清理扣2分 | | | | |
| 8 | 使用工具 | 正确使用工具 | 2 | 工具使用不正确扣2分 | | | | |
| | | 正确维护工具 | 3 | 工具乱摆乱放扣3分 | | | | |
| 9 | 安全及其他 | 按国家法规或企业规定 | | 违规一次总分扣5分；严重违规停止操作 | | | — | |
| | | 在规定时间内完成操作 | | 每超时1min总分扣5分，超时3min停止操作 | | | — | |
| 合　计 | | | 100 | | | | | |

**试题12：透平式循环压缩机联锁系统确认(现场模拟)**

(考核时间：15min)

| 序号 | 考核内容 | 考核要点 | 配分 | 评分标准 | 检测结果 | 扣分 | 得分 | 备注 |
|---|---|---|---|---|---|---|---|---|
| 1 | 准备工作 | 穿戴劳保用品 | 3 | 未穿戴整齐扣3分 | | | | |
| 2 | 操作程序 | 将压缩机的启动条件满足后模拟运行 | 15 | 每少一个扣1.5分，总计不超过15分 | | | | |
| 3 | | 模拟润滑油低压联锁 | 10 | 未执行扣10分 | | | | |
| 4 | | 模拟密封油气压差低联锁 | 10 | 未执行扣10分 | | | | |
| 5 | | 模拟调速油压低联锁 | 10 | 未执行扣10分 | | | | |
| 6 | | 模拟吸入罐高液位联锁 | 10 | 未执行扣10分 | | | | |
| 7 | | 模拟透平真空度低联锁 | 10 | 未执行扣10分 | | | | |
| 8 | | 模拟压缩机轴位移联锁 | 10 | 未执行扣10分 | | | | |
| 9 | | 模拟透平轴位移联锁 | 10 | 未执行扣10分 | | | | |
| 10 | | 模拟紧急停车按钮联锁 | 10 | 未执行扣10分 | | | | |
| 11 | 使用工具 | 正确使用工具 | 2 | 工具使用不正确扣2分 | | | | |
| 12 | 安全及其他 | 按国家法规或企业规定 | | 违规一次总分扣5分；严重违规停止操作 | | | — | |
| | | 在规定时间内完成操作 | | 每超时1min总分扣5分，超时3min停止操作 | | | — | |
| 合计 | | | 100 | | | | | |

**试题13：火灾事故应急预案的编制(现场模拟)**

(考核时间：30min)

| 序号 | 考核内容 | 考核要点 | 配分 | 评分标准 | 检测结果 | 扣分 | 得分 | 备注 |
|---|---|---|---|---|---|---|---|---|
| 1 | 准备工作 | 穿戴劳保用品 | 3 | 未穿戴整齐扣3分 | | | | |
| | | 工具、用具准备 | 2 | 工具选择不正确扣2分 | | | | |
| 2 | 目的及适用范围 | 是否明确预案的目的 | 5 | 目的未明确扣5分 | | | | |
| | | 是否明确预案的适用范围 | 5 | 适用范围未明确扣5分 | | | | |
| 3 | 编制内容 | 是否成立应急救援的组织机构和明确职责分工 | 5 | 缺一项扣5分 | | | | |
| | | 是否明确参与事故处置的部门和人员 | 5 | 缺一项扣5分 | | | | |
| | | 是否明确了应急响应与报警和内外部联络方式 | 10 | 缺一项扣10分 | | | | |
| | | 是否明确了事故发生后应采取的工艺处理措施 | 10 | 未明确扣10分 | | | | |
| | | 是否明确了应急救援及控制措施，包括抢险和救护 | 10 | 缺一项扣10分 | | | | |
| | | 是否说明确了有害物料的潜在危险及应采取的应急措施 | 10 | 缺一项扣10分 | | | | |

续表

| 序号 | 考核内容 | 考核要点 | 配分 | 评分标准 | 检测结果 | 扣分 | 得分 | 备注 |
|---|---|---|---|---|---|---|---|---|
| | | 是否说明确了可能引起火灾爆炸的物质及特性 | 5 | 缺一项扣5分 | | | | |
| | | 是否说明确了人员的撤离及危险区隔离计划 | 10 | 缺一项扣5分 | | | | |
| | | 是否说明确了应急培训要求 | 5 | 未明确扣5分 | | | | |
| 4 | 预案演练 | 是否规定了预案演练的频次 | 5 | 未规定扣5分 | | | | |
| | | 是否规定了预案演练的内容要求 | 5 | 未规定扣5分 | | | | |
| 5 | 使用工具 | 正确使用工具 | 2 | 工具使用不正确扣2分 | | | | |
| | | 正确维护工具 | 3 | 工具乱摆乱放扣3分 | | | | |
| 6 | 安全及其他 | 按国家法规或企业规定 | | 违规一次总分扣5分；严重违规停止操作 | | | — | |
| | | 在规定时间内完成操作 | | 每超时1min总分扣5分，超时3min停止操作 | | | — | |
| | | 合　　计 | 100 | | | | | |

## 试题14：产品汽油辛烷值低的原因判断(现场模拟)

（考核时间：15min）

| 序号 | 考核内容 | 考核要点 | 配分 | 评分标准 | 检测结果 | 扣分 | 得分 | 备注 |
|---|---|---|---|---|---|---|---|---|
| 1 | 准备工作 | 穿戴劳保用品 | 3 | 未穿戴整齐扣3分 | | | | |
| | | 工具、用具准备 | 2 | 工具选择不正确扣2分 | | | | |
| 2 | 产品汽油辛烷值低的原因 | 反应温度低 | 5 | 未检查扣5分 | | | | |
| | | 重整空速过大 | 10 | 未检查扣10分 | | | | |
| | | 重整压力过高 | 10 | 未检查扣10分 | | | | |
| | | 催化剂活性下降 | 10 | 未检查扣10分 | | | | |
| | | 原料油芳烃潜含量低 | 10 | 未检查扣10分 | | | | |
| | | 催化剂氯含量低 | 10 | 未检查扣10分 | | | | |
| | | 催化剂水含量高 | 10 | 未检查扣10分 | | | | |
| | | 精制油杂质含量不合格 | 10 | 未检查扣10分 | | | | |
| | | 重整进料换热器内漏 | 10 | 未检查扣10分 | | | | |
| 3 | 原因判断 | 汽油辛烷值低的原因判断 | 5 | 未得出正确结论扣5分 | | | | |
| 4 | 使用工具 | 正确使用工具 | 2 | 工具使用不正确扣2分 | | | | |
| | | 正确维护工具 | 3 | 工具乱摆乱放扣3分 | | | | |
| 5 | 安全及其他 | 按国家法规或企业规定 | | 违规一次总分扣5分；严重违规停止操作 | | | — | |
| | | 在规定时间内完成操作 | | 每超时1min总分扣5分，超时3min停止操作 | | | — | |
| | | 合　　计 | 100 | | | | | |

**试题 15：离心式压缩机轴承温度异常升高的原因判断（现场模拟）**

（考核时间：15min）

| 序号 | 考核内容 | 考核要点 | 配分 | 评分标准 | 检测结果 | 扣分 | 得分 | 备注 |
|---|---|---|---|---|---|---|---|---|
| 1 | 准备工作 | 穿戴劳保用品 | 3 | 未穿戴整齐扣 3 分 | | | | |
| | | 工具、用具准备 | 2 | 工具选择不正确扣 2 分 | | | | |
| 2 | 润滑油量不足或中断 | 油箱油位过低 | 30 | 未答出扣 5 分 | | | | |
| | | 供油系统漏油 | | 未答出扣 5 分 | | | | |
| | | 供油系统堵塞 | | 未答出扣 5 分 | | | | |
| | | 油泵故障 | | 未答出扣 5 分 | | | | |
| 3 | 润滑油温度过高 | 油冷器冷却水开度过小 | 20 | 未答出扣 5 分 | | | | |
| | | 油冷器结垢或堵塞 | | 未答出扣 5 分 | | | | |
| 4 | 润滑油质量问题 | 润滑油带水 | 15 | 未答出扣 5 分 | | | | |
| | | 润滑油含机械杂质 | | 未答出扣 5 分 | | | | |
| | | 使用润滑油品种错误 | | 未答出扣 5 分 | | | | |
| 5 | 压缩机和轴承的原因 | 转子不平衡 | 25 | 未答出扣 5 分 | | | | |
| | | 径向或止推轴承间隙太小 | | 未答出扣 5 分 | | | | |
| | | 轴承结构不合理 | | 未答出扣 5 分 | | | | |
| | | 压缩机平衡盘堵塞 | | 未答出扣 5 分 | | | | |
| | | 压缩机平衡盘密封、级间密封损坏 | | 未答出扣 5 分 | | | | |
| 6 | 使用工具 | 正确使用工具 | 2 | 工具使用不正确扣 2 分 | | | | |
| | | 正确维护工具 | 3 | 工具乱摆乱放扣 3 分 | | | | |
| 7 | 安全及其他 | 按国家法规或企业规定 | | 违规一次总分扣 5 分；严重违规停止操作 | | | — | |
| | | 在规定时间内完成操作 | | 每超时 1min 总分扣 5 分，超时 3min 停止操作 | | | — | |
| | | 合　计 | 100 | | | | | |

**试题 16：重整催化剂硫中毒的判断（现场模拟）**

（考核时间：15min）

| 序号 | 考核内容 | 考核要点 | 配分 | 评分标准 | 检测结果 | 扣分 | 得分 | 备注 |
|---|---|---|---|---|---|---|---|---|
| 1 | 准备工作 | 穿戴劳保用品 | 3 | 未穿戴整齐扣 3 分 | | | | |
| | | 工具、用具准备 | 2 | 工具选择不正确扣 2 分 | | | | |
| 2 | 重整催化剂硫中毒的现象 | 产氢量减少 | 10 | 少此项扣 10 分 | | | | |
| | | 氢纯度降低 | 10 | 少此项扣 10 分 | | | | |
| | | 反应总温降下降 | 10 | 少此项扣 10 分 | | | | |
| | | $C_3$、$C_4$ 产量增加 | 10 | 少此项扣 10 分 | | | | |
| | | $C_5^+$ 液体收率下降 | 10 | 少此项扣 10 分 | | | | |

续表

| 序号 | 考核内容 | 考核要点 | 配分 | 评分标准 | 检测结果 | 扣分 | 得分 | 备注 |
|---|---|---|---|---|---|---|---|---|
| | | 提高操作温度，催化剂活性不见好转 | 10 | 少此项扣10分 | | | | |
| | | 催化剂积炭增加 | 10 | 少此项扣10分 | | | | |
| | | 汽油辛烷值下降 | 10 | 少此项扣10分 | | | | |
| 3 | 硫中毒的判断 | 重整催化剂硫中毒的判断 | 10 | 未得出正确判断扣10分 | | | | |
| 4 | 使用工具 | 正确使用工具 | 2 | 工具使用不正确扣2分 | | | | |
| | | 正确维护工具 | 3 | 工具乱摆乱放扣3分 | | | | |
| 5 | 安全及其他 | 按国家法规或企业规定 | | 违规一次总分扣5分；严重违规停止操作 | | | — | |
| | | 在规定时间内完成操作 | | 每超时1min总分扣5分，超时3min停止操作 | | | — | |
| 合计 | | | 100 | | | | | |

**试题17：反应进料加热炉炉管结焦的判断（现场模拟）**

（考核时间：20min）

| 序号 | 考核内容 | 考核要点 | 配分 | 评分标准 | 检测结果 | 扣分 | 得分 | 备注 |
|---|---|---|---|---|---|---|---|---|
| 1 | 准备工作 | 穿戴劳保用品 | 3 | 未穿戴整齐扣3分 | | | | |
| | | 工具、用具准备 | 2 | 工具选择不正确扣2分 | | | | |
| 2 | 操作程序 | 出现暗红色点或条纹 | 20 | 判断错误扣20分 | | | | |
| 3 | | 相同处理量下炉进料压力上升 | 10 | 判断错误扣10分 | | | | |
| 4 | | 相同处理量下炉膛温度升高 | 10 | 判断错误扣10分 | | | | |
| 5 | | 相同处理量下炉管外壁局部温度超高 | 10 | 判断错误扣10分 | | | | |
| 6 | | 相同处理量下燃料耗量升高 | 10 | 判断错误扣10分 | | | | |
| 7 | | 严重时炉管鼓泡、变弯、穿孔 | 10 | 判断错误扣10分 | | | | |
| 8 | | 相同处理量下炉管差压上升 | 10 | 判断错误扣10分 | | | | |
| 9 | | 循环氢压缩机的速开阀开度增大 | 10 | 判断错误扣10分 | | | | |
| 10 | 使用工具 | 正确使用工具 | 2 | 工具使用不正确扣2分 | | | | |
| | | 正确维护工具 | 3 | 工具乱摆乱放扣3分 | | | | |
| 11 | 安全及其他 | 按国家法规或企业规定 | | 违规一次总分扣5分；严重违规停止操作 | | | — | |
| | | 在规定时间内完成操作 | | 每超时1min总分扣5分，超时3min停止操作 | | | — | |
| 合计 | | | 100 | | | | | |

## 试题 18：重整循环氢压缩机联锁停车的处理(现场模拟)

（考核时间：30min）

| 序号 | 考核内容 | 考核要点 | 配分 | 评分标准 | 检测结果 | 扣分 | 得分 | 备注 |
|---|---|---|---|---|---|---|---|---|
| 1 | 准备工作 | 穿戴劳保用品 | 3 | 未穿戴整齐扣 3 分 | | | | |
| | | 工具、用具准备 | 2 | 工具选择不正确扣 2 分 | | | | |
| 2 | 事故现象判断 | 引发事故因素表述清晰完整 | 5 | 引发事故因素表述不完整扣 3 分 | | | | |
| | | | | 表述不清晰扣 2 分 | | | | |
| | | 事故现象信息充分无遗漏 | 10 | 事故现象信息缺一扣 5 分 | | | | |
| | | | | 事故现象信息表述不完整扣 5 分 | | | | |
| | | 关键事故现象描述清楚 | 5 | 事故关键现象描述不清楚扣 5 分 | | | | |
| 3 | 事故原因分析 | 事故原因分析完整无遗漏，分析透彻有深度 | 5 | 事故原因分析不完整扣 3 分，分析无深度扣 2 分 | | | | |
| | | 事故关键原因分析准确 | 5 | 事故关键原因不准确扣 5 分 | | | | |
| 4 | 事故处理操作 | 联系工作及时到位 | 5 | 未及时联系扣 5 分 | | | | |
| | | 处理原则表述完整 | 10 | 处理原则表述不完整扣 10 分 | | | | |
| | | 处理步骤先后顺序正确并无遗漏、操作不当 | 20 | 处理步骤顺序不对扣 10 分 | | | | |
| | | | | 漏项或操作不当扣 10 分 | | | | |
| | | 处理注意事项符合事故处理预案规范 | 10 | 未考虑操作对上下游带来的影响扣 10 分 | | | | |
| 5 | 事故处理操作质量 | 事故处理调节熟练，迅速，过程平稳波动小并无调节错误 | 15 | 处理事故过程引起生产波动大扣 10 分 | | | | |
| | | | | 调节滞后扣 5 分 | | | | |
| | | | | 调节错误扣 10 分 | | | | |
| 6 | 使用工具 | 正确使用工具 | 2 | 工具使用不正确扣 2 分 | | | | |
| | | 正确维护工具 | 3 | 工具乱摆乱放扣 3 分 | | | | |
| 7 | 安全及其他 | 按国家法规或企业规定 | | 违规一次总分扣 5 分 | | | — | |
| | | 在规定时间内完成操作 | | 每超时 1min 总分扣 5 分，超时 3min 停止操作 | | | — | |
| 合计 | | | 100 | | | | | |

否定项说明：违章操作或发生事故须停止操作，成绩为零分。

## 试题 19：预加氢循环机停机的处理(现场模拟)

（考核时间：30min）

| 序号 | 考核内容 | 考核要点 | 配分 | 评分标准 | 检测结果 | 扣分 | 得分 | 备注 |
|---|---|---|---|---|---|---|---|---|
| 1 | 准备工作 | 穿戴劳保用品 | 3 | 未穿戴整齐扣 3 分 | | | | |
| | | 工具、用具准备 | 2 | 工具选择不正确扣 2 分 | | | | |

续表

| 序号 | 考核内容 | 考核要点 | 配分 | 评分标准 | 检测结果 | 扣分 | 得分 | 备注 |
|---|---|---|---|---|---|---|---|---|
| 2 | 事故现象判断 | 引发事故因素表述清晰完整 | 5 | 引发事故因素表述不完整扣3分 | | | | |
| | | | | 表述不清晰扣2分 | | | | |
| | | 事故现象信息充分无遗漏 | 10 | 事故现象信息缺一扣5分 | | | | |
| | | | | 事故现象信息表述不完整扣5分 | | | | |
| | | 关键事故现象描述清楚 | 5 | 事故关键现象描述不清楚扣5分 | | | | |
| 3 | 事故原因分析 | 事故原因分析完整无遗漏，分析透彻有深度 | 5 | 事故原因分析不完整扣3分，分析无深度扣2分 | | | | |
| | | 事故关键原因分析准确 | 5 | 事故关键原因不准确扣5分 | | | | |
| 4 | 事故处理操作 | 联系工作及时到位 | 5 | 未及时联系扣5分 | | | | |
| | | 处理原则表述完整 | 10 | 处理原则表述不完整扣10分 | | | | |
| | | 处理步骤先后顺序正确并无遗漏、操作不当 | 20 | 处理步骤顺序不对扣10分 | | | | |
| | | | | 漏项或操作不当扣10分 | | | | |
| | | 处理注意事项符合事故处理预案规范 | 10 | 未考虑操作对上下游带来的影响扣10分 | | | | |
| 5 | 事故处理操作质量 | 事故处理调节熟练，迅速，过程平稳波动小并无调节错误 | 15 | 处理事故过程引起生产波动大扣10分 | | | | |
| | | | | 调节滞后扣5分 | | | | |
| | | | | 调节错误扣10分 | | | | |
| 6 | 使用工具 | 正确使用工具 | 2 | 工具使用不正确扣2分 | | | | |
| | | 正确维护工具 | 3 | 工具乱摆乱放扣3分 | | | | |
| 7 | 安全及其他 | 按国家法规或企业规定 | | 违规一次总分扣5分 | | | — | |
| | | 在规定时间内完成操作 | | 每超时1min总分扣5分，超时3min停止操作 | | | — | |
| | | 合　　计 | 100 | | | | | |

否定项说明：违章操作或发生事故须停止操作，成绩为零分。

## 试题20：离心式压缩机轴承温度异常升高的处理(现场模拟)

(考核时间：30min)

| 序号 | 考核内容 | 考核要点 | 配分 | 评分标准 | 检测结果 | 扣分 | 得分 | 备注 |
|---|---|---|---|---|---|---|---|---|
| 1 | 准备工作 | 穿戴劳保用品 | 3 | 未穿戴整齐扣3分 | | | | |
| | | 工具、用具准备 | 2 | 工具选择不正确扣2分 | | | | |
| 2 | 事故现象判断 | 引发事故因素表述清晰完整 | 5 | 引发事故因素表述不完整扣3分 | | | | |
| | | | | 表述不清晰扣2分 | | | | |
| | | 事故现象信息充分无遗漏 | 10 | 事故现象信息缺一扣5分 | | | | |
| | | | | 事故现象信息表述不完整扣5分 | | | | |
| | | 关键事故现象描述清楚 | 5 | 事故关键现象描述不清楚扣5分 | | | | |

续表

| 序号 | 考核内容 | 考核要点 | 配分 | 评分标准 | 检测结果 | 扣分 | 得分 | 备注 |
|---|---|---|---|---|---|---|---|---|
| 3 | 事故原因分析 | 事故原因分析完整无遗漏，分析透彻有深度 | 5 | 事故原因分析不完整扣3分，分析无深度扣2分 | | | | |
| | | 事故关键原因分析准确 | 5 | 事故关键原因不准确扣5分 | | | | |
| 4 | 事故处理操作 | 联系工作及时到位 | 5 | 未及时联系扣5分 | | | | |
| | | 处理原则表述完整 | 10 | 处理原则表述不完整扣10分 | | | | |
| | | 处理步骤先后顺序正确并无遗漏、操作不当 | 20 | 处理步骤顺序不对扣10分 | | | | |
| | | | | 漏项或操作不当扣10分 | | | | |
| | | 处理注意事项符合事故处理预案规范 | 10 | 未考虑操作对上下游带来的影响扣10分 | | | | |
| 5 | 事故处理操作质量 | 事故处理调节熟练，迅速，过程平稳波动小并无调节错误 | 15 | 处理事故过程引起生产波动大扣10分 | | | | |
| | | | | 调节滞后扣5分 | | | | |
| | | | | 调节错误扣10分 | | | | |
| 6 | 使用工具 | 正确使用工具 | 2 | 工具使用不正确扣2分 | | | | |
| | | 正确维护工具 | 3 | 工具乱摆乱放扣3分 | | | | |
| 7 | 安全及其他 | 按国家法规或企业规定 | | 违规一次总分扣5分 | | | — | |
| | | 在规定时间内完成操作 | | 每超时1min总分扣5分，超时3min停止操作 | | | — | |
| 合计 | | | 100 | | | | | |

否定项说明：违章操作或发生事故须停止操作，成绩为零分。

## 试题21：重整催化剂热氢循环脱硫操作(现场模拟)

（考核时间：30min）

| 序号 | 考核内容 | 考核要点 | 配分 | 评分标准 | 检测结果 | 扣分 | 得分 | 备注 |
|---|---|---|---|---|---|---|---|---|
| 1 | 准备工作 | 穿戴劳保用品 | 3 | 未穿戴整齐扣3分 | | | | |
| | | 工具、用具准备 | 2 | 工具选择不正确扣2分 | | | | |
| 2 | 操作程序 | 停工期间热氢带油操作 | 30 | 热氢循环脱油温度不在规定范围内扣10分 | | | | |
| | | | | 热氢循环脱油时间未达到规定时间扣10分 | | | | |
| | | | | 热氢循环带油不彻底扣10分 | | | | |
| 3 | | 510℃热氢脱硫操作 | 50 | 升温时机不正确扣10分 | | | | |
| | | | | 升温速度未按规定要求执行扣10分 | | | | |
| | | | | 未按规定温度恒温操作扣10分 | | | | |
| | | | | 投分子筛时机不正确扣10分 | | | | |
| | | | | 使用硫化氢检测管检测硫化氢不正确扣10分 | | | | |
| | | 热氢脱硫结束降温操作 | 10 | 降温时机不正确扣5分 | | | | |
| | | | | 降温速度未按规定执行扣5分 | | | | |

续表

| 序号 | 考核内容 | 考核要点 | 配分 | 评分标准 | 检测结果 | 扣分 | 得分 | 备注 |
|---|---|---|---|---|---|---|---|---|
| 4 | 使用工具 | 正确使用工具 | 2 | 工具使用不正确扣2分 | | | | |
| | | 正确维护工具 | 3 | 工具乱摆乱放扣3分 | | | | |
| 5 | 安全及其他 | 按国家法规或企业规定 | | 违规一次总分扣5分；严重违规停止操作 | | | — | |
| | | 在规定时间内完成操作 | | 每超时1min总分扣5分，超时3min停止操作 | | | — | |
| | | 合　计 | 100 | | | | | |

## 试题22：再生部分开工流程确认(现场模拟)

（考核时间：40min）

| 序号 | 考核内容 | 考核要点 | 配分 | 评分标准 | 检测结果 | 扣分 | 得分 | 备注 |
|---|---|---|---|---|---|---|---|---|
| 1 | 准备工作 | 穿戴劳保用品 | 3 | 未穿戴整齐扣3分 | | | | |
| | | 工具、用具准备 | 2 | 工具选择不正确扣2分 | | | | |
| 2 | 检查氮气流程 | 氮气管线放空阀是否关闭 | 15 | 未检查扣5分 | | | | |
| | | 氮气管线氢烃分析仪是否投用 | | 未检查扣5分 | | | | |
| | | 氮气进入系统是否引至控制阀 | | 未检查扣5分 | | | | |
| 3 | 检查再生器相关管线 | 空气干燥器是否投用 | 35 | 未检查扣6分 | | | | |
| | | 氧分仪是否投用 | | 未检查扣6分 | | | | |
| | | 再生气循环线检查 | | 未检查扣6分 | | | | |
| | | 再生放空气碱洗系统是否投运 | | 未检查扣6分 | | | | |
| | | 注氯线是否充满直至控制阀 | | 未检查扣6分 | | | | |
| | | 电加热器是否可用 | | 未检查扣6分 | | | | |
| 4 | 闭锁料斗流程 | 氢气管线放空阀是否关闭 | 10 | 未检查扣5分 | | | | |
| | | 氢气进入系统是否引至控制阀 | | 未检查扣5分 | | | | |
| 5 | 氮封罐流程 | 差压仪表是否投运 | 15 | 未检查扣5分 | | | | |
| | | 充压阀是否正常 | | 未检查扣5分 | | | | |
| | | 副线阀门是否关闭 | | 未检查扣5分 | | | | |
| 6 | 还原流程确认 | 氢气管线放空阀是否关闭 | 15 | 未检查扣5分 | | | | |
| | | 氢气进入系统是否引至控制阀 | | 未检查扣5分 | | | | |
| | | 电加热器是否可用 | | 未检查扣5分 | | | | |
| 7 | 使用工具 | 正确使用工具 | 2 | 工具使用不正确扣2分 | | | | |
| | | 正确维护工具 | 3 | 工具乱摆乱放扣3分 | | | | |

续表

| 序号 | 考核内容 | 考核要点 | 配分 | 评分标准 | 检测结果 | 扣分 | 得分 | 备注 |
|---|---|---|---|---|---|---|---|---|
| 8 | 安全及其他 | 按国家法规或企业规定 | | 违规一次总分扣5分；严重违规停止操作 | | | — | |
| | | 在规定时间内完成操作 | | 每超时1min总分扣5分，超时3min停止操作 | | | — | |
| | | 合　计 | 100 | | | | | |

否定项说明：若出现将氢气放空阀打开而不是关闭的情况，该题为零分。

### 试题23：催化剂循环速率确认操作（现场模拟）

（考核时间：30min）

| 序号 | 考核内容 | 考核要点 | 配分 | 评分标准 | 检测结果 | 扣分 | 得分 | 备注 |
|---|---|---|---|---|---|---|---|---|
| 1 | 准备工作 | 穿戴劳保用品 | 3 | 未穿戴整齐扣3分 | | | | |
| | | 工具、用具准备 | 2 | 工具选择不正确扣2分 | | | | |
| 2 | 分析待生催化剂碳含量 | 催化剂碳含量化验分析单计算焦炭含量 | 15 | 不执行不得分<br>计算方法正确但是结果错误扣10分 | | | | |
| 3 | 计算循环速率设定点 | 设定氧含量 | 15 | 氧含量未定扣15分 | | | | |
| | | 查表得出催化剂循环速率 | 15 | 没有查出催化剂循环速率扣15分 | | | | |
| | | 将循环速率设定点送入再生器控制系统 | 15 | 没有设定循环速率扣15分 | | | | |
| 4 | 判定催化剂循环速率是否适宜 | 烧焦氧浓度是否合适 | 30 | 氧含量不合适扣15分 | | | | |
| | | 烧焦峰值位置是否正常 | | 峰值下移扣15分 | | | | |
| 5 | 使用工具 | 正确使用工具 | 2 | 工具使用不正确扣2分 | | | | |
| | | 正确维护工具 | 3 | 工具乱摆乱放扣3分 | | | | |
| 6 | 安全及其他 | 按国家法规或企业规定 | | 违规一次总分扣5分；严重违规停止操作 | | | — | |
| | | 在规定时间内完成操作 | | 每超时1min总分扣5分，超时3min停止操作 | | | — | |
| | | 合　计 | 100 | | | | | |

否定项说明：若出现循环速率超出100%的情况，该题为零分。

### 试题24：减少催化剂消耗途径分析（现场模拟）

（考核时间：30min）

| 序号 | 考核内容 | 考核要点 | 配分 | 评分标准 | 检测结果 | 扣分 | 得分 | 备注 |
|---|---|---|---|---|---|---|---|---|
| 1 | 准备工作 | 穿戴劳保用品 | 3 | 未穿戴整齐扣3分 | | | | |
| | | 工具、用具准备 | 2 | 工具选择不正确扣2分 | | | | |

续表

| 序号 | 考核内容 | 考核要点 | 配分 | 评分标准 | 检测结果 | 扣分 | 得分 | 备注 |
|---|---|---|---|---|---|---|---|---|
| 2 | 催化剂消耗增大的原因 | 催化剂提升速度过快 | 45 | 缺此项扣7分 | | | | |
| | | 再生器干燥风量不足 | | 缺此项扣7分 | | | | |
| | | 烧焦区氧含量波动大 | | 缺此项扣7分 | | | | |
| | | 重整系统原料水含量超标 | | 缺此项扣7分 | | | | |
| | | 还原段催化剂飞温 | | 缺此项扣7分 | | | | |
| | | 淘洗气流量过大 | | 缺此项扣7分 | | | | |
| | | 烧焦空气水含量超标 | | 缺此项扣7分 | | | | |
| 3 | 减少催化剂消耗的措施 | 平稳催化剂的循环速度使得装置生焦速度与烧焦速度匹配 | 45 | 缺此项扣7分 | | | | |
| | | 再生器干燥风按照设计流量控制 | | 缺此项扣7分 | | | | |
| | | 控制烧焦氧含量平稳，减小对催化剂强度的影响 | | 缺此项扣7分 | | | | |
| | | 严格监测循环氢气中水与原料水含量 | | 缺此项扣7分 | | | | |
| | | 还原段氢气纯度控制平稳 | | 缺此项扣7分 | | | | |
| | | 淘洗气流量根据粉尘粒度分布合理调整 | | 缺此项扣7分 | | | | |
| | | 监测烧焦空气干燥器运行状况 | | 缺此项扣7分 | | | | |
| 4 | 使用工具 | 正确使用工具 | 2 | 工具使用不正确扣2分 | | | | |
| | | 正确维护工具 | 3 | 工具乱摆乱放扣3分 | | | | |
| 5 | 安全及其他 | 按国家法规或企业规定 | | 违规一次总分扣5分；严重违规停止操作 | | | — | |
| | | 在规定时间内完成操作 | | 每超时1min总分扣5分，超时3min停止操作 | | | — | |
| | 合计 | | 100 | | | | | |

**试题25：闭锁料斗的切出操作(现场模拟)**

(考核时间：30min)

| 序号 | 考核内容 | 考核要点 | 配分 | 评分标准 | 检测结果 | 扣分 | 得分 | 备注 |
|---|---|---|---|---|---|---|---|---|
| 1 | 准备工作 | 穿戴劳保用品 | 3 | 未穿戴整齐扣3分 | | | | |
| | | 工具、用具准备 | 2 | 工具选择不正确扣2分 | | | | |
| 2 | 关闭相关流程 | 关闭闭锁料斗顶部阀 | 30 | 未关闭扣10分 | | | | |
| | | 关闭闭锁料斗下部阀 | | 未关闭扣10分 | | | | |
| | | 关闭进气阀门 | | 未关闭扣10分 | | | | |

续表

| 序号 | 考核内容 | 考核要点 | 配分 | 评分标准 | 检测结果 | 扣分 | 得分 | 备注 |
|---|---|---|---|---|---|---|---|---|
| 3 | 泄压、置换操作 | 泄压方法是否正确 | 15 | 泄压方法不正确扣15分 | | | | |
| | | 泄压是否达到规定要求 | 15 | 泄压没达到规定要求扣15分 | | | | |
| | | 置换的方法是否正确 | 15 | 置换的方法不正确扣15分 | | | | |
| | | 置换是否达到规定的要求 | 15 | 置换未达到规定的要求扣15分 | | | | |
| 4 | 使用工具 | 正确使用工具 | 2 | 工具使用不正确扣2分 | | | | |
| | | 正确维护工具 | 3 | 工具乱摆乱放扣3分 | | | | |
| 5 | 安全及其他 | 按国家法规或企业规定 | | 违规一次总分扣5分；严重违规停止操作 | | | — | |
| | | 在规定时间内完成操作 | | 每超时1min总分扣5分，超时3min停止操作 | | | — | |
| 合计 | | | 100 | | | | | |

否定项说明：若出现氢气分析不合格就停止置换的情况，该题为零分。

### 试题26：约翰逊网堵塞原因分析(现场模拟)

（考核时间：30min）

| 序号 | 考核内容 | 考核要点 | 配分 | 评分标准 | 检测结果 | 扣分 | 得分 | 备注 |
|---|---|---|---|---|---|---|---|---|
| 1 | 准备工作 | 穿戴劳保用品 | 3 | 未穿戴整齐扣3分 | | | | |
| | | 工具、用具准备 | 2 | 工具选择不正确扣2分 | | | | |
| 2 | 约翰逊网堵塞现象 | 再生器烧焦温度峰面下移 | 6 | 无此项扣6分 | | | | |
| | | 再生器循环气量下降 | 6 | 无此项扣6分 | | | | |
| | | 反应器温升下降 | 6 | 无此项扣6分 | | | | |
| | | 反应器压降增大 | 6 | 无此项扣6分 | | | | |
| | | 催化剂粉尘粒度分布异常 | 6 | 无此项扣6分 | | | | |
| 3 | 约翰逊网堵塞原因 | 原料中含水量超标 | 10 | 无此项扣10分 | | | | |
| | | 催化剂破碎 | 10 | 无此项扣10分 | | | | |
| | | 装置严重超负荷 | 10 | 无此项扣10分 | | | | |
| | | 催化剂淘洗气量不足 | 10 | 无此项扣10分 | | | | |
| | | 催化剂强度下降 | 10 | 无此项扣10分 | | | | |
| | | 催化剂粉尘增多 | 10 | 无此项扣10分 | | | | |
| 4 | 使用工具 | 正确使用工具 | 2 | 工具使用不正确扣2分 | | | | |
| | | 正确维护工具 | 3 | 工具乱摆乱放扣3分 | | | | |
| 5 | 安全及其他 | 按国家法规或企业规定 | | 违规一次总分扣5分；严重违规停止操作 | | | — | |
| | | 在规定时间内完成操作 | | 每超时1min总分扣5分，超时3min停止操作 | | | — | |
| 合计 | | | 100 | | | | | |

## 试题27：催化剂贴壁的处理(现场模拟)

(考核时间：30min)

| 序号 | 考核内容 | 考核要点 | 配分 | 评分标准 | 检测结果 | 扣分 | 得分 | 备注 |
|---|---|---|---|---|---|---|---|---|
| 1 | 准备工作 | 穿戴劳保用品 | 3 | 未穿戴整齐扣3分 | | | | |
| | | 工具、用具准备 | 2 | 工具选择不正确扣2分 | | | | |
| 2 | 催化剂贴壁的原因 | 进入反应器气体流速太大 | 10 | 缺此项扣10分 | | | | |
| | | 反应器入口温度骤降 | 10 | 缺此项扣10分 | | | | |
| | | 中心管设计缺陷 | 10 | 缺此项扣10分 | | | | |
| | | 重整反应压力上升 | 10 | 缺此项扣10分 | | | | |
| 3 | 催化剂贴壁的处理 | 降低装置负荷 | 10 | 缺此项扣10分 | | | | |
| | | 降低循环机负荷 | 10 | 缺此项扣10分 | | | | |
| | | 平稳反应器入口温度 | 10 | 缺此项扣10分 | | | | |
| | | 调整反应压力到正常值 | 10 | 缺此项扣10分 | | | | |
| | | 调整后密切注意烧焦情况变化 | 10 | 缺此项扣10分 | | | | |
| 4 | 使用工具 | 正确使用工具 | 2 | 工具使用不正确扣2分 | | | | |
| | | 正确维护工具 | 3 | 工具乱摆乱放扣3分 | | | | |
| 5 | 安全及其他 | 按国家法规或企业规定 | | 违规一次总分扣5分；严重违规停止操作 | | | — | |
| | | 在规定时间内完成操作 | | 每超时1min总分扣5分，超时3min停止操作 | | | — | |
| | | 合　计 | 100 | | | | | |

## 试题28：抽提系统溶剂比的调整(现场模拟)

(考核时间：30min)

| 序号 | 考核内容 | 考核要点 | 配分 | 评分标准 | 检测结果 | 扣分 | 得分 | 备注 |
|---|---|---|---|---|---|---|---|---|
| 1 | 准备工作 | 穿戴劳保用品 | 3 | 未穿戴整齐扣3分 | | | | |
| | | 工具、用具准备 | 2 | 工具选择不正确扣2分 | | | | |
| 2 | 主要影响因素 | 溶剂量；抽提进料量、溶剂性质、组成、含水、温度；贫剂带油；抽提进料组成；仪表失灵 | 15 | 缺一项扣2分 | | | | |
| 3 | 抽提系统溶剂比的调整 | 非芳烃中芳烃含量上升 | 10 | 未提高溶剂比扣5分 | | | | |
| | | | | 操作波动大扣5分 | | | | |
| | | 原料中芳烃含量增加 | 10 | 未提高溶剂比扣5分 | | | | |
| | | | | 操作波动大扣5分 | | | | |
| | | 抽提进料由轻变重 | 10 | 未提高溶剂比扣5分 | | | | |
| | | | | 操作波动大扣5分 | | | | |
| | | 芳烃纯度下降 | 10 | 未提高溶剂比扣5分 | | | | |
| | | | | 操作波动大扣5分 | | | | |

续表

| 序号 | 考核内容 | 考核要点 | 配分 | 评分标准 | 检测结果 | 扣分 | 得分 | 备注 |
|---|---|---|---|---|---|---|---|---|
| | | 原料重芳烃含量下降 | 10 | 未提高溶剂比扣5分 | | | | |
| | | | | 操作波动大扣5分 | | | | |
| | | 抽提温度上升，溶剂溶解度上升 | 10 | 未提高溶剂比扣5分 | | | | |
| | | | | 操作波动大扣5分 | | | | |
| | | 产品质量 | 15 | 因调整操作导致质量不合格扣15分 | | | | |
| 4 | 使用工具 | 正确使用工具 | 2 | 工具使用不正确扣2分 | | | | |
| | | 正确维护工具 | 3 | 工具乱摆乱放扣3分 | | | | |
| 5 | 安全及其他 | 按国家法规或企业规定 | | 违规一次总分扣5分；严重违规停止操作 | | | — | |
| | | 在规定时间内完成操作 | | 每超时1min总分扣5分，超时3min停止操作 | | | — | |
| 合计 | | | 100 | | | | | |

**试题29：抽提分离停工后回收溶剂的操作(现场模拟)**

(考核时间：30min)

| 序号 | 考核内容 | 考核要点 | 配分 | 评分标准 | 检测结果 | 扣分 | 得分 | 备注 |
|---|---|---|---|---|---|---|---|---|
| 1 | 准备工作 | 穿戴劳保用品 | 3 | 未穿戴整齐扣3分 | | | | |
| | | 工具、用具准备 | 2 | 工具选择不正确扣2分 | | | | |
| 2 | 回收溶剂步骤 | 压溶剂至汽提塔。从塔底富溶剂线低点放溶剂至地下池。在退油开始应间断启泵从界面脱溶剂，脱净后启泵退油 | 15 | 退油前未脱净溶剂扣5分 | | | | |
| | | | | 压溶剂不正确的扣5分 | | | | |
| | | | | 溶剂排放不正确扣5分 | | | | |
| | | 各低点、死角放空；富溶剂控制阀前、汽提塔中部集油箱、水冷壳层由泵出口放空；贫溶剂控制阀、再生塔回流控制阀、再生后溶剂控制阀 | 60 | 有一处低点未放空扣5分 | | | | |
| | | | | 富溶剂阀前未放空扣10分 | | | | |
| | | | | 汽提塔中部集油箱未放空扣10分 | | | | |
| | | | | 水冷壳层未放空扣10分 | | | | |
| | | | | 再生塔回流控制阀未放空扣10分 | | | | |
| | | | | 再生后溶剂控制阀未放空扣10分 | | | | |
| | | 第一遍水洗水应利用水洗塔和循环水罐中存水全部打入汽提塔底，然后将抽提、汽提两塔地下线阀同时打开，启泵抽地下线水洗两塔，洗净后再由上述各低点将水放净回收，第二遍水洗水送至化工焚烧 | 15 | 第一遍水洗水使用错误扣5分 | | | | |
| | | | | 水洗方法不正确扣5分 | | | | |
| | | | | 未放空扣5分 | | | | |
| 3 | 使用工具 | 正确使用工具 | 2 | 工具使用不正确扣2分 | | | | |
| | | 正确维护工具 | 3 | 工具乱摆乱放扣3分 | | | | |

续表

| 序号 | 考核内容 | 考核要点 | 配分 | 评分标准 | 检测结果 | 扣分 | 得分 | 备注 |
|---|---|---|---|---|---|---|---|---|
| 4 | 安全及其他 | 按国家法规或企业规定 | | 违规一次总分扣5分；严重违规停止操作 | | | — | |
| | | 在规定时间内完成操作 | | 每超时1min总分扣5分，超时3min停止操作 | | | — | |
| 合计 | | | 100 | | | | | |

若出现跑油、跑溶剂、污染大罐现象此题为零分。

### 试题30：分析溶剂再生塔再生困难的原因(现场模拟)

(考核时间：30min)

| 序号 | 考核内容 | 考核要点 | 配分 | 评分标准 | 检测结果 | 扣分 | 得分 | 备注 |
|---|---|---|---|---|---|---|---|---|
| 1 | 准备工作 | 穿戴劳保用品 | 3 | 未穿戴整齐扣3分 | | | | |
| | | 工具、用具准备 | 2 | 工具选择不正确扣2分 | | | | |
| 2 | 判断 | 真空度低 | 10 | 未判断出扣10分 | | | | |
| | | 再生量下降 | 10 | 未判断出扣10分 | | | | |
| 3 | 查找再生困难原因 | 蒸汽及冷却水压力低 | 15 | 未查找此项原因扣15分 | | | | |
| | | 冷却水与蒸汽调配比不当 | 15 | 未查找此项原因扣15分 | | | | |
| | | 溶剂再生塔进料含水量过高 | 15 | 未查找此项原因扣15分 | | | | |
| | | 系统设备泄漏 | 15 | 未查找此项原因扣15分 | | | | |
| 4 | 结论 | | 10 | 未做出最终结论扣10分 | | | | |
| 5 | 使用工具 | 正确使用工具 | 2 | 工具使用不正确扣2分 | | | | |
| | | 正确维护工具 | 3 | 工具乱摆乱放扣3分 | | | | |
| 6 | 安全及其他 | 按国家法规或企业规定 | | 违规一次总分扣5分；严重违规停止操作 | | | — | |
| | | 在规定时间内完成操作 | | 每超时1min总分扣5分，超时3min停止操作 | | | — | |
| 合计 | | | 100 | | | | | |

## 七、技能操作鉴定要素细目表(高级技师)

| 鉴定范围 | | | | | | 鉴定点 | |
|---|---|---|---|---|---|---|---|
| 一级 | | 二级 | | 三级 | | 代码 | 名称 |
| 代码 | 名称 | 代码 | 名称 | 代码 | 名称 | | |
| A | 技能要求 | A | 工艺操作 | A | 开车准备 | 001 | 催化重整装置试车方案的编制 |
| | | | | | | 002 | 轴向反应器催化剂的装填 |
| | | | | | | 003 | 催化重整装置ESD投用前调试 |

续表

| 鉴定范围 | | | | | | 鉴定点 | |
|---|---|---|---|---|---|---|---|
| 一级 | | 二级 | | 三级 | | 代码 | 名称 |
| 代码 | 名称 | 代码 | 名称 | 代码 | 名称 | | |
| | | | | B | 开车操作 | 001 | 蒸汽打靶的操作 |
| | | | | B | 开车操作 | 001 | 提高重整转化率的操作 |
| | | | | | | 002 | 提高加热炉热效率的操作 |
| | | | | | | 003 | 物料泄漏应急预案的编制 |
| | | | | | | 004 | 硫化氢泄漏演习的组织 |
| | | | | D | 停车操作 | 001 | 预加氢催化剂卸剂的操作 |
| | | | | | | 002 | 重整催化剂卸剂的操作 |
| | | | | | | 003 | 装置检修计划的编制 |
| | | | | | | 004 | 塔检修前安全条件确认 |
| | | B | 设备使用及维护 | A | 使用设备 | 001 | 离心泵单机试运的操作 |
| | | | | | | 002 | 组织循环氢压缩机试车验收 |
| | | | | | | 003 | 透平式循环氢压缩机蒸汽系统暖管操作 |
| | | | | B | 维护设备 | 001 | 干气密封的停用操作 |
| | | C | 事故判断与处理 | A | 判断事故 | 001 | 加热炉炉管结焦的判断 |
| | | | | | | 002 | 重整反应系统“过氯”的判断 |
| | | | | | | 003 | 重整反应系统“过湿”的判断 |
| | | | | | | 004 | 加热炉炉管破裂的判断 |
| | | | | | | 005 | 重整裂化反应加剧的原因判断 |
| | | | | | | 006 | 预加氢反应器产生“沟流”现象的判断 |
| | | | | B | 处理事故 | 001 | 加热炉炉管结焦的事故处理 |
| | | | | | | 002 | 重整裂化反应加剧的处理 |
| | | D | 绘图与计算 | A | 绘图 | 001 | 干气密封系统的工艺流程图 |
| | | | | | | 002 | 催化重整装置技术改进简图绘制 |
| | | | | | | 003 | 绘制简单工艺管线施工图 |
| B | 技能要求 | C | 事故判断与处理 | B | 处理事故 | 001 | 重整催化剂硫中毒的处理 |
| | | | | | | 002 | 重整催化剂氮中毒的处理 |
| | | | | | | 003 | 重整催化剂重金属中毒的处理 |
| C | 技能要求 | A | 工艺操作 | B | 开车操作 | 001 | 核料位仪标定操作 |
| | | C | 事故判断与处理 | A | 判断事故 | 001 | 催化剂失活的判断 |
| | | | | | | 002 | 压缩机功率异常分析 |
| | | | | B | 处理事故 | 001 | 催化剂失活的处理 |
| | | D | 绘图与计算 | A | 绘图 | 001 | 再生器结构简图 |

# 八、技能操作试题(高级技师)

## 试题1：催化重整装置试车方案的编制(现场模拟)

（考核时间：25min）

| 序号 | 考核内容 | 考核要点 | 配分 | 评分标准 | 检测结果 | 扣分 | 得分 | 备注 |
|---|---|---|---|---|---|---|---|---|
| 1 | 准备工作 | 穿戴劳保用品 | 3 | 未穿戴整齐扣3分 | | | | |
| | | 工具、用具准备 | 2 | 工具选择不正确扣2分 | | | | |
| 2 | 操作程序 | 编写装置全面大检查方案 | 5 | 未编写装置全面大检查方案扣5分 | | | | |
| 3 | | 编写单机试运；装置引水、氮、汽、风等介质的操作；蒸汽管线的打靶方案 | 15 | 未编写单机试运方案扣5分 | | | | |
| | | | | 未编写装置引水、氮等介质的操作方案扣5分 | | | | |
| | | | | 未编写装置管线的打靶操作方案扣5分 | | | | |
| 4 | | 编写装置的吹扫、试压、贯通方案；临氢系统的吹扫、爆破方案 | 10 | 未编写装置的吹扫、试压、贯通方案扣5分 | | | | |
| | | | | 未编写临氢系统的吹扫、爆破方案扣5分 | | | | |
| 5 | | 编写装置的水冲洗、水联运；加热炉的烘炉方案 | 10 | 未编写装置的水冲洗、水联运方案扣5分 | | | | |
| | | | | 未编写加热炉的烘炉方案扣5分 | | | | |
| 6 | | 编写催化剂的装填、干燥、预硫化方案 | 20 | 未编写催化剂的装填方案扣5分 | | | | |
| | | | | 未编写催化剂的干燥方案扣5分 | | | | |
| | | | | 未编写催化剂的预硫化方案扣10分 | | | | |
| 7 | | 编写分馏系统的冷油循环、热油循环方案 | 10 | 未编写分馏系统的冷油循环方案扣5分 | | | | |
| | | | | 未编写分馏系统的热油循环方案扣5分 | | | | |
| 8 | | 编写进料投产及调整操作方案 | 10 | 未编写进料投产及调整操作方案扣10分 | | | | |
| 9 | | 编写安全环保规定 | 10 | 未编写安全环保规定扣10分 | | | | |
| 10 | 使用工具 | 正确使用工具 | 2 | 工具使用不正确扣2分 | | | | |
| | | 正确维护工具 | 3 | 工具乱摆乱放扣3分 | | | | |
| 11 | 安全及其他 | 按国家法规或企业规定 | | 违规一次总分扣5分；严重违规停止操作 | | | — | |
| | | 在规定时间内完成操作 | | 每超时1min总分扣5分，超时3min停止操作 | | | — | |
| 合计 | | | 100 | | | | | |

## 试题 2：轴向反应器催化剂的装填(现场模拟)

（考核时间：30min）

| 序号 | 考核内容 | 考核要点 | 配分 | 评分标准 | 检测结果 | 扣分 | 得分 | 备注 |
|---|---|---|---|---|---|---|---|---|
| 1 | 准备工作 | 穿戴劳保用品 | 3 | 未穿戴整齐扣 3 分 | | | | |
| | | 工具、用具准备 | 2 | 工具选择不正确扣 2 分 | | | | |
| 2 | 装填前的准备工作 | 反应系统干燥完毕，确保系统无水，避免催化剂装入后吸水 | 24 | 未确认反应系统干燥完毕扣 3 分 | | | | |
| | | 根据工艺要求，确定反应器中催化剂和瓷球的装入量，准备好催化剂和瓷球，并绘制催化剂装填附图 | | 未确认现场催化剂和瓷球量扣 3 分 | | | | |
| | | 准备好装剂工具：吊车、叉车、装剂料斗、吊桶、木板、帆布管、磅秤、卷尺等，装剂人员的劳保用品：蓬布、低压照明灯、氧气呼吸面具等 | | 未确认装填工具是否齐全扣 3 分 | | | | |
| | | 做好反应器的隔离工作，尤其是与反应系统相连的氮气线，必须加盲板隔离，防止 $N_2$ 窜入反应器 | | 未确认反应器是否隔离扣 3 分 | | | | |
| | | 进入反应器(化验分析 $O_2$ 含量必须大于 20%，并办理进入容器作业票)检查底部出口收集器和卸料斜管的安装情况 | | 未确认是否办理进入容器作业票扣 3 分 | | | | |
| | | | | 未检查底部出口收集器和卸料斜管的安装情况扣 3 分 | | | | |
| | | 根据催化剂装填图在反应器内壁标注装剂尺寸 | | 未确认反应器内是否标注装填尺寸扣 3 分 | | | | |
| | | 清理装剂现场杂物，安排好运输、装剂计量、称重等有关人员，组织有关人员熟悉装剂方案 | | 装剂方案不熟悉扣 3 分 | | | | |
| 3 | 催化剂装填步骤 | 封卸料管口 | 66 | 卸料管口未封扣 15 分 | | | | |
| | | 反应器底部瓷球的装填 | | 瓷球型号顺序装填错误扣 3 分 | | | | |
| | | | | 装完每一种型号的瓷球后均未耙平扣 3 分 | | | | |
| | | 装填催化剂、瓷球的速度要缓慢，减少破碎 | | 未按规定执行扣 3 分 | | | | |
| | | 装剂时，催化剂床层每上升 0.5m，需耙平一次，帆布软管尽可能保持离料位 1m 左右 | | 未按规定耙催化剂床层扣 3 分 | | | | |
| | | | | 帆布软管离催化剂料位过高扣 3 分 | | | | |
| | | | | 帆布软管离催化剂料位过低造成被压现象扣 3 分 | | | | |

续表

| 序号 | 考核内容 | 考核要点 | 配分 | 评分标准 | 检测结果 | 扣分 | 得分 | 备注 |
|---|---|---|---|---|---|---|---|---|
| | | 装剂过程中，必须严把计量关，对装入反应器的瓷球、催化剂进行计量、称重专人负责 | | 对装入反应器的瓷球、催化剂未进行计量扣3分 | | | | |
| | | 对每层瓷球、催化剂，必须用卷尺准确测量其高度，并做好记录 | | 未测量每层瓷球、催化剂的装填高度扣3分 | | | | |
| | | 装剂人员进入反应器必须戴空气呼吸器，必须站在预先准备好的木板上，避免踩碎催化剂 | | 装剂人员进入反应器未使用空气呼吸器扣3分 | | | | |
| | | | | 装剂人员进入反应器未站在预先准备好的木板上扣3分 | | | | |
| | | 当催化剂装至规定高度时暂停装剂，按规定安装顶部积垢篮，并在积垢篮上加上盖子 | | 未按规定高度安装积垢篮扣3分 | | | | |
| | | | | 积垢篮上未加盖子扣3分 | | | | |
| | | 按装填图继续装填催化剂，然后再依次装入瓷球，直至瓷球料位与积垢篮口平齐 | | 瓷球型号装错扣3分 | | | | |
| | | | | 瓷球装入量过多扣3分 | | | | |
| | | 取走积垢篮盖，并检查篮内有无杂物，确认无杂物后，可进行顶部内件的安装，完毕后及时封反应器头盖 | | 积垢篮盖未取扣3分 | | | | |
| | | | | 未及时联系封反应器头盖扣3分 | | | | |
| | | | | 未充入氮气保护扣3分 | | | | |
| 4 | 使用工具 | 正确使用工具 | 2 | 工具使用不正确扣2分 | | | | |
| | | 正确维护工具 | 3 | 工具乱摆乱放扣3分 | | | | |
| 5 | 安全及其他 | 按国家法规或企业规定 | | 违规一次总分扣5分；严重违规停止操作 | | | — | |
| | | 在规定时间内完成操作 | | 每超时1min总分扣5分，超时3min停止操作 | | | — | |
| | | 合　计 | 100 | | | | | |

**试题3：催化重整装置ESD投用前调试(现场模拟)**

(考核时间：30min)

| 序号 | 考核内容 | 考核要点 | 配分 | 评分标准 | 检测结果 | 扣分 | 得分 | 备注 |
|---|---|---|---|---|---|---|---|---|
| 1 | 准备工作 | 穿戴劳保用品 | 3 | 未穿戴整齐扣3分 | | | | |
| | | 工具、用具准备 | 2 | 工具选择不正确扣2分 | | | | |
| 2 | 调试内容 | 仪表风检查完好 | 5 | 未检查仪表风扣5分 | | | | |
| | | 检查定位器完好 | 5 | 未检查定位器扣5分 | | | | |
| | | 检查变送器完好 | 5 | 未检查变送器扣5分 | | | | |
| | | 现场调试控制阀 | 10 | 现场未调试扣10分 | | | | |
| | | DCS上调试控制阀 | 10 | DCS未调试扣10分 | | | | |

续表

| 序号 | 考核内容 | 考核要点 | 配分 | 评分标准 | 检测结果 | 扣分 | 得分 | 备注 |
|---|---|---|---|---|---|---|---|---|
| | | ESD系统的静态联调正确 | 20 | 未进行静态联调扣10分 | | | | |
| | | | | 静态联调错误扣10分 | | | | |
| | | ESD系统的动态联调正确 | 20 | 未进行动态联调扣10分 | | | | |
| | | | | 动态联调错误扣10分 | | | | |
| 3 | 调试质量 | 调试记录齐全 | 5 | 无调试记录扣5分 | | | | |
| | | 发现问题及时整改 | 5 | 发现问题未及时整改一项扣5分 | | | | |
| | | 按先后顺序调试 | 5 | 未按先后顺序调试扣5分 | | | | |
| 4 | 使用工具 | 正确使用工具 | 2 | 工具使用不正确扣2分 | | | | |
| | | 正确维护工具 | 3 | 工具乱摆乱放扣3分 | | | | |
| 5 | 安全及其他 | 按国家法规或企业规定 | | 违规一次总分扣5分；严重违规停止操作 | | | — | |
| | | 在规定时间内完成操作 | | 每超时1min总分扣5分，超时3min停止操作 | | | — | |
| | 合　计 | | 100 | | | | | |

**试题4：蒸汽打靶的操作(现场模拟)**

(考核时间：15min)

| 序号 | 考核内容 | 考核要点 | 配分 | 评分标准 | 检测结果 | 扣分 | 得分 | 备注 |
|---|---|---|---|---|---|---|---|---|
| 1 | 准备工作 | 穿戴劳保用品 | 3 | 未穿戴整齐扣3分 | | | | |
| | | 工具、用具准备 | 2 | 工具选择不正确扣2分 | | | | |
| 2 | 操作程序 | 打靶前的检查 | 40 | 未检查蒸汽放空管放空方向扣10分 | | | | |
| | | | | 未检查蒸汽是否脱水扣10分 | | | | |
| | | | | 未检查靶板安装是否符合要求扣10分 | | | | |
| | | | | 未检查靶板大小是否符合要求扣10分 | | | | |
| 3 | | 蒸汽打靶的操作 | 50 | 给汽未向有关人员汇报扣10分 | | | | |
| | | | | 给蒸汽气量不符合要求扣10分 | | | | |
| | | | | 靶板更换次数不符合要求扣10分 | | | | |
| | | | | 未按要求对靶板进行验收或验收标准不符合规定扣10分 | | | | |
| | | | | 停蒸汽时机不对扣10分 | | | | |
| 4 | 使用工具 | 正确使用工具 | 2 | 工具使用不正确扣2分 | | | | |
| | | 正确维护工具 | 3 | 工具乱摆乱放扣3分 | | | | |
| 5 | 安全及其他 | 按国家法规或企业规定 | | 违规一次总分扣5分；严重违规停止操作 | | | — | |
| | | 在规定时间内完成操作 | | 每超时1min总分扣5分，超时3min停止操作 | | | — | |
| | 合　计 | | 100 | | | | | |

### 试题5：提高加热炉热效率的操作(现场模拟)

（考核时间：20min）

| 序号 | 考核内容 | 考核要点 | 配分 | 评分标准 | 检测结果 | 扣分 | 得分 | 备注 |
|---|---|---|---|---|---|---|---|---|
| 1 | 准备工作 | 穿戴劳保用品 | 3 | 未穿戴整齐扣3分 | | | | |
| | | 工具、用具准备 | 2 | 工具选择不正确扣2分 | | | | |
| 2 | 操作程序 | 保证加热炉完全燃烧 | 10 | 未保证加热炉完全燃烧扣10分 | | | | |
| 3 | | 在保证加热炉完全燃烧的情况下，降低过剩空气系数，将“三门一板”调节恰当 | 20 | 未降低过剩空气系数扣10分 | | | | |
| | | | | 未调节“三门一板”扣10分 | | | | |
| 4 | | 增加烟气余热回收和采取空气预热等 | 10 | 有余热回收系统未进行余热回收扣5分 | | | | |
| | | | | 有空气预热系统未采取空气预热扣5分 | | | | |
| 5 | | 加强设备管理，炉体严密，减少从回弯头箱及人孔、看火孔等处漏进空气 | 20 | 未对炉体进行严密性检查扣10分 | | | | |
| | | | | 未做好保温工作扣10分 | | | | |
| 6 | | 防止炉管结焦 | 10 | 导致炉管结焦扣10分 | | | | |
| 7 | | 对流室加强吹灰 | 10 | 有对流室吹灰系统而未进行吹灰操作扣10分 | | | | |
| 8 | | 炉管大检修时烧焦或洗除盐垢，提高传热效率 | 10 | 未按规定进行处理扣10分 | | | | |
| 9 | 使用工具 | 正确使用工具 | 2 | 工具使用不正确扣2分 | | | | |
| | | 正确维护工具 | 3 | 工具乱摆乱放扣3分 | | | | |
| 10 | 安全及其他 | 按国家法规或企业规定 | | 违规一次总分扣5分；严重违规停止操作 | | | — | |
| | | 在规定时间内完成操作 | | 每超时1min总分扣5分，超时3min停止操作 | | | — | |
| 合计 | | | 100 | | | | | |

### 试题6：物料泄漏应急预案的编制

（考核时间：30min）

| 序号 | 考核内容 | 考核要点 | 配分 | 评分标准 | 检测结果 | 扣分 | 得分 | 备注 |
|---|---|---|---|---|---|---|---|---|
| 1 | 准备工作 | 穿戴劳保用品 | 3 | 未穿戴整齐扣3分 | | | | |
| | | 工具、用具准备 | 2 | 工具选择不正确扣2分 | | | | |
| 2 | 目的及适用范围 | 是否明确预案的目的 | 5 | 目的未明确扣5分 | | | | |
| | | 是否明确预案的适用范围 | 5 | 适用范围未明确扣5分 | | | | |
| 3 | 编制内容 | 是否成立应急救援的组织机构和明确职责分工 | 5 | 缺一项扣5分 | | | | |
| | | 是否明确参与事故处置的部门和人员 | 5 | 缺一项扣5分 | | | | |
| | | 是否明确了应急响应与报警和内外部联络方式 | 10 | 缺一项扣10分 | | | | |
| | | 是否明确了事故发生后应采取的工艺处理措施 | 10 | 未明确扣10分 | | | | |

续表

| 序号 | 考核内容 | 考核要点 | 配分 | 评分标准 | 检测结果 | 扣分 | 得分 | 备注 |
|---|---|---|---|---|---|---|---|---|
| | | 是否明确应急救援及控制措施，包括抢险和救护 | 10 | 缺一项扣10分 | | | | |
| | | 是否说明确有害物料的潜在危险及应采取的应急措施 | 10 | 缺一项扣10分 | | | | |
| | | 是否说明确可能发生泄漏物质及特性 | 5 | 缺一项扣5分 | | | | |
| | | 是否说明确了人员的撤离及危险区隔离计划 | 10 | 缺一项扣5分 | | | | |
| | | 是否说明确应急培训要求 | 5 | 未明确扣5分 | | | | |
| 4 | 预案演练 | 是否规定的预案演练频次 | 5 | 未规定扣5分 | | | | |
| | | 是否规定的预案演练的内容要求 | 5 | 未规定扣5分 | | | | |
| 5 | 使用工具 | 正确使用工具 | 2 | 工具使用不正确扣2分 | | | | |
| | | 正确维护工具 | 3 | 工具乱摆乱放扣3分 | | | | |
| 6 | 安全及其他 | 按国家法规或企业规定 | | 违规一次总分扣5分；严重违规停止操作 | | | — | |
| | | 在规定时间内完成操作 | | 每超时1min总分扣5分，超时3min停止操作 | | | — | |
| 合计 | | | 100 | | | | | |

**试题7：硫化氢泄漏演习的组织(现场模拟)**

(考核时间：30min)

| 序号 | 考核内容 | 考核要点 | 配分 | 评分标准 | 检测结果 | 扣分 | 得分 | 备注 |
|---|---|---|---|---|---|---|---|---|
| 1 | 准备工作 | 穿戴劳保用品 | 3 | 未穿戴整齐扣3分 | | | | |
| | | 工具、用具准备 | 2 | 工具选择不正确扣2分 | | | | |
| 2 | 操作程序 | 演习前的准备 | 25 | 预案未准备好扣10分 | | | | |
| | | | | 未组织演习人员学习预案扣5分 | | | | |
| | | | | 空气呼吸器等未准备好扣10分 | | | | |
| 3 | | 演习时的组织 | 55 | 未将泄漏设备切出扣10分 | | | | |
| | | | | 未与气防单位联系扣10分 | | | | |
| | | | | 对中毒人员未进行现场救护或方法不当扣10分 | | | | |
| | | | | 未设置警戒区域扣5分 | | | | |
| | | | | 救护人员救人时未带空气呼吸器或使用不当扣10分 | | | | |
| | | | | 未汇报调度扣5分 | | | | |
| | | | | 未安排人员在路口为救护车带路扣5分 | | | | |
| 4 | | 演习后的总结 | 10 | 未对演习情况进行讲评扣5分 | | | | |
| | | | | 未对演习预案进行完善扣5分 | | | | |

续表

| 序号 | 考核内容 | 考核要点 | 配分 | 评分标准 | 检测结果 | 扣分 | 得分 | 备注 |
|---|---|---|---|---|---|---|---|---|
| 5 | 使用工具 | 正确使用工具 | 2 | 工具使用不正确扣2分 | | | | |
| | | 正确维护工具 | 3 | 工具乱摆乱放扣3分 | | | | |
| 6 | 安全及其他 | 按国家法规或企业规定 | | 违规一次总分扣5分；严重违规停止操作 | | | — | |
| | | 在规定时间内完成操作 | | 每超时1min总分扣5分，超时3min停止操作 | | | — | |
| 合计 | | | 100 | | | | | |

### 试题8：预加氢催化剂卸剂的操作(现场模拟)

（考核时间：30min）

| 序号 | 考核内容 | 考核要点 | 配分 | 评分标准 | 检测结果 | 扣分 | 得分 | 备注 |
|---|---|---|---|---|---|---|---|---|
| 1 | 准备工作 | 穿戴劳保用品 | 3 | 未穿戴整齐扣3分 | | | | |
| | | 工具、用具准备 | 2 | 工具选择不正确扣2分 | | | | |
| 2 | 操作程序 | 预加氢催化剂卸剂前的准备工作 | 36 | 未检查卸剂相关工具是否准备齐全扣6分 | | | | |
| | | | | 未检查反应器床层温度是否降到规定温度扣6分 | | | | |
| | | | | 未确认氮气置换是否合格扣6分 | | | | |
| | | | | 系统压力未泄尽扣6分 | | | | |
| | | | | 未检查相应管线盲板加装情况扣6分 | | | | |
| | | | | 未与相关部门联系扣6分 | | | | |
| 3 | | 预加氢催化剂卸剂的工作 | 42 | 拆卸料口时机不正确扣6分 | | | | |
| | | | | 拆反应器大盖时机不正确扣6分 | | | | |
| | | | | 反应器内未通入氮气保护扣6分 | | | | |
| | | | | 卸剂时未使用防护用品扣6分 | | | | |
| | | | | 卸出的催化剂未过筛扣6分 | | | | |
| | | | | 卸出的催化剂随意堆放扣6分 | | | | |
| | | | | 卸出的催化剂桶未封盖扣6分 | | | | |
| | | 反应器的清扫 | 12 | 反应器内未清扫干净扣6分 | | | | |
| | | | | 反应器大盖及卸料口未封好防止水汽进入扣6分 | | | | |
| 4 | 使用工具 | 正确使用工具 | 2 | 工具使用不正确扣2分 | | | | |
| | | 正确维护工具 | 3 | 工具乱摆乱放扣3分 | | | | |
| 5 | 安全及其他 | 按国家法规或企业规定 | | 违规一次总分扣5分；严重违规停止操作 | | | — | |
| | | 在规定时间内完成操作 | | 每超时1min总分扣5分，超时3min停止操作 | | | — | |
| 合计 | | | 100 | | | | | |

## 试题 9：装置检修计划的编制(现场模拟)

(考核时间：30min)

| 序号 | 考核内容 | 考核要点 | 配分 | 评分标准 | 检测结果 | 扣分 | 得分 | 备注 |
|---|---|---|---|---|---|---|---|---|
| 1 | 准备工作 | 穿戴劳保用品 | 3 | 未穿戴整齐扣 3 分 | | | | |
| | | 工具、用具准备 | 2 | 工具选择不正确扣 2 分 | | | | |
| 2 | 编制准备 | 检查装置设备日常巡检记录、了解装置及设备运行状况 | 5 | 缺项扣 10 分 | | | | |
| | | 机、电、仪、工艺人员共同分析设备运行状况 | 10 | 缺项扣 10 分 | | | | |
| | | 确定需要维修的设备 | 5 | 缺少扣 10 分 | | | | |
| | | 查阅装置设备技术资料和档案 | 10 | 缺项扣 10 分 | | | | |
| 3 | 计划编制 | 确定装置需修设备的检修级别 | 5 | 缺项扣 10 分 | | | | |
| | | 确定装置被修设备的负责人 | 10 | 缺项扣 10 分 | | | | |
| | | 落实所修设备需更换的备件 | 10 | 缺项扣 10 分 | | | | |
| | | 确定所修设备需要的基本费用 | 5 | 缺项扣 5 分 | | | | |
| | | 确定检修日期 | 5 | 缺项扣 5 分 | | | | |
| | | 确定设备检修单位或人员 | 5 | 缺项扣 5 分 | | | | |
| 4 | 计划报审 | 会同机、电、仪、工艺人员审核装置检修计划 | 10 | 缺项扣 10 分 | | | | |
| | | 计划报审 | 10 | 缺项扣 10 分 | | | | |
| 5 | 使用工具 | 正确使用工具 | 2 | 工具使用不正确扣 2 分 | | | | |
| | | 正确维护工具 | 3 | 工具乱摆乱放扣 3 分 | | | | |
| 6 | 安全及其他 | 按国家法规或企业规定 | | 违规一次总分扣 5 分；严重违规停止操作 | | | — | |
| | | 在规定时间内完成操作 | | 每超时 1min 总分扣 5 分，超时 3min 停止操作 | | | — | |
| | | 合　计 | 100 | | | | | |

## 试题 10：塔检修前安全条件确认(现场模拟)

(考核时间：15min)

| 序号 | 考核内容 | 考核要点 | 配分 | 评分标准 | 检测结果 | 扣分 | 得分 | 备注 |
|---|---|---|---|---|---|---|---|---|
| 1 | 准备工作 | 穿戴劳保用品 | 3 | 未穿戴整齐扣 3 分 | | | | |
| | | 工具、用具准备 | 2 | 工具选择不正确扣 2 分 | | | | |

续表

| 序号 | 考核内容 | 考核要点 | 配分 | 评分标准 | 检测结果 | 扣分 | 得分 | 备注 |
|---|---|---|---|---|---|---|---|---|
| 2 | 操作程序 | 塔系统是否加盲板隔离 | 10 | 盲板一处未加扣4分 | | | | |
| 3 | | 塔系统是否已用蒸汽吹扫 | 10 | 未吹扫扣10分 | | | | |
| 4 | | 塔人孔是否打开 | 10 | 未确认扣10分 | | | | |
| 5 | | 塔系统氧含量分析合格 | 10 | 未分析扣10分 | | | | |
| 6 | | 进罐单是否办理好 | 10 | 未办证扣10分 | | | | |
| 7 | | 进入塔内必须的防护措施是否落实 | 20 | 未准备保险带扣5分 | | | | |
| | | | | 未准备工具包扣5分 | | | | |
| | | | | 未采取防坠落措施扣5分 | | | | |
| 8 | | 安排监护人 | 20 | 安排的监护人缺乏资质扣5分 | | | | |
| | | | | 未对监护人进行安全技术交底扣5分 | | | | |
| 9 | 使用工具 | 正确使用工具 | 2 | 工具使用不正确扣2分 | | | | |
| | | 正确维护工具 | 3 | 工具乱摆乱放扣3分 | | | | |
| 10 | 安全及其他 | 按国家法规或企业规定 | | 违规一次总分扣5分；严重违规停止操作 | | | — | |
| | | 在规定时间内完成操作 | | 每超时1min总分扣5分，超时3min停止操作 | | | — | |
| 合计 | | | 100 | | | | | |

### 试题11：离心泵单机试运的操作(现场模拟)

(考核时间：15min)

| 序号 | 考核内容 | 考核要点 | 配分 | 评分标准 | 检测结果 | 扣分 | 得分 | 备注 |
|---|---|---|---|---|---|---|---|---|
| 1 | 准备工作 | 穿戴劳保用品 | 3 | 未穿戴整齐扣3分 | | | | |
| | | 工具、用具准备 | 2 | 工具选择不正确扣2分 | | | | |
| 2 | 操作程序 | 电机试运 | 45 | 未检查电机运转方向是否正确扣5分 | | | | |
| | | | | 未检查电机运转声音是否正常扣5分 | | | | |
| | | | | 未检查电机温度是否正常扣5分 | | | | |
| | | | | 未检查电机振动情况扣5分 | | | | |
| | | | | 未检查电气室指示灯是否与实际运转状态相同扣5分 | | | | |
| | | | | 未检查电机接地情况扣5分 | | | | |
| | | | | 电机单独运转时间不到规定时间扣5分 | | | | |

续表

| 序号 | 考核内容 | 考核要点 | 配分 | 评分标准 | 检测结果 | 扣分 | 得分 | 备注 |
|---|---|---|---|---|---|---|---|---|
| 3 | | 离心泵的试运行 | 45 | 未检查泵冷却系统是否运转正常扣5分 | | | | |
| | | | | 未检查泵的润滑情况扣5分 | | | | |
| | | | | 未检查机泵对轮连结情况扣5分 | | | | |
| | | | | 未检查泵盘车是否正常扣5分 | | | | |
| | | | | 未检查泵体振动情况扣5分 | | | | |
| | | | | 未检查泵出口压力是否指示正确扣5分 | | | | |
| 4 | 使用工具 | 正确使用工具 | 2 | 工具使用不正确扣2分 | | | | |
| | | 正确维护工具 | 3 | 工具乱摆乱放扣3分 | | | | |
| 5 | 安全及其他 | 按国家法规或企业规定 | | 违规一次总分扣5分；严重违规停止操作 | | | — | |
| | | 在规定时间内完成操作 | | 每超时1min总分扣5分，超时3min停止操作 | | | — | |
| 合计 | | | 100 | | | | | |

### 试题12：循环氢压缩机蒸汽系统暖管操作(现场模拟)

(考核时间：30min)

| 序号 | 考核内容 | 考核要点 | 配分 | 评分标准 | 检测结果 | 扣分 | 得分 | 备注 |
|---|---|---|---|---|---|---|---|---|
| 1 | 准备工作 | 穿戴劳保用品 | 3 | 未穿戴整齐扣3分 | | | | |
| | | 工具、用具准备 | 2 | 工具选择不正确扣2分 | | | | |
| 2 | 操作程序 | 缓慢打开主蒸汽进汽管线上第一道隔离阀，将蒸汽引至第二道隔离阀前进行暖管 | 20 | 引汽前未进行排凝扣10分 | | | | |
| | | | | 第二道隔离阀未关严扣5分 | | | | |
| | | | | 引汽速度过快扣5分 | | | | |
| 3 | | 用放空阀和排凝阀来控制暖管升温速度 | 20 | 升温速度过快扣10分 | | | | |
| | | | | 未用放空阀开度控制升温速度扣5分 | | | | |
| | | | | 未用排凝阀开度控制升温速度扣5分 | | | | |
| 4 | | 1.0MPa蒸汽变成过热蒸汽(180℃以上)后，打开第二道隔离阀 | 15 | 蒸汽带水就引入扣10分 | | | | |
| | | | | 开第二道隔离阀速度过快扣5分 | | | | |
| 5 | | 将蒸汽引至速关阀前疏水、暖管 | 10 | 未进行疏水、暖管扣10分 | | | | |
| 6 | | 打开汽轮机轮室和平衡管等疏水阀排凝 | 10 | 未进行排凝扣10分 | | | | |
| 7 | | 手动盘车，检查机组转动有无异常情况 | 15 | 未进行盘车扣10分 | | | | |
| | | | | 未进行机组转动有无异常情况检查扣5分 | | | | |

续表

| 序号 | 考核内容 | 考核要点 | 配分 | 评分标准 | 检测结果 | 扣分 | 得分 | 备注 |
|---|---|---|---|---|---|---|---|---|
| 8 | 使用工具 | 正确使用工具 | 2 | 工具使用不正确扣2分 | | | | |
| | | 正确维护工具 | 3 | 工具乱摆乱放扣3分 | | | | |
| 9 | 安全及其他 | 按国家法规或企业规定 | | 违规一次总分扣5分；严重违规停止操作 | | | — | |
| | | 在规定时间内完成操作 | | 每超时1min总分扣5分，超时3min停止操作 | | | — | |
| 合计 | | | 100 | | | | | |

### 试题13：干气密封的停用操作（现场模拟）

（考核时间：20min）

| 序号 | 考核内容 | 考核要点 | 配分 | 评分标准 | 检测结果 | 扣分 | 得分 | 备注 |
|---|---|---|---|---|---|---|---|---|
| 1 | 准备工作 | 穿戴劳保用品 | 3 | 未穿戴整齐扣3分 | | | | |
| | | 工具、用具准备 | 2 | 工具选择不正确扣2分 | | | | |
| 2 | 操作程序 | 停用二级密封气 | 20 | 压缩机没停机就停用扣20分 | | | | |
| 3 | | 停用一级密封气 | 20 | 机体没泄压前就停用扣20分 | | | | |
| 4 | | 停用火炬排放气 | 20 | 未在关压缩机进出口阀前投用扣20分 | | | | |
| 5 | | 停用隔离气 | 30 | 未在润滑油停用后停用扣15分 | | | | |
| | | | | 润滑油停用后10min以内停扣15分 | | | | |
| 6 | 使用工具 | 正确使用工具 | 2 | 工具使用不正确扣2分 | | | | |
| | | 正确维护工具 | 3 | 工具乱摆乱放扣3分 | | | | |
| 7 | 安全及其他 | 按国家法规或企业规定 | | 违规一次总分扣5分；严重违规停止操作 | | | — | |
| | | 在规定时间内完成操作 | | 每超时1min总分扣5分，超时3min停止操作 | | | — | |
| 合计 | | | 100 | | | | | |

### 试题14：重整反应系统“过氯”的判断（现场模拟）

（考核时间：15min）

| 序号 | 考核内容 | 考核要点 | 配分 | 评分标准 | 检测结果 | 扣分 | 得分 | 备注 |
|---|---|---|---|---|---|---|---|---|
| 1 | 重整反应总温降的检查 | 反应总温降下降 | 10 | 未检查扣10分 | | | | |
| 2 | 循环氢的检查 | 循环氢纯度下降 | 30 | 未检查扣10分 | | | | |
| | | 产氢量下降 | | 未检查扣10分 | | | | |
| | | $C_3/C_1$比增加 | | 未检查扣10分 | | | | |

续表

| 序号 | 考核内容 | 考核要点 | 配分 | 评分标准 | 检测结果 | 扣分 | 得分 | 备注 |
|---|---|---|---|---|---|---|---|---|
| 3 | 稳定塔顶气的检查 | 稳定塔顶气量增加 | 10 | 未检查扣5分 | | | | |
| | | 稳定塔顶气 $C_3$ 含量增加 | | 未检查扣5分 | | | | |
| 4 | 生成油的检查 | $C_5^+$ 液收下降 | 30 | 未检查扣10分 | | | | |
| | | 生成油颜色发黄 | | 未检查扣10分 | | | | |
| | | 溴价升高 | | 未检查扣10分 | | | | |
| 5 | 精制油氯含量的检查 | 精制油氯含量的检查 | 10 | 未检查扣5分 | | | | |
| | | 注氯量的检查 | | 未检查扣5分 | | | | |
| 6 | 水－氯平衡情况的判断 | 水－氯平衡情况的判断 | 10 | 未得出正确结论扣10分 | | | | |
| 7 | 安全及其他 | 按国家法规或企业规定 | | 违规一次总分扣5分；严重违规停止操作 | | | — | |
| | | 在规定时间内完成操作 | | 每超时1min总分扣5分，超时3min停止操作 | | | — | |
| | | 合　计 | 100 | | | | | |

### 试题15：重整反应系统“过湿”的判断(现场模拟)

（考核时间：15min）

| 序号 | 考核内容 | 考核要点 | 配分 | 评分标准 | 检测结果 | 扣分 | 得分 | 备注 |
|---|---|---|---|---|---|---|---|---|
| 1 | 重整反应总温降的检查 | 反应总温降减少，提高反应温度也不见明显效果 | 10 | 未检查扣10分 | | | | |
| 2 | 循环氢的检查 | 循环氢纯度上升 | 20 | 未检查扣5分 | | | | |
| | | 产氢量下降 | | 未检查扣5分 | | | | |
| | | 稳定塔顶气 $C_4$ 以上含量减少 | | 未检查扣5分 | | | | |
| | | $C_3/C_1$ 比下降 | | 未检查扣5分 | | | | |
| 3 | 稳定塔顶气的检查 | 稳定塔顶气量减少 | 10 | 未检查扣10分 | | | | |
| 4 | 生成油的检查 | 生成油芳烃含量下降 | 20 | 未检查扣10分 | | | | |
| | | 生成油辛烷值下降 | | 未检查扣10分 | | | | |
| 5 | 精制油氯含量的检查 | 精制油水、氯含量的检查 | 20 | 未检查扣10分 | | | | |
| | | 注氯注水量的检查 | | 未检查扣10分 | | | | |
| 6 | 水－氯平衡情况的判断 | 水－氯平衡情况的判断 | 20 | 未得出正确结论扣10分 | | | | |
| 7 | 安全及其他 | 按国家法规或企业规定 | | 违规一次总分扣5分；严重违规停止操作 | | | — | |
| | | 在规定时间内完成操作 | | 每超时1min总分扣5分，超时3min停止操作 | | | — | |
| | | 合　计 | 100 | | | | | |

## 试题16：重整裂化反应加剧的原因判断（现场模拟）

（考核时间：15min）

| 序号 | 考核内容 | 考核要点 | 配分 | 评分标准 | 检测结果 | 扣分 | 得分 | 备注 |
|---|---|---|---|---|---|---|---|---|
| 1 | 重整裂化反应加剧的现象 | 反应总温降下降 | 42 | 少此项扣7分 | | | | |
| | | 重整生成油液收下降 | | 少此项扣7分 | | | | |
| | | 重整生成油辛烷值降低 | | 少此项扣7分 | | | | |
| | | 循环氢纯度下降 | | 少此项扣7分 | | | | |
| | | 重整产氢量减少 | | 少此项扣7分 | | | | |
| | | 分馏塔顶气体量增加 | | 少此项扣7分 | | | | |
| 2 | 重整裂化反应加剧的原因 | 原料硫含量超高 | 49 | 少此项扣7分 | | | | |
| | | 反应空速过低 | | 少此项扣7分 | | | | |
| | | 反应温度过高 | | 少此项扣7分 | | | | |
| | | 反应压力过高 | | 少此项扣7分 | | | | |
| | | 重整反应系统“过氯” | | 少此项扣7分 | | | | |
| | | 重整反应系统“过干” | | 少此项扣7分 | | | | |
| | | 精制油初馏点偏低 | | 少此项扣7分 | | | | |
| 3 | 原因判断 | 重整裂化反应加剧的原因判断 | 9 | 未得出正确结论扣9分 | | | | |
| 4 | 安全及其他 | 按国家法规或企业规定 | | 违规一次总分扣5分；严重违规停止操作 | | | — | |
| | | 在规定时间内完成操作 | | 每超时1min总分扣5分，超时3min停止操作 | | | — | |
| 合计 | | | 100 | | | | | |

## 试题17：加热炉炉管结焦的事故处理（现场模拟）

（考核时间：30min）

| 序号 | 考核内容 | 考核要点 | 配分 | 评分标准 | 检测结果 | 扣分 | 得分 | 备注 |
|---|---|---|---|---|---|---|---|---|
| 1 | 准备工作 | 穿戴劳保用品 | 3 | 未穿戴整齐扣3分 | | | | |
| | | 工具、用具准备 | 2 | 工具选择不正确扣2分 | | | | |
| 2 | 事故现象判断 | 引发事故因素表述清晰完整 | 5 | 引发事故因素表述不完整扣3分 | | | | |
| | | | | 表述不清晰扣2分 | | | | |
| | | 事故现象信息充分无遗漏 | 10 | 事故现象信息缺一扣5分 | | | | |
| | | | | 事故现象信息表述不完整扣5分 | | | | |
| | | 关键事故现象描述清楚 | 5 | 事故关键现象描述不清楚扣5分 | | | | |
| 3 | 事故原因分析 | 事故原因分析完整无遗漏，分析透彻有深度 | 5 | 事故原因分析不完整扣3分，分析无深度扣2分 | | | | |
| | | 事故关键原因分析准确 | 5 | 事故关键原因不准确扣5分 | | | | |

续表

| 序号 | 考核内容 | 考核要点 | 配分 | 评分标准 | 检测结果 | 扣分 | 得分 | 备注 |
|---|---|---|---|---|---|---|---|---|
| 4 | 事故处理操作 | 联系工作及时到位 | 5 | 未及时联系扣5分 | | | | |
| | | 处理原则表述完整 | 10 | 处理原则表述不完整扣10分 | | | | |
| | | 处理步骤先后顺序正确并无遗漏、操作不当 | 20 | 处理步骤顺序不对扣10分 | | | | |
| | | | | 漏项或操作不当扣10分 | | | | |
| | | 处理注意事项符合事故处理预案规范 | 10 | 未考虑操作对上下游带来的影响扣10分 | | | | |
| 5 | 事故处理操作质量 | 事故处理调节熟练，迅速，过程平稳波动小并无调节错误 | 15 | 处理事故过程引起生产波动大扣10分 | | | | |
| | | | | 调节滞后扣5分 | | | | |
| | | | | 调节错误扣10分 | | | | |
| 6 | 使用工具 | 正确使用工具 | 2 | 工具使用不正确扣2分 | | | | |
| | | 正确维护工具 | 3 | 工具乱摆乱放扣3分 | | | | |
| 7 | 安全及其他 | 按国家法规或企业规定 | | 违规一次总分扣5分 | | | — | |
| | | 在规定时间内完成操作 | | 每超时1min总分扣5分，超时3min停止操作 | | | — | |
| 合计 | | | 100 | | | | | |

否定项说明：违章操作或发生事故须停止操作，成绩为零分。

### 试题18：干气密封系统的工艺流程图(笔试)

（考核时间：25min）

| 序号 | 考核内容 | 考核要点 | 配分 | 评分标准 | 检测结果 | 扣分 | 得分 | 备注 |
|---|---|---|---|---|---|---|---|---|
| 1 | 准备工作 | 穿戴劳保用品 | 3 | 未穿戴整齐扣3分 | | | | |
| | | 工具、用具准备 | 2 | 工具选择不正确扣2分 | | | | |
| 2 | 操作程序 | 排布合理，卷面清晰 | 10 | 不合理、清晰扣10分 | | | | |
| 3 | | 过滤器齐全 | 10 | 漏一项扣5分 | | | | |
| 4 | | 容器类设备齐全 | 10 | 漏一项扣5分 | | | | |
| 5 | | 主要冷换设备齐全 | 20 | 漏一项扣5分 | | | | |
| 6 | | 主要压力指示齐全 | 15 | 漏一项扣5分 | | | | |
| 7 | | 主要阀门齐全(包括调节阀)，主要流量计齐全 | 15 | 漏一项扣5分 | | | | |
| 8 | | 主要控制系统齐全 | 10 | 漏一项扣5分 | | | | |
| 9 | 使用工具 | 正确使用工具 | 2 | 工具使用不正确扣2分 | | | | |
| | | 正确维护工具 | 3 | 工具乱摆乱放扣3分 | | | | |
| 10 | 安全及其他 | 按国家法规或企业规定 | | 违规一次总分扣5分；严重违规停止操作 | | | — | |
| | | 在规定时间内完成操作 | | 每超时1min总分扣5分，超时3min停止操作 | | | — | |
| 合计 | | | 100 | | | | | |

## 试题 19：催化重整装置技术改进简图绘制(笔试)

（考核时间：30min）

| 序号 | 考核内容 | 考核要点 | 配分 | 评分标准 | 检测结果 | 扣分 | 得分 | 备注 |
|---|---|---|---|---|---|---|---|---|
| 1 | 准备工作 | 工具、用具准备 | 5 | 未自带工具扣5分 | | | | |
| 2 | 图形绘制 | 图纸幅面选择合理 | 5 | 图纸幅面选择错误扣5分 | | | | |
| | | 绘图比例准确 | 5 | 绘图比例错误扣5分 | | | | |
| | | 图面布置完好 | 5 | 图面布置不匀称、美观扣5分 | | | | |
| | | 零部件结构绘制正确，主要装配关系表达清楚 | 10 | 零部件结构形状未表达清楚扣5分 | | | | |
| | | | | 主要装配关系未表达清楚扣5分 | | | | |
| | | 绘图完整并正确，无遗漏 | 10 | 画错一处扣2分 | | | | |
| | | | | 缺画一处扣2分 | | | | |
| | | 各类表格填写完整，技术要求符合绘图规范 | 35 | 缺标题栏扣5分 | | | | |
| | | | | 缺明细栏扣5分 | | | | |
| | | | | 缺管口表扣5分 | | | | |
| | | | | 缺技术特性表扣5分 | | | | |
| | | | | 缺技术要求扣5分 | | | | |
| | | | | 填写错误一处扣2分 | | | | |
| 3 | 绘图标注 | 尺寸标注准确无漏项 | 10 | 尺寸线及尺寸界线标注错一处扣2分 | | | | |
| | | | | 尺寸标注错一处扣2分 | | | | |
| | | 零部件序号及管口符号编排顺序正确，指引标注完整无漏项 | 10 | 指引标注错误一处扣2分 | | | | |
| | | | | 编排顺序错误一处扣2分 | | | | |
| 4 | 卷面情况 | 绘图卷面清晰、整洁 | 5 | 卷面不整洁扣5分 | | | | |
| 5 | 安全及其他 | 按国家法规或企业规定 | | 违规一次总分扣5分；严重违规停止操作 | | | — | |
| | | 在规定时间内完成操作 | | 每超时1min总分扣5分，超时3min停止操作 | | | — | |
| | | 合　　计 | 100 | | | | | |

## 试题 20：绘制简单工艺管线施工图(笔试)

（考核时间：25min）

| 序号 | 考核内容 | 考核要点 | 配分 | 评分标准 | 检测结果 | 扣分 | 得分 | 备注 |
|---|---|---|---|---|---|---|---|---|
| 1 | 准备工作 | 穿戴劳保用品 | 3 | 未穿戴整齐扣3分 | | | | |
| | | 工具、用具准备 | 2 | 工具选择不正确扣2分 | | | | |

续表

| 序号 | 考核内容 | 考核要点 | 配分 | 评分标准 | 检测结果 | 扣分 | 得分 | 备注 |
| --- | --- | --- | --- | --- | --- | --- | --- | --- |
| 2 | 操作程序 | 排布合理，卷面清晰 | 10 | 卷面不清洁的扣 5 分 | | | | |
| | | | | 不会布置施工图的扣 5 分 | | | | |
| 3 | | 管线表示正确 | 20 | 没有表示出粗实线、细实线、虚线扣 10 分 | | | | |
| | | | | 未用剖视图表示管线立体施工布局的扣 5 分 | | | | |
| | | | | 剖视图表示方法不正确的扣 5 分 | | | | |
| 4 | | 标注正确 | 30 | 标高标注不正确扣 5 分 | | | | |
| | | | | 长度标注不正确扣 5 分 | | | | |
| | | | | 管径标注不正确扣 5 分 | | | | |
| | | | | 未标注流程方向扣 5 分 | | | | |
| | | | | 未对设备位号进行标注的扣 5 分 | | | | |
| | | | | 未标注管号的扣 5 分 | | | | |
| 5 | | 表示出保温、拌热管线 | 10 | 未表示出管线、设备保温、拌热扣 10 分 | | | | |
| 6 | | 表示出管长、管径 | 10 | 未表示出扣 10 分 | | | | |
| 7 | | 管线走向表示正确 | 10 | 未表示出扣 10 分 | | | | |
| 8 | 使用工具 | 正确使用工具 | 2 | 工具使用不正确扣 2 分 | | | | |
| | | 正确维护工具 | 3 | 工具乱摆乱放扣 3 分 | | | | |
| 9 | 安全及其他 | 按国家法规或企业规定 | | 违规一次总分扣 5 分；严重违规停止操作 | | | — | |
| | | 在规定时间内完成操作 | | 每超时 1min 总分扣 5 分，超时 3min 停止操作 | | | — | |
| 合计 | | | 100 | | | | | |

否定项说明：若出现管线施工图错误等情况，该题为零分。

### 试题 21：重整催化剂硫中毒的处理(现场模拟)

（考核时间：30min）

| 序号 | 考核内容 | 考核要点 | 配分 | 评分标准 | 检测结果 | 扣分 | 得分 | 备注 |
| --- | --- | --- | --- | --- | --- | --- | --- | --- |
| 1 | 准备工作 | 穿戴劳保用品 | 3 | 未穿戴整齐扣 3 分 | | | | |
| | | 工具、用具准备 | 2 | 工具选择不正确扣 2 分 | | | | |
| 2 | 重整催化剂硫中毒的判断 | 产氢量减少，氢纯度降低 | 30 | 少此项扣 5 分 | | | | |
| | | $C_3$、$C_4$ 产量增加，裂化性能增强 | | 少此项扣 5 分 | | | | |
| | | $C_5^+$ 液体收率下降 | | 少此项扣 5 分 | | | | |
| | | 反应总温降减少 | | 少此项扣 5 分 | | | | |
| | | 提高操作温度，催化剂活性不见好转 | | 少此项扣 5 分 | | | | |
| | | 产氢量减少，氢纯度降低 | | 少此项扣 5 分 | | | | |

续表

| 序号 | 考核内容 | 考核要点 | 配分 | 评分标准 | 检测结果 | 扣分 | 得分 | 备注 |
|---|---|---|---|---|---|---|---|---|
| 3 | 重整催化剂硫中毒的原因 | 预加氢反应深度低，精制能力不足(反应温度过低，压力不够，催化剂活性下降等因素) | 20 | 少此项扣10分 | | | | |
| | | 蒸发脱水塔操作不正常 | | 少此项扣10分 | | | | |
| 4 | 重整催化剂硫中毒的处理 | 首先尽快将重整反应温度降温至480℃(≯480℃) | 40 | 未处理扣10分 | | | | |
| | | 改用贮罐贮存且质量合格的精制石脑油进行重整 | | 未处理扣10分 | | | | |
| | | 加强蒸发脱水塔的操作，保证脱 $H_2S$ 效果 | | 未处理扣10分 | | | | |
| | | 提高预加氢反应深度 | | 未处理扣10分 | | | | |
| 5 | 使用工具 | 正确使用工具 | 2 | 工具使用不正确扣2分 | | | | |
| | | 正确维护工具 | 3 | 工具乱摆乱放扣3分 | | | | |
| 6 | 安全及其他 | 按国家法规或企业规定 | | 违规一次总分扣5分；严重违规停止操作 | | | — | |
| | | 在规定时间内完成操作 | | 每超时1min总分扣5分，超时3min停止操作 | | | — | |
| 合　计 | | | 100 | | | | | |

## 试题22：核料位仪标定操作(现场模拟)

(考核时间：40min)

| 序号 | 考核内容 | 考核要点 | 配分 | 评分标准 | 检测结果 | 扣分 | 得分 | 备注 |
|---|---|---|---|---|---|---|---|---|
| 1 | 准备工作 | 穿戴劳保用品 | 3 | 未穿戴整齐扣3分 | | | | |
| | | 工具、用具准备 | 2 | 工具选择不正确扣2分 | | | | |
| 2 | 操作步骤 | 反应器催化剂装填到一反的催化剂输送管下面 | 10 | 不执行不得分<br>错误扣10分 | | | | |
| 3 | | 再加入催化剂达到还原段辐射源点的位置，要确定处于正确位置 | 10 | 不执行不得分<br>错误扣10分 | | | | |
| 4 | | 再加入催化剂进入还原段，从点源到连续料位源的0，再加入催化剂直至射线开始下降，即姐妹探测器有响应 | 10 | 不执行不得分<br>错误扣10分 | | | | |
| 5 | | 按要求设定核料位仪界面探测器的0位 | 10 | 不执行不得分<br>错误扣10分 | | | | |
| 6 | | 再加催化剂，催化剂界面抬高至规定要求，变送器输出增加相应数值 | 15 | 不执行不得分<br>错误扣15分 | | | | |
| 7 | | 再次核对核料位仪界面探测器，输入所测界面 | 10 | 不执行不得分<br>错误扣10分 | | | | |

续表

| 序号 | 考核内容 | 考核要点 | 配分 | 评分标准 | 检测结果 | 扣分 | 得分 | 备注 |
|---|---|---|---|---|---|---|---|---|
| 8 | | 重复6和7，直至所测界面达到100%。一般标定到120% | 15 | 错误扣15分 | | | | |
| 9 | | 当还原段连续界面探测器标定完成后，输入总的点数储存标定曲线 | 15 | 错误扣15分 | | | | |
| 10 | 安全及其他 | 按国家法规或企业规定 | | 违规一次总分扣5分；严重违规停止操作 | | | — | |
| | | 在规定时间内完成操作 | | 每超时1min总分扣5分，超时3min停止操作 | | | — | |
| | | 合　计 | 100 | | | | | |

## 试题23：催化剂贴壁的现象分析（现场模拟）

（考核时间：30min）

| 序号 | 考核内容 | 考核要点 | 配分 | 评分标准 | 检测结果 | 扣分 | 得分 | 备注 |
|---|---|---|---|---|---|---|---|---|
| 1 | 准备工作 | 穿戴劳保用品 | 3 | 未穿戴整齐扣3分 | | | | |
| | | 工具、用具准备 | 2 | 工具选择不正确扣2分 | | | | |
| 2 | 催化剂贴壁的原因 | 装置处理量增大 | 7 | 缺此项扣5分 | | | | |
| | | 进入反应器气体流速增大 | 7 | 缺此项扣5分 | | | | |
| | | 反应器入口温度骤降 | 7 | 缺此项扣5分 | | | | |
| | | 中心管设计缺陷 | 7 | 缺此项扣5分 | | | | |
| | | 重整反应压力上升 | 7 | 缺此项扣5分 | | | | |
| 3 | 催化剂贴壁的现象 | 装置反应温降下降 | 8 | 缺此项扣8分 | | | | |
| | | 反应产物辛烷值下降 | 8 | 缺此项扣8分 | | | | |
| | | 催化剂烧焦床层温度波动大 | 8 | 缺此项扣8分 | | | | |
| | | 待生催化剂炭含量不均匀 | 8 | 缺此项扣8分 | | | | |
| | | 反应器差压增大 | 8 | 缺此项扣8分 | | | | |
| | | 催化剂发生“丢失” | 8 | 缺此项扣8分 | | | | |
| 4 | 原因判断 | 判断导致催化剂贴壁的原因 | 12 | 未能正确判断出原因扣12分 | | | | |
| 5 | 安全及其他 | 按国家法规或企业规定 | | 违规一次总分扣5分；严重违规停止操作 | | | — | |
| | | 在规定时间内完成操作 | | 每超时1min总分扣5分，超时3min停止操作 | | | — | |
| | | 合　计 | 100 | | | | | |

## 试题24：催化剂失活的处理(现场模拟)

(考核时间：40min)

| 序号 | 考核内容 | 考核要点 | 配分 | 评分标准 | 检测结果 | 扣分 | 得分 | 备注 |
|---|---|---|---|---|---|---|---|---|
| 1 | 准备工作 | 穿戴劳保用品 | 3 | 未穿戴整齐扣3分 | | | | |
| | | 工具、用具准备 | 2 | 工具选择不正确扣2分 | | | | |
| 2 | 催化剂失活的危害 | 催化剂活性下降 | 5 | 缺此项扣5分 | | | | |
| | | 产品质量下降 | 5 | 缺此项扣5分 | | | | |
| | | 装置运行成本上升 | 5 | 缺此项扣5分 | | | | |
| | | 催化剂使用寿命下降 | 5 | 缺此项扣5分 | | | | |
| 3 | 催化剂积炭失活的处理 | 催化剂进行再生 | 20 | 不分析不得分<br>错误扣20分 | | | | |
| 4 | 催化剂金属熔结失活的处理 | 催化剂进行氯化更新<br>若没有效果，更换催化剂 | 30 | 不分析不得分<br>错误或遗漏一项扣10分 | | | | |
| 5 | 催化剂中毒失活的处理 | 如果为可逆性中毒，则控制好影响催化剂的毒物含量，使之尽快恢复；<br>若为不可逆中毒，则更换催化剂 | 25 | 不分析不得分<br>错误或遗漏一项扣10分 | | | | |
| 6 | 安全及其他 | 按国家法规或企业规定 | | 违规一次总分扣5分；严重违规停止操作 | | | — | |
| | | 在规定时间内完成操作 | | 每超时1min总分扣5分，超时3min停止操作 | | | — | |
| | | 合　计 | 100 | | | | | |

## 试题25：绘制再生器结构简图(笔试)

(考核时间：40min)

| 序号 | 考核内容 | 考核要点 | 配分 | 评分标准 | 检测结果 | 扣分 | 得分 | 备注 |
|---|---|---|---|---|---|---|---|---|
| 1 | 准备工作 | 穿戴劳保用品 | 3 | 未穿戴整齐扣3分 | | | | |
| | | 工具、用具准备 | 2 | 工具选择不正确扣2分 | | | | |
| 2 | 设备布局 | 排布合理，卷面清晰 | 30 | 不分析不得分<br>遗漏一项扣5分 | | | | |
| 3 | 设备内构件 | 设备分区清晰，内构件无遗漏 | 35 | 错误或者遗漏扣10分<br>分区不清晰扣15分 | | | | |
| 4 | 设备开口位置 | 相关进口或出口正确 | 30 | 错误或遗漏一项扣10分 | | | | |
| 5 | 安全及其他 | 按国家法规或企业规定 | | 违规一次总分扣5分；严重违规停止操作 | | | — | |
| | | 在规定时间内完成操作 | | 每超时1min总分扣5分，超时3min停止操作 | | | — | |
| | | 合　计 | 100 | | | | | |